Professional Civil Engineering Engineer Structures

토목구조기술사

예문사

머리말

　1999년 콘크리트 구조물의 설계에 기본이 되는 '콘크리트구조 설계기준'이 토목분야와 건축분야로 통합 개정된 이래 2003년 4월 개정에서는 전면적으로 SI 단위계를 채택하는 큰 변화가 있었으나 ACI318-95에 근거를 두고 있어 최근 향상된 콘크리트 기술에 상응하는 연구내용 등을 적절히 반영하지 못하는 실정이었습니다.

　이에 따라, 2007년 10월 현행 설계기준의 문제점을 해결하고, ACI318-05 및 Eurocode 등의 최신 설계이론을 반영하며, 국제표준기준에 부합하는 새로운 재료와 구조계에 대한 적용성을 확장하는 중요한 개정이 이루어졌습니다.

　2012년에는 ACI318-08 및 Eurocode 등의 최신설계 이론을 반영하여, 성능중심설계의 지향이라는 국제기준에 부응하여 최근에 개정이 다시 이루어졌습니다.

　2018년 10월 콘크리트구조기준은 한계상태설계법 중심으로 필요한 부분들에 대한 개정이 이루어졌으며 그동안의 국제적인 연구결과에 따라 기준의 향상이 이루어졌습니다.

　이러한 최신 개정기준에 따라 기술사나 기술고시 등 각종 시험 준비에 적합하도록 최근 콘크리트 공학의 폭넓은 내용들을 알기 쉽게 문제형식으로 정리한 본서의 전체 내용 구성은 다음과 같습니다.

　먼저, 제1편은 '철근콘크리트 공학' 부분으로 1장 철근콘크리트의 역학적 성질 및 설계법, 2장 보의 휨 해석 및 설계(한계상태설계법), 3장 전단과 비틀림 설계, Strut Tie Model, 4장 처짐 및 균열, 5장 슬래브 설계(슬래브의 항복선 이론), 6장 부착 및 정착, 7장 기둥설계(한계상태설계법), 8장 기초설계편, 9장 옹벽 및 지하실 외벽설계, 10장 철근콘크리트의 특수문제인 수화열, 화재·폭렬현상을 다룹니다.

　그리고 제2편은 '프리스트레스트 콘크리트' 부분으로 프리스트레스트 공학의 주요한 문제들로 구성하였습니다.

　특히 토목구조설계에서는 최근의 변화, 즉 기존의 단순기술에서 탈피하여 최신 설계 엔지니어링기술 중심으로 변환되고 있는 시대적 흐름을 최대한 반영했으므로 건설현장이나 엔지니어링 회사에서 철근콘크리트 및 프리스트레스트 콘크리트 공학을 공부하시는 분들은 물론 구조기술사를 준비하는 수험생들에게 요긴한 내용이 될 것입니다.

　최선의 노력을 기울였으나 미진한 부분이 없지 않습니다. 독자들의 애정 어린 지도와 편달을 부탁드리며, 아울러 본서의 출판을 위해 힘써주신 예문사의 정용수 사장님과 편집부 직원들, 책의 출판에 많은 조언과 격려를 주신 서초수도학원의 박성규 원장님께 깊은 감사의 말씀을 드립니다.

저자

 시험정보 |

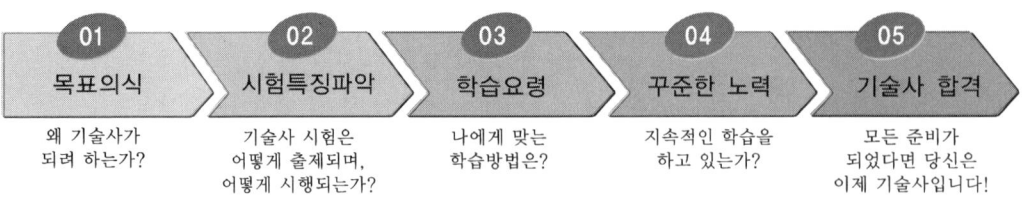

Ⅰ. 기술사를 준비하며

1. 목표의식과 자신감

왜 기술사가 되려 하는가? 나는 반드시 기술사가 된다!

2. 기술사 시험의 특징

1) 서술식 시험
   - 1차(필기) 시험 : 문장의 서술력 및 계산력
   - 2차(면접) 시험 : 구술 능력(글쓰기 및 말하기 능력 동시 요구)

2) 출제의 다양화

   단순한 기술 형태에서 벗어나 다양하고 폭넓은 이해를 요구하는 문제 출제

3) 실무적 경험, 시사적 이해

   교재에서 접하는 문제뿐 아니라 실무적이면서 변화된 새로운 내용의 이해를 요구하는 문제 출제

4) 단순 암기보다는 통합적 접근 필요

3. 기술사 시험의 제약요인

1) 학습 시간의 한계

   직장생활과 병행하여 학습하기에 시간 절대 부족

2) 학습 단절 발생

   개인, 회사의 사정으로 꾸준하고 지속적인 학습이 어려우므로 꾸준한 동기 부여 필요 (효율적 시간 관리 필요)

3) 넓은 학습 범위로 인한 능률 저하

   내용의 중요도와 우선 순위 판단 및 반복학습에 의한 습득 곤란(암기부터 하려는 경향 발생)

4) 답안에 대한 평가

작성한 답안에 대하여 잘된 점과 부족한 점을 스스로 판단하기 어려우므로 주변 사람의 평가 필요

4. 기술사 시험의 요구 능력

1) 이해력
   ① 시험 전반에 대한 경향과 흐름 파악
   ② 시험 분야에 대한 전체 개념 이해 필요-개념 학습
   ③ 단순암기가 아니라 이해가 선행되어야 문제의 변화에 대처가 가능함

2) 서술력 : 글쓰기 능력(답안 작성)
   ① 형식 : 답안에서 요구하는 형식에 맞게
   ② 길이 : 문제별로 일정한 서술길이 확보(알고 있는 내용을 요약하거나 연장할 수 있게)
   ③ 시간 : 정해진 시간(교시당 100분) 이내에 기술
   ④ 내용의 정확성 : 출제자의 출제 의도에 맞는 내용의 기술
   ⑤ 답안의 체계성 : 내용의 정확성과 함께 체계적인 요약 정리가 되도록(목차 구성의 중요성)
   ⑥ 내용의 전달력 : 좋은 내용이라도 채점자가 파악하기 어려우면 곤란. 짧은 시간 안에 채점자에게 내용이 신속히 전달되도록 도표, 차트, 그림 활용
   ⑦ 답안의 변별력 : 다른 사람과 차별화될 수 있는 특화된 답안

3) 암기력
   ① 암기는 가능하면 최소한으로
   ② 암기노트(암기장) 작성-관련 법규, 시방서 규정, 공식 등을 위주로

4) 분석/응용/종합력
   ① 분석 : 출제자의 의도나 요구사항 분석, 기술 내용 판단
   ② 응용 : 분석된 사항을 바탕으로 학습한 내용을 응용
   ③ 종합 : 문제의 출제 형태나 내용에 따라 학습한 내용을 응용하여 맞춤식 답안 작성

5. 학습방법 및 요령(일정계획 및 학습법)

*예시(일정표 작성, 6개월 과정). 기술사별/개인별로 차이가 있을 수 있음

구분	1단계(2~3개월)	2단계(1~2개월)	3단계(1개월)
목표	기초 이론과 체계에 대한 기본적 이해와 답안작성법 습득	이론의 심화와 응용 및 답안 고급화(특화)	최종 정리 및 예상문제를 통한 실전 완성
이해력	교재 전체에 대한 독서(다독)를 통해 전체 흐름과 경향 파악	지속적 다독	정리한 내용 위주로 반복하여 다독
쓰기 (답안작성)	답안 작성연습 (형식, 길이, 시간까지 완성)	답안 작성연습 (정확성, 체계성, 전달력, 변별력까지 완성)	예상문제풀이와 채점
학습방법	읽기(3) : 쓰기(7) 비율 누적 학습	읽기(6) : 쓰기(4) 비율 누적 학습	읽기(8~9) : 쓰기(1~2) 비율 누적 학습
학습범위	각 과정별 기본문제 최근 3년간 과년도 문제	각 과정별 심화문제 최근 5년 이상 기출문제로 확대	전과정 반복학습 및 예상문제 풀이
내용정리	서브 노트 및 암기장 작성	서브노트 및 암기장 추가사항 작성	서브노트 및 암기장 추가사항 작성
교재활용	주교재 위주	서브 교재 추가(필요시)	
시간배분 (개인에 따라 다름)	2~3시간/일	2~3시간/일	4~5시간/일 *시간의 집중 투자 효과가 큼

Ⅱ. 기술사 시험을 앞두고

1. 1개월 전

1) 학습한 내용 선별-예상문제 선정

중요도, 출제빈도(예상), 내용의 숙지 정도(학습된 것, 부족한 것)에 따라 학습 우선 순위를 정하고 순위가 높은 문제를 집중적으로 학습

2) 반복학습

여러 번 반복하여 머리 속에 완전 숙지하고 임의 선정하여 답안 작성 확인

2. 2주 전

1) 학습 과정에서 작성한 암기장을 본격적으로 암기(시험 전까지 완료)

2) 실제 답안 작성

매일 1교시 설명형 1~2문제, 계산형/서술형 1문제 정도를 선택하여 실제와 동일하게 답안을 작성(시험 직전까지 매일 반복하여 답안쓰기에 대한 감각을 유지)

3. 1주 전

1) 전체 과정 매일 반복(빠른 속도로 눈으로 훑어보기)

2) 컨디션 조절

피로하거나 감기가 오지 않도록 몸상태 관리

4. 1~2일 전

1) 준비물 확인

2) 숙면

TIP 시험 일주일 전 내 몸이 필요한 것은?

이제 시험을 앞두고 모든 학습 준비가 끝났다면 이젠 내 몸도 시험에 맞춰야겠죠!

1. 기상시간
두뇌활동이 가장 활발해지는 시기는 잠에서 깨고 2시간 이후부터라고 합니다. 그러므로 지금부터는 기상시간을 시험에 맞춰 유지합니다.

2. 식사
입맛이 없어도 식사는 절대 거르지 말고 조금씩이라도 먹도록 합니다. 특히, 아침의 탄수화물 및 포도당은 두뇌활동에 필수적이므로 꼭 챙겨 먹습니다.

3. 운동
매일 30분씩이라도 맨손체조나 산책과 같은 가벼운 운동을 꼭 합니다.

4. 커피
커피는 하루 1~2잔은 괜찮지만 그 이상은 수면을 방해해 피로가 쌓이기 쉽습니다.

5. 수면
잠자기 전 미지근한 물로 샤워한 뒤 6~7시간 숙면을 취합니다.

Contents

Part 01 철근콘크리트 공학

제1장 철근콘크리트의 역학적 성질 및 설계법
1. Creep 변형률 및 Creep 계수 ·········· 3
2. 건조수축 변형률 ·········· 5

제2장 보의 휨 해석 및 설계
1. 하중계수와 하중조합 및 강도감소계수 ·········· 48
2. 단면 설계를 위한 응력-변형률 곡선 ·········· 50
3. 설계휨강도 ·········· 51
4. 복철근 사각형 단면부재 ·········· 57
5. T형 단면부재 ·········· 61
6. 휨부재의 단면설계 ·········· 69

제3장 전단과 비틀림 설계
1. 사인장 응력(Diagonal Tensile Stress) ·········· 77
2. 전단균열 ·········· 78
3. 전단력과 휨모멘트의 영향 ·········· 79
4. a/d에 따른 보의 파괴 메커니즘 ·········· 80
5. 아치거동(Arch Action) ·········· 82
6. 수직스터럽이 배치된 보의 전단저항 메커니즘 ·········· 83
7. 전단철근 설계 절차 ·········· 85
8. 최소전단철근 ·········· 86
9. 전단에 대한 위험단면 ·········· 87
10. 전단철근이 배치된 보의 공칭전단강도 ·········· 88
11. 전단마찰(Shear Friction) ·········· 90
12. 전단마찰 설계 예 ·········· 92

제4장 처짐 및 균열
1. 처짐 ··· 146
2. 균열의 제어 ··· 162

제5장 슬래브 설계
1. 2방향 슬래브 이론 ·· 177
2. 일반사항 ··· 179
3. 1방향 Slab의 실용해법 ··· 182
4. 2방향 슬래브의 설계 ··· 184
5. 슬래브의 항복선 이론 ··· 218

제6장 부착 및 정착
1. 인장철근의 매입길이에 의한 정착길이 ······················· 224
2. 휨철근의 정착 ·· 228

제7장 기둥설계
1. 설계의 원칙 ··· 245
2. 재료계수 ··· 245
3. 최대, 최소 철근비 ··· 245
4. 기둥의 설계 ··· 246

제8장 기초설계
1. 기초 정의 ··· 295
2. 기초 종류 ··· 295
3. 위험단면 ··· 296
4. 소요단면적 산정 ··· 298
5. 기초별 설계기준 ··· 298

제9장 옹벽 및 지하실 외벽설계
   1. 옹벽 정의 ·· 332
   2. 옹벽 종류 ·· 332
   3. 옹벽의 구성요소 ·· 334
   4. 토압 산정 ·· 334
   5. 옹벽안정 검토 ·· 335
   6. 부벽식 옹벽 설계 ······································· 338

제10장 철근콘크리트의 특수문제 ························ 355

Part 02 프리스트레스트 콘크리트

제1장 프리스트레스트 콘크리트의 개념 및 재료 ·········· 401
제2장 프리스트레스의 도입과 손실 ····························· 421
제3장 프리스트레스트 휨 부재의 해석 ······················· 431
제4장 프리스트레스트 휨 부재의 설계 ······················· 454
제5장 전단설계 ·· 474
제6장 처짐 ·· 482
제7장 연속보 해석 ·· 488

부록

과년도 기출문제(제111회~제134회) ···················· 503
참고문헌 ·· 655

part 01

철근콘크리트 공학

제1장 철근콘크리트의 역학적 성질 및 설계법
제2장 보의 휨 해석 및 설계
제3장 전단과 비틀림 설계
제4장 처짐 및 균열
제5장 슬래브 설계
제6장 부착 및 정착
제7장 기둥설계
제8장 기초설계
제9장 옹벽 및 지하실 외벽설계
제10장 철근콘크리트의 특수문제

제1장 철근콘크리트의 역학적 성질 및 설계법

1 Creep 변형률 및 Creep 계수

1. Creep 변형률

$$\varepsilon_{c\sigma}(t, t') = f_c(t')\left[\frac{1}{E_{ci}(t')} + \frac{\phi(t, t')}{E_{ci}}\right] \quad \cdots\cdots\cdots\cdots\cdots\cdots\cdots\cdots ①$$

여기서, $\varepsilon_{c\sigma}(t,t')$: 재령 t'일에서 $f_c(t')$의 응력이 가해졌을 때, 시간 t일에서의 탄성 변형률과 크리프를 포함한 전체 변형률
t : 콘크리트의 재령(일)
t' : 하중이 가해질 때의 재령(일)
$f_c(t')$: 재령 t'일에서 콘크리트의 압축응력(MPa)
$\phi(t,t')$: 재령 t_s일에서 외기에 노출된 콘크리트의 재령 t일에서의 크리프 계수
t_s : 콘크리트가 외기에 노출되었을 때의 재령
E_{ci} : 재령 28일에서의 콘크리트의 초기접선탄성계수(MPa)
$E_{ci}(t')$: 재령 t'일에서의 콘크리트의 초기접선탄성계수(MPa)

2. 크리프 계수

크리프 계수 $\phi(t,t')$는 양생온도가 20℃일 때 기준

$$\phi(t, t') = \phi_0 \beta_c(t - t') \quad \cdots\cdots\cdots\cdots\cdots\cdots\cdots\cdots\cdots\cdots\cdots\cdots ②$$

여기서, ϕ_0 : 콘크리트의 개념적 크리프 계수(Notional Creep Coefficient)
$= \phi_{RH}\beta(f_{cu})\beta(t')$
ϕ_{RH} : 외기의 상대습도와 부재두께가 크리프에 미치는 영향계수
$= 1 + \dfrac{1 - 0.01RH}{0.10^3\sqrt{h}}$

제1편 철근콘크리트 공학

$\beta(f_{cu})$: 콘크리트 강도가 크리프에 미치는 영향함수 $= \dfrac{16.8}{\sqrt{f_{cu}}}$

$\beta(t')$: 지속하중이 가해지는 시간 t'가 크리프에 미치는 영향함수
$= \dfrac{1}{0.1+(t')^{0.2}}$

$\beta_c(t-t')$: 재하기간에 따라 크리프에 미치는 영향함수
$= \left[\dfrac{(t-t')}{\beta_H+(t-t')}\right]^{0.3}$

β_H : 외기의 상대습도와 부재의 두께에 따른 계수
$= 1.5[1+(0.012RH)^{18}]h+250 \leq 1,500(일)$

RH : 외기의 상대습도(%)

h : 개념적 부재치수(Notional Size of Member)(mm)$= \dfrac{2A_c}{u}$

A_c : 부재의 단면적(mm²)

u : 단면적 A_c의 둘레 중에서 수분이 외기로 확산되는 둘레길이(mm)

f_{cu} : 재령에 따른 콘크리트의 압축강도

3. 재령에 따른 콘크리트의 압축강도

(1) 재령 28일에서의 평균압축강도 f_{cu}

재령 28일에서의 평균압축강도 f_{cu}

$$f_{cu} = f_{ck} + \Delta(\text{MPa}) \quad \cdots\cdots\cdots ③$$

여기서, $\Delta = 4 : f_{ck} < 40\text{MPa}$
$\Delta = 6 : f_{ck} > 60\text{MPa}$

(2) 재령 t 일에서의 압축강도 $f_{cu}(t)$

재령에 따른 강도발현, 즉 재령 t 일에서의 압축강도 $f_{cu}(t)$

$$f_{cu}(t) = \beta_{cc}(t)f_{cu} \quad \cdots\cdots\cdots ④$$

$$\beta_{cc}(t) = \exp\left[\beta_{sc}\left(1-\sqrt{\dfrac{28}{t}}\right)\right] \quad \cdots\cdots\cdots ⑤$$

제1장 철근콘크리트의 역학적 성질 및 설계법

$$\beta_{sc} = \begin{cases} 0.35 : \text{1종 시멘트 습윤양생} \\ 0.15 : \text{1종 시멘트 증기양생} \\ 0.25 : \text{3종 시멘트 습윤양생} \\ 0.12 : \text{3종 시멘트 증기양생} \\ 0.40 : \text{2종 시멘트} \end{cases}$$

여기서, $\beta_{cc}(t)$: 콘크리트 강도 발현에 대한 재령에 따른 보정계수

β_{sc} : 시멘트 종류에 따른 건조수축에 미치는 영향계수

4. 초기 접선 탄성계수

크리프 변형 계산을 위한 초기 접선 탄성계수

$$E_{ci} = 10,000 \sqrt[3]{f_{cu}} \quad \cdots\cdots\cdots\cdots\cdots ⑥$$

초기 접선 탄성계수 $E_{ci}(t)$의 시간에 따른 변화

$$E_{ci}(t') = \sqrt{\beta_{cc}(t)}\, E_{ci} \quad \cdots\cdots\cdots\cdots\cdots ⑦$$

여기서, $\beta_{cc}(t)$는 식 ⑤와 같다.

2 건조수축 변형률

1. 콘크리트의 건조수축 변형률

$$\varepsilon_{sh}(t, t_s) = \varepsilon_{sho}\, \beta_s(t - t_s) \quad \cdots\cdots\cdots\cdots\cdots ⑧$$

여기서, $\varepsilon_{sh}(t, t_s)$: 재령 t_s일에서 외기에 노출된 콘크리트의 재령 t일에서의 전체 건조수축 변형률

ε_{sho} : 개념적 건조수축 계수(Notional Shrinkage Coefficient) $= \varepsilon_s(f_{cu})\beta_{RH}$

$\varepsilon_s(f_{cu}) = [160 + 10\beta_{sc}(9 - f_{cu}/10)] \times 10^{-6}$

β_{RH} : 외기습도에 따른 크리프의 건조수축에 미치는 영향계수

$$= \begin{cases} -1.55[1 - RH/100)^3] & (40\% \leq RH < 99\%) \\ 0.25 & (RH \geq 99\%) \end{cases}$$

$\beta_s(t-t_s)$: 건조기간에 따른 건조수축 변형률 함수

$$= \sqrt{\frac{(t-t_s)}{0.035h^2+(t-t_s)}}$$

β_{sc} : 시멘트 종류에 따른 건조수축에 미치는 영향계수

$$= \begin{cases} 4 : 2종 \ 시멘트 \\ 5 : 1종, 5종 \ 시멘트 \\ 8 : 3종 \ 시멘트 \end{cases}$$

RH : 외기의 상대습도(%)

h : 개념적 부재치수(Notional Size of Member)(mm) $= \dfrac{2A_c}{u}$

u : 단면적 A_c의 둘레 중에서 수분이 외기로 확산되는 둘레길이(mm)

t : 콘크리트의 재령(일)

t_s : 콘크리트가 외기에 노출되었을 때의 재령

f_{cu} : 재령에 따른 콘크리트 압축강도

2. β_{RH} 및 $\beta_s(t-t_s)$의 보정

외기의 온도가 20℃가 아닌 경우, β_{RH} 및 $\beta_s(t-t_s)$의 보정

$$\beta_{RH,T} = \left[1 + \left(\frac{8}{103-RH}\right)\left(\frac{T-20}{40}\right)\right]\beta_{RH} \quad \cdots\cdots\cdots\cdots ⑨$$

$$\beta_s(t-t_s) = \sqrt{\frac{(t-t_s)}{0.035h^2\exp[-0.06(T-20)]+(t-t_s)}} \quad \cdots\cdots\cdots ⑩$$

여기서, T : 외기 또는 양생온도(℃)

Question 01 Creep 변형률에 의한 산정

$f_{ck} = 24\text{N/mm}^2$ (24MPa)인 보통 콘크리트로 된 기둥이 $f_c = 8\text{N/mm}^2$ (8MPa)의 응력을 장기하중으로 받을 때, 이 기둥은 크리프로 인하여 그 길이가 얼마나 줄어들겠는가?(단, 기둥의 길이는 6m이고 옥외에 있다.)

1. 초기 접선 탄성계수

$$f_{cu} = f_{ck} + \Delta = 24 + 4 = 28\text{MPa}$$
$$E_{ci} = 10{,}000\sqrt[3]{f_{cu}} = 10{,}000\sqrt[3]{28} = 30{,}366\text{MPa}$$

2. 할선 탄성계수

$$E_c = 0.85 E_{ci} = 0.85 \times 30{,}366 = 25{,}811\text{MPa}$$

3. 콘크리트의 크리프 변형률

옥외 기둥의 크리프 계수 $C_u = 2.0$

$$\varepsilon_c = C_u \, \varepsilon_e = C_u \times \frac{f_c}{E_c} = 2.0 \times \frac{8}{25{,}811} = 0.00062(\text{mm/mm})$$

4. 크리프에 의하여 줄어든 길이

기둥길이 $l = 6{,}000\text{mm}$

$\Delta l = 0.00062 \times 6{,}000 = 3.72\text{mm}$

| Question 02 | Creep 변형률 계산 |

문제 1을 설계기준에서 주고 있는 계산식들을 사용하여 계산해 보자. 기둥의 단면치수는 400mm×400mm이고, 콘크리트의 재령 $t' = 65$일에서 응력 8MPa의 장기하중을 받기 시작했을 때, 콘크리트 재령 $t = 365$일에서의 크리프 계수 및 전체 크리프 변형률을 계산해 보자.(단, 양생온도, 작용응력의 크기 및 온도변화에 따른 보정은 해당되지 않는다고 본다.)

1. 크리프 계수의 계산

상대습도 RH=40%, 개념적 부재치수는

$$h = \frac{2A_c}{u} = \frac{2 \times (400 \times 400)}{400 \times 4} = 200 \text{mm}$$

$$\phi_{RH} = 1 + \frac{1 - 0.01RH}{0.10^3 \sqrt{h}} = 1 + \frac{1 - 0.01 \times 40}{0.10^3 \sqrt{200}} = 2.0$$

$$f_{cu} = f_{ck} + \Delta = 24 + 4 = 28 \text{MPa}$$

$$\beta(f_{cu}) = \frac{16.8}{\sqrt{f_{cu}}} = \frac{16.8}{\sqrt{28}} = 3.175$$

$$\beta(t') = \frac{1}{0.1 + (t')^{0.2}} = \frac{1}{0.1 + 65^{0.2}} = 0.4$$

$$\beta_H = 1.5 \left[1 + (0.012RH)^{18}\right]h + 250$$
$$= 1.5 \left[1 + (0.012 \times 40)^{18}\right] \times 200 + 250 = 550 < 1{,}500$$

재하기간에 따른 영향함수

$$\beta_c(t - t') = \left[\frac{t - t'}{\beta_H + (t - t')}\right]^{0.3} = \left[\frac{365 - 65}{550 + (365 - 65)}\right]^{0.3} = 0.732$$

크리프 계수 $\phi(t, t')$

$$\phi(t, t') = \phi_0 \beta_c(t - t') = \phi_{RH} \beta(f_{cu}) \beta(t') \times \beta_c(t - t')$$
$$= 2.0 \times 3.175 \times 0.4 \times 0.732 = 1.86$$

2. 크리프 변형률의 계산

$f_{cu} = 24 + 4 = 28\text{MPa}$

$E_{ci} = 10,000 \sqrt[3]{f_{cu}} = 10,000 \sqrt[3]{28} = 30,366\text{MPa}$

1종 시멘트를 사용, 습윤양생 시 $\beta_{sc} = 0.35$

재령 t 일에서

$\beta_{cc}(t) = \exp\left[\beta_{sc}\left(1 - \sqrt{\dfrac{28}{t}}\right)\right] = \exp\left[0.35\left(1 - \sqrt{\dfrac{28}{365}}\right)\right] = 1.29$

초기 접선 탄성계수 $E_{ci}(t)$

$E_{ci}(t') = \sqrt{\beta_{cc}(t)}\, E_{ci} = \sqrt{1.29} \times 30,366 = 34,489\text{MPa}$

전체 크리프 변형률 $\varepsilon_{co}(t, t)$

$\varepsilon_{co}(t, t) = f_c(t')\left[\dfrac{1}{E_{ci}(t')} + \dfrac{\phi(t, t')}{E_{ci}}\right]$

$\quad\quad\quad = 8\left(\dfrac{1}{34,489} + \dfrac{1.86}{30,366}\right) = 0.00072\,(\text{mm/mm})$

제1편 철근콘크리트 공학

> **Question 03** 건조수축 변형률
>
> 단면이 400mm×500mm이고, 길이가 6m인 철근콘크리트 부재이며, 철근의 단면적 $A_s = 2,000\text{mm}^2$이다. $\varepsilon_{sh} = 0.0002$이고, 콘크리트 및 철근의 탄성계수는 각각 $E_c = 2.6 \times 10^4 \text{MPa}$, $E_s = 2.0 \times 10^5 \text{MPa}$이다. 부재의 재령 $t = 90$일에서의 건조수축 변형률을 설계기준에 따라 계산해 보자.(단, 이 부재의 콘크리트가 외기에 노출되었을 때의 재령은 $t_s = 14$일이고, 건조수축 변형률을 계산할 시점인 재령 $t = 90$일까지는 외기의 온도가 20℃를 유지했다고 본다. 1종 시멘트를 사용하였으며, 콘크리트의 설계기준강도는 $f_{ck} = 21\text{MPa}$이다.)

1. $\beta_s(t-t_s)$ 산정

1종 시멘트를 사용 $\beta_{sc} = 5$이고, $f_{cu} = 21 + 4 = 25\text{MPa}$

$$\varepsilon_s(f_{cu}) = \left[160 + 10\beta_{sc}\left(9 - \frac{f_{cu}}{10}\right)\right] \times 10^{-6}$$

$$= \left[160 + 10 \times 5 \times \left(9 - \frac{25}{10}\right)\right] \times 10^{-6} = 0.000485$$

상대습도를 $RH = 40\%$로 보면,

$$\beta_{RH} = -1.55\left[1 - \left(\frac{RH}{100}\right)^3\right] = -1.55\left[1 - \left(\frac{40}{100}\right)^3\right] = -1.45$$

$$\varepsilon_{sho} = \varepsilon_s(f_{cu})\beta_{RH} = 0.000485 \times (-1.45) = -0.000703$$

부재치수가 400×500mm이므로 개념적 부재치수

$$h = \frac{2A_c}{u} = \frac{2 \times (400 \times 500)}{2 \times 400 + 2 \times 500} = 222\text{mm}$$

$$\beta_s(t-t_s) = \sqrt{\frac{t-t_s}{0.035h^2 + (t-t_s)}}$$

$$= \sqrt{\frac{90-14}{0.035 \times 222^2 + (90-14)}} = 0.21$$

$t = 90$일 동안 외기의 온도가 20℃를 유지하였으므로, β_{RH} 및 $\beta_s(t-t_s)$를 보정할 필요는 없다.

2. 재령 90일에서의 건조수축 변형률

$\varepsilon_{sh}(t, t_s) = \varepsilon_{sho}\beta_s(t-t_s) = -0.000703 \times 0.21 = -0.000148$

제1편 철근콘크리트 공학

Question 04

다음 그림과 같이 단면 도심에 중심축하중 P를 받는 기둥의 시간에 따른 철근의 응력과 변형률을 유효탄성계수법(Effective Modulus Method)으로 구하시오.

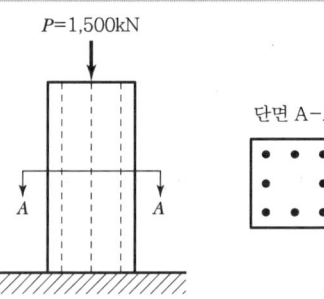

설계조건

1) 자중은 무시한다.
2) 건조수축 발생과 하중재하시기는 타설 후 10일(즉, $\tau_0 = 10$일)
3) 단면 및 재료 특성

콘크리트 단면적 A_c	철근단면적 A_s	콘크리트탄성계수 $E_c(\tau_0)$	철근탄성계수 E_s
100,000mm²	2,000mm²	25GPa	200GPa

4) 크리프 계수와 건조수축 변형률

$t-\tau_0$(일)	0	25	100	10,000
$\phi(t, \tau_0)$	0	1.0	2.0	3.0
$\varepsilon_{sh}(t, \tau_0) \times 10^{-6}$	0	200	400	600

여기서, t : 타설 시점부터 임의 경과 시간(일), ϕ : 크리프 계수, ε_{sh} : 건조수축변형률

1. EMM(Effective Modulus Method)

$$N_c(t) + N_s(t) = P \quad \cdots\cdots ①$$

$$\varepsilon_c(t) = \varepsilon_s(t)$$

$$\varepsilon_c(t) = \frac{\sigma(t)}{E_e(t)} + \varepsilon_{sh}(t)$$

$$\varepsilon_s(t) = \frac{\sigma_s(t)}{E_s}$$

$$\frac{\sigma(t)}{E_e(t)} = \frac{\sigma_s(t)}{E_s} \quad \cdots\cdots ②$$

$$E_e(t) = \frac{E_c(t)}{1 + \phi(t, t')}$$

from ① $P = \sigma(t)A_c + \sigma_s(t)A_s$ ··· ③

from ② $\dfrac{\sigma(t)[1+\phi(t,t')]}{E_c(t)} = \dfrac{\sigma_s(t)}{E_s}$ ··· ④

$\sigma_s(t) = \dfrac{E_s}{E_c}\sigma(t)[1+\phi(t,t')] = n[1+\phi(t,t')]\sigma(t)$ ················· ⑤

2. 단면 및 재료 특성

$A_c = 100,000\text{mm}^2 = 1,000\text{cm}^2$

$A_s = 2,000\text{mm}^2 = 20\text{cm}^2$

$n = \dfrac{E_s}{E_c} = \dfrac{200}{25} = 8$

3. 철근과 콘크리트의 응력 및 변형률 산정($t-\tau$=10,000일 후)

$1,500 = \sigma(t) \times 1,000 + \sigma_s(t) \times 20$

$\sigma_s(t) = 8[1+3]\sigma(t) = 32\sigma(t)$

$1,500 = 1,000\,\sigma(t) + 32 \times 20\sigma(t) = 1,640\sigma(t)$

$\sigma(t) = 914.6\text{N/cm}^2$

$\sigma_s(t) = 32\sigma(t) = 32 \times 914.6 = 29,267.2\text{N/cm}^2$

$\qquad = 29.3\text{kN/cm}^2$

$\varepsilon_s(t) = \dfrac{\sigma_s(t)}{E_s} = \dfrac{29.3\text{kN/cm}^2}{200 \times 10^2\text{kN/cm}^2} = 1.465 \times 10^{-3}$

$\varepsilon(t) = \dfrac{\sigma(t)}{E_e} = \dfrac{\sigma(t)}{\left[\dfrac{E_c(t)}{1+\phi(t,t')}\right]} = \dfrac{0.915\text{kN/cm}^2}{\dfrac{25 \times 10^2}{(1+3)}} = 1.465 \times 10^{-3}$

$\therefore \varepsilon_s(t) = \varepsilon(t)$: same

| Question | 탄성계수 |

05
콘크리트 응력-변형률 곡선으로부터 탄성계수를 측정하는 방법을 나열하고 현행 국내 설계기준에서 적용한 내용에 대하여 설명하시오.

1. 콘크리트 응력-변형률 곡선 특징

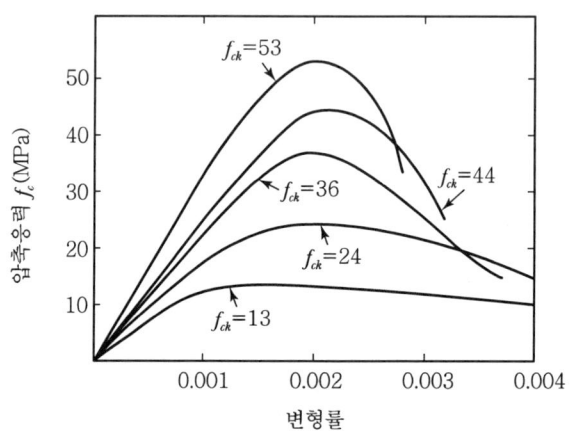

[콘크리트 응력-변형률 곡선]

재령 28일 기준 콘크리트 압축강도를 시험했을 때 콘크리트 응력-변형률 관계곡선에서 알 수 있는 특징은 다음과 같다.
① 시작부는 거의 직선에 가깝다.
② 강도가 낮을수록 곡선이 평평하고 강도가 높을수록 뾰족하다.
③ 최대하중 작용 시 변형률 범위=0.002~0.003
④ 파괴 시 변형률 범위=0.003~0.004

2. 탄성계수 종류

(1) 초기 접선 탄성계수

원점을 기준으로 한 초기 기울기

$$E_c = \left(\frac{df_c}{d\varepsilon}\right)_{\varepsilon=0} = \tan\theta_1$$

(2) 접선 탄성계수

임의 점을 기준으로 한 기울기

$$E_c = \left(\frac{df_c}{d\varepsilon}\right)_{\varepsilon=\varepsilon_A} = \tan\theta_2$$

(3) 할선 탄성계수

최대강도의 50% 점 기울기

$$E_c = \frac{f_A}{\varepsilon_A} = \tan\theta_3$$

(4) 적용 탄성계수

콘크리트의 탄성계수는 할선 탄성계수를 사용

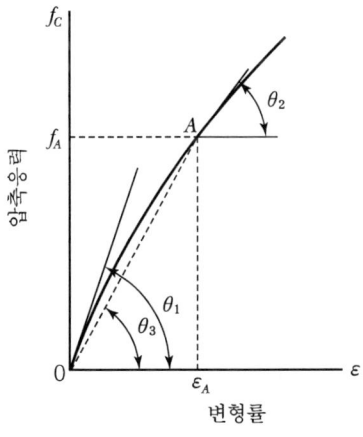

[콘크리트 응력-변형률 곡선]

3. 탄성계수 값

2012 콘크리트설계기준에서 적용하고 있는 탄성계수 값은 다음과 같다.

(1) 보통의 골재를 사용한 경우

$$E_c = 8,500 \sqrt[3]{f_{cu}} \, (\text{MPa})$$

f_{cu} : 재령 28일에서 콘크리트의 평균 압축강도(MPa) $= f_{ck} + \Delta f$
f_{ck} : 콘크리트 설계기준강도(MPa)
$f_{ck} < 40\text{MPa}$: $\Delta f = 4\text{MPa}$
$f_{ck} < 60\text{MPa}$: $\Delta f = 6\text{MPa}$
그 사이는 직선보간

(2) 크리프 계산에 사용되는 경우

$$E_{ci} = 1.18 E_c$$

E_{ci} : 콘크리트 초기 접선 탄성계수(MPa) $= 10,000 \sqrt[3]{f_{cu}} \, (\text{MPa})$
$E_{ci}(t')$: 시간에 따른 변화 $= \sqrt{\beta_{cc}(t)} \, E_{ci}$

| Question 06 | 콘크리트 응력-변형률 특성 |

콘크리트 강도레벨(보통강도, 고강도, 초고강도)에 따른 응력-변형률 곡선형태와 응력분포 모델, 극한 압축변형률에 대해서 기술하시오.

1. 콘크리트 응력-변형률 선도

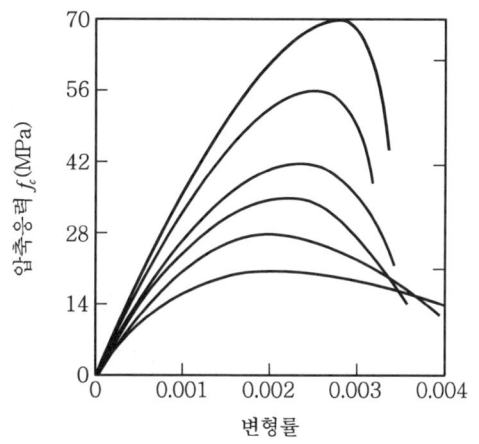

[콘크리트 응력-변형률 선도]

2. 강도별 콘크리트 응력-변형률 특징

(1) 저강도 콘크리트

① 정부가 평평하다.
② 최대하중까지의 변형률이 고강도보다 작다.
③ 최대값 이후 파괴될 때까지 변형률의 변화가 크다.
④ 취성이 적으므로(Less Brittle) 고강도 콘크리트보다 더 큰 변형률에서 파괴된다.
  (연성파괴)

(2) 고강도 콘크리트

① 정부가 뾰족하다.
② 파괴 시의 변형률이 저강도 콘크리트보다 작다.
③ 최대강도 이후 변형률의 증가가 거의 없이 파쇄된다.(취성파괴)
④ 최대하중 시 변형률 범위는 0.002~0.003이다.
⑤ 파괴 시 변형률 범위는 0.003~0.004이다.

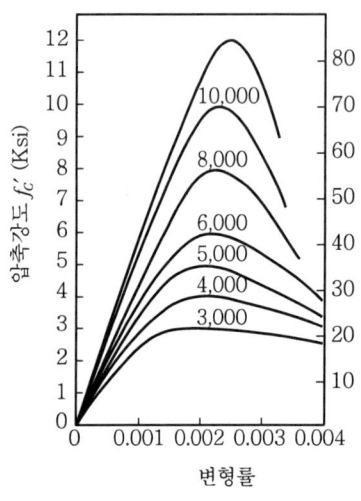 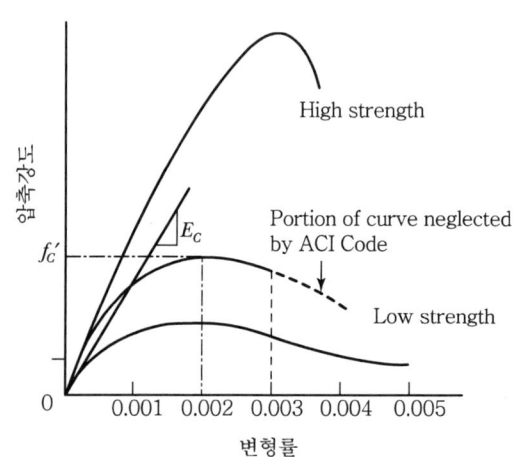

[콘크리트 응력-변형률 선도]

Question 07	철근 응력–변형률 특성

철근의 응력–변형률 특성에 대해서 기술하시오.

1. 철근의 탄성계수

$E_s = 2.0 \times 10^5 \text{MPa}$

2. 응력-변형률 곡선

(1) 항복고원(Yield Plateau)

일정한 응력에서 변형이 계속 진행되는 곡선의 수평부분

(2) 응력–변형률 곡선의 특징

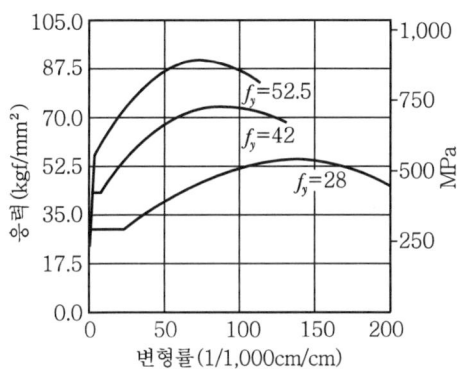 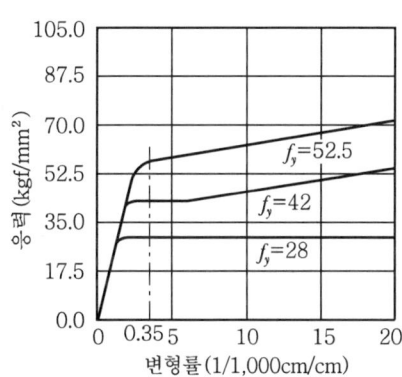

[철근의 응력–변형률 곡선]

① 저탄소강은 항복고원이 뚜렷이 나타나다가 변형률 경화(Strain Hardening)의 특성을 보임

② 고강도탄소강은 몹시 짧은 항복고원을 나타내거나, 항복고원이 없이 즉시 변형률 경화에 들어감

3. 파괴특성

(1) 저탄소강 : 연성파괴(Ductile Failure)특성
(2) 고탄소강 : 취성파괴(Brittle Failure)특성

제1장 철근콘크리트의 역학적 성질 및 설계법

| Question 08 | 철근콘크리트 설계법 |

철근콘크리트의 설계방법에 대해 기술하시오.

1. 개요

철근콘크리트 설계는 다음과 같은 방법들이 있으며 각각의 특징에 대해 살펴본다.
- 허용응력 설계법
- 강도설계법
- 한계상태 설계법

2. 허용응력 설계법(Working Stress Design ; WSD)

(1) 정의
철근콘크리트를 탄성체로 가정하고 탄성이론에 의한 응력이 재료의 허용응력을 넘지 않도록 설계하는 방법

(2) 기본 가정
① 보축에 직각인 단면은 변형된 후에도 평면을 유지한다.(Bernoulli의 정리)
② 변형(변형률)은 중립축으로부터의 거리에 비례
③ 콘크리트의 탄성계수는 정수
④ 콘크리트의 휨인장응력은 무시

(3) 설계 개념
① 콘크리트의 실제응력 f_c ≤ 콘크리트의 허용응력 f_{ca}
② 철근의 실제응력 f_s ≤ 철근의 허용응력 f_{sa}
③ 안전율 : 극한응력/허용응력

(4) 허용응력

① 콘크리트 $f_{ca} = 0.4 f_{ck}$

② 철근 $f_{sa} = 0.5 f_y$

③ 탄성계수비 $n = \dfrac{E_s}{E_c}$ 사용

3. 강도설계법(Ultimate Strength Design ; USD)

(1) 정의

철근과 콘크리트의 비탄성 거동인 극한강도를 기초로 한 설계방법으로 설계하중이 단면저항력 이내에 있도록 설계하는 방법을 말한다.

(2) 설계 가정

① 변형(변형률)은 중립축으로부터의 거리에 비례(Bernoulli의 정리)

② 압축부 콘크리트의 최대변형률은 0.003으로 가정

③ 콘크리트의 휨인장강도는 무시

④ 일반적으로 콘크리트 압축응력은 $0.85 f_{ck}$로 균등하고, 이 응력이 압축연단으로부터 $a = \beta_1 c$까지 등분포한다고 가정

(3) 설계개념

소요강도(Required Strength) $\sum \gamma_i L_i \leq$ 설계강도(Design Strength) ϕS_n

γ_i : 하중 L_i의 불확실성 정도에 따른 하중계수(Load Factor)

ϕ : 강도감소계수(Strength Reduction Factor)

S_n : 공칭강도(Nominal Strength), 재료의 실강도에 따른 단면력

4. 한계상태 설계법(Limit State Design ; LSD)

(1) 정의

신뢰성 이론에 근거한 것으로서 안전성과 사용성을 하나의 개념으로 보고 합리적으로 다루려는 설계법이다. 구조물이 기능을 상실하게 되는 극한 한계상태와 정상적인 사용한계 상태를 만족하지 못하는 사용 한계상태로 되는 확률을 모든 부재에 대해서 일정한 값이 되게 하는 설계 방법이다.

(2) 설계개념

① 하중 : 설계 하중=특성하중×부분 안전계수($\gamma_f > 1.0$)
② 강도 : 설계강도=특성강도/부분안전계수($\gamma_m > 1.0$)

(3) 한계상태

① 극한한계상태(Ultimate Limit State) : 부재가 파괴상태로 되어 그 기능을 완전히 상실한 상태
② 사용한계상태(Serviceability Limit State) : 처짐, 균열 또는 진동 등이 과대 발생되어 정상적인 사용조건을 만족시키지 못하는 상태
③ 피로한계상태(Fatigue Limit State) : 반복하중에 의하여 철근이나 콘크리트가 파괴되는 피로파괴를 일으킨 상태

5. 설계법의 비교 분석

구분	WSD	USD	LSD
장점	전통성(Tradition) 친근성(Familiarity) 단순성(Simplicity) 경험(Experience) 편리성(Convenience)	안전도확보(Safety) 하중특성 설계반영 재료특성반영	신뢰성(Reliability) 안전율 조정성 거동(Behabior) 재료무관시방서 경제성(Economy) 설계형식(Format)
단점	신뢰도(Reliability) 임의성(Arbitary) 보유내하력(Capacity) 설계형식(Design Format)	사용성 별도 검토 경제성(Economy) LSD에 비하여 비합리적	변화(Change) S/W(Software) 이론에 치중(Theory) 보정(Calibration)

6. 결론

확률이론에 기초한 LSD 설계법은 안전성은 극한상태를 검토함으로써 확보하고, 사용성은 사용한계상태를 검토하여 확보함으로써 강도설계법의 결점을 보완한 일보 진전된 설계법으로 균일한 안전 수준을 확보할 수 있다는 장점이 있다.

Question 09	USD설계법

철근콘크리트의 극한설계(극한해석)에 대하여 간단히 설명하시오.

1. 정의

극한 강도설계법(Ultimate Strength Design)은 사용하중에 하중계수를 곱한 극한하중에 의한 설계단면력을 지지할 수 있는 설계강도를 갖도록 단면을 결정하는 방법을 말한다.

2. 기본가정

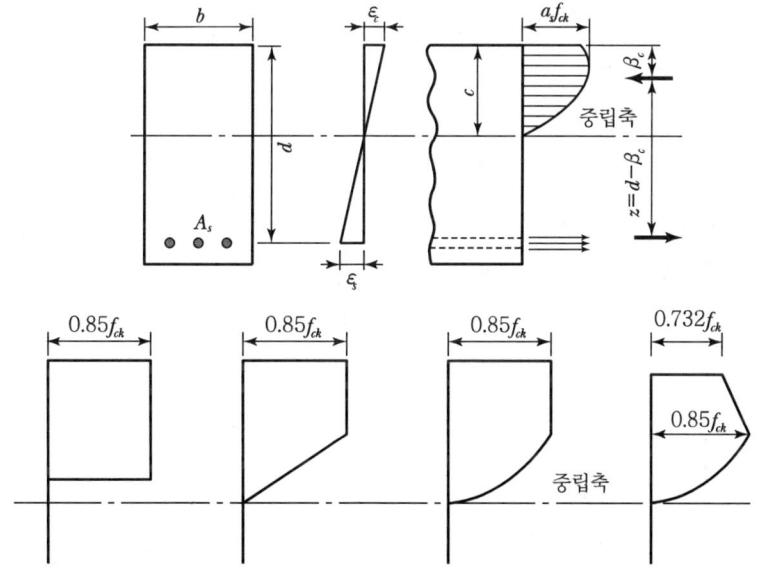

① 평형조건과 적합조건을 만족하여야 한다.
② 철근 및 콘크리트의 변형률은 중립축에서 떨어진 거리에 비례
③ 콘크리트의 압축변형률은 0.003으로 가정한다.
④ 철근응력은 항복강도 이하에서는 변형률의 E_s배로 하지만 항복강도 이상에서는 항복강도와 같다고 가정한다. 선형탄성-완전소성으로 가정한다.

⑤ 콘크리트 인장강도는 휨계산에서 무시한다.
⑥ 콘크리트의 압축응력 분포는 직사각형, 사다리꼴, 포물선 또는 어떤 형상으로든지 가정할 수 있으나 적절한 시험에 의해 알아낼 수 있는 것으로 한다.
⑦ 압축응력의 분포는 등가직사각형 응력분포로 생각해도 좋다. 즉 콘크리트 압축응력이 $0.85f_{ck}$로 일정하고 응력이 압축연단에서 $a = \beta_1 c$까지 등분포한다고 가정한다.
$\beta_1 = 0.85 - 0.007(f_{ck} - 28) \geq 0.65$

3. 안전성 확보

(1) 하중계수

① 구조물에 작용하는 하중은 고정하중, 활하중, 기타 하중으로 구분된다.
② 고정하중은 사하중으로서 설계 시의 구조물 치수로부터 알 수 있다.
③ 활하중은 크기와 분포가 일정하지 않으며 구조물의 수명 동안 최대하중을 정확히 알 수 없다.
④ 기타 하중은 환경조건에 따른 풍하중, 적설하중, 지진하중, 토압, 온도변화에 의한 것으로서 크기와 분포가 분명하지 않다.
⑤ 구조물의 수명 동안 최대하중은 불확실하므로 최대하중을 확률변수로 본다.
⑥ 최대하중에 대한 확률모델은 도수곡선에서 하중의 확률밀도함수의 평균값에 의해서 알아낼 수 있다. 도수곡선의 정확한 모양은 하중형태에 대해서 하중조사에서 얻은 통계자료에 의해 결정할 수 있다.

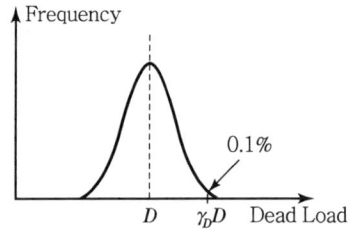
[사하중 빈도]

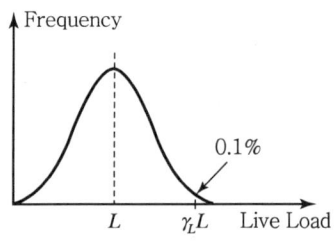
[활하중 빈도]

⑦ 하중 도수분포 그림에서 L_1과 L_2 사이의 면적은 $L_1 < L < L_2$의 크기를 갖는 하중 L의 발생확률을 나타낸다. 설계에서는 상위구역(L_2)의 크기를 결정하는 데 신중하여야 한다.

⑧ 초과하중이 작용하는 확률을 1/1,000로 하고 하중계수를 결정한다.

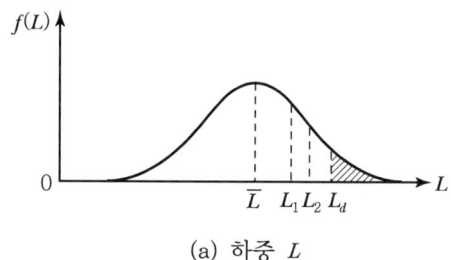

(a) 하중 L

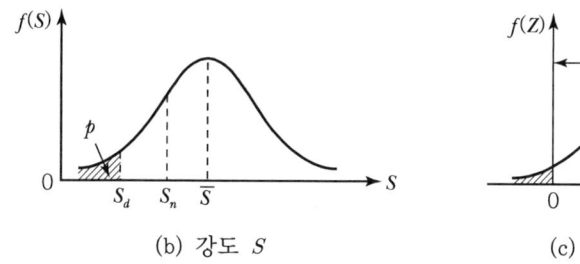

(b) 강도 S

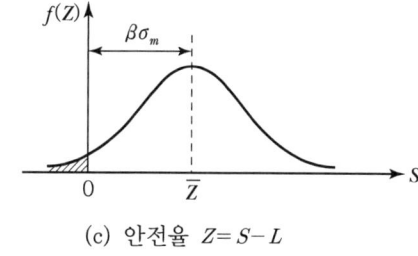

(c) 안전율 $Z = S - L$

(2) 강도감소계수

① 실제 강도를 정확하게 알 수 없으므로 변수로 가정한다.
② 주요변수로는 부재의 치수, 시공정도, 구조적 거동 등이다.
③ 실측된 재료와 부재의 강도에 관한 통계자료를 이용하여 강도감소계수를 결정한다.
④ 구조부재의 단면의 저항값이 설계강도 이하로 되는 확률이 1/100 이하가 되도록 강도감소계수를 결정한다.

(3) 파괴확률

1) 구조물의 안전율 Z

$$안전율\ Z = \phi R_n - U > \beta \sigma_{\ln(R/U)}'$$
$$U = \sum r_i L_i : 요구강도$$

여기서, r_i =하중계수, L_i =작용하중
R_n = 공칭강도, ϕR_n = 설계강도
ϕ =강도감소계수, β = 안전성(신뢰성) 지수
$\sigma_{\ln(R/U)} = \ln(R/U)$의 표준편차

조건 : $\gamma_i > 1$, $\phi < 1$

2) 설계목표(안전성 지표 β)
① 평균안전율 Z'가 0에서 표준편차 $\sigma_{\ln(R/U)}$의 β배가 되는 위치에 있어야 한다.
② 극한한계상태에 대한 1/100,000 정도의 파괴확률을 확보하기 위한 안전율을 확보하기 위해서는 $\beta = 3.5 \sim 4.0$으로 한다.

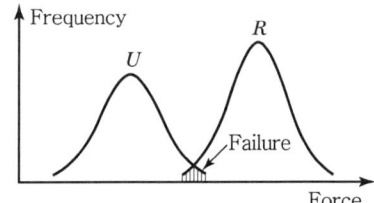
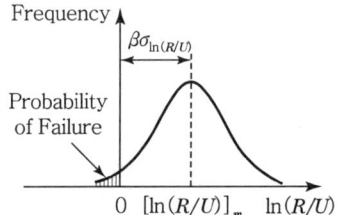

Question 10	고강도재료
	고강도재료(콘크리트, 철근)의 장단점에 대하여 설명하시오.

1. 정의

고강도 콘크리트란 콘크리트 압축강도가 40MPa 이상인 콘크리트를 말하며, 고강도 철근은 항복강도 500MPa(SD500) 이상인 철근을 말한다.

2. 장점

고강도 콘크리트와 철근의 장점은 다음과 같다.
① 부재단면의 치수감소
② 탄성계수 증가
③ 건조수축 및 크리이프 감소
④ 초기처짐 및 장기처짐 감소
⑤ PSC 경우 프리스트레스(긴장력) 감소
⑥ 내구성 증진
⑦ 높은 강도를 견딜 수 있다.

3. 단점

(1) 고강도 콘크리트의 단점

① 혼화재료가 고가이다.
② 시공시 작업기간과 품질에 대한 인식 확보가 요구된다.
③ 고강도 콘크리트에 대한 인식이 필요하다.
④ 단면손실이 발생했을 경우 내하력 감소로 특별한 유지관리가 필요하다.

(2) 고강도 철근의 단점

① 취성파괴를 유발한다.
② 소성변형이 작아 급격한 파괴를 유발한다.

Question 11 섬유보강 콘크리트

섬유보강 콘크리트에 대하여 설명하시오.

1. 개요

섬유보강 콘크리트는 불연속의 단섬유를 콘크리트 중에 균일하게 분산시킴에 따라 인장강도, 휨강도, 균열 저항성, 인성, 전단강도 및 내충격성 등의 개선을 도모한 복합재료이다.

2. 섬유의 종류

(1) 무기계 섬유

- 강섬유
- 유리섬유
- 탄소섬유

(2) 유기계 섬유

- 폴리프로필렌 섬유
- 아라미드 섬유
- 비닐론 섬유
- 나일론 섬유

3. 섬유가 갖추어야 할 조건

① 섬유와 시멘트 결합재 사이의 부착성이 좋을 것
② 섬유의 인장강도가 충분히 클 것
③ 섬유의 탄성계수는 시멘트 결합재 탄성계수의 1/5 이상일 것
④ Aspect Ratio는 50 이상일 것
⑤ 내구성, 내열성 및 내후성이 우수할 것
⑥ 시공에 문제가 없을 것
⑦ 가격이 저렴할 것

4. 섬유보강 콘크리트의 특징

(1) 물리적인 특징

① 내동해성에 대한 저항성 개선
② 내구성 증진
③ 섬유혼입률이 큰 경우 단위수량, 잔골재율이 크게 되고 블리딩이 일어나기 쉽다.
④ 섬유의 형상, 치수, 혼입률, 배향, 분산, 굵은골재 최대치수, 잔골재율, 비비기 방법, 다지기 방법에 따라 콘크리트 품질은 영향을 받는다.

(2) 역학적인 특징

① 인장강도, 휨강도 및 피로강도 개선
② 포장이나 터널의 라이닝 두께 감소 가능
③ 일단균열이 발생한 후에도 상당한 내력을 유지하고 점진적으로 파괴에 이른다.
④ 철근콘크리트와 병행하면 전단내력 증대
⑤ 특히 내진성의 구조물에는 효과적이다.
⑥ 충격력이나 폭발력에 대한 저항이 우수하다.

(3) 시공상의 특징

섬유혼입률이 큰 경우 재료분리가 일어나기 쉽고, 비비기 다짐 등이 곤란하다.

5. 배합

① 품질을 만족하는 범위에서 최소단위수량, 소요단위수량은 섬유혼입률에 비례하여 증가하므로 AE감수제를 사용하는 것이 좋다.
② 섬유의 형상, 치수 및 혼입률은 섬유보강콘크리트의 소요 휨강도 및 인성을 고려하여 정한다.
③ 강섬유 혼입시는 강섬유 혼입률, 강섬유 형상비 증가에 따라 잔골재율을 증가시킨다.

6. 비비기

① 소요의 품질을 얻을 수 있도록 충분히 비벼야 한다.
② 섬유투입은 콘크리트에 균일하게 분산시킬 수 있는 방법으로 한다.
③ 비비기 시간은 시험에 의하여 정한다.

7. 결론

섬유보강콘크리트는 인장강도, 휨강도, 전단강도 및 인성이 섬유의 혼입률에 거의 비례하여 증가하지만 압축강도는 그다지 큰 변화가 없다. 또한 콘크리트의 취성을 개선하여 연성파괴를 유도함으로써 안전성을 확보할 수 있다. 그러나 이러한 역학적, 물리적인 특징은 섬유의 형상, 치수, 혼입률, 분산, 굵은골재 최대치수, 잔골재율, 비비기 방법, 다지기 방법에 따라 콘크리트 품질이 큰 영향을 받으므로 소요의 품질을 확보하기 위해서는 시공 전에 충분히 검토하여 시공하여야 한다.

Question 12	콘크리트의 종류와 특징

콘크리트의 종류와 특징을 설명하시오.

1. 개요

콘크리트는 사용 용도와 목적에 따라 다양하게 개발되어 사용되고 있다. 재료 사용 여부와 사용 목적에 따라 다양한 콘크리트 종류를 살펴본다.

2. 플라이애쉬(Fly Ash) 콘크리트

(1) 정의

화력발전소에서 미분탄을 연소시킬 때 발생하는 재의 미립자를 집진기로 포집한 플라이애쉬(Fly Ash)를 콘크리트 재료로 사용한 콘크리트를 말하며 포졸란계를 대표하는 혼화재이다.

(2) 특징

유동성 개선, 장기강도 개선, 수화열 감소, 알칼리 골재반응 억제, 황산염에 대한 저항성 향상과 콘크리트의 수밀성 향상 등을 갖는 특징이 있다.

3. 폴리머(Polymer) 콘크리트

(1) 정의

결합재료로서 시멘트와 같은 무기질재료 대신 폴리머만으로 골재를 결합시켜 제조한 콘크리트를 말한다.

(2) 특징

조기강도의 발현, 투수 및 투과에 대한 우수한 저항성 등으로 그 용도가 매우 다양하나 내화성에 대해 결함을 가지고 있다.

4. 팽창(Expansion) 콘크리트

(1) 정의

물과 반응하여 경화과정에서 팽창하는 성질을 가진 콘크리트를 말한다.

(2) 특징

철근 또는 기타 구속부재가 존재하면 콘크리트에 압축력이 발생하여 균열을 방지하는 효과를 가져온다. 팽창콘크리트는 팽창효과에 의해 건조수축 등에 의한 균열을 줄일 수 있고 균열내력이 향상되므로 내구성이 요구되는 구조물에 사용된다.

(3) 적용

① 수조(Water Tank)   ② 정수설비
③ 지하구조물   ④ 교량의 바닥틀, 포장면
⑤ 터널 라이닝

5. 경량(Light Weight) 콘크리트

(1) 정의

콘크리트의 강도에 비해 비중이 낮은 경량골재를 사용한 콘크리트를 말하며, 구조물의 자중을 감소시켜 대형화를 가능하게 한 콘크리트이다.

경량골재란 잔골재중량이 18kN/cm^3 미만이고, 굵은골재 중량이 15kN/cm^3 미만인 골재를 말한다.

(2) 특징

1) 역학적 측면

① 고강도인 경우 굵은골재 최대치수의 영향이 크다.
② 보통 콘크리트와 역학적인 특징이 비슷하다.
③ 압축강도 한계는 60MPa 이내이다.
④ 인장 및 전단강도는 보통 콘크리트의 60~80%이다.

2) 내구성 측면
① 보통 콘크리트에 비해 내동해성이 매우 낮다.
② AE제를 사용하는 경우 충분한 내구성을 확보할 수 있다.
③ 수밀성은 보통 콘크리트와 비슷하다.
④ 사전수분살포(Pre-wetting)가 반드시 필요하다.
⑤ 반드시 AE제를 사용하여야 한다.
⑥ 펌프 사용시에는 유동화 콘크리트로 하여야 한다.

(3) 요구조건
① 깨끗하고, 강하고, 내구적이어야 한다.
② 적당한 입도와 소정의 단위중량을 가지고 있어야 한다.
③ 유해물질을 함유하지 않아야 한다.
④ 품질변동이 없어야 한다.
⑤ 씻기시험에서 손실률이 10% 이하여야 한다.
⑥ 단위중량의 오차는 10% 이내여야 한다.

6. 중량(Heavy Weight) 콘크리트

(1) 정의

콘크리트는 강도에 비해 비중이 높아 구조물의 자중이 큰 특징이 있다. 콘크리트 중량이 약 25kN/m³ 이상인 콘크리트를 중량콘크리트라 한다.

(2) 특징

중량콘크리트는 주로 방사선 차폐를 목적으로 원자력 발전시설 등에 사용된다. 이러한 차폐콘크리트로서의 성능을 제대로 발휘하기 위해 강도와 내구성이 요구된다.

(3) 요구조건
① 소요밀도를 보유한 콘크리트일 것
② 건조수축이나 온도응력에 의한 균열이 없을 것
③ 방사선 조사에 의한 유해물질 발생이 없을 것
④ 열전도율은 크고, 열팽창률은 작을 것

Question 13. 포틀랜드시멘트

포틀랜드시멘트의 종류와 특징을 설명하시오.

1. 개요

포틀랜드시멘트의 종류로는 보통, 중용열, 조강, 저열, 내황산염 포틀랜드시멘트가 있으며 사용목적에 따라 달리 쓰이므로 해당 목적에 맞도록 산정해야 한다.

2. 보통 포틀랜드시멘트

일반적으로 시멘트의 보편적인 성질을 구비하고 있으며 토목, 건축공사에 가장 널리 사용되고 있다.

3. 중용열 포틀랜드시멘트

수화열에 대해 규정하고 있어 매스콘크리트 용으로 댐, 교량공사, 도로공사 및 구조물 기초공사 등에 이용되고 있다.

4. 조강 포틀랜드시멘트

조기강도 발현을 크게 한 시멘트로 긴급공사의 경우에 보통 포틀랜드시멘트 대용으로 사용되며, 주로 시멘트 2차 제품 및 한중공사에 적용한다.

5. 저열 포틀랜드시멘트

수화열을 중용열 포틀랜드시멘트보다도 낮게 규정하고 있으며, 용도는 같다.

6. 내황산염 포틀랜드시멘트

황산염에 대한 저항성을 크게 해서 황산염을 많이 포함하는 해수, 토양, 지하수에 접촉하는 부위의 콘크리트 공사, 원자로 공사에 사용한다.

Question	폴리머콘크리트
14	폴리머콘크리트를 설명하시오.

1. 정의

대표적인 건설재료로 사용되는 포틀랜드 시멘트 콘크리트는 경제적 또는 구조적으로 장점을 가지고 있으나, 시멘트수화물이기 때문에 경화지연, 낮은 인장강도, 큰 건조수축, 내약품성 등에 취약한 단점을 가지고 있다.

이러한 단점을 개선하기 위하여 콘크리트 제조 시 사용하는 결합재의 일부를 고분자 화학구조를 가지는 폴리머로 대체시켜 제조한 콘크리트를 총칭하여 폴리머콘크리트(Polymer Concrete)라고 하며 제조방법에 따라 폴리머 시멘트 콘크리트, 폴리머 콘크리트, 폴리머 합침 콘크리트로 나누어진다.

2. 종류 및 용도

(1) 폴리머 시멘트 콘크리트(PCC ; Polymer Cement Concrete)

일반 시멘트 콘크리트의 혼합 시 수용성 또는 분산형 폴리머를 병행·투입하여 만들어지는 콘크리트로 콘크리트의 경화과정에 폴리머 반응이 진행되며, 사용 폴리머에 따라 외부에서 열을 가하여 경화를 촉진하기도 한다.

PCC는 접착성과 내구적 특성을 많이 요구하는 부분, 즉 교량상판 덧씌우기, 바닥 미장재, 콘크리트 패킹(Packing) 재료 등으로 많이 사용되고 있다.

(2) 폴리머 콘크리트(PC ; Polymer Concrete)

결합재로서 시멘트를 사용하지 않고 폴리머만을 골재와 결합하여 콘크리트를 제조한 것으로서, 휨강도, 압축강도, 인장강도가 현저하게 개선 향상되며, 조기에 고강도를 발현하기 때문에 단면의 축소에 따른 경량화가 가능하며, 마모저항, 충격저항, 내약품성, 동결융해 저항성, 내부식성 등 강도특성과 내구성이 우수하기 때문에 구조물에 다양하게 이용되고 있다.

폴리머 시멘트 모르타르는 종래의 시멘트계 미장마감제보다 내구성이 우수하고 특히 보수재로서 성능과 가격의 균형이 좋기 때문에 수요가 증가하고 있다. 또한 우수한 특성을 이용하여 맨홀, FRP 복합관 및 패널, 고강도 파일, 인조대리석 등의 공장제품과 댐방수로의 복공, 수력발전소 감세공의 복공, 온천지 건물의 기초 등 현장타설공사에 사용되고 있다.

(3) 폴리머 함침 콘크리트(PIC ; Polymer Impregnated Concrete)

경화 콘크리트의 성질을 개선할 목적으로 콘크리트 부재에 폴리머를 침투시켜 제조된 콘크리트이다. PIC는 함침시킬 부재를 건조시켜 폴리머가 침투될 공간을 형성한 후 시멘트 콘크리트 공극에 폴리머를 가압, 감압 및 중력으로 침투시키는 방법이 사용되며, 폴리머 함침정도에 따라 완전함침, 부분함침으로 분류된다. PIC는 마모저항성, 포장재료의 성능개선, 프리스트레스트 콘크리트의 내구성 개선 등에 유리하며, 주요 용도로는 기존 콘크리트 구조물 표면의 경화, 강도, 수밀성, 내약품성과 중성화에 대한 저항성 및 내마모성 등의 향상을 도모할 목적으로 고속도로의 포장과 댐의 보수공사 및 지붕슬래브의 방수공사 등에 활용되고 있다.

3. 폴리머 콘크리트의 특징

(1) 조기에 고강도(압축강도 80~100MPa)를 나타내 부재 단면을 작게 할 수 있어 경량화가 가능하다.
(2) 탄성계수는 일반 시멘트 콘크리트보다 약간 작으며 크리프는 폴리머 결합재의 종류 및 양과 온도에 따라 다르나 일반 시멘트 콘크리트와 큰 차이는 없다.
(3) 수밀성과 기밀성 면에서 거의 완전한 구조이므로 흡수 및 투수에 대한 저항성과 기체의 투과에 대한 저항성이 우수하다.
(4) 폴리머 결합재의 높은 접착성 때문에 시멘트 콘크리트, 타일, 금속, 목재, 벽돌 등 각종 건설재료와의 접착이 용이하다.
(5) 내약품성, 내마모성, 내충격성 및 전기절연성이 양호하다.
(6) 가연성인 폴리머 결합재를 함유하기 때문에 난연성 및 내구성은 불량하다.

제1장 철근콘크리트의 역학적 성질 및 설계법

Question 15	고강도콘크리트
	고강도 콘크리트에 대하여 설명하시오.

1. 정의
40MPa 이상의 압축강도를 갖는 콘크리트를 말한다.

2. 용도
① 부재단면의 치수 감소
② 탄성계수 증가
③ 건조수축 및 크리프 감소
④ 초기처짐 및 장기처짐 감소
⑤ PSC에서는 프리스트레스 감소
⑥ 내구성 증진
⑦ 고강도 철근 사용 가능

3. 제조방법

| 구분 | 감수제 | 결합제 | | 활성골재 | 고온가압양생 | 가압다짐 | 섬유보강재 |
		혼화재	폴리머				
W/C 저감	○					○	
공극률 저감		○	○			○	
골재 부착증대			○	○			
시멘트 수화물 개선					○		○
시멘트 이외의 결합제 사용			○				

(1) 재료

   ① 시멘트 : 분말도가 높은 시멘트를 사용

   ② 골재 : 강도가 큰 골재를 사용한다(50MPa 이상), 조립률은 3.0 정도, 굵은골재 최대치수는 13mm 이상

   ③ 고성능감수제 사용

   ④ 혼화재료 : 슬래그, 플라이애쉬, 실리카흄 등을 사용하나 워커빌리티의 감소를 고려할 것

(2) 배합설계

   ① W/C비 : 40~50MPa 사이는 33~38%, 70MPa 이상은 30%

   ② 단위시멘트량 : 350~600kg/m³

   ③ 잔골재율 : 30~40%, 잔골재의 조립률은 2.5 이하

(3) 시공방법

   ① 비비기 : 고강도 믹서는 시멘트 페이스트량이 많고 동일한 슬럼프에서도 점성이 크기 때문에 믹서를 충분히 마련하여 비비기 중 중단이 없어야 한다.

   ② 재료투입순서 : 고성능 감수제를 마지막에 투입하여 효율을 충분히 높이도록 한다.

   ③ 비비기 시간 : 1.5~3.0m³의 용량에서 고정식은 60~90초, 가경식은 120~180초로 한다.

   ④ 운반 : 운반 중 슬럼프 저하를 고려하여야 하고 지연형 감수제의 사용을 고려한다. 운반시간은 비빔부터 타설 완료까지 60~90분 이내가 되도록 한다.

   ⑤ 타설 : 보통콘크리트에 비하여 압력손실이 크므로 펌프 선정 시 주의

   ⑥ 다지기 : 재료분리 가능성이 크므로 주의하면서 진동기의 삽입 간격을 좁게 하면서 진동시간을 짧게 하는 것이 좋다.

4. 고강도 콘크리트의 특징

① 작은 W/C로 워커빌리티가 좋은 콘크리트가 얻어지고 경화한 후에는 매우 높은 강도를 나타낸다.
② 높은 압축 강도를 가지므로 부재의 단면을 축소시킬 수 있어 자중을 경감시킬 수 있으므로 긴 지간의 구조물이나 고층 건축물에 사용된다.
③ 고강도 콘크리트는 탄성계수의 값이 커지고 건조수축과 Creep은 적어지므로 초기 처짐과 장기처짐을 감소시킬 수 있고, 또 프리스트레스의 손실이 적어진다.
④ 마모에 대한 저항성의 향상, 철근 부식에 대한 방호, 내약품성의 향상 등 내구성 개선에 유리하므로 교량 상판의 덧씌우기, 댐의 여수로, 화학 공장의 바닥 슬래브, 해양 구조물 등에 사용한다.

5. 고강도 콘크리트 사용에 따른 문제점

① 혼화재료 : 고가
② 시공 시 : 작업성 확보, 고강도 콘크리트에 대한 인식
③ 유지관리 시 : 단면손실 발생 시 내하력 감소

Question 16. 고성능콘크리트

고성능콘크리트에 대하여 설명하시오.

1. 개요
고성능콘크리트란 고강도성, 고내구성, 고시공성을 고루 갖춘 콘크리트를 말한다.

2. 고성능콘크리트의 요구조건

(1) 시공성의 고성능화
① 유동성, 재료분리 저항성, 충전성이 우수하여 자중만으로도 충진 가능
② 콘크리트 타설작업 시 최소한의 다짐만으로도 복잡하게 배근된 거푸집을 구석구석 충진하고, 밀실하고 균일한 콘크리트를 타설할 수 있는 콘크리트

(2) 강도의 고성능화(고강도화)
① 고성능 감수제 사용으로 단위수량을 30% 이내로 가능
② 점성을 높이기 위해 플라이애쉬, 슬래그 미분말을 사용하여 포졸란 반응, 수산화 칼슘의 감소, 미분말의 충진효과로 고강도화 실현

(3) 내구성의 고성능화
투기성, 투수성이 낮은 치밀하고 균일한 콘크리트

3. 재료 및 배합설계

(1) 시멘트
① 보통포틀랜드 시멘트 사용
② 유동성 확보를 위해 고성능 감수제 사용량 증가
③ 고성능 시멘트로서 벨라이트 시멘트 개발 판매

(2) 결합제
- ① 플라이애쉬, 슬래그 미분말
- ② 슬래그 분말도에 의하여 유동성이 증가

(3) 혼화제
- ① 슬럼프 저감형 고성능 AE 감수제
- ② 실리카 흄

(4) 분리 저감제

(5) 굵은골재 최대 치수

일반적으로 20mm, 단면이 큰 경우 40mm

(6) 공기량 : 4~7%

(7) 단위 페스트량

단위분체량의 증가로 인하여 단위 페스트량도 증가

4. 고성능 콘크리트의 성능 평가 항목
- ① 유동성
- ② 부착성
- ③ 분리 저항성
- ④ 간극 통과성
- ⑤ 충진성

5. 고성능 콘크리트의 시공 시 주의사항

(1) 제조
① 사용재료의 약간의 성분변화에도 민감하므로 엄격한 품질관리가 요구
② 결합재의 양 증가로 믹싱시간 증가
③ 점성이 높아 믹서기의 세척 필요

(2) 거푸집 설계
일반 콘크리트보다 압력이 더 크므로 재래식 거푸집은 보강 설계

(3) 충전성 검사
다짐 필요 여부를 확인

(4) 펌프 압송
① 마찰저항이 증가하며
② 관내 압력 손실이 크다.
③ 펌프 압송 후 슬럼프 값이 변한다.

(5) 타설속도
① 다짐작업이 불필요하여 타설인력이 불필요하고
② 타설속도는 빨라지나
③ 타설도중 들어간 공기가 빠져나가기 어렵고, 제조속도가 따라가기 힘들고, 압송저항이 비선형으로 증가하므로 타설속도를 조절
④ 연속적인 타설 필요

(6) 타설높이
① 타설높이는 크게 할 수 있으나
② 거푸집에 작용하는 압력이 증가하므로 거푸집 설계 시 충분한 안전율을 두어야 한다.

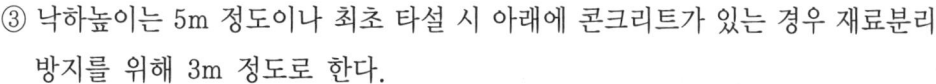

③ 낙하높이는 5m 정도이나 최초 타설 시 아래에 콘크리트가 있는 경우 재료분리 방지를 위해 3m 정도로 한다.

(7) 타설면 처리
① 블리딩과 표면의 레이턴스가 거의 없고
② 표면에 굵은골재가 존재하여 강도가 보존되고 연약층이 없으므로 내하력 상승
③ 표면 마무리가 힘들다.

6. 결론

고성능 콘크리트는 고시공성, 고강도성 및 고내구성을 갖춘 콘크리트를 말하며, 건설업의 인력절감과 합리화를 이룰 수 있어 관련 연구가 매우 급속도로 진행중이며 실제 적용도 활발히 이루어지고 있다. 그러나 아직 정확한 시방규정이 마련되지 않은 상태이므로 시공에 직접 적용하기 위한 재료 및 배합설계에 대한 연구가 향후 연구과제로 남아있다.

Question 17 고성능 콘크리트

초고성능 시멘트 복합재(Ultra High Performance Cementious Composite)의 제조방법과 그 특성에 대하여 기술하시오.

1. 정의

초고성능 시멘트 복합제란 고강도, 고내구성, 고시공성을 골고루 갖춘 시멘트 복합제를 말한다.

2. 콘크리트 요구조건

(1) 고성능 시공

① 유동성, 재료분리 저항성, 충진성이 우수하여 자중만으로도 충진 가능할 것
② 콘크리트 타설작업 시 최소한의 다짐만으로도 복잡하게 배근된 철근 사이를 콘크리트로 충진하여 밀실하고 균일한 콘크리트를 타설할 것

(2) 고강도화

① 고성능 감수제 사용으로 단위수량을 30% 이내로 사용 가능
② 점성을 높이기 위해 플라이애쉬, 슬래그 미분말을 사용하여 포졸란 반응, 수산화 칼슘의 감소, 미분말의 충진효과로 고강도화 실현

(3) 내구성의 고성능화

투기성, 투수성이 낮은 치밀하고 균일한 콘크리트 생성

3. 재료 및 배합설계 조건

(1) 시멘트
　① 포틀랜드 시멘트 사용
　② 유동성 확보를 위해 고성능 감수제 사용량 증가

(2) 결합제
　① 플라이애쉬, 슬래그 미분말
　② 슬래그 분말도에 의하여 유동성이 증가

(3) 혼화제
　① 슬럼프 저감형 고성능 AE 감수제
　② 실리카 흄

(4) 분리저감제

제 2 장 보의 휨 해석 및 설계

1 하중계수와 하중조합 및 강도감소계수

1. 하중계수와 하중조합

하중조건	하중계수 및 하중조합	
고정하중 D 액체하중 F 연직토압 H_v	$U = 1.4(D+F)$	(a)
온도 등의 영향 T 적설하중 S 강우하중 R 풍하중 W	$U = 1.2(D+F+T) + 1.6(L + \alpha_H H_v + H_h) + 0.5$ $(L_r$ 또는 S 또는 $R)$	(b)
	$U = 1.2D + 1.6(L_r$ 또는 S 또는 $R) + (1.0L$ 또는 $0.65W)$	(c)
	$U = 1.2D + 1.3W + 1.0L + 0.5(L_r$ 또는 S 또는 $R)$	(d)
	$U = 1.2(D+F+T) + 1.6(L + \alpha_H H_v) + 0.8H_h + 0.5$ $(L_r$ 또는 S 또는 $R)$	(e)
	$U = 0.9(D+H_v) + 1.3W + (1.6H_h$ 또는 $0.8H_h)$	(f)
지진하중 E	$U = 1.2D + 1.0E + 1.0L + 0.2S + (1.0H_h$ 또는 $0.5H_h)$	(g)
	$U = 0.9(D+H_v) + 1.0E + (1.0H_h$ 또는 $0.5H_h)$	(h)
기본^{주)}	$U = 1.2D + 1.6L$	

주) 기본으로 제시한 하중조합($1.2D+1.6L$)은 다음과 같은 사실을 반영하기 위해서이다. 즉 대부분의 빌딩은 액체하중F나 토압H의 작용을 받는 일이 거의 없으며, 또 $1.4D$가 그 설계를 지배하는 일은 거의 없기 때문이다.

여기서, U : 소요강도
D : 고정하중(사하중) 또는 이에 의해 일어나는 단면력
F : 유체의 중량 및 압력 또는 이에 의해 일어나는 단면력
T : 온도, 크리프, 건조수축 및 부등침하의 영향 등에 의해 일어나는 단면력
L : 활하중 또는 이에 의해 일어나는 단면력

H_v : 흙, 지하수 또는 기타 재료의 자중에 의한 연직방향 하중 또는 이에 의해 일어나는 단면력

H_h : 흙, 지하수 또는 기타 재료의 횡압력에 의한 수평방향 하중, 또는 이에 의해 일어나는 단면력

L_r : 지붕 활하중 또는 이에 의해 일어나는 단면력

S : 적설하중 또는 이에 의해 일어나는 단면력

R : 강우하중 또는 이에 의해 일어나는 단면력

W : 풍하중 또는 이에 의해 일어나는 단면력

E : 지진하중 또는 이에 의해 일어나는 단면력

α_H : 토피의 두께 h에 따른 연직방향 하중 H_v에 대한 보정계수

$h \leq 2m$에 대하여 $\alpha_H = 1.0$

$h > 2m$에 대하여 $\alpha_H = 1.05 - 0.025h > 0.875$

2. 재료계수 및 강도감소계수

	재료, 부재 또는 하중(단면력)의 종류		ϕ
재료계수	콘크리트 ϕ_c		0.65
	철근과 프리스트레싱 강재 ϕ_s		0.90
PSC 부재에서 긴장재 묻힘길이가 정착길이보다 작은 프리텐션 부재의 설계휨강도는 재료계수를 고려한 설계휨강도에 다음의 강도수정계수 ϕ_m를 곱한 값으로 결정	부재의 단부부터 전달길이 단부까지		0.85
	전달길이 단부부터 정착길이 단부 사이의 강도수정계수		0.85~1.0
RC 구조물과 PSC 구조물 및 무근 콘크리트 구조물의 부재와 부재 간의 연결부 및 각 부재 단면의 전단력과 비틀림모멘트, 스트럿-타이 모델, 포스트텐션 정착구역에 대한 설계강도		재료의 설계기준강도를 사용하여 이 구조기준의 규정과 가정에 따라 해석한 공칭강도에 강도감소계수 ϕ를 곱한 값으로 결정	
강도감소계수	전단력과 비틀림모멘트		0.75
	스트럿-타이 모델의 스트럿, 절점부 및 지압부		0.75
	스트럿-타이 모델의 타이		0.85
	포스트텐션 정착구역		0.85

2 단면 설계를 위한 응력-변형률 곡선

1. 포물-사각형 응력-변형률 곡선(parabola-rectangular stress-strain curve ; p-r곡선)

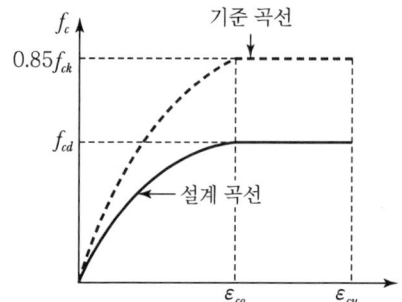

f_{ck}(MPa)	≤40	50	60	70	80	90
$\varepsilon_{co}(10^{-3})$	2.0	2.1	2.2	2.3	2.4	2.5
$\varepsilon_{cu}(10^{-3})$	3.3	3.2	3.1	3.0	2.9	2.8
n	2.0	1.92	1.50	1.29	1.22	1.20

[단면 설계를 위한 콘크리트 응력-변형률 설계 곡선]

$$f_c = \phi_c(0.85 f_{ck})\left[1-\left(1-\frac{\varepsilon_c}{\varepsilon_{co}}\right)^n\right] : 0 \leq \varepsilon_c \leq \varepsilon_{co} \quad \cdots\cdots ①$$

$$f_c = \phi_c(0.85 f_{ck}) : \varepsilon_{co} \leq \varepsilon_c \leq \varepsilon_{cu} \quad \cdots\cdots ②$$

$$n = 1.2 + 1.5\left(\frac{100-f_{ck}}{60}\right)^4 \leq 2.0 : 상승 곡선부의 형상을 나타내는 지수$$

2. ε_{co}, ε_{cu}

(1) ε_{co}

- 최대응력에 처음 도달할 때의 변형률, 즉 축강도 해석의 변형률 한계
- $\varepsilon_{co} = 0.002 + \left(\dfrac{f_{ck}-40}{100,000}\right) \geq 0.002$

(2) ε_{cu}

- 극한한계변형률, 즉 휨강도 해석의 변형률 한계
- $\varepsilon_{cu} = 0.0033 - \left(\dfrac{f_{ck} - 40}{100,000}\right) \leq 0.0033$

3. p-r 곡선의 활용

- 모든 부재의 단면압축 영역에서 실제 응력분포를 근사적으로 나타냄
- 부재단면의 중립축 위치를 산정하는 데 적용
- 압축연단의 한계변형률 결정에도 적용

3 설계휨강도

1. 평균응력계수 α와 작용점 위치계수 β를 이용한 M_d 산정

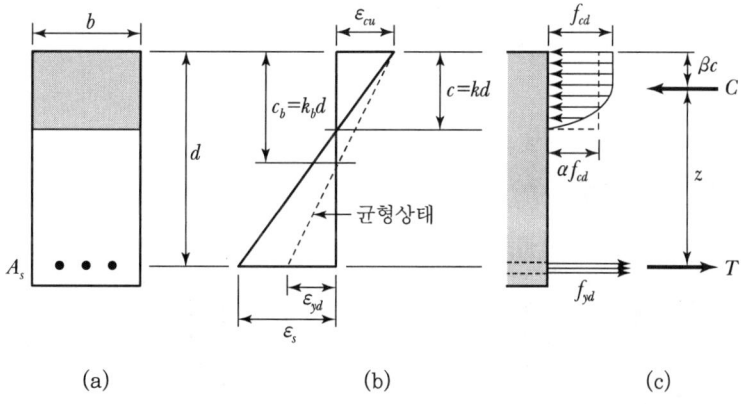

[휨 부재의 극한한계상태 단면변형률과 응력분포]

제1편 철근콘크리트 공학

⟨휨부재의 극한한계상태에서 한계변형률과 합력 무차원 계수값⟩

f_{ck}(MPa)	보통강도 콘크리트*							고강도 콘크리트				
	18	21	24	27	30	35	40	50	60	70	80	90
ε_{cu}(‰)	\multicolumn{7}{c}{3.3}		3.2	3.1	3.0	2.9	2.8
α				0.8				0.78	0.72	0.67	0.63	0.59
β				0.4				0.40	0.38	0.37	0.36	0.35
γ				1.0				0.97	0.95	0.91	0.87	0.84

* 우리나라 콘크리트표준시방서에서 규정하고 있는 강도기준에 따른 호칭

- $f_{cd} = 0.85\phi_c f_{ck}$
- $f_{yd} = \phi_s f_y$
- 압축력 $C = \alpha f_{cd} bkd$

  $k = \dfrac{c}{d}, \ c = kd$

- 인장력 $T = f_{yd} A_s$
- 내부 모멘트 팔길이 : $z = d - \beta c = d - \beta kd = (1-\beta k)d$
- 설계 휨강도 : $M_d = Cz = \alpha f_{cd} k(1-\beta k)bd^2$
- 단위 휨강도(무차원) : $m_d = \dfrac{M_d}{f_{cd}bd^2} = \alpha k(1-\beta k)$

2. 등가사각형 응력블록

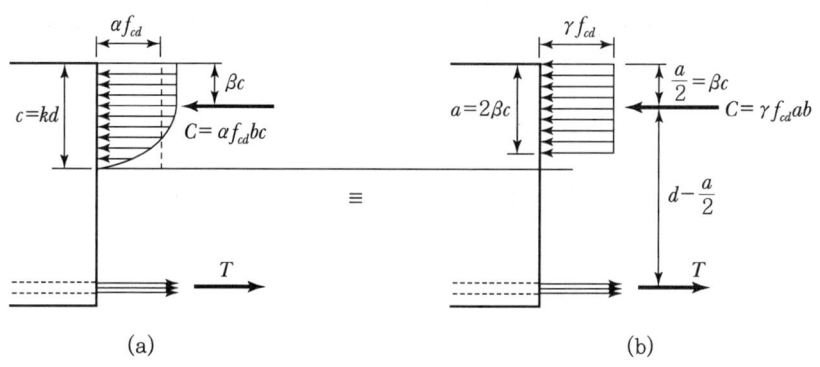

[극한한계상태 단면 해석을 위한 등가사각형 응력블록]

① 그림(a), (b)에서의 합력

$$\alpha f_{cd}bc = 2\beta\gamma f_{cd}bc$$

$$\gamma = \frac{\alpha}{2\beta} \text{ (보통강도 콘크리트 : 1.0)}$$

② $C = T$

$$\gamma f_{cd} a b = f_{yd} A_s$$

$$a = \frac{f_{yd} A_s}{\gamma f_{cd} b}$$

③ M_d

$$M_d = f_{yd} A_s \left(d - \frac{a}{2} \right)$$

$A_s = \rho bd, \quad a = \dfrac{f_{yd} A_s}{\gamma f_{cd} b}$ 대입하면

$$M_d = \rho f_{yd} b d^2 \left(1 - 0.5\rho \frac{f_{yd}}{\gamma f_{cd}} \right)$$

(1) 균형상태

$$\varepsilon_c = \varepsilon_{cu}$$

$$\varepsilon_s = \varepsilon_{yd}$$

$$\varepsilon_s = \varepsilon_{cu} \left(\frac{1-k}{k} \right) \geq \varepsilon_{yd} : \text{인장철근이 설계항복조건에 도달하는 조건}$$

$$k \leq k_b = \frac{\varepsilon_{cu}}{\varepsilon_{yd} + \varepsilon_{cu}}$$

(2) 인장지배

$$c < c_b$$

$$T = f_{yd} A_s = \rho f_{yd} bd$$

$$C = \alpha f_{cd} bkd$$

$$\rho f_{yd} bd = \alpha f_{cd} bkd$$

$$k = \frac{\rho f_{yd}}{\alpha f_{cd}} = \frac{w}{\alpha}$$

$$w = \rho \frac{f_{yd}}{f_{cd}} = \frac{A_s}{bd} \frac{f_{yd}}{f_{cd}} : 역학적 철근비(\text{mechanical reinforcement index})$$

$$z = (1-\beta k)d$$

$$M_d = Tz = \rho f_{yd}(1-\beta k)bd^2$$

$$M_d = w\left(1 - \frac{\beta}{\alpha}w\right)f_{cd}bd^2 = w(1-0.5w)f_{cd}bd^2$$

(3) 압축지배

$k > k_b$이면 콘크리트가 압축파괴 시 인장철근비 설계항복강도 $\phi_s f_y$에 도달하지 않음

$$f_s = E_s \varepsilon_s = E_s \varepsilon_{cu}\left(\frac{1-k}{k}\right)$$

$C = T$에서

$$\alpha f_{cd} kbd = A_s E_s \varepsilon_{cu}\left(\frac{1-k}{k}\right)$$

$$\alpha f_{cd} k^2 bd + A_s E_s \varepsilon_{cu} k - A_s E_s \varepsilon_{cu} = 0$$

k에 대한 이차방정식에서 k를 구하고

$$M_d = \alpha f_{cd} k(1-\beta k)bd^2$$

제2장 보의 휨 해석 및 설계

Question 01 단철근 사각형 단면 설계휨강도

아래 그림과 같은 사각형 단면 부재의 설계휨강도 M_d를 계산하시오. 인장철근은 6개의 D22 철근으로 구성되어 있으며, 사용한 콘크리트의 $f_{ck}=$ 30MPa이고, 철근의 $f_y=$400MPa이다. 재료계수로 $\phi_c=0.65$와 $\phi_s=0.90$을 적용한다.

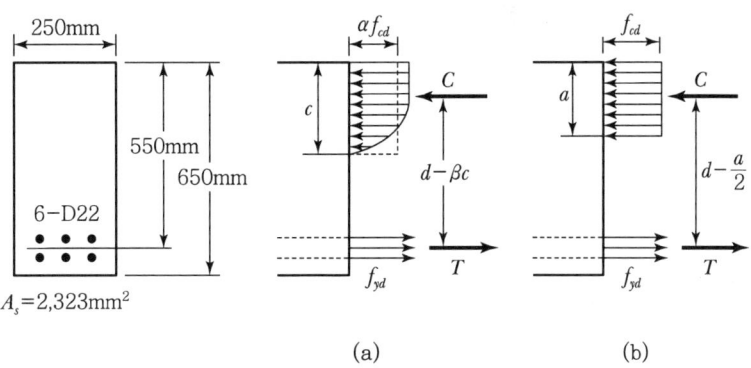

1. P-r 응력분포를 직접 이용하는 방법

(1) f_{cd} & f_{yd}

$$f_{cd} = \phi_c 0.85 f_{ck} = 0.65(0.85)(30) = 16.6 \text{N/mm}^2$$

$$f_{yd} = \phi_s f_y = 0.9(400) = 360 \text{N/mm}^2$$

$$\alpha = 0.8, \ \beta = 0.4$$

(2) C & T

$$C = \alpha f_{cd} b c = 0.8(16.6)(250)c$$

$$T = f_{yd} A_s = 360(2,323) = 836,280 \text{ N}$$

$$C = T$$

중립축 길이 $c = \dfrac{836,260}{0.8(16.6)(250)} = 252 \text{mm}$

(3) 설계휨강도(M_d)

$$z = d - \beta c = 550 - 0.4(252) = 449 \text{mm}$$

$$M_d = Tz = 836,280 \times 449 \times 10^{-6} = 375.5 \text{kN} \cdot \text{m}$$

2. 등가사각형 응력블록 이용

(1) $C \ \& \ T$

$$C = f_{cd}ab = (16.6)(250)a$$

$$T = f_{yd}A_s = 360(2,323) = 836,280 \text{N}$$

(2) 응력블록깊이 a

$$C = T$$

$$a = \frac{836,280}{16.6(250)} = 202 \text{mm}$$

(3) 설계휨강도

$$z = d - \frac{a}{2} = 550 - \frac{202}{2} = 449 \text{mm}$$

$$M_d = Tz = 836,280(449) \times 10^{-6} = 375.5 \text{kN} \cdot \text{m}$$

4 복철근 사각형 단면부재

1. 인장철근, 압축철근 모두 항복하는 경우

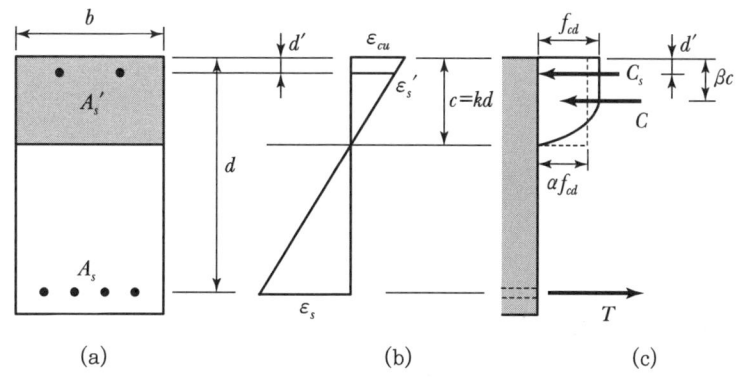

[복철근 휨부재 극한한계상태의 단면변형률과 응력분포]

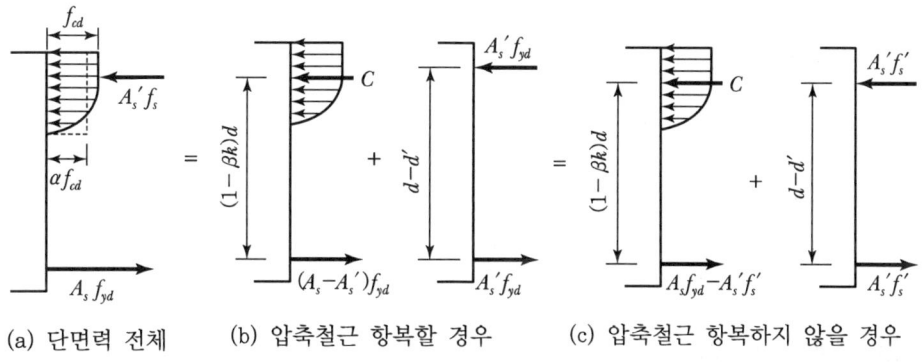

(a) 단면력 전체   (b) 압축철근 항복할 경우   (c) 압축철근 항복하지 않을 경우

[복철근 보의 휨강도]

(1) 압축철근이 항복하기 위한 조건

$$c \geq \left(\frac{\varepsilon_{cu}}{\varepsilon_{cu} - \varepsilon_{yd}}\right)d'$$

(2) 단면력 평행조건

$$C + C_s = T$$

$$\alpha f_{cd} bc + f_{yd} A_s{'} = f_{yd} A_s$$

$$c = \frac{f_{yd}(A_s - A_s{'})}{\alpha f_{cd} b}$$

(3) 설계휨강도

$$M_d = f_{yd} A_s{'}(d - d') + f_{yd}(A_s - A_s{'})(1 - \beta k)d$$

2. 압축철근이 항복하지 않는 경우

(1) $f_s{'}$

$$f_s{'} = E_s \varepsilon_{cu} \frac{c - d'}{c}$$

(2) 단면력 평형조건

$$f_{yd} A_s = \alpha f_{cd} bc + A_s{'} f_s{'} = \alpha f_{cd} bc + A_s{'} E_s \varepsilon_{cu} \frac{c - d'}{c}$$

$$\alpha f_{cd} bc^2 + (A_s{'} E_s \varepsilon_{cu} - f_{yd} A_s)c - A_s{'} E_s \varepsilon_{cu} d' = 0$$

c에 대한 2차방정식

(3) 설계휨강도 M_d

$$M_d = f_s{'} A_s{'}(d - d') + (f_{yd} A_s - A_s{'} f_s{'})(1 - \beta k)d$$

$$= f_s{'} A_s{'}(d - d') + f_{yd}\left(A_s - A_s{'} \frac{f_s{'}}{f_{yd}}\right)(1 - \beta k)d$$

제2장 보의 휨 해석 및 설계

| Question | 복철근 부재의 휨강도 |

02 아래 그림처럼 폭 300mm이고 유효깊이가 450mm인 사각형 단면 보가 있다. 인장철근은 두 층으로 배치된 6개의 D32 철근으로 구성되어 있다. 2개의 D29 압축철근이 압축연단에서 60mm 깊이에 위치하고 있다. $f_y = $ 350MPa, $f_{ck} = $ 35MPa인 철근과 콘크리트를 사용하였다. 극한한계상태에서 재료계수는 $\phi_c = 0.65$, $\phi_s = 0.90$을 적용하여 설계휨강도를 계산하라.

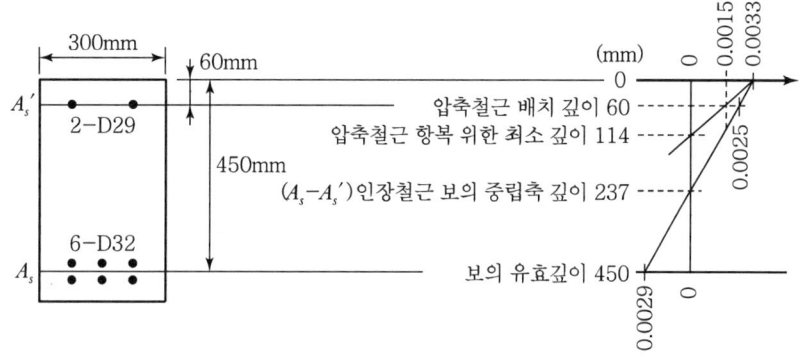

1. f_{cd}, f_{yd}, α, β

$f_{cd} = \phi_c 0.85 f_{ck} = 0.65(0.85)(35) = 19.3 \text{MPa}$

$f_{yd} = \phi_s f_y = 0.9(350) = 315 \text{MPa}$

$\alpha = 0.8$

$\beta = 0.4$

$\varepsilon_{yd} = \dfrac{f_{yd}}{E_s} = \dfrac{315}{200,000} = 0.00157$

$A_s = 4,765 \text{mm}^2, \ A_s' = 1,285 \text{mm}^2$

2. k & k_b

$$k = \frac{c}{d} = \frac{f_{yd}A_s}{\alpha f_{cd}bd} = \frac{315(4,765)}{0.8(19.3)(300)(450)} = 0.72$$

$$k_b = \frac{\varepsilon_{cu}}{\varepsilon_{cu} + \varepsilon_{yd}} = \frac{0.0033}{0.0033 + 0.00157} = 0.677$$

$c_b = k_b d = 0.677 \times 450 = 305\text{mm} < c = kd = 0.72(450) = 324\text{mm}$

∴ 복철근 단면으로 해석

3. 압축철근이 항복하기 위한 조건

$$c \geq \left(\frac{\varepsilon_{cu}}{\varepsilon_{cu} - \varepsilon_{yd}}\right)d' = \left(\frac{0.0033}{0.0033 - 0.00157}\right) \times 60 = 114\text{mm}$$

4. 단면력 평형조건

$C + C_s = T$

$\alpha f_{cd}bc + f_{yd}A_s' = f_{yd}A_s$

$$c = \frac{f_{yd}(A_s - A_s')}{\alpha f_{cd}b} = \frac{315(4,765 - 1,285)}{0.8(19.3)(300)} = 237\text{mm}$$

5. 휨강도

$M_d = f_{yd}A_s'(d - d') + f_{yd}(A_s - A_s')(1 - \beta k)d$

$\quad = [315(1,285)(450 - 60) + 315(4,765 - 1,285)\{1 - 0.4(0.526)\}(450)] \times 10^{-6}$

$\quad = 547\text{kN} \cdot \text{m}$

5 T형 단면부재

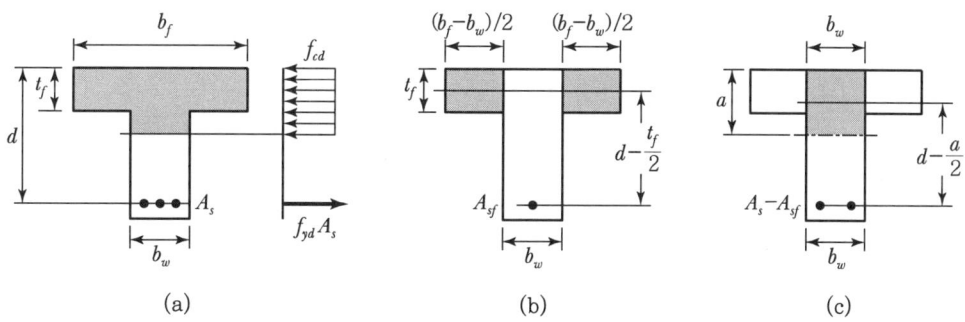

[등가응력 블록을 이용한 T형 단면부재 휨강도 계산]

1. T형보 검토

$a = \dfrac{f_{yd}A_s}{f_{cd}b_f} \leq t_f$: 폭 b_f를 갖는 사각형 단면부재

$a = \dfrac{f_{yd}A_s}{f_{cd}b_f} > t_f$: T형 단면

2. 플랜지부에 대응되는 인장철근량 A_{sf}

$A_{sf} = \dfrac{f_{cd}(b_f - b_w)t_f}{f_{yd}}$

$M_{d1} = f_{yd}A_s\left(d - \dfrac{t_f}{2}\right)$

3. 웨브의 등가블록 깊이 a

$$(A_s - A_{sf})f_{yd} = f_{cd} a b_w$$

$$a = \frac{(A_s - A_{sf})f_{yd}}{f_{cd} b_w}$$

$$M_{d2} = f_{yd}(A_s - A_{sf})\left(d - \frac{a}{2}\right)$$

4. 전체 설계휨강도

$$M_d = M_{d1} + M_{d2} = f_{yd} A_{sf}\left(d - \frac{t_f}{2}\right) + f_{yd}(A_s - A_{sf})\left(d - \frac{a}{2}\right)$$

| Question 03 | T형 단면부재 |

아래 그림과 같은 T형 단면부재의 설계휨강도를 산정하시오. 사용된 콘크리트의 f_{ck} =35MPa이고, 철근의 f_y =500MPa이다. 인장철근으로 21개의 D32를 3단으로 배치하였다. 콘크리트에 대해 ϕ_c =0.65를, 그리고 철근에 대해 ϕ_s =0.9를 적용한다.

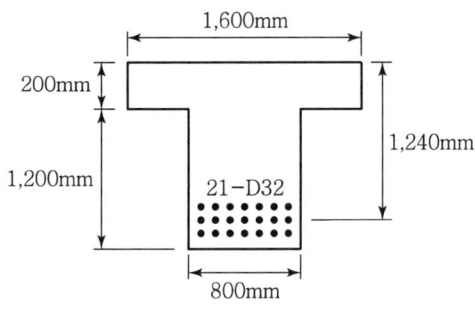

1. f_{cd}, f_{yd}, A_s

$$f_{cd} = \phi_c 0.85 f_{ck} = 0.65(0.85)(35) = 19.3\text{MPa}$$
$$f_{yd} = \phi_s f_y = 0.9(500) = 450\text{MPa}$$
$$A_s = 21(794.2) = 16{,}677\text{mm}^2$$

2. T형보 검토

$$a = \frac{f_{yd}A_s}{f_{cd}b_f} = \frac{450(16{,}677)}{19.3(1{,}600)} = 243\text{mm} > t_f = 200\text{mm}$$

∴ T형보

3. A_{sf}

$$A_{sf} = \frac{f_{cd}(b_f - b_w)t_f}{f_{yd}} = \frac{19.3(1,600 - 800) \times 200}{450} = 6,862 \text{mm}^2$$

$$M_{d1} = f_{yd}A_{sf}\left(d - \frac{t_f}{2}\right) = 450(6,862)\left(1,240 - \frac{200}{2}\right) \times 10^{-6} = 3,520.2 \text{kN} \cdot \text{m}$$

4. 웨브 등가블록깊이 a

$$a = \frac{(A_s - A_{sf})f_{yd}}{f_{cd}b_w} = \frac{(16,677 - 6,862)(450)}{19.3(800)} = 286 \text{mm}$$

$$M_{d2} = f_{yd}(A_s - A_{sf})\left(d - \frac{a}{2}\right) = 450(16,677 - 6,862)\left(1,240 - \frac{286}{2}\right) \times 10^{-6}$$
$$= 4,845.2 \text{kN} \cdot \text{m}$$

5. 설계휨강도

$$M_d = M_{d1} + M_{d2} = 3,520.2 + 4,845.2 = 8,365.4 \text{kN} \cdot \text{m}$$

제2장 보의 휨 해석 및 설계

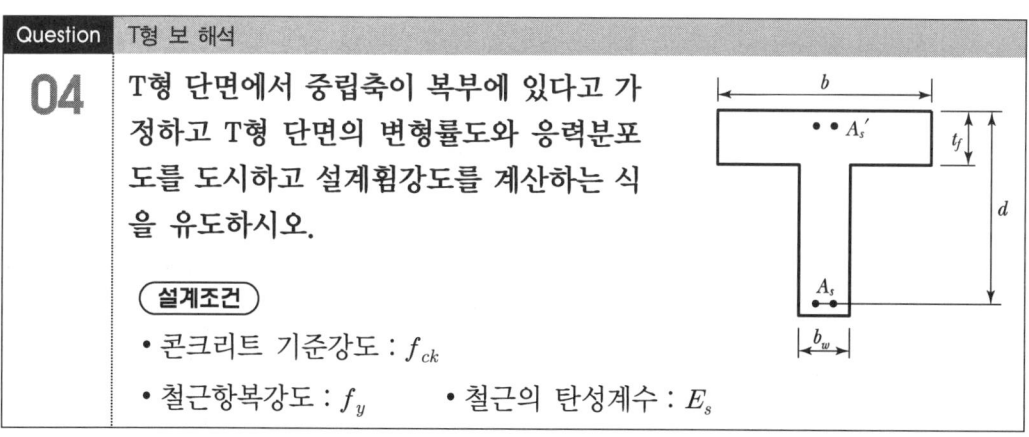

| Question 04 | T형 보 해석 |

T형 단면에서 중립축이 복부에 있다고 가정하고 T형 단면의 변형률도와 응력분포도를 도시하고 설계휨강도를 계산하는 식을 유도하시오.

설계조건
- 콘크리트 기준강도 : f_{ck}
- 철근항복강도 : f_y
- 철근의 탄성계수 : E_s

◉ **풀이**   T형 보의 설계휨강도를 산정하는 문제이다. 복철근 T형 보의 경우에 대해 공칭강도를 산정하는 식을 유도하기로 한다.

1. T형 보 여부 검토

중립축 위치를 검토하여 T형 보와 사각형 보 여부를 결정한다.

(1) 압축력 : $C_c + C_s = 0.85 f_{ck}\, b\, t_f + A_s' f_y$

(2) 인장력 : $T = A_s f_y$

구분	중립축 위치	단면 해석
$C < T$	중립축 웨브존재	T형 보 해석
$C > T$	중립축 슬래브존재	사각형 보 해석

2. T형 보 해석

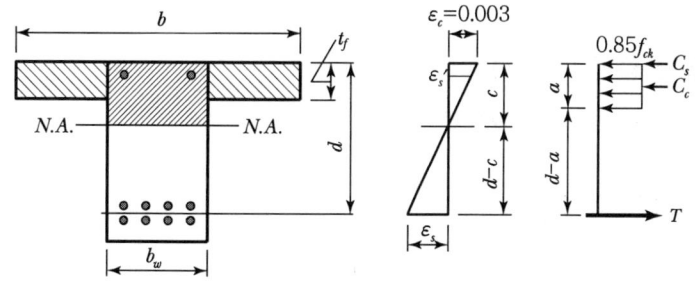

T형 보의 인장측과 압축측에 배치된 철근의 항복 여부를 검토하여 철근응력을 사용해야 한다.

(1) 압축플랜지에 대응되는 인장철근량 산정

$C_{cf} = 0.85 f_{ck} A_{cf} = A_{sf} f_y$ 이므로

$A_{sf} = \dfrac{0.85 f_{ck} A_{cf}}{f_y}$

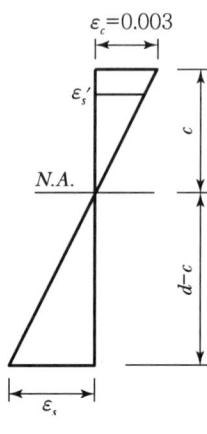

(2) 등가 블럭깊이 산정

$(A_s - A_{sf})f_y = C_{cw} + C_s$ 이므로

$(A_s - A_{sf})f_y = 0.85 f_{ck} a b_w + A_s{'} f_y$

$a = \dfrac{(A_s - A_{sf} - A_s{'})f_y}{0.85 f_{ck} b_w}$

[변형률선도]

(3) 인장철근 항복 여부 검토

$c : \varepsilon_c = (d-c) : \varepsilon_s$ 이므로

$\therefore \varepsilon_s = \left(\dfrac{d-c}{c}\right)\varepsilon_c$

구분	중립축 위치	비고
$\varepsilon_s > \varepsilon_y$	인장철근 항복	$f_s = f_y$ 사용
$\varepsilon_s < \varepsilon_y$	인장철근 항복이전	f_s 사용

(4) 압축철근 항복 여부 검토

$c : \varepsilon_c = (c - d') : \varepsilon_s{'}$ 이므로

$\therefore \varepsilon_s{'} = \left(\dfrac{c - d'}{c}\right)\varepsilon_c$

구분	중립축 위치	비고
$\varepsilon_s' > \varepsilon_y$	압축철근 항복	$f_s' = f_y$ 사용
$\varepsilon_s' < \varepsilon_y$	압축철근 항복이전	f_s' 사용

3. 설계 휨모멘트 산정

복철근 T형 보의 공칭휨모멘트는 ① 압축철근 저항력 ② 압축플랜지 저항력 ③ 압축 웨브 저항력에 대한 휨모멘트를 산정하여 구한다.

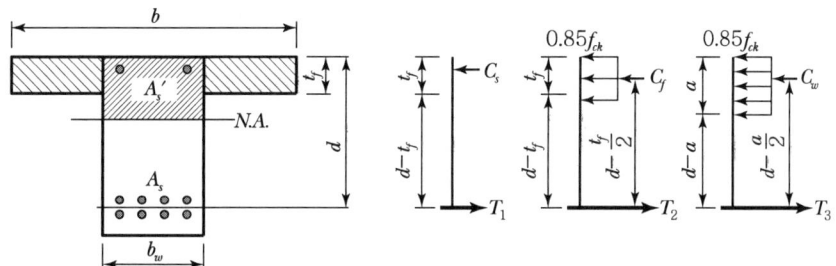

(1) 압축철근에 의한 휨모멘트 산정

$$M_{n1} = A_s' f_y (d - d')$$

(2) 압축플랜지에 의한 휨모멘트 산정

$$M_{n2} = A_{sf} f_y \left(d - \frac{t_f}{2}\right)$$

(3) 압축웨브에 의한 휨모멘트 산정

$$M_{n3} = (A_s - A_s' - A_{sf}) f_y \left(d - \frac{a}{2}\right)$$

(4) 공칭 휨모멘트 산정

$$M_n = M_{n1} + M_{n2} + M_{n3}$$

(5) 설계 휨모멘트 산정

$$M_u = \phi M_n$$

4. 검토

$$\rho_{w,\max} = \rho_{\max} + \rho_f + \rho' > \rho_w$$

플랜지 철근비 : $\rho_f = \dfrac{A_f}{b_w d}$ 압축철근비 : $\rho' = \dfrac{A_s{'}}{b_w d}$

최대철근비 : $\rho_{\max} = 0.85\, \beta_1 \left(\dfrac{f_{ck}}{f_y}\right)\left(\dfrac{\varepsilon_c}{\varepsilon_t + 0.004}\right)$

철근비 : $\rho_w = \dfrac{A_s}{b_w d}$

5. 순인장 변형률 ε_t 에 따른 ϕ 검토

$$\frac{c}{d_t} \leq \frac{\varepsilon_c}{\varepsilon_c + \varepsilon_t},\ \varepsilon_c = 0.003,\ \varepsilon_t = 0.004$$

$\dfrac{c}{d_t} \leq 0.429$, 즉 $c \leq 0.429 d_t$: 순인장 변형률 조건 확보

$\varepsilon_t \geqq 0.005 \left(\dfrac{c}{d_t} < 0.375\right)$: $\phi = 0.85$

$\varepsilon_t < 0.005 \left(0.375 < \dfrac{c}{d_t} < 0.429\right)$: ϕ 보정

6 휨부재의 단면설계

1. 계수휨모멘트 M_u가 단철근 휨강도 $M_{d,\lim}$보다 작을 때

- 단위휨강도 $m_d = \dfrac{M_d}{f_{cd}bd^2} = \alpha k(1-\beta k)$

- $m_u = \alpha k(1-\beta k) = \alpha k - \alpha\beta k^2$

  $\alpha\beta k^2 - \alpha k + m_u = 0$

  $k = \dfrac{\alpha - \sqrt{\alpha^2 - 4m_u\alpha\beta}}{2\alpha\beta} = \dfrac{1 - \sqrt{1 - 4m_u\dfrac{\beta}{\alpha}}}{2\beta}$

  $z = (1-\beta k)d$

  $\therefore$ 소요 $A_s = \dfrac{M_u}{f_{yd}z}$

2. 계수휨모멘트 M_u가 단철근 휨강도 $M_{d,\lim}$보다 클 때

$c_{\lim} = k_{\lim}d, \quad z = (1-\beta k_{\lim})d$

$M_{d,\lim} = m_{d,\lim}f_{cd}bd^2 = \alpha f_{cd}k_{\lim}(1-\beta k_{\lim})bd^2$

소요 $A_s' = \dfrac{M_u - M_{d,\lim}}{\phi_s f_s'(d-d')}$

$f_s' = E_s \varepsilon_s' = E_s \varepsilon_{cu}\left(\dfrac{c_{\lim} - d'}{c_{\lim}}\right) \leq \phi_s f_y$

소요 $A_s = \dfrac{M_{d,\lim}}{f_{yd}z} + A_s'\dfrac{f_s'}{f_y}$

제1편 철근콘크리트 공학

| Question | 교량 바닥 슬래브(단철근) |

05 두께(깊이)가 250mm인 교량의 바닥 슬래브가 작용하는 계수하중에 의해 단위폭당 150kN·m/m의 계수휨모멘트를 받고 있다. 콘크리트의 강도는 30MPa이고, 주철근으로는 SD400을 사용하려고 한다. 하단의 피복을 고려한 유효깊이는 200mm로 간주하여 소요되는 휨인장철근량을 구하시오. 콘크리트 재료계수 $\phi_c = 0.65$를 철근은 $\phi_s = 0.90$을 사용한다.

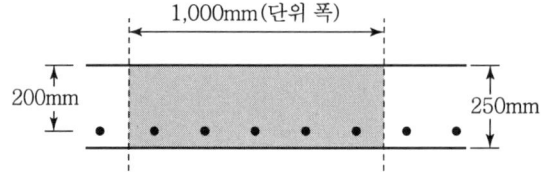

1. f_{cd}, f_{yd}, α, β

$$f_{cd} = \phi_c(0.85 f_{cu}) = 0.65(0.85)(30) = 16.6\text{MPa}$$

$$f_{yd} = \phi_s f_y = 0.9(400) = 360\text{MPa}$$

$$\alpha = 0.8, \quad \beta = 0.4$$

2. 작용휨모멘트 세기 m_u 및 중립축 깊이비 k

$$m_u = \frac{M_u}{f_{cd} b d^2} = \frac{150 \times 10^6}{16.6(1,000)(200^2)} = 0.226$$

$$k = \frac{c}{d} = \frac{1 - \sqrt{1 - 4m_u \frac{\beta}{\alpha}}}{2\beta} = \frac{1 - \sqrt{1 - 4(0.226)\frac{0.4}{0.8}}}{2(0.4)} = 0.325$$

3. 균형상태 중립축 깊이비

$$k_b = \frac{\varepsilon_{cu}}{\varepsilon_{yd} + \varepsilon_{cu}} = \frac{0.0033}{0.9(0.002) + 0.0033} = 0.647 > k = 0.325$$

∴ 휨인장철근 항복

4. 중립축 깊이 c와 팔길이 z

$c = kd = 0.325 \times 200 = 65\text{mm}$

$z = d - \beta c = 200 - 0.4(65) = 174\text{mm}$

5. 소요철근량

$$A_s = \frac{M_u}{f_{yd}z} = \frac{150 \times 10^6}{0.9(400)(174)} = 2,395\text{mm}^2/\text{m}$$

∴ Use D25@200[슬래브 단위폭(1,000mm)당]

$A_{s,used} = 2,534\text{mm}^2/\text{m} > A_{s,req} = 2,395\text{mm}^2/\text{m}$

> **Question 06** 교량 바닥 슬래브(복철근)
>
> 문제 4의 교량 바닥 슬래브에서 다른 위험단면에는 단위폭당 300kN · m/m의 계수휨모멘트가 작용하고 있다. 유효깊이 $d = 200$mm로 하고 압축철근(필요하다면) 위치 $d' = 50$mm이다. 필요한 소요철근량을 구하시오.

1. 작용휨모멘트 세기 m_u 및 단철근 휨강도 $m_{d,\lim}$

$$m_u = \frac{M_u}{bd^2 f_{cd}} = \frac{300 \times 10^6}{1,000 \times 200^2 \times 16.6} = 0.452$$

$$k_{\lim} = k_b = \frac{\varepsilon_{cu}}{\varepsilon_{yu} + \varepsilon_{cu}} = \frac{0.0033}{0.9(0.002) + 0.0033} = 0.647$$

2. 단철근 휨강도 $m_{d,\lim}$

$$m_{d,\lim} = \alpha k_{\lim}(1 - \beta k_{\lim}) = 0.8(0.647)(1 - 0.4 \times 0.647) = 0.383$$

$m_u > m_{d,\lim}$ 이므로 압축철근 필요

3. c_b, z, f_s'

$$c_b = k_b d = 0.647(200) = 129\text{mm}$$

$$z = (1 - \beta k_{\lim})d = \{1 - 0.4(0.647)\}(200) = 148\text{mm}$$

$$f_s' = E_s \varepsilon_{cu}\left(\frac{c_{\lim} - d'}{c_{\lim}}\right) = 2 \times 10^5 \times 0.00033\left(\frac{129 - 50}{129}\right) = 404\text{MPa} > \phi_s f_y = 360\text{MPa}$$

압축철근이 항복하여 항복응력이 됨

4. A_s', A_s

소요 $A_s' = \dfrac{M_u - M_{u,\lim}}{\phi_s f_s'(d-d')} = \dfrac{(m_u - m_{d,\lim})f_{cd}bd^2}{\phi_s f_s'(d-d')}$

$= \dfrac{(0.452 - 0.383)(16.6)(1,000)(200)^2}{0.9(400)(200-50)}$

$= 848 \text{mm}^2$

소요 $A_s = \dfrac{m_{d,\lim}f_{cd}bd^2}{f_{yd}z} + A_s'\dfrac{f_s'}{f_y} = \dfrac{0.383(16.6)(1,000)(200)^2}{360(148)} + 848 = 5,621 \text{mm}^2$

제1편 철근콘크리트 공학

> **Question 07** 연속보의 부휨모멘트 단면
>
> 그림처럼 폭이 300mm이고 깊이가 550mm인 사각형 단면 연속보의 내측 받침부 부휨모멘트 구간의 소요 철근량을 구하려고 한다. 구조 해석에 의해 내측 받침점 단면에는 계수부휨모멘트 $M_u = 440$kN·m가 작용하고 있다. 압축철근은 압축 연단에서 60mm 깊이에 위치한다고 간주한다. $f_y = 400$MPa, $f_{ck} = 27$MPa인 철근과 콘크리트를 사용하고, 극한한계상태에서 재료계수는 $\phi_c = 0.65$, $\phi_s = 0.90$을 적용한다.
> (a) 해석 결과를 재분배하지 않을 때 소요 철근량을 구하시오.
> (b) 해석 결과를 10% 재분배할 때 소요 철근량을 구하시오.
>
>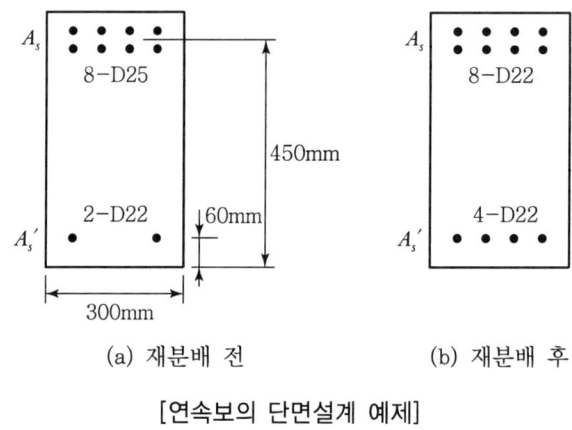
>
> [연속보의 단면설계 예제]

1. f_{cd}, f_{yd}

$$f_{cd} = 0.65 \times 0.85 f_{ck} = 0.65(0.85)(27) = 14.9 \text{N/mm}^2$$

$$f_{yd} = 0.9 f_y = 0.9(400) = 360 \text{N/mm}^2$$

2. 재분배하지 않을 경우

(1) $M_u = 440$kN·m

$$m_u = \frac{M_u}{bd^2 f_{cd}} = \frac{440 \times 10^6}{300(450)^2 14.9} = 0.486$$

$k_{\lim}$을 균형 중립축 깊이비 $k_b = 0.647$로 한다면

$$m_{d,\lim} = \alpha k_{\lim}(1-\beta k_{\lim}) = 0.8(0.647)(1-0.4\times 0.647) = 0.383$$

$m_u > m_{d,\lim}$이므로 압축철근 필요

(2) $c_b = k_b d = 0.647(450) = 291\text{mm}$

$z = (1-\beta k)d = (1-0.4\times 0.647)\times 450 = 334\text{mm}$

(3) $f_s' = E_s \varepsilon_s' = E_s \varepsilon_{cu}\left(\dfrac{c_{\lim}-d'}{c_{\lim}}\right) = 2\times 10^5 (0.0033)\left(\dfrac{291-60}{291}\right)$

$\quad\quad = 524\text{MPa} \geq f_{yd} = 360\text{MPa}$

∴ 압축철근 항복

(4) 소요 $A_s' = \dfrac{(m_u - m_{d,\lim})f_{cd}bd^2}{f_{yd}(d-d')} = \dfrac{(0.486-0.383)(14.9)(300)(450)^2}{360(450-60)} = 664\text{mm}^2$

소요 $A_s = \dfrac{m_{d,\lim}f_{cd}bd^2}{f_{yd}\,z} + A_s' = \dfrac{0.383(14.9)(300)(450)^2}{360(334)} + 664 = 3{,}547\text{mm}^2$

$A_{s,used} = 8-\text{D}25\,(4{,}054\text{mm}^2)$

$A_{s',used}' = 2-\text{D}22\,(774\text{mm}^2)$

3. 계수휨모멘트의 10%를 재분배

(1) 재분배 모멘트

$M_u = (1-0.1)440 = 396\text{kN}\cdot\text{m}$

중립축 깊이비 $k_{\lim} = 0.4-\eta = 0.4-0.1 = 0.3$

(2) 휨강도

$M_{d,\lim} = \alpha f_{cd}k_{\lim}(1-\beta k_{\lim})bd^2 = 0.8(14.9)(0.3)(1-0.4\times 0.3)(300)(450)^2 \times 10^{-6}$

$\quad\quad = 191.2\text{kN}\cdot\text{m}$

$k_{\lim} = 0.3$ 일 때

$c_{\lim} = k_{\lim} d = 0.3(450) = 135\mathrm{mm}$

$f_s' = E_s \varepsilon_c' \left(\dfrac{c_{\lim} - d'}{c_{\lim}} \right) = 2 \times 10^5 \times 0.0033 \left(\dfrac{135 - 60}{135} \right)$

$\quad = 366.7\mathrm{MPa} > f_{yd} = 360\mathrm{MPa}$

∴ 압축철근 항복

(3) 소요 $A_s' = \dfrac{(1-\eta)M_u - M_{d,\lim}}{f_{yd}(d-d')} = \dfrac{(396-191.2)\times 10^6}{360(450-60)} = 1,459\mathrm{mm}^2$

소요 $A_s = \dfrac{M_{d,\lim}}{f_{yd} z} + A_s' = \dfrac{191.2 \times 10^6}{360(384)} + 1,459 = 2,842\mathrm{mm}^2$

$A_{s,used} = 8 - \mathrm{D}22\,(3,907\mathrm{mm}^2)$

$A_{s',used}' = 4 - \mathrm{D}22\,(1,548\mathrm{mm}^2)$

제3장 전단과 비틀림 설계

1 사인장 응력(Diagonal Tensile Stress)

1. 주응력 계산식

$$f_{1,2} = \frac{f}{2} \pm \sqrt{\left(\frac{f}{2}\right)^2 + v^2} \qquad \tan 2\theta = -\frac{2v}{f}$$

2. 중립면 내의 미소한 요소 A

$f = 0, \ v = v_{\max}$

$f_1 = v = v_{\max}$

$f_2 = -v = -v_{\max}$

3. 주응력면의 기울기

$\tan 2\theta = -\dfrac{2v}{f} = -\dfrac{2v_{\max}}{f} = -\dfrac{2v_{\max}}{0} = -\infty$

$2\theta = 90° \ \text{or} \ 270°$

$\therefore \ \theta = 45° \ \text{or} \ 135°$

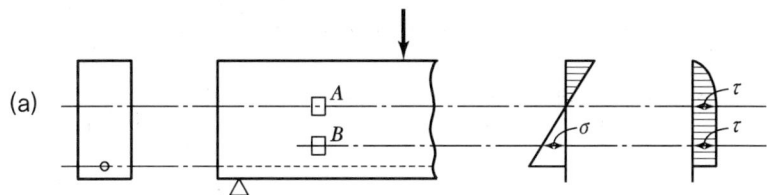

(a)

제1편 철근콘크리트 공학

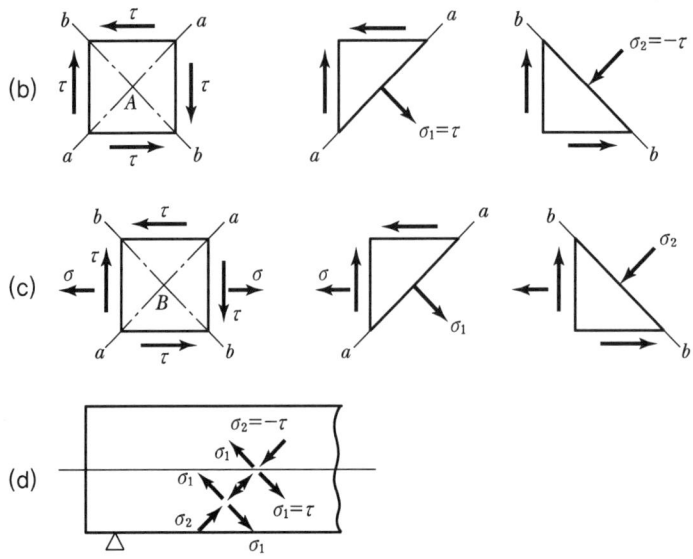

(d)의 인장응력 : σ_1은 콘크리트 보에 불리하게 작용 → 지점 부근에서 사인장균열의 원인 보의 축과 45° 경사지게 작용하므로 사인장 응력이라고 한다.

2 전단균열

1. 보의 균열 형상

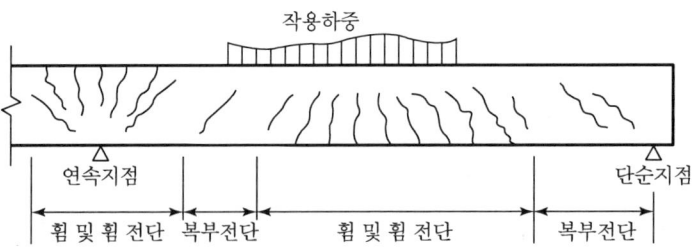

2. 전단균열의 형태

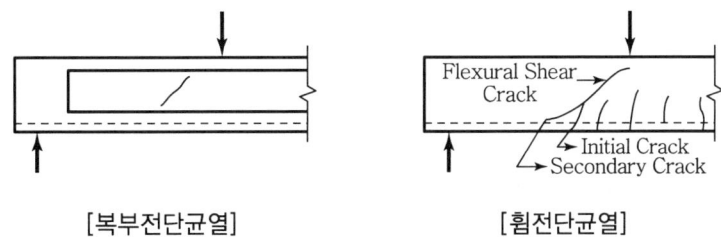

[복부전단균열]　　　　　　　　[휨전단균열]

3. 전단균열 발생조건

(1) 복부전단균열

- 전단응력이 크고 휨응력이 작은 곳(지점부)
- 전단균열을 유발하는 전단응력 = $0.29\lambda\sqrt{f_{ck}}(\text{MPa})$

(2) 휨전단균열

- 휨응력과 전단응력의 조합응력이 인장강도를 초과하면 균열발생
- 휨전단이 유발되는 전단응력 = $0.16\lambda\sqrt{f_{ck}}(\text{MPa})$

3 전단력과 휨모멘트의 영향

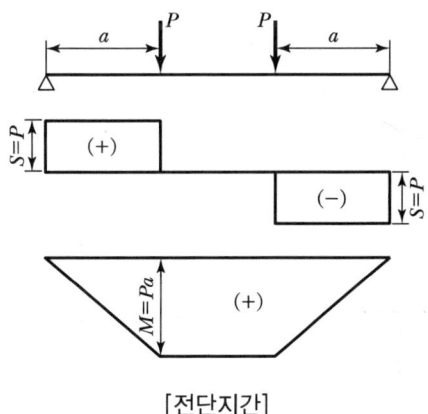

[전단지간]

전단경간(Shear Span) a에 의해 휨과 전단의 영향이 결정됨

전단응력 $v = K_1 \dfrac{V}{bd}$ 휨응력 $f = K_2 \dfrac{M}{bd^2}$ $K_1, K_2 =$ 시험 상수

그러므로 $\dfrac{v}{f} = \dfrac{K_1}{K_2} \dfrac{Vd}{M}$,   전단경간 $a = \dfrac{M}{V}$

따라서 $\dfrac{f}{v} = \dfrac{K_2}{K_1} \dfrac{a}{d}$

휨균열이 휨전단균열로 발전하는 데 있어서 $\dfrac{a}{d}$가 $\dfrac{f}{v}$에 영향을 미침

4 a/d에 따른 보의 파괴 메커니즘

1. 정의

a/d의 변화에 따라 보의 파괴모드는 변화하게 된다.

2. 전단지간 a

$$a = \dfrac{M}{V}$$

여기서, M은 모멘트이고 V는 전단력이다.

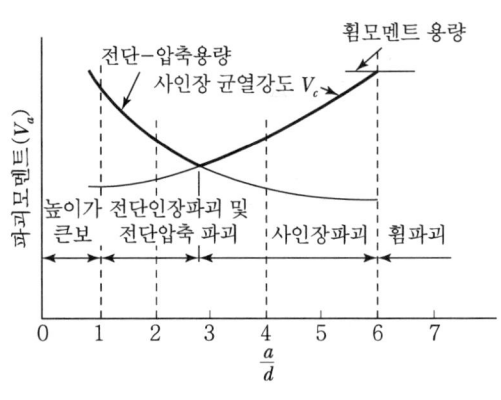

[$\dfrac{a}{d}$에 따른 전단강도의 변화]

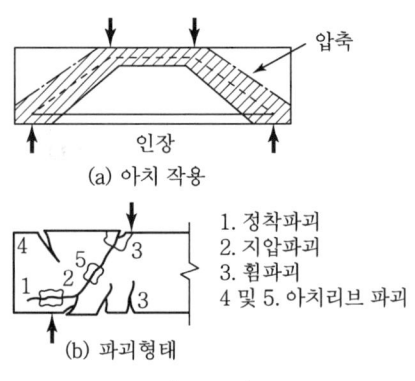

[높이가 큰 보 $\left(\dfrac{a}{d} \leq 1.0\right)$의 파괴모델]

3. a/d에 의한 파괴 구분

(1) a/d < 1 = Deep Beam
- 높이가 큰 보
- 보의 강도가 전단력에 의해 지배되어 수직에 가까운 균열이 발생
- 사인장 균열이 발생한 후 타이드 아치(Tied arch)와 같이 거동

(2) a/d = 1~2.5 = Short Beam
- 전단강도가 사인장 균열강도보다 크다.
- 콘크리트가 분쇄되거나 찢어짐에 의하여 파괴된다.

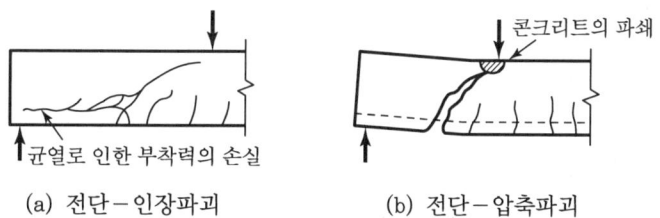

(a) 전단-인장파괴   (b) 전단-압축파괴

(3) a/d = 2.5~6 = Usual Beam
- 전단강도와 사인장균열강도가 같다.
- 수직휨균열이 먼저 발생한 후 사인장균열이 발생하여 파괴에 이른다.

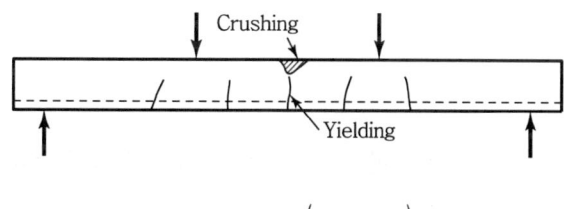

휨전단파괴 $\left(\dfrac{a}{d} = 2.5 \sim 6\right)$

(4) a/d = 6 이상 = Long Beam
주로 휨 파괴가 발생된다.

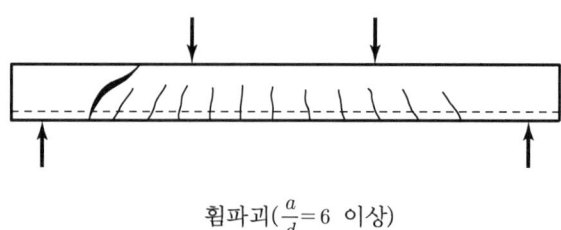

휨파괴($\frac{a}{d}=6$ 이상)

4. 위험단면을 지점에서 d만큼 떨어진 위치에서 결정하는 이유

(1) 복부전단균열을 유발하는 전단응력은 $0.29\lambda\sqrt{f_{ck}}$(MPa)이고 휨전단균열을 유발하는 전단응력은 $0.16\lambda\sqrt{f_{ck}}$이므로 휨전단균열이 먼저 발생되어 전단파괴는 휨전단균열에서부터 시작되며

(2) 일반적으로 전단균열이 수직으로 발생되는 Deep Beam의 조건인 $a/d=1$는 $M/S=d$라는 조건과 같아 지점에서 d 이내는 휨전단보다는 Deep Beam 거동에 의한 전단파괴가 발생

(3) Deep Beam의 조건을 제외하면 대부분의 보는 휨전단파괴를 일으키므로 지점에서 d만큼 떨어진 지점을 전단에 대해 위험단면으로 선정하였다.

5 아치거동(Arch Action)

1. 정의

전체 전단경간에 걸쳐 철근과 콘크리트 사이의 부착력이 완전히 손상되었다면 인장력 T는 변화할 수 없으므로 보의 거동은 0이 된다. 즉 $dT/dx=0$이 된다. 이러한 상태에서 압축은 음영부분의 콘크리트가 받고 인장은 종방향 철근(인장철근)이 받는데 이런 상태를 아치거동이라 한다.

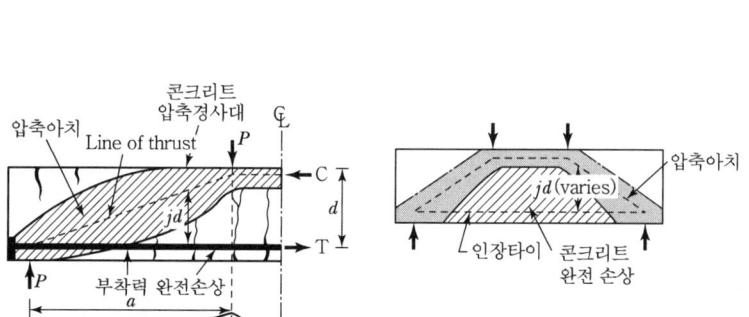

[이상적인 보에서의 아치거동에 연관된 미끄러짐 아치거동]

2. 아치거동의 발생 조건

(1) 철근이 완전히 부착력을 상실하여 미끄러짐이 발생하여야만 아치거동이 일어날 수 있다.
(2) 완전한 아치거동을 하기 위해서는 필요한 전달변위는 하중이 작용하는 점을 향해서 증가하며, 이 하중이 작용하는 점에서 대략 전단경간에서 철근의 최대 늘어난 길이만큼 전달변위가 나타난다.
(3) 하중이 작용하는 부근에서 추력선이 표준 휨이론에 의한 예측보다 훨씬 위에 위치하게 된다.

6 수직스터럽이 배치된 보의 전단저항 메커니즘

1. 개요

사인장 균열이 발생하기 전 전단철근은 거의 아무 힘도 받지 않는다. 그러나 일단 사인장 균열이 발생되면 전단철근은 전단력의 일부를 받는 동시에 균열의 진행을 억제한다.

2. RC보의 전단저항 개념도

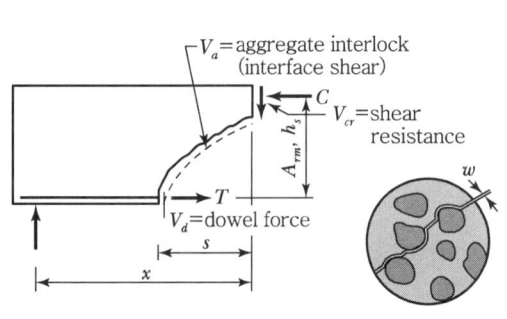
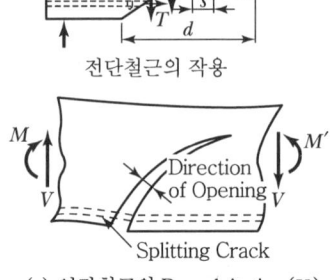

(a) 전단저항 개념도   (b) 균열면의 맞물림작용(V_{iy})   (c) 인장철근의 Dowel Action(V_d)

$$V = V_c + V_s + V_d + V_{iy}$$

- V : 전단력
- V_c : 균열이 발생되지 않은 부분의 콘크리트가 부담하는 전단력(33~50%)
- V_s : 균열면과 교차된 스터럽이 부담하는 전단력
- V_d : 인장철근의 Dowel Action에 의한 수직내력(15~20%)
- V_{iy} : 거친 균열면의 맞물림에 의한 수직내력(20~40%)

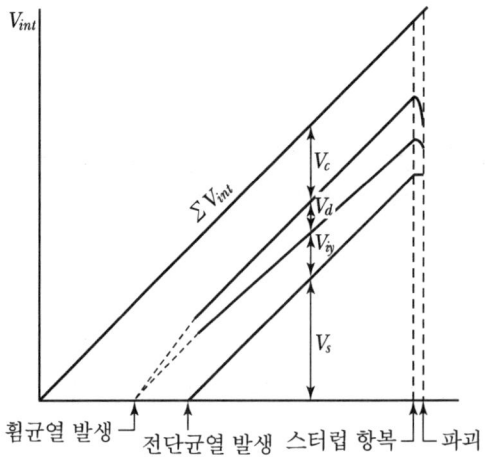

[전단저항력]

3. 수직스터럽을 갖는 보의 전단저항력의 변화

(1) 사인장 균열이 발생되기 전에는 콘크리트만이 전단력을 부담한다.
(2) 사인장균열이 발생되면 콘크리트, 인장철근 Dowel Action, 맞물림에 의한 분담력은 일정하지만 전단철근이 부담하는 힘은 직선적으로 증가한다.
(3) 전단철근이 항복하면 Dowel Action, 맞물림에 의한 분담력은 급격히 떨어지나 콘크리트와 전단철근의 분담력은 일정하게 유지된다.
(4) 따라서 전단설계는 콘크리트와 철근만이 전단력을 분담한다고 보고 설계한다.
   $V_d \approx V_{iy} \approx 0$ (균열이 보 전체에 이를 경우)

7 전단철근 설계 절차

(1) 위험단면에 대해 V_u를 산정한다.
(2) V_c를 산정한다. $\left(= \dfrac{1}{6} \lambda \sqrt{f_{ck}}\, b_w\, d \right)$
(3) $V_u \leq \dfrac{1}{2} \phi\, V_c$: 전단철근을 설계하지 않는다.

   $\dfrac{1}{2} \phi\, V_c < V_u \leq \phi\, V_c$: 최소전단철근을 배치한다.

   $V_u > \phi\, V_c$: 전단철근을 설계한다.

(4) A_v 양을 가정한다.(철근직경, 스터럽의 형태)
(5) 전단철근의 간격을 결정한다. $s \leq \dfrac{\phi A_v f_y d}{V_u - \phi V_c}$
(6) $V_s = A_v f_y \dfrac{d}{s} < \dfrac{2}{3} \lambda \sqrt{f_{ck}}\, b_w\, d$ 확인한다.
(7) $V_u \leq \phi V_n = \phi (V_c + V_s)$ 검토한다.

8. 최소전단철근

1. $V_u < \phi V_c$ 이면 이론적으로 전단철근을 배치할 필요가 없다.

2. 그러나 계수전단력이 다음 범위인 경우는 급작스러운 파괴를 방지하기 위하여 최소전단철근을 배치한다.

$$\frac{1}{2}\phi V_c < V_u \leq \phi V_c$$

3. 최소전단철근량

$$A_{v,\min} = 0.0625\lambda\sqrt{f_{ck}}\frac{b_w s}{f_y} \geq 0.35\frac{b_w s}{f_y}$$

4. 최소 전단철근의 배치 예외 규정

(1) 슬래브와 기초판

(2) 콘크리트 장선(Joist) 구조

(3) 보의 전체 높이가 250mm 이하이거나, I형 보 T형 보에 있어서 그 높이가 플랜지 두께의 2.5배와 복부 폭의 1/2 중 큰 값보다 크지 않을 때

(4) 교대 벽체 및 날개벽, 옹벽의 벽체, 암거 등과 같이 휨이 주 거동인 판 부재

(5) 순단면의 깊이가 315mm를 초과하지 않는 속 빈 부재에 작용하는 계수전단력이 $0.5\phi V_{cw}$를 초과하지 않는 경우

(6) 보의 깊이가 600mm를 초과하지 않고 설계기준 압축강도 40MPa를 초과하지 않는 강섬유콘크리트보에 작용하는 계수 전단력이 $\phi\frac{1}{6}\sqrt{f_{ck}}b_w d$를 초과하지 않는 경우

9 전단에 대한 위험단면

1. 보, 1방향 슬래브
(1) 철근콘크리트 부재 : 지점에서 d만큼 떨어진 위치
(2) 프리스트레스 부재 : 지점에서 $0.5h$만큼 떨어진 위치

2. 2방향 슬래브, 확대기초 저판 : 기둥표면에서 $d/2$만큼 떨어진 위치
3. 상기 위험단면은 지점과 위험단면 사이에 집중하중이 작용하지 않아야 한다.
4. 지점과 위험단면 사이의 전단력은 동일한 것으로 한다.

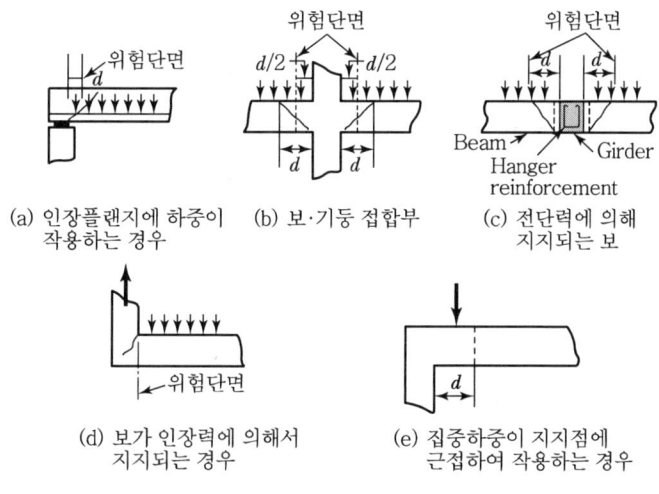

[각 조건별 전단에 대한 위험단면]

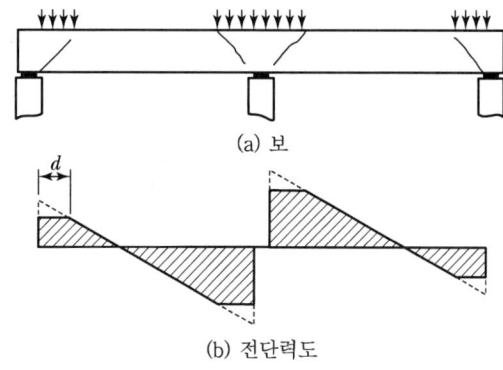

[보구조에서의 위험단면]

10 전단철근이 배치된 보의 공칭전단강도

1. 수직 스터럽이 배치된 보에서 스터럽이 부담하는 전단력

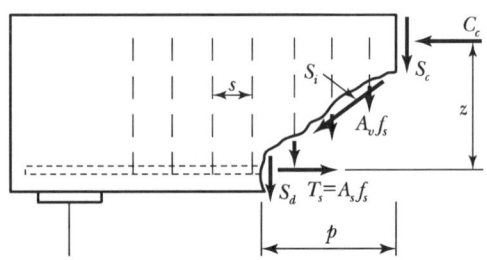

d : 유효깊이, s : 스터럽의 간격, A_v : s 거리 내의 전단철근 단면적

(1) 스터럽에 의한 저항

사인장 균열 발생 후 균열이 보의 전체 높이에 이르게 되면, $\theta = 45°$
- $p = d$ 이므로 균열선 내의 스터럽 수 $n = d/s$
- 스터럽 철근이 항복 $V_s = nA_v f_y = \dfrac{d}{s} A_s f_y$

(2) 공칭전단강도 V_n

$$V_n = V_c + \frac{A_v f_y d}{s}$$

2. 경사 스터럽이 배치된 보

(1) 전단철근의 총 인장력의 수직성분 : $V_s = nA_v f_s \sin\alpha$

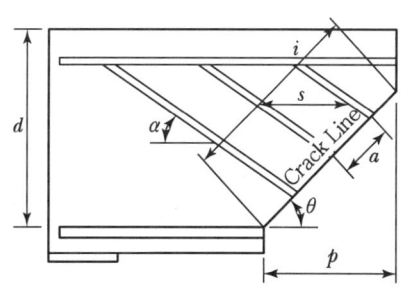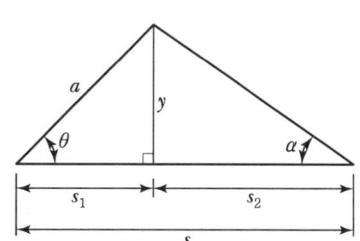

$$i = \frac{p}{\cos\theta}, \quad s = s_1 + s_2 = \frac{y}{\tan\theta} + \frac{y}{\tan\alpha} = (\cot\theta + \cot\alpha)y$$

$$\sin\theta = \frac{y}{a} = \frac{s}{a(\cot\theta + \cot\alpha)} \rightarrow a = \frac{s}{\sin\theta(\cot\theta + \cot\alpha)}$$

$$n = \frac{i}{a} = \frac{p}{\cos\theta} \times \frac{\sin\theta(\cot\theta + \cot\alpha)}{s} = \frac{p}{s}(1 + \tan\theta \cot\alpha)$$

복부철근 항복 후 전단파괴가 발생하면 $\theta = 45°$, $p = d$가 되므로 수직스터럽의 전단강도는 다음과 같다.

$$\therefore V_s = nA_v f_y \sin\alpha = \frac{A_v f_y \, p(\sin\alpha + \tan\theta \cos\alpha)}{s}$$

$$\approx \frac{A_v f_y \, d(\sin\alpha + \cos\alpha)}{s}$$

(2) 공칭전단강도

$$\boxed{V_n = V_c + \frac{A_v f_y (\sin\alpha + \cos\alpha) \, d}{s}}$$

11 전단마찰(Shear Friction)

1. 정의

$a/d \leq 1$인 조건

철근이 파괴되는 시점에서는 철근의 인장력은 : $A_{vf} f_y$

균열면에서 전단에 대한 저항은 압축력에 의해 균열면 사이에서 발생되는 마찰력에 의하는 것으로 가정하는 것이 전단마찰이다.

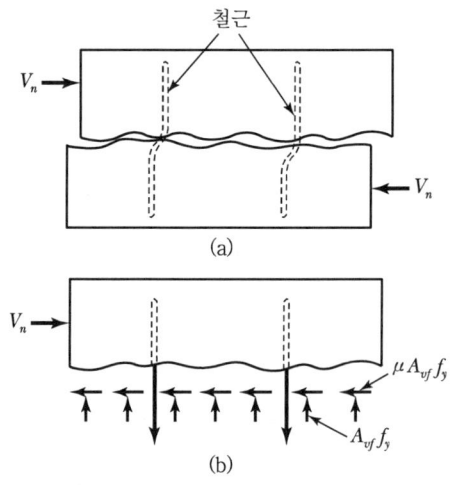

[전단마찰 기본개념]

2. 전단마찰에 의한 설계 대상 구조물

(1) 서로 다른 시기에 친 두 콘크리트 사이의 접촉면
(2) 기둥에 부착된 내민받침이나 브래킷의 접촉면
(3) 프리캐스트 구조에서 부재 요소의 접합면
(4) 기둥에 정착된 강재브래킷의 강재와 콘크리트 사이

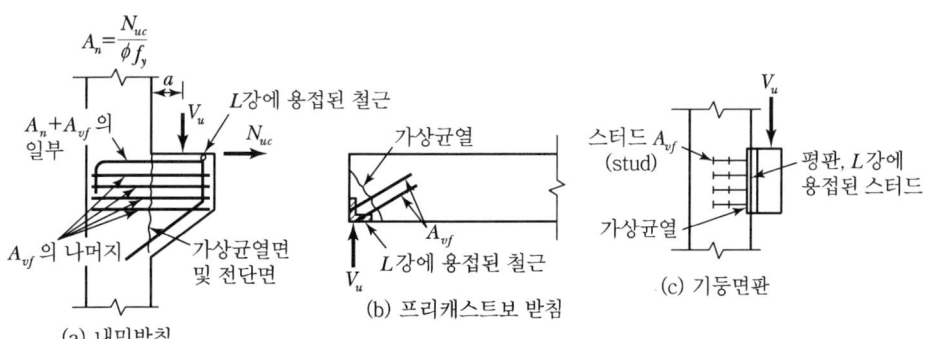

[전단마찰 대상 구조물]

3. 전단마찰 설계 기본 개념

(1) 콘크리트가 부담하는 전단력은 0이다.($V_c = 0$)

(2) 전단마찰 철근이 전단면에 수직인 경우

$V_n = A_{vf} f_y \mu$ (=균열면에서의 마찰력)

소요철근량 $A_{vf} = V_u/(\phi f_y \mu)$, $\phi = 0.75$

μ : 균열면에서 재료 사이의 마찰계수

(3) 전단철근이 전단면과 경사 α를 이루는 경우

$V_n = A_{vf} f_y (\mu \cdot \sin\alpha + \cos\alpha)$

소요철근량 $A_{vf} = V_u / \phi f_y (\mu \cdot \sin\alpha + \cos\alpha)$

(4) 최대전단강도 범위

$V_n < 0.2 f_{ck} A_c$ and $(0.3 + 0.08 f_{ck}) A_c (N)$: 일체로 친 콘크리트나 표면을 거칠게 만든 굳은 콘크리트에 새로친 보통콘크리트의 경우

$V_n < 0.2 f_{ck} A_c$ and $5.5 A_c$: 그 밖의 경우

4. 마찰계수

(1) 일체로 친 콘크리트 $\mu = 1.4\lambda$

(2) 표면을 거칠게 한 굳은 콘크리트에 새로 친 콘크리트 $\mu = 1.0\lambda$

(3) 일부러 거칠게 하지 않은 굳은 콘크리트에 새로 친 콘크리트 $\mu = 0.6\lambda$

(4) 연결봉 및 철근에 의해 구조강에 정착된 콘크리트 $\mu = 0.7\lambda$

λ는 일반콘크리트는 1.0, 모래경량콘크리트는 0.85, 전경량콘크리트는 0.75이다.

5. 전단마찰 철근의 배근

(1) 전단면에 걸쳐 적절하게 배치

(2) 철근 양측에 정착길이를 확보하거나 갈고리 또는 특수장치에 용접해야 함

6. 접촉면의 처리

(1) 전단전달을 위하여 접촉면은 깨끗하고 레이턴스가 없도록 한다.

(2) μ가 1.0λ와 같다고 가정하는 경우 요철의 크기가 대략 6mm 정도 되게 거칠게 만들어야 한다.

(3) 스터드를 이용하거나 철근을 용접하여 전단이 전달되는 경우 구조강은 페인트가 묻어 있지 않아야 한다.

12 전단마찰 설계 예

1. 브래킷 설계

(1) 개념

① 브래킷과 내민받침의 지지부재와의 경계면에 대한 직접 전단

② 직접 인장력과 휨모멘트에 의한 인장보강 철근의 항복

③ 브래킷 내부 콘크리트 압축지주의 압괴 또는 전단파괴

④ 재하 지압판 하부의 국부적인 지압 또는 전단파괴

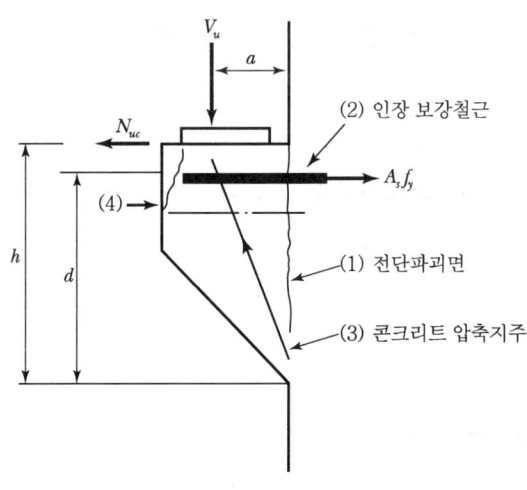

[브래킷의 역학적 거동]

(2) 설계절차

- 휨모멘트 철근 : $A_f = \dfrac{M_u}{\phi f_y (d-a/2)}$

- 수평인장 철근 : $A_n = \dfrac{N_{uc}}{\phi f_y}$

- 전단마찰 철근 : $A_{vf} = \dfrac{V_u}{\phi \mu f_y}$

- 주철근 결정 : $A_s \geq \max \left[(A_f + A_n) \text{ or } \left(\dfrac{2}{3} A_{vf} + A_n \right) \right]$

- 수평철근 : $A_h \geq 0.5(A_s - A_n)$

 즉, $A_h \geq \max \left[\dfrac{1}{2} A_f \text{ or } \dfrac{1}{3} A_{vf} \right]$

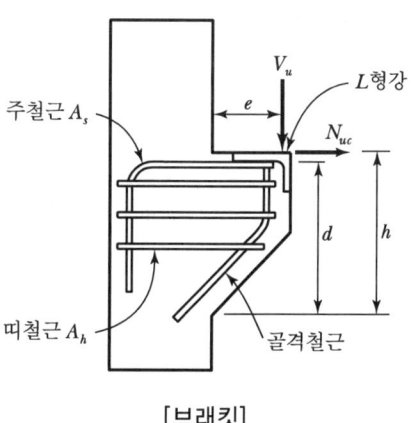

[브래킷]

2. 깊은 보 설계

(1) 깊은 보 조건

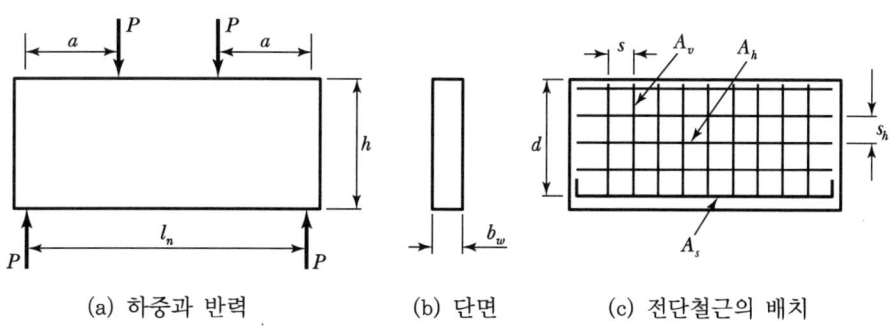

(a) 하중과 반력   (b) 단면   (c) 전단철근의 배치

① 순경간 l_n이 부재 깊이 h의 4배 이하인 보 : $\dfrac{l_n}{h} \leq 4$

② 집중하중이 받침점으로부터 부재높이 h의 2배 이내의 거리에 작용 하는 부재 :
$\dfrac{a}{h} \leq 2$

(2) 공칭 전단강도

공칭전단강도는 전단철근 배치와 무관하게 다음 값보다 작아야 한다.

$$V_n \leq \dfrac{5}{6} \lambda \sqrt{f_{ck}}\, b_w\, d$$

V_n : 깊은 보의 공칭 전단강도(kN)
b_w : 깊은 보의 폭(mm)
d : 유효 깊이(mm)

(3) 깊은 보의 설계

깊은 보는 그 거동이 보통의 보와 달라서 그 해석, 설계 및 철근 상세에 대해 특별 고려가 필요한데, 설계 기준에서는 Strut-Tie Model을 사용하여 설계하거나 비선형 해석을 하여 설계하도록 요구

(4) 최소 전단 철근량

① 수직전단철근 $A_v \geq 0.0025 b_w s$, s는 d/5 이하 또는 300mm 이하
② 수평전단철근 $A_{vh} \geq 0.0015 b_w s_h$, s_h는 d/5 이하 또는 300mm 이하

Question	전단철근 거동
01	스터럽이 전단저항에 미치는 영향을 설명하시오.

1. 스터럽 철근 저항요소

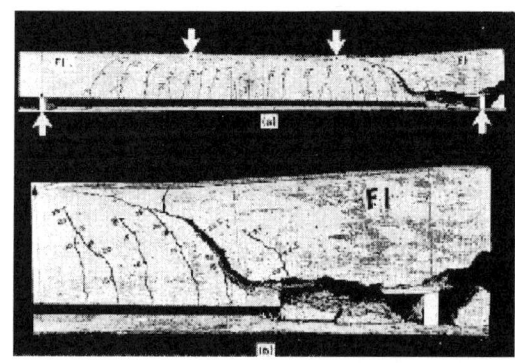

웨브에 전단균열이 발생한 후 복부철근인 스터럽 철근이 저항하는 요소는 다음과 같다.
(1) 전단균열을 통과하는 스터럽이 전단력의 일부를 저항한다.(V_s)
(2) 전단균열을 지나는 철근의 균열억제 역할로 균열성장이 둔화되고 콘크리트단면의 전단강도를 증가시킨다.(V_{cz})
(3) 스터럽이 전단균열폭을 억제시켜 균열 사이의 골재를 맞물리게 하여 전단저항력을 증가시킨다.(V_{iy})
(4) 스터럽과 종방향철근인 주철근과의 결합으로 종방향의 쪼갬균열을 억제시켜 Dowel 작용에 의한 전단저항력을 증가시킨다.(V_d)

이들의 역학적 관계를 나타낸 그림은 다음과 같다.

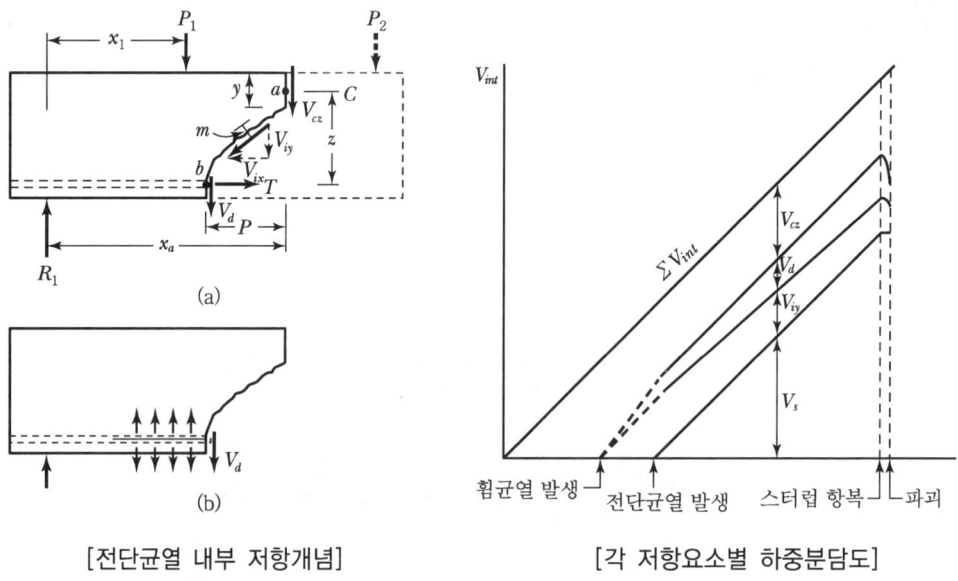

[전단균열 내부 저항개념]   [각 저항요소별 하중분담도]

2. 스터럽에 의한 전단강도 최댓값 제한 이유

전단에 대한 요소별 강도분담도에서 철근을 제외한 다른 요소들은 일정한 데 비해 철근강도는 계속 증가한다.

균열이 증가할 경우 철근을 제외한 다른 요소들의 분담력이 상실되면 급격한 파괴를 불러일으키므로 전단철근에 의한 전단강도 비중을 전체강도의 1/2을 넘지 못하도록 규제하고 있다.

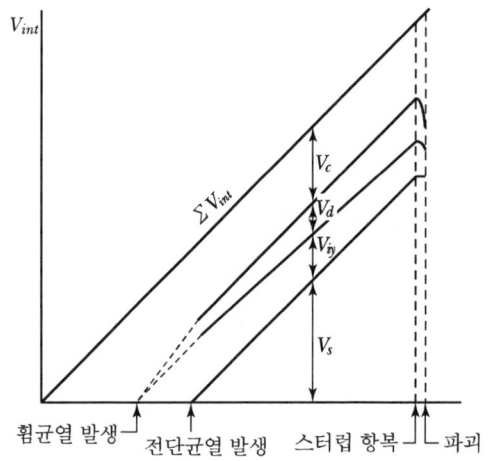

3. 전단강도

$$V_u = \phi V_n = \phi(V_c + V_s) = \phi\left(\frac{1}{6}\lambda\sqrt{f_{ck}}\,b_w\,d + \frac{A_v f_y d}{s}\right)$$

4. 최소전단철근

(1) 최소전단철근 기준

V_u가 ϕV_c보다 작고 ϕV_c의 1/2을 초과할 경우에는 $\left(\dfrac{1}{2}\phi V_c < V_u < \phi V_c\right)$ 최소전단철근 $A_s = 0.35\dfrac{b_w s}{f_y}$ 을 설치

(2) 전단철근이 불필요한 경우

V_u가 ϕV_c의 1/2보다 작을 경우에는 $\left(V_u \leq \dfrac{1}{2}\phi V_c\right)$ 최소전단철근을 배치하지 않아도 된다.

| Question 02 | 휨과 전단력을 받는 부재의 전단설계 |

다음 조건에 대하여 직사각형 단순지지보의 전단보강 설계를 하시오.

[설계조건]

지점 간 거리 $l=9,000$mm, 보폭 $b_w=300$mm, 유효깊이 $d=500$mm

콘크리트 $f_{ck}=21$MPa, 철근 $f_y=300$MPa

$w_D=21$kN/m
$w_L=24$kN/m

9,000   300mm   500mm

1. 계수하중의 산정

$$w_u = 1.2(21) + 1.6(24) = 63.6\text{kN/m}$$

2. 계수전단력 산정

지지점에서 x거리 떨어진 계수전단력

$$V_u = \frac{(w_u l)}{2} - w_u(x) = (63.6)(9)/2 - (63.6)(x) = 286.2 - 63.6x$$

지지점 계수전단력

$$V_u = \frac{w_u l}{2} = (63.6)(9)/2 = 286.2\text{kN}$$

지지점으로부터 유효깊이 d 떨어진 위험단면 계수전단력

$$V_u = 286.2 - 63.6(0.5) = 254.4\text{kN}$$

3. 콘크리트의 전단강도 계산

$$\phi V_c = \phi \frac{1}{6} \lambda \sqrt{f_{ck}} b_w d$$
$$= 0.75(1/6)(\sqrt{21})(300)(500)/100 = 85.92 \text{kN}$$

4. 전단철근의 전단강도 계산

$$\phi V_s = V_u - \phi V_c = 168.48 \text{kN}$$

5. 보 단면의 적정성 검토

$$\phi V_s < \phi \left(\frac{2}{3} \lambda \sqrt{f_{ck}} \right) b_w d = 343.69 \text{kN}$$
$$\therefore \text{O.K}$$

6. 콘크리트 전단강도를 초과하는 구간 계산

$$(4{,}500 - X_c)/4{,}500 = \phi V_c / V_u \quad (\text{다음 그림})$$
$$X_c = 4{,}500[1 - (\phi V_c / V_u)] = 4{,}500[1 - (85.92/286.2)] = 3{,}150 \text{mm}$$

7. 최소 전단철근이 배근될 구간 계산

$$(X_m = \phi V_c/2 \text{까지}) \, X_m = 4{,}500[1 - (42.96/286.2)] = 3{,}825 \text{mm}$$

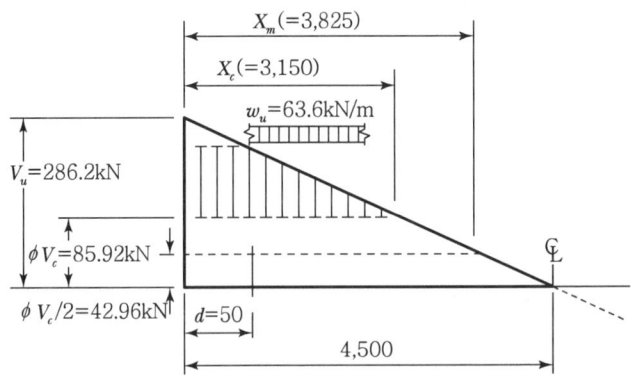

8. 최대 전단철근 간격 검토

$\phi V_s = 168.48\text{kN} < \phi\left(\dfrac{1}{3}\lambda\sqrt{f_{ck}}\right)b_w d = 171.845\text{kN}$ 이므로

수직 U형 스터럽의 최대간격 $s_{\max} \leq d/2 = 250\text{mm}$ 또는 600mm

D13 사용 시 최소 전단철근 소요면적에 대한 $s_{\max}$

$s_{\max} = A_v f_y / 0.35 b_w = 726\text{mm}$

$s_{\max} = 250\text{mm}$

9. 수직 U형 스터럽의 간격 계산

$s = \phi A_v f_y d / \phi V_s$

D13으로 가정 $(A_v = 127 \times 2 = 254\text{mm}^2)$

지지점으로부터 d거리 떨어진 단면에서의 스터럽 간격

$s = \dfrac{0.75(254)(300)(500)}{168.48}$

$\quad = 169.6\text{mm} < s_{\max} \rightarrow$ D13@150로 배근

10. 전단철근 배근도

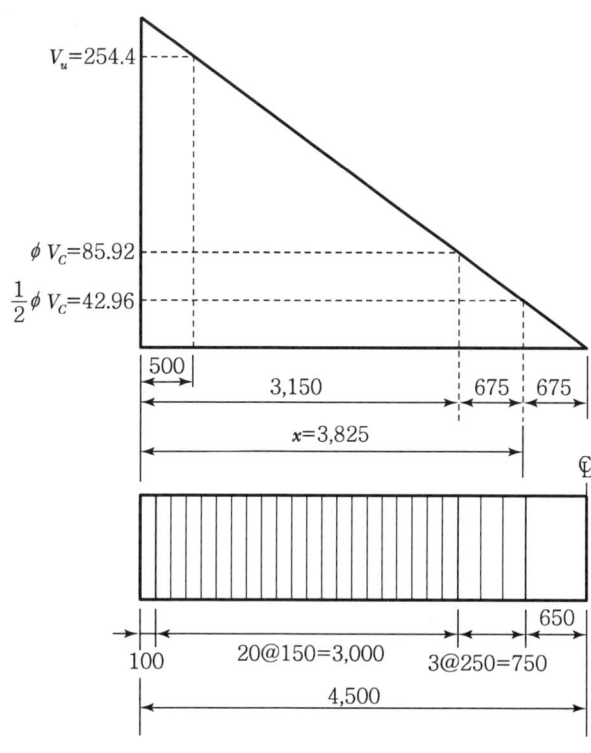

제1편 철근콘크리트 공학

> **Question 03** 휨과 축인장을 받는 부재의 전단설계
>
> 다음과 같이 휨과 축인장을 받는 보에 대한 수직 U형 스터럽의 소요 간격을 결정하라.
>
> **설계조건**
>
> $f_{ck} = 18\text{MPa}$(모래-경량 콘크리트, f_{sp}는 명시되지 않음)
> $f_y = 300\text{MPa}$
> $M_D = 60\text{kN} \cdot \text{m}, \quad M_L = 45\text{kN} \cdot \text{m}$
> $V_D = 55\text{kN}, \quad V_L = 40\text{kN}$
> $N_D = -9\text{kN}$(축인장), $\quad N_L = -70\text{kN}$
> $V_c = \dfrac{1}{6}\left[1 + \dfrac{N_u}{3.5 A_g}\right] \lambda \sqrt{f_{ck}}\, b_w d$

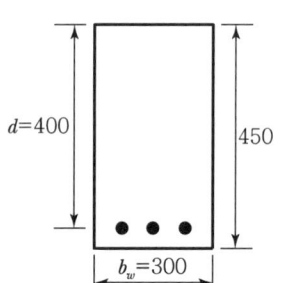

1. 계수하중 산정

$$M_u = 1.2 M_D + 1.6 M_L$$
$$= 1.2(60) + 1.6(45) = 144.0 \text{kN} \cdot \text{m}$$
$$V_u = 1.2(55) + 1.6(40) = 130.0 \text{kN}$$
$$N_u = 1.2(-9) + 1.6(-70) = -122.8 \text{kN (축인장)}$$

2. 콘크리트의 전단강도 계산

쪼갬인장강도 f_{sp}가 명시되어 있지 않으므로 $0.85\sqrt{f_{ck}}$ 적용(모래-경량 콘크리트)

$$\phi V_c = 0.85 \phi \dfrac{1}{6}\left[1 + \dfrac{N_u}{3.5 A_g}\right]\sqrt{f_{ck}}\, b_w d$$

$$= 0.85 \times 0.75 \times \dfrac{1}{6}\left[1 - \dfrac{122,800}{3.5 \times 300 \times 450}\right]\left[\sqrt{18} \times 300 \times 400\right] \times 10^{-3}$$

$$= 40.04 \text{kN}$$

3. 전단철근의 전단강도 계산

$\phi V_s = V_u - \phi V_c = 89.96 \text{kN}$

4. 보 단면의 적정성 검토

$\phi V_s < 0.85 \left(\phi \dfrac{2}{3} \sqrt{f_{ck}} \, b_w d \right) = 216.374 \text{kN}$

∴ O.K

5. 스터럽 최대 간격 검토

$\phi V_s = 89.96 \text{kN} < 0.85 \left(\phi \dfrac{1}{3} \sqrt{f_{ck}} \, b_w d \right) / 1,000 = 108.187 \text{kN}$ ∴ O.K

수직스터럽의 $s_{\max} \leq d/2 = 200 \text{mm}$ 혹은 600mm

D10(U형 스터럽) 사용 시 최소 전단보강 구간에 대한 최대간격

$s_{\max} = A_v f_y / 0.35 b_w = 142(300)/0.35(300) = 406 \text{mm}$

∴ $s_{\max} = 200 \text{mm}$

6. 수직U형 스터럽의 간격 계산

$s = \phi A_v f_y d / \phi V_s$

D10으로 가정($A_v = 71 \times 2 = 142 \text{mm}^2$)

$s = 0.75(142)(300)(400)/(89.96 \times 10^3) = 142 \text{mm} < s_{\max} = 200 \text{mm}$

D10@125로 배근

7. 스터럽 배근 간격 결정

수직 U형 스터럽 D10@125로 배근

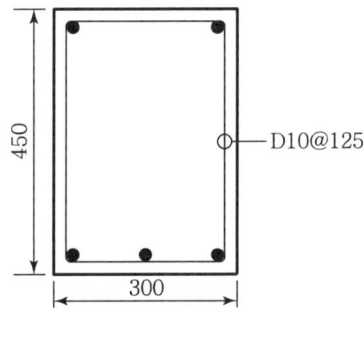

[스터럽 배근도]

Question	전단마찰설계
04	전단마찰에 대한 개념, 적용대상물에 대한 예시, 설계방법에 대하여 논하시오.

◎ **풀이** 전단마찰에 대한 설계개념을 묻는 문제이다. 전단마찰에 의한 개념과 적용대상물 및 설계방법을 살펴본다.

1. 전단마찰설계 개념

전단균열이 발생하면 전단균열을 지나는 철근으로 균열이 억제되고 균열이 성장하지 않으면 균열면 내 골재 맞물림으로 전단강도가 증가되고 철근의 인장력을 유발하게 되는 설계개념을 전단마찰설계라 한다.

2. 전단마찰설계 적용대상물

전단마찰설계를 적용하는 구조물은 휨모멘트보다 전단력에 지배되는 구조물이며 응력교란구역이 발생하는 구조물이다.

(1) 깊은 보(Deep Beam)
(2) 브래킷(Bracket)
(3) 집중하중을 받는 지점 및 하중작용점(D구역)

즉, 기하학적인 부재형태나 급격한 하중변화로 응력이 교란되는 구역(D영역)으로, 평면유지의 법칙이 적용되지 않고 변형률 분포가 비선형인 구역을 말한다. 깊은 보, 브래킷, 앤드, 탭, 집중하중 작용점 등이 여기에 속한다.

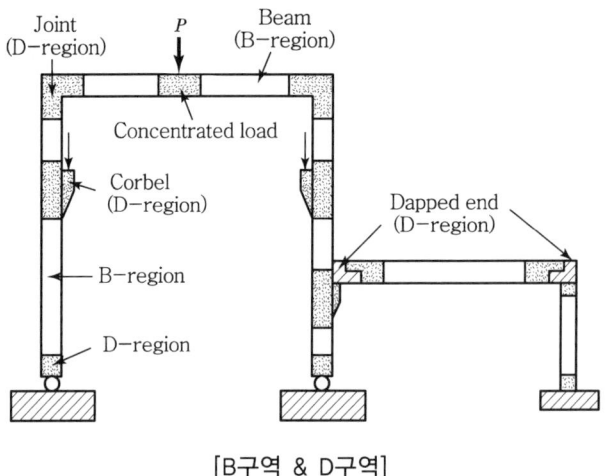

[B구역 & D구역]

3. 전단마찰 설계방법

전단마찰 설계방법은 쐐기론에 기초한 설계방법이며 브래킷 설계 및 깊은 보에 설계에 사용되는 방법은 다음과 같다.

(1) 브래킷 설계

① 휨모멘트철근 : $A_f = \dfrac{M_u}{\phi f_y (d-a/2)}$

② 수평인장 철근 : $A_n = \dfrac{N_{uc}}{\phi f_y}$

③ 전단마찰 철근 : $A_{vf} = \dfrac{V_u}{\phi \mu f_y}$

④ 주철근 결정 :
$$A_s \geq \max\left[(A_f + A_n) \text{ or } \left(\dfrac{2}{3}A_{vf} + A_n\right)\right]$$

⑤ 수평철근
$$A_h \geq \max\left[\dfrac{1}{2}A_f \text{ or } \dfrac{1}{3}A_{vf}\right]$$

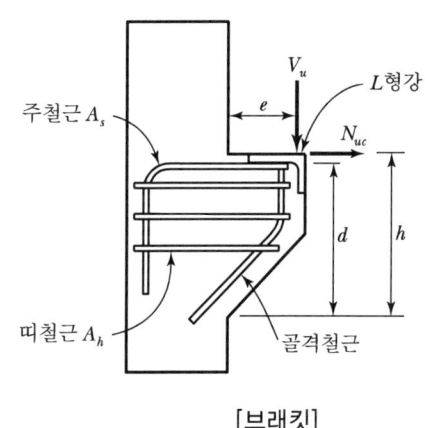

[브래킷]

(2) 깊은 보 설계

1) 깊은 보 조건

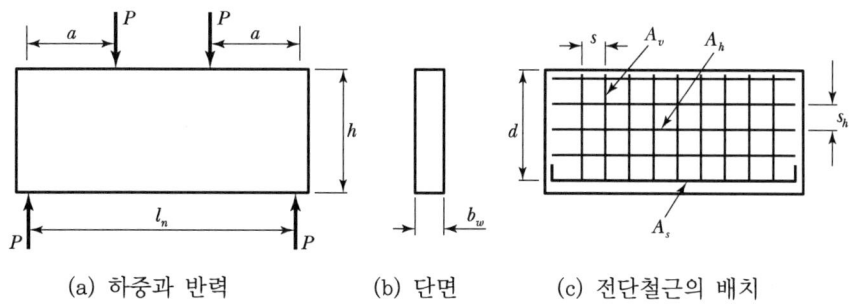

(a) 하중과 반력   (b) 단면   (c) 전단철근의 배치

① 순경간 l_n이 부재 깊이 h의 4배 이하인 보 : $\dfrac{l_n}{h} \leq 4$

② 집중하중이 받침점으로부터 부재높이 h의 2배 이내의 거리에 작용하는 부재 : $\dfrac{a}{h} \leq 2$

2) 공칭전단강도

공칭전단강도는 전단철근 배치와 무관하게 다음 값보다 작아야 한다.

$$V_n \leq \dfrac{5}{6}\lambda\sqrt{f_{ck}}\, b_w d$$

V_n : 깊은 보의 공칭전단강도(kN)
b_w : 깊은 보의 폭(mm), d : 유효 깊이(mm)

3) 깊은 보의 설계

깊은 보는 그 거동이 보통의 보와 달라서 그 해석, 설계 및 철근 상세에 대해 특별 고려가 필요한데, 설계기준에서는 Strut-Tie Model을 사용하여 설계하거나 비선형 해석을 하여 설계하도록 요구

4) 최소 전단철근량

① 수직전단철근 $A_v \geq 0.0025 b_w s$, s는 $d/5$ 이하 또는 300mm 이하
② 수평전단철근 $A_{vh} \geq 0.0015 b_w s_h$, s_h는 $d/5$ 이하 또는 300mm 이하

Question 05: Bracket 설계

사하중 수직반력 110kN, 활하중 수직반력 210kN이고, 기둥면에서 140mm의 거리에 작용하는 Bracket을 설계하시오.

설계조건

$f_{ck} = 35$MPa
$f_y = 400$MPa
단, 일체로 치지 않은 콘크리트 조건

● **풀이** 강도설계법에 의하여 전단마찰 개념을 적용하여 설계한다.

1. 설계 단면력 산정

(1) 수직설계하중

$$V_u = 1.2 \times 110 + 1.6 \times 210 = 468\text{kN}$$

(2) 수평설계하중

$$N_{uc} = 0.2 V_u = 0.2 \times 468 = 94\text{kN}$$

2. Bracket 단면 결정

(1) 최소단면조건(폭 $b = 300$mm)

$$V_n < \min(0.2 f_{ck} b_w d \text{ or } 5.5 A_c) = \min(7 A_c \text{ or } 5.5 A_c) = 5.5 A_c$$

$$V_u \leq \phi V_n$$

$468{,}000 \leq 0.75 \times 5.5(300 \times d)$

$\therefore d = 378\text{mm}$

주철근 A_s의 도심에서 Bracket 상면까지의 높이 30mm로 가정

$h = 378 + 30 = 408\text{mm}$

(2) Bracket 단면 검토

$\dfrac{a}{d} = \dfrac{140}{378} = 0.37 < 1.0 \quad \therefore \text{O.K}$

(3) 주철근 산정

   1) 전단마찰에 의한 철근량 산정

   $A_{vf} = \dfrac{V_u}{\phi \mu f_y} = \dfrac{468{,}000}{0.75 \times 1.4 \times 400} = 1{,}114\text{mm}^2$

   2) 휨에 의한 철근량 산정

   휨모멘트 $M_u = V_u a + N_{uc}(h-d)$
   $\qquad\qquad = 468{,}000 \times 140 + 94{,}000(408-378) = 68{,}340{,}000\text{N}\cdot\text{mm}$

   $a = 40\text{mm}$로 가정

   $A_f = \dfrac{M_u}{\phi f_y\left(d-\dfrac{a}{2}\right)} = \dfrac{68{,}340{,}000}{0.75 \times 400 \times \left(378 - \dfrac{40}{2}\right)} = 636\text{mm}^2$

   $a = \dfrac{A_f f_y}{0.85 f_{ck} b} = \dfrac{636 \times 400}{0.85 \times 35 \times 300} = 28.4\text{mm} < 40\text{mm}$

   A_f를 다시 계산

   $A_f = \dfrac{68{,}340{,}000}{0.75 \times 400 \times \left(378 - \dfrac{28.4}{2}\right)} = 626\text{mm}^2$

   $a = \dfrac{A_f f_y}{0.85 f_{ck} b} = \dfrac{626 \times 400}{0.85 \times 35 \times 300} = 28.1\text{mm} \quad \therefore \text{O.K}$

   3) N_{uc}에 의한 철근량

   $A_n = \dfrac{N_{uc}}{\phi f_y} = \dfrac{94{,}000}{0.75 \times 400} = 313\text{mm}^2$

4) 주철근 검토

① $A_s \geq A_f + A_n = 626 + 313 = 939 \text{mm}^2$

② $A_s \geq \dfrac{2}{3} A_{vf} + A_n = \dfrac{2}{3} \times 1,114 + 313 = 1,056 \text{mm}^2 > 939 \text{mm}^2$

③ $A_s \geq 0.04 \dfrac{f_{ck}}{f_y} bd = 0.04 \times \dfrac{35}{400} \times 300 \times 378 = 397 \text{mm}^2 < 952 \text{mm}^2$

$\therefore A_s = 1,056 \text{mm}^2$

Use $3-D22 : A_s = 1,161 \text{mm}^2 > 1,056 \text{mm}^2$

3. 수평철근 산정

(1) 수평철근 산정조건

$A_h > 0.5(A_s - A_n)$

$A_h \geq \dfrac{1}{2} A_f = \dfrac{1}{2} \times 626 = 313 \text{mm}^2$ or

$A_h \geq \dfrac{1}{3} A_{vf} = \dfrac{1}{3} \times 1,114 = 371 \text{mm}^2 > 313 \text{mm}^2$

$\therefore A_h = 371 \text{mm}^2$

(2) 철근배근

Use $3-D10 : A_h = 427 \text{mm}^2 > A_{h,\text{req}} = 371 \text{mm}^2$

철근배근간격 : $\dfrac{2}{3}\left(\dfrac{d}{3}\right) = \dfrac{2}{3}\left(\dfrac{378}{3}\right) = 84.0 \text{mm}$

| Question | 경사진 전단마찰 설계 |

06

벽기둥의 상단에서 보를 지지할 때 작용하중에 대한 보강철근을 산정하시오.

설계조건

〈지점에 작용하는 하중〉
- 수직하중 : 고정하중 $w_D = 130$kN
  활 하 중 $w_L = 140$kN
- 수평하중 : 인장력 $T = 100$kN
- 균열면의 각도는 수직면에 대하여 20° 경사로 가정
- 사용철근 : $f_y = 400$MPa

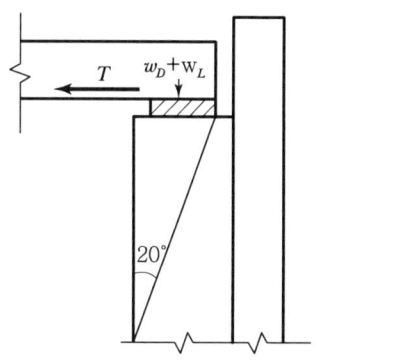
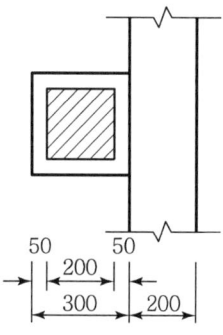

[단면 및 평면]

하중 Case는 다음 2가지 Case를 고려한다.
(1) 고정하중, 활하중, 수평하중 고려 시
(2) 고정하중, 인장력 고려 시

I. Case 1 : $w_D + w_L + T$ 고려 시

1. 계수하중 및 산정

(1) 보 지점의 수직반력

$$R_u = 1.2w_D + 1.6w_L = 1.2 \times 130 + 1.6 \times 140 = 380\text{kN}$$

(2) 보의 지점의 수평반력

$T_u = 1.6T = 1.6 \times 100 = 160\text{kN} > 0.2R_u = 76.8\text{kN}$ ∴ O.K

2. 전단 균열면을 통한 힘의 전달

$\alpha_f = 90° - 20° = 70°$

$\mu = 1.4\lambda = 1.4$

(일반콘크리트 $\lambda = 1$)

$V_u = R_u \cdot \sin\alpha_f + T_u \cdot \cos\alpha_f$

$\quad = 380(\sin 70°) + 160(\cos 70°) = 411.8\text{kN}$

$N_u = T_u \cdot \sin\alpha_f - R_u \cdot \cos\alpha_f$

$\quad = 160(\sin 70°) - 380(\cos 70°) = 20.38\text{kN}$

다만, N_u의 값이 압축력(-)일 때는 이를 무시할 수 있다.

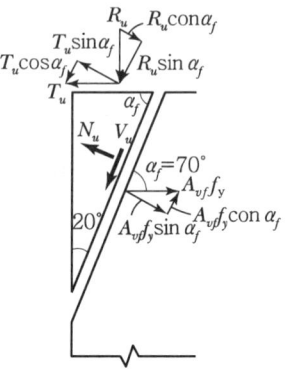

[균열면의 힘의 전달]

3. 전단마찰철근 산정

$$A_{vf} = \frac{V_u}{\phi f_y (\mu \sin\alpha_f + \cos\alpha_f)}$$

$$\quad = \frac{411.8 \times 10^3}{0.75 \times 400 \times (1.4\sin 70° + \cos 70°)} = 828\text{mm}^2$$

4. 순인장력에 대한 보강철근 산정

$$A_n = \frac{N_u}{\phi f_y \sin\alpha_f} = \frac{20.38 \times 10^3}{0.75 \times 400 \times \sin 70°} = 72.3\text{mm}^2$$

5. 전단 균열면에 대한 전단철근 산정

$A_s = A_{vf} + A_n = 828 + 72.3 = 900.3 \text{mm}^2$

폐쇄띠철근 D10을 사용할 때의 소요개수

$n = \dfrac{A_s}{A_v} = \dfrac{900.3}{2 \times 71} = 6.34 \rightarrow$ 7개의 D10 사용

6. 폐쇄띠철근 배근간격 결정

균열의 수직 깊이 $= 250 \times \tan 70° = 687 \text{mm}$

폐쇄띠철근의 배근간격

$s = 687.0/(7-1) = 114 \text{mm}$

7 – D10을 100mm 간격으로 배근

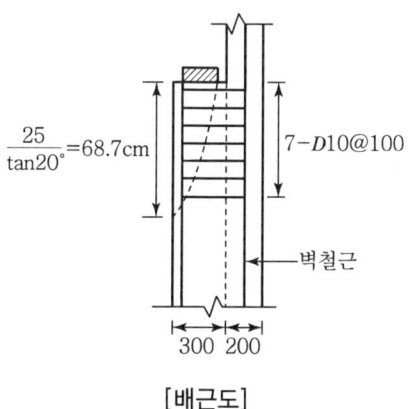

[배근도]

II. Case 2 : $w_D + T$ 고려 시

1. 계수하중

$R_u = 0.9 W_D = 0.9 \times 130 = 117 \text{kN}$

$T_u = 160 \text{kN}$

2. 전단균열면의 전단력과 인장력

$$V_u = R_u \sin 70° + T_u \cos 70° = 117(\sin 70°) + 160(\cos 70°) = 164.67 \text{kN}$$

$$N_u = T_u \sin 70° - R_u \cos 70° = 160(\sin 70°) - 117(\cos 70°) = 110.33 \text{kN}$$

3. 전단마찰철근

$$A_{vf} = \frac{164.67 \times 10^3}{0.75 \times 400 \times (1.4\sin 70° + \cos 70°)} = 331 \text{mm}^2$$

4. 인장력에 대한 보강철근

$$A_n = \frac{110.33 \times 10^3}{0.75 \times 400 \times \sin 70°} = 391 \text{mm}^2$$

5. 전단균열면에 대한 전단철근

$$A_s = 331 + 391 = 722 \text{mm}^2 < 903.5 \text{mm}^2$$

∴ w_D, w_L 및 T를 전부 고려하였을 때의 소요 전단철근에 의하여 결정

제3장 전단과 비틀림 설계

Question	STM
07	스트럿 타이 모델(STM)을 설명하시오

1. 정의

스트럿-타이 모델(Strut-Tie Model : 이하 STM)은 소성이론과 힘의 평형조건을 이용한 트러스모델의 일종으로 전단력을 받는 부재의 응력교란구역 전단설계에 효율적인 강도한계상태에 근거한 설계방법을 말한다.

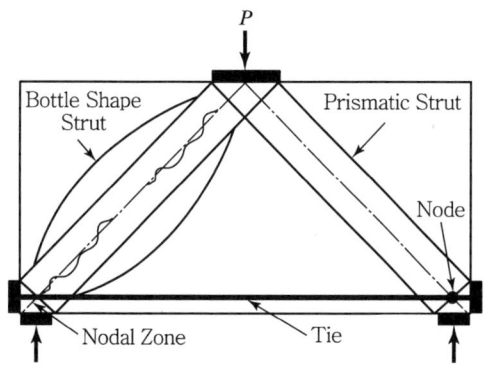

2. 특징

STM은 Ritter와 Morsch가 사인장균열이 발생한 철근콘크리트 보의 힘의 흐름을 콘크리트의 대각선 압축대와 철근의 수직 및 하부인장재로 구성된 트러스모델에 의하여 설명한 후 많이 발전되었으며, 특히 전단스팬비(a/d)가 2.5 이하인 보의 전단내력 응력교란구역에서는 STM이 매우 효율적인 설계법임이 실험으로 증명되었다.

현행 설계법에서 사용되고 있는 응력교란구역의 설계법은 힘의 흐름을 정확히 파악할 수 없으나 STM은 가능하다.

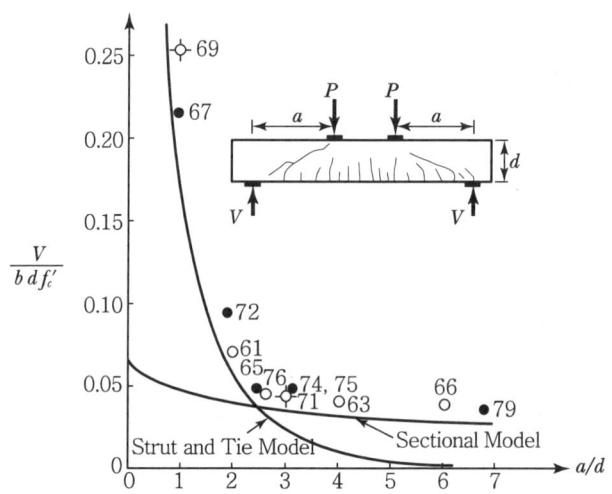

[실험결과와 STM & 단면해석 결과비교]

3. STM 구역 정의

STM은 철근콘크리트 구조물을 응력과 부재의 기하학적인 형태에 따라서 B-구역과 D-구역으로 구분한다.

(1) B구역(응력균일구역)

휨이론의 평면유지의 법칙(Bernoulli's Law)을 적용할 수 있는 부재영역으로 변형률분포가 선형인 구역을 말한다.

(2) D구역(응력교란구역)

부재의 기하학적 형태 또는 하중의 급격한 변화에 의하여 하중이나 부재의 형태가 불연속적(Discontinuity)인 구역으로 평면유지의 법칙이 위배되어 변형률분포가 비선형인 응력교란구역을 말한다.

D구역에 해당하는 부재는 깊은 보, 코벨, 엔드, 탭, 집중하중 작용점 등이 있다.

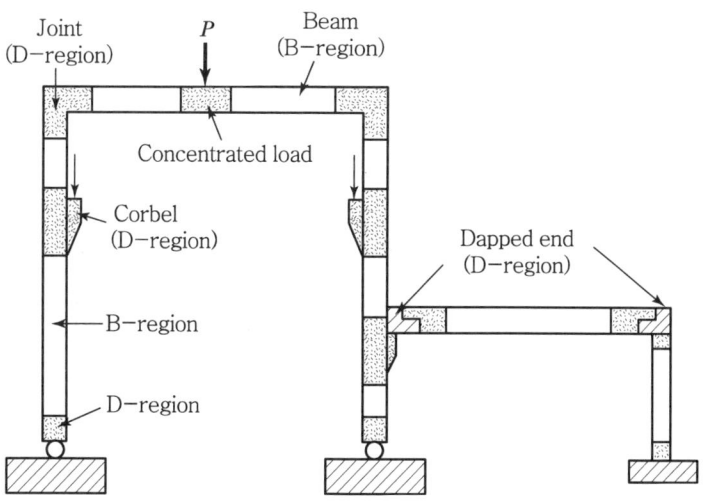

(3) 구역특징

① 하중의 불연속 또는 부재의 기하학적 형태의 불연속이 발생한 지점에서 단면의 높이(h) 또는 단면의 유효높이(d)까지의 영역을 D구역으로 간주한다.
② 두 개의 D-구역이 겹치거나 만났을 경우에는 두 개의 D-구역을 한 개의 D-구역으로 보고 설계할 수 있다.

4. STM 구성요소

STM은 스트럿, 타이, 절점, 절점영역들이 이루어진 트러스 모델이며 구성요소의 특징은 다음과 같다.

(1) 스트럿(Strut)

스트럿은 STM의 압축재이며 힘의 분포에 따라 프리즘(Prismatic), 아치(Arch), 부채모양(Fan Shape), 병모양(Bottle Shape) 등의 스트럿으로 모델링한다.

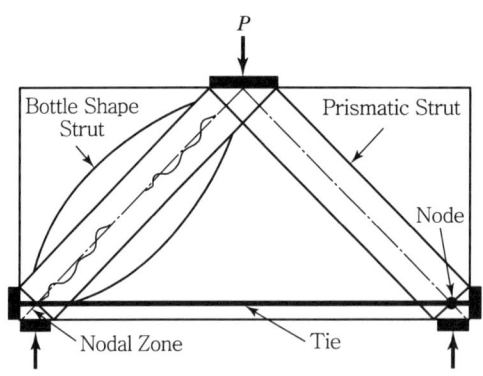

(2) 타이(Tie)

타이는 STM의 인장재를 말하며 철근, 프리스트레싱 철근, 철근 주위의 콘크리트로 구성된다. 철근주변 콘크리트는 스트럿과 타이에 작용하는 힘이 정착되기 위한 영역을 포함한다. 설계에서는 타이영역에 있는 콘크리트는 타이에 작용하는 축력을 저항하지 않는다고 가정하나 실제로 타이 주변 콘크리트는 사용하중 시에 철근의 인장변형을 감소시킨다.

(3) 절점(Node)

절점은 STM에서 스트럿과 타이 그리고 집중하중이 작용하는 접합부의 축이 교차하는 한 점을 말하며 절점에는 평형조건을 만족하기 위해 적어도 세 개의 힘이 작용해야 한다. 절점은 힘의 작용에 따라 (1) C-C-C, (2) C-C-T, (3) C-T-T, (4) T-T-T로 구별된다.

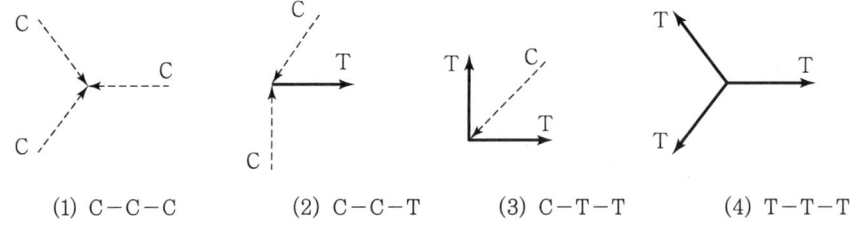

(4) 절점영역(Node Zone)

절점영역은 STM에서 하중이 전달될 수 있는 절점 주위의 콘크리트의 체적을 말하며 정수압응력(Hydrostatic Stress)을 받는 절점영역의 면은 스트럿과 타이의 축에 수직한다.

C-C-C 절점영역의 면에 작용하는 응력이 동일할 경우 절점영역면의 폭의 비 ($W_{n1} : W_{n2} : W_{n3}$)와 힘의 비($C_1 : C_2 : C_3$)는 비례하는 특징이 있다.

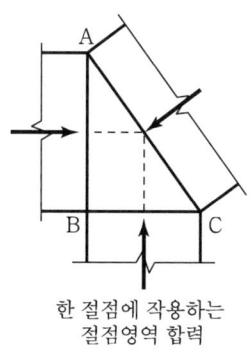
한 절점에 작용하는 절점영역 합력

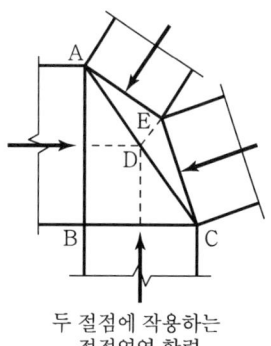
두 절점에 작용하는 절점영역 합력

5. STM 설계절차

(1) 설계결정사항

① STM의 기하학적인 형태와 절점, 영역, 압축재, 인장재 결정
② 작용하중에 근거한 압축재, 인장재의 축력결정
③ 콘크리트 압축강도와 하중계수 계산, 스트럿의 형태와 강도 결정
④ 절점영역의 분포와 강도결정
⑤ 인장재의 형태, 강도, 소요단면적 및 정착법 결정
⑥ 철근배근 결정

(2) 설계절차

① 설계대상영역 설정, 초기 조건 결정
② 설계대상영역 설계를 위한 Strut Tie Model 선정
③ Strut과 Tie의 단면력 산정
④ 절점영역의 강도 산정
⑤ Tie의 유효강도를 고려하여 필요 철근량 산정(배치, 정착 등 설계기준 검토)

(3) 설계 원칙

스트럿과 타이 및 절점영역의 설계는 다음 식에 근거한다.

$$\phi F_n \geq F_u$$

F_u : 스트럿, 타이, 지압부 또는 절점영역에 작용하는 계수하중(kN)
F_n : 스트럿, 타이 및 절점영역의 공칭강도(kN)
ϕ : 강도저감계수(=0.75)

6. STM 설계

(1) 스트럿(STRUT) 설계

1) 스트럿의 공칭압축강도(F_{ns})를 결정 : $F_{ns} = f_{cu} A_c$

A_c : 스트럿 단면적(mm²), f_{cu} : 콘크리트 유효압축강도(MPa)

2) 콘크리트의 유효압축강도를 결정 : $f_{cu} = 0.85 \beta_s f_{ck}$

β_s : 균열과 철근의 영향을 반영하기 위한 강도저감계수

① 단면이 일정한 스트럿 : 1.0
② 병모양 스트럿 : 0.75
③ 인장부재 스트럿 : 0.40
④ 기타 모든 경우 : 0.60

3) 스트럿의 압축철근을 결정 : $F_{ns} = f_{cu} A_c + A_s{'} f_s{'}$

4) 스트럿의 폭을 결정 : $w_s = w_t \cos\theta + l_b \sin\theta$

w_s는 스트럿의 폭이며, w_t는 타이의 폭이다.

(2) 타이(TIE) 설계

1) 타이의 공칭압축강도(F_{nt})를 결정 : $F_{nt} = A_{st} f_y + A_{ps}(f_{se} + \Delta f_p)$

A_{st} : 타이 단면적(mm²)

A_{ps} : 긴장재 타이 단면적(mm²)

f_{se} : 프리스트레스 철근의 응력손실 후 유효응력(MPa)

Δf_p : 계수하중에 의한 긴장재 응력의 증분(MPa)

2) 타이의 유효폭을 결정, $\overline{y}$ 는 철근도심이다. : $w_t = 2 \times \overline{y}$

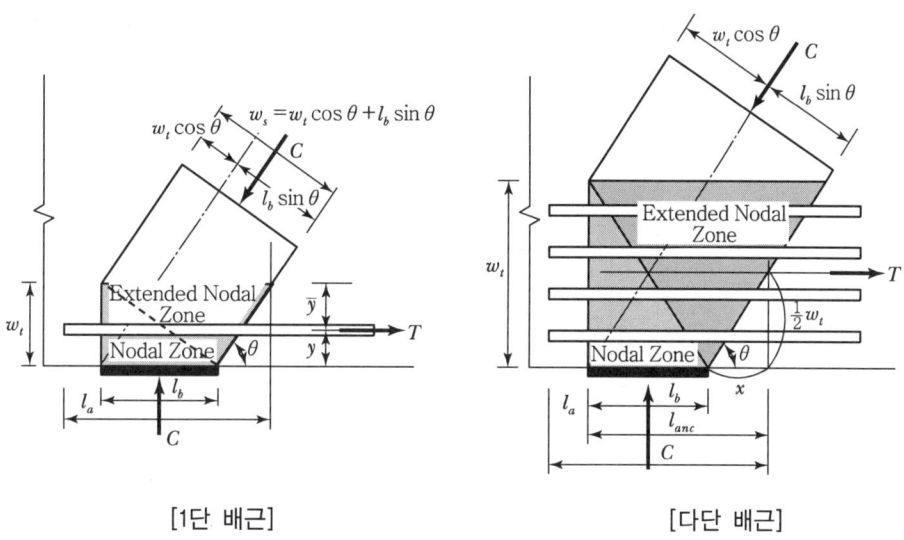

[1단 배근]   [다단 배근]

(3) 절점영역(NODE ZONE) 설계

1) 절점영역의 공칭강도(F_{nn})를 산정 : $F_{nn} = f_{cu} A_n$

2) 콘크리트의 유효압축강도를 결정 : $f_{cu} = 0.85 \beta_n f_{ck}$

β_n : 절점영역의 유효압축강도에 대한 타이의 정착의 영향을 고려한 강도저감계수

절점영역의 조건	절점의 분류	β_n
지지판, 스트럿 또는 지지판과 스트럿에 의해 형성된 절점영역	C-C-C	1.0
하나의 타이가 연결된 절점영역	C-C-T	0.8
두 개 이상의 타이로 정착된 절점영역	C-T-T 또는 T-T-T	0.6

> **Question 08** STM-Bracket
>
> 350mm×350mm의 기둥에 부착되어 기둥면에서 125mm 떨어져서 프리캐스트 보를 지지하는 내민받침을 설계하라. 내민받침에는 계수전단력 $V_u = 250$kN이 작용하고, 내민받침에 크리프나 건조수축을 고려하기 위해서 계수전단력의 20%인 수평방향 인장력 $N_{uc} = 50$kN이 작용한다고 가정한다. 보통중량 콘크리트의 설계기준강도 $f_{ck} = 35$MPa이고 철근의 항복강도는 $f_y = 500$MPa이다.
>
>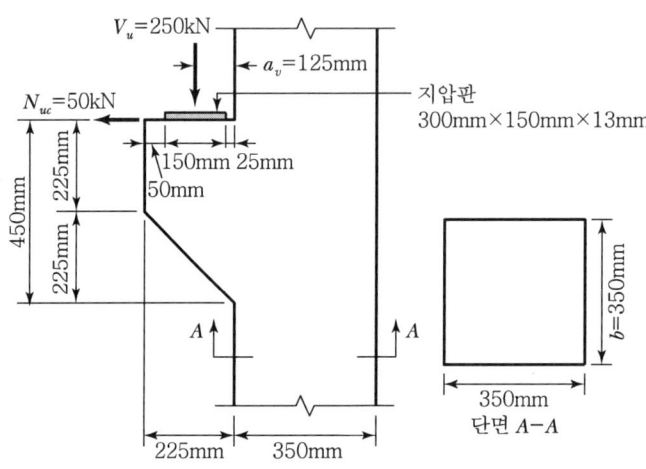

1. 지압판(Bearing Plate)의 크기 결정

CCT 절점 : $\beta_n = 0.8$

$f_{ce} = 0.85\,\beta_n\,f_{ck} = 0.85\,(0.8)\,(35) = 23.8\text{MPa}$

지압판 size : 300mm × 150mm × 13mm

$A_c = 300 \times 150 = 45 \times 10^3 \text{mm}^2$

$f_{cu} = \dfrac{V_u}{A_c} = \dfrac{250 \times 10^3}{(45 \times 10^3)} = 5.56\text{MPa} < \phi f_{ce} = 0.75\,(23.8) = 17.85\text{MPa}$

소요 지압판의 폭 : $\phi f_{ce} = 17.85\text{MPa}$ ∴ O.K

$w_{s.cc'(req)} = \dfrac{V_u}{(\phi f_{ce} \times 300)} = \dfrac{250 \times 10^3}{(17.85 \times 300)} = 47(\text{mm}) < 150\text{mm}$ ∴ O.K

2. 내민받침의 치수 결정

$$V_n < 0.2 f_{ck} b_w d \text{ or } 5.6 b_w d$$

$$d_{req} > \frac{V_n}{0.2 f_{ck} b_w} \text{ or } \frac{V_n}{5.6 b_w} \; : \; (0.2)(35) = 7.0 > 5.6$$

$$\therefore d_{req} \geq \frac{V_n}{5.6 b_w} = \frac{\frac{250 \times 10^3}{0.75}}{5.6 \times 350} = 170\text{mm}$$

$$d_{used} = 450 - 50 = 400\text{mm} > d_{req} = 170\text{mm} \qquad \therefore \text{O.K}$$

$$\frac{a_v}{d} = \frac{125}{400} = 0.31 < 1.0 \qquad \therefore \text{O.K}$$

3. STM의 구성

(1) Strut DD' 중심위치 : $w_{s,DD'}$ 를 이용

(2) V_u 와 N_{uc} 의 합력 작용선 각도 : $\tan^{-1}\left(\frac{50}{250}\right) = 11.3°$

(3) 절점 C의 편심 : $50 \tan 11.3° = 10\text{mm}$

(4) $\sum M_A = 0$; $250(10+125+350-50) + 50(450-50) = F_{u.DD'}\left(300 - \frac{w_s}{2}\right)$

       절점 D : CCT 절점 $\beta_n = 0.8$

$$F_{u.DD'} = \phi f_{ce} b_s w_s = 0.75[(0.85)(0.8)(35)](350)\frac{w_s}{10^3} = 6.248 w_s$$

$$6.248 w_s (0.5 w_s - 300) + 128{,}750 = 0$$

$$w_s^2 - 600 w_s + 41{,}213 = 0$$

$$w_s = \frac{600 - \sqrt{600^2 - 4 \times 41.213}}{2} = 79\text{mm}$$

(5) 트러스의 기하학적 위치

    스트럿 CD의 수평거리 : $10 + 125 + \frac{79}{2} = 174.5\text{mm}$

    수평면과의 사이각 : $\tan^{-1}\left(\frac{400}{174.5}\right) = 66.4°$

스트럿 BD의 수평거리 : $300 - \dfrac{79}{2} = 260.5\text{mm}$

수평면과의 사이각 : $\tan^{-1}\left(\dfrac{400}{260.5}\right) = 56.9°$

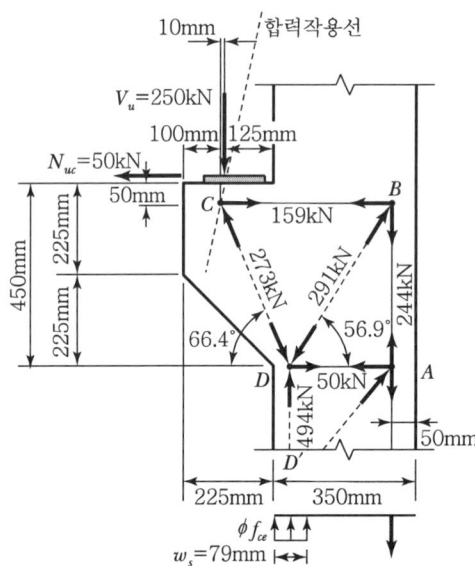

4. 소요 부재력 계산

(1) 절점 C

$$F_{u,CD} = \dfrac{-250}{\cos 23.6°} = -273\text{kN}$$

$$F_{u,CB} = 50 + 273\sin 23.6° = 159\text{kN}$$

(2) 절점 B

$$F_{u,BD} = \dfrac{-159}{\sin 33.1°} = -291\text{kN}$$

$$F_{u,BA} = 291\cos 33.1° = 244\text{kN}$$

(3) 절점 D

$$F_{u,DD'} = -273\cos 23.6° - 291\cos 33.1° = -494\text{kN}$$
$$F_{u,DA} = 273\sin 23.6° - 291\sin 33.1° = 50\text{kN}$$

5. Tie 설계

(1) Tie CB : $F_{u,CB} = 159\text{kN}$

$$A_{s,CB(req)} = \frac{F_{u,CB}}{\phi f_y} = \frac{159 \times 10^3}{(0.85 \times 500)} = 374.12\text{mm}^2$$

최소 주인장 철근

$$A_{sc,\min} \geq \left(0.04\frac{f_{ck}}{f_y}\right)bd = \left(0.04\frac{35}{500}\right)(350)(400)$$
$$= (0.028)(350)(400) = 392\text{mm}^2 < A_{s,CB(req)} = 424\text{mm}^2$$

$$A_{s,CB(used)} = 4-D13 = 507\text{mm}^2 > A_{s,CB(req)} = 424\text{mm}^2 \quad \therefore \text{ O.K}$$

(2) Tie BA : $F_{u,BA} = 244\text{kN} > F_{u.CB} = 159\text{kN}$

CB 철근 구부려 정착

(3) Tie DA : $F_{u,DA} = 50\text{kN}$

$$A_{s,DA(req)} = \frac{F_{u,DA}}{\phi f_y} = \frac{50 \times 10^3}{(0.85 \times 500)} = 117.36\text{mm}^2$$

$$A_{s,DA(used)} = 2(2-D10) = 285\text{mm}^2 > A_{s,DA(reg'd)} = 133\text{mm}^2 \quad \therefore \text{ O.K}$$

6. Strut 및 Tie의 폭 검토

(1) Strut CD : CCT 절점 $\beta_n = 0.8$

병모양 스트럿 가정 $\beta_s = 0.75 \to govern$

$\phi f_{ce} = 0.75(0.85\beta_s f_{ck}) = 0.75(0.85 \times 0.75 \times 35) = 16.73\text{MPa}$

$\phi F_{ns} = \phi f_{ce} A_{cs} = 16.73(350)w_{s,CD} \geq F_{u,CD} = 273 \times 10^3 \text{N}$

$w_{s,CD(req)} = \dfrac{273 \times 10^3}{5,856} = 47(\text{mm})$

(2) Strut BD : B점 CTT 절점 $\beta_n = 0.6$

$\phi f_{ce} = 0.75(0.85\beta_s f_{ck}) = 0.75(0.85 \times 0.6 \times 35) = 13.39\text{MPa}$

$\phi F_{ns} = \phi f_{ce} A_{cs} = 13.39(350)w_{s,BD} \geq F_{u,BD} = 291 \times 10^3 \text{N}$

$w_{s,BD(req)} = \dfrac{291 \times 10^3}{4,686} = 62\text{mm}$

(3) Tie BA : A&B CTT 절점 $\beta_n = 0.6$

$\phi f_{ce} = 13.39\text{MPa}$

$\phi F_{ns} = \phi f_{ce} A_{cs} = 13.39(350)w_{s,BA} \geq F_{u,BA} = 244 \times 10^3 \text{N}$

$w_{s,BA(req)} = \dfrac{244 \times 10^3}{(13.39 \times 350)} = 52\text{mm}$

(4) Tie DA : 절점 D : CTT $\beta_n = 0.8$; 절점 A : CTT $\beta_n = 0.6$

1) 절점 D

$\phi f_{ce} = \dfrac{13.39(0.8)}{0.6} = 17.85\text{MPa}$

$w_{s,DA@D(req)} = \dfrac{50 \times 10^3}{(17.85 \times 350)} = 8\text{mm}$

2) 절점 A

$\phi f_{ce} = 13.39\text{MPa}$

$$w_{s.DA@A(req)} = \frac{50 \times 10^3}{(13.39 \times 350)} = 11\text{mm}$$

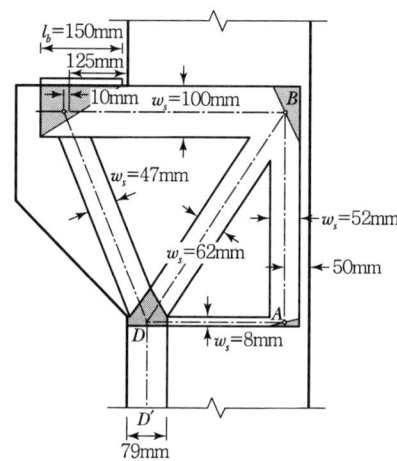

7. 균열 조절을 위한 최소철근배치

(1) 폐쇄스터럽

① $A_h = 0.5(A_{sc} - A_n)$ 이상 배치

② A_{sc}에 인접한 $\frac{2}{3}d$ 이내에 균등 배치

$$A_{h(req)} = 0.5(A_{sc} - A_n) = 0.5\left(A_{sc} - \frac{N_{uc}}{\phi f_y}\right)$$
$$= 0.5\left(507 - \frac{50 \times 10^3}{0.75(500)}\right) = 187\text{mm}^2$$

4-D10 U형 폐쇄 스터럽 배치

$A_{h(used)} = 2(4-D10) = 571\text{mm}^2 > A_{h(req)} = 187\text{mm}^2$ ∴ O.K

배치구간 $\frac{2}{3}d = \left(\frac{2}{3}\right)400 = 267\text{mm}$, $\frac{267}{4} = 67\text{mm} \rightarrow 65\text{mm}$ 간격 배치

(2) 균열 조절 철근

$f_{ck} \leq 40\text{MPa}$일 때

$$\sum \frac{A_{si}}{b_s\, s_i} \sin^2 \gamma_i \geq 0.003 \qquad \therefore \text{O.K}$$

$\gamma_i = \min(56.9°,\ 66.4°) > 40°$

$\sin^2 56.9° = 0.702\ ;\ s_2 = 65\text{mm}$

$$\frac{A_{s2}}{b_s\, s_2} \sin^2 \gamma_i = \frac{(71.3 \times 2)(0.702)}{(350 \times 65)}$$

$$= 0.0044 > 0.003 \qquad \therefore \text{O.K}$$

8. Tie CB의 정착 검토

기둥면에서 갈고리의 정착길이

$$l_{anc} = 50 + 150 + \frac{100}{\tan 66.4°} - 50 = 50 + 150 + 44 - 50 = 194\text{mm}$$

피복두께 $c_c = 50\text{mm}\ ;\ c_s = 70\text{mm}$ 확보 → 보정계수 0.7 적용

$$l_{dh} = \left[\frac{A_{s(reg)}}{A_{s(used)}}\right](0.7)100\frac{d_b}{\sqrt{f_{ck}}} = \left(\frac{424}{507}\right)(0.7)100\frac{12.7}{\sqrt{35}}$$

$$= 126\text{mm} < l_{anc} = 194\text{mm} \qquad \therefore \text{O.K}$$

9. 철근 배치상세

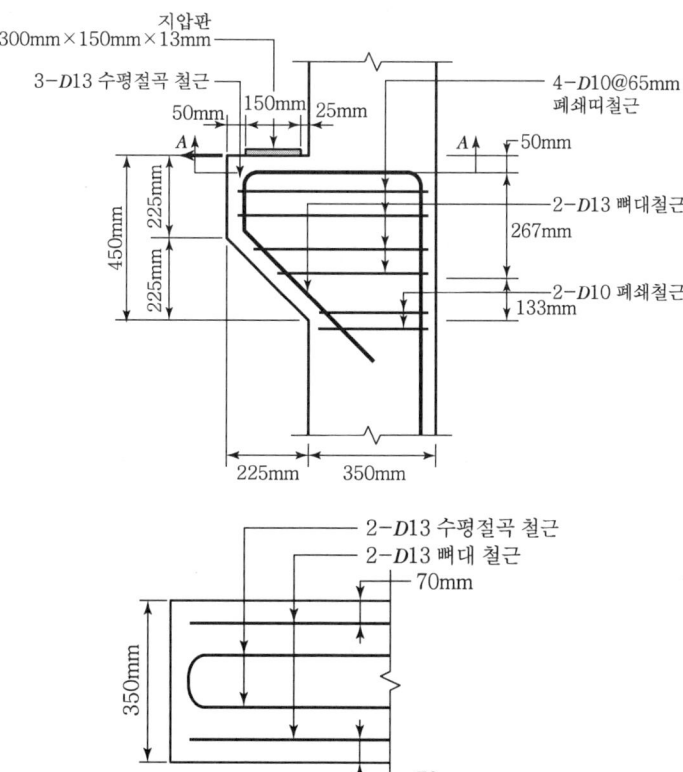

제1편 철근콘크리트 공학

> **Question 09** 깊은 보 해석 : STM
>
> 아래와 같은 깊은 보에 대하여 Strut-Tie Model로 설계하시오.
>
> **설계조건**
> $P_u = 4,800\text{kN}$, $\ell = 10.8\text{m}$, $h = 3.6\text{m}$, $b = 600\text{mm}$, $f_{ck} = 35\text{MPa}$
> $f_y = 400\text{MPa}$

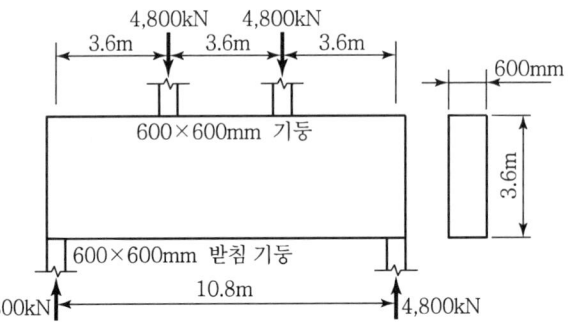

● **풀이** 깊은 보의 스트럿-타이 설계 문제임

1. 깊은 보 확인

$$l_n = 10.8 - \frac{600}{10^3} = 10.2\text{m}$$

$$\frac{l_n}{h} = \frac{10.2}{3.6} = 2.8 < 4 \qquad \therefore \text{깊은 보}$$

2. D영역의 정의

스트럿과 타이의 폭 = 보의 폭 = 600mm

$d = 0.9h = 0.9 \times 3.6\text{m} = 3.24\text{m}$

$$\phi V_n = \phi\left(\frac{5}{6}\lambda\sqrt{f_{ck}}\,b_w\,d\right) = 0.75 \times \left(\frac{5}{6} \times \sqrt{35} \times 600 \times 3.24 \times 10^3\right)$$

$\qquad = 7,168,500\text{N} = 7,169\text{kN}$

$V_u = 4,800\text{kN}$

$\phi V_n > V_u$: 전단에 대해 설계

3. D영역 경계면의 합력

수평 스트럿과 타이의 중심선 사이의 거리 : $0.8h = 0.8 \times 3.6\text{m} = 2.88\text{m}$

$$\theta = \sin^{-1}\left(\frac{2.88}{\sqrt{3.6^2 + 2.88^2}}\right) = 38.66°$$

$\sum V = 4{,}800 - C \cdot \sin 38.66° = 0$ $\therefore\ C = 7{,}684\text{kN}$

$\sum H = T - C \cdot \cos 38.66° = 0$ $\therefore\ T = 6{,}000\text{kN}$

$\sum H = C' - C \cdot \cos 38.66° = 0$ $\therefore\ C' = 6{,}000\text{kN}$

4. 트러스 모델

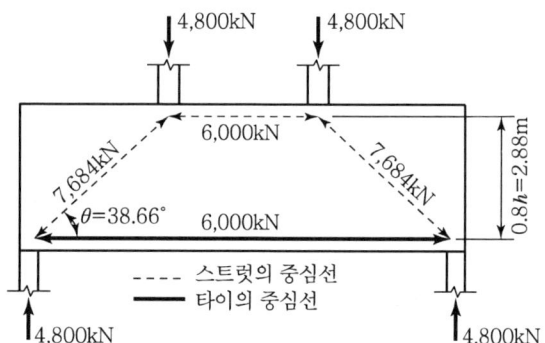

(a) 내력 및 시험적인 트러스 모델

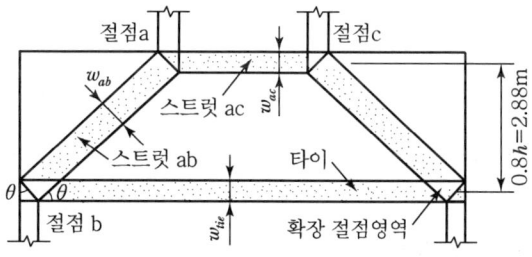

(b) 최종 트러스 모델(도식적으로 나타낸 스트럿 타이 및 절점영역의 폭)

[트러스 모델]

5. 스트럿과 절점영역의 치수 산정

(1) 절점의 응력 p

$$p = \frac{4,800 \times 10^3}{600 \times 600} = 13.3\,\text{N/mm}^2 = 13.3\,\text{MPa}$$

(2) 스트럿과 타이의 폭

$$w_{ac} = \frac{C'}{b \times p} = \frac{6,000 \times 10^3}{600 \times 13.3} = 752\,\text{mm}$$

$$w_{ab} = \frac{C}{b \times p} = \frac{7,684 \times 10^3}{600 \times 13.3} = 963\,\text{mm}$$

$$w_{tie} = \frac{T}{b \times p} = \frac{6,000 \times 10^3}{600 \times 13.3} = 752\,\text{mm}$$

(3) 스트럿 ac와 Tie 중심 간 거리

$$3.6\,\text{m} - \frac{752}{10^3}\,\text{m} = 2.85\,\text{m} = 0.79 \times 3.6 = 0.79\,h$$

$$\theta = \sin^{-1}\left(\frac{2.85}{\sqrt{3.6^2 + 2.85^2}}\right) = 38.38°$$

(4) 스트럿과 타이의 힘 재산정

$\sum V = 4,800 - C \cdot \sin 38.38° = 0$ 　　　∴ $C = 7,796\,\text{kN}$

$\sum H = T - C \cdot \cos 38.38° = 0$ 　　　∴ $T = 6,143\,\text{kN}$

$\sum H = C' - C \cdot \cos 38.38° = 0$ 　　　∴ $C' = 6,143\,\text{kN}$

(5) 스트럿과 타이의 폭 재산정

$$w_{ac} = \frac{C'}{b \times p} = \frac{6,143 \times 10^3}{600 \times 13.3} = 770\,\text{mm}$$

$$w_{ab} = \frac{C}{b \times p} = \frac{7,796 \times 10^3}{600 \times 13.3} = 977\,\text{mm}$$

$$w_{tie} = \frac{T}{b \times p} = \frac{6,143 \times 10^3}{600 \times 13.3} = 770\,\text{mm}$$

6. 스트럿 강도

(1) 스트럿 ac

$$f_{cu} = 0.85\,\beta_s\,f_{ck} = 0.85 \times 1.0 \times 35 = 29.75\text{MPa}$$

1) 절점영역

$$f_{cu} = 0.85\,\beta_s\,f_{ck} = 0.85 \times 1.0 \times 35 = 29.75\text{MPa}$$
$$f_{cu} = 0.85\,\beta_n\,f_{ck} = 0.85 \times 1.0 \times 35 = 29.75\text{MPa}$$

두 값이 같으므로 $f_{cu} = 29.75\text{MPa}$

$$A_c = w_{ac} \times b(\text{폭}) = 770 \times 600 = 462{,}000\text{mm}^2$$
$$F_{ns} = f_{cu} \times A_c = 29.75 \times 462{,}000 = 13{,}744{,}500\text{N} = 13{,}745\text{kN}$$

2) 스트럿 ac의 설계강도

$$\phi F_n = \phi F_{ns} = 0.75 \times 13{,}745 = 10{,}310\text{kN} > 6{,}143\text{kN} \qquad \therefore \text{O.K}$$

(2) 경사 스트럿 ab

ab : 병 모양 스트럿, $\beta_s = 0.75$, $\beta_n = 0.8$(C-T 절점)

$f_{cu} = 0.85\,\beta_s\,f_{ck}$ or $0.85\,\beta_n\,f_{ck}$ 중 작은 값 사용

$$f_{cu} = 0.85\,\beta_s\,f_{ck} = 0.85 \times 0.75 \times 35 = 22.3\text{MPa}$$
$$f_{cu} = 0.85\,\beta_n\,f_{ck} = 0.85 \times 0.8 \times 35 = 23.8\text{MPa} > 22.3\text{MPa}$$
$$F_{ns} = f_{cu} \times A_c = 22.3 \times (w_{ab} \times b) = 22.3 \times 977 \times 600$$
$$= 13{,}072{,}300\text{N} = 13{,}072\text{kN}$$
$$\phi F_n = \phi F_{ns} = 0.75 \times 13{,}072 = 9{,}804\text{kN} > 7{,}796\text{kN} \qquad \therefore \text{O.K}$$

(3) 절점영역의 강도

1) 절점영역 a : C-C 절점 : $\beta_n = 1.0$
2) 절점영역 b : C-T 절점 : $\beta_n = 0.8$

$$f_{cu} = 0.85\,\beta_n\,f_{ck} = 0.85 \times 0.8 \times 35 = 23.8\text{MPa}$$
$$F_{nn} = f_{cu} \times A_n = f_{cu} \times (w_{ab} \times b) = 23.8 \times 977 \times 600$$
$$= 13{,}951{,}600\text{N} = 13{,}952\text{kN}$$
$$\phi F_n = \phi F_{nn} = 0.75 \times 13{,}952 = 10{,}464\text{kN} \ > \ 7{,}796\text{kN} \qquad \therefore \ \text{O.K}$$

7. 타이 및 정착의 설계

(1) 타이의 설계

$$F_{nt} = \frac{T}{\phi} = A_{st}\,f_y$$

$$A_{st} = \frac{T}{\phi f_y} = \frac{6{,}143 \times 10^3}{0.75 \times 400} = 20{,}477\text{mm}^2$$

$\therefore \text{D}35 - 22(\text{ea})\,(= 21{,}045\text{mm}^2)$ 사용

(2) 타이의 정착길이 계산

1) 인장을 받는 D35의 기본 정착길이

$$l_{ab} = \frac{0.6\,d_b\,f_y}{\sqrt{f_{ck}}} = \frac{0.6 \times 34.9 \times 400}{\sqrt{35}} = 1{,}420\text{mm}$$

보정계수 $\alpha = 1.0,\ \beta = 1.0,\ \gamma = 1.0 \qquad \therefore\ \alpha\,\beta\,\gamma = 1.0$

$\therefore\ l_d = 1{,}416\text{mm}$

2) 타이의 필요한 정착길이 l_{anc}

$$l_{anc} = l_b + \frac{1}{2}\,w_{tie}\,\cot\theta = 600 + \frac{1}{2} \times 770 \times \cot 38.38°$$
$$= 1{,}086\text{mm} \ < \ 1{,}416\text{mm} \qquad \therefore\ \text{O.K}$$

3) 타이 폭 검토

$$b = 2 \times 35(\text{피복}) + 4 \times 15.9(D16\text{지름}) + 4(\text{간격}) \times 2 \times 34.9 + 5 \times 34.9$$
$$= 587\text{mm} \ < \ 600\text{mm}\,(\text{피복}) \qquad \therefore\ \text{O.K}$$

8. 전단 철근량 계산

(1) 수직전단 철근량 $s = 250$ 배치

$$A_v \geq 0.0025\, b_w\, s = 0.0025 \times 600 \times 250 = 375\,\text{mm}^2$$

use D16 @ 250mm

(2) 수평전단 철근량

$$A_{vh} \geq 0.0015\, b_w\, s_h = 0.0015 \times 600 \times 250 = 225\,\text{mm}^2$$

use D13 @ 250(mm)

(3) 횡방향 철근 검토

$$\sum \frac{A_{si}}{bs_i} \sin^2 \gamma_i \geq 0.003$$

① 수직전단철근 D16 : $A_v = 2 \times 198.6 = 397.2\,\text{mm}^2$, $\gamma = 38.38°$

② 수평전단철근 D13 : $A_{vh} = 2 \times 126.7 = 253.4\,\text{mm}^2$, $\gamma = 51.62°$

$$\therefore \sum \frac{A_{si}}{bs_i} \sin^2 \gamma_i = \frac{397.2 \times \sin^2 51.62° + 253.4 \times \sin^2 38.38°}{600 \times 250}$$

$$= 0.003 \geq 0.003 \quad (\text{O.K})$$

9. 철근배치의 상세

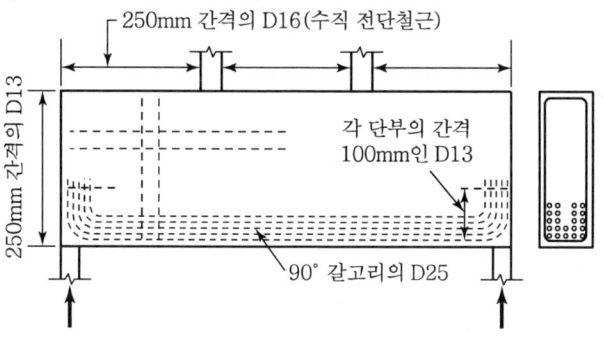

[철근배치의 상세]

Question	수정압축장이론
10	수정압축장이론(Modified Compression Field Theory)에 대하여 논하시오.

◎ 풀이 휨과 전단을 동시에 받는 전단균열에 대한 해석을 다루는 문제이다. 수정압축장이론을 살펴본다.

1. 정의

수정압축장이론(Modified Compression Field Theory ; MCFT)이란 균열이 발생한 철근콘크리트를 고유의 응력-변형률을 갖는 전혀 새로운 재료로 간주하여 휨과 전단을 동시에 받는 웨브에 평균응력과 평균변형률의 항으로 평형, 적합 및 구성식을 세우고 압축대의 경사변화와 콘크리트의 변형-연화효과(Strain Softening Effect)를 고려하여 웨브의 압축응력과 전단철근을 설계하는 이론을 말한다.

2. 이론

휨과 전단이 동시에 작용하고 있는 보에 압축장이론의 기본요소 그림을 이용하여 설명한다. 그림에서 가는 실선은 콘크리트에 발생할 수 있는 인장균열을 이상적으로 표시한 것이다.

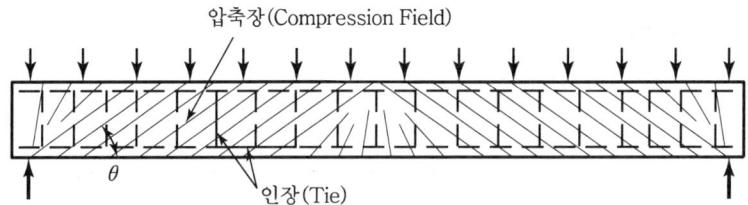

[휨과 전단이 동시에 작용하고 있는 보]

(1) 전단력 분담

지점에서 임의의 위치에 있는 지점의 전단력(V)은 콘크리트 스트럿(압축대) 경사 압축력의 수직분력이 분담한다.

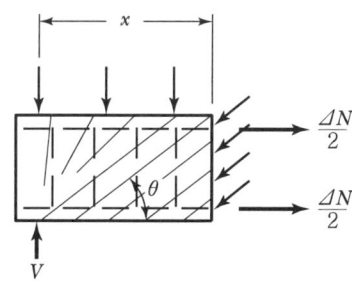 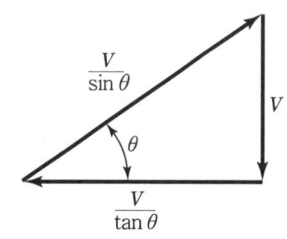

(2) 주철근의 수평분력

압축대의 수평분력은 주철근 전체인장력과 평형을 이룬다.

$$\Delta N = \frac{V}{\tan\theta} = V\cot\theta$$

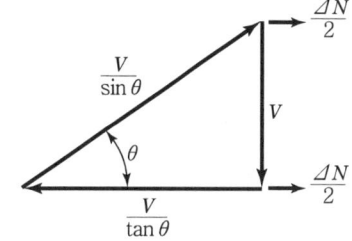

(3) 웨브의 경사압축응력

전단계산을 위한 유효깊이(d_v)는 종방향 력의 합력사이의 거리라 할 때 경사면에 적용하는 경사압축응력은 다음과 같다.

$$f_d = \frac{V}{b_v d_v \sin\theta \cos\theta}$$

여기서, b_v : 폭
d_v : 유효전단깊이

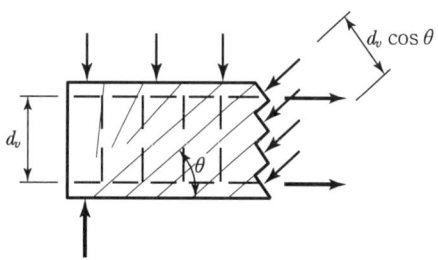

(4) 스터럽 설계

스터럽이 등간격(s)으로 배치되어 있고, 단면적(A_v)과 항복응력(f_y)인 스터럽은 자유물체도로부터 다음과 같이 계산된다.

$$V = A_v f_y \left(\frac{d_v}{\tan\theta} \times \frac{1}{s} \right)$$

$$\therefore A_v f_y = \frac{V s \tan\theta}{d_v}$$

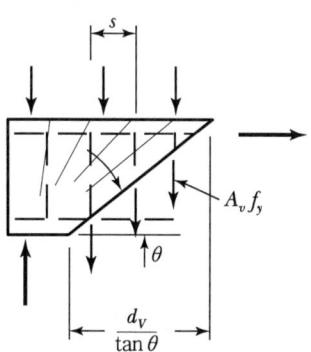

(5) 스트럿의 경사각도

스트럿의 경사각도는 콘크리트설계기준에서는 45°로 가정하고 있으나, 여러 실험에 의하면 단면에서 모든 평형조건을 사용할 수 있는 한 15~75° 범위 내에서 설계자가 선택하여 사용할 수 있도록 규정하고 있다.

3. 결론

(1) Code에 의한 전단설계방법은 기본적으로 시험과 경험에 기초를 둔 설계법으로 휨과 전단의 조합작용을 받는 보의 거동에 대한 합리적인 모델이 결핍되어 있다.
(2) 근래에 와서 합리적인 거동 모델에 근거한 전단설계방법이 발전
　　→ 수정압축장이론과 Strut Tie Model

제3장 전단과 비틀림 설계

> **Question 11** 비틀림 설계기준
>
> 철근콘크리트 구조에서 비틀림 설계 중 비틀림에 저항하는 종방향 철근 (A_l)의 계산방법을 비틀림에 대한 기본 이론을 근거로 설명하고 비틀림 설계과정을 설명하시오.

◎ **풀이** 철근콘크리트 구조물의 비틀림 설계기준을 살펴본다.

1. 비틀림 설계기준

설계 기준	구분	설계내용
1	검토조건	$T_u < T_{\min} = \phi \dfrac{1}{12} \lambda \sqrt{f_{ck}} \left(\dfrac{A_{cp}^2}{p_{cp}} \right)$ 이면 비틀림설계를 무시한다. 여기서, $\phi = 0.75$, $p_{cp} = 2(b+h)(\mathrm{mm})$, $A_{cp} = b \times h (\mathrm{mm}^2)$
2	비틀림 모멘트 산정	적합비틀림인 경우 계수 비틀림모멘트 산정기준 $T_u = \phi \dfrac{1}{3} \lambda \sqrt{f_{ck}} \left(\dfrac{A_{cp}^2}{p_{cp}} \right)$
3	단면적정성 검토기준	① 속이 찬 경우 $\sqrt{\left(\dfrac{V_u}{b_w d}\right)^2 + \left(\dfrac{T_u p_h}{1.7 A_{oh}^2}\right)^2} > \phi \left(\dfrac{V_c}{b_w d} + \dfrac{2}{3} \lambda \sqrt{f_{ck}} \right)$ 이면 단면증가 ② 속이 빈 경우 $\dfrac{V_u}{b_w d} + \dfrac{T_u p_h}{1.7 A_{oh}^2} > \phi \left(\dfrac{V_c}{b_w d} + \dfrac{2}{3} \lambda \sqrt{f_{ck}} \right)$ 이면 단면증가 p_h : 폐쇄스터럽으로 둘러싸인 둘레 길이 A_{oh} : 폐쇄스터럽으로 둘러싸인 면적

설계기준	구분	설계내용
4	전단 스터럽 철근량	전단 스터럽철근량 : $\dfrac{A_v}{s} = \dfrac{V_s}{f_y d}$ 여기서, $V_s = \left(\dfrac{V_u}{\phi} - V_c\right)$, $V_s \geq \dfrac{2}{3}\lambda\sqrt{f_{ck}}\,b_w d$이면 단면 재가정
5	비틀림 스터럽 철근량 산정	비틀림에 대한 스터럽 철근량 : $\dfrac{A_t}{s} = \dfrac{T_u}{2\phi f_{yv} A_o \cot\theta}$ ·············· (1) 여기서, $\theta = 45°$, $A_o = 0.85 A_{oh}$, $f_{yv} \leq 400\text{MPa}$
6	스터럽 단면적산정 및 기준	단위길이당 스터럽 단면적 : $\dfrac{A_{v+t}}{s} = \dfrac{A_v}{s} + \dfrac{2A_t}{s}$ ① 폐쇄스터럽 간격은 $p_h/8$ 이하 또는 300mm 이하 ② 최소 횡방향 철근량 $A_v + 2A_t = 0.0625\lambda\sqrt{f_{ck}}\,\dfrac{b_w s}{f_{yv}} \geq 0.35\dfrac{b_w s}{f_{yv}}$
7	종방향 비틀림 철근량 산정	$A_l = \left(\dfrac{A_t}{s}\right)p_h\left(\dfrac{f_{vy}}{f_{ly}}\right)\cot^2\theta$ ·············· (1)식 사용 $A_{l,\min} = \dfrac{0.42\lambda\sqrt{f_{ck}}\,A_{cp}}{f_{yl}} - \dfrac{A_t}{s}p_h\dfrac{f_{yv}}{f_y}$ $\dfrac{A_t}{s} \geq 0.175\dfrac{b_w}{f_{vy}}$ ① 종방향 철근은 폐쇄스트럽 방향으로 균등하게 배치하고 최대간격은 300mm 이하로 한다. ② 종방향 철근의 직경은 $s/24$ 이상이어야 한다. ③ 비틀림 철근은 계산상 필요한 점을 지나 $(b_t + d)$ 이상 연장 배치한다.

Question 12 적합비틀림

적합비틀림(Compatibility Torsion)을 설명하시오.

1. 정의

적합비틀림(Compatibility Torsion)이란 평형방정식과 더불어 변형에 대한 적합조건식을 만족시켜야 구조물의 해석이 가능한 비틀림을 말한다.

즉, 정정구조물에 비틀림하중이 작용하는 경우 평형조건식만으로 구조물의 반력을 결정하는 평형비틀림(Equilibrium Torsion)과는 달리 부정정구조물에 비틀림이 작용하는 경우 비틀림에 대한 평형조건식과 변형에 대한 적합조건식을 사용해야 구조물이 해석되는 비틀림을 말한다.

2. 특성

적합비틀림은 다음과 같은 특성이 있다.

① 부재에 균열이 생기면 균열 후 힘의 재분배로 비틀림 모멘트가 줄어든다.
② 주변부재가 강성이 클 경우 설계부재의 비틀림 모멘트가 줄어든다.

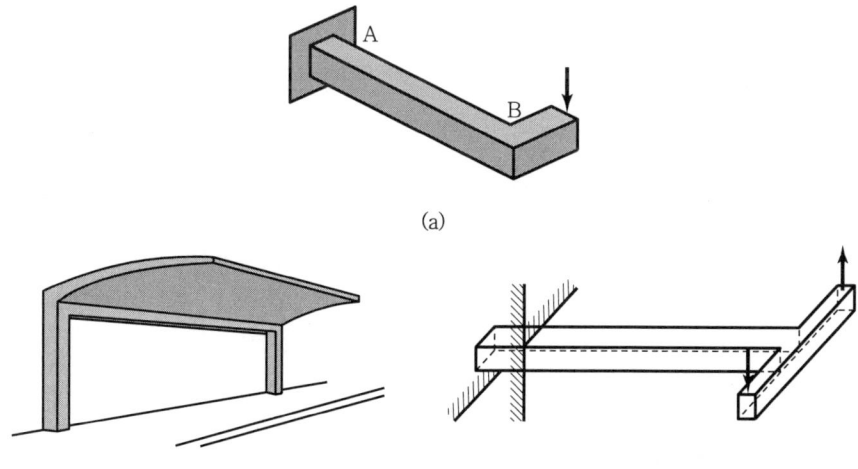

[평형비틀림(정정구조물 비틀림) 예]

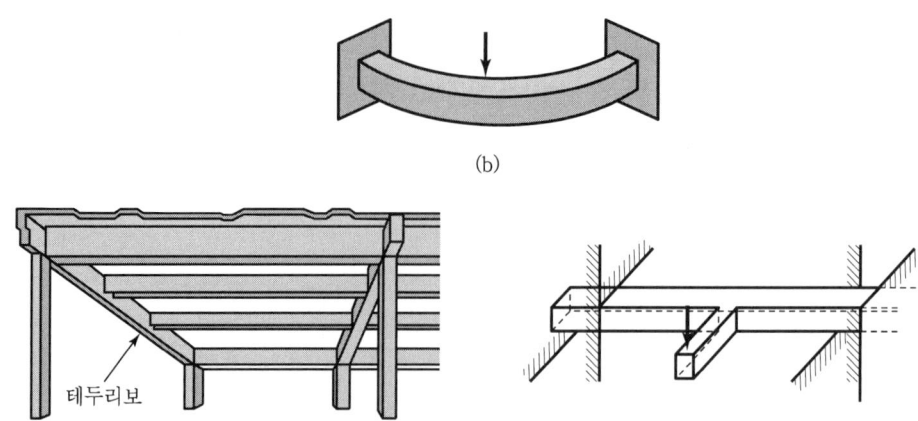

[적합비틀림(부정정구조물 비틀림) 예]

> **Question 13**
>
> $b_w(400\text{mm}) \times h(700\text{mm})$인 직사각형 단면에 계수비틀림모멘트 $T_u = 68.6\text{kN}\cdot\text{m}$, 계수전단력 $V_u = 196\text{kN}$이 작용할 때, 단면의 적정성을 검토하고 전단과 비틀림이 조합된 보강 스터럽 철근을 설계하시오.
> 단, $f_{ck} = 24\text{MPa}$, $f_y = 400\text{MPa}$, 횡방향 스터럽 : D13, 압축경사각 $\theta = 45°$, $d = 600\text{mm}$, 종방향 보강철근 산정은 제외

1. 설계 조건

$T_u = 68.6\text{kN}\cdot\text{m}$

$V_u = 196\text{kN}$

$f_{ck} = 24\text{MPa}, f_y = 400\text{MPa}$

Stirrup : D13, $\theta = 45°$, $d = 600\text{mm}$

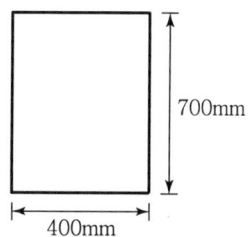

2. 비틀림 무시 여부 검토

$T_u < \dfrac{\phi T_{cr}}{4}$ 이면 비틀림 무시

$\phi = 0.75$

$T_{cr} = \dfrac{\sqrt{f_{ck}}}{3}\left(\dfrac{A_{cp}^2}{p_{cp}}\right)$

$A_{cp} = 400 \times 700 = 280{,}000\text{mm}^2$

$p_{cp} = 2(400 + 700) = 2{,}200\text{mm}$

$T_{\min} = \dfrac{\phi T_{cr}}{4} = \dfrac{0.75 \times \dfrac{1}{3}\sqrt{24}\left(\dfrac{280{,}000^2}{2{,}200}\right)}{4} = 10.91\text{kN}\cdot\text{m} < T_u = 68.6\text{kN}\cdot\text{m}$

비틀림 고려

3. 비틀림에 대한 스터럽 소요면적 산정

$\phi T_n \geq T_u$

$T_n = \dfrac{2A_0 A_t f_{yt}}{s} \cot\theta$ ·· ①

$A_0 = 0.85 A_{oh}$

피복두께 30mm, 스터럽 D13 가정

$A_{oh} = 340 \times 640 = 217{,}600 \text{mm}^2$

$A_0 = 0.85 A_{oh} = 184{,}960 \text{mm}^2$

$\theta = 45°$

$\dfrac{A_t}{s} = \dfrac{T_u}{\phi 2 A_0 f_{yt} \cot\theta} = \dfrac{68.6 \times 10^6}{(0.75)(2)(184{,}960)(400)(1.0)} = 0.618 \text{mm}^2/\text{mm/leg}$

4. 전단에 대한 스터럽 소요면적 산정

$V_c = \dfrac{\lambda \sqrt{f_{ck}}}{6} b_w d = \dfrac{\sqrt{24}}{6}(400)(600) = 196.0 \text{kN}$

$V_s = \dfrac{V_u}{\phi} - V_c = \dfrac{196}{0.75} - 196 = 65.3 \text{kN}$

$\dfrac{A_v}{s} = \dfrac{V_s}{f_{yt} d} = \dfrac{65.3 \times 10^3}{(400)(600)} = 0.272 \text{mm}^2/\text{mm/2legs}$

5. 전단 및 비틀림에 대한 스터럽 소요면적 산정

$\dfrac{A_t}{s} + \dfrac{A_v}{2s} = 0.618 + \dfrac{0.272}{2} = 0.754 \text{m}^2/\text{mm/1 leg}$

D13 사용, $A_s = 126.7 \text{mm}^2 \times 1 = 126.7 \text{mm}^2$

$s = \dfrac{126.7}{0.754} = 168 \text{mm}$

∴ 150mm 사용

6. 스터럽 최대 간격 검토

$$s < \frac{p_h}{8},\ 300\text{mm}$$

$$p_h = 2(340+640) = 1,960\text{mm}$$

$$\frac{p_h}{8} = \frac{1,960}{8} = 245\text{mm}$$

$$s < \frac{d}{2},\ 600\text{mm} = \frac{600}{2},\ 600\text{mm} = 300\text{mm}$$

∴ 최소 간격 s=245mm, 최대 간격 300mm 사용

7. 스터럽의 최소 면적 검토

$$(A_v + 2A_t) = 0.0625\lambda\sqrt{f_{ck}}\frac{b_w s}{f_{yt}} \geq \frac{0.35 b_w s}{f_{yt}}$$

$$0.0625\sqrt{24}\frac{(400)(300)}{400} = 91.86\text{m}^2 < 0.35\frac{(400)(300)}{400} = 105\text{mm}^2$$

$$A_s = 126.7\text{mm}^2 > A_{\min} = 105\text{mm}^2 \quad\cdots\cdots\cdots\cdots\cdots\cdots\cdots\cdots\cdots\cdots\cdots\cdots\cdots\cdots\ \therefore\ \text{OK}$$

8. 단면의 검토

속이 찬 단면

$$\sqrt{\left(\frac{V_u}{b_w d}\right)^2 + \left(\frac{T_u p_h}{1.7 A_{oh}^2}\right)^2} \leq \phi\left(\frac{V_c}{b_w d} + \frac{2\lambda\sqrt{f_{ck}}}{3}\right)$$

$$\sqrt{\left(\frac{196\times10^3}{(400)(600)}\right)^2 + \left(\frac{(68.6\times10^6)(1,960)}{1.7(217,600)^2}\right)^2} = 1.86\text{MPa}$$

$$0.75\left(\frac{196\times10^3}{(400)(600)} + \frac{2}{3}\sqrt{24}\right) = 3.06\text{MPa}$$

∴ 1.86MPa < 3.06MPa $\cdots\cdots\cdots\cdots\cdots\cdots\cdots\cdots\cdots\cdots\cdots\cdots\cdots\cdots\cdots$ ∴ OK

제4장 처짐 및 균열

1 처짐

1. 정의

사용성에 대한 주요 검토사항은 처짐에 의한 검토이다.
- 즉시처짐 : 하중이 실리자마자 일어나는 처짐(탄성처짐)
- 장기처짐 : 콘크리트의 크리프와 건조수축으로 인하여 시간의 경과와 더불어 진행되는 처짐

장기하중이 큰 경우 크리프와 건조수축에 의한 장기처짐을 포함한다.

2. 즉시처짐의 계산

(1) 등분포 하중 w가 작용할 때 최대처짐

$$\delta = \frac{5wl^4}{384EI}$$

(2) 단면 2차 모멘트의 적용

1) 사용하중에 의한 모멘트의 크기가 균열모멘트(M_{cr}) 이하인 경우

$M_d + M_l < M_{cr} = \dfrac{f_r}{y_t} I_g$ 이면 $I = I_g$를 사용한다.

f_r : $0.63\lambda\sqrt{f_{ck}}$ MPa

y_t : 전체 단면의 중립축에서 인장측 연단까지 거리 $\left(=\dfrac{h}{2}\right)$

I_g : 전체 단면의 단면 2차모멘트

2) 사용하중에 의한 모멘트의 크기가 균열모멘트(M_{cr}) 이상인 경우

$$M_a = (M_d + M_l) > M_{cr} = \frac{f_r}{y_t} I_g \text{ 이면 } I = I_e \text{를 사용한다.}$$

$$I_e = \left(\frac{M_{cr}}{M_a}\right)^3 I_g + \left\{1 - \left(\frac{M_{cr}}{M_a}\right)^3\right\} I_{cr} \leq I_g$$

M_a : 처짐이 계산되는 상태에서 사용하중에 의한 최대 모멘트
I_{cr} : 균열환산단면 2차모멘트

여기서, I_e는 유효환산단면 2차모멘트이고 크기는 $I_{cr} < I_e < I_g$이다.

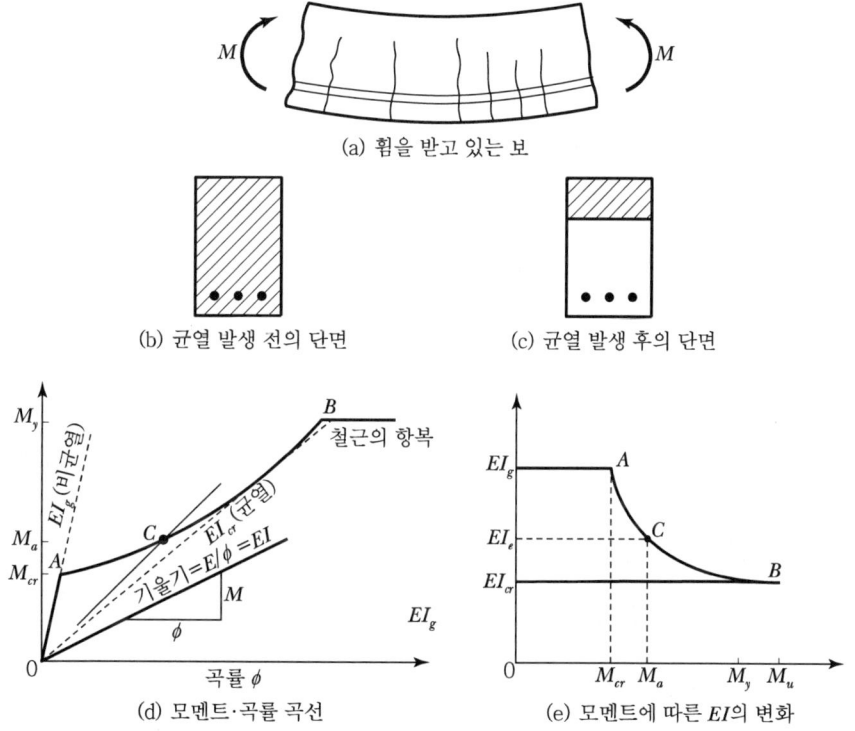

(a) 휨을 받고 있는 보
(b) 균열 발생 전의 단면
(c) 균열 발생 후의 단면
(d) 모멘트·곡률 곡선
(e) 모멘트에 따른 EI의 변화

3) 연속교의 경우 지간중앙부와 지점부의 I_e값이 다르므로 I_e는 가중평균치를 이용한다.

- 양단이 연속단으로 된 부재 $I_e = 0.70 I_{em} + 0.15(I_{e1} + I_{e2})$
- 일단이 연속단으로 된 경우 $I_e = 0.85 I_{em} + 0.15 I_{e1}$

- 가중치 대신 다음 값을 사용 가능 $I_e = 0.50(I_{em} + 0.5(I_{e1} + I_{e2}))$

(a) 양단 연속인 경우

(b) 1단 연속인 경우

I_{em} : 지간 중앙의 유효단면 2차모멘트
I_{e1}, I_{e2} : 1단과 2단 각각의 유효단면 2차모멘트

4) 연속교의 경우 지간 중앙의 처짐은 다음 식에 의해 계산할 수 있다.

$$\delta_{중앙} = \frac{5l^2}{48EI}[M_m - 0.1(M_1 + M_2)]$$

M_m : 지간 중앙의 모멘트
M_1, M_2 : 1단과 2단 각각의 모멘트

3. 장기처짐의 계산

지속하중에 의해 시간경과에 따른 처짐으로서 건조수축 및 크리프에 의해 발생된다.

(1) 장기처짐량

장기처짐 = $\lambda_\Delta \times$ 탄성처짐

장기처짐계수 $\lambda_\Delta = \dfrac{\xi}{1+50p'}$

ξ : 재하일수에 따른 계수
  (5년 $\xi=2.0$, 1년 $\xi=1.4$, 6개월 $\xi=1.2$, 3개월 $\xi=1.0$)
p' : 압축철근비

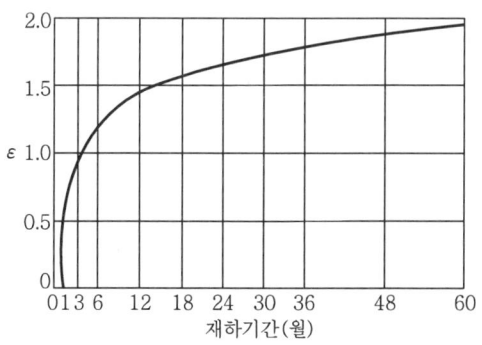

[재하기간에 따른 ξ의 변화]

4. 처짐의 제한

(1) 휨부재의 최소두께

구분	최소두께			
	단순지지	일단연속	양단연속	캔틸레버
보	L/16	L/18.5	L/21	L/8
1방향 슬래브	L/20	L/24	L/28	L/10

- L은 mm단위를 가진 지간길이

- f_y는 400MPa이므로 f_y가 다른 경우 다음과 같이 보정 $0.43 + \dfrac{f_y}{700}$

(2) 처짐의 허용한계

부재의 종류	고려해야 할 처짐	처짐한계
과도한 처짐에 의해 손상되기 쉬운 비구조요소(Nonstructural Elements)를 지지하지 않거나 또는 이들에 부착되지 않은 평지붕(Flat Roof) 구조	활하중이 재하되는 즉시 생기는 탄성처짐	$\dfrac{l}{180}$
과도한 처짐에 의해 손상되기 쉬운 비구조요소를 지지하지 않거나 또는 이들에 부착되지 않은 바닥구조	활하중이 재하되는 즉시 생기는 탄성처짐	$\dfrac{l}{360}$
과도한 처짐에 의해 손상되기 쉬운 비구조요소를 지지하거나 또는 이들에 부착된 지붕 또는 바닥구조	모든 지속하중(Sustained Loads)에 의한 장기처짐과 추가적인 활하중에 의한 순간탄성처짐의 합으로, 전체 처짐 중에 비구조요소가 부착된 다음에 발생하는 처짐부분	$\dfrac{l}{480}$
과도한 처짐에 의해 손상될 염려가 없는 비구조요소를 지지하거나 이들에 부착된 지붕 또는 바닥구조		$\dfrac{l}{240}$

> **Question 01** 유효단면 설명
>
> 유효단면 2차모멘트(I_e)를 정의하고, 어디에 어떻게 사용하는가를 설명하시오.

1. 유효단면 2차모멘트(I_e) 산정

(1) 균열단면 2차모멘트(I_{cr}) 산정

$$n = \frac{E_s}{E_c}, \quad A_s, \quad p = \frac{A_s}{b\,d}, \quad x = \left(-np + \sqrt{(np)^2 + 2np}\right) d$$

$$I_{cr} = \frac{b\,x^3}{3} + n\,A_s\,(d-x)^2$$

(2) 유효단면 2차모멘트(I_e) 산정

$$I_e = \left(\frac{M_{cr}}{M_a}\right)^3 I_g + \left[1 - \left(\frac{M_{cr}}{M_a}\right)^3\right] I_{cr}$$

2. 유효단면 2차모멘트 비교

유효단면 2차모멘트는 균열단면 2차모멘트보다는 크고, 전체단면 2차모멘트보다는 적은 중간단계의 값을 가진다. 즉, $I_{cr} < I_e < I_g$

3. 활용

유효단면 2차모멘트는 구조물의 처짐 산정에 사용되며, 그 이유는 사용하중상태에서 EI값이 EI_g와 EI_{cr} 사이에서 변하기 때문이다.

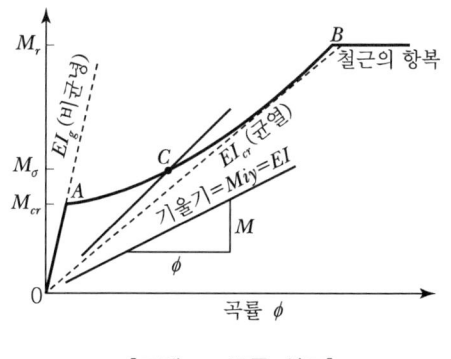

[모멘트-곡률 선도]

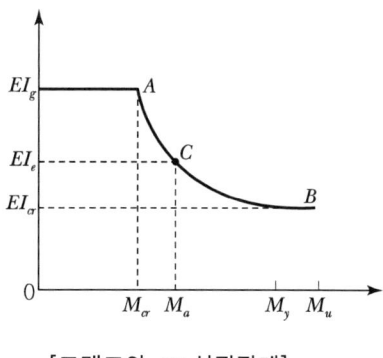

[모멘트와 EI 상관관계]

Question	단철근보의 처짐 산정

02

다음 그림과 같은 단면을 갖는 경간 $L = 6,000$mm, 단순보의 재령 1개월에서의 처짐과 재령 5년에서의 처짐을 산정하고 안전성을 검토하시오. (단, 크리프와 건조수축에 의한 재료 특성을 나타내는 계수)

설계조건

$\xi = 0.5$(재령 1개월), 2.0(재령 5년)이고

고정하중(자중 포함) $= 6.0$N/mm

활하중 $= 6.0$N/mm(이 중 60%만이 지속하중으로 작용)

$f_{ck} = 34$MPa, $f_y = 400$MPa, $A_s = 1,161$mm^2

$E_s = 2.0 \times 10^5$MPa이고, $E_c = 8,500 \sqrt[3]{f_{cu}}$ MPa

$f_{cu} =$ 재령 28일에서의 콘크리트의 평균압축강도이다.

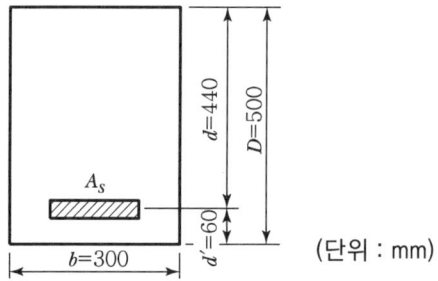

(단위 : mm)

1. 보의 최소 두께 검토

$$h_{\min} = \left(\frac{l}{16}\right) = \left(\frac{6,000}{16}\right) = 375\text{mm} < h = 500\text{mm} \quad \therefore \text{ O.K}$$

2. 모멘트 계산

$w_d = 6.0$N/mm, $w_l = 6.0$N/mm

$$M_d = \frac{w_d l^2}{8} = \frac{(6.0)(6,000)^2 \times 10^{-3}}{8} = 2.7 \times 10^4 \text{kN} \cdot \text{mm}$$

$$M_l = \frac{w_l l^2}{8} = \frac{(6.0)(6,000)^2 \times 10^{-3}}{8} = 2.7 \times 10^4 \text{kN} \cdot \text{mm}$$

$$M_{d+l} = 2 \times 2.7 \times 10^4 = 5.4 \times 10^4 \text{kN} \cdot \text{mm}$$

$$M_{sus} = M_d + 0.6 M_l = 2.7 \times 10^4 + (0.6)(2.7 \times 10^4) = 4.32 \times 10^4 \text{kN} \cdot \text{mm}$$

3. 재료의 성질

(1) 콘크리트 파괴계수

$$f_r = 0.63 \lambda \sqrt{f_{ck}} = 0.63 \sqrt{34} = 3.67 \text{MPa}$$

(2) 콘크리트 탄성계수

$$f_{cu} = f_{ck} + 4 = 34 + 4 = 38 \text{MPa}$$

$$E_c = 8,500 \sqrt[3]{f_{cu}} = 8,500 \sqrt[3]{38} = 2.86 \times 10^4 \text{MPa}$$

(3) 탄성 계수비

$$n = \frac{E_s}{E_c} = \frac{2.0 \times 10^5}{2.86 \times 10^4} = 7.0$$

4. 등가 단면의 중립축 거리 및 단면 2차 모멘트

(1) 전단면 2차 모멘트

$$I_g = \frac{bh^3}{12} = \frac{(300)(500)^3}{12} = 3.125 \times 10^9 \text{mm}^4$$

(2) 등가 단면의 중립축 거리 : x

$$bx \frac{x}{2} - nA_s(d-x) = 0$$

$$150x^2 - 7 \times 1,161(440 - x) = 0$$

$$x^2 + 54.2x - 23,839 = 0$$

$$x = 129.7 \text{mm}$$

(3) 균열 단면 2차 모멘트

$$I_{cr} = \frac{bx^3}{3} + nA_s(d-x)^2$$

$$= \frac{(300)(129.7)^3}{3} + (7)(1,161)(440-129.7)^2$$

$$= 1.0 \times 10^9 \text{mm}^4$$

5. 유효 단면 2차 모멘트 계산

$$M_{cr} = \frac{f_r I_g}{y_t} = \frac{(3.67)(3.125 \times 10^9) \times 10^{-3}}{250} = 4.585 \times 10^4 \text{kN} \cdot \text{m}$$

(1) 고정하중만 작용할 경우

$$\frac{M_{cr}}{M_d} = \frac{4.585 \times 10^4}{2.7 \times 10^4} = 1.60 > 1.0$$

$$\therefore (I_e)_d = I_g = 3.125 \times 10^9 \text{mm}^4$$

(2) 지속하중이 작용할 경우

$$\left(\frac{M_{cr}}{M_{sus}}\right)^3 = \left(\frac{4.585 \times 10^4}{4.32 \times 10^4}\right)^3 = 1.06$$

$$\therefore (I_e)_{sus} = I_g = 3.125 \times 10^9 \text{mm}^4$$

(3) 사용하중이 작용할 경우

$$\left(\frac{M_{cr}}{M_{d+l}}\right)^3 = \left(\frac{4.585 \times 10^4}{5.4 \times 10^4}\right)^3 = 0.612 < 1.0$$

$$(I_e)_{d+l} = \left(\frac{M_{cr}}{M_{d+l}}\right)^3 I_g + \left[1 - \left(\frac{M_{cr}}{M_{d+l}}\right)^3\right] I_{cr} \leq I_g$$

$$= 0.612 \times 3.125 \times 10^9 + [1 - 0.612] \times 1.0 \times 10^9$$

$$= 2.3 \times 10^9 \text{mm}^4$$

6. 탄성처짐 또는 단기처짐

$$(\Delta_i)_d = K\frac{5M_d\, l^2}{48E_c(I_e)_d} = \frac{(1)(5)(2.7\times10^4\times10^3)(6{,}000)^2}{48(2.86\times10^4)(3.125\times10^9)} = 1.13\text{mm}$$

$$(\Delta_i)_{sus} = K\frac{5M_{sus}\, l^2}{48E_c(I_e)_{sus}} = \frac{(1)(5)(4.32\times10^4\times10^3)(6{,}000)^2}{48(2.86\times10^4)(3.125\times10^9)} = 1.81\text{mm}$$

$$(\Delta_i)_{d+l} = K\frac{5M_{d+l}\, l^2}{48E_c(I_e)_{d+l}} = \frac{(1)(5)(5.4\times10^4\times10^3)(6{,}000)^2}{48(2.86\times10^4)(2.3\times10^9)} = 3.07\text{mm}$$

$$(\Delta_i)_l = (\Delta_i)_{d+l} - (\Delta_i)_d = 3.07 - 1.13 = 1.94\text{mm}$$

7. 기준의 처짐 제한 규정 검토

(1) 처짐에 의해 손상될 염려가 있는 비구조 요소를 지지하는 평지붕

$$(\Delta_i)_l = 1.94\text{mm} < \frac{l}{180} = \frac{6{,}000}{180} = 33.33\text{mm} \quad \therefore \text{O.K}$$

(2) 처짐에 의해 손상될 염려가 있는 비구조 요소를 지지하는 바닥구조

$$(\Delta_i)_l = 1.94\text{mm} < \frac{l}{360} = \frac{6{,}000}{360} = 16.67\text{mm} \quad \therefore \text{O.K}$$

8. 재령 1개월과 5년에서의 장기처짐

(1) Creep과 Shrinkage에 의한 처짐

재령	ξ	$\lambda = \dfrac{\xi}{1+50p'}$	$(\Delta_i)_{sus}$ (mm)	$(\Delta_i)_l$ (mm)	$\Delta_{cp+sh} = \lambda(\Delta_i)_{sus}$ (mm)	$\Delta_{cp+sh} + (\Delta_i)_l$ (mm)
5년	2.0	2.0	1.81	1.94	3.62	5.56
1개월	0.5	0.5	1.81	1.94	0.91	2.85

(2) 처짐 제한 규정 비교

① 처짐에 의해 손상될 염려가 있는 비구조 요소를 지지하는 바닥구조

$$\Delta_{cp+sh} + (\Delta_i)_l = 5.56\text{mm} < \frac{l}{480} = \frac{6,000}{480} = 12.5\text{mm} \qquad \therefore \text{O.K}$$

② 처짐에 의해 손상될 염려가 없는 비구조 요소를 지지하는 바닥구조

$$\Delta_{cp+sh} + (\Delta_i)_l = 5.56\text{mm} > \frac{l}{240} = \frac{6,000}{240} = 6.25\text{mm} \qquad \therefore \text{O.K}$$

Question 03 복철근보의 처짐 산정

직사각형 단순보의 재령 3개월에서의 단기처짐과 재령 5년에서의 장기처짐을 계산하고 허용처짐 제한규정을 검토하시오.

설계조건

고정하중(자중 포함하지 않음)=2.35N/mm
활하중=4.9N/mm(50%가 지속하중으로 작용)
보경간=8,000mm, f_{ck}=31MPa, f_y=400MPa
b=300mm, h=600mm, d=540mm, d'=50mm
A_s=1,521mm²(3-D25), A_s'=774mm²(2-D22)
E_s=2.0×10⁵MPa, $\rho = \dfrac{A_s}{bd} = 0.0094$, $\rho' = \dfrac{A_s'}{bd} = 0.0048$

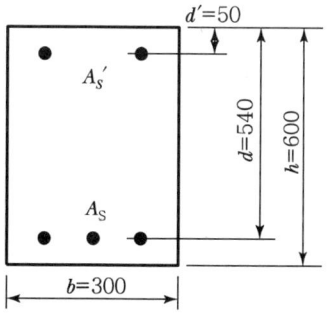

1. 보의 최소두께 검토

$$h_{\min} = \left(\dfrac{l}{16}\right) = \left(\dfrac{8,000}{16}\right) = 500\text{mm} < h = 600\text{mm} \qquad \therefore \text{O.K}$$

2. 모멘트 계산

$$w_d = 2.35 + (2,400 \times 300 \times 600 \times 9.81 \times 10^{-9}) = 6.59\text{N/mm}$$

$$M_d = \dfrac{w_d l^2}{8} = \dfrac{(6.59)(8,000)^2 \times 10^{-3}}{8} = 5.27 \times 10^4 \text{kN} \cdot \text{mm}$$

$$M_l = \frac{w_l l^2}{8} = \frac{(4.9)(8,000)^2 \times 10^{-3}}{8} = 3.92 \times 10^4 \text{kN} \cdot \text{mm}$$

$$M_{d+l} = (5.27 + 3.92) \times 10^4 = 9.19 \times 10^4 \text{kN} \cdot \text{mm}$$

$$M_{sus} = M_d + 0.50 M_l = 5.27 \times 10^4 + (0.5)(3.92 \times 10^4) = 7.23 \times 10^4 \text{kN} \cdot \text{mm}$$

3. 재료의 성질

(1) 콘크리트 파괴계수

$$f_r = 0.63 \, \lambda \, \sqrt{f_{ck}} = 0.63 \sqrt{31} = 3.51 \text{MPa}$$

(2) 콘크리트 탄성계수

$$f_{cu} = f_{ck} + \Delta = 31 + 4 = 35 \text{MPa}$$
$$E_c = 8,500 \sqrt[3]{f_{cu}} = 8,500 \times \sqrt[3]{35} = 2.78 \times 10^4 \text{MPa}$$

(3) 탄성계수비

$$n = \frac{E_s}{E_c} = \frac{2.0 \times 10^5}{2.78 \times 10^4} = 7.2$$

4. 등가단면의 중립축 거리 및 단면 2차 모멘트 계산

$$I_g = \frac{bh^3}{12} = \frac{(300)(600)^2}{12} = 5.4 \times 10^9 \text{mm}^4$$

$$b(kd)\left(\frac{kd}{2}\right) + (n-1)A_s{}'(kd - d') = nA_s(d - kd)$$

$$(kd)^2 + 105(kd) - 41,023.92 = 0$$

$$kd = 156.74 \text{mm}$$

- 균열 단면 2차 모멘트

$$I_{cr} = \frac{b(kd)^3}{3} + nA_s(d-kd)^2 + (n-1)A_s'(kd-d')^2$$

$$= \frac{(300)(156.74)^3}{3} + (7.2)(1,521)(540-156.74)^2 + (6.2)(774)(156.74-50)^2$$

$$= 2.05 \times 10^9 \text{cm}^4$$

5. 유효단면 2차 모멘트 계산

$$M_{cr} = \frac{f_r I_g}{y_t} = \frac{(3.51)(5.4 \times 10^9) \times 10^{-3}}{300} = 6.32 \times 10^4 \text{kN·m}$$

(1) 고정하중만 작용할 경우

$$\frac{M_{cr}}{M_d} = \frac{6.32 \times 10^4}{5.27 \times 10^4} = 1.2 > 1.0$$

$$(I_e)_d = I_g = 5.4 \times 10^9 \text{mm}^4$$

(2) 지속하중이 작용할 경우

$$\left(\frac{M_{cr}}{M_{sus}}\right)^3 = \left(\frac{6.32 \times 10^4}{7.23 \times 10^4}\right)^3 = 0.668 < 1.0$$

$$(I_e)_{sus} = \left(\frac{M_{cr}}{M_{sus}}\right)^3 I_g + \left[1 - \left(\frac{M_{cr}}{M_{sus}}\right)^3\right] I_{cr} \leq I_g$$

$$= (0.668)(5.4 \times 10^9) + (1-0.668)(2.05 \times 10^9) = 4.29 \times 10^9 \text{mm}^4$$

(3) 사용하중이 작용할 경우

$$\left(\frac{M_{cr}}{M_{d+l}}\right)^3 = \left(\frac{6.32 \times 10^4}{9.19 \times 10^4}\right)^3 = 0.325 < 1.0$$

$$(I_e)_{d+l} = \left(\frac{M_{cr}}{M_{d+l}}\right)^3 I_g + \left[1 - \left(\frac{M_{cr}}{M_{d+l}}\right)^3\right] I_{cr} \leq I_g$$

$$= (0.325)(5.4 \times 10^9) + (1-0.325)(2.05 \times 10^9) = 3.14 \times 10^9 \text{mm}^4$$

6. 탄성처짐 혹은 단기처짐

$$(\Delta_i)_d = K \cdot \frac{5M_d l^2}{48E_c(I_e)_d}$$

$$= \frac{(1)(5/48)(5.27 \times 10^4 \times 10^3)(8,000)^2}{(2.78 \times 10^4)(5.4 \times 10^9)} = 2.34\text{mm}$$

$$(\Delta_i)_{sus} = K \cdot \frac{5M_{sus} l^2}{48E_c(I_e)_{sus}}$$

$$= \frac{(1)(5/48)(7.23 \times 10^4 \times 10^3)(8,000)^2}{(2.78 \times 10^4)(4.29 \times 10^9)} = 4.04\text{mm}$$

$$(\Delta_i)_{d+l} = K \cdot \frac{5M_{d+l} l^2}{48E_c(I_e)_{d+l}}$$

$$= \frac{(1)(5/48)(9.19 \times 10^4 \times 10^3)(8,000)^2}{(2.78 \times 10^4)(3.14 \times 10^9)} = 7.02\text{mm}$$

$$(\Delta_i)_l = (\Delta_i)_{d+l} - (\Delta_i)_d = 7.02 - 2.34 = 4.68\text{mm}$$

7. 기준의 처짐제한 규정과 비교

처짐에 의해 손상될 염려가 있는 비구조 요소를 지지하는 평지붕에 대해

$$(\Delta_i) = 4.68\text{mm} < \frac{l}{180} = \frac{8,000}{180} = 44.44\text{mm} \qquad \therefore \text{O.K}$$

처짐에 의해 손상될 염려가 있는 비구조 요소를 지지하는 바닥구조에 대해

$$(\Delta_i)_l = 4.68\text{mm} < \frac{l}{360} = \frac{8,000}{360} = 22.22\text{mm} \qquad \therefore \text{O.K}$$

8. 재령 3개월과 5년에서의 장기처짐

(1) 크리프와 건조수축에 의한 처짐

재령	ξ	$\lambda = \dfrac{\xi}{1+50\rho'}$	$(\Delta_i)_{sus}$ (mm)	$(\Delta_i)_l$ (mm)	$\Delta_{cp}+\Delta_{sh}=\lambda(\Delta_i)_{sus}$ (mm)	$\Delta_{cp}+\Delta_{sh}+(\Delta_i)_l$ (mm)
5년	2.0	1.613	4.04	4.68	6.52	11.2
3개월	1.0	0.808	4.04	4.68	3.26	7.94

(2) 처짐 제한 규정과 비교

처짐에 의해 손상될 염려가 있는 비구조 요소를 지지하는 바닥구조에 대해

$$\Delta_{cp}+\Delta_{sh}+(\Delta_i)_l = 11.2\text{mm} \leq \frac{l}{480} = \frac{8{,}000}{480} = 16.67\text{mm} \quad \therefore \text{O.K}$$

처짐에 의해 손상될 염려가 없는 비구조 요소를 지지하는 바닥구조에 대해

$$\Delta_{cp}+\Delta_{sh}+(\Delta_i)_l = 11.2\text{mm} \leq \frac{l}{240} = \frac{8{,}000}{240} = 33.33\text{mm} \quad \therefore \text{O.K}$$

제1편 철근콘크리트 공학

2 균열의 제어

1. 균열의 제어

2007년 개정 설계기준은 종전의 균열폭을 계산하여 허용균열폭과 비교하는 방법 대신, 철근을 인장영역에 고르게 분산배치함으로써 휨균열을 제어하는 방법 채택

(1) 보 및 1방향 슬래브에 있어서 휨균열을 제어하기 위하여 휨철근을 배치. 인장연단에 가장 가까이 배치되는 철근의 중심간격 s는 다음 두 식으로 계산되는 값 중에서 작은 값 이하 부록 Ⅲ에 따라 균열을 검토하는 경우는 이 규정을 따르지 않아도 된다.

$$s = 375\left(\frac{\kappa_{cr}}{f_s}\right) - 2.5\,c_c \quad \cdots\cdots\cdots ①-a$$

$$s = 300\left(\frac{\kappa_{cr}}{f_s}\right) \quad \cdots\cdots\cdots ①-b$$

여기서, κ : 건조환경에 노출되는 경우 : 280, 그 외의 환경에 노출 : 210

c_c : 인장철근의 피복두께 즉 인장철근 표면과 인장연단 사이의 최소 두께(mm)

f_s : 인장철근의 응력 즉 사용하중 모멘트로 계산한, 인장연단에 가장 가까이 위치한 철근의 응력(MPa)

(근삿값으로 $f_s = \frac{2}{3}f_y$를 사용해도 좋다.)

위의 식(①-a)와 식(①-b)는 균열 폭 0.3mm를 기본으로 하여 철근의 간격으로 나타낸 것이다.

(2) T형보 구조에서 플랜지가 인장을 받는 경우에는 휨 인장철근을 플랜지의 유효폭과 경간의 $\frac{1}{10}$에 해당하는 폭 중에서 작은 폭에 분산 배치해야 한다.

플랜지의 유효폭이 경간의 $\frac{1}{10}$보다 큰 경우에는 종방향 철근을 플랜지 바깥 부분에 추가로 배치해야 한다.

(3) 보의 높이 h가 900mm을 초과할 경우에는 인장 연단으로부터 $\frac{h}{2}$의 높이까지, 보의 양쪽 측면을 따라 종방향 표피철근(Longitudinal Skin Reinforcement)을 균일하게 배치해야 한다.

이때 표피철근의 간격 s는 앞의 식(①-a), (①-b)에 따라야 하고, c_c는 표피철근 표면으로부터 부재 측면까지의 최단거리이다.

여기서 표피철근(Skin Reinforcement)이란 아래 그림에서 보인 바와 같이 보의 전체 높이가 900mm을 초과하는 휨부재에서 복부의 양 측면에 부재 축방향으로 배치하는 보조철근을 말한다. 이전에는 이것을 표면철근(Surface Reinforcement) 이라고 불려왔으나, 표면철근의 양보다는 간격이 균열제어에 주된 영향을 준다는 연구결과에 따른 것이다.

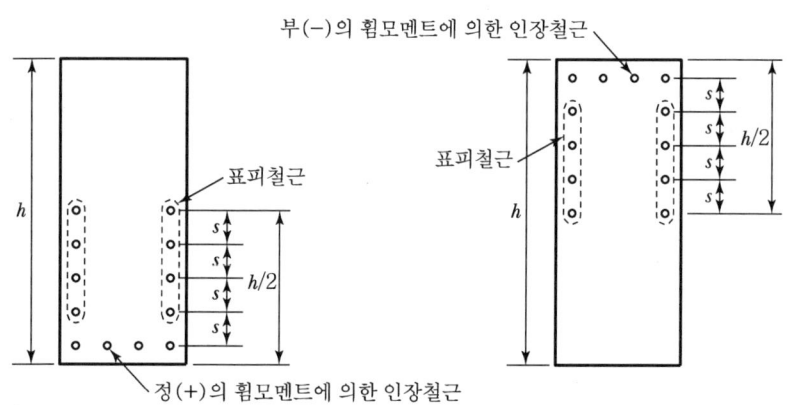

[보 및 장선(Joist)에서의 표피철근]

2. 균열 폭의 검증

(1) 균열의 분류

① 휨 인장균열(Flexural Cracking) : 휨모멘트에 의해 발생되는 균열로서 단면의 한쪽부분에만 발생되는 균열

② 전 단면 인장균열(Hoop/Direct Tension Cracking) : 주로 축 인장력에 의해 단면 전체에 인장응력이 발생되어 단면 전체에 걸쳐 발생되는 균열

③ 단일상태 균열(First Cracking) : 인장응력이 발생하여 부재에 처음으로 발생되는 균열

④ 안정상태 균열(Steady State Cracking) : 균열이 다수 발생하여 균열 수는 어느 정도 안정화되어 증가하지 않고 균열 폭이 커지는 상태의 균열

(2) 환경조건

〈표 4-1〉 강재의 부식에 대한 환경조건의 구분

건조환경	일반옥내 부재, 부식의 우려가 없을 경우로 보호한 경우의 보통 주거 및 사무실 건물 내부
습윤환경	일반옥외의 경우, 흙 속의 경우, 옥내의 경우에 있어서 습기가 찬 곳
부식성 환경	• 습윤환경과 비교하여 건습의 반복작용이 많은 경우, 특히 유해한 물질을 함유한 지하수위 이하의 흙 속에 있어서 강재의 부식에 해로운 영향을 주는 경우, 동결작용이 있는 경우, 결빙 방지제를 사용하는 경우 • 해양 콘크리트 구조물 중 해수 중에 있거나 극심하지 않은 해양환경에 있는 경우(가스, 액체, 고체)
고(高)부식성 환경	• 강재의 부식에 현저하게 해로운 영향을 주는 경우 • 해양 콘크리트 구조물 중 간만조위의 영향을 받거나 비말대(飛沫帶)에 있는 경우, 극심한 해풍의 영향을 받는 경우

(3) 허용균열폭

$$w_d \leq w_a \quad \cdots\cdots\cdots\cdots\cdots\cdots\cdots\cdots\cdots\cdots\cdots\cdots\cdots\cdots\cdots\cdots\cdots\cdots\cdots\cdots\cdots\cdots ②$$

여기서, w_k : 사용하중이 작용할 때 계산된 균열 폭, 즉 식 ③으로 계산되는 균열 폭
w_a : 내구성, 사용성(누수) 및 미관에 관련하여 허용되는 균열폭

〈표 4-2〉 허용 균열 폭 $w_a(\mathrm{mm})$

강재의 종류	강재의 부식에 대한 환경조건			
	건조환경	습윤환경	부식성 환경	고부식성 환경
이형철근	0.4mm와 $0.006t_c$ 중 큰 값	0.3mm와 $0.005t_c$ 중 큰 값	0.3mm와 $0.004t_c$ 중 큰 값	0.3mm와 $0.005t_c$ 중 큰 값
PS 강재	0.2mm와 $0.005t_c$ 중 큰 값	0.2mm와 $0.004t_c$ 중 큰 값	–	–

이 표에서 t_c는 최외단 철근의 표면과 콘크리트 표면 사이의 최소 피복두께(mm)

제4장 처짐 및 균열

〈수처리 구조물의 허용균열 폭〉

구분	휨 인장균열	전단 인장균열
오염되지 않은 물[1]	0.25mm	0.20mm
오염된 액체[2]	0.20mm	0.15mm

주 : 1) 음용수(상수도) 시설물
　　2) 오염이 매우 심한 경우 발주처 또는 건축주와 협의하여 결정

(4) 균열 폭의 계산

① 설계 균열 폭 w_k는 다음 식으로 구한다.

$$w_d = \kappa_{st} l_s (\varepsilon_{sm} - \varepsilon_{cm}) \quad \cdots\cdots\cdots ③$$

여기서, l_s : 평균균열간격(식 ⑤와 ⑥으로 계산)
　　　　ε_{sm} : 균열간격 내에서의 평균 철근변형률
　　　　ε_{cm} : 균열간격 내에서의 평균 콘크리트 변형률
　　　　κ_{st} : 균열폭 평가계수 ─ 평균균열폭 계산 : 1.0
　　　　　　　　　　　　　　　　　　└ 최대균열폭 계산 : 1.7

② 콘크리트 유효인장면적 및 철근비

$$\rho_e = \frac{A_s}{A_{cte}} \quad \cdots\cdots\cdots ④$$

$$A_{cte} = b d_{cte}$$

여기서, d_{cte} : 콘크리트 유효인장깊이
　　　┌ 휨모멘트를 받는 부재 : $2.5(h-d)$와 $(h-x)/3$ 중 작은 값
　　　└ 직접 인장력을 받는 부재 : $2.5(h-d)$와 $\dfrac{h}{2}$ 중 작은 값

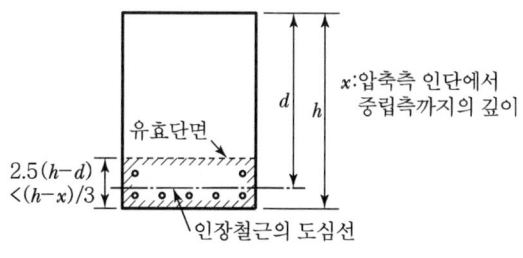

(a) 보

[콘크리트의 유효인장 단면력]

③ 평균균열간격

  i) 부착된 철근의 중심간격이 $5\left(c_c + \dfrac{d_b}{2}\right)$ 이하인 경우

$$l_s = 2c_c + \frac{0.25 k_1 k_2 d_b}{\rho_e} \quad \cdots\cdots\cdots\cdots\cdots\cdots\cdots\cdots\cdots\cdots\cdots\cdots ⑤$$

  ii) 부착된 철근의 중심간격이 $5\left(c_c + \dfrac{d_b}{2}\right)$ 를 초과한 경우 l_s

$$l_s = 0.75(h - x) \quad \cdots\cdots\cdots\cdots\cdots\cdots\cdots\cdots\cdots\cdots\cdots\cdots\cdots\cdots ⑥$$

여기서, k_1 : 부착강도에 따른 계수 ─ 이형철근 : 0.8
                                    └ 원형철근이나 긴장재 : 1.6

k_2 : 부재의 하중작용에 따른 계수
   ┌ 휨모멘트 받는 부재 : 0.5
   ├ 직접 인장력 받는 부재 : 1.0
   ├ 편심을 가진 직접 인장력을 받는 부재나 부재의
   │ 국부적인 부분의 균열검증 : $\dfrac{\varepsilon_1 + \varepsilon_2}{2\varepsilon_1}$
   └ $\varepsilon_1, \varepsilon_2$: 단면표면의 인장변형율로 둘 중의 큰 값

(5) 평균 변형률

$$\varepsilon_{sm} - \varepsilon_{cm} = \frac{f_{so}}{E_s} - 0.4 \frac{f_{cte}}{E_s \rho_e}(1 + n\rho_e) \geq 0.6 \frac{f_{so}}{E_s} \quad \cdots\cdots\cdots\cdots\cdots ⑦$$

여기서, f_{so} : 균열 단면의 철근응력
  $f_{cte} = 0.3(f_{ck} + \Delta f)^{2/3}$
  $n = \dfrac{E_s}{E_c}$

Question 04 표면철근

균열 제어용 표피철근의 설계(보의 전체깊이 h가 900mm를 초과하는 경우)
폭 $b = 450$mm, 깊이 $h = 1,200$mm, 인장철근 $10-D25(A_s = 5,070\text{mm}^2)$로 된 보 단면의 표피철근을 기준에 따라 설계하라.
(단, $f_{ck} = 27$MPa, $f_y = 400$MPa이다.)

1. 표피철근 필요 여부 검토

$h = 1,200\text{mm} > 900\text{mm}$

∴ 표피철근을 배근

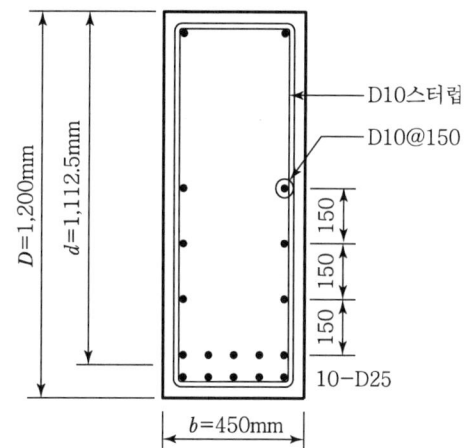

2. 표피철근의 최대간격 검토

$$s = 375\left(\frac{210}{f_s}\right) - 2.5 d_c$$

$$= 375\left(\frac{210}{267}\right) - 2.5 \times 50 = 170\text{mm}$$

$$s = 300\left(\frac{210}{f_s}\right) = 300\left(\frac{210}{267}\right) = 236\text{mm}$$

여기서, $d_c = 40 + 10 = 50\text{mm}$

$$f_s = \frac{2}{3}f_y = \left(\frac{2}{3}\right)(400) = 267\text{MPa}$$

표피철근의 배근간격

$$s = \frac{1}{3}\left(\frac{1,200}{2} - 40 - 10 - 25 - 25 - \frac{25}{2}\right) = 162.5\text{mm} < 170\text{mm}$$

D10@150($A_{sh} = 470\text{mm}^2/\text{m} > 280\text{mm}^2/\text{m}$)으로 인장연단에서 $\frac{h}{2}$ 거리까지 양쪽 측면에 배근

Question	균열폭 계산

05
다음 그림과 같은 단면을 가지는 단순 지지된 직사각형 보의 최대 균열폭을 계산하시오.(단, 강재의 부식에 대한 환경조건은 건조환경에 놓인 건물이다.)

설계조건

보의 스팬=9,000mm
작용하중 : 20kN/m(자중포함)
$f_{ck}=27$MPa, $f_y=400$MPa
$E_s=2.0\times10^5$MPa
$A_s=2,028$mm²(4-D25)

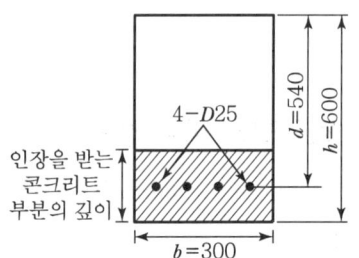

1. 작용 Moment

$$M_a = \frac{wl^2}{8} = \frac{20\times9^2}{8} = 202.5\text{kN}\cdot\text{m}$$

2. 재료의 성질

$f_{cu} = f_{ck} + \Delta = 27 + 4 = 31\text{MPa}$

$f_r = 0.63\sqrt{f_{ck}} + 0.63\sqrt{27} = 3.27\text{MPa}$

$E_c = 8,500\sqrt[3]{f_{cu}} = 8,500\sqrt[3]{31} = 26,700\text{MPa}$

$n = \dfrac{E_s}{E_c} = \dfrac{2.0\times10^5}{26,700} = 7.5$

$f_{ctm} = 0.3(f_{ck}+\Delta f)^{2/3} = 0.3(27+4)^{2/3} = 2.96\text{MPa}$

3. 등가단면의 중립축 거리 및 균열단면 2차 모멘트

(1) 전단면 2차모멘트

$$I_g = \frac{bh^3}{12} = \frac{300 \times 600^3}{12} = 5.4 \times 10^9 \text{mm}^4$$

(2) 등가단면의 중립축 거리

$$(bc)\left(\frac{c}{2}\right) - nA_s(d-c) = 0$$

$$150c^2 + 15,210c - 8,213,400 = 0$$

$$c = \frac{-15,210 + \sqrt{15,210^2 + 4 \times 150 \times 8,213,400}}{2 \times 150} = 188.73 \text{mm}$$

(3) 균열단면 2차 모멘트

$$I_{cr} = \frac{bc^3}{3} + nA_s(d-c)^2$$

$$= \frac{300 \times 188.73^3}{3} + 7.5 \times 2,028 \times (540 - 188.73)^2 = 2.55 \times 10^9 \text{mm}^4$$

4. 균열 모멘트

$$M_{cr} = \frac{f_r I_g}{y_b} = \frac{3.27 \times 5.4 \times 10^9 \times 10^{-6}}{300} = 58.86 \text{kN} \cdot \text{m}$$

5. 균열 발생 여부 판정 및 철근응력

$$M_s = 202.5 \text{kN} \cdot \text{m} > M_{cr} (\text{균열발생})$$

$$f_{so} = n\frac{M_s}{I_{cr}}(d-c) = (7.5)\frac{202.5 \times 10^6}{2.55 \times 10^9} \times (540 - 188.73) = 209.2 \text{MPa}$$

6. 콘크리트 유효 인장면적

유효 인장면적

$$d_{cte} = \min\left[2.5(h-d), \frac{(h-c)}{3}\right]$$

$$= \min\left[2.5(600-540), \frac{(600-188.73)}{3}\right]$$

$$= \min[150, 137.1] = 137.1\,\text{mm}$$

$$A_{cte} = bd_{cte} = 300 \times 137.1 = 41,130\,\text{mm}^2$$

$$\rho_e = \frac{A_s}{A_{cte}} = \frac{2,028}{41,130} = 0.0493$$

7. 부착된 철근의 중심간격 판정 및 평균균열간격

$$c_c = 60 - \frac{25}{2} = 47.5\,\text{mm}$$

$$5(c_c + d_b/2) = 5\left(47.5 + \frac{25}{2}\right) = 300\,\text{mm}$$

부착된 철근의 중심간격이 300mm 이하

$$l_s = 2c_c + \frac{0.25k_1k_2d_b}{\rho_e} = 2(47.5) + \frac{0.25(0.8)(0.5) \times 25}{0.0493} = 145.71\,\text{mm}$$

8. 평균변형률

$$\varepsilon_{sm} - \varepsilon_{cm} = \frac{f_{so}}{E_s} - 0.4\frac{f_{cte}}{E_s\rho_e}(1+n\rho_e) \geq 0.6\frac{f_{so}}{E_s}$$

$$= \frac{209.2}{2 \times 10^5} - 0.4 \times \frac{2.96}{2 \times 10^5 \times 0.0493}(1+7.5 \times 0.0493)$$

$$= 0.882 \times 10^{-3} \geq 0.6\frac{209.2}{2 \times 10^5} = 0.628 \times 10^{-3}$$

9. 균열폭

설계균열폭

$$w_d = \kappa_{st} w_m = \kappa_{st} \ell_s (\varepsilon_{sm} - \varepsilon_{cm})$$
$$= 1.7 \times 145.71 \times 0.882 \times 10^{-3}$$
$$= 0.22 \text{mm}$$

(κ_{st}는 최대균열폭 산정 위해 1.7 적용)

10. 허용균열폭

- 옥외구조물, 습윤환경
- $\text{Max}(0.3\text{mm}, \ 0.005c_c) = \text{Max}(0.3, \ 0.005 \times 47.5) = \text{Max}(0.3, \ 0.238) = 0.3\text{mm}$

11. 균열검토

∴ $w_d = 0.22\text{mm} < w_a = 0.3\text{mm}$ ∴ O.K

제1편 철근콘크리트 공학

| Question 06 | 균열폭의 검증 |

아래 조건에서, 75년 동안 고정하중과 활하중의 20%가 지속하중으로서 휨모멘트 340kN·m가 작용하는 경우의 균열폭을 계산하시오.

설계조건

T형 단면
D13 철근의 U형 스터럽 사용
$f_{ck} = 27\text{MPa}$(일반콘크리트)
$4-D32$ 인장철근 $f_y = 400\text{MPa}$
고정하중모멘트 $M_D = 300\text{kN}\cdot\text{m}$
활하중모멘트 $M_L = 200\text{kN}\cdot\text{m}$

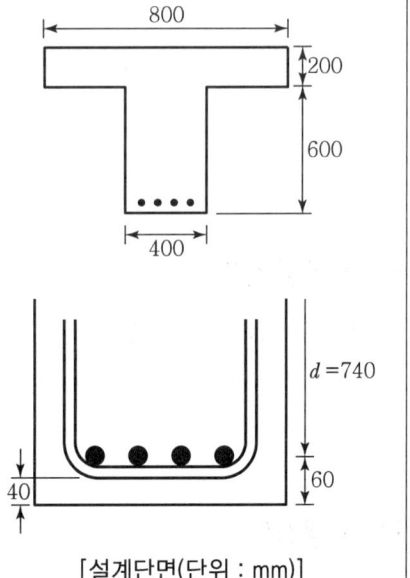

[설계단면(단위 : mm)]

1. 재료 상수 및 철근 단면적

$E_s = 200,000\text{MPa}$

$f_{cu} = f_{ck} + 4 = 31\text{MPa}$

$E_c = 8,500\sqrt[3]{f_{cu}} = 8,500\sqrt[3]{31} = 26,700\text{MPa}$

$f_r = 0.63\lambda\sqrt{f_{ck}} = 0.63 \times 1.0 \times \sqrt{27} = 3.27\text{MPa}$

$f_{cte} = 0.3(f_{ck} + \Delta f)^{2/3} = 0.3(27+4)^{2/3} = 2.96\text{MPa}$

$4-D32$ 인장철근 : $A_s = 3,177\text{mm}^2$, $d_b = 31.8\text{mm}$

2. 지속하중 모멘트

$$M_{sw} = M_D + 0.2M_L = 300 + 0.2(200) = 340 \text{kN} \cdot \text{m}$$

3. 전단면2차모멘트

탄성계수비 $n = \dfrac{E_s}{E_c} = \dfrac{200,000}{26,700} = 7.5$

$nA_s = 7.5(3,177) = 23,827.5 \text{mm}^2$

y_o, I_g

$$y_o = \frac{800 \times 200 \times 100 + 600 \times 400 \times 500}{800 \times 200 + 600 \times 400} = 340 \text{mm}$$

$$I_g = \frac{800 \times 340^3}{3} - \frac{400 \times 140^3}{3} + \frac{400 \times (800-340)^3}{3}$$

$$= 23.1 \times 10^9 \text{mm}^4$$

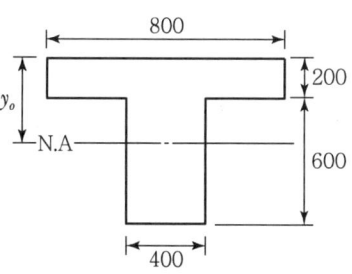

4. I_{cr}

(1) x

$$800x \times \frac{x}{2} - 7.5 \times 3,177(740-x) = 0$$

$$400x^2 + 23,827.5x - 17,632,350 = 0$$

$$x^2 + 60x - 44,081 = 0$$

$$x = \frac{-60 + \sqrt{60^2 + 4 \times 44,081}}{2} = 182.1 \text{mm}$$

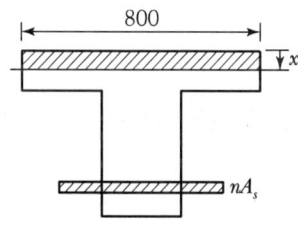

(2) I_{cr}

$$I_{cr} = \frac{800 \times 182.1^3}{3} + 7.5 \times 3,177(740-182.1)^2 = 9.03 \times 10^9 \text{mm}^4$$

5. M_{cr}

$$M_{cr} = \frac{f_r\, I_g}{h - y_o} = \frac{3.27 \times 23.1 \times 10^9}{(800 - 340)} = 164 \times 10^6 \text{N} \cdot \text{mm} = 164 \text{kN} \cdot \text{m}$$

6. 균열 여부 판정 및 철근응력

$$M_s = 340 \text{kN} \cdot \text{m} > M_{cr} = 164 \,(\text{균열 발생})$$

$$f_{so} = n \frac{M_s}{I_{cr}}(d - x) = 7.5 \frac{340 \times 10^6}{9.03 \times 10^9}(740 - 182.1) = 157.55 \text{MPa}$$

7. 콘크리트 유효인장면적

$$d_{cte} = \min \begin{cases} 2.5(h - d) = 2.5(800 - 740) = 150 \\ (h - x)/3 = (800 - 182.1)/3 = 206.0 \end{cases}$$

$$\therefore\ d_{cte} = 150 \text{mm}$$

$$A_{cte} = b\, d_{cte} = 400 \times 150 = 60{,}000 \text{mm}^2$$

$$\rho_e = A_s / A_{cte} = \frac{3{,}177}{60{,}000} = 0.053$$

8. 부착된 철근의 중심간격 판정

$$5\left(c_c + \frac{d_b}{2}\right) = 5\left(52.7 + \frac{31.8}{2}\right) = 343 \text{mm}$$

부착된 철근의 중심간격이 343mm 이하이므로

$$l_s = 2c_c + \frac{0.25 k_1 k_2 d_b}{\rho_e} = 2(52.7) + \frac{0.25 \times 0.8 \times 0.5 \times 31.8}{0.053} = 165.4 \text{mm}$$

9. 평균 변형률

$$\varepsilon_{sm} - \varepsilon_{cm} = \frac{f_{so}}{E_s} - 0.4\frac{f_{cte}}{E_s \rho_e}(1+n\rho_e) \geq 0.6\frac{f_{so}}{E_s}$$

$$= \frac{157.55}{2\times 10^5} - 0.4\frac{2.96}{2\times 10^5 \times 0.053}(1+7.5\times 0.053) \geq 0.6\frac{157.55}{2\times 10^5}$$

$$= 0.632\times 10^{-3} \geq 0.473\times 10^{-3}$$

10. 균열폭

설계균열폭 $w_d = k_{st}w_m = k_{st}l_s(\varepsilon_{sm} - \varepsilon_{cm})$

$= 1.7 \times 165.4 \times 0.632 \times 10^{-3} = 0.178\text{mm}$

11. 허용 균열폭

① 일반 옥외구조물 : 습윤환경

② $t_c = 40 + 12.7 = 52.7\text{mm}$

③ $w_a = \max(0.3\text{mm},\ 0.005t_c = 0.005 \times 52.7 = 0.26\text{mm})$

④ $w_a = 0.3\text{mm}$

12. 균열검토

$w_d = 0.178\text{mm} < w_a = 0.3\text{mm}$

∴ O.K

Question 07	단철근 직사각형 단면의 단순보에 대한 피로 검토

폭 $b = 300\text{mm}$, 유효깊이 $d = 540\text{mm}$, 인장철근 $A_s = 3 - D25 = 1,520\text{mm}^2$인 단철근 직사각형 단면의 단순보가 사용 고정하중모멘트 $50\text{kN}\cdot\text{m}$, 충격을 포함한 사용 활하중모멘트 $90\text{kN}\cdot\text{m}$를 받고 있다. 피로에 대하여 검토하시오.
$f_{ck} = 21\text{MPa}$이고, $f_y = 400\text{MPa}$, 피로에 대한 허용응력 $f_a = 150\text{MPa}$

1. 중립축의 위치 x 및 M_{max}, M_{min} 계산

탄성계수비 $n(= E_s/E_c)$은 8이고, 중립축의 위치

$$x = -\frac{nA_s}{b} + \frac{nA_s}{b}\sqrt{1 + \frac{2bd}{nA_s}}$$

$$= -\frac{8 \times 1,520}{300} + \frac{8 \times 1,520}{300}\sqrt{1 + \frac{2 \times 300 \times 540}{8 \times 1,520}} = 173\text{mm}$$

내력의 팔길이

$$z = d - \frac{x}{3} = 540 - \frac{173}{3} = 482\text{mm}$$

사용하중에 의한 최대 및 최소 휨모멘트

$$M_{\max} = 50 + 90 = 140\text{kN}\cdot\text{m}$$

$$M_{\min} = 50\text{kN}\cdot\text{m}$$

2. 철근의 최대 및 최소 응력

$$f_{s,\max} = \frac{M_{\max}}{A_s\left(d - \frac{x}{3}\right)} = \frac{140 \times 10^3 \times 10^3}{1,520 \times 482} = 191\text{N/mm}^2 = 191\text{MPa}$$

$$f_{s,\min} = \frac{M_{\min}}{A_s\left(d - \frac{x}{3}\right)} = \frac{50 \times 10^3 \times 10^3}{1,520 \times 482} = 68\text{N/mm}^2 = 68\text{MPa}$$

3. 철근응력의 범위

$$f_{s,\max} - f_{s,\min} = 191 - 68 = 123\text{MPa} < 150\text{MPa} \qquad \therefore \text{ O.K}$$

제5장 슬래브 설계

1 2방향 슬래브 이론

1. 2방향 슬래브 하중분담

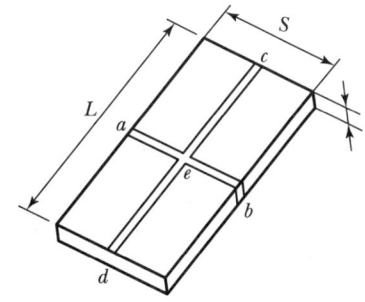

(1) ab대와 cd대에서의 처짐량은 같아야 하므로

$$\delta_e = \frac{5\,w_{ab}\,S^4}{384\,EI} = \frac{5\,w_{cd}\,L^4}{384\,EI}$$

$$\therefore \frac{w_{ab}}{w_{cd}} = \frac{L^4}{S^4}$$

(2) $w_{ab} + w_{cd} = w$ 이므로

$$w_{ab} = \frac{L^4}{S^4 + L^4}\,w,\ \ w_{cd} = \frac{S^4}{S^4 + L^4}\,w$$

(3) $L = 2.0S$ 이라면

$$w_{ab} = 0.941w,\ \ w_{cd} = 0.059w$$

2. 지지보가 받는 하중의 환산

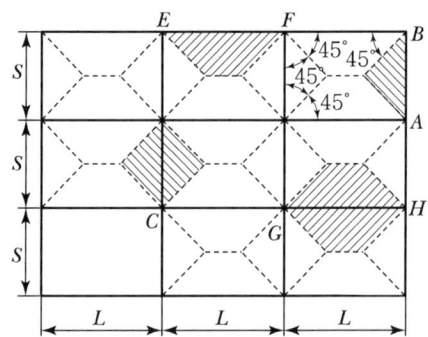

경간 중앙의 모멘트가 동일하도록 환산

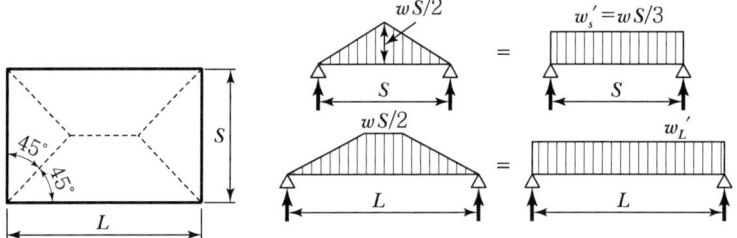

① $M = \dfrac{wS^2}{8} \times \dfrac{S}{2} - \dfrac{wS^2}{8} \times \dfrac{S}{6} = \dfrac{w_s{'}S^2}{8} \Rightarrow w_s{'} = \dfrac{wS}{3}$

② $M = \left(\dfrac{wS^2}{8} + \dfrac{wS(L-S)}{4}\right) \times \dfrac{L}{2} - \dfrac{wS^2}{8} \times \left(\dfrac{L}{2} - \dfrac{S}{3}\right)$

$\qquad - \dfrac{wS(L-S)}{4} \times \dfrac{L-S}{4} = \dfrac{w_L{'}L^2}{8}$

$\Rightarrow w_L{'} = \dfrac{wS}{3}\left(\dfrac{3-m^2}{2}\right)$

여기서, $m = \dfrac{S}{L}$

2 일반사항

1. Slab의 종류

(1) 1방향 슬래브(One Way Slab)

$$\frac{l_y}{l_x} \geq 2$$

(2) 1방향 장선구조(Joist Floor System)

① Ribbed Slab라고도 한다.

② 보통 5~10cm 두께를 갖는 바닥슬래브로 이루어지고, Rib(또는 Joist)에 의해 지지된다.

③ Rib는 보통 그 단면의 끝이 좁은 사다리꼴로 되어 있으며, 750mm를 초과하지 않는 일정한 간격으로 배치

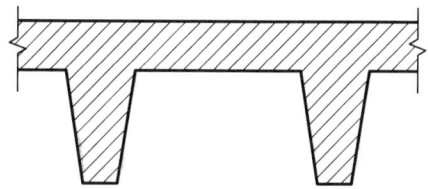

[1방향 Rib Slab]

(3) 2방향 슬래브

$$\frac{l_y}{l_x} < 2$$

(4) 2방향 리브 슬래브와 Waffle 슬래브 구조

① 슬래브의 두께는 일반적으로 5~10cm이며, 두 방향 리브에 의해 지지

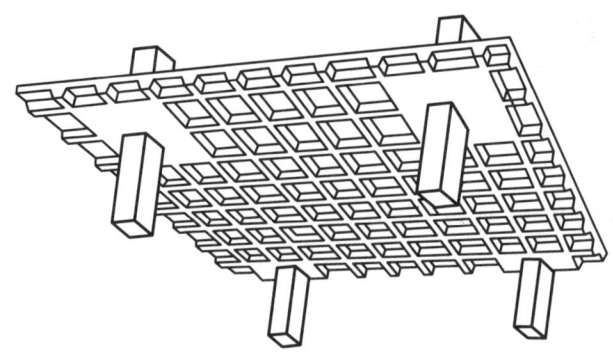

[Waffle Slab]

② Rib는 각 방향에서 약 50~75mm의 간격으로 배치되어 정사각형 혹은 직사각형 모양

③ Rib를 슬래브의 중심선에 대해 45° 또는 60°의 각을 이루도록 배치함으로써 건축미 표현

④ Rib 사이에 공간을 갖는 2방향 리브구조는 기둥 위의 단단한 Panel을 통해 기둥에 직접 놓이고, 지지보 없이 두 방향으로 연속적인 리브를 갖는다. 이러한 슬래브를 와플 슬래브(Waffle Slab)라 한다.

(5) Flat Slab

① 보나 거더 없이 두 방향으로 보강된 2방향 슬래브로서, 하중은 직접 지지기둥으로 전달된다.

② 기둥과 슬래브의 접촉면에 Punching 전단이 발생할 수 있는데 이에 대한 대책으로는

㉠ Drop Panel과 Column Capital을 사용

㉡ 기둥머리 없이 Drop Panel만 사용

㉢ Drop Panel 없이 Column Capital만 사용

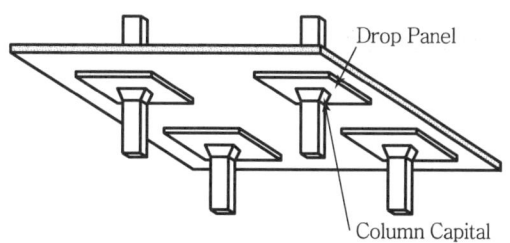
[2방향 Flat Slab]

(6) Flat Plate Slab

보나 기둥머리를 갖지 않고, 기둥 위에 직접 놓임으로써 균일한 두께를 갖는 2방향 슬래브 구조

(7) Slab on Grade

① 지반 위에 직접 놓이는 슬래브
② 지하바닥과 같은 단순한 경우에는 경험적 방법으로 설계

2. Slab의 역학적 기능

(1) 자중 및 고정하중, 적재하중을 Slab의 Shear(곧 Moment)로서 보 및 기둥을 통하여 기초로 전달시킨다.
(2) 횡하중 작용 시 모든 기둥 및 보의 수평변위를 거의 동일하게 하는 강체 역할(Rigid Motion)을 유지시킨다.
(3) 건물 전체의(실제로는 각 층에서의) Torsion 현상에 의한 변위를 동일하게 하는 강체역할(Rigid Body Motion)을 하여 Torsion 변위를 적게 한다.

3 1방향 Slab의 실용해법

1. 제한조건

(1) 두 Span 이상
(2) 인접한 2개 Span의 차가 짧은 경간의 20% 이하
(3) 적재하중이 고정하중의 3배 이하(단, 사용하중)
(4) 변단면 부재가 아닐 것
(5) 등분포 하중

2. 휨모멘트(α_n) 및 전단력(α_n') 계수

(1) 2 Span Slab(3m 초과)

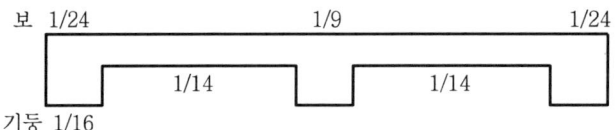

(2) 2 Span Slab(3m 이하) 또는 각 단에서 $\Sigma K_c > 8\Sigma K_b$

스팬의 각 끝에서 기둥의 강성 합이 보의 강성 합의 8배를 넘을 때

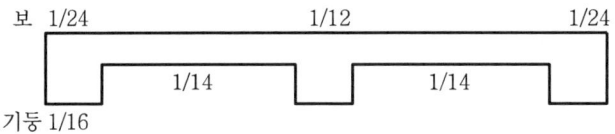

(3) 3 Span 이상(3m 초과)

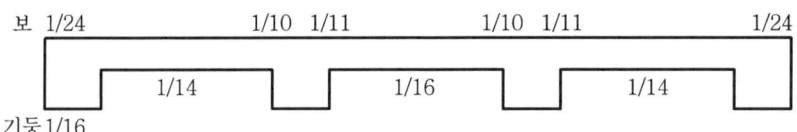

(4) 3 Span 이상(3m 이하)

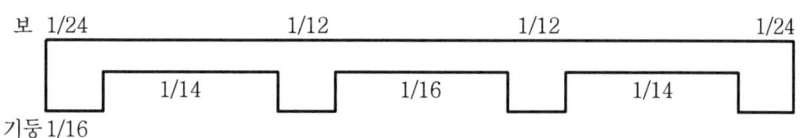

(5) 전단력

① 최외단 Span의 연속단부 : $1.15 \dfrac{w_n l_n}{2}$

② 그 외의 단부 : $\dfrac{w_n l_n}{2}$

3. 1방향 Slab의 구조제한(두께 100mm 이상)

(1) 주근

① 최소 철근량 : 건조수축 및 온도근

② 최대 간격

  ㉠ 최대 휨모멘트가 일어나는 단면 : 슬래브 두께의 2배 이하, 300mm 이하

  ㉡ 기타 단면 : 슬래브 두께의 3배 이하, 400mm 이하

(2) 부근 : (3)항에 따름

(3) 건조수축 및 온도근(최소 철근비) : 어떤 경우도 0.0014 이상

① $f_y <$ 400MPa인 이형근 : 0.002 $f_y =$ 400MPa : 0.0018

② 0.35%의 항복변형에 대한 설계기준 항복강도가 400MPa을 초과하는 철근 :
$0.0018 \times \dfrac{400}{f_y}$

③ 건조수축 철근 최대 간격 : 슬래브 두께의 5배 이하 또는 400mm 이하

4 2방향 슬래브의 설계

1. 두 방향 구조물의 최소 두께

보의 강성비 α_m이 0.2를 초과하는 보가 슬래브 주변에 있는 경우 슬래브 최소 두께

(1) $0.2 < \alpha_m < 2.0$

$$h \geq \frac{l_n\left(800 + \dfrac{f_y}{1.4}\right)}{36,000 + 5,000\,\beta\,(\alpha_m - 0.2)} \text{ 또는 } 120\text{mm 이상}$$

(2) $\alpha_m \geq 2.0$

$$h \geq \frac{l_n\left(800 + \dfrac{f_y}{1.4}\right)}{36,000 + 9,000\,\beta} \text{ 또는 } 90\text{mm 이상}$$

(3) 불연속단 슬래브
 ① α가 0.8 이상인 테두리보 설치
 ② (1), (2)항의 식에서 구한 값을 10% 이상 증대

여기서, l_n : 장변방향 순 Span

$\beta : \dfrac{\text{장변길이(순 스팬)}}{\text{단변길이(순 스팬)}}$ $\beta_s : \dfrac{\text{연속단의 길이}}{\text{Slab Panel의 총 주변길이}}$

α_m : Slab 주변의 모든 보에 대한 α의 평균값

$\alpha = \dfrac{E_b I_b}{E_s I_s}$

(4) 테두리보를 제외하고 슬래브 주변에 보가 없거나 보의 강성비 $\alpha_m \leq 0.2$일 경우 다음 표를 만족하여야 하고 다음 값 이상으로 한다.
 ① Flat Slab에서 지판이 없는 Slab : 120mm 이상
 ② Flat Slab에서 지판을 가진 Slab : 100mm 이상

제5장 슬래브 설계

〈슬래브 시스템에서 테두리보를 제외하고 내부에 보가 없거나,
보의 강성비 $\alpha_m \leq 0.2$인 경우 슬래브 최소 두께〉

설계기준 항복강도 f_y (MPa)	지판이 없는 경우			지판이 있는 경우		
	외부 슬래브		내부 슬래브	외부 슬래브		내부 슬래브
	테두리보가 없는 경우	테두리보가 있는 경우		테두리보가 없는 경우	테두리보가 있는 경우	
300	$l_n/32$	$l_n/35$	$l_n/35$	$l_n/35$	$l_n/39$	$l_n/39$
350	$l_n/31$	$l_n/34$	$l_n/34$	$l_n/34$	$l_n/37.5$	$l_n/37.5$
400	$l_n/30$	$l_n/33$	$l_n/33$	$l_n/33$	$l_n/36$	$l_n/36$
500	$l_n/28$	$l_n/31$	$l_n/31$	$l_n/31$	$l_n/33$	$l_n/33$
600	$l_n/26$	$l_n/29$	$l_n/29$	$l_n/29$	$l_n/31$	$l_n/31$

(5) Flat Slab의 경우 다음 조건을 따르는 경우

기둥 상부의 부모멘트에 대한 철근을 줄이기 위해 지판을 사용하는 경우, $\dfrac{1}{4}\left(\dfrac{l_1}{6}\right)$ 이하

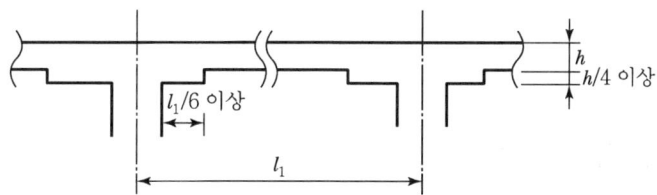

① 슬래브 철근량 계산 시 슬래브 아래로 돌출한 지판의 두께는 지판의 외단부에서 기둥이나 기둥머리면까지 거리의 1/4 이하로 한다. 즉, $\dfrac{1}{4}\left(\dfrac{l_1}{6}\right)$ 이하

2. 슬래브의 전단설계

[보가 없는 2방향 슬래브]
- 일반 전단
- Punching Shear ⎤ 모두 검토

(1) 일반 전단식

$$V_c = \frac{1}{6} \lambda \sqrt{f_{ck}} bd$$

(2) Punching Shear(뚫림 전단) = 두 방향 전단(Two Way Shear)

Flat Slab나 기초판 같이 보 없이 직접 기둥에서 지지되는 구조에서는 집중하중의 작용에 의해 기둥 주위에 그림과 같이 슬래브 하부로부터 경사지게 균열이 발생되어 구멍이 뚫리는 형태로 전단파괴되는 경우가 있다. 이런 형태의 전단을 Punching Shear라고 함

$\theta = 20 \sim 45°$(Concrete 강도나 철근보강에 따라 다르게 나타남)

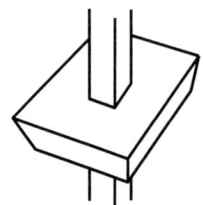
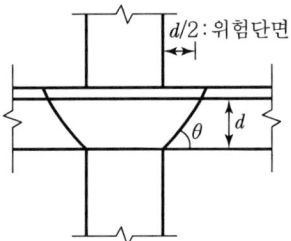

[Punching Shear]

1) 전단철근을 배치하지 않을 경우

$$V_c = v_c b_o d$$

$$v_c = \lambda \, k_s \, k_{bo} \, f_{te} \cot\psi \, (c_u/d)$$

여기서, v_c : 콘크리트의 공칭전단응력강도

b_0 : 위험단면의 둘레길이

λ : 경량콘크리트계수

k_s : 슬래브의 두께계수

k_{bo} : 위험단면 둘레길이의 영향계수

f_{te} : 압축대 콘크리트의 인장강도

ψ : 슬래브 휨 압축대의 균열각도

c_u : 압축철근의 영향을 무시하고 계산된 슬래브 위험단면 압축대 깊이의 평균값

f_{cc} : 위험단면의 압축대에 작용하는 평균압축응력

$$k_s = (300/d)^{0.25} \leq 1.1 \ (d:mm)$$

$$k_{bo} = 4/\sqrt{\alpha_s(b_o/d)} \leq 1.25$$

$$f_{te} = 0.2\sqrt{f_{ck}}$$

$$f_{cc} = (2/3)f_{ck}$$

$$\cot\psi = \sqrt{f_{te}(f_{te}+f_{cc})}/f_{te}$$

$$c_u = d\left[25\sqrt{\rho/f_{ck}} - 300(\rho/f_{ck})\right]$$

$\alpha_s = 1.0$(내부기둥), 1.33(외부기둥, 모서리기둥 제외), 2.0(모서리기둥)

$\rho \leq 0.03$의 범위에서 사용할 수 있으며 ρ가 0.005 이하인 경우 0.005를 사용

2) 전단철근을 배치할 경우

$$V_u \leq \phi V_n = \phi(V_c + V_s)$$

$$V_c = \frac{1}{6}\lambda\sqrt{f_{ck}}\,b_0 d$$

$V_u > \phi V_c$: 전단철근 배치 $\therefore V_n < 0.58 f_{ck} b_0 c_u$

(3) 슬래브의 전단보강

1) 폐쇄스터럽 보강방법

얇은 슬래브는 적용하기 힘들며 두께 250mm 이상의 슬래브에 적용하는 것이 바람직함

단, $V_n = V_c + V_s$, $V_n = \frac{1}{2}\lambda\sqrt{f_{ck}}\,b_0'd$

여기서, b_0' : 각 방향 마지막 스터럽에서 d/2 떨어진 지점을 연결한 선으로 함

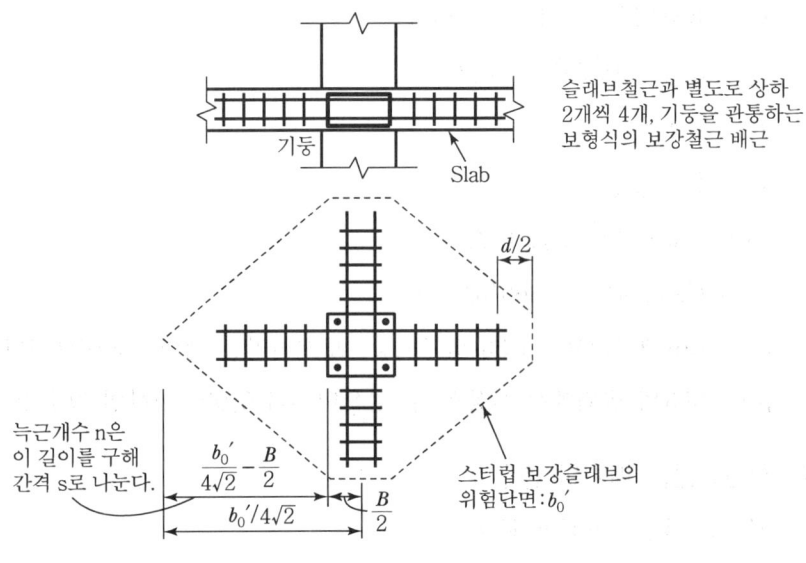

[폐쇄스터럽 보강상세]

2) 전단주두 보강법(Shear Head)

형강을 '+'형으로 제작한 후 피복두께를 유지하면서 기둥머리에 설치하고 슬래브의 상단근은 형강 위를 지나 연속시키고 하단근은 형강 가까운 위치에서 끝나도록 배근한다.

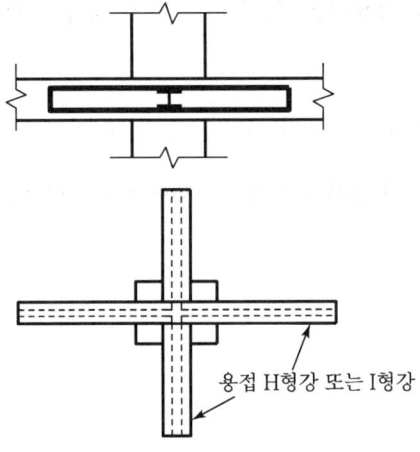

[전단주두 보강상세]

3. 직접설계법(Direct Design Method)

(1) 개요

① 직접설계법은 등분포 하중을 받으며 기둥의 간격이 일정한 2방향 슬래브의 설계 모멘트를 구하는 근사적인 설계방법이다.

② 이 설계방법을 실제 설계에 적용시키기 위해서는 적용할 수 있는 제한사항을 만족해야 한다.(만족하지 못할 때에는 등가골조법 사용)

③ 골조폭을 주열대와 중간대로 하는 단순보로 보고 정역학적 총 설계모멘트 $M_0 = \dfrac{w\, l_2\, l_1^2}{8}$ 를 구한다.

④ 이와 같이 계산된 총 설계모멘트를 규준에 의한 계수를 이용하여 지간방향으로 분배하고 이를 다시 계수를 이용하여 횡방향으로 분배하여 위험단면에서 설계 모멘트를 계산한다.

(2) 설계 절차

1) 적용조건 검토(제한사항)

슬래브의 기하학적 조건과 하중조건이 직접설계법을 사용하기에 적당한지를 검토한다.

① 각 방향에 3개 이상의 Span이 연속되어야 한다.

② 장변과 단변의 비가 2 미만인 직사각형이라야 한다.

③ 각 방향으로 연속적인 Span 길이는 긴 Span의 1/3 이상의 차이가 있어서는 안 된다.

④ 기둥은 Span 길이의 10% 이상 중심선 밖으로 이탈해서는 안 된다.

⑤ 모든 하중은 연직하중으로 전체 패널에 등분포하고, 적재하중은 고정하중의 3배 이하이어야 한다.

⑥ 보가 모든 변에서 패널을 지지할 경우 직교하는 두 방향에서 보의 상대강성은 0.2 이상 5.0 이하로 한다.

⑦ 직접설계법으로 설계된 슬래브 시스템은 모멘트 재분배를 적용하지 않는다.

2) 슬래브 두께 산정

처짐과 전단 제한조건을 만족시켜야 한다.

3) 구조물의 분할

구조물을 기둥선 양쪽의 패널 중심선으로 구분되는 설계골조로 분할한다.

4) 정역학적 총 모멘트 계산

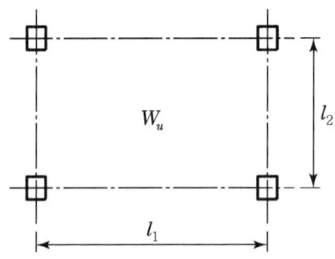

$$M_u = \frac{w_u \, l_2 \, l_1^2}{8}$$

여기서, l_1 : 모멘트가 계산되는 방향의 순 Span

l_2 : 모멘트가 계산되는 방향의 직각방향 슬래브의 중심간격

5) 길이방향 설계모멘트 분배

① 내부 Span에서의 M_0의 분배율

- 부계수 모멘트 : 0.65
- 정계수 모멘트 : 0.35

② 단부 Span에서의 M_0의 분배율

구분	1	2	3	4	5
			내부 지지부 사이에 보가 없는 Slab(무량판)		
	구속되지 않은 외단	모든 지지부 사이에 보가 있는 Slab	가장자리 보가 없는 경우	가장자리 보가 있는 경우	완전 구속된 외단
내단의 부계수	0.75	0.7	0.7	0.7	0.65
정계수 모멘트	0.63	0.57	0.52	0.5	0.35
외단의 부계수 모멘트	0	0.16	0.26	0.3	0.65

6) 주열대, 주간대 및 보의 계수 모멘트

① 주열대의 내단 분담률(%)

$\dfrac{l_2}{l_1}$	0.5	1.0	2.0
$\left(\dfrac{\alpha_1 l_2}{l_1}\right)=0$	75	75	75
$\left(\dfrac{\alpha_1 l_2}{l_1}\right)\geq 1.0$	90	75	45

• 위의 값 사이에서는 직선보간법을 적용
• l_1 : 모멘트가 결정되는 방향의 중심 Span 길이
• l_2 : l_1에 수직한 방향의 중심 Span 길이

$$\alpha = \dfrac{E_{cb} \cdot I_b}{E_{cs} \cdot I_s}$$

$\alpha_1 = \alpha$의 l_1 방향의 값(무량판이면 $\alpha_1 = 0$)

② 주열대의 외단 분담률(%)

$\dfrac{l_2}{l_1}$		0.5	1.0	2.0
$\left(\dfrac{\alpha_1 l_2}{l_1}\right)=0$	$\beta_t = 0$	100	100	100
	$\beta_t \geq 2.5$	75	75	75
$\left(\dfrac{\alpha_1 l_2}{l_1}\right)\geq 0$	$\beta_t = 0$	100	100	100
	$\beta_t \geq 2.5$	90	75	45

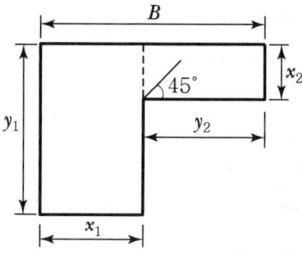

- β_t : 가장자리보의 Span의 길이와 같은 길이의 Slab 폭의 휨강성에 대한 가장자리 보의 비틀림 강성비(무량판이면, $\beta_t = 0$)

$$\beta_t = \left[\frac{E_{cb} \cdot C}{2E_{cs} \cdot I_s} \right]$$

$$C = \text{비틀림 상수} = \Sigma \left[\left(1 - 0.63 \frac{x}{y} \right) \frac{x^3 y}{3} \right]$$

- 외부 지지부가 조적조일 경우 $\beta_t = 0$
- 외부 지지부가 슬래브와 일체로 된 비틀림 저항에 매우 큰 콘크리트 벽체일 경우는 $\beta_t = 2.5$로 할 수 있다.

③ 주열대의 중앙부 정모멘트 분담률(%)

$\dfrac{l_2}{l_1}$	0.5	1.0	2.0
$\left(\dfrac{\alpha_1 l_2}{l_1} \right) = 0$	60	60	60
$\left(\dfrac{\alpha_1 l_2}{l_1} \right) \geq 1.0$	90	75	45

④ 주간대 분담률

주열대가 부담하고 난 나머지에 대해 주간대로 할당

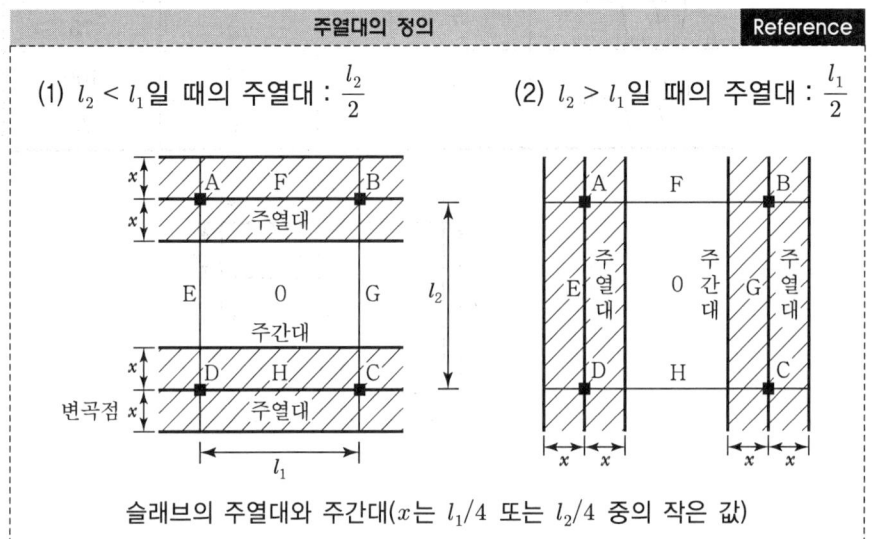

슬래브의 주열대와 주간대(x는 $l_1/4$ 또는 $l_2/4$ 중의 작은 값)

제5장 슬래브 설계

7) 패턴 재하의 효과에 대한 검정

$$\beta_a = \frac{D.L}{L.L} \geq 2.0 \text{이면 무시}$$

여기서, β_a : 계수를 곱하지 않은 적재하중에 대한 고정하중의 비

$$\beta_a = \frac{D.L}{L.L} < 2.0 \text{인 경우(적재하중의 영향이 고정하중보다 큰 의미)}$$

여기서, $\alpha_c \geq \alpha_{\min}$ 이면 무시, 만일 $\alpha_c < \alpha_{\min}$ 이면 정모멘트를 δ_s 배만큼 증가시킴
$(+M) \times \delta_s$

$$\delta_s = 1 + \frac{2-\beta_a}{4+\beta_a}\left[1 - \frac{\alpha_c}{\alpha_{\min}}\right]$$

$$\alpha_c = \frac{\sum K_c}{\sum (K_s + K_b)}$$

여기서, α_c : 절점을 구성하는 보와 바닥판의 휨강성의 합과 슬래브 위, 아래에 있는 기둥강성의 합

8) 슬래브의 두께가 모멘트 전단 전달에 적합한지 검토
9) 기둥의 휨모멘트 계산
   ① 보의 철근 계산
   ② 슬래브의 휨철근 계산

4. 등가골조법(Equivalent Frame Method)

(1) 개요

① 슬래브 대를 보로 가정하여 2개의 직교하는 방향의 라멘을 해석한다.
② 골조는 Slab-Beam Member와 Equivalent Column Member(등가기둥)로 구성되고, 기둥은 모멘트가 결정되는 지간방향에 횡방향인 비틀림부재(Attatched Torsional Member)에 의해 슬래브-보 대에 연결되고, 기둥의 양측으로 패널 중심선까지 횡방향으로 연장되는 하나의 3차원 슬래브 시스템이다.

③ 이 3차원 슬래브 시스템에서 일어날 가능성이 있는 비틀림 회전을 휨강성으로 반영하여 기술적으로 2차원 골조구조로 대체한 설계방법이다.
④ 등가골조법에서 부재모멘트를 계산하는 데 모멘트분배법이 사용되며, 따라서 부재의 휨강성 $\left(K = k\dfrac{EI}{l}\right)$, 전달률(COF), 분배율(D.F), 고정단 모멘트(FEM) 등이 계산되어져야 한다.

(2) 계산 절차

① 적용조건 검토 : 직접설계법이 그 제한사항을 만족하지 못하는 경우 설계모멘트는 등가골조법에 의해 계산한다.
② 슬래브 두께 산정 : 처짐과 전단 제한조건을 만족시켜야 한다.
③ 구조물 분할 : 구조물을 기둥선 양측의 패널 중심선으로 구분되는 설계골조로 분할
④ 모멘트 분배법에 필요한 계수 계산
   ㉠ 기하학적 단면비 계산
   ㉡ 기둥의 강도계산

$$\dfrac{1}{K_{ec}} = \dfrac{1}{\sum K_c} + \dfrac{1}{\sum K_t}$$

   ㉢ 슬래브 보의 강도계산, K_{sb}
   ㉣ 모멘트 분배계수와 고정단 모멘트 계수의 계산
⑤ 길이방향 설계모멘트 계산 : 길이방향의 Pannel 설계 모멘트를 계산(골조해석)
⑥ 주열대와 주간대의 설계모멘트 분배 : 설계모멘트는 외부와 내부판넬의 주간대와 주열대의 분배되는 비율에 따라 보로 배분됨
⑦ 패턴재하의 효과에 대한 검정
   ㉠ $\beta_a = \dfrac{D.L}{L.L} \geq \dfrac{3}{4}$ 이면 무시
   ㉡ $\beta_a = \dfrac{D.L}{L.L} < \dfrac{3}{4}$ 이면 패턴 저하 고려
⑧ 슬래브의 두께가 모멘트 – 전단 전달에 적합한지 검토
⑨ 기둥의 설계
   ㉠ 보의 설계
   ㉡ 슬래브의 휨철근 설계

(3) 기둥의 등가강도(K_{ec})

2방향(무량판) 슬래브에서 기둥은 슬래브의 일부분만 물고 있어 Slab와 기둥의 접합상태는 강접합상태보다 훨씬 약한 상태로서 단순지지와 강접합 사이의 어떤 상태에 있다고 보아야 한다. 결국, 기둥은 Slab를 제 힘을 다 발휘해서 물 수 없고, 따라서 기둥은 상대적으로 약화된 강도로 Slab에 대할 수밖에 없다. 이 약화된 강도를 기둥의 등가강도(K_{ec})라 한다.

$$\frac{1}{K_{ec}} = \frac{1}{\sum K_c} + \frac{1}{\sum K_t}$$

여기서, K_c : 기둥의 휨강성
K_t : 비틀림 부재의 비틀림 강성

국내 규준에서는 무량 라멘의 해석 시 기둥의 강도저하를 보지 않고 있음

(4) 비틀림 부재(Attatched Torsional Member)

등가 골조에서 모멘트를 고려하고 있는 방향과 직각방향으로 Slab와 기둥을 접합시켜 주는 작용은 휨강성에 의한 것이 아니라 Torsion 강도에 의한 것이기 때문에 Attatched Torsional Member라 함

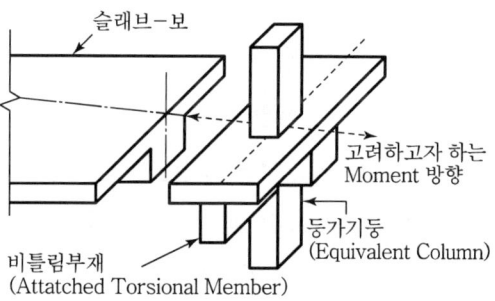

5. Flat Slab 구조 및 특징

(1) 일반사항

① 철근콘크리트 구조에서 창고, 서고 및 차고 등과 같이 적재하중이 클 때 이것을 지지하는 슬래브의 두께도 두꺼워진다.

② 이러한 경우 두꺼운 슬래브가 보 없이 직접 기둥에 접하며, 또한 휨에 안전하게 긴결되어 2방향 이상으로 배근된 철근콘크리트 슬래브를 Flat Slab 구조 또는 무량판 구조라고 한다.

③ 이때, 슬래브와 접하는 기둥 상단부에는 슬래브에 대하여 경사각 45° 이상의 주두(Capital) 또는 지판(Drop Pannel)을 붙인다.

(2) 특징

1) 장점

① 큰 적재하중을 가진 창고건물과 주두가 장애를 주지 않는 건물에 적합
② 보가 없으므로 거푸집이 간편
③ 순 층고를 얻는 데 있어 높이에 대한 절약
④ 스프링클러, 배관 등을 매다는데 균일 단면으로, 설비를 위한 파이프 배치가 자유로움
⑤ 각진 부분이 없으므로 화재에 대한 저항성이 양호

2) 단점

① 바닥 슬래브에 Pit나 개구부를 필요로 하는 곳, 바닥높이에 단차가 심한 것, 동일층으로 방의 사용방법이 극단적으로 다른 것이 혼재해 있을 경우 등에는 적당한 구법이라 말할 수 없다.

② 수평하중에 대한 저항력이 작기 때문에 지진하중 등의 수평력은 내진벽에 분담시켜 골조에 너무 걸리지 않도록 한다. 따라서, 벽체가 적은 고층 Flat Slab 구조물은 성립하기 어려운 것으로 생각된다.

③ Flat Slab는 보로 지지된 슬래브에 비해 처짐이 크며, 과도한 처짐은 입주자에게 불안감을 주며, 간벽에 균열을 발생시키고 옥상 등 누수의 원인이 된다.

(3) Flat Slab의 구조제한

종류	설계조건	적요
슬래브의 두께	$t \geq 150mm$	
기둥의 폭 또는 원형기둥의 직경	l_x, l_y의 1/20 이상 300mm 이상 〉중 큰 값 $h/15$ 이상	l_x, l_y : 기둥 중심 간 거리 h : 층고
주두(Capita)의 폭 또는 직경	$\dfrac{2}{10}l$ 이상	지판이 있을 때
	$\dfrac{2}{9}l$ 이상	지판이 없을 때
주두의 경사각	$\theta \geq 45°$	
Drop Panel의 두께	$\dfrac{t}{2}$ 이상	t : 슬래브 두께
Drop pannel의 폭 또는 직경	$0.4l$ 이상	

[예제] 기둥거리 7.5m, 층고 4.5m일 때 기둥의 최소 치수는?

$$\Rightarrow \dfrac{l_x}{20} \text{ 또는 } \dfrac{l_y}{20} = \dfrac{700}{20} = 35$$

$30cm$

$$\dfrac{h}{15} = \dfrac{450}{15} = 30$$

중 큰 값 ∴ 35cm

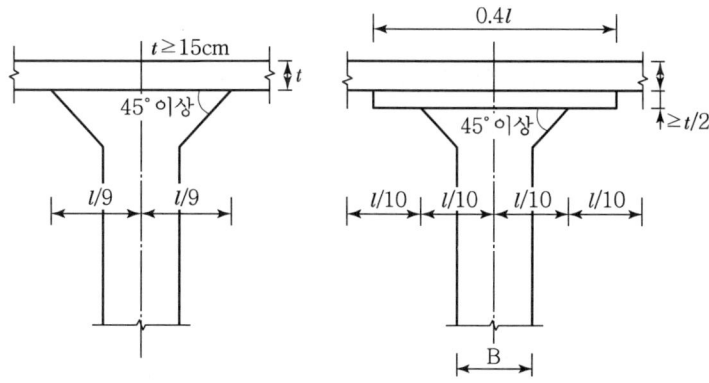

제1편 철근콘크리트 공학

> **Question 01** 플랫 플레이트의 설계(직접설계법)—6.0m×6.0m
>
> 다음 플랫 플레이트에서 주열대, 중간대의 분배모멘트를 구하고 설계하시오.(단, 면내 축방향은 무시)
>
> **설계조건**
>
> 층고 : 3.3m
> 기둥 : 0.4×0.4m
> 횡하중은 전단벽이 저항한다.
> 가장자리보 있음
> $h = 230\text{mm}$, $d = 200\text{mm}$
> 마감하중 : 1.0kN/m^2
> 사하중 : 5.41kN/m^2
> 활하중 : 3.0kN/m^2
> $f_{ck} = 27\text{MPa}$, $f_y = 400\text{MPa}$

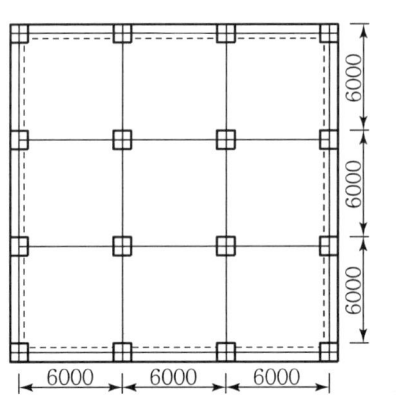

1. 슬래브 두께 h의 검토

(1) 두께 제한

$l_n = 6.00 - 0.40 = 5.60\text{m}$

$\beta = 5.6/5.6 = 1.0$

$$h = \frac{l_n\left(800 + \dfrac{f_y}{1.4}\right)}{36,000 + 9,000\beta} = 135.1\text{mm}$$

$h = l_n/33 = 169.7\text{mm} \rightarrow 230\text{mm}$ 적용

(2) 슬래브의 전단강도

고정하중 $w_d = 5.41 + 1.0 = 6.41\text{kN/m}^2$

활하중 $w_l = 3.0\text{kN/m}^2$

계수하중 $w_u = 1.2 \times 6.41 + 1.6 \times 3 = 12.49\text{kN/m}^2$

1) 1방향 전단 검토

1m 폭의 설계대에 대해 부재의 면에 d 만큼 떨어진 지점에서 검토

$V_u = 12.49 \times (3.0 - 0.2 - 0.2) = 32.47 \text{kN}$

$\phi V_c = \phi \dfrac{1}{6} \sqrt{f_{ck}} \, b_w \, d$

$\quad\quad = 0.75 \times \dfrac{1}{6} \times \sqrt{27} \times 1 \times 0.2 \times 1{,}000 = 129.9 \text{kN} > V_u \quad \therefore \text{ O.K}$

2) 2방향 전단의 검토

지지점에서 $d/2$ 떨어진 부분에서 전단강도 검토

$V_u = 12.49 \times [6.0 \times 6.0 - (0.4 + 0.2)^2] = 445.14 \text{kN}$

$\phi V_c = \phi v_c b_0 d$

여기서, $b_0 = 4 \times 600 = 2{,}400 \text{mm}$

$v_c = \lambda k_s k_{bo} f_{te} \cot\psi \dfrac{c_u}{d}$

$k_s = \left(\dfrac{300}{d}\right)^{0.25} = \left(\dfrac{300}{200}\right)^{0.25} = 1.107 \leq 1.1 \quad \therefore k_s = 1.1$

$k_s = \dfrac{4}{\sqrt{\alpha_s\left(\dfrac{b_o}{d}\right)}} = \dfrac{4}{\sqrt{1.00\left(\dfrac{2{,}400}{200}\right)}} = 1.155 \, (\alpha_s = 1.00 : \text{내부기둥}) < 1.25$

$f_{te} = 0.2\sqrt{27} = 1.04$

$f_{cc} = \left(\dfrac{2}{3}\right) f_{ck} = \dfrac{2}{3} \times 27 = 18$

$\cot\psi = \dfrac{\sqrt{f_{te}(f_{te} + f_{cc})}}{f_{te}}$

$\cot\psi = \dfrac{\sqrt{1.04(1.04 + 18)}}{1.04} = 4.28$

$c_u = 200\left[25\sqrt{\dfrac{0.005}{27}} - 300\left(\dfrac{0.005}{27}\right)\right] = 56.93 \, (\rho = 0.005 \text{로 가정})$

$v_c = 1.0 \times 1.1 \times 1.155 \times 1.04 \times 4.28 \times \dfrac{56.93}{200} = 1.61$

$v_c = 1.61 \times 2{,}400 \times 200 \times 10^{-3} = 772.8 \text{kN}$

$\phi V_c = 0.75 \times 772.8 = 579.6 \text{kN} > V_u = 445.14 \text{kN} \quad \therefore \text{ O.K}$

2. 직접설계법 제한규정에 대한 검토

① 각 방향으로 연속되는 최소 3개의 경간   ∴ O.K
② 단경간에 대한 장경간의 비=1.00 < 2.0   ∴ O.K
③ 연속되는 경간길이가 같다.
④ 기둥이 일직선상에 있다.
⑤ 하중이 등분포하중이며 고정하중에 대한 활하중의 비 : 0.47 < 3.0   ∴ O.K

3. 슬래브의 계수모멘트

(1) 슬래브의 전계수 모멘트

$$M_o = 1/8 w_u l_1 l_n^2 = 1/8 \times 12.49 \times 6.0 \times 5.6^2 = 293.76 \text{kN} \cdot \text{mn}$$

(2) 정 및 부모멘트의 분배(kN·m)

구분	위치	분배율	모멘트
내부경간	부모멘트	0.65	190.94
	정모멘트	0.35	102.82
단부경간	외부 부모멘트	0.30	88.13
	정모멘트	0.50	146.88
	내부 부모멘트	0.70	205.63

4. 계수모멘트의 주열대와 중간대의 배분

구분		계수모멘트 (kN·m)	주열대		중간대② (kN·m)
			백분율①	모멘트	
단부경간	외부모멘트	88.13	100	88.13	—
	정모멘트	146.88	60	88.13	58.75
	내부모멘트	205.63	75	154.22	51.41
내부경간	부모멘트	190.94	75	143.21	47.73
	정모멘트	102.82	60	61.69	41.13

① 보가 있는 슬래브 형식에 대한 값
② 주열대에 의하여 저항되지 않는 계수모멘트의 부분은 두 개의 1/2 중간대에 할당

5. 기둥의 계수모멘트

(1) 내부기둥

$$M_i = 0.07(0.5w_1 l_2 l_n^2)$$

$$= 0.07 \times (0.5 \times 1.6 \times 3 \times 6.0 \times 5.6^2) = 31.61 \text{kN·m}$$

슬래브 상하부모멘트(기둥의 크기와 길이는 같다.)

$$M_x = M_y = 31.61/2 = 15.81 \text{kN·m}$$

(2) 외부기둥

슬래브의 전 외부 부모멘트가 기둥으로 전달
기둥의 크기와 길이가 같으므로 1/2로 분배

$$M_u = 88.13/2 = 44.07 \text{kN·m}$$

6. 플레이트의 설계

(1) 외부 플레이트의 설계

구분	주열대			중간대		
	외단	중앙부	내단	외단	중앙부	내단
$M_u(\text{kN}\cdot\text{m})$	88.13	88.13	154.22	–	58.75	51.41
폭$b(\text{mm})$	3,000	3,000	3,000	3,000	3,000	3,000
유효길이 $d(\text{mm})$	200	200	200	200	200	200
$z=0.95d$	190	190	190	–	190	190
$A_s = \dfrac{M_u}{f_{yd}z}(\text{mm}^2)$	1,289	1,289	2,255	–	859	752
$A_s(\min)$	1,200	1,200	1,200	1,200	1,200	1,200
D13 D13+D16 D16	11 9 7	11 9 7	19 15 12	7 6 5	7 6 5	7 6 5
사용철근	15−D13	15−D13	20−D13	10−D13	10−D13	10−D13
간격	@200	@200	@150	@300	@300	@300

(2) 내부 플레이트의 설계

구분	주열대		중간대	
	양단	중앙부	양단	중앙부
$M_u(\text{kN}\cdot\text{m})$	143.21	61.69	47.73	41.13
폭$b(\text{mm})$	3,000	3,000	3,000	3,000
유효길이$d(\text{mm})$	200	200	200	200
$z=0.95d$	190	190	190	190
$A_s = \dfrac{M_u}{f_{yd}z}(\text{mm}^2)$	2,094	902	698	601
$A_s(\min)$	1,200	1,200	1,200	1,200
D13 D13+D16 D16	18 14 11	8 6 5	6 5 4	5 4 4
사용철근	20−D13	10−D13	10−D13	10−D13
간격	@150	@300	@300	@300

제5장 슬래브 설계

| Question 02 | 2방향 슬래브 전단머리의 설계 |

다음 그림과 같이 300mm 정사각기둥에 의해 지지되는 2방향 슬래브에 대해 전단설계하시오.(단, 슬래브의 크기 $l_1 = l_2 = 6,300$mm이고, 슬래브 두께 $h = 190$mm($d = 150$mm)이다. 필요하면 전단보강하라.)

설계조건

고정하중 : $w_D = 4.5$kN/m^2

활하중 : $w_L = 5.2$kN/m^2

콘크리트 : $f_{ck} = 27$MPa

철근 : $f_y = 400$MPa

철골 : $f_y = 235$MPa

주열대 휨모멘트 : $M_u = 237$kN·m

전단보강 시 H형강

H$-100 \times 100 \times 6 \times 8$(SS400)

($A_{st} = 2,190$mm^2, $I_s = 383 \times 10^4$mm^4, $Z_x = 76.5$cm^3)

$\phi M_p = \dfrac{V_u}{2}\eta\left[h_v + \alpha_v\left(l_u - \dfrac{c_1}{2}\right)\right]$, $\alpha_v = 0.15$ 가정

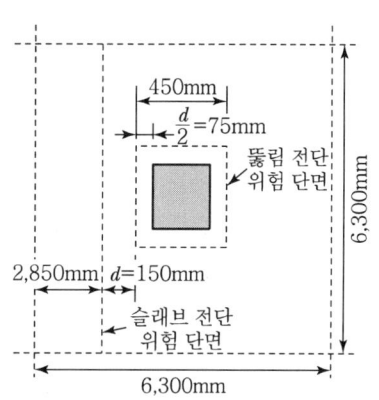

1) Slab 전단 및 뚫림 전단 검토
2) 전단머리 보강에 의한 최대전단강도 검토
3) 전단머리 길이(l_v) 산정
4) 전단머리 소성 휨강도(M_p) 산정
5) 전단머리 휨모멘트(M_v) 검토

1. 계수하중 산정

$w_u = 1.2w_D + 1.6w_L = 13.72$kN/m^2

2. 슬래브 전단과 뚫림 전단 검토(전단보강이 없는 경우)

(1) 슬래브 전단

기둥면에서 d 만큼 떨어진 면에서 전단강도를 검토

$V_u = 13.72 \times 2.85 \times 6.3 = 246.3 \text{kN}$

$V_c = \dfrac{1}{6}\lambda\sqrt{f_{ck}}\, b_w d = \dfrac{1}{6} \times \sqrt{27} \times 6{,}300 \times 150/1{,}000 = 818.4 \text{kN}$

$\phi V_c = 0.75 \times 818.4 = 613.8 \text{kN}$

$246.3 \text{kN} < 613.8 \text{kN}$ ∴ O.K

(2) 뚫림 전단(Punching Shear)

뚫림 전단에 대한 위험단면(b_0)은 기둥면에서 $2/d$만큼 떨어진 4개 면이다.

$V_u = 13.72 \times (6.3^2 - 0.45^2) = 541.77 \text{kN}$

$b_0 = 4 \times 450 = 1{,}800 \text{mm}$

$V_c = v_c \times b_o \times d$

$v_c = \lambda k_s k_{b_o} f_{te} \cot\psi \left(\dfrac{c_u}{d}\right)$

$b_0 = 4 \times 450 = 1{,}800 \text{mm}$

$\lambda = 1$ (일반콘크리트)

$k_s = \left(\dfrac{300}{d}\right)^{0.25} = \left(\dfrac{300}{150}\right)^{0.25} = 1.189 \leq 1.1$ ∴ $k_s = 1.1$

$k_{bo} = 4/\sqrt{\alpha_s\left(\dfrac{b_o}{d}\right)} \leq 1.25 = 4/\sqrt{1 \times \left(\dfrac{1{,}800}{150}\right)} = 1.155 < 1.25$

$\alpha_s = 1$ (내부기둥)

$f_{te} = 0.2\sqrt{f_{ck}} = 0.2\sqrt{27} = 1.04 \text{MPa}$

$f_{cc} = \dfrac{2}{3} f_{ck} = \dfrac{2}{3} \times 27 = 18 \text{MPa}$

$\cot\psi = \dfrac{\sqrt{f_{te}(f_{te}+f_{cc})}}{f_{te}} = \dfrac{\sqrt{1.04(1.04+18)}}{1.04} = 4.28$

$$c_u = d\left[25\sqrt{\frac{\rho}{f_{ck}}} - 300\left(\frac{\rho}{f_{ck}}\right)\right]$$

$$= 150 \times \left[25\sqrt{\frac{0.005}{27}} - 300 \times \left(\frac{0.005}{27}\right)\right] = 42.7\text{mm}$$

($\rho \leq 0.005$인 경우 $\rho = 0.005$ 사용)

$$v_c = \lambda k_s k_{b_o} f_{te} \cot\psi \left(\frac{c_u}{d}\right)$$

$$= 1 \times 1.1 \times 1.155 \times 1.04 \times 4.28 \times \left(\frac{42.7}{150}\right) = 1.61\text{MPa}$$

$V_c = v_c \times b_o \times d = 1.61 \times 1{,}800 \times 150 = 434.7\text{kN}$

$\phi V_c = 0.75 \times 434.7\text{kN} = 326.03\text{kN}$

$v_u = 541.77\text{kN} > \phi V_c = 326.03\text{kN}$ ∴ N.G

∴ 전단머리보강 필요

3. 전단머리 보강(I형강)설계

(1) 전단머리 보강에 의한 최대전단강도 검토

$V_u \leq \phi V_n$

$\quad \leq \phi \times 0.59 \lambda \sqrt{f_{ck}} b_o d$

$\quad \leq 0.75 \times 0.59 \times \sqrt{27} \times 1{,}800 \times 150/1{,}000 = 620.8\text{kN}$

541.77kN < 620.8kN ∴ O.K

(2) 위험단면에서 최소 b_0 결정

위험단면 $V_n < \frac{1}{3}\lambda\sqrt{f_{ck}} b_w d$

$V_u \leq \phi V_n$

$541.77 \leq 0.75 \times 1/3 \times \sqrt{27} \times b_0 \times 150/1{,}000$

$b_0 \geq 2{,}780\text{mm}$

(3) 전단머리 길이 l_v의 결정

0.75$(l_v - c_1/2)$ 위치에서 b_0를 확보

$$b_0 \approx 4\sqrt{2}\left[\frac{c_1}{2} + \frac{3}{4}\left(l_v - \frac{c_1}{2}\right)\right]$$

$$2,780 = 4\sqrt{2}\left[\frac{300}{2} + \frac{3}{4}\left(l_v - \frac{300}{2}\right)\right]$$

$l_v = 605\text{mm}$

(4) 전단머리 소성 휨강도(M_p)의 결정

슬래브의 전단강도에 도달하기 이전에 전단머리가 휨강도에 이르지 않도록 설계

$$\phi M_p = \frac{V_u}{2\eta}\left[h_v + \alpha_v\left(l_v - \frac{c_1}{2}\right)\right]$$

여기서, 전단머리 부재의 수 $\eta = 4$,
전단머리 깊이 $h_v = 100\text{mm}$
전단머리 강성비 $\alpha_v = 0.15$로 가정

$$0.85 \times M_p = \frac{541.77}{2 \times 4}\left[100 + 0.15\left(605 - \frac{300}{2}\right)\right]$$

$M_p = 13.41\text{kN} \cdot \text{m}$

전단머리를 H$-100 \times 100 \times 6 \times 8$(SS400, $Z_x = 76.5\text{cm}^3$) 사용

$M_p = Z_x f_y = 76.5 \times 235/1,000 = 17.98\text{kN} \cdot \text{m}$

$13.41\text{kN} \cdot \text{m} \leq 17.98\text{kN} \cdot \text{m}$ $\therefore$ O.K

(5) 전단머리 H$-100 \times 100 \times 6 \times 8$의 깊이 제한 검토

$70t_w = 70 \times 6 = 420\text{mm} > h_v = 100\text{mm}$ $\therefore$ O.K

(6) 구조강의 압축플랜지 위치 검토

슬래브의 피복두께를 30mm, 2겹의 D16배근을 가정

$0.3d = 0.3 \times 150 = 45\text{mm} < 30 + 2 \times 16 = 62\text{mm}$ $\therefore$ N.G

따라서 H형강의 웨브를 천공하여 배근

(7) 강성비 α_v의 검토

H$-100\times100\times6\times8$의 $A_{st}=2,190\text{mm}^2$, $I_s=383\times10^4\text{mm}^4$

주열대 휨모멘트 M_u에 대해서 D16@125로 배근하였다고 가정

H형강의 단면 중심까지의 깊이$=30+50=80\text{mm}$

슬래브 유효폭$=c_1+d=300+150=450\text{mm}$

변환단면계수 $n=\dfrac{E_s}{E_c}=\dfrac{200,000}{27,804}=7(f_{ck}=27\text{MPa}$의 경우$)$

1) 변환단면

$$nA_s = 7\times(4\times201) = 5,628\text{mm}^2$$
$$nA_{st} = 7\times2,190 = 15,330\text{mm}^2$$

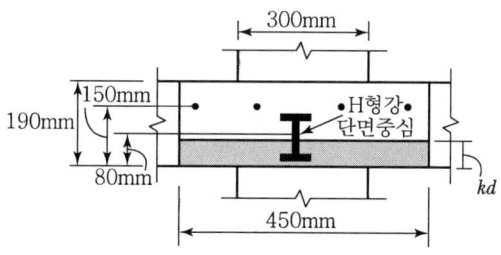

2) 중립축

$$450\times kd\times\frac{kd}{2} = 15,330\times(80-kd) + 5,628(150-kd)$$

$$kd = 60.1\text{mm}$$

3) 복합단면 이차모멘트

$$I = \frac{450\times60.1^3}{3} + nI_s + 15,330\times(80-60.1)^2 + 5,628\times(150-60.1)^2$$
$$= 450\times60.1^3/3 + 7\times383\times10^4 + 15,330\times19.9^2 + 5,628\times89.9^2$$
$$= 11,093\times10^4\text{mm}^4$$

$$\alpha_v = \frac{nI_s}{I} = \frac{7\times383\times10^4}{11,093\times10^4} = 0.24 > 0.15 \qquad \therefore \text{O.K}$$

(8) 전단머리 휨모멘트(M_v) 검토

$$M_v = \frac{\phi \alpha_v V_u}{2\eta}\left(l_v - \frac{c_1}{2}\right)$$

$$= \frac{0.85 \times 0.24 \times 541.77}{2 \times 4} \times \left(605 - \frac{300}{2}\right)/1{,}000$$

$$= 6.286 \text{kN} \cdot \text{m}$$

$6.286 \text{kN} \cdot \text{m} \leq M_p = 13.41 \text{kN} \cdot \text{m}$ ∴ O.K

$6.286 \text{kN} \cdot \text{m} \leq 0.3 \times 237 = 71.1 \text{kN} \cdot \text{m}$ ∴ O.K

(9) 최종설계단면

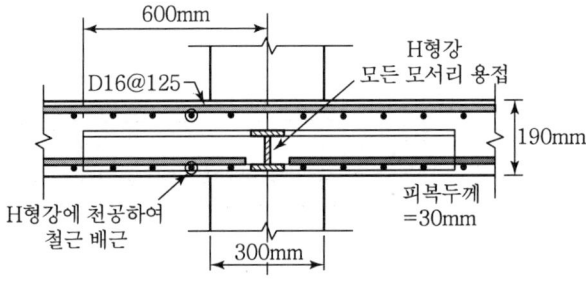

| Question | 전단철근이 배치된 슬래브 전단강도 |

03 $500\text{mm} \times 500\text{mm}$ 정사각형 단면기둥에 지지되는 플랫 슬래브의 크기가 $l_1 = l_2 = 6.4\text{m}$이고, $h = 200\text{m}$, $d = 160\text{mm}$일 때 전단강도를 계산하시오. 만약 설계기준을 만족하지 못하면 주철근비 또는 콘크리트 설계기준 압축강도 f_{ck}를 상향조정 또는 지판을 설치하거나 전단철근 배치를 고려하시오. 이때 슬래브 위 상재분포하중 $w_u' = 8.0\text{kN/m}^2$가 작용하고 있으며, 슬래브의 콘크리트 설계기준압축강도 $f_{ck} = 27\text{MPa}$, 철근의 설계기준항복강도 $f_y = 400\text{MPa}$이다.

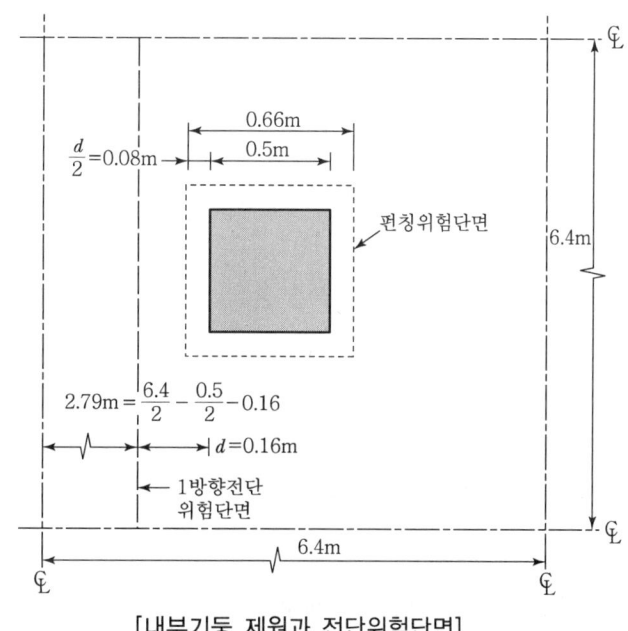

[내부기둥 제원과 전단위험단면]

1. 전단철근이 없는 2방향 전단작용

$V_u \leq \phi V_n = \phi V_c$

(1) 계수등분포하중(w_u) 계산

① 슬래브 자중에 의한 계수등분포 고정하중(w_d)

$w_d = 1.2 \times 0.2 \times 25\text{kN/m}^3 = 6\text{kN/m}^2$

$\therefore w_u = 6.0 + 8.0 = 14.0\text{kN/m}^2$

(2) 보 작용 전단(1방향)

① 기둥 지지면에서 거리 d(1방향) 떨어진 위험단면에서 보 작용 전단강도 검토

$$V_u = 14.0(2.79 \times 6.4) = 249.98 \text{kN}$$

$$V_c = \frac{1}{6}\lambda\sqrt{f_{ck}}\,b_w d = \frac{1}{6}\sqrt{27} \times 2.79 \times 0.16 \times 10^3 = 386.59 \text{kN}$$

$$\phi = 0.75$$

$$\phi V_c = 0.75 \times (386.59) = 289.94\text{kN} > V_u$$

$$= 244.98\text{kN} \quad \therefore \text{O.K}$$

∴ 2방향 슬래브에서는 보 작용 전단에 지배되지 않음

(3) 2방향 전단

기둥면에서 $0.5d(=80\text{mm})$ 떨어진 위치에서 위험단면 b_o에서 2방향 전단강도 검토

① $V_u = 14.0(6.4^2 - (0.5 + 2 \times 0.08)^2) = 567.34\text{kN}$

② 전단철근이 없는 전단강도 V_c

$$V_c = v_c \times b_o \times d$$

$$v_c = \lambda k_s k_{bo} f_{te} \cot\psi(c_u/d)$$

여기서,

위험단면의 둘레길이 $b_o = 2(0.5 + 0.5 + 0.16 \times 2) = 2.64$

경량콘크리트계수 $\lambda = 1$(일반콘크리트)

슬래브의 두께계수 $k_s = (300/d)^{0.25} = (300/160)^{0.25} = 1.17 \geq 1.1$이므로 1.1

위험단면 둘레길이의 영향계수

$$k_{bo} = \frac{4}{\sqrt{\alpha_s(b_o/d)}} \leq 1.25$$

$$k_{bo} = \frac{4}{\sqrt{1(2,640/160)}} = 0.98 \leq 1.25 \text{이므로 } 0.98$$

$\alpha_s = 1$(내부기둥)

압축대 콘크리트의 인장강도

$$f_{te} = 0.2\sqrt{f_{ck}} = 0.2\sqrt{27} = 1.04\text{MPa}$$

슬래브 휨 압축대의 균열각도

$$\cot\psi = \frac{\sqrt{f_{te}(f_{te}+f_{cc})}}{f_{te}}$$

$$= \frac{\sqrt{1.04(1.04+18)}}{1.04} = 4.28$$

위험단면의 압축대에 작용하는 평균압축응력 $f_{cc} = \frac{2}{3}f_{ck} = \frac{2}{3} \times 27 = 18\text{MPa}$

슬래브 위험단면 압축대 깊이의 평균값

$$c_u = d\left[25\sqrt{\frac{\rho}{f_{ck}}} - 300\left(\frac{\rho}{f_{ck}}\right)\right]$$

$$= 160\left[25\sqrt{\frac{0.005}{27}} - 300\left(\frac{0.005}{27}\right)\right] = 45.54\text{mm}$$

따라서

$$v_c = \lambda\, k_s\, k_{b_o}\, f_{te} \cot\psi\, (c_u/d)$$

$$= 1 \times 1.1 \times 0.98 \times 1.04 \times 4.28 \times (45.54/160) = 1.37\text{MPa}$$

$$V_c = v_c \times b_o \times d = 1.37 \times 2,640 \times 160 \times 10^{-3} = 578.7\text{kN}$$

$$\phi V_c = 0.75 \times 578.7\text{kN} = 434.0\text{kN} < V_u = 567.34\text{kN} \quad \therefore \text{N.G}$$

③ 기둥 지지된 슬래브는 계수전단력 $V_u = 567.34\text{kN}$ 을 저항하지 못하는 상태이다. 따라서 다음과 같은 방법으로 전단강도를 증가시켜야 한다.

㉠ 주철근비 증가

㉡ 콘크리트 설계기준압축강도 f_{ck} 증가

㉢ 기둥 지지점에서 슬래브 두께 증가(예 : Drop Pannel)

㉣ 전단철근 배치(전단철근, 와이어, 또는 I형, ㄷ형 강재 배치)

㉤ 기둥 단면 크기의 증가

2. 주철근비(ρ) 증가방법(방법 1)

$\rho = 0.025$를 사용할 경우 $\phi V_c = 683.9\text{kN} > 567.4\text{kN}$으로 펀칭전단에 대해서 안전하다. 하지만 주철근비 0.025는 실제 설계에서 사용하기에는 지나치게 높은 값이다.

3. 슬래브 콘크리트 설계기준압축강도(f_{ck}) 증가방법(방법 2)

$f_{ck} = 151\text{MPa}$ 사용할 경우

$V_c = 899.9\text{kN}$ 이고

$\phi V_c = 674.9\text{kN} > V_u$ 이므로 펀칭전단에 대하여 안전하다. 하지만 콘크리트 설계기준압축강도 151MPa은 실제 설계에서 사용하기에는 지나치게 높은 값이다.

4. 지판(Drop Pannel)

① 슬래브 두께 $t_s = 0.2\text{m}$
② 드롭패널 두께 $t_d = (1.25 \sim 1.5)t_s = 0.25 \sim 0.3\text{m}$, 0.3m 사용
③ 지판패널 $d_d = 0.27\text{m}$
④ 지판패널 크기 : $2.2\text{m} \times 2.2\text{m}$

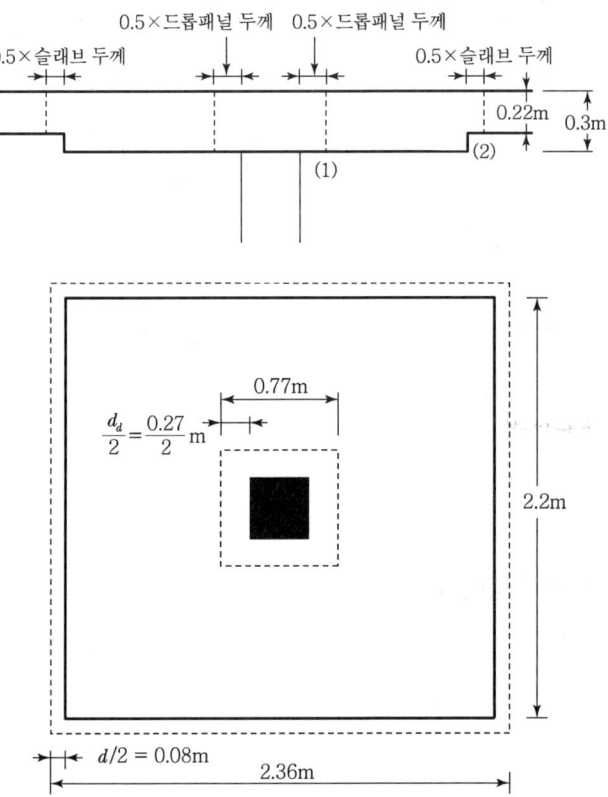

[지판 설치제원과 전단위험단면]

(1) 기둥지지면에서 드롭패널 두께 $\dfrac{d}{2}$ 떨어진 위험단면에서 전단강도 검토

위의 그림 위험단면 (1)에서

$l_d = 1.5 \times 0.2 = 0.3\text{m}$

$d_d = t_d - 0.03 = 0.3 - 0.03 = 0.27\text{m}$

$\rho = \dfrac{0.22}{0.27} \times 0.005 = 0.0041$

$V_c = v_c \times b_o \times d$

$v_c = \lambda k_s k_{b_o} f_{te} \cot\psi (c_u/d)$

여기서,

위험단면의 둘레길이 $b_o = 2(0.5 + 0.5 + 0.27 \times 2) = 3.08\text{m}$

경량콘크리트계수 $\lambda = 1$(일반콘크리트)

슬래브의 두께계수 $k_s = (300/d)^{0.25} = (300/270)^{0.25} = 1.03 \geq 1.1$이므로 1.1

위험단면 둘레길이의 영향계수

$k_{b_o} = \dfrac{4}{\sqrt{\alpha_s (b_o/d)}} \leq 1.25$

$= \dfrac{4}{\sqrt{1(3{,}080/270)}} = 1.18 \leq 1.25$이므로 1.18

$\alpha_s = 1$(내부기둥)

압축대 콘크리트의 인장강도 $f_{te} = 0.2\sqrt{f_{ck}} = 0.2\sqrt{27} = 1.04\text{MPa}$

슬래브 휨 압축대의 균열 각도 $\cot\psi = \dfrac{\sqrt{f_{te}(f_{te} + f_{cc})}}{f_{te}}$

$= \dfrac{\sqrt{1.04(1.04 + 18)}}{1.04} = 4.28$

위험단면의 압축대에 작용하는 평균압축응력 $f_{cc} = \dfrac{2}{3} f_{ck} = \dfrac{2}{3} \times 27 = 18\text{MPa}$

슬래브 위험단면 압축대 깊이의 평균값

$c_u = d\left[25\sqrt{\dfrac{\rho}{f_{ck}}} - 300\left(\dfrac{\rho}{f_{ck}}\right)\right]$

$= 270\left[25\sqrt{\dfrac{0.005}{27}} - 300\left(\dfrac{0.005}{27}\right)\right] = 76.86\text{mm}$

(기준에 의하면 $\rho \leq 0.005$인 경우 $\rho = 0.005$ 사용)

따라서

$$v_c = \lambda k_s k_{b_o} f_{te} \cot\psi (c_u/d)$$
$$= 1 \times 1.1 \times 1.18 \times 1.04 \times 4.28 \times (76.86/270) = 1.64 \text{MPa}$$
$$V_c = v_c \times b_o \times d = 1.64 \times 3{,}080 \times 270 \times 10^{-3} = 1{,}363.8 \text{kN}$$
$$\phi V_c = 0.75 \times 1{,}363.8 \text{kN} = 1{,}022.9 \text{kN} > V_u = 569.36 \text{kN} \quad \therefore \text{O.K}$$

(2) 지판 끝면으로부터 슬래브 두께 $\dfrac{d}{2}$ 떨어진 위험단면에서 전단강도 검토

위의 그림 위험단면 (2)에서

$d = 0.16\text{m}$

$V_u = 14.0 \text{kN/m}^2 \times (6.4^2 - 2.36^2) = 495.5 \text{kN}$

$V_c = v_c \times b_o \times d$

$v_c = \lambda k_s k_{b_o} f_{te} \cot\psi (c_u/d)$

여기서,

위험단면의 둘레길이 $b_o = 2(2.2 + 2.2 + 0.16 \times 2) = 9.44\text{m}$

경량콘크리트계수 $\lambda = 1$(일반콘크리트)

슬래브의 두께계수 $k_s = \left(\dfrac{300}{d}\right)^{0.25} = \left(\dfrac{300}{160}\right)^{0.25} = 1.17 \geq 1.1$ 이므로 1.1

위험단면 둘레길이의 영향계수

$$k_{b_o} = \dfrac{4}{\sqrt{\alpha_s (b_o/d)}} \leq 1.25$$

$$k_{b_o} = \dfrac{4}{\sqrt{1(9{,}440/160)}} = 0.52 \leq 1.25 \text{이므로 } 0.52$$

$\alpha_s = 1$(내부기둥)

압축대 콘크리트의 인장강도 $f_{te} = 0.2\sqrt{f_{ck}} = 0.2\sqrt{27} = 1.04\text{MPa}$

슬래브 휨 압축대의 균열 각도

$$\cot\psi = \dfrac{\sqrt{f_{te}(f_{te} + f_{cc})}}{f_{te}}$$
$$= \dfrac{\sqrt{1.04(1.04 + 18)}}{1.04} = 4.28$$

위험단면의 압축대에 작용하는 평균압축응력 $f_{cc} = \dfrac{2}{3} f_{ck} = \dfrac{2}{3} \times 27 = 18\text{MPa}$

슬래브 위험단면 압축대 깊이의 평균값

$$c_u = d\left[25\sqrt{\dfrac{\rho}{f_{ck}}} - 300\left(\dfrac{\rho}{f_{ck}}\right)\right]$$

$$= 160\left[25\sqrt{\dfrac{0.005}{27}} - 300\left(\dfrac{0.005}{27}\right)\right] = 45.54\text{mm}$$

$v_c = \lambda k_s k_{b_o} f_{te} \cot\psi (c_u/d)$

$\quad = 1 \times 1.1 \times 0.52 \times 1.04 \times 4.28 \times (45.54/160) = 0.725\text{MPa}$

$V_c = v_c \times b_o \times d = 0.725 \times 9{,}440 \times 160 = 1{,}095.0\text{kN}$

$\phi V_c = 0.75 \times 1{,}095.0\text{kN} = 821.3\text{kN} > V_u = 505.7\text{kN} \quad \therefore \text{O.K}$

5. 전단철근 배치를 통한 전단강도 증가방법(방법 3)

(1) 유효깊이(d) 검토

① D10철근 사용(공칭지름 $d_b = 9.53\text{mm}$, $A_s = 71.33\text{mm}^2$)

$d = 16\text{cm} \geq 16 \times d_b = 15.25\text{m}$

또는 15cm 이상 $\quad \therefore \text{O.K}$

(2) 전단철근에 의한 최대 전단강도

$V_u \leq \phi V_n$

$V_u = 14.0\{6.4^2 - (0.5 \times 0.16)^2\} = 567.34\text{kN}$

$\phi V_n = \phi\, 0.58 f_{ck} b_o c_u = 0.75 \times (0.58 \times 27 \times 2.64 \times 45.54) = 1{,}412.1\text{kN}$

$\quad = 1{,}412.1\text{kN} > V_u \quad \therefore \text{O.K}$

(3) 전단철근이 배치된 콘크리트의 전단강도 계산

$V_c = 536.45\text{kN}$

$\phi V_c = 0.75 \times 536.45\text{kN} = 402.34\text{kN}$

(4) 전단철근량 계산

$$A_v = \frac{2(V_u - \phi V_c) \cdot s}{\phi f_y \cdot d}$$

여기서, $s = 7\text{cm}(d/2 \text{ 이하})$ 적용

$$A_v = \frac{2 \times (567.34 - 402.34) \times 1{,}000 \times 70\text{mm}}{0.75 \times 400\text{N}/\text{mm}^2 \times 160\text{mm}} = 481.26\text{mm}^2$$

여기서, A_v는 기둥 4면에 대한 필요한 양이므로 1면에 대한 철근량은 다음과 같다.

$$A_v(1\text{면}) = \frac{481.26}{4} = 120.32\text{mm}^2$$

(5) 기둥면으로부터 스터럽 배치위치 결정

$$V_u \leq \phi V_c \leq \phi \times v_c \times b_o \times d$$

- 사각기둥에서 대각선 방향의 위험 단면길이

$$b_o = 4 \times (0.5 + a\sqrt{2})$$

$V_u \leq \phi v_c b_o d$에 적용하면

$$567.34 \times 10^{-3} \leq 0.75 \times 1.27 \times 4 \times (0.5 + a\sqrt{2}) \times 0.16$$

따라서, a에 관하여 풀이하면

$$a = \left(\frac{567.34 \times 10^{-3}}{0.75 \times 1.27 \times 4 \times 0.16} - 0.5\right) \times \frac{1}{\sqrt{2}}$$

$$= 0.446\text{m}$$

use $D10(A_v = 142.7\text{mm}^2) > A_v(1\text{면}) = 120.32\text{mm}^2$

- $A_v(\text{사용}) = 71.33 \times 2 (D10\text{철근, 폐합})$

$$= 142.7\text{mm}^2 > A_{v,req} = 120.32\text{mm}^2 \qquad \therefore \text{ O.K}$$

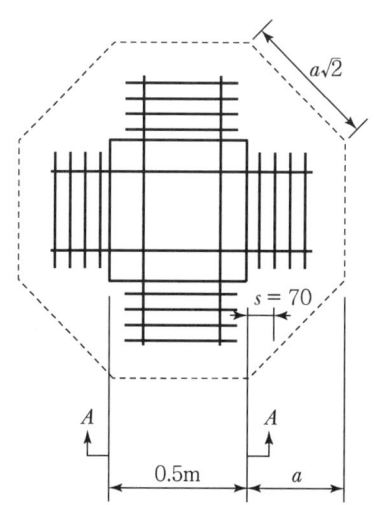 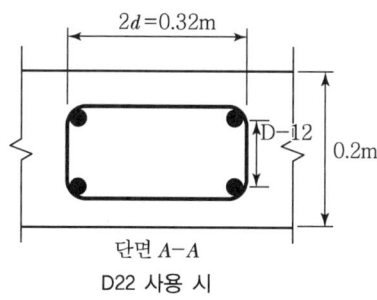

[전단철근 배치]

5 슬래브의 항복선 이론

1. 일반사항

(1) 항복선 이론(Yield Line Theory)

① 슬래브의 파괴에 직접 영향이 있는 균열을 항복선 또는 파괴선(Line of Fracture)이라 하고, 이 균열에 대해 Slab의 하중 및 지지조건에 따라 파괴강도를 구하는 방법. 즉, Slab의 완전소성설계법을 항복선 이론 또는 파괴선 이론이라 한다.

② 항복선과 지점 사이의 슬래브 부분은 단단한 채(Rigid Body Motion)로 남아 있고, 변형은 그림에 나타난 바와 같이 항복선에만 나타난다.

③ 정정 슬래브에 대해서 1개의 항복선이 형성되면 파괴되는 것과 거의 같다. 즉, 붕괴기구가 형성되고, 구조물의 총 처짐이 일어난다.

④ 그러나 부정정 구조물은 1개 또는 그 이상의 항복선이 형성된 후까지도 평형을 유지할 수 있다.

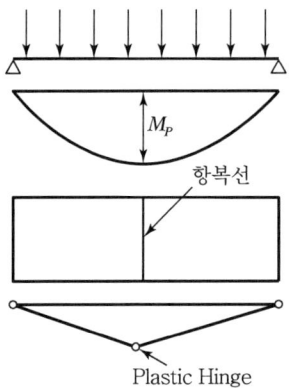

(2) 항복선의 위치

[회전축과 항복선을 설정하는 지침]

① 항복선은 일반적으로 직선이다.

② 회전축은 일반적으로 지지선에 놓이게 된다.(Slab의 단부조건이 고정일 경우 Negative Yield Line이 형성되고, 단순지지일 경우는 회전축에만 형성된다.)

③ 조각들 사이의 항복선은 두 회전축의 교점을 지난다.

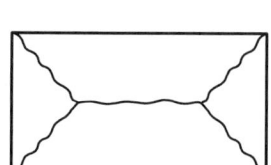

④ (+)(−) 항복선이 만날 경우 오직 세 개의 항복선만이 집결 가능하다.

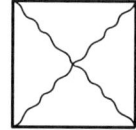   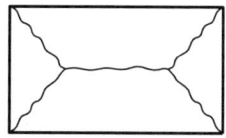

Simple Support(All Sides)   Simple Support(All Sides)

   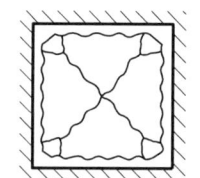

Fixed Support(All Sides)   Fixed Support(All Sides)

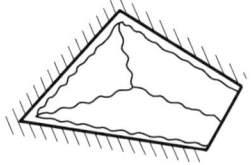   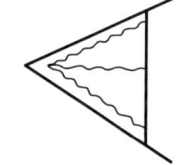

Fixed Support(All Sides)   Fixed Support(All Sides)

[Yield Line의 예]

2. 항복선의 해석방법

(1) 해석상의 가정

① Boundary Condition은 계속 유지된다.
② 힘의 평형 유지(Equilibrium 유지)
③ 구조물이 Mechanism을 형성하도록 충분한 소성영역을 가진다.
④ 소성영역으로 가정된 곳 외에는 어느 곳도 M_u 보다 작아야 한다.
⑤ 모든 가능한 Mechanism의 형상을 검토한 후, 최소 하중을 찾는다.

(2) 평형법(Equilibrium Method)
　① 회전축의 정확한 위치와 슬래브의 붕괴하중은 슬래브 조각들의 평형을 생각하여 구할 수 있다.
　② 자유물체로 생각하는 각 조각들은 적재하중, 항복선상의 모멘트 및 지지선상의 반력과 전단력하에서 평형을 이루어야 한다.
　③ 항복 모멘트가 최대 모멘트이기 때문에 항복선상에서 비틀림 모멘트가 '0'인 것을 알 수 있다. 일반적으로 단위 모멘트 m만이 평형조건식을 작성할 때 고려된다.

(3) 가상일법(Mechanism Method)
　가상일의 원리(Principle of Virtual Work)
　가상 외부일(W_e) = 하중 × 가상변위
　가상 내부일(W_i) = 저항모멘트 × 가상변위에 의해 생긴 가상회전
　$W_e = W_i$

Question 04

항복 모멘트가 두 방향으로 다 같이 정모멘트 $M=14\text{kN}\cdot\text{mm}$와 부모멘트 $M=-19\text{kN}\cdot\text{mm}$일 때 한 변이 4.8m 되는 정사각형의 연속 2방향 슬래브가 지지할 수 있는 극한 등분포하중을 구하시오.

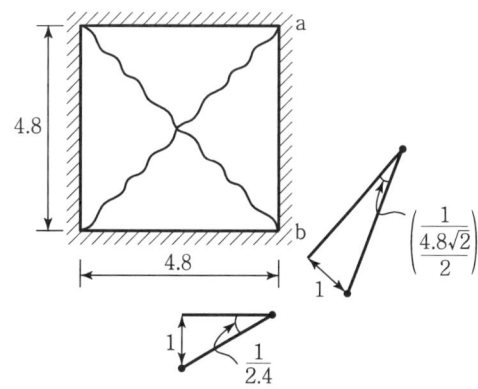

1. 평형법

$$4.8(14+19) = \left(\frac{1}{2}\times 4.8\times 2.4\right)\times w \times \frac{2.4}{3}$$

$$158.4 = 4.608w \quad \therefore \ w = 34.4\text{kN/m}^2$$

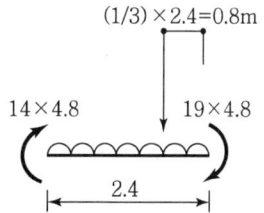

2. 가상일의 방법

$$W_e = \left(\frac{1}{2}\times 4.8\times 2.4\times w\right)\times\left(\frac{1}{3}\right) = 1.92w$$

$$W_i = 14(\sqrt{2}\times 4.8)\times\left[\frac{1}{\frac{4.8\sqrt{2}}{2}}\right] + 19\times 4.8\times \frac{1}{2.4}$$

$$= 4.8\times(14+19)\times\frac{1}{2.4} = 66$$

$W_e = W_i$

$1.92w = 66 \qquad \therefore \ w = 34.4\text{kN/m}^2$

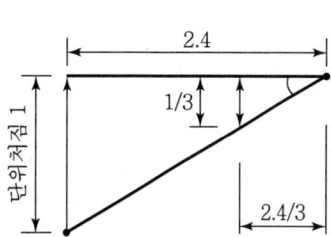

제1편 철근콘크리트 공학

Question 05

다음과 같은 2방향 Slab가 w되는 극한하중을 지지하고 있다. 등방성 보강이 된 슬래브의 극한 저항 모멘트를 결정하시오.

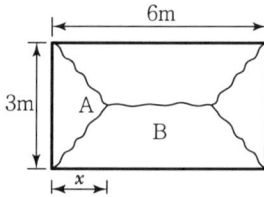

1. 가상일의 방법

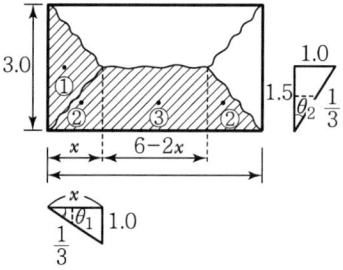

$$W_{ext} = w\left[\left(\frac{1}{2}\times 3 \times x \times \frac{1}{3}\right)+\left(\frac{1}{2}\times 1.5 \times x \times \frac{1}{3}\times 2\right)+(1.5\times(6-2x))\times\frac{1}{2}\right]$$

$$= w\left[\frac{x}{2}+0.5x+1.5(3-x)\right]= w(4.5-0.5x)$$

m : 단위길이당 moment

$$W_{int} = 3m\times\theta_1 + 6m\theta_2 = 3m\times\frac{1}{x}+6m\times\frac{1}{1.5}= m\left(\frac{3}{x}+4\right)= m\left(\frac{3+4x}{x}\right)$$

$W_{ext} = W_{int}$

$w(4.5-0.5x) = m\left(\dfrac{3+4x}{x}\right)$

$\therefore\ w = \dfrac{(3+4x)}{x(4.5-0.5x)}m$ ··· ①

$$\min w \Rightarrow \frac{\partial w}{\partial x} = 0$$

$$\frac{4x(4.5-0.5x)-(3+4x)(4.5-x)}{[x(4.5-0.5x)]^2}=0$$

$$18x - 2x^2 - (13.5 + 15x - 4x^2) = 0$$

$$18x - 2x^2 - 13.5 - 15x + 4x^2 = 0$$

$$2x^2 + 3x - 13.5 = 0$$

$$\therefore \ x = \frac{-3+\sqrt{3^2+4\times 2\times 13.5}}{2\times 2} = 1.9542$$

①식에 대입

$$m = \frac{x(4.5-0.5x)}{(3+4x)}w$$

$$\therefore \ m = 0.637w$$

제6장 부착 및 정착

1 인장철근의 매입길이에 의한 정착길이

1. 정착길이
정착길이란 철근이 항복강도에 도달하기 전까지 뽑히지 않기 위해서 위험단면을 지나서 콘크리트 속에 더 묻힌 길이

2. 인장을 받는 이형철근의 정착길이
(1) 기본 정착길이에 보정계수를 곱하는 방법

1) 기본 정착길이

$$l_{db} = \frac{0.6 d_b f_y}{\lambda \sqrt{f_{ck}}}$$

2) 정착길이
- 정착길이 = 기본정착길이 × 보정계수
- $l_d = l_{db} \times 보정계수 \geq 300\mathrm{mm}$

3) 보정계수

α = 철근의 위치계수
β = 에폭시 도막계수
λ = 경량콘크리트계수
γ = 철근의 크기계수

계수	조건	보정계수
철근의 위치계수 (α)	1) 상부철근 2) 기타 철근	1.3 1.0
에폭시도막계수 (β)	1) 피복이 $3d_b$ 미만 또는 순간격이 $6d_b$ 미만 2) 기타 에폭시 도막철근 3) 도막되지 않은 철근	1.5 1.2 1.0
경량콘크리트계수 (λ)	1) f_{sp}가 주어지지 않은 경량콘크리트 2) f_{sp}가 주어진 경량콘크리트 3) 일반 콘크리트	≤ 0.75 $\dfrac{1.76 f_{sp}}{\sqrt{f_{ck}}} \leq 1.0$ 1.0
철근의 크기계수 (γ)	1) D19 이하 2) D22 이상	0.8 1.0
과도한 철근계수		소요 A_s/배근 A_s

〈보정계수(인장철근)〉

철근의 간격, 피복두께 등의 조건	D19 이하의 철근	D22 이상의 철근
① 정착되거나 이어지는 철근의 순간격이 d_b 이상이고, 피복두께도 d_b 이상이면서 l_d의 전 구간에 설계기준에 규정된 최소량 이상의 스터럽 또는 띠철근이 배근된 경우 ② 정착되거나 이어지는 철근의 순간격이 $2d_b$ 이상이고, 피복두께가 d_b 이상인 경우	$\dfrac{0.8\alpha\beta}{\lambda}$	$\dfrac{\alpha\beta}{\lambda}$
③ 그 밖의 경우	$\dfrac{1.2\alpha\beta}{\lambda}$	$\dfrac{1.5\alpha\beta}{\lambda}$

(2) 정밀식

$$l_d = \frac{0.90\, d_b f_y}{\lambda \sqrt{f_{ck}}} \cdot \frac{\alpha\beta\gamma}{\dfrac{c + K_{tr}}{d_b}}$$

① 뽑힘파괴가 발생되지 않을 조건의 보정계수 $\dfrac{c + K_{tr}}{d_b} \leq 2.5$

② 횡방향 철근지수 : $K_{tr} = \dfrac{40A_{tr}}{sn}$

횡방향 철근이 있더라도 설계를 간단히 하기 위하여 0으로 사용 가능

③ A_{tr} = 정착된 철근을 따라 쪼개질 가능성이 있는 면을 가로질러 배근된 간격 s 내의 횡방향 철근 단면적(mm²)

④ s = 정착길이 내의 횡방향 철근의 최대 간격(mm)

⑤ n = 쪼개지는 면을 따라 정착되거나 이어지는 철근의 개수

⑥ c = 철근중심에서 콘크리트 표면까지의 최단거리와 정착되는 철근의 중심 간 거리의 1/2 중 작은 값

3. 압축을 받는 이형철근의 정착길이

(1) 정착길이 = 기본 정착길이 × 보정계수

(2) $l_d = l_{db} \times$ 보정계수 $> 200\text{mm}$

(3) 기본정착길이 $l_{db} = \dfrac{0.25d_b f_y}{\lambda \sqrt{f_{ck}}} \geq 0.043 d_b f_y$

(4) 보정계수는 철근량 및 보강철근배치방법에 대해 보정

〈압축철근의 기본 정착길이와 보정계수〉

기본 정착길이		$l_{db} = \dfrac{0.25d_b f_y}{\lambda \sqrt{f_{ck}}} \geq 0.043 d_b f_y$
보정계수	계산상 필요한 양 이상으로 철근을 배치한 경우	$\dfrac{\text{소요 } A_s}{\text{배근 } A_s}$
	지름이 6mm 이상이고 피치가 100mm 이하인 나선철근 또는 중심 간격이 100mm 이하이고 설계기준의 띠철근 조건에 맞는 D13 띠철근으로 둘러싸인 철근	0.75

4. 표준갈고리에 의한 정착

(1) 표준갈고리 종류 및 적용

• 종류 : 180°(반원형) 갈고리, 90° 갈고리 135° 갈고리

- 주철근 : 180°(반원형) 갈고리, 90° 갈고리
- 스터럽과 띠철근 : 90° 갈고리 135° 갈고리

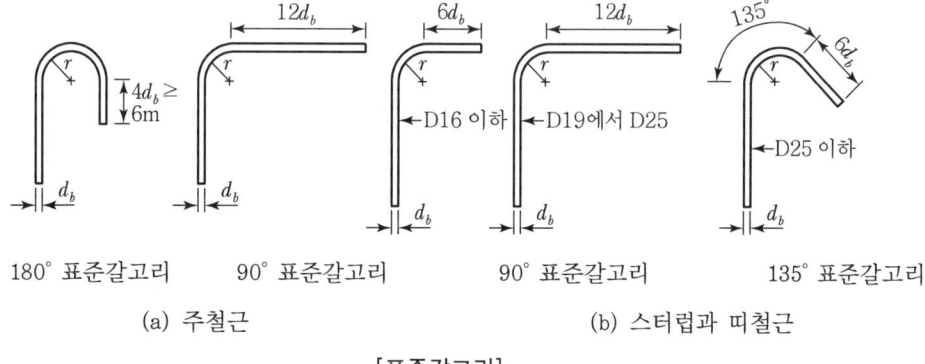

[표준갈고리]

(2) 표준갈고리의 정착길이

- 정착길이 = 기본정착길이 × 보정계수
- $l_d = l_{hb} \times$ 보정계수 $> 8d_b,\ 150\text{mm}$
- 기본정착길이 $l_{hb} = \dfrac{0.24\beta d_b f_y}{\lambda \sqrt{f_{ck}}}$, $\beta =$ 철근도막계수
- 보정계수

기본정착길이(f_y=400MPa인 철근) l_{hb}		$l_{hb} = \dfrac{0.24\beta d_b f_y}{\lambda \sqrt{f_{ck}}}$
보정계수	f_y=400MPa 이외의 철근	$\dfrac{f_y}{400}$
	D35 이하의 철근으로서 갈고리 평면에 직각인 측면의 덮개가 70mm 이상이고, 또 90° 갈고리의 경우 그 연장 끝에서 덮개가 50mm 이상인 경우	0.7
	D35 이하의 철근으로서 전 정착구간을 갈고리 철근의 지름의 3배 이하의 간격으로 띠철근 또는 스트럽으로 둘러 감은 경우 $f_y > 550$MPa이면 이 항은 적용할 수 없음	0.8
	휨부재의 철근이 소요량 이상 사용된 경우	$\dfrac{\text{소요 } A_s}{\text{사용 } A_s}$

2 휨철근의 정착

1. 일반사항

(1) 휨철근의 정착에 대한 검토위치
- 인장철근이 끝나는 위치
- 철근이 굽혀진 위험단면

(2) 휨철근의 연장

휨철근을 지간 내에 끝내고자 하는 경우 휨을 저항하는 데 더 이상 필요하지 않은 점을 지나서 d(유효높이) 이상, $12d_b$(철근지름) 이상 연장

(3) 연속철근은 굽힘되거나 절단된 위치에서 l_d 이상 묻힘길이 확보

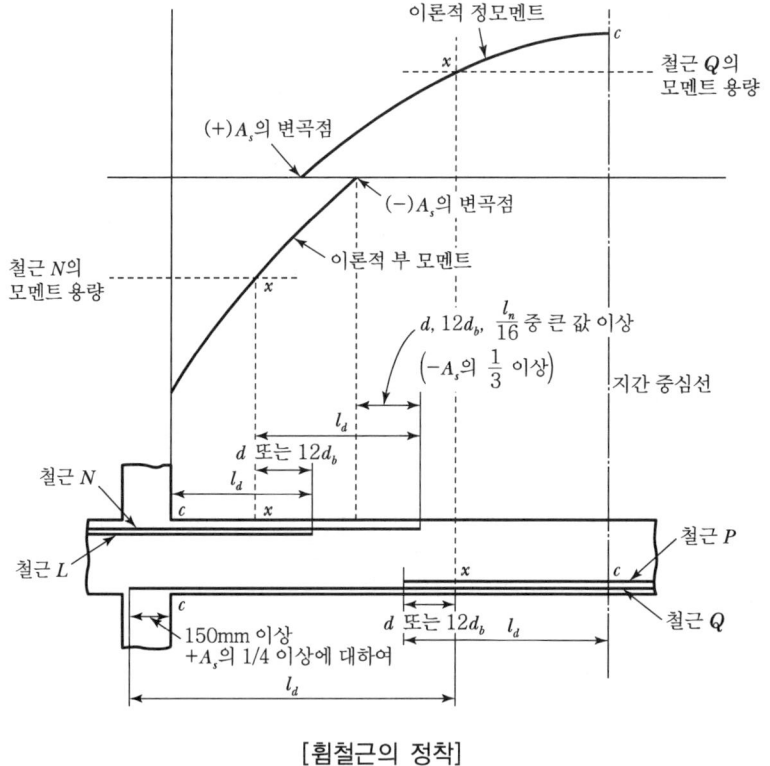

[휨철근의 정착]

2. 정철근의 정착

(1) 단순보는 정철근의 1/3 이상, 연속보는 정철근의 1/4 이상 받침부 내로 150mm 이상 연장

(2) 단순 받침부와 변곡점의 정철근은 다음 조건을 만족하도록 철근 직경을 제한

$$l_d \leq \frac{M_n}{V_u} \quad \cdots\cdots\cdots\cdots\cdots\cdots\cdots\cdots\cdots\cdots\cdots (\text{그림 b})$$

(3) 철근의 끝부분이 압축반력으로 구속을 받는 경우 상기 값의 30% 증가(단순 지점)

$$l_d \leq 1.3 \frac{M_n}{V_u} \quad \cdots\cdots\cdots\cdots\cdots\cdots\cdots\cdots\cdots\cdots (\text{그림 a})$$

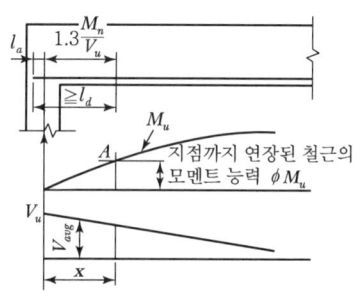 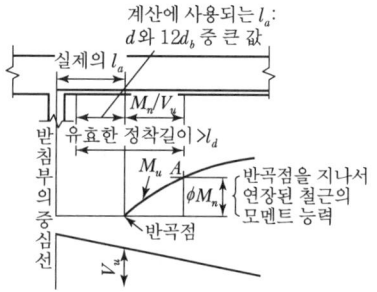

[그림 a] 단순보 받침부에서 정착길이   [그림 b] 연속보의 변곡점에서 정착길이

(4) 단순받치부의 중심선을 지나 절단되는 철근에서 표준갈고리 또는 동등한 성능을 갖는 기계적 정착에 의해 정착되는 경우

$$\frac{V_u - 0.5\phi V_s}{M_n} \leq \frac{l_a}{l_d \, jd}$$

3. 부철근의 정착

받침부에서 전체 부철근량의 1/3 이상은 변곡점을 지나 유효높이 d 이상, $12d_b$ 이상, 순경간 l_n의 1/16 이상 중 가장 큰 값만큼 연장

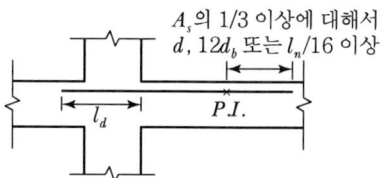

Question 01	정착길이 및 보정계수
	인장 이형철근의 정착길이를 구할 때, 기본정착길이에 곱하는 보정계수의 종류를 열거하시오.

1. 정의

철근의 정착길이(Development Length)는 철근의 인장강도(Tensile Strength)를 충분히 발휘하기 위해 콘크리트 속에 묻히는 길이를 말한다.

2. 보정계수 사용이유

철근이 콘크리트에 묻히는 필요한 정착길이는 철근의 배근방향과 배근위치, 피복두께 그리고 콘크리트 강도에 큰 영향을 받으므로 철근이 충분한 인장강도를 발휘하기 위해서는 이러한 여러 경우에 대한 보정계수를 사용하여 정착길이에 대한 안정성과 건전성을 확보하는 데 그 목적이 있다.

3. 인장철근의 정착길이 산정식

이형철근의 정착길이 산정식은 다음과 같다.

$$l_d = \frac{0.90 \, d_b \, f_y}{\lambda \sqrt{f_{ck}}} \cdot \frac{\alpha \, \beta \, \gamma}{\dfrac{c + K_{tr}}{d_b}}$$

여기서, α, β, γ, λ, c, K_{tr} 등은 기본정착길이에 곱하는 보정계수이다.

4. 보정계수 종류

종류	구분	보정계수	비고
α	철근위치 계수	1.3	철근하부에 300mm 이상 콘크리트가 타설된 경우
		1.0	그렇지 않은 경우
β	에폭시 도막계수	1.5	피복두께 $3d_b$ 또는 철근순간격이 $6d_b$ 미만인 에폭시 철근
		1.2	기타 에폭시도막 철근
		1.0	도막되지 않은 철근
γ	철근크기 계수	1.0	D22 이상인 철근
		0.8	D19 이하인 철근
λ	경량 콘크리트 계수	≤ 0.75	f_{sp}가 없는 경량콘크리트
		$\dfrac{1.76 f_{sp}}{\sqrt{f_{ck}}} \leq 1.0$	f_{sp}가 있는 경량콘크리트
		1.0	보통콘크리트

제1편 철근콘크리트 공학

> **Question** 정착길이 계산
>
> **02** 보 단면 및 배근도에 대한 아래 그림에서 설계기준의 약산식과 엄밀식의 두 가지 방법을 사용하여 D25의 소요정착길이를 계산하고 그 결과를 비교하시오.
>
> **설계조건**
>
> 일반 콘크리트 $f_{ck}=24\mathrm{MPa}$
>
> 철근 $f_y=400\mathrm{MPa}$
>
> 모든 주근 D25, 스터럽 D10@150
>
> 최소 피복두께 40mm

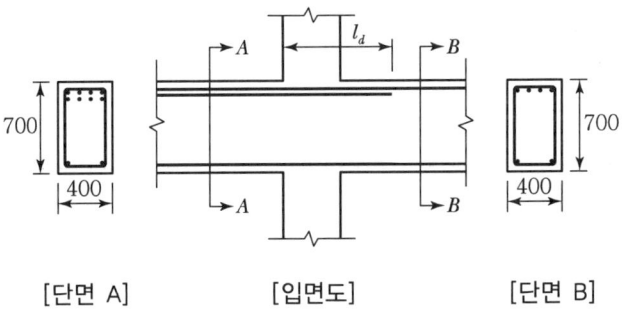

[단면 A]   [입면도]   [단면 B]

1. 방법 1 : 기본 정착길이 및 보정계수 사용

(1) 기본 정착길이

$$l_{db} = \frac{0.6 \times d_b \times f_y}{\lambda \sqrt{f_{ck}}} = \frac{0.6 \times 25 \times 400}{1.0\sqrt{24}} = 1,225\mathrm{mm}$$

(2) 철근의 순간격과 피복두께

정착되는 철근의 순간격

$= [400 - 2 \times (\text{최소 피복두께}) - 2 \times (\text{D10스터럽}) - (\text{D25})]/3$

$= [400 - 2 \times (40) - 2 \times (10) - 4 \times (25)]/3 = 66.7\mathrm{mm}$

$= 2.67 d_b > d_b$

피복두께 $= 40 + 10 = 50\mathrm{mm} = 2.0 d_b > d_b$

(3) 보정계수를 고려한 정착길이

순간격 $>d_b$, 피복두께 $>d_b$, D22 이상의 철근을 사용하므로 보정계수는 $\alpha \times \beta \times \lambda$를 적용

철근배치 위치계수 $\alpha = 1.3$(상부철근)

에폭시 도막계수 $\beta = 1.0$

경량콘크리트 계수 $\lambda = 1.0$

정착길이 $l_d = l_{db} \times (\alpha \times \beta \times \lambda)$
$$= 1,225 \times (1.3 \times 1.0 \times 1.0) = 1,593 \text{mm} \,(= 64 d_b) > 300 \text{mm}$$

2. 방법 2 : 엄밀식 사용

$$\text{정착길이 일반식 } l_d = \frac{0.90 \, d_b f_y}{\lambda \sqrt{f_{ck}}} \frac{\alpha \, \beta \, \gamma}{\left(\dfrac{c + K_{tr}}{d_b}\right)}$$

여기서, 철근배치 위치계수 $\alpha = 1.3$
에폭시도막계수 $\beta = 1.0$
철근의 크기계수 $\gamma = 1.0$
경량콘크리트계수 $\lambda = 1.0$

$\dfrac{c + K_{tr}}{d_b}$의 계산에서

(1) K_{tr}을 0으로 사용하는 경우

철근의 중심에서 표면까지의 거리 $= 40 + 10 + \dfrac{25}{2} = 62.5 \text{mm}$

정착되는 철근의 중심 간 거리의 $\dfrac{1}{2} = \dfrac{(66.7 + 25)}{2} = 45.9 \text{mm}$

c는 작은 값이므로 $c = 45.9 \text{mm}$

$\dfrac{c + K_{tr}}{d_b} = \dfrac{45.9 + 0}{25} = 1.84 < 2.5$

정착길이 $l_d = \dfrac{0.90 \times 25 \times 400}{\sqrt{24}} \times \dfrac{1.3}{1.84} = 1,298\text{mm} = 52d_b$

(2) D10@150의 스터럽을 고려할 경우

$$K_{tr} = \dfrac{A_{tr} \times 40}{sn} = \dfrac{2 \times 71.33 \times 40}{150 \times 4} = 9.5$$

$$A_{tr} = 2 \times 71.33$$

여기서, s : 150mm 간격
n : 정착되는 철근의 수

$$\dfrac{c + K_{tr}}{d_b} = \dfrac{45.9 + 9.5}{25} = 2.22 < 2.5$$

정착길이 $l_d = \dfrac{0.90 \times 25 \times 400}{\sqrt{24}} \times \dfrac{1.3}{2.19} = 1,091\text{mm} = 44d_b$

3. 정착길이 검토

사용식	K_{tr}	$\dfrac{c+K_{tr}}{d_b}$	l_d
근사식 사용		1.5	$64d_b$
엄밀식 사용	$K_{tr} = 0$	1.84	$52d_b$
	스터럽이 D10@150일 때 $K_{tr} = 8.9$	2.19	$44d_b$

4. 결론

엄밀식을 사용하면 계산이 조금 복잡하지만 일반적으로 정착길이를 줄일 수 있다.

제6장 부착 및 정착

Question 03 부착

철근콘크리트 구조물에서 철근과 콘크리트의 부착에 영향을 미치는 인자와 부착의 종류에 대해서 설명하시오.

1. 부착의 정의
철근과 콘크리트 경계면에서 활동(Slip)에 저항하는 것

2. 부착작용
(1) 시멘트풀과 철근표면의 교착작용
(2) 철근과 콘크리트 표면의 마찰작용
(3) 이형철근의 요철에 의한 기계적 작용

3. 부착에 영향을 미치는 인자
(1) 철근의 표면상태
   이형철근이 원형철근보다 부착강도가 크다.

(2) 콘크리트 강도
   ① 강도가 클수록, 재령이 길수록 부착강도가 크다.
   ② 진동다짐을 할수록 부착강도가 커진다.

(3) 철근의 묻힌 위치
   ① 수평철근의 하면에는 콘크리트의 Bleeding으로 수막이나 공극이 생기기 쉬우므로 연직철근보다 작다.
   ② 상부철근이 하부철근보다 작다.

(4) 피복두께
① 덮개가 클수록 부착강도가 크다.
② 덮개가 부족할 시 덮개 콘크리트의 할렬파괴로 부착파괴 유발

4. 휨부착 및 정착부착 기본 이론
(1) 휨부착

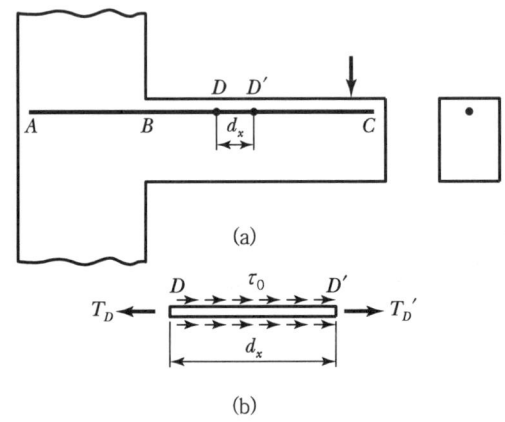

[휨부착응력]

$$M_D = T_D \cdot z, \quad M_D' = T_D' \cdot z$$

$$\therefore T_D = \frac{M_D}{z}, \quad T_D' = \frac{M_D'}{z}$$

그림의 자유 물체도에서

$$\tau_0 \cdot \pi d_b \cdot dx = T_D - T_D'$$

$$= \frac{1}{z}(M_D - M_D') = \frac{dM}{z}$$

$$\therefore \tau_0 = \frac{1}{\pi d_b \cdot z} \cdot \frac{dM}{dx} = \frac{V}{\pi d_b \cdot z}$$

같은 지름의 철근을 여러 개 사용한 경우에는

$$\tau_0 = \frac{V}{\sum (\pi d_b) \cdot z} = \frac{V}{Uz} = \frac{V}{Ujd}$$

(2) 정착부착(Anchorage Bond)

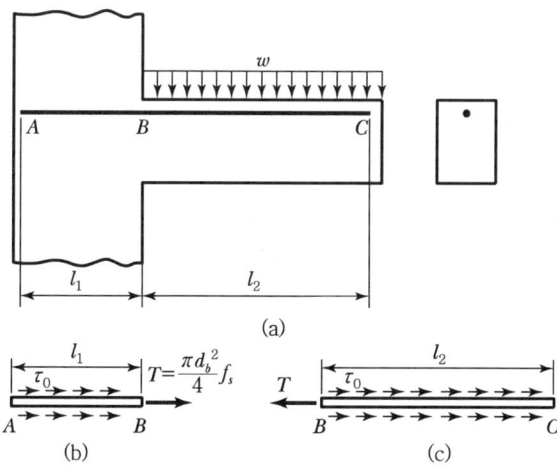

[정착부착응력과 정착길이]

$$\tau_u \cdot \pi d_b l_d = f_y \cdot \frac{\pi d_b^2}{4}$$

$$\tau_u = \frac{f_y d_b}{4 l_d} \Rightarrow l_d = \frac{f_y d_b}{4 \tau_u}$$

여기서, τ_u : 극한부착응력(MPa)
d_b : 철근의 지름(mm)
l_d : 정착길이(mm)

Question	가장자리의 영향을 받지 않는 단일 갈고리볼트의 인장강도

04 직경 20mm(M20×P2.5)의 단일 갈고리볼트가 그림과 같이 기초판 상부에 설치되어 있다. 인장강도 $f_{uta}=400\text{MPa}$, $f_{ck}=40\text{MPa}$이다. 갈고리볼트는 기초판 가장자리로부터 멀리 떨어져 있고, 하중계수가 고려된 30kN의 계수인장하중이 작용하고 있다. 사용 시 앵커가 설치된 기초판에 균열이 발생하고, 콘크리트 파괴를 구속하기 위한 별도의 보조철근은 배근하지 않는다고 가정할 때 갈고리볼트의 안전성을 검토하시오.(연성강재요소 적용)

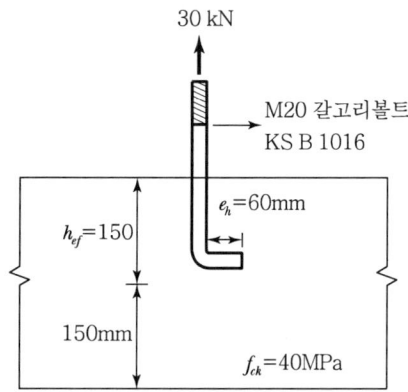

1. 소요강도

$N_{ua} = 30\text{kN}$

2. 설계강도 ≥ 소요강도

$\phi N_n \geq N_{ua}$

여기서, ϕN_n : 인장을 받는 앵커의 파괴모드에서 산정된 가장 작은 설계강도

3. 앵커의 강재강도

$\phi N_{sa} \geq N_{ua}$

$\phi = 0.75$

앵커의 강재강도는 다음 식에 의한 값을 초과할 수 없다.

$N_{sa} = n A_{se} f_{uta}$

여기서, 단일앵커이므로

$n = 1$

A_{se} : M20×P2.5볼트는 245mm²

인장강도 f_{uta} : 400MPa

$\phi N_{sa} = 0.75 \times 245 \times 400 \div 1{,}000 = 73.5\text{kN} > N_{ua}$ O.K

4. 콘크리트 파괴강도

$\phi N_{cb} \geq N_{ua}$

$\phi = 0.70$

인장을 받는 단일앵커의 콘크리트 파괴강도는 다음 값을 초과할 수 없다.

$N_{cb} = \dfrac{A_{Nc}}{A_{Nco}} \cdot \psi_{ed,N} \cdot \psi_{c,N} \cdot \psi_{cp,N} \cdot N_b$

여기서, $\dfrac{A_{Nc}}{A_{Nco}} = 1.0$ 가장자리의 영향을 받지 않음

$\psi_{ed,N} = 1.0$ 가장자리의 영향을 받지 않음

$\psi_{c,N} = 1.0$ 사용하중 상태에서 콘크리트에 균열 발생

$\psi_{cp,N} = 1.0$ 선설치 앵커

$N_b = k_c \sqrt{f_{ck}}\, h_{ef}^{1.5} = 10\sqrt{40} \times 150^{1.5} \div 1{,}000 = 116.2\text{kN}$

여기서, $k_c = 10$ 신설치 앵커

∴ 콘크리트 파괴에 대한 설계강도

$\phi N_{cb} = 0.70 \times 1.0 \times 1.0 \times 1.0 \times 1.0 \times 116.2 = 81.3\text{kN}$

5. 앵커의 뽑힘강도

$\phi N_{pn} \geq N_{ua}$

$\phi = 0.70$

앵커의 뽑힘강도는 다음 식에 의한 값을 초과할 수 없다.

$N_{pn} = \psi_{c,p} N_p$

여기서, $\psi_{c,p} = 1.0$ 사용하중상태에서 콘크리트에 균열 발생

$N_p = 0.9 f_{ck} e_b d_a = 0.9 \times 40 \times 60 \times 20 \div 1,000 = 43.2 \text{kN}$

$e_h = 60\text{mm}$ 이므로 $3d_a \leq e_h \leq 4.5 d_a$ 조건을 만족

∴ 앵커의 뽑힘강도

$\phi N_{pn} = 0.70 \times 1.0 \times 43.2 = 30.24 \text{kN} > N_{ua}$　　∴ O.K

Question 05 이음
철근의 겹침이음에 대해 설명하시오.

1. 특징
  (1) 시공성 측면
   ① 시공이 간편하나 시공속도가 느리며 D35 이상은 겹침이음 사용금지
   ② 고밀도 철근배근이 어려우며 철근 순간격 확보가 어렵다.
   ③ 피복두께 확보가 어려우며 동일위치에서 여러 개 이음은 허용되지 않는다.

  (2) 경제성 측면
   ① 겹침이음 길이에 의한 철근량 증가로 비용이 증가
   ② 많은 인부 사용으로 경비가 증가

2. 인장 이형철근의 겹침이음길이
  겹침이음길이는 용도에 따라 A급 이음과 B급 이음으로 나눈다.

  (1) A급 이음 $1.0l_d$ > 300mm

  $\dfrac{\text{사용한 } A_s}{\text{필요한 } A_s} \geq 2$ 이고 $\dfrac{\text{겹이음된 } A_s}{\text{총 철근량 } A_s} \leq \dfrac{1}{2}$ 를 만족하는 이음

  (2) B급 이음 $1.3l_d$ > 300mm : A급 이외의 이음

3. 압축철근의 겹침이음 길이
  $l_d = \left(\dfrac{1.4f_y}{\lambda\sqrt{f_{ck}}} - 52\right)d_b \leq 0.072 d_b f_y \ (f_y < 400\text{MPa})$

$$l_d = \left(\frac{1.4f_y}{\lambda\sqrt{f_{ck}}} - 52\right)d_b \leq (0.13f_y - 24)d_b \,(f_y > 400\text{MPa})$$

이때 겹침이음길이는 300mm 이상, $f_{ck} < 21$MPa : 겹침이음길이를 1/3 증가

서로 다른 직경의 철근을 사용하는 경우 이음길이는 크기가 큰 정착길이와 크기가 작은 겹침이음 길이 중 큰 값 이상을 사용

4. 기둥철근의 이음

(1) 띠철근의 경우 띠철근이 $0.0015hs$ (h : 부재 총 두께, s : 띠철근 간격) 이상이 배근된 경우 겹침이음길이에 0.83을 곱하며 300mm 이상이어야 한다.

(2) 나선철근인 경우 축방향 철근의 겹침이음길이에 0.75를 곱하며 300mm 이상이어야 한다.

Question 06 확대머리 이형철근에 대해 설명하시오.

(1) 인장을 받는 확대머리 이형철근의 정착길이 l_{dt}는 정착 부위에 따라 다음 (2) 또는 (3)으로 구할 수 있다. 다만, 이렇게 구한 정착길이 l_{dt}는 항상 $8d_b$ 또한 150mm 이상이어야 하며, 다음 조건을 만족해야 한다.
① 확대머리의 순지압면적(A_{brg})은 $4A_b$ 이상이어야 한다.
② 확대머리 이형철근은 경량콘크리트에 적용할 수 없으며, 보통중량콘크리트에만 사용한다.

(2) 최상층을 제외한 부재 접합부에 정착된 경우

$$l_{dt} = 0.22 \frac{\beta f_y d_b}{\psi \sqrt{f_{ck}}} \quad \cdots\cdots ①$$

$$\psi = 0.6 + 0.3 \frac{c_{so}}{d_b} + 0.38 \frac{K_{tr}}{d_b} \leq 1.375 \quad \cdots\cdots ②$$

여기서, β : 에폭시 도막 확대머리 이형철근과 아연-에폭시 이중 도막 확대머리 이형철근 : 1.2
아연도금 또는 도막되지 않은 확대머리 이형철근 : 1.0
ψ : 측면피복과 횡보강철근에 의한 영향계수
c_{so} : 철근 표면에서의 측면피복두께

$$K_{tr} : \frac{A_{tr} \times 40}{sn} \quad \cdots\cdots ③$$

식 ①을 적용하기 위해서는 다음 ①~⑤의 조건을 만족하여야 한다.
① 철근 순피복두께는 $1.35d_b$ 이상이어야 한다.
② 철근 순간격은 $2d_b$ 이상이어야 한다.
③ 확대머리의 뒷면이 횡보강철근 바깥 면부터 50mm 이내에 위치해야 한다.

④ 확대머리 이형철근이 정착된 접합부는 지진력저항시스템별로 요구되는 전단강도를 가져야 한다.

⑤ $d/l_{dt} > 1.5$인 경우는 2017년 개정 콘크리트구조학회기준 22.4.2의 인장력을 받는 앵커의 콘크리트 파괴강도에 따라 설계한다. 여기서, d는 확대머리 이형철근이 주철근으로 사용된 부재의 유효높이이다.

(3) (2) 외의 부위에 정착된 경우

$$l_{dt} = 0.24 \frac{\beta f_y d_b}{\sqrt{f_{ck}}} \quad \cdots\cdots\cdots\cdots\cdots\cdots\cdots\cdots\cdots\cdots\cdots\cdots\cdots\cdots\cdots\cdots\cdots\cdots ④$$

단, 식 ③에 따라 산정된 K_{tr} 값이 $1.2d_b$ 이상이어야 한다. 또한 식 ④를 적용하기 위해서는 다음 ①~②의 조건을 모두 만족하여야 한다.

① 순피복두께는 $2d_b$ 이상이어야 한다.

② 철근 순간격은 $4d_b$ 이상이어야 한다.

제7장 기둥설계

1 설계의 원칙

$P_u \leq P_d$

$M_u \leq M_d$

2 재료계수

콘크리트 $\phi_c = 0.65$

철근 $\phi_s = 0.90$

3 최대, 최소 철근비

$A_{s,\min} = \dfrac{0.1P_u}{f_{yd}} = \dfrac{0.1P_u}{\phi_s f_y}$

$A_{s,\max} = 0.08 A_g$

4 기둥의 설계

1. 중심축하중을 받는 기둥

(1) $\varepsilon_s > \varepsilon_{co}$

$$P_{do} = \phi_c 0.85 f_{ck}(A_g - A_{st}) + \phi_s f_y A_{st}$$

(2) $\varepsilon_s \leq \varepsilon_{co}$

$$P_{do} = \phi_c 0.85 f_{ck}(A_g - A_{st}) + \phi_s \varepsilon_{co} E_s A_{st}$$

2. 압축과 휨을 받는 기둥

(1) 소성중심(plastic centroid)

① 콘크리트 단면 전체가 균등하게 압축응력 $0.85 f_{ck}$에 도달하고 모든 철근이 항복응력도 f_y로 압축력을 받을 때의 단면의 저항중심을 말한다.

② 기둥에 작용하는 하중의 편심거리는 소성중심으로부터 떨어진 하중의 위치를 가리키는 것이다.

③ 소성중심

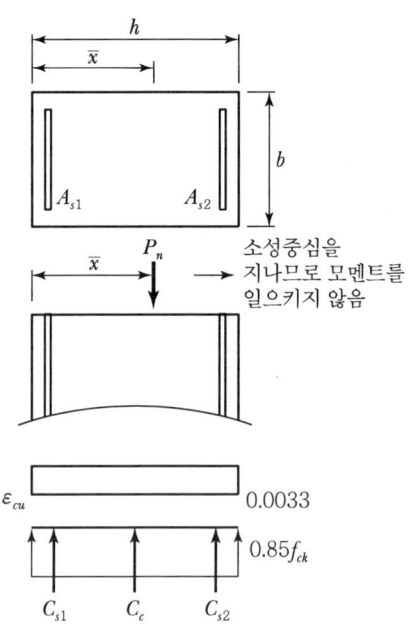

$$C_c = 0.85 f_{ck} bh$$

$$C_{s1} = A_{s1}(f_y - 0.85 f_{ck})$$

$$C_{s2} = A_{s2}(f_y - 0.85 f_{ck})$$

$\sum F_y = 0$에서

$$P_n = C_c + C_{s1} + C_{s2}$$

$\sum M = 0$에서

$$P_n \overline{x} = C_{s1} x_1 + C_c x_2 + C_{s2} x_3$$

$$\overline{x} = \frac{C_{s1} x_1 + C_c x_2 + C_{s2} x_3}{C_c + C_{s1} + C_{s2}}$$

(2) 설계강도

$f_{cd} = \phi_c(0.85f_{ck})$

$f_{yd} = \phi_s f_y$

① 단면의 설계강도

$$C = \alpha f_{cd} bc$$

$$C_s = A_s' f_{yd}$$

$$T = A_s f_{yd}$$

- $P_d = C + C_s - T = \alpha f_{cd} bc + A_s' f_{yd} - A_s f_{yd}$
- 소성중심에 대해 $\sum M = 0$을 적용

$$M_d = P_d e$$
$$= \alpha f_{cd} bc(d - d'' - \beta c)$$
$$+ A_s' f_{yd}(d - d' - d'') + A_s f_{yd} d''$$

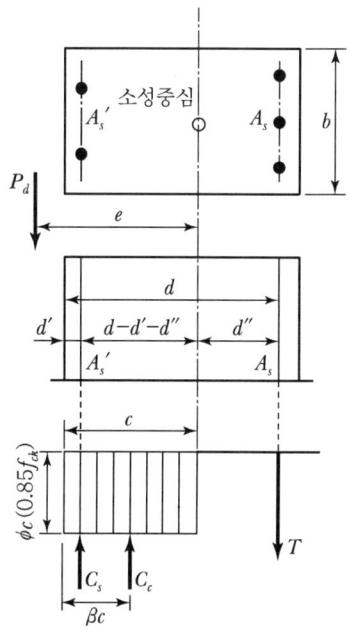

[편심하중을 받는 기둥]

(3) 균형(평형)파괴상태(Balanced Failure Condition)
: 균형축력, 균형모멘트, 균형편심

① 정의
- 압축단 콘크리트의 변형률이 0.0033에 달하고
- 동시에 철근의 인장응력이 f_{yd}에 도달한 상태

② 균형축력(P_b), 균형모멘트(M_b), 균형편심(e_b)

㉠ 중립축의 위치 c_b

$$c_b = \frac{\varepsilon_{cu}}{\varepsilon_{cu} + f_{yd}/E_s} d$$
$$= \frac{0.0033}{0.0033 + \dfrac{f_{yd}}{200,000}} d$$

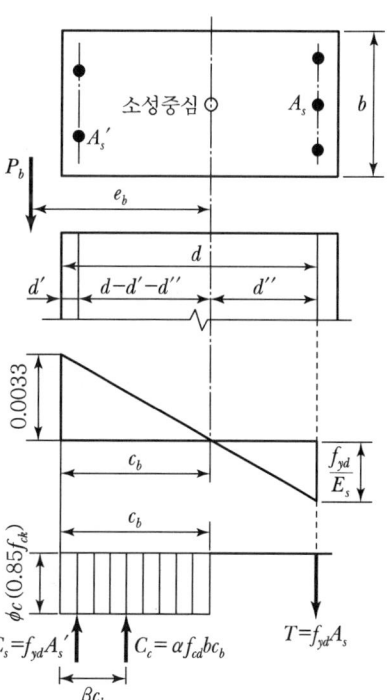

$$= \frac{660}{660+f_{yd}}d$$

ⓒ 평형하중

$$C = \alpha f_{cd} b c_b$$

$$C_s = A_s' f_{yd}$$

$$T = A_s f_{yd}$$

$$P_b = C + C_s - T = \alpha f_{cd} b c_b + A_s' f_{yd} - A_s f_{yd}$$

ⓒ 평형모멘트 산정

소성중심에 $\Sigma M = 0$ 적용

$$M_b = P_b e_b = \alpha f_{cd} bc(d - d'' - \beta c) + A_s' f_y (d - d' - d'') + A_s f_{yd} d''$$

(4) 압축파괴 구간

① 중립축이 단면 내에 놓이는 경우

$$\varepsilon_s = \varepsilon_{cu} \frac{d-c}{c}$$

$$\varepsilon_s' = \varepsilon_{cu} \frac{c-d'}{c}$$

$$\varepsilon_{cu} = 0.0033 (f_{ck} \leq 40\text{MPa})$$

$$P_d = C + C_s - T$$

② 편심이 작아서 중립축이 단면 밖에 놓이는 경우

$$\varepsilon_{c,uls} = \varepsilon_{co}\left(\frac{c}{c - h(\varepsilon_{cu} - \varepsilon_{co})/\varepsilon_{cu}}\right)$$

$$\varepsilon_s' = \varepsilon_{co}\left(\frac{c - d'}{c - h(\varepsilon_{cu} - \varepsilon_{co})/\varepsilon_{cu}}\right)$$

$$\varepsilon_s = \varepsilon_{co}\left(\frac{c - d}{c - h(\varepsilon_{cu} - \varepsilon_{co})/\varepsilon_{cu}}\right)$$

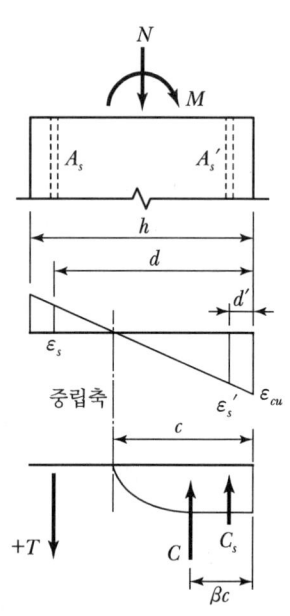

[중립축이 단면 안에 있는 경우]

$$\varepsilon_{c1} = \varepsilon_{co}\left(\frac{c-h}{c-h(\varepsilon_{cu}-\varepsilon_{co})/\varepsilon_{cu}}\right)$$

이 경우 인장철근은 항복하지 않고, 압축철근은 항복한 상태

$$-f_s = \varepsilon_s E_s$$
$$f_s' = \phi_s f_y = f_{yd}$$

㉠ 단면의 설계축력

$$C = \alpha f_{cd} bh$$
$$C_s = f_{yd} A_s'$$
$$-T = f_s A_s$$
$$P_d = C + C_s + T$$
$$= \alpha f_{cd} bh + f_{yd} A_s' + f_s A_s$$

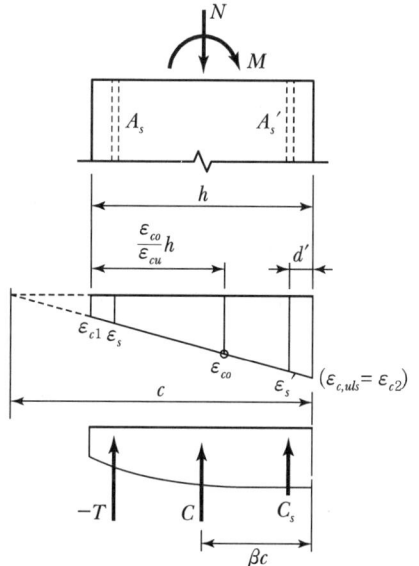

[중립축이 단면 밖에 있는 경우]

㉡ 설계모멘트

- 압축 측으로부터 소성중심까지의 거리를 $\overline{x}$ 라 하면

$$M_d = C(\overline{x} - \beta c) + C_s(\overline{x} - d') - T(d - \overline{x})$$

- 철근량이나 단면이 대칭이면

$$M_d = C\left(\frac{h}{2} - \beta c\right) + C_s\left(\frac{h}{2} - d'\right) - T\left(d - \frac{h}{2}\right)$$

제1편 철근콘크리트 공학

Question 01 강도상관곡선 작성

단면이 300mm×500mm인 기둥에 4개의 D22 철근(1,548mm²)이 아래 그림에 보이는 것과 같이 배치되어 있다. 콘크리트 기준압축강도 f_{ck}는 30MPa이며 철근의 항복강도 f_y는 400MPa이다. 정상설계상황으로 콘크리트 재료계수 $\phi_c = 0.65$이고 철근의 재료계수 $\phi_s = 0.90$을 사용한다.

(1) 균형파괴 때의 P_b, M_b를 구하시오.
(2) 강도상관곡선의 인장파괴 구간($c=130$mm)에서 설계강도를 구하시오.
(3) 강도상관곡선의 압축파괴 구간($c=520$mm)에서 설계강도를 구하시오.
(4) 기둥의 축압축강도와 축인장강도를 구하시오.
(5) 기둥의 강도상관곡선을 그리시오.

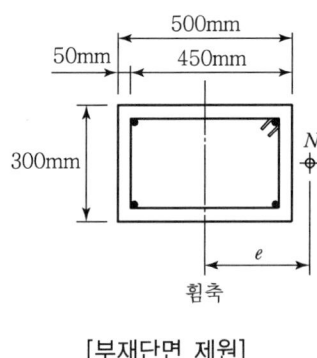

[부재단면 제원]

콘크리트의 설계강도 : $f_{cd} = \phi_c(0.85)f_{ck} = 0.65(0.85)(30) = 16.5 \text{N/mm}^2$

철근의 설계항복강도 : $f_{yd} = \phi_s f_y = (0.9)(400) = 360 \text{N/mm}^2$

(1) 균형상태일 때 중립축

$\varepsilon_{cu} = 0.0033, \quad \varepsilon_{yd} = 0.9 \times 400/200,000 = 0.0018, \quad d = 450\text{mm}$

$c_b = 450 \times \dfrac{0.0033}{0.0018 + 0.0033} = 291\text{mm}$

$\varepsilon_s = 0.0033 \times \dfrac{450 - 291}{291} = 0.0018$

$$\varepsilon_s' = 0.0033 \times \frac{291-50}{291} = 0.00273 > \varepsilon_{yd} = 0.0018$$

∴ 압축철근도 항복

$$f_s' = \phi_s f_y = 0.9(400) = 360 \text{N/mm}^2$$

콘크리트의 압축력과 철근력

$$C = \alpha f_{cd} b c_b = 0.8(16.6)(300)(291) \times 10^{-3} = 1{,}158 \text{kN}$$

$$C_s = f_s' A_s' = 360(774) \times 10^{-3} = 279 \text{kN}$$

$$T = f_s A_s = 360(774) \times 10^{-3} = 279 \text{kN}$$

$$P_b = C + C_s - T = 1{,}158 + 279 - 279 = 1{,}158 \text{kN}$$

$$M_b = \{1{,}158(250 - 0.4 \times 291) + 279(250 - 50) + 279(450 - 250)\} \times 10^{-3}$$

$$= 263 \text{kN} \cdot \text{m}$$

편심 $e_b = \dfrac{263 \times 10^3}{1{,}158} = 227 \text{mm}$

(2) $c = 130 \text{mm}$

$$\varepsilon_s = 0.0033 \frac{450-130}{130} = 0.00812, \quad \varepsilon_s' = 0.0033 \frac{130-50}{130} = 0.00203$$

이 변형률은 설계항복변형률 $\phi_s \varepsilon_y = 0.0018$을 모두 초과

$$C = \alpha f_{cd} bc = 0.8(16.6)(300)(130) \times 10^{-3} = 518 \text{kN}$$

$$C_s = 360(774) \times 10^{-3} = 279 \text{kN}$$

$$T = 360(774) \times 10^{-3} = 279 \text{kN}$$

$$P_d = 518 + 279 - 279 = 518 \text{kN}$$

$$M_d = \{518(250 - 0.4 \times 130) + 279(250 - 50) + 279(450 - 250)\} \times 10^{-3} = 213 \text{kN} \cdot \text{m}$$

편심 $e = \dfrac{213 \times 10^3}{518} = 411 \text{mm} > e_b = 227 \text{mm}$

(3) $c = 520\text{mm}$

$$\varepsilon_{c,uls} = 0.002 \frac{520}{520 - 500(0.0033 - 0.0020)/0.0033} = 0.00321$$

$$\varepsilon_{c1} = 0.002 \frac{520 - 500}{520 - 500(0.0033 - 0.0020)/0.0033} = 0.00012$$

$$\varepsilon_s = 0.002 \frac{520 - 450}{520 - 450(0.0033 - 0.0020)/0.0033} = 0.00041 \leq 0.0018$$

$$\varepsilon_s' = 0.002 \frac{520 - 50}{520 - 500(0.0033 - 0.0020)/0.0033} = 0.00291 > 0.0018$$

$\alpha = 0.803$, $\beta = 0.412$, 인장철근은 항복하지 않고, 압축철근은 항복한 상태임

$-f_s = \varepsilon_s \times E_s = 0.00041(200{,}000) = 82\text{N}/\text{mm}^2$(압축응력임)

$f_s' = \phi_s f_y = 360\text{N}/\text{mm}^2$

단면의 각 성분 합력은

$C = \alpha f_{cd} bh = 0.803(16.6)(300)(500) \times 10^{-3} = 1{,}999\text{kN}$

$C_s = 360(774) \times 10^{-3} = 279\text{kN}$

$-T = f_s A_s = 82(774) \times 10^{-3} = -63.5\text{kN}$(압축력임)

단면의 설계강도 N_d와 M_d를 구하면

$P_d = C + C_s + T = 1{,}999 + 279 + 63.5 = 2{,}341.5\text{kN}$

$M_d = \{1{,}999(250 - 0.412 \times 520) + 279(250 - 50) - 63.5(450 - 250)\} \times 10^{-3}$

$\quad = 114.6\text{kN} \cdot \text{m}$

이때 편심 $e = \dfrac{114.6 \times 10^3}{2{,}341.5} = 48.9\text{mm} < e_b = 227\text{mm}$

(4) 중심축압력을 받는 기둥

$P_{od} = f_{cd} A_c + f_{s,uls} A_{st} = 16.6(300)(500) + 360(1{,}548) = 3{,}015\text{kN}$

중심축인장력을 받는 상태에서 설계축인장강도

$\overline{P_{od}} = f_{yd} A_{st} = 360(1{,}548) = 557\text{kN}$

(5) 기둥의 강도상관곡선

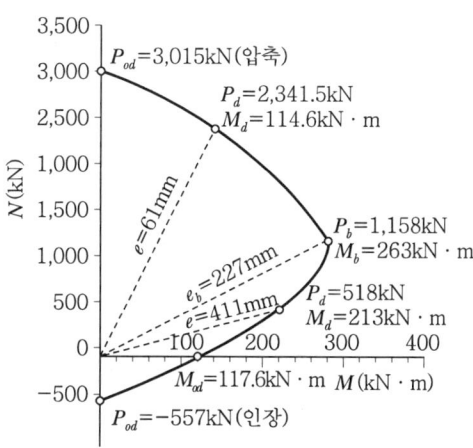

| Question 02 | P-M 상관도를 이용하지 않는 설계방법 |

다음 조건에서 기둥의 단면내력을 검토하시오.

설계조건

$P_u = 12,700$kN, $M_u = 3,500$kN·m (모멘트 확대계수 포함)

콘크리트의 설계기준압축강도 : $f_{ck} = 30$MPa

철근의 설계기준항복강도 : $f_y = 400$MPa

$c = 1,400$mm로 가정

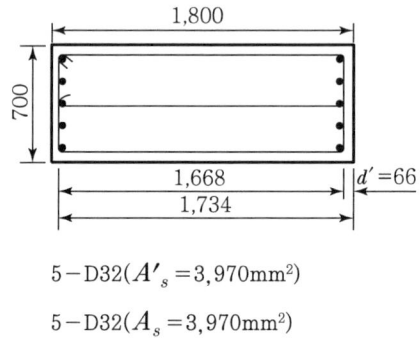

5-D32($A'_s = 3,970$mm²)
5-D32($A_s = 3,970$mm²)

1. P_b를 구하여 개략적인 중립축의 위치 가정

(1) $f_{cd} = \phi_c(0.85f_{ck}) = 0.65(0.85)(30) = 16.6$MPa

$f_{yd} = \phi_s f_y = 0.9(400) = 360$MPa

(2) 평형변형률 상태의 ϕP_{nb}

$\varepsilon_{cu} = 0.0033$

$\varepsilon_{yd} = f_{yd}/E_s = 0.9(400)/2 \times 10^5 = 0.0018$

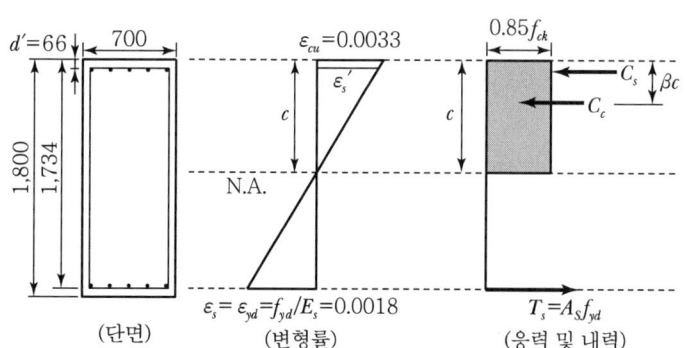

1) 평형변형률 상태에서 중립축거리 c_b

$$\varepsilon_{yd} = \frac{f_{yd}}{E_s} = \frac{360}{2.0 \times 10^5} = 0.0018$$

$$\frac{c_b}{0.0033} = \frac{d}{0.003 + \varepsilon_{yd}} \quad \therefore c_b = \frac{0.0033 \times 1,734}{0.0033 + 0.0018} = 1,122.0 \text{mm}$$

또는

$$c_b = \frac{660}{660 + f_{yd}} \times d = \frac{660}{660 + 360} \times 1,734 = 1,122 \text{mm}$$

2) 내력 C_c, C_s, T_s

$$C_c = \alpha f_{cd} b c_b = 0.8 \times 16.6 \times 700 \times 1,122 \times 10^{-3} = 10,430 \text{kN}$$

$$\varepsilon_{sd}' = 0.0033 \left(\frac{c_b - d'}{c_b} \right) = 0.0033 \left(\frac{1,122 - 66}{1,122} \right) = 0.0031 > \varepsilon_{yd} = 0.0018$$

따라서 압축철근이 항복 $\therefore f_s' = f_y$

$$C_s = A_s' f_{yd} = 360 \times 3,970 \times 10^{-3} = 1,429 \text{kN}$$

$$T_s = A_s f_{yd} = 3,970 \times 360 \times 10^{-3} = 1,429 \text{kN}$$

3) P_b와 e_b의 계산

$$P_b = C_c + C_s - T_s = 10,430 + 1,429 - 1,429 = 10,430 \text{kN}$$

$$P_u = 12,700 > P_b = 10,430 \text{kN}$$

$\therefore c$를 c_b보다 크게 가정

소성중심에 대한 모멘트의 평형방정식

$$P_b e_b = C_c\left(\frac{h}{2} - \beta c_b\right) + C_s\left(\frac{h}{2} - d'\right) + T_s\left(\frac{h}{2} - d'\right)$$

$$M_b = P_b e_b = 10{,}430\left(\frac{1.8}{2} - 0.4 \times 1.122\right) + 1{,}429\left(\frac{1.8}{2} - 0.066\right) + 1{,}429\left(\frac{1.8}{2} - 0.066\right)$$

$$= 7{,}090 \text{kN} \cdot \text{m}$$

$$e_b = \frac{M_b}{P_b} = \frac{7{,}090}{10{,}430} = 679.8 \text{mm}$$

2. $c = 1{,}400$mm로 가정

$$\varepsilon_s = \varepsilon_{cu}\left(\frac{d-c}{c}\right) = 0.0033\left(\frac{1{,}734 - 1{,}400}{1{,}400}\right) = 0.000787$$

$$f_s = \varepsilon_s E_s = 0.000787 \times 2 \times 10^5 = 157.4 \text{MPa} < f_{yd} = 360 \text{MPa}$$

$$\varepsilon_s' = \varepsilon_{cu}\left(\frac{c-d'}{c}\right) = 0.0033\left(\frac{1{,}400 - 66}{1{,}400}\right) = 0.003144$$

$$f_s' = E_s \varepsilon_s' = 2 \times 10^5 \times 0.003144 = 628.6 \text{MPa} > f_{yd} = 360 \text{MPa}$$

$$\therefore f_s' = f_{yd}$$

$$C_c = \alpha f_{cd} bc = 0.8 \times 16.6 \times 700 \times 1{,}400 \times 10^{-3} = 13{,}014 \text{kN}$$

$$C_s = A_s' f_{yd} = 3{,}970 \times 360 \times 10^{-3} = 1{,}429 \text{kN}$$

$$T_s = A_s f_s = 3{,}970 \times 157.4 \times 10^{-3} = 624.9 \text{kN}$$

$$P_d = C_c + C_s - T = 13{,}014 + 1{,}429 - 624.9 = 13{,}818 \text{kN} > P_u = 12{,}700 \text{kN} \quad \therefore \text{O.K}$$

$$M_d = 13{,}014\left(\frac{1.8}{2} - 0.4 \times 1.4\right) + 1{,}429\left(\frac{1.8}{2} - 0.066\right) + 624.9\left(\frac{1.8}{2} - 0.066\right)$$

$$= 6{,}137.7 \text{kN} \cdot \text{m} > M_u = 3{,}500 \text{kN} \cdot \text{m}$$

$$\therefore P_d > P_u, \ M_d > M_u$$

| Question | 강도상관곡선을 이용한 기둥 철근량 산정 |

03 철근콘크리트 기둥의 단면이 $b = 400\text{mm}$이고, $h = 500\text{mm}$로 정해진 상태에서 다음과 같은 축력과 휨모멘트의 조합하중을 받을 때 필요한 철근량을 결정하시오. 기둥 단면 연단으로부터 철근 중심까지 거리는 75mm로 가정하고, 철근은 단면을 중심으로 마주 보게 배치한다. 강축에 대한 휨을 가정하여 기둥을 계산하며 기둥에 사용된 콘크리트는 $f_{ck} = 27\text{MPa}$이고, 철근은 $f_y = 400\text{MPa}$이다.

(1) 계수하중에 의해 기둥에 작용하는 축압축력은 $N_u = 3,400\text{kN}$이고, 휨모멘트는 $M_u = 216\text{kN} \cdot \text{m}$인 경우의 소요 철근량을 구하시오.

(2) 계수하중에 의해 기둥에 작용하는 축압축력은 $N_u = 2,480\text{kN}$이고, 휨모멘트 $M_u = 216\text{kN} \cdot \text{m}$인 경우의 소요 철근량을 구하시오.

콘크리트의 설계강도 $f_{cd} = \phi_c 0.85 f_{ck} = 0.65(0.85)(27) = 14.9\text{MPa}$

철근의 설계항복강도 $f_{yd} = \phi_s f_y = 0.9(400) = 360\text{MPa}$

(1) 작용력 $N_u = 3,600\text{kN}$이고, $M_u = 216\text{kN} \cdot \text{m}$인 경우

무차원 계수는

$$\frac{N_u}{bh f_{cd}} = \frac{3,400 \times 10^3}{400(500)(14.9)} = 1.14$$

$$\frac{M_u}{bh^2 f_{cd}} = \frac{216 \times 10^6}{400(500)^2(14.9)} = 0.145$$

계수 $\gamma = (500 - 150)/500 = 0.7$

다음 그림 [직사각형 단면 기둥의 강도상관도]에서 이 무차원 계수값을 사용하여 그래프에서 해당 철근비를 찾으면 철근비 $\rho_g = 0.023$

소요 $A_{st} = 0.023(400)(500) = 4,600\text{mm}^2$

∴ Use $8 - D29(A_{st} = 5,140\text{mm}^2)$

(2) 작용력 $N_u = 2,480\text{kN}$ 이고, $M_u = 216\text{kN} \cdot \text{m}$ 인 경우

$$\frac{N_u}{bhf_{cd}} = \frac{2,480 \times 10^3}{400(500)(14.9)} = 0.832$$

$$\frac{M_u}{bh^2 f_{cd}} = \frac{216 \times 10^6}{400(500)^2(14.9)} = 0.145$$

계수 $\gamma = 0.7$ 이므로 그래프에서 역학적 철근비를 찾으면 대략 $\rho_g = 0.013$

소요 $A_{st} = 0.013(400)(500) = 3,600\text{mm}^2$

$\therefore$ Use $8 - \text{D}22\,(A_{st} = 3,097\text{mm}^2)$

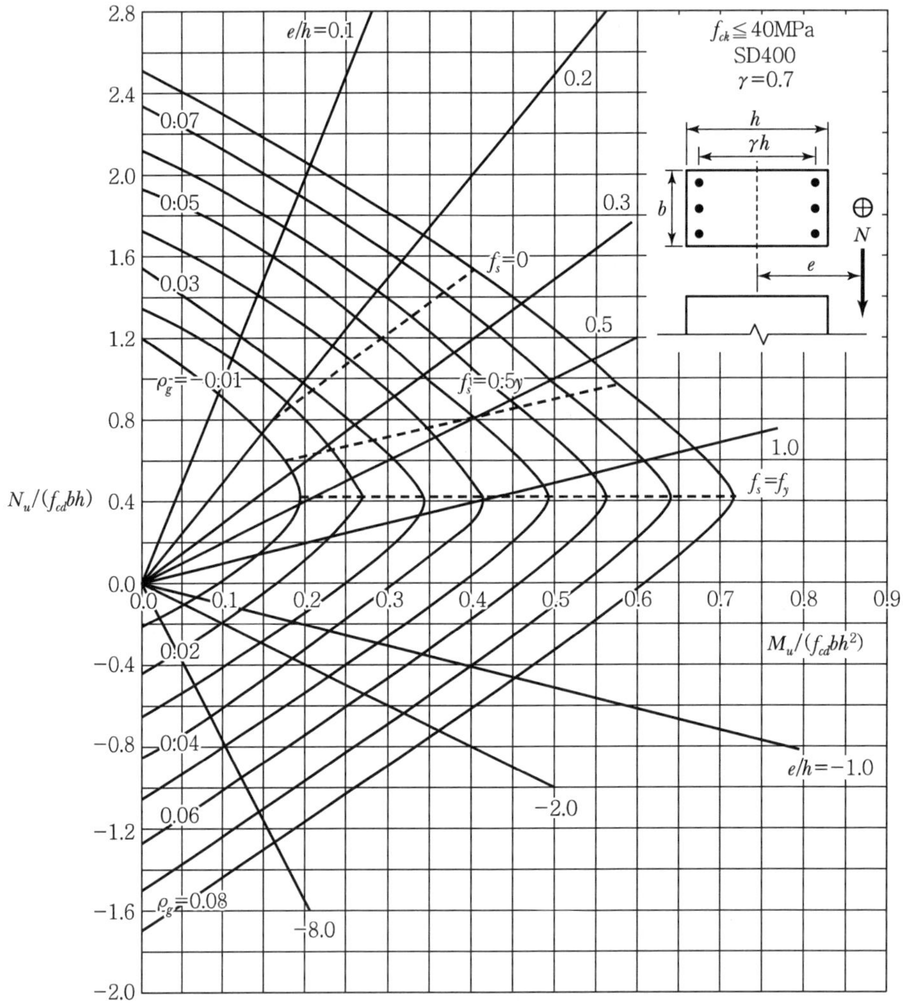

[직사각형 단면 기둥의 강도상관도]

제7장 기둥설계

> **Question 04** 비횡구속 장주 안전성 검토
>
> 철근콘크리트 장주의 비횡구속 골조 압축부재에서 연직하중만 작용할 경우의 강도와 안전성 검토 방법을 설명하시오.

1. 정의

기둥의 유효길이란 기둥이 좌굴할 때 좌굴하는 길이를 기둥의 비지지길이 비로 나타내며 유효길이계수로 표현된다. 유효길이계수를 이용하여 연직하중을 받는 골조부재의 좌굴하중을 검토하여 안전성을 검토한다.

2. 비횡구속 시 골조기둥의 거동

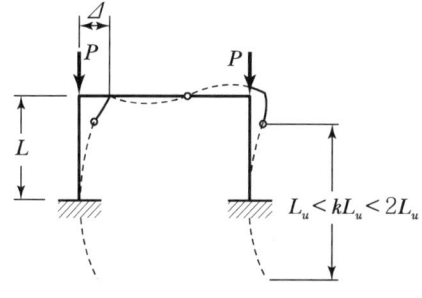

(a) 양단고정의 브레이싱 없는 뼈대구조

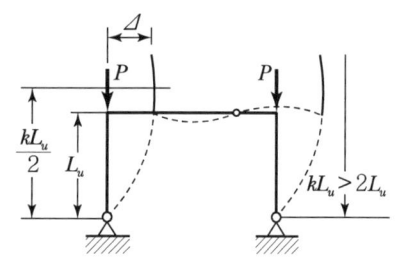

(b) 양단힌지인 브레이싱 없는 뼈대구조

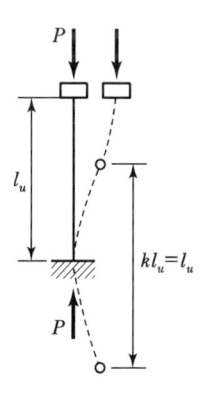

(c) 단부회전 완전구속

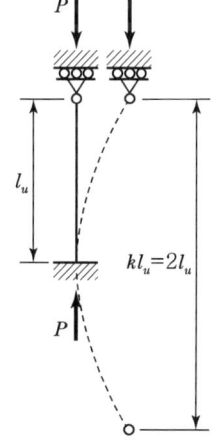

(d) 1단구속 타단불구속

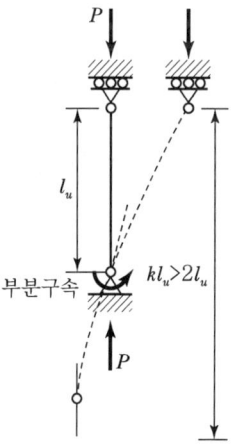

(e) 1단 부분구속 타단불구속

[브레이싱이 없는 경우(비횡구속)]

3. 유효길이계수 산정

(1) 횡방향 구속된 압축부재 : $k = 1$ 사용
(2) 다경간 구조물에서 일정단면을 갖는 기둥의 경우

구 분	강성비 산정식
기둥상단	$\psi_A = \dfrac{\sum 기둥의 \frac{EI}{L}}{\sum 휨부재의 \frac{EI}{L}}$
기둥하단	$\psi_B = \dfrac{\sum 기둥의 \frac{EI}{L}}{\sum 휨부재의 \frac{EI}{L}}$

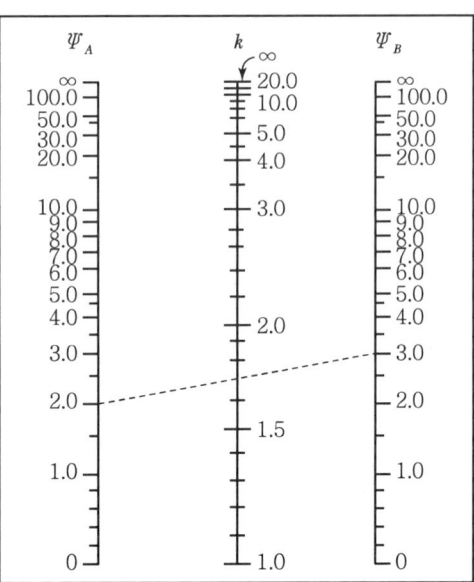

[유효길이계수(비횡구속)]

4. 안정지수 Q

$$Q = \frac{\sum P_u \, \Delta_o}{V_u \, l_c} < 0.05 : 횡구속$$

$$\phantom{Q = \frac{\sum P_u \, \Delta_o}{V_u \, l_c}} > 0.05 : 비횡구속$$

여기서, $\sum P_u$: 계수 수직하중의 합
Δ_o : V_u로 인한 그 층의 상부와 바닥 사이의 탄성 1차 해석에 의한 상대변위
l_c : 층고

$$Q ≒ \frac{P}{P_{cr}}$$

5. 비횡구속 구조물의 확대 모멘트

$$M_1 = M_{1ns} + \delta_s M_{1s}, \quad \delta_s \left(= \frac{1}{1-Q}\right) \leqq 1.5 \text{이면} \quad \delta_s M_s = \frac{M_s}{1-Q} \geqq M_s$$

$$M_2 = M_{2ns} + \delta_s M_{2s}, \quad \delta_s \left(= \frac{1}{1-Q}\right) > 1.5 \text{이면} \quad \delta_s M_s = \frac{M_s}{1 - \dfrac{\sum P_u}{0.75 \sum P_{cr}}} \geqq M_s$$

6. 안정 검토

$$\delta_s = \frac{1}{1-Q}$$

$0 < \delta_s < 2.5$: 안정

$\delta_s > 2.5$: 불안정

Question 05	횡구속구조 장주근사해석
	횡구속구조의 장주근사해석 및 해석상 문제점을 기술하시오.

◎ **풀이** 횡구속 여부에 따른 장주근사해석을 설명하는 문제이다.

1. 장주의 좌굴하중 산정

장주의 좌굴은 Euler 좌굴공식을 사용하여 산정한다.

$$P_{cr} = \frac{\pi^2 E I}{(kL)^2}$$

2. 장주의 유효좌굴길이

구분	양단힌지	고정-자유	고정-힌지	양단고정
유효길이(kL)	L	$2L$	$\dfrac{L}{\sqrt{2}}$	$\dfrac{L}{2}$
유효길이 계수(k)	1	2	$\dfrac{1}{\sqrt{2}}$	$\dfrac{1}{2}$

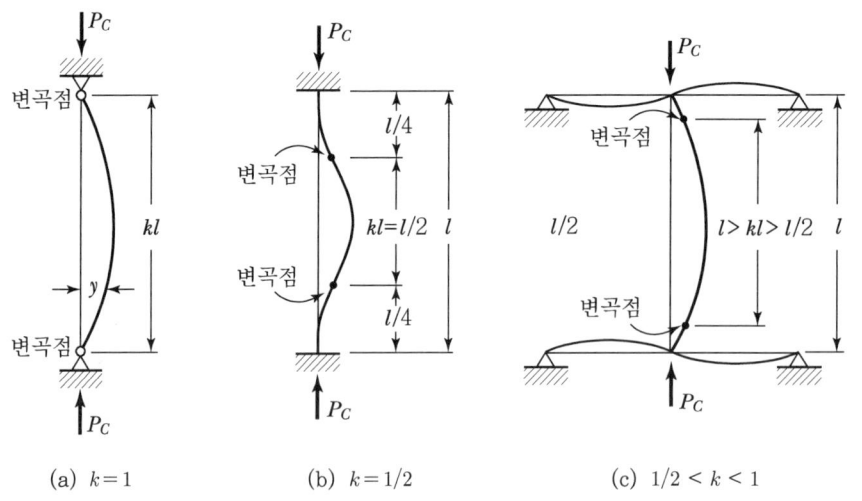

(a) $k=1$　　(b) $k=1/2$　　(c) $1/2 < k < 1$

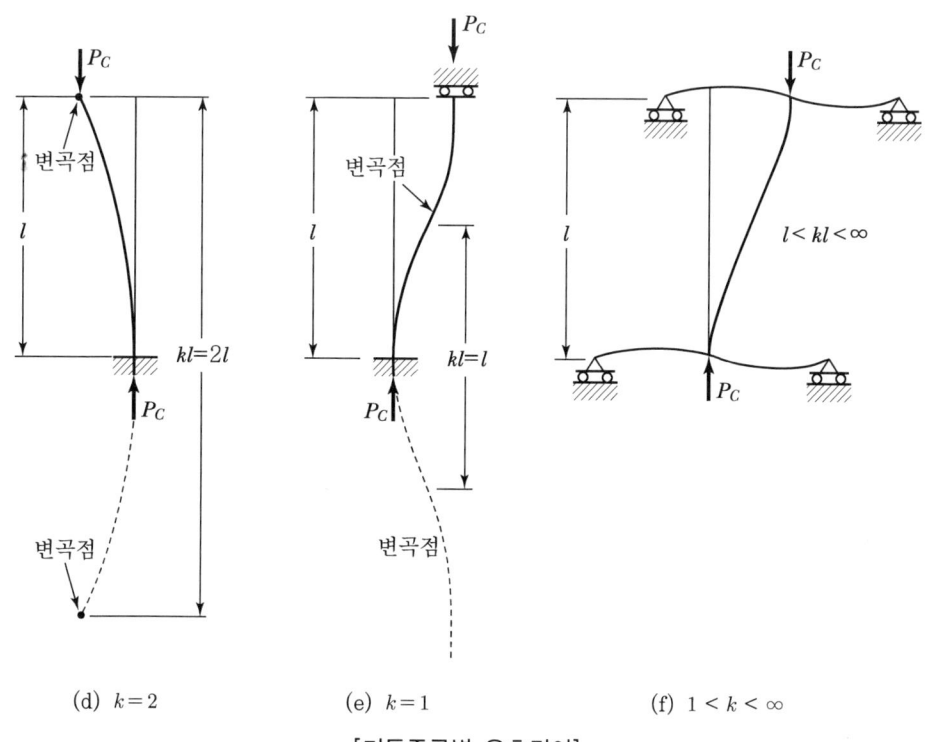

(d) $k=2$ (e) $k=1$ (f) $1 < k < \infty$

[기둥종류별 유효길이]

3. 설계 시 장주의 유효좌굴길이 산정

설계 시 장주의 유효좌굴길이는 기둥의 횡구속 여부에 따라 다르게 산정하며, 유효좌굴길이는 기둥 상단과 하단의 강성비를 사용하여 구한다.

구분	기둥 상단부	기둥 하단부
기둥강성비	$\Psi_A = \dfrac{\Sigma \text{기둥의} \frac{EI}{L}}{\Sigma \text{휨부재의} \frac{EI}{L}}$	$\Psi_B = \dfrac{\Sigma \text{기둥의} \frac{EI}{L}}{\Sigma \text{휨부재의} \frac{EI}{L}}$

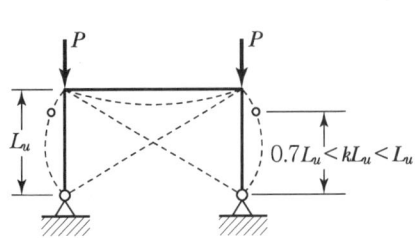

(a) 양단힌지인 브레이싱 있는 뼈대구조

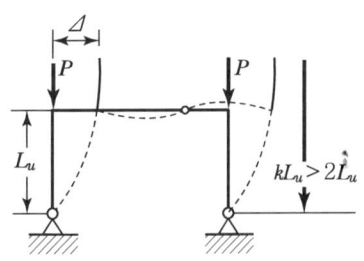

(b) 양단힌지인 브레이싱 없는 뼈대구조

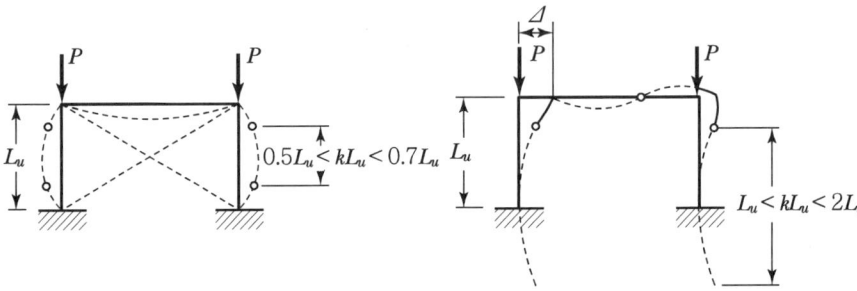

(c) 양단고정인 브레이싱 있는 뼈대구조

(d) 양단고정인 브레이싱 없는 뼈대구조

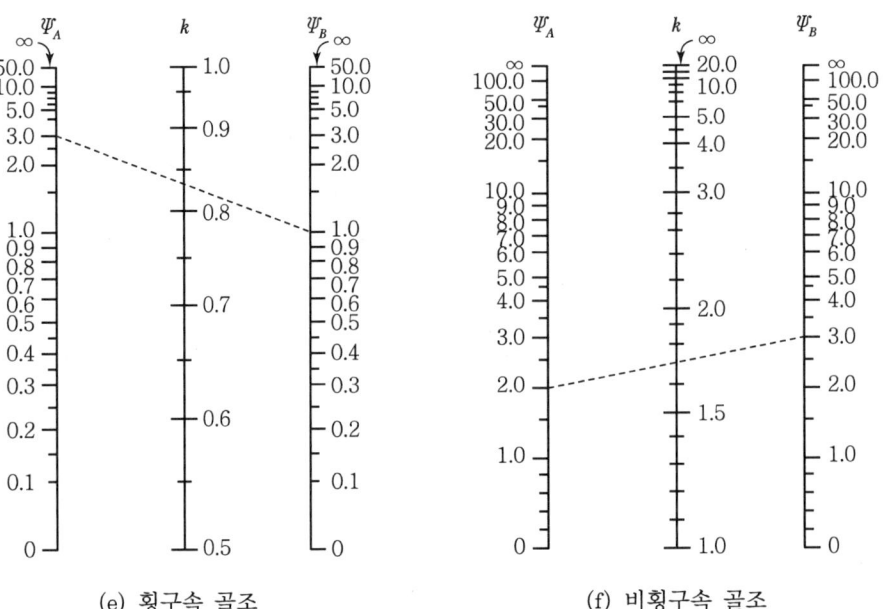

(e) 횡구속 골조

(f) 비횡구속 골조

4. 해석상 문제점

장주기둥 해석 시 문제가 되는 사항을 살펴보면 다음과 같다.

(1) 횡구속 여부에 대한 판단이 자율적으로 결정됨에 따라 실제기둥과 해석상 기둥의 유효좌굴길이가 다르게 산정되어 실제와 다른 장주좌굴하중을 평가되는 실수를 유발할 수 있으므로, 횡구속 여부를 보다 쉽게 판단할 수 있는 다양한 종류의 예제가 제시되어야 한다고 사료된다.

(2) 휨부재의 지점경계조건도 기둥의 유효좌굴길이에 영향을 미치는 실정인데 기둥강성비 산정에서는 단순히 휨부재의 강성만 고려하고 지점경계조건은 고려하지 않아 기둥의 유효좌굴길이에 영향을 주는 휨부재의 실제거동을 고려하지 않는 문제점이 있다.

(3) 기둥상단부와 하단부의 강성산정에서 기둥과 휨부재의 재료가 서로 다를 경우 강성비변화로 지점경계조건에서 발생하는 실제거동과 해석상 거동은 다른 거동을 보인다.

(4) 특히, 기둥과 휨부재가 이종자재인 기둥과 두께가 얇은 슬래브기둥에서는 횡구속 효과를 보지 못하는 경우가 있다.

제1편 철근콘크리트 공학

Question	횡구속 기둥의 장주해석
06	횡구속된 RC 장주의 설계방법을 설명하시오.

1. 개요

장주인 기둥은 세장비$\left(\lambda = \dfrac{kl}{r}\right)$에 따라 영향을 받는다. 즉, 세장비가 작은 단주에서는 기둥의 좌굴하중의 값은 직접파쇄강도보다 크므로 세장비에 관계없이 단순파쇄로 파괴되나, 최소세장비($\lambda_{\min}$)보다 큰 세장비를 갖는 기둥은 좌굴에 의해 파괴된다. 이와 같이 좌굴에 의해 파괴되는 기둥을 장주라 한다. 장주의 설계과정과 설계방법을 살펴본다.

2. 장, 단주의 판별

$\lambda_{\min} \leq \lambda = \dfrac{kl}{r}$ 이면 장주이고, 최소세장비 기준은 다음과 같다.

(1) 횡방향 상대변위가 없는 경우[횡구속이 있는 경우]

$\lambda_{\min} = 34 - 12\left(\dfrac{M_1}{M_2}\right) < \lambda$

(2) 횡방향 상대변위가 있는 경우[횡구속이 없는 경우]

$\lambda_{\min} = 22 < \lambda$

여기서, M_1/M_2의 값은 기둥이 단일곡률일 때 양(+)을 취한다.
M_1 : 양단 모멘트 중 작은 값 [단일곡률(+), 2중곡률(−)]
M_2 : 양단 모멘트 중 큰 값이며 항상 (+)이다.
$[34 - 12(M_1/M_2)] < 40$

장주설계에서 주의할 점은 세장비가 $\lambda_{\min}$ 보다 큰 장주로 판명된 기둥은 좌굴의 영향을 반영하여 단모멘트 M_2를 확대한 확대모멘트 M_c로 설계하여야 한다는 것이다. 이것이 $P-\Delta$ 효과를 고려한 근사해석방법이다.

하지만, 세장비가 100이 넘어가면 반드시 $P-\Delta$ 효과를 고려한 근사해석을 수행하여야 한다.

3. 횡구속골조 확대모멘트[M_c] 산정

$M_c = \delta_{ns} \times M_2$

(1) 모멘트 확대계수

$$\delta_{ns} = \frac{C_m}{1 - \dfrac{P_u}{0.75 P_c}} \geqq 1.0$$

여기서, P_u : 외력에 의한 극한 축방향강도

$C_m = 0.6 + 0.4 \times \dfrac{M_1}{M_2}$ 이며, 기둥이 단일곡률로 변형될 때는 $\dfrac{M_1}{M_2}$은 양(+)의 값을 취하고, 기둥의 양단 사이에 횡하중이 있는 경우에는 C_m을 1.0으로 취한다.

(2) Euler의 좌굴하중

$$P_c = \frac{\pi^2 EI}{(kl_u)^2}$$

여기서, l_u : 기둥의 비지지 길이(Unsupported Column Length)
k : 기둥의 유효길이 계수

(3) 근사화한 휨강성 EI

임계하중 P_c를 정의할 때 중요한 문제는 균열이나 크리프, 콘크리트의 응력-변형률 곡선의 비선형성으로 인한 강성의 변화이므로 합리적으로 근사화한 휨강성 EI를 사용한다.

$$EI = \frac{0.2E_cI_g + E_sI_{se}}{1+\beta_{dns}} \quad \text{또는} \quad EI = \frac{0.4E_cI_g}{1+\beta_{dns}}$$

$$\beta_{dns} = \frac{\text{최대 계수 축방향 지속하중}}{\text{계수 축방향 하중의 합계}}$$

여기서, β_d : 횡방향 상대변위가 없는 경우 $= P_d/P_u$
횡방향 상대변위가 있는 경우 $= H_d/H_u$
I_{se} : 부재 단면의 도심축에 대한 철근의 2차 단면 모멘트

4. 기둥 설계

앞에서 구한 M_c와 P_u를 P-M 상관도로 나타내어 설계한다.

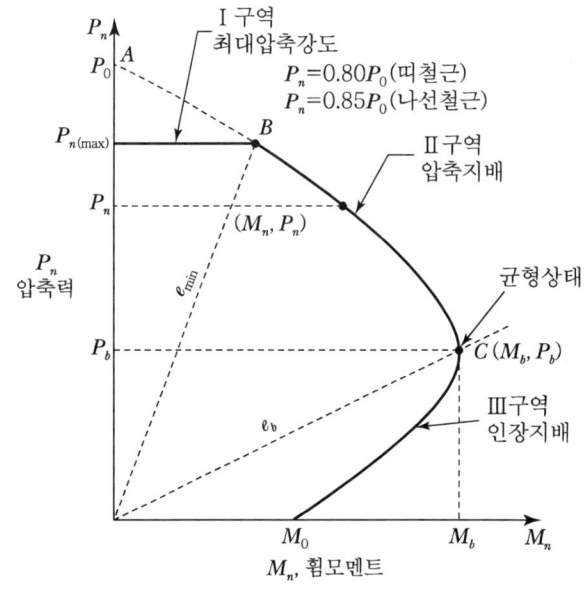

[P-M 상관도]

Question	2축 휨 설계방법
07	RC 2축 휨을 받는 기둥의 설계방법을 설명하시오.

1. 개요

기둥이 압축과 동시에 두 주축에 대한 휨, 즉 2축 휨(Biaxial Bending)을 받는 경우에는 2축 휨에 대한 고려를 하여야 한다.

2. 압축과 2축 휨을 받는 부재의 상관도

2축 휨을 받는 부재의 P-M 상관도는 아래 그림과 같다.

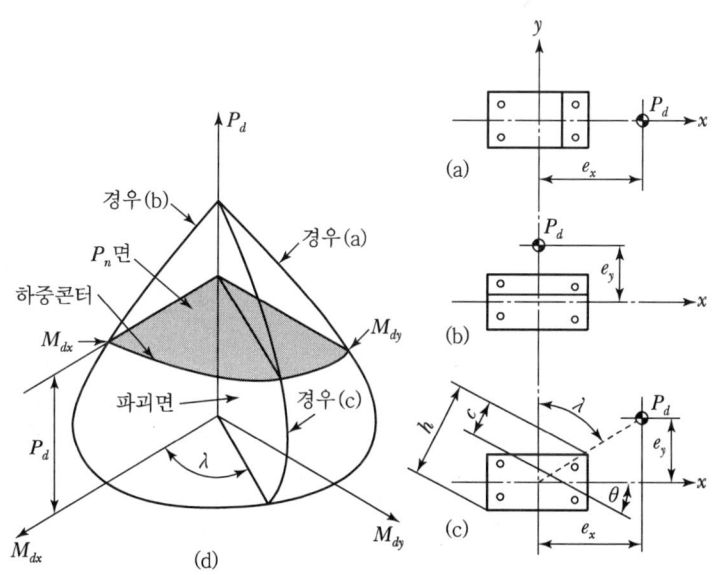

[2축 휨을 받는 부재의 상관도]

(1) 그림 (c)에서 합성 편심의 방향

$$\lambda = \arctan\frac{e_x}{e_y} = \arctan\frac{M_{dy}}{M_{dx}}$$

(2) 그림 (d)에서 기둥강도는 경우 (c)의 상관도에 의해 정의되는데, P_u, M_{dx}, M_{dy}가 이 상관도 내에 있으면 기둥은 안전하고 벗어나면 파괴를 의미함

3. 설계방법

(1) 하중콘터법(Load Contour Method, 등하중법)

앞의 그림에서 P_u의 일정한 값에 해당하는 곡선(하중콘터)들에 의해 얻어지는 파괴면에 바탕을 둔 설계법

곡선의 일반적 형태 → 무차원의 상호작용 방정식

$$\left(\frac{M_{ux}}{M_{dx}}\right)^\alpha + \left(\frac{M_{uy}}{M_{dy}}\right)^\alpha \leq 1.0$$

P_u/P_{od}	≤0.1	0.7	1.0
α	1.0	1.5	2.0

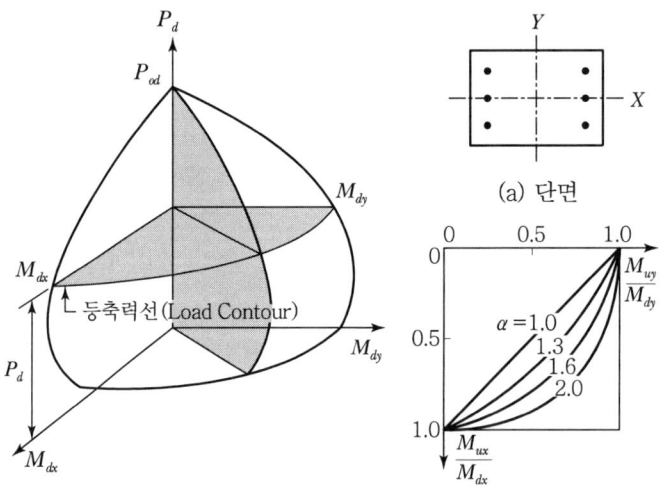

(a) 단면

(b) 설계축-휨강도상관곡선   (c) 등축력선의 형상 변화

[축력과 두 방향 휨이 작용하는 기둥의 강도상관곡선]

(2) 역하중법(Bresler's Reciprocal Load Equation)

① 파괴면을 하중의 역수로 나타냄

② 역하중방정식

$$\frac{1}{P_n} = \frac{1}{P_{nxo}} + \frac{1}{P_{nyo}} - \frac{1}{P_o}$$

여기서, P_n : 2축휨 작용 시의 공칭축하중강도
P_{nxo} : $e_x = 0$ 이고, e_y 만 있을 때의 공칭축하중강도
P_{nyo} : $e_y = 0$ 이고, e_x 만 있을 때의 공칭축하중강도
P_o : $e_x = e_y = 0$ 일 때의 공칭축하중강도

③ 설계 적용(ϕ 값 적용)

$$\frac{1}{\phi P_n} = \frac{1}{\phi P_{nxo}} + \frac{1}{\phi P_{nyo}} - \frac{1}{\phi P_o}$$

(3) PCA 등하중법

1) 개요

브레슬러 등하중선법을 변화시킨 방법으로 모멘트 상관곡선을 단순화시킨 것

2) 모멘트 상관식

① $\dfrac{M_{ny}}{M_{noy}} < \dfrac{M_{nx}}{M_{nox}}$ 일 경우

$$\frac{M_{ny}}{M_{noy}}\left(\frac{1-\beta}{\beta}\right) + \frac{M_{nx}}{M_{nox}} = 1$$

$$M_{nox} = M_{nx} + M_{ny}\left(\frac{M_{nox}}{M_{noy}}\right)\left(\frac{1-\beta}{\beta}\right)$$

철근이 4변에 균등배근된 사각형 띠철근 기둥 : $\dfrac{M_{nox}}{M_{noy}} \fallingdotseq \dfrac{h}{b}$

$$M_{nox} \fallingdotseq M_{nx} + M_{ny}\left(\frac{h}{b}\right)\left(\frac{1-\beta}{\beta}\right)$$

② $\dfrac{M_{ny}}{M_{noy}} > \dfrac{M_{nx}}{M_{nox}}$ 일 경우

$$\dfrac{M_{ny}}{M_{noy}} + \dfrac{M_{nx}}{M_{nox}}\left(\dfrac{1-\beta}{\beta}\right) = 1$$

$$M_{noy} = M_{ny} + M_{nx}\left(\dfrac{M_{noy}}{M_{nox}}\right)\left(\dfrac{1-\beta}{\beta}\right)$$

$$M_{noy} \fallingdotseq M_{ny} + M_{nx}\left(\dfrac{b}{h}\right)\left(\dfrac{1-\beta}{\beta}\right)$$

3) 기호 및 요약

M_{ny}, M_{nx}를 받는 기둥을 M_{noy} 또는 M_{nox}의 1축 휨을 받는 기둥으로 단순화시켜 설계하는 방법

b, h : M_{noy}와 M_{nox}의 작용방향에 대한 압축 부재 단면 치수

β : 철근 배치, 재료 및 단면 특성에 따라 0.5~0.7(초기 가정치로 0.65 사용 추천)

(4) 2축 휨의 실용적 설계과정

1) PCA 등하중선법에서 $\beta = 0.65$ 가정

2) $\dfrac{M_{ny}}{M_{nx}} < \dfrac{b}{h}$ 이면 식 ①, $\dfrac{M_{ny}}{M_{nx}} > \dfrac{b}{h}$ 이면 식 ②로 근사적 등가 1축 모멘트를 구한다.

3) 위의 2)에서 구한 등가 1축 모멘트와 주어진 축하중으로 P-M 상관도를 이용하여 단면을 설계

4) 위 3)에서 설계된 단면을 다음 3가지 방법 중 1가지 방법을 택하여 검토

① 브레슬러 상반하중법($P_n \geq 0.1 f_{ck} A_g$)

$$P_n \leq \dfrac{1}{\dfrac{1}{P_{nox}} + \dfrac{1}{P_{noy}} - \dfrac{1}{P_o}}$$

② 브레슬러 등하중선법($P_n < 0.1 f_{ck} A_g$)

$$\frac{M_{nx}}{M_{nox}} + \frac{M_{ny}}{M_{noy}} \leq 1.0$$

③ PCA 등하중선법

$$\frac{M_{ny}}{M_{noy}}\left(\frac{1-\beta}{\beta}\right) + \frac{M_{nx}}{M_{nox}} \leq 1.0, \quad 단, \; \frac{M_{ny}}{M_{noy}} < \frac{M_{nx}}{M_{nox}} \; 일 \; 경우$$

4. 결론

일반적으로 편심거리의 비 $\left(\dfrac{e_y}{e_x}\right)$가 0.2 이상인 경우에는 2축 휨을 설계에 고려하여야 하며, 역하중법은 하중콘터법에 비해 간략하게 계산할 수 있는 방법이므로 일반적인 설계에서 많이 적용되고 있는 방법이다.

제1편 철근콘크리트 공학

> **Question 08** 2축 휨모멘트가 작용하는 기둥의 설계
>
> 아래 그림과 같이 8개의 D29 철근으로 보강된 기둥 단면에 계수축력 $P_u = 1,700$kN이 작용되고 있다. 이 하중의 편심 $e_x = 150$mm, $e_y = 75$mm일 때 등축력선법을 사용하여 기둥의 안전성을 검토하시오. 콘크리트 기준압축강도 $f_{ck} = 27$MPa, 철근의 기준항복강도는 $f_y = 400$MPa이다.
>
>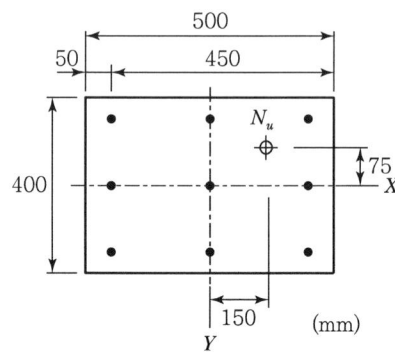
>
> [2축 휨모멘트가 작용하는 기둥설계 예제]

콘크리트의 설계강도 $f_{cd} = \phi_c 0.85 f_{ck} = 0.65(0.85)(27) = 14.9$MPa
철근의 설계항복강도 $f_{yd} = \phi_s f_y = 0.9(400) = 360$MPa

(1) 강축(Y축)에 대한 휨

h는 500mm, $\gamma = 400/500 = 0.8$, $e_x = 150$mm, $e/h = 150/500 = 0.3$,
철근비 $\rho_g = 5,140/(400 \times 500) = 0.0257$

다음 그림 [직사각형 단면 기둥의 강도상관도]에서 이 편심과 철근비가 만나는 교점의 휨모멘트 무차원 계수값을 읽으면 0.24를 얻는다. 즉, $M_d/f_{cd}bh^2$는 0.24의 값을 갖기 때문에

$M_{dy} = 0.24(14.9)(400)(500)^2 \times 10^{-6} = 342$kN · m

강축에 대해 작용하고 있는 계수휨모멘트 M_{uy}는

$M_{uy} = P_u e_x = 1,700(150) \times 10^{-3} = 255$kN · m

(2) 약축(X축)에 대한 휨

$b = 400\text{mm}$, $\gamma = 300/400 = 0.75$, $\gamma = 0.8$인 그래프를 근사적으로 사용한다. $e_y = 75\text{mm}$로 $e/b = 75/400 = 0.189$, 철근비는 앞과 동일하게 $\rho_g = 0.0257$이다. 해당 그래프에서 $M_d/f_{cd}bh^2 = 0.18$

$$M_{dx} = 0.18(14.9)(500)(400)^2 \times 10^{-6} = 214\text{kN} \cdot \text{m}$$

약축으로 작용하고 있는 계수휨모멘트 M_{ux}는

$$M_{ux} = P_u e_y = 1{,}700(75) \times 10^{-3} = 127.5\text{kN} \cdot \text{m}$$

(3) 상관곡선에 따른 검증

편심비가 0이고 $\rho_g = 0.0257$에 해당하는 압축력 무차원 계수는 1.36이므로 설계축압축강도 P_{od}는 다음과 같다.

$$P_{od} = 1.36(14.9)(500)(400) \times 10^{-3} = 4{,}053\text{kN}$$

$P_u/P_{od} = 1{,}700/4{,}053 = 0.42$이므로 상관곡선에 적용하는 지수 α의 값은 선형 보간법에 의해 $\alpha = 1 + 0.5(0.42/0.6) = 1.35$가 된다. 따라서,

$$\left(\frac{M_{ux}}{M_{dx}}\right)^\alpha + \left(\frac{M_{uy}}{M_{dy}}\right)^\alpha = \left(\frac{127.5}{214}\right)^{1.35} + \left(\frac{255}{342}\right)^{1.35} = 1.17 > 1.0$$

이 설계값은 1보다 커서 상관곡선 밖에 놓이게 되므로 기둥은 불안전 상태로 판단할 수 있다.

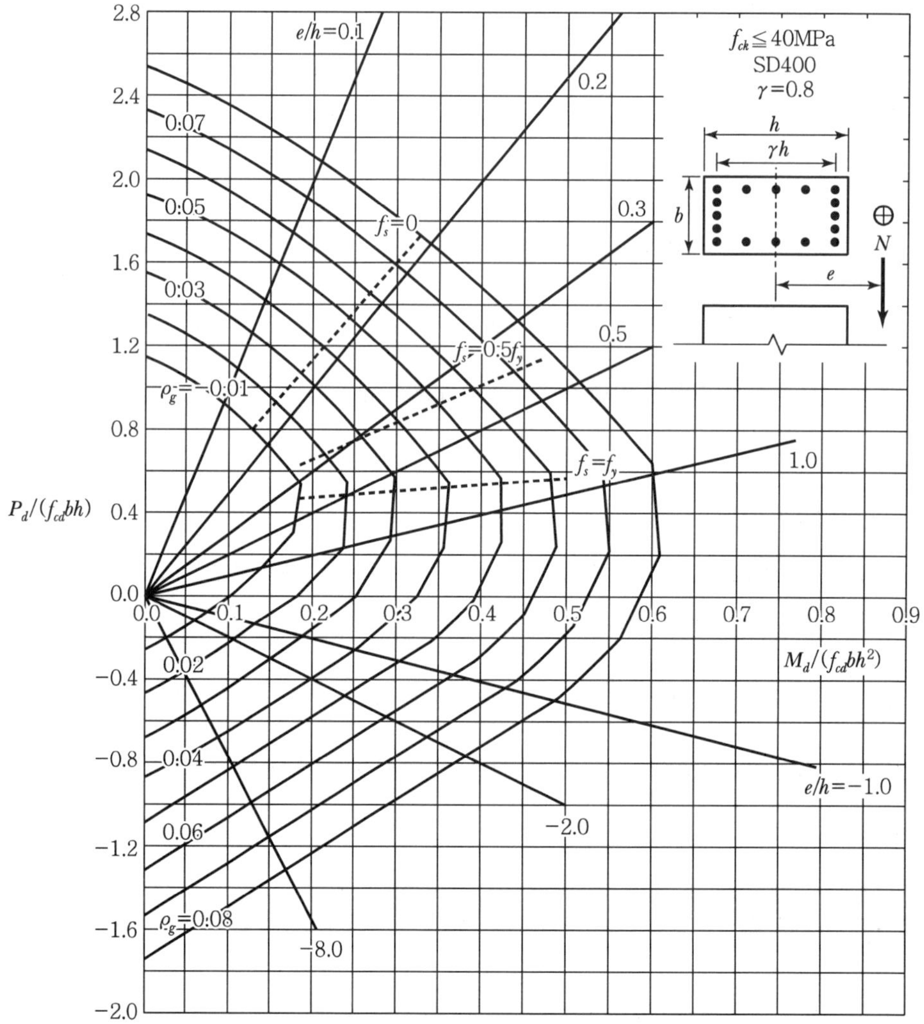

제1편 철근콘크리트 공학

[직사각형 단면 기둥의 강도상관도]

제7장 기둥설계

Question 09 장주설계

다음 그림과 같은 10층 사무실 건물이 있다. 건물 1층의 순 층간 높이는 6,500mm이고 그 외의 다른 모든 층의 순 층간높이는 3,450mm이다. 1층 기둥 A3에 대하여 설계하시오.

설계조건

바닥 및 보 : $f_{ck}=27$MPa, $w_c=23$kN/m³

기둥, 벽체 : $f_{ck}=40$MPa, $w_c=23$kN/m³

철근 : $f_y=400$MPa 보의 단면 : 700×500mm

기둥 단면 : 600×600mm 전단벽 두께 : 300mm

바닥보의 두께 : 4.0kN/m² 고정 하중 : 1.5kN/m²

지붕 활하중 : 1.4kN/m²

바닥 활하중 : 2.4kN/m²

풍하중에 의한 1층의 층 전단력 : 1,432kN

풍하중에 의한 1차 층간 상대변위 : 0.8mm

건물 전체하중은
$D=164,900$kN, $L=15,930$kN, $L_r=2,658$kN

하중조합 : $1.2D+0.5L+0.5L_r$

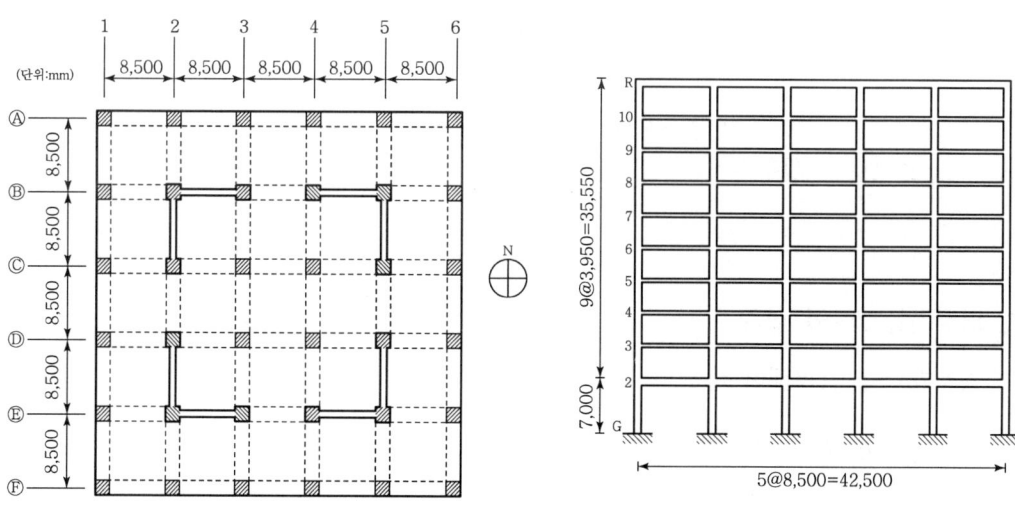

[10층 사무실 건물의 평면도와 입면도]

제1편 철근콘크리트 공학

〈기둥 A3의 계수축력과 계수휨모멘트〉

하중조건	축력(kN)	휨모멘트(kN·m)	
		상부	하부
고정하중(D)	3,130	106	53
활하중(L)	350	40.7	20.5
지붕활하중(L_r)	52	0	0
풍하중(W)	±35	±1.5	±5.8
하중조합($1.2D+1.6L_\gamma-0.65W$)	3,816.5	126.2	59.8

1. 골조 1층에서 횡구속인지 비횡구속인지의 검토

$\sum P_u = (1.2 \times 164,900) + (0.5 \times 15,930) + (0.5 \times 2,658) + 0$

$\qquad = 207,174 \text{kN}$

V_u = 풍하중에 대응되는 1층의 계수층 전단력

$\qquad = 1.3 \times 1,432 = 1,862 \text{kN}$

$\Delta_o = V_u$에 의한 1층의 1차 층간 상대변위

$\qquad = 1.3 \times (0.8\text{mm} - 0) = 1.0 \text{mm}$

층 안정성 지수 $Q = \dfrac{\sum P_u \Delta_o}{V_u l_c} = \dfrac{207,174 \times 1.0}{(1,862) \times \left(7,000 - \dfrac{500}{2}\right)}$

$\qquad\qquad\qquad = 0.02 < 0.05$

∴ 골조 1층은 횡구속이다.

2. 외부기둥 A3의 설계

장주효과를 고려해야 하는지 검토

$I_{col} = 0.7 I_g = 0.7 \left(\dfrac{600^4}{12}\right) = 7.56 \times 10^9 \text{mm}^4$

$E_c = 8,500 \sqrt[3]{f_{cu}}$

$f_{cu} = (f_{ck} + 4)$

$$E_c = 8{,}500\sqrt[3]{44} = 30{,}010\text{MPa}$$

2층 미만의 기둥

$$\left(\frac{E_c I}{l_c}\right)_{기둥} = \frac{30{,}010 \times (7.56 \times 10^9)}{\left(7{,}000 - \dfrac{500}{2}\right)} = 33.6 \times 10^9 \text{N} \cdot \text{mm}$$

2층 이상의 기둥

$$\left(\frac{E_c I}{l_c}\right)_{기둥} = \frac{30{,}010 \times (7.56 \times 10^9)}{3{,}950} = 57.4 \times 10^9 \text{N} \cdot \text{mm}$$

$$I_{보} = 0.35 I_g = 0.35 \left(\frac{700 \times 500^3}{12}\right) = 2.6 \times 10^9 \text{mm}^4$$
$$E_c = 8{,}500 \sqrt[3]{f_{cu}}$$
$$f_{cu} = f_{ck} + 4$$
$$E_c = 8{,}500 \sqrt[3]{31} = 26{,}700 \text{MPa}$$
$$\left(\frac{E_c I}{l_c}\right)_{보} = \frac{26{,}700 \times (2.6 \times 10^9)}{8{,}500} = 9.0 \times 10^9 \text{N} \cdot \text{mm}$$

압축부재 단부의 강성도비

$$\psi_A = \frac{\Sigma\left(\dfrac{E_c I}{l_c}\right)_{기둥}}{\Sigma\left(\dfrac{E_c I}{l_c}\right)_{보}} = \frac{(33.6 \times 10^9 + 57.4 \times 10^9)}{9.0 \times 10^9} = 10.1$$

기둥은 밑면에 고정되어 있으므로 $\psi_B = 0$이지만, 완전고정을 보장하기 어려우므로 1로 가정한다. 횡구속 골조 그림으로부터 $k = 0.86$

$$\frac{k l_u}{r} = \frac{0.86 \times (6{,}500)}{0.3 \times 600} = 31.1 > 34 - 12\left(\frac{M_1}{M_2}\right) = 34 - 12\left(\frac{59.8}{126.2}\right) = 28.3$$

∴ 장주효과 고려

$$C_m = 0.6 + 0.4\left(\frac{M_1}{M_2}\right) \geq 0.4$$

$$= 0.6 + 0.4\left(\frac{59.8}{126.2}\right) = 0.8 > 0.4 \quad \cdots\cdots\cdots\cdots\cdots\cdots \therefore \text{O.K}$$

$$P_c = \frac{\pi^2 EI}{(kl_u)^2}$$

$$EI = \frac{(0.4 E_c I_g)}{1 + \beta_{dns}}$$

$$E_c = 8,500\sqrt[3]{f_{cu}}$$

$$f_{cu} = (f_{ck} + 4)$$

$$E_c = 8,500\sqrt[3]{44} = 30,010 \text{MPa}$$

$$I_g = \frac{600^4}{12} = 10.8 \times 10^9 \text{mm}^4$$

$$E_s = 200 \times 10^3 \text{MPa}$$

고정하중만 작용하기 때문에

$$\beta_{dns} = \frac{1.2 P_D}{1.2 P_D + 1.6 L_r - 0.65 W}$$

$$= \frac{1.2 \times 3,130}{1.2 \times 3,130 + 1.6 \times 52 - 0.65 \times 35} = 0.98$$

$$EI = \frac{0.4 E_c I_g}{1 + \beta_{dns}} = \frac{0.4 \times 30,010 \times (10.8 \times 10^9)}{1 + 0.98} = 65.3 \times 10^{12} \text{N} \cdot \text{mm}^2$$

임계하중 P_c

$$P_c = \frac{\pi^2 EI}{(kl_u)^2} = \frac{(3.14^2) \times (65.3 \times 10^{12})}{(0.86 \times 6,500)^2} = 20,609 \text{kN}$$

확대모멘트 계수 δ_{ns}

$$\delta_{ns} = \frac{C_m}{1 - \dfrac{P_u}{0.75 P_c}} = \frac{0.8}{1 - \dfrac{3,816.5}{0.75 \times 20,609}} = 1.06$$

최소 계수휨모멘트 $M_{2,\min}$의 요구조건 검토

$M_{2,\min} = P_u e_{\min}$

$e_{\min} = 15 + 0.03h$

$M_{2,\min} = 3,816.5 \times (15 + 0.03 \times 600) = 125.9 \text{kN} \cdot \text{m}$

$M_{2,\min} = 125.9 \text{kN} \cdot \text{m} < M_2 = 126.2 \text{kN} \cdot \text{m}$

$\therefore M_c = 1.06 \times 126.2 = 133.8 \text{kN} \cdot \text{m}$

제1편 철근콘크리트 공학

Question 10 비횡구속 골조에서 기둥의 장주효과

다음 그림과 같은 12층 건물의 1층 기둥 C1을 설계하여라. 건물 1층의 순 층간높이는 4,060mm이고, 그 외의 다른 모든 층에서의 순 층간높이는 3,150mm이다.

설계조건

f_{ck}=40MPa : 1층 및 2층 기둥, f_{ck}=27MPa : 그 외의 부재
콘크리트 단위중량 : w_c=23kN/m³
철근 : f_y=400MPa   보의 단면 : 700×500mm
외부기둥 : 650×650mm   내부기둥 : 700×700mm
고정하중 : 1.4kN/m²   옥상활하중 : 1.4kN/m²
바닥활하중 : 2.4kN/m²
풍하중에 의한 1층 층전단력 : 1,336kN
그에 의한 1차 층간 상대변위 : 7.1mm
건물전체하중 : D=78,000kN L=8,780kN L_r=1,190kN
하중조합 : $1.2D+0.5L+0.5L_r$

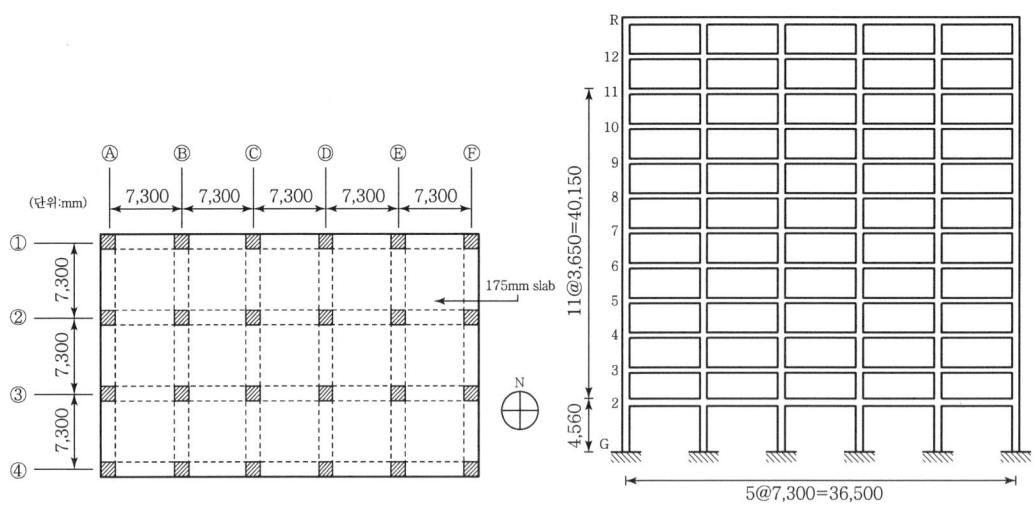

[12층 건물의 평면도와 입면도]

<기둥 C1의 계수축력과 계수휨모멘트>

하중조건	축력 (kN)	휨모멘트(kN·m)	
		상부	하부
고정하중(D)	2,700	46	23
활하중(L)*	320	20	10
지붕활하중(L_r)	37	0	0
풍하중(W)(N-S)	-210	23	185
풍하중(W)(S-N)	210	-23	-185

번호	하중조합				M_1	M_2	M_{1ns}	M_{2ns}	M_{1s}	M_{2s}
1	$1.2D+1.6L_r+0.65W$	3,162.7	70.2	147.9	70.2	147.9	55.2	27.6	15	120.3
2	$1.2D+1.6L_r-0.65W$	3,435.7	40.2	-92.7	40.2	-92.7	55.2	27.6	-15	-120.3

1. 골조 1층에서 횡구속인지 비횡구속인지 검토

$\sum P_u = (1.2 \times 78,000) + (0.5 \times 8,780) + (0.5 \times 1,190) + 0 = 98,585 \text{kN}$

V_u = 풍하중에 대응되는 1층에서의 계수층 전단력

$\quad = 1.3 \times 1,366 = 1,737 \text{kN}$

$\Delta_0 = V_u$에 의한 1층의 1계 층간 상대변위

$\quad = 1.3 \times (7.1 \text{mm} - 0) = 9.2 \text{mm}$

층 안정성 지수 $Q = \dfrac{\sum P_u \Delta_0}{V_u l_c} = \dfrac{98,585 \times 9.2}{1,737 \times \left(4,560 - \dfrac{500}{2}\right)} = 0.12$

층 안정성 지수 $Q = 0.12 > 0.05$이므로 골조 1층에서는 비횡구속이다.

2. 기둥 C1의 설계

(1) 장주효과를 고려해야 하는지 검토

$I_{기둥} = 0.7 \left(\dfrac{650^4}{12} \right) = 10.4 \times 10^9 \text{mm}^4$

$$E_c = 8{,}500\sqrt[3]{f_{cu}}$$
$$f_{cu} = (f_{ck} + 4)$$
$$E_c = 8{,}500\sqrt[3]{44} = 30{,}010\,\text{MPa}$$

2층 미만의 기둥 :
$$\left(\frac{E_c I}{l_c}\right)_{기둥} = \frac{30{,}010 \times (10.4 \times 10^9)}{\left(4{,}560 - \frac{500}{2}\right)} = 72.5 \times 10^9 \text{N} \cdot \text{mm}$$

2층 이상의 기둥 :
$$\left(\frac{E_c I}{l_c}\right)_{기둥} = \frac{30{,}010 \times (10.4 \times 10^9)}{3{,}650} = 85.6 \times 10^9 \text{N} \cdot \text{mm}$$

$$I_{보} = 0.35 I_g = 0.35\left(\frac{700 \times 500^3}{12}\right) = 2.6 \times 10^9 \text{mm}^4$$

보의 탄성계수 $E_c = 8{,}500\sqrt[3]{31} = 26{,}700\,\text{MPa}$
$$\left(\frac{E_c I}{l_c}\right)_{보} = \frac{26{,}700 \times (2.6 \times 10^9)}{7{,}300} = 9.3 \times 10^9 \text{N} \cdot \text{mm}$$

$$\psi_A = \frac{\sum\left(\dfrac{E_c I}{l_c}\right)_{기둥}}{\sum\left(\dfrac{E_c I}{l_c}\right)_{보}} = \frac{(72.5 \times 10^9 + 85.6 \times 10^9)}{9.3 \times 10^9} = 16.9$$

기둥은 밑면에 고정되어 있으므로 $\psi_B = 0$이지만, 완전고정을 보장하기는 어려우므로 $\psi_B = 1.0$으로 가정

횡구속 골조 그림으로부터 $k = 1.9$

$$\frac{kl_u}{r} = \frac{1.9 \times 4{,}060}{0.3 \times 650} = 39.6 > 22$$

∴ 장주효과는 고려

(2) 하중조합 1번과 2번에 대해

$$U = 1.2D + 1.6L_r \pm 0.65W$$

$$\sum P_u = (1.2 \times 78,000) + (1.6 \times 1,190) \pm 0 = 95,504\text{kN}$$

$$\Delta_0 = 0.65 \times 7.1 = 4.6\text{mm}$$

$$V_u = 0.65 \times 1,336 = 868.4\text{kN}$$

$$l_c = 4,560 - \left(\frac{500}{2}\right) = 4,310\text{mm}$$

$$Q = \frac{\sum P_u \Delta_0}{V_u l_c} = \frac{95,504 \times 4.6}{868.4 \times 4,310} = 0.12$$

$$\delta_s = \frac{1}{1-Q} = \frac{1}{1-0.12} = 1.14$$

하중조합 1

$$\delta_s M_{2s} = 1.14 \times 120.3 = 137.1\text{kN} \cdot \text{m}$$

$$M_2 = M_{2ns} + \delta_s M_{2s} = 27.6 + 137.1 = 164.7\text{kN} \cdot \text{m}$$

$$P_u = 3,162.7\text{kN}$$

하중조합 2

$$\delta_s M_{2s} = 1.14 \times (-120.3) = -137.1\text{kN} \cdot \text{m}$$

$$M_2 = M_{2ns} + \delta_s M_{2s} = 27.6 - 137.1 = -109.5\text{kN} \cdot \text{m}$$

$$P_u = 3,435.7\text{kN}$$

⟨하중조합 1번과 2번에 대한 기둥 C1의 확대모멘트 결과⟩

하중조합번호	하중조합	$\sum P_u$ (kN)	Δ_0 (mm)	V_u (kN)	Q	δ_s	M_{2ns} (kN·m)	M_{2s} (kN·m)	M_2 (kN·m)
1	$1.2D + 1.6L_r + 0.65W$	95,504	4.6	868.4	0.12	1.14	27.6	120.3	164.7
2	$1.2D + 1.6L_r - 0.65W$	95,504	4.6	868.4	0.12	1.14	27.6	-120.3	-109.5

| Question 11 | 비횡구속 장주 설계 |

층고 3.6m의 12층 철근콘크리트 모멘트골조로 된 건물을 풍하중에 저항하도록 설계하려고 한다. 이 건물은 철근콘크리트 부재의 단면특성을 고려한 1계 탄성해석을 수행하였으며 그 결과는 다음과 같다.

설계조건
- 2층의 풍하중에 의한 층전단력 = 1,360kN
- 2층의 풍하중에 의한 층간변위 = 0.01m
- 2층 기둥의 고정하중에 의한 축력의 합 : ΣP_D = 81,000kN
- 2층 기둥의 활하중에 의한 축력의 합 : ΣP_L = 24,500kN
- 2층 C1 기둥(600mm×600mm) 해석 결과

하중	축력(kN)	휨모멘트(kN.m)	
		상단	하단
고정하중	2,800	88	92
활하중	850	32	36
풍하중(+)	210	78	110

안정성 지수, $Q\left(=\dfrac{\Sigma P_u \Delta_o}{V_u l_c}\right)$를 사용하여 다음 사항을 검토하시오.

(1) 이 건물 2층 골조의 횡구속 여부
(2) 2층 C1 기둥의 세장효과 고려 여부 단, 기둥의 비지지길이(l_u)는 3.1m이며 유효좌굴길이계수, k는 1.5임
(3) 하중조합 1.2D+1.0L+1.3W)에 대한 2층 C1 기둥의 세장효과를 고려한 소요강도 (P_u, M_2)산정

◉ **풀이** 비횡구속된 장주를 설계하는 문제이다. 안정성지수를 고려하여 골조의 구속여부를 검토한 뒤 세장효과와 소요강도를 산정한다.

1. 2층 골조의 횡구속 여부 결정

(1) 층계수 전단력 산정 [V_u]

V_{wind} = 2층의 풍하중에 의한 층 전단력 = 1,360 kN

$V_u = 1.3 \times V_{wind} = 1.3 \times 1,360 = 1,768 \text{ kN}$

(2) V_u 에 의한 상하단의 상대변위 산정 [Δ_0]

Δ = 2층의 풍하중에 의한 층간변위 = 0.01 m = 10 mm

$\Delta_0 = 1.3 \times \Delta = 1.3 \times 10 = 13 \text{ mm}$

(3) 총 계수 수직축력 산정 [ΣP_u]

$$\Sigma P_u = 1.2 \times \Sigma P_D + 1.0 \times \Sigma P_L$$
$$= 1.2 \times 81 \times 10^3 + 1.0 \times 24.5 \times 10^3$$
$$= 121.7 \times 10^3 \text{ kN}$$

(4) 안정성지수 산정

$$Q = \frac{\Sigma P_u \Delta_o}{V_u l_c} = \frac{121.7 \times 10^3 \times 13.0}{1,768 \times 3,600} = 0.249$$

(5) 횡구속골조 여부 판정

$Q = \dfrac{\Sigma P_u \Delta_o}{V_u l_c} = 0.249 > 0.05$ 이므로 비횡구속 골조로 해석

2. 2층 C1 기둥의 세장효과 고려 여부

이 기둥의 세장비는 단주기둥의 세장비 한계 값이 22보다 크면 비횡구속인 구조물의 세장효과를 고려해야 하므로 세장비를 산정하여 세장효과 적용 여부를 검토한다.

$$\lambda = \frac{kl_u}{r} = \frac{kl_u}{\sqrt{\dfrac{I}{A}}} = \frac{kl_u}{\dfrac{a}{\sqrt{12}}} \approx \frac{kl_u}{0.3\,a}$$

$$= \frac{1.5 \times 3{,}100}{0.3 \times 600} = 25.83 > 22 \qquad \therefore \text{장주}$$

3. 소요강도 P_u, M_2 산정

하중조합 1.2D+1.0L+1.3W에 대한 2층 C1 기둥의 세장효과를 고려한 소요강도 P_u, M_2를 산정하는 문제이다. 주어진 하중을 사용하여 P_u, M_2를 구한다.

(1) P_u 산정

$$P_u = 1.2D + 1.0L + 1.3W$$
$$= 1.2 \times 2{,}800 + 1.0 \times 850 + 1.3 \times 210$$
$$= 4{,}483 \text{kN}$$

하중	축력(kN)
고정하중	2,800
활하중	850
풍하중(+)	210

(2) M_2 산정

$$M_1 = M_{1ns} + \delta_s M_{1s} = M_{1ns} + \frac{M_{1s}}{1-Q}$$

$$M_2 = M_{2ns} + \delta_s M_{2s} = M_{2ns} + \frac{M_{2s}}{1-Q}$$

여기서, M_1 : 기둥의 계수단부 휨모멘트 중 작은 값

M_2 : 기둥의 계수단부 휨모멘트 중 큰 값

M_{1ns} : M_1이 작용하는 압축부재의 단부에 횡변위를 일으키지 않는 하중에 대하여 1계 탄성 골조해석으로 얻어진 단부 계수휨모멘트

M_{2ns} : M_2이 작용하는 압축부재의 단부에 횡변위를 일으키지 않는 하중에 대하여 1계 탄성 골조해석으로 얻어진 단부 계수휨모멘트

M_{1s} : M_1이 작용하는 압축부재의 단부에 횡변위를 일으키는 하중에 대하여 1계 탄성 골조해석으로 얻어진 단부 계수휨모멘트

M_{2s} : M_2이 작용하는 압축부재의 단부에 횡변위를 일으키는 하중에 대하여 1계 탄성 골조해석으로 얻어진 단부 계수휨모멘트

δ_s : 횡방향하중과 연직하중에 의한 횡방향이동을 반영하기 위한 계수로 비횡구속골조에 대한 모멘트확대계수

하중	휨모멘트(kN·m)	
	상단	하단
고정하중	88	92
활하중	32	36
풍하중(+)	78	110

1) M_{1ns} & M_{2ns} 산정

풍하중이 없으면 횡변위가 발생하지 않으므로 M_{1ns}와 M_{2ns}는 다음과 같다.

$M_{1ns} = 1.2D + 1.0L$ ··· [상단]

$\quad = 1.2 \times 88 + 1.0 \times 32$

$\quad = 138 \text{kN}$

$M_{2ns} = 1.2D + 1.0L$ ··· [하단]

$\quad = 1.2 \times 92 + 1.0 \times 36$

$\quad = 146 \text{kN}$

2) M_{1s} & M_{2s} 산정

풍하중이 있으면 횡변위가 발생하므로 M_{1s}와 M_{2s}는 다음과 같다.

$M_{1s} = 1.3W$ ·· [상단]
$\quad\quad = 1.3 \times 78$
$\quad\quad = 101.4 \text{kN}$

$M_{2s} = 1.3W$ ·· [하단]
$\quad\quad = 1.3 \times 110$
$\quad\quad = 143 \text{kN}$

3) δM_{1s} & δM_{2s} 산정

δM_{1s} & δM_{2s}를 안정성지수를 이용하여 구한다.

$$\delta_s M_{1s} = \frac{M_{1s}}{1-Q} = \frac{101.4}{1-0.249} \approx 135 \text{kN}$$

$$\delta_s M_{2s} = \frac{M_{2s}}{1-Q} = \frac{143}{1-0.249} \approx 190 \text{kN}$$

4) M_1 & M_2 산정

$$M_1 = M_{1ns} + \delta_s M_{1s} = M_{1ns} + \frac{M_{1s}}{1-Q} = 138 + 135 = 273 \text{kN}$$

$$M_2 = M_{2ns} + \delta_s M_{2s} = M_{2ns} + \frac{M_{2s}}{1-Q} = 146 + 190 = 336 \text{kN}$$

> **Question** 2축 휨 기둥해석
>
> **12** 아래에 주어진 계수축하중 및 모멘트를 받는 정사각형 기둥을 설계하시오.
> (단, 배근형태는 4면에 균등배치하는 것으로 하며 장주효과는 무시한다.)
>
> (설계조건)
> $P_u = 1,800$kN, $M_{ux} = 900$kN·m, $M_{uy} = 400$kN·m
> 콘크리트강도 $f_{ck} = 30$MPa
> 철근강도 $f_y = 400$MPa

1. PCA 등 하중선법에 의해 등가 1축 휨모멘트(Equivalent Uniaxial Moment) M_{nox} 또는 M_{noy}를 계산

$\beta = 0.65$로 가정, $b = h$(정사각형 기둥)

$M_{ny} = M_{uy}/\phi = 400/0.65 = 615$kN·m

$M_{nx} = M_{ux}/\phi = 900/0.65 = 1,384$kN·m

$\dfrac{M_{ny}}{M_{nx}} = \dfrac{615}{1,384} = 0.4 < \dfrac{b}{h} = 1.0$

$\therefore \phi M_{nox} \fallingdotseq M_{ux} + M_{uy}\dfrac{h}{b}\left(\dfrac{1-\beta}{\beta}\right) = 900 + 400 \times 1.0 \times \dfrac{1-0.65}{0.65}$

$\qquad\qquad = 1,115$kN·m

2. 단면설계

휨모멘트가 아주 작을 경우 기둥단면의 크기는 축하중에 의한 가정 단면식으로 산정
단, $\rho_g = 0.01$로 가정

$A_{g\,(trial)} \geq \dfrac{P_u}{0.45(f_{ck} + f_y\rho_g)} = \dfrac{1,800 \times 10^3}{0.45(30 + 400 \times 0.01)} = 117,647 \text{mm}^2$

여기서는 휨모멘트가 상당히 크기 때문에 단면에 미치는 영향이 크다고 보아 800mm ×800mm 기둥으로 가정

다음 그림에서,

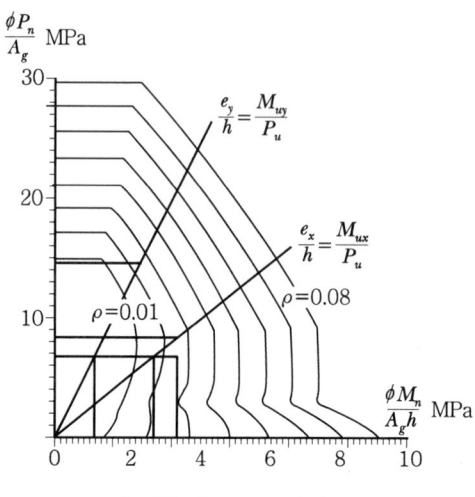

[그림 3] P-M 상관도

$$\frac{P_u}{A_g} = \frac{1,800 \times 10^3}{800 \times 800} = 2.81$$

$$\frac{M_u}{A_g h} = \frac{1.0 \times 1,115 \times 10^6}{800 \times 800 \times 800} = 2.18$$

$\rho_g = 0.01$

$A_{st} = \rho_g A_g = 0.01 \times 800 \times 800 = 6,400 \text{mm}^2$

$10 - D29(A_s = 6,420\text{mm}^2, \rho_g = 0.01)$ 사용

3. 단면검토

(1) 브레슬러 상반하중법

1) $P_n \geq 0.1 f_{ck} A_g$ 검토

$P_n = P_u/\phi = 1,800/0.65 = 2,769 > 0.1 \times 30 \times 800^2 \times 10^{-3} = 1,920 \text{kN}$

2) P_o, P_{ox}, P_{oy} 결정

$$P_o = 0.85 f_{ck}(A_g - A_{st}) + A_{st}f_y$$
$$= [0.85 \times 30(800^2 - 6,420) + 6,420 \times 400] \times 10^{-3}$$
$$= 18,724 \text{kN}$$

X축 : [그림 3]에서

$$\frac{M_{ux}}{A_gh} = \frac{900 \times 10^6}{800^2 \times 800} = 1.76$$

$$\frac{P_u}{A_g} = \frac{1,800 \times 10^3}{800^2} = 2.81$$

원점 (0, 0)과 점 $\left(\dfrac{M_{ux}}{A_gh}, \dfrac{P_u}{A_g}\right)$를 연결한 선 e_x/h 선상의 $\rho_g = 0.01$ 에서

$$\frac{\phi P_{ox}}{A_g} = 4,700 \text{kN/m}^2$$

$$P_{ox} = 4,700 \times 10^{-6} \times A_g/\phi = 4,700 \times 10^{-6} \times 800^2/0.65 = 4,628 \text{kN}$$

Y축 : [그림 3]에서

$$\frac{M_{uy}}{A_gh} = \frac{400 \times 10^6}{800^2 \times 800} = 0.78$$

$$\frac{P_u}{A_g} = \frac{1,800 \times 10^3}{800^2} = 2.81$$

원점 (0, 0)과 점 $\left(\dfrac{M_{uy}}{A_gh}, \dfrac{P_u}{A_g}\right)$를 연결한 선 e_y/h 선상의 $\rho_g = 0.01$ 에서

$$\frac{\phi P_{oy}}{A_g} = 8,000 \text{kN/m}^2$$

$$P_{oy} = (8,000 \times 10^{-6}) \times 800^2/0.65 = 7,876 \text{kN}$$

$$P_n = 2{,}769\text{kN} \leq \cfrac{1}{\cfrac{1}{P_{ox}} + \cfrac{1}{P_{oy}} - \cfrac{1}{P_o}}$$

$$= \cfrac{1}{\cfrac{1}{4{,}628} + \cfrac{1}{7{,}876} - \cfrac{1}{18{,}724}}$$

$$= 3{,}452\text{kN} = P_i$$

P_i가 P_n보다 크므로 적합함

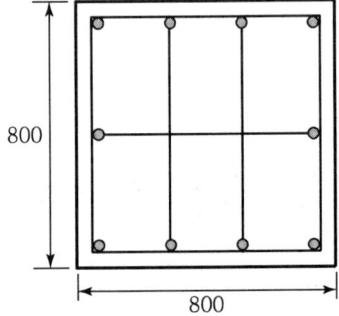

주근 : 10-D29
띠철근 : D10@450

제8장 기초설계

1 기초 정의

건축물이나 구조물의 상재하중을 지반으로 전달시키는 역할을 수행하는 구조를 기초(Footing)라 한다.

2 기초 종류

(1) 독립확대기초(Isolated or Single Footing)
(2) 복합확대기초(Combined Footing)
(3) 캔틸레버기초(Cantilever or Strap Footing)
(4) 연속기초(Continuous Footing)
(5) 전면기초(Mat Foundation)
(6) 줄기초/벽체기초(Wall Footing)
(7) 말뚝기초(Pile Cap Footing)

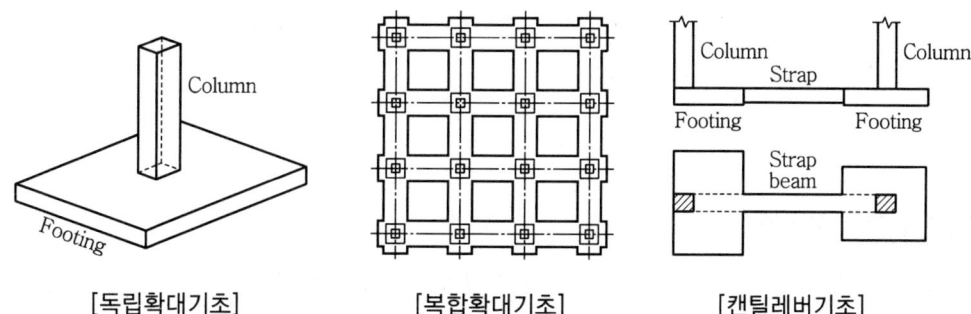

[독립확대기초]　　　[복합확대기초]　　　[캔틸레버기초]

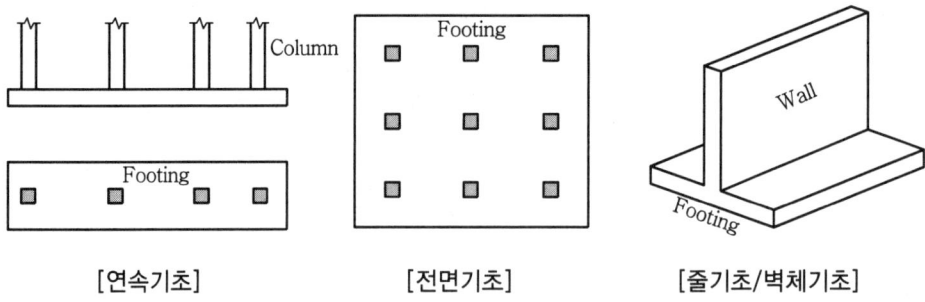

[연속기초]   [전면기초]   [줄기초/벽체기초]

3 위험단면

기초의 위험단면은 작용하는 단면력에 따라 다르게 규정하고 있다. 이를 정리해보면 다음과 같다. 작용하중에 따라 위험단면을 모두 검토해야 한다.

1. 1방향전단 위험단면

1방향전단에 대한 위험단면은 기둥벽면에서 유효깊이(d) 만큼 떨어진 부분으로 규정한다.

2. 2방향(펀칭)전단 위험단면

2방향전단에 대한 위험단면은 기둥 주변으로 기둥벽면에서 유효깊이의 1/2인 $d/2$만큼 떨어진 위치로 한다. 위험단면 주변의 총길이는 $4(c+d)$이다. 여기서, c는 기둥단면이고 d는 기초의 유효깊이다.

3. 휨모멘트 위험단면

휨에 대한 전단 위험단면은 휨모멘트 작용방향에 대해 기둥전면을 기준으로 한다. 휨에 저항하는 단면은 바닥판의 한 변을 기준으로 한다.

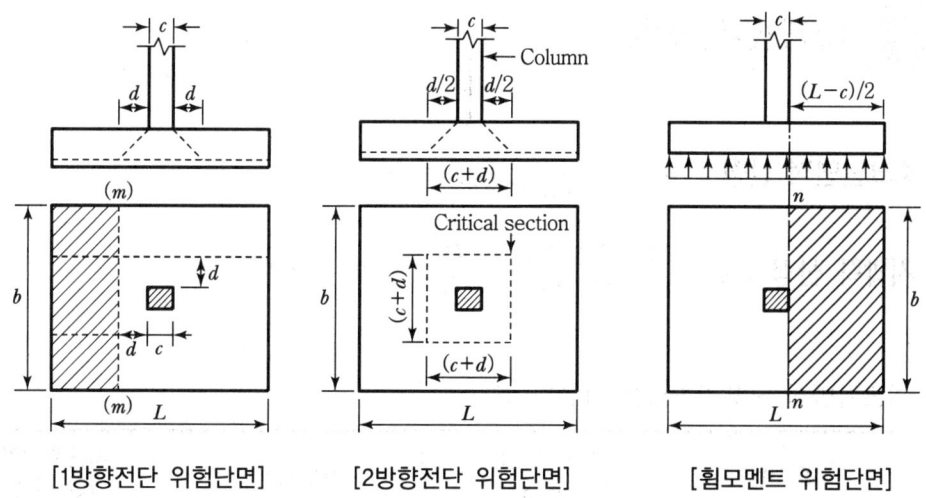

[1방향전단 위험단면]　　[2방향전단 위험단면]　　[휨모멘트 위험단면]

(1) 콘크리트 기둥, 벽체, 받침대를 지지하는 기초판 → 기둥의 전면, 원형인 경우 등가 정사각형으로 치환

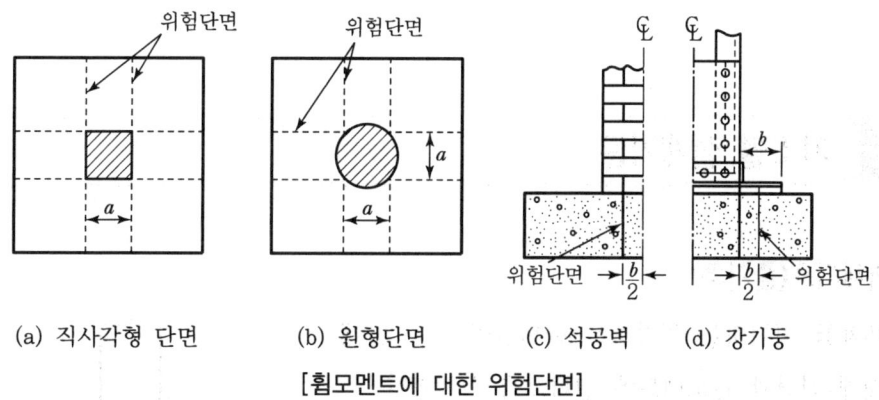

　(a) 직사각형 단면　　(b) 원형단면　　(c) 석공벽　　(d) 강기둥

[휨모멘트에 대한 위험단면]

(2) 석공벽을 지지하는 경우 → 중심선과 전면의 1/2선
(3) 강철저판을 갖는 기둥 → 강철저판 연단과 기둥전면의 1/2선

4 소요단면적 산정

1. 소요단면적 산정 : $A_{req} = \dfrac{\text{총 사용하중}}{\text{허용지지력}} = \dfrac{P}{q_a}$

2. 지압력 산정 : $q_u = \dfrac{\text{총 계수하중}}{\text{바닥기초면적}} = \dfrac{P_u}{A}$ ($e=0$인 경우)

기초지반의 허용지지력은 다음과 같다.

기초지반	허용지지력 (kN/m²)	기초지반	허용지지력 (kN/m²)
경암반(화강암)	5,000	조밀한 자갈	500
연암반(사암)	2,500	느슨한 자갈	300
연암(연사암)	800	사질토	150~300

5 기초별 설계기준

1. 벽체기초(줄기초)

벽체를 지지하는 줄기초는 단위길이($l_0 = 1.0$)에 대해 전단과 휨모멘트에 견디도록 설계한다.

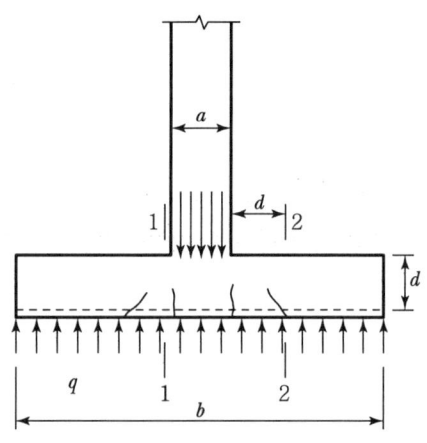

(1) 전단력 산정

전단력은 벽면에서 d만큼 떨어진 위험단면 (2-2 위치)에 대해 산정한다.

$$V_u = q_u \times \left(\dfrac{b-a}{2} - d\right) \times l_0$$
$$= q_u \left(\dfrac{b-a}{2} - d\right)$$

(2) 휨모멘트 산정

최대 휨모멘트는 벽체전면의 위험단면(1-1 위치)에 대해 산정한다.

$$M_u = q_u\left(\frac{b-a}{2}\right) \times l_0 \times \frac{1}{2}\left(\frac{b-a}{2}\right) = \frac{1}{8}q_u(b-a)^2$$

2. 독립확대기초

(1) 공칭펀칭 전단강도

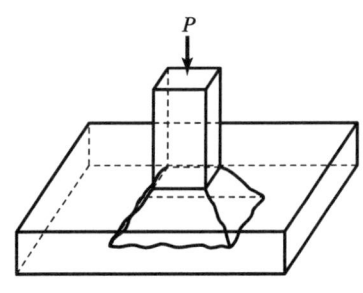

[펀칭전단 파괴형상]

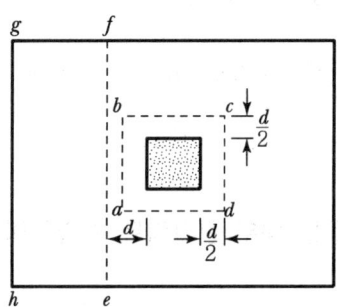

[펀칭전단 위험단면]

$$V_c = v_c b_o d$$

$$v_c = \lambda k_s\, k_{bo}\, f_{te} \cot\Psi(c_u/d)$$

여기서, v_c : 콘크리트의 공칭전단응력강도
b_0 : 위험단면의 둘레길이
λ : 경량콘크리트계수
k_s : 슬래브의 두께계수
k_{bo} : 위험단면 둘레길이의 영향계수
f_{te} : 압축대 콘크리트의 인장강도
Ψ : 슬래브 휨 압축대의 균열각도
c_u : 압축철근의 영향을 무시하고 계산된 슬래브 위험단면 압축대 깊이의 평균값
f_{cc} : 위험단면의 압축대에 작용하는 평균압축응력

$$k_s = (300/d)^{0.25} \leq 1.1 \quad (d : \text{mm})$$

$$k_{bo} = 4/\sqrt{\alpha_s(b_o/d)} \leq 1.25$$

$$f_{te} = 0.2\sqrt{f_{ck}}$$

$$f_{cc} = (2/3)f_{ck}$$

$$\cot\Psi = \sqrt{f_{te}(f_{te}+f_{cc})}/f_{te}$$

$$c_u = d[25\sqrt{\rho/f_{ck}} - 300(\rho/f_{ck})]$$

$\alpha_s = 1.0$(내부기둥), 1.33(외부기둥, 모서리기둥 제외), 2.0(모서리기둥)

$\rho \leq 0.03$의 범위에서 사용할 수 있으며 ρ가 0.005 이하인 경우 0.005를 사용

(2) 2방향 전단력 산정

$$V = p(HL - B^2), \quad B = (t+d)$$

여기서, t : 기둥크기

(3) 기초판 내부 콘크리트 지압응력

$$\phi P_n = \phi\left(0.85 f_{ck} \sqrt{\frac{A_2}{A_1}}\right) A_1 \leq 2 \times \phi\, 0.85 f_{ck} A_1$$

여기서, $\phi = 0.65$

f_{ck} : 기초판 설계기준강도

A_1 : 기둥단면적

A_2 : A_1 하부 최대 확장 단면적

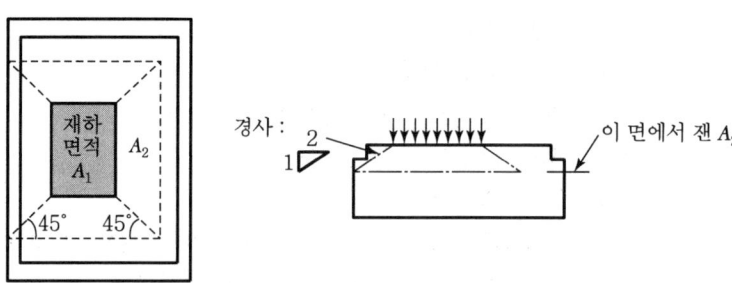

[A_1 & A_2 단면 정의]

3. 캔틸레버기초

두 기둥 연결기초인 캔틸레버기초의 형태와 지압응력은 다음과 같다.

(1) 일정단면 기초판

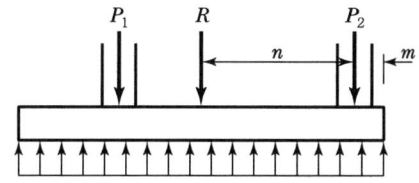

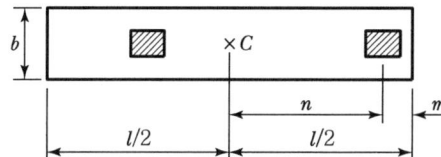

$$l = 2(m+n)$$
$$b = \frac{R}{q_e l}$$

(2) 변단면 기초판

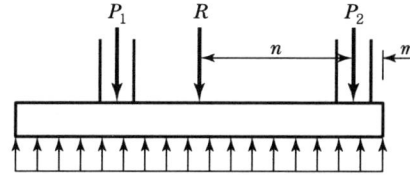

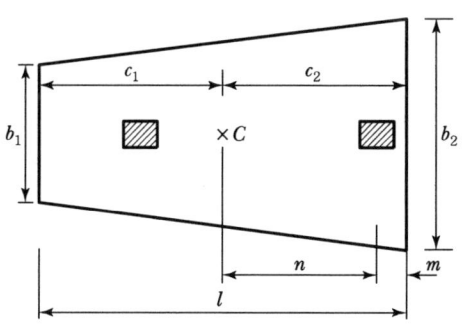

$$\frac{b_2}{b_1} = \frac{3(n+m)-l}{2l-3(n+m)}$$

$$(b_1 + b_2) = \frac{2R}{q_e l}$$

$$c_1 = \frac{l(b_1 + 2b_2)}{3(b_1 + b_2)}$$

$$c_2 = \frac{l(2b_1 + b_2)}{3(b_1 + b_2)}$$

(3) T형단면 기초판

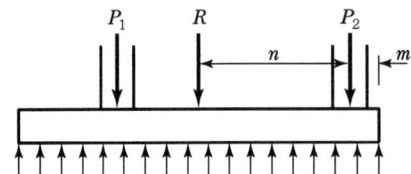

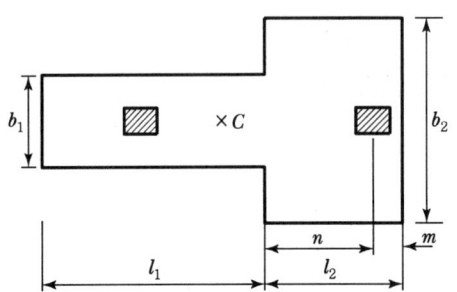

$$b_1 = \frac{R}{q_e} = \left[\frac{2(n+m)-l_2}{l_1(l_1+l_2)}\right]$$

$$b_2 = \frac{R}{l_2 q_e} - \frac{l_1 b_1}{l_2}$$

$$l_1 b_1 + l_2 b_2 = \frac{R}{q_e}$$

여기서, q_e : 유효지지력
  m : 토지한계선에서 외부기둥 중심까지 거리
  n : 외부기둥 중심에서 두 기둥하중의 합력점까지 거리

Question 01 확대기초 위험단면

확대기초 설계 시 기본가정, 휨과 전단에 대한 위험단면과 그 파괴유형을 그림으로 설명하시오.

1. 확대기초 기초판 설계 시 기본가정

(1) 지반반력은 직선으로 가정한다.

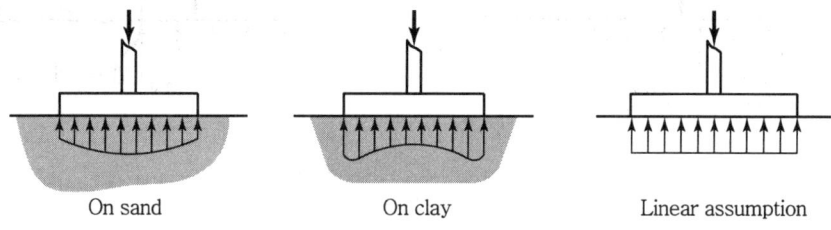

[지반반력의 분포 현황]

(2) 기초판과 지반 사이에 인장응력은 허용하지 않는다.

$e < l/6 \quad q = \dfrac{V}{A} \pm \dfrac{V \cdot e}{I} \dfrac{l}{2}$

$e > l/6 \quad q = \dfrac{2V}{3bm}$

$\quad m$: 압축력이 작용하는 부분의 길이

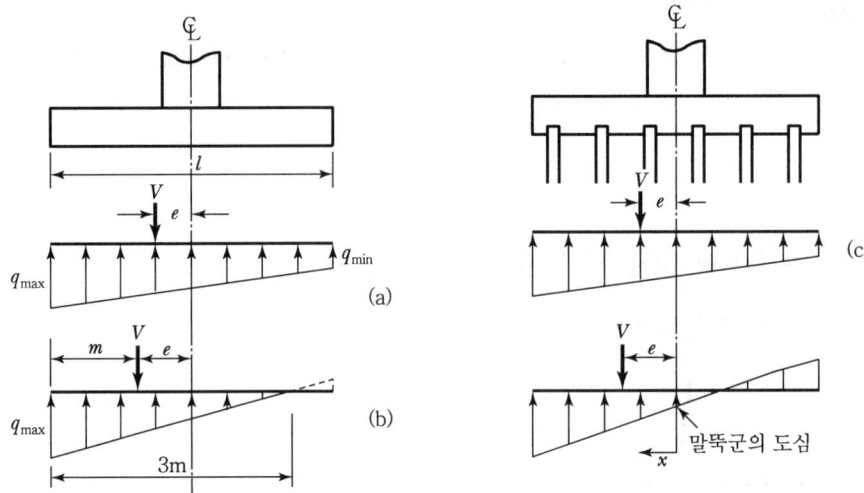

[지반반력의 분포]

2. 확대기초의 위험단면

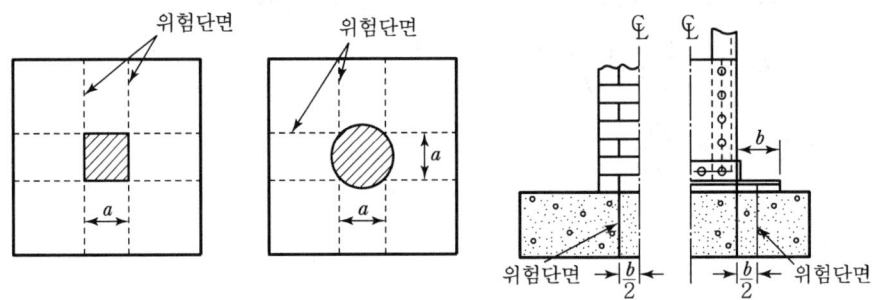

[휨모멘트에 대한 위험단면]

(1) 휨모멘트에 대한 위험단면

① 콘크리트 기둥, 벽체, 받침대를 지지하는 기초판 → 기둥의 전면 원형인 경우 등가정사각형으로 치환

② 석공벽을 지지하는 경우 → 중심선과 전면의 1/2선

③ 강철저판을 갖는 기둥 → 강철저판 연단과 기둥전면의 1/2선

(2) 전단에 대한 위험단면
   ① 1방향으로 작용하는 경우(사인장균열이 전폭에 걸쳐 발생하는 경우) : 기둥전면에서 d만큼 떨어진 거리
   ② 2방향으로 거동하는 경우(펀칭전단파괴가 발생하는 경우) : 기둥전면에서 $d/2$만큼 떨어진 곳

3. 기초판의 파괴형태

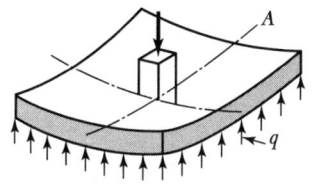

[기초판의 2방향 거동]

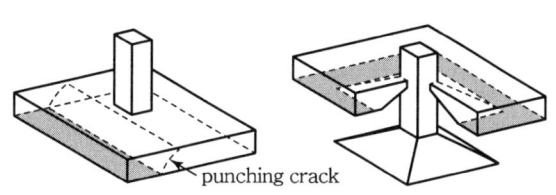

[기초판의 1방향 파괴와 2방향 파괴]

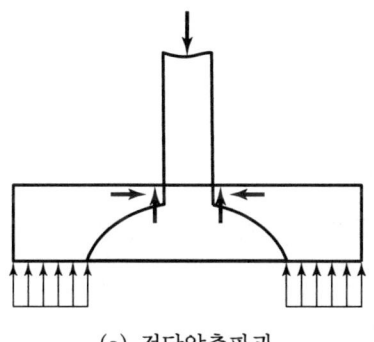

(a) 전단압축파괴

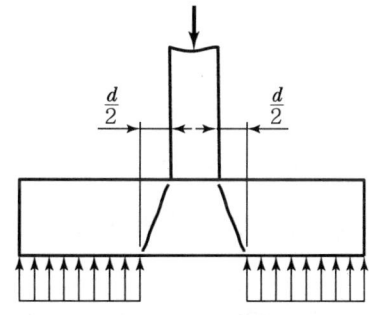

(b) 펀칭전단파괴

[확대기초의 파괴형태]

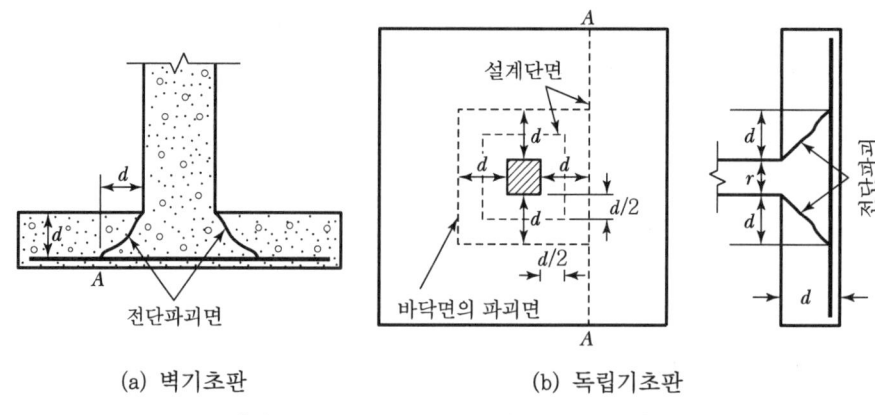

[기초판의 2방향 전단파괴(사인장 파괴)]

(1) **전단압축파괴** : a/d가 작은 경우(지간이 짧고 높이가 큰 보)

사인장 균열이 형성되고 압축측으로 발달되어 압축측이 감소됨으로 인하여 압축응력과 전단응력의 합성에 의해 파괴

(2) **사인장균열 후 휨파괴** : a/d가 작은 경우(1방향 파괴)

사인장균열이 발생한 후 사인장균열이 압축구역으로 진전되기 전에 인장철근의 항복으로 파괴

(3) **사인장파괴(펀칭전단파괴)** : a/d가 중간인 경우

집중하중의 네 주변에서 사인장균열이 발생되어 파괴되는 경우

(4) **사인장균열 전의 휨파괴** : a/d가 큰 경우

사인장균열이 발생되기 전에 인장철근이 항복함으로써 파괴

Question 02. 축력과 휨모멘트를 받는 직사각형 독립기초와 설계

다음 조건의 직사각형 독립기초를 설계하시오.

[설계조건]

고정하중 : $P_D = 1,200\text{kN}$, $M_D = 150\text{kN} \cdot \text{m}$
활하중 : $P_L = 850\text{kN}$, $M_L = 120\text{kN} \cdot \text{m}$
상재하중 $= 5\text{kN/m}^2$
흙과 콘크리트의 평균 중량 $= 21\text{kNm}^3$
장기 허용지내력 : $q_a = 300\text{kN/m}^2$
기둥 크기 $= 400\text{mm} \times 600\text{mm}$
$f_y = 400\text{MPa(N/mm}^2)$
$f_{ck} = 21\text{MPa(N/mm}^2)$
기초 크기 $= 2.8\text{m} \times 3.5\text{m}$
$h = 700\text{mm}$
$d = 600\text{mm}$

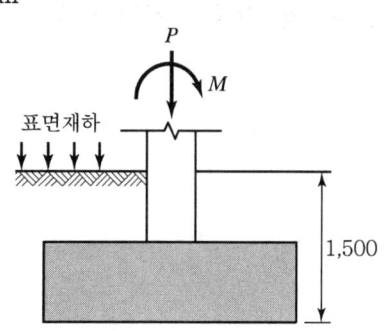

1. 기초판의 저면적 결정

(1) 순허용지내력

$q_e =$ 허용지내력 $-$ (흙과 콘크리트의 평균중량 $+$ 상재하중)

$= 300 - (21 \times 1.5 + 5) = 263.5\text{kN/m}^2$

(2) 기초판의 저면적 산정

기초판의 저면적을 산정할 때에는 사용하중을 사용

$P = P_D + P_L = 1,200 + 850 = 2,050\text{kN}$

$M = M_D + M_L = 150 + 120 = 270\text{kN} \cdot \text{m}$

$e = M/P = 270/2,050 = 0.13\text{m}$

$A_f = 2.8 \times 3.5 = 9.8\text{m}^2$

$Z_f = 2.8 \times 3.5^2/6 = 5.72\text{m}^3$

$$q_{1,2} = P/A_f \pm M/Z_f = 2,050/9.8 \pm 270/5.72$$
$$= [256.4,\ 162.0]\text{kN/m}^2 < q_e \quad \text{적합}$$

2. 설계용 하중과 지반 반력

기초판의 깊이와 보강근을 설계할 때에는 계수하중을 사용

$P_u = 1.2 \times 1,200 + 1.6 \times 850 = 2,800\text{kN}$

$M_u = 1.2 \times 150 + 1.6 \times 120 = 372\text{kN} \cdot \text{m}$

$e = \dfrac{M_u}{P_u} = \dfrac{372}{2,800} = 0.133\text{m} < L/6 = 0.583\text{m}$

$q_{1,2} = P_u/A_f \pm M_u/Z_f = 2,800/9.8 \pm 372/5.72$

$\qquad = 286 \pm 65 = 351,\ 221\text{kN/m}^2$

3. 기초판에 대한 전단검토

(1) 기초의 1방향 전단검토

$$V_u = \dfrac{(351+319)}{2} \times 2.8 \times 0.85 = 797.3\text{kN}$$

$$\phi V_c = \phi\left(\dfrac{1}{6}\sqrt{f_{ck}}\,b_w d\right) = 0.75\left(\dfrac{1}{6}\sqrt{21}\times 2.8\times 0.6\right)10^3 = 962.34\text{kN}$$

$V_u < \phi V_c \qquad \therefore \text{O.K}$

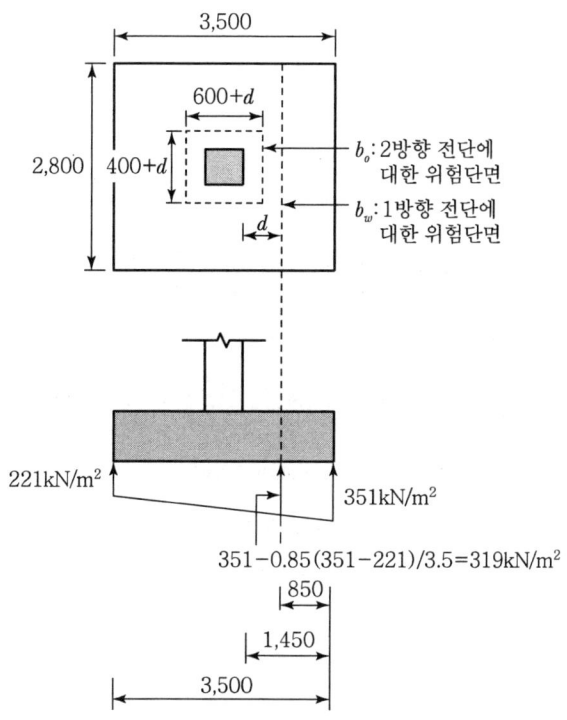

(2) 기초의 2방향 전단검토

기초판-기둥 접합부의 경우에는 기둥 면에서 $0.75d$ 내에 재하되는 등분포지반력의 영향을 무시할 수 있다.

$V_u = 286\{3.5 \times 2.8 - (0.6 + 1.5 \times 0.6)(0.4 + 1.5 \times 0.6)\} = 2,245.1 \text{kN}$

$V_c = v_c \times b_0 \times d$

$b_0 = 2(600 + 400 + 900 + 900) = 5,600 \text{mm}$

$d = 600 \text{mm}$

$v_c = \lambda k_s k_{b_0} f_{te} \cot\psi \left(\dfrac{c_u}{d}\right)$

$\lambda = 1$ (일반 콘크리트)

$k_s = \left(\dfrac{300}{d}\right)^{0.25} = \left(\dfrac{300}{600}\right)^{0.25} = 0.841 \leq 1.1$

$k_{b_0} = \dfrac{4}{\sqrt{\alpha_s\left(\dfrac{b_0}{d}\right)}} = \dfrac{4}{\sqrt{1 \times \left(\dfrac{5,600}{600}\right)}} = 1.31 > 1.25 \qquad \therefore\ k_{b_0} = 1.25$

$$f_{te} = 0.2\sqrt{f_{ck}} = 0.2\sqrt{21} = 0.917 \text{MPa}$$

$$f_{cc} = \frac{2}{3}f_{ck} = \frac{2}{3} \times 21 = 14 \text{MPa}$$

$$\cot\psi = \frac{\sqrt{f_{te}(f_{te}+f_{ce})}}{f_{te}} = \frac{\sqrt{0.917(0.917+14)}}{0.917} = 4.03$$

$$c_u = d\left\{25\sqrt{\frac{\rho}{f_{ck}}} - 300\left(\frac{\rho}{f_{ck}}\right)\right\} = 600\left\{25\sqrt{\frac{0.005}{21}} - 300\left(\frac{0.005}{21}\right)\right\} = 188.6 \text{mm}$$

($\rho \leq 0.005$인 경우 $\rho = 0.005$ 사용)

$$v_c = 1 \times 0.841 \times 1.25 \times 0.917 \times 4.03 \times \left(\frac{188.6}{600}\right) = 1.22 \text{MPa}$$

$$V_c = 1.22 \times 5,600 \times 600 \times 10^{-3} = 4,099.2 \text{kN}$$

$$\therefore \phi V_c = 0.75 \times 4,099.2 = 3,074.4 \text{kN}$$

$$\therefore V_u = 2,245.1 \text{kN} < \phi V_c = 3,074.4 \text{kN} \qquad \therefore \text{O.K}$$

4. 휨철근의 산정

(1) 장변방향 휨철근의 산정

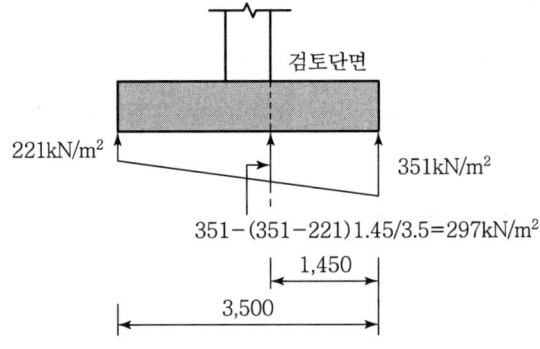

$$M_u = \{297 \times 1.45^2/2 + (351-297) \times 1.45^2/3\}2.8 = 980.2 \text{kN} \cdot \text{m}$$

$$m_u = \frac{M_u}{f_{cd}bd^2} = \frac{980.2 \times 10^6}{0.65(0.85 \times 21) \times 2,800 \times 600^2} = 0.0838$$

$$z = 0.5\left(1+\sqrt{1-2m_u}\right)d = 0.5\left(1+\sqrt{1-2 \times 0.0838}\right) \times 600 = 573.7 \text{mm}$$

$0.95d = 0.95 \times 600 = 570\text{mm}$

소요 $A_s = \dfrac{M_u}{f_{yd}z} = \dfrac{980.2 \times 10^6}{0.9(400)(570)} = 4,777\text{mm}^2$

$A_{s\max} = 0.04 \times 2,800 \times 700 = 86,400\text{mm}^2$

$A_{s\min} = 0.002 \times 2,800 \times 700 = 3,920\text{mm}^2$

Use 14-D22 ($A_s = 5,418\text{mm}^2$)

(2) 단변방향 휨철근의 산정

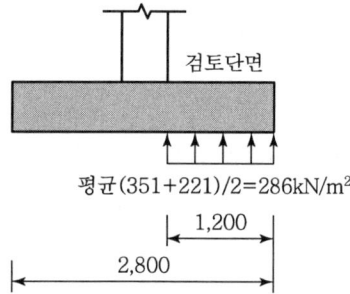

최대 계수모멘트가 발생하는 기둥면에서 휨철근을 계산한다.

$M_u = 286 \times 1.2^2/2 \times 3.5 = 720.7\text{kN} \cdot \text{m}$

소요 $A_s = \dfrac{M_u}{f_{yd}z} = \dfrac{720.7 \times 10^6}{0.9(400)(0.95 \times 600)} = 3,512\text{mm}^2$

단변방향 휨철근의 배근간격을 일정하게 하기 위하여

$A_{sa} = A_s\left(\dfrac{\beta \times 2}{\beta + 1}\right) = 3,512\left(\dfrac{1.25 \times 2}{1.25 + 1}\right) = 3,902\text{mm}^2$

여기서, β = 기초의 장변/단변 = 3.5/2.8 = 1.25

$A_{s(\min)} = 0.002 \times 3,500 \times 700 = 4,900\text{mm}^2$(지배)

Use 13-D22 ($A_s = 5,031\text{mm}^2$)

5. 철근의 정착길이 검토

정착에 대해서는 정착길이가 짧은 단변방향의 D22 철근을 검토한다.

$$l_{db} = \frac{0.6 d_b f_y}{\sqrt{f_{ck}}} = \frac{0.6 \times 22 \times 400}{\sqrt{21}} = 1,152\text{mm}$$

철근 배근위치, 에폭시 도막 여부 및 콘크리트 종류에 따른 보정계수
D22 = 1.0, $\alpha = \beta = \lambda = 1.0$ 이므로
$$l_{d(\text{req})} = 1.0 \alpha \beta \lambda l_{db} = 1.0 \times 1,152 = 1,152\text{mm}$$

엄밀식을 적용하면
$$l_{d(\text{req})} = 761\text{mm} \;\;(\text{지배})$$
$$l_d = \frac{(2,800 - 400)}{2} - 80 = 1,120\text{mm} > l_{d(\text{req})} = 761\text{mm} \qquad \therefore \text{ O.K}$$

6. 배근 단면도

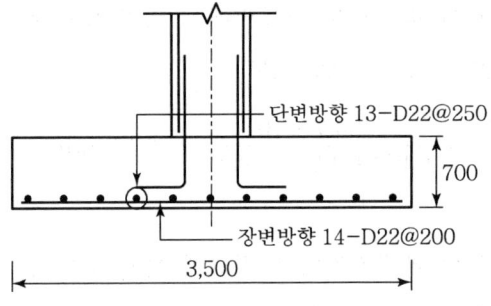

Question 03 말뚝 기초판(Pile Cap)설계

다음과 같이 말뚝에 의해 지지되는 말뚝머리 기초판의 전단에 대해 검토하시오.

설계조건

기초판 크기 = 2.6m × 2.6m
기둥 크기 = 0.4m × 0.4m
말뚝지름 = 0.3m
$f_{ck} = 27\text{MPa}$
말뚝당 작용하중 :
$P_D = 90\text{kN}$
$P_L = 45\text{kN}$
$h = 500\text{mm}$
$d = 350\text{mm}$

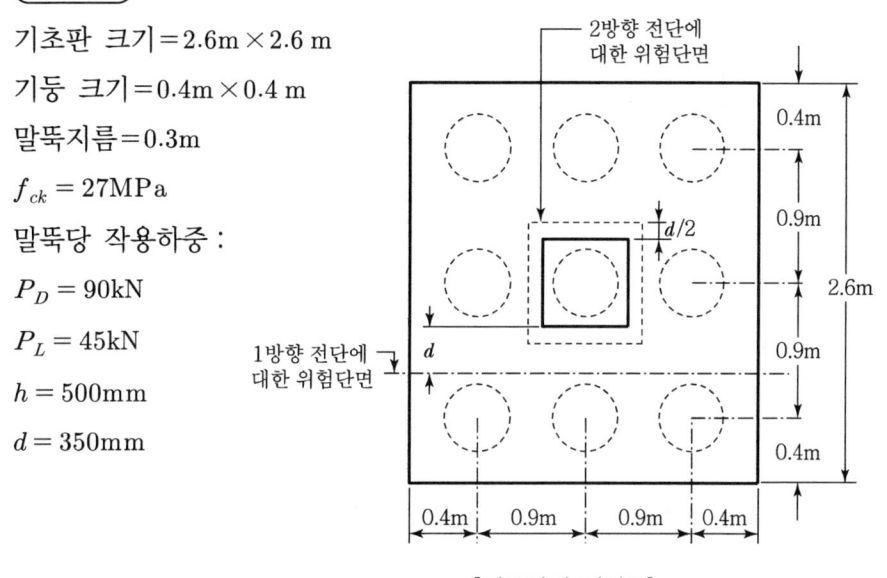

[기초판의 평면도]

1. 파일에 작용하는 계수하중

$$P_u = 1.2(90) + 1.6(45) = 180\text{kN}$$

2. 전단에 대한 검토

$$V_u \leq \phi V_n$$

(1) 기초판의 1방향 전단에 대한 검토 : 3개 말뚝이 위험단면에 포함

$$V_u(\text{기초판의 자중 무시}) = 3 \times 180 = 540\text{kN}$$

$$\phi V_n = \phi \frac{1}{6} \lambda \sqrt{f_{ck}} \, b_w d$$

$b_w = 2.6\text{m}$

$\phi V_n = 0.75 \times \dfrac{1}{6}\sqrt{27} \times 2{,}600 \times 350 = 591\text{kN} > V_u = 540\text{kN} \qquad \therefore \text{ O.K}$

(2) 2방향 전단에 대한 검토 : 8개의 말뚝이 위험단면에 포함

$V_u = 8 \times 180 = 1{,}440\text{kN}$

$b_o = 2(400 + 400 + 350 \times 2) = 3{,}000\text{mm}$

$V_c = v_c \times b_o \times d$

$v_c = \lambda k_s k_{bo} f_{te} \cot\psi \left(\dfrac{c_u}{d}\right)$

$\lambda = 1$

$k_s = \left(\dfrac{300}{d}\right)^{0.25} = \left(\dfrac{300}{350}\right)^{0.25} = 0.96 \leq 1.1$

$k_{bo} = \dfrac{4}{\sqrt{\alpha_s\left(\dfrac{b_o}{d}\right)}} \leq 1.25 = \dfrac{4}{\sqrt{1 \times \left(\dfrac{3{,}000}{350}\right)}} = 1.37 \geq 1.25$ 이므로 1.25

$\alpha_s = 1$(내부기둥)

$f_{te} = 0.2\sqrt{f_{ck}} = 0.2\sqrt{27} = 1.04\text{MPa}$

$f_{cc} = \dfrac{2}{3}f_{ck} = \dfrac{2}{3} \times 27 = 18\text{MPa}$

$\cot\psi = \dfrac{\sqrt{f_{te}(f_{te} + f_{cc})}}{f_{te}} = \dfrac{\sqrt{1.04(1.04 + 18)}}{1.04} = 4.28$

$c_u = d\left[25\sqrt{\dfrac{\rho}{f_{ck}}} - 300\left(\dfrac{\rho}{f_{ck}}\right)\right] = 350\left[25\sqrt{\dfrac{0.005}{27}} - 300\left(\dfrac{0.005}{27}\right)\right] = 99.63\text{mm}$

($\rho \leq 0.005$인 경우 $\rho = 0.005$ 사용)

$v_c = \lambda k_s k_{bo} f_{te} \cot\psi \left(\dfrac{c_u}{d}\right) = 1 \times 0.96 \times 1.25 \times 1.04 \times 4.28 \times \left(\dfrac{99.63}{350}\right) = 1.52\text{MPa}$

$V_c = v_c \times b_o \times d = 1.52 \times 3{,}000 \times 350 = 1{,}596\text{kN}$

$$\phi V_c = 0.75 \times 1,596\text{kN} = 1,197.0\text{kN}$$
$$= 1,197.0\text{kN} < 1,440\text{kN} \quad \therefore \text{ N.G}$$

3. 바깥쪽 말뚝에 대한 '펀칭' 전단강도의 확인, 말뚝 중심 간의 거리가 0.9m라면 위험단면은 서로 겹치지 않는다.

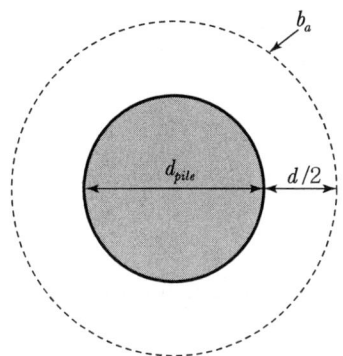

[펀칭 전단에 대한 위험단면]

$V_u = 180\text{kN}\,(\text{각 기둥당})$

$b_o = \pi(300 + 350) = 2,041\text{mm}$

$\lambda = 1\,(\text{일반콘크리트})$

$k_s = \left(\dfrac{300}{d}\right)^{0.25} = \left(\dfrac{300}{350}\right)^{0.25} = 0.96 < 1.1$

$k_{b_o} = \dfrac{4}{\sqrt{\alpha_s\left(\dfrac{b_o}{d}\right)}} \leq 1.25 = \dfrac{4}{\sqrt{1.33\left(\dfrac{2,041}{350}\right)}} = 1.44 \geq 1.25$ 이므로 1.25

$\alpha_s = 1.33\,(\text{외부기둥})$

$f_{te} = 0.2\sqrt{f_{ck}} = 0.2\sqrt{27} = 1.04\text{MPa}$

$f_{cc} = \dfrac{2}{3}f_{ck} = \dfrac{2}{3} \times 27 = 18\text{MPa}$

$$\cot\psi = \frac{\sqrt{f_{te}(f_{te}+f_{cc})}}{f_{te}} = \frac{\sqrt{1.04(1.04+18)}}{1.04} = 4.28$$

$$c_u = d\left[25\sqrt{\frac{\rho}{f_{ck}}} - 300\left(\frac{\rho}{f_{ck}}\right)\right]$$

$$= 350\left[25\sqrt{\frac{0.005}{27}} - 300\left(\frac{0.005}{27}\right)\right]$$

$$= 99.63\text{mm}$$

($\rho \leq 0.005$인 경우 $\rho = 0.005$ 사용)

$$v_c = \lambda k_s k_{b_o} f_{te} \cot\psi \left(\frac{c_u}{d}\right)$$

$$= 1 \times 0.96 \times 1.25 \times 1.04 \times 4.28 \times \left(\frac{99.63}{350}\right)$$

$$= 1.52\text{MPa}$$

$$V_c = v_c \times b_o \times d = 1.52 \times 2{,}041 \times 350 \times 10^{-3} = 1{,}085.8\text{kN}$$

$$\phi V_c = 0.75 \times 1{,}085.8\text{kN} = 814.4\text{kN}$$

$$= 814.4\text{kN} > 180\text{kN} \quad \therefore \text{ O.K}$$

Question 04 연결기초의 설계

다음과 같은 설계조건의 연결기초(Strap Footing)를 설계하시오.

설계조건

외부기둥 : 600mm×450mm, $P_D=900kN$, $P_L=500kN$

내부기둥 : 600mm×600mm, $P_D=1,300kN$, $P_L=800kN$

상재하중 : $5kN/m^2$

흙과 콘크리트의 평균중량 : $21kN/m^3$

흙 속 기초 깊이 = 1.8m

허용지내력 $q_a = 300kN/m^2$

철근 $f_y = 400MPa(N/mm^2)$

콘크리트 $f_{ck} = 21MPa(N/mm^2)$

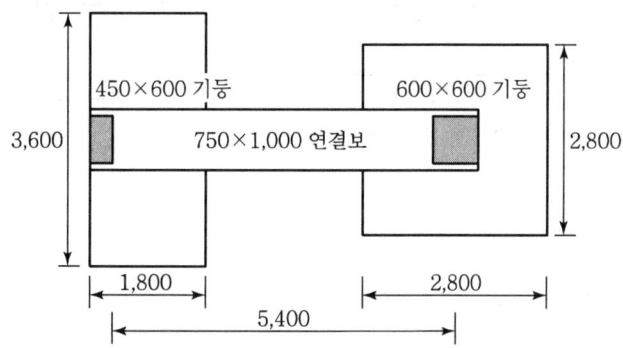

⟨검사 항목⟩
1) 기초판의 접지압 산정
2) 설계하중과 부재력(M, V) 산정
3) 외부기초판에 대한 전단검토
4) 외부기초판의 휨철근 산정(가로배근 D19, 세로배근 D22)
5) 연결보의 설계(상단철근 D25, 전단보강철근 D13)
6) 배근도 작성

1. 기초판의 저면적 결정

(1) 순 허용지내력

q_e = 허용지내력 − (흙과 콘크리트의 평균중량 + 상재하중)

$= 300 - (21 \times 1.8 + 5) = 257.2 \text{kN/m}^2$

(2) 기초판의 저면적 산정

외부기둥 $P_1 = 900 + 500 = 1,400\text{kN}$

내부기둥 $P_2 = 1,300 + 800 = 2,100\text{kN}$

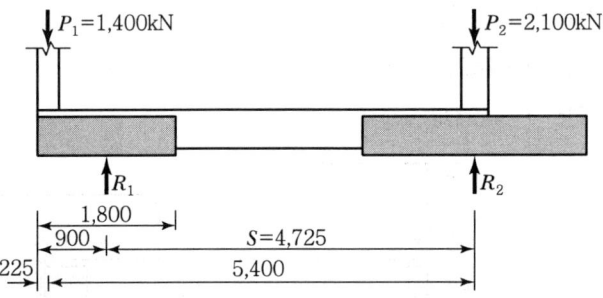

$S = 5.4 + 0.225 - 0.9 = 4.725\text{m}$

$R_1 = 1,400 \times \dfrac{5.4}{4.725} = 1,600\text{kN}$

$R_2 = 1,400 + 2,100 - 1,600 = 1,900\text{kN}$

외부기초의 지압력 $= \dfrac{1,600}{6.48} = 246.9\text{kN/m}^2 < q_e = 257.2\text{kN/m}^2$

내부기초의 지압력 $= \dfrac{1,900}{7.84} = 242.4\text{kN/m}^2 < q_e = 257.2\text{kN/m}^2$ ∴ O.K

2. 설계용 하중과 길이방향 부재력 산정

(1) 설계용 하중과 지반반력

기초의 전단검토와 휨철근을 산정할 때에는 계수하중 사용

외부기둥 $P_1 = 1.2 \times 900 + 1.6 \times 500 = 1,880\text{kN}$

내부기둥 $P_2 = 1.2 \times 1,300 + 1.6 \times 800 = 2,840\text{kN}$

외부기초 $R_1 = 1,880 \times \dfrac{5.4}{4.725} = 2,149\text{kN}$

내부기초 $R_2 = 1,880 + 2,840 - 2,149 = 2,571\text{kN}$

외부기초 $q_{u1} = \dfrac{2,149}{(1.8 \times 3.6)} = 331.6\text{kN/m}^2$

내부기초 $q_{u2} = \dfrac{2,571}{(2.8 \times 2.8)} = 327.9\text{kN/m}^2$

(2) 길이방향 부재력 산정

전단력 0인 점

$x = \dfrac{1,880}{1,194} = 1.58\text{m}$

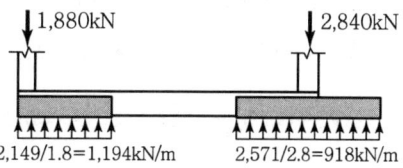

최대 부모멘트(전단력 0인 위치)

$M_u = 1,880(1.58 - 0.225)$
$\quad\quad - 1/2 \times 1,194 \times 1.58^2$
$\quad = 1,057\text{kN·m}$

최대 정모멘트(내부기둥 외측)

$M_u = \dfrac{1}{2} \times 918 \times 1.1^2 = 555\text{kN·m}$

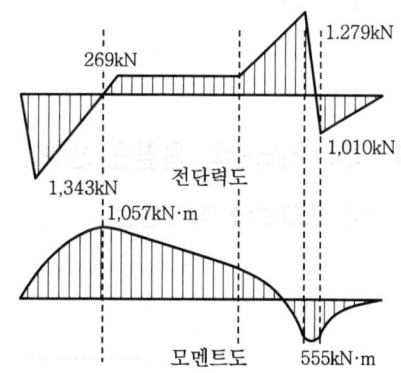

3. 외부 기초판에 대한 전단검토

$V_u \leqq \phi V_c$

$\phi = 0.75$

$h = 700\text{mm},\ d = 600\text{mm}$ 가정

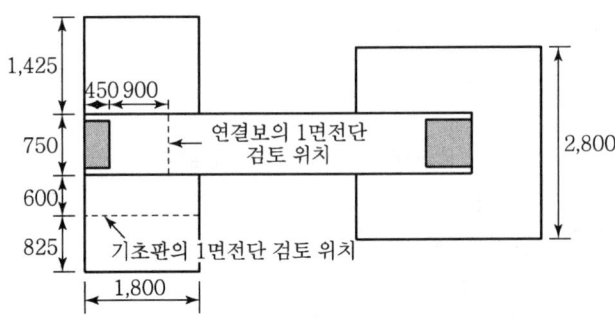

기초판의 전단강도는 1방향 전단에 대해서만 검토하며 연결보가 설치되어 있으므로 2방향 전단검토는 실시하지 않는다.

$V_u = 331.6 \times 1.8 \times 0.825 = 492.4\text{kN}$

$\phi V_c = 0.75 \left(\dfrac{1}{6} \sqrt{21} \times 1.8 \times 0.6 \right) 10^3 = 618.6\text{kN}$

$V_u < \phi V_c \quad \therefore \text{O.K}$

4. 외부 기초판의 휨철근 산정

(1) 연결보와 직각방향

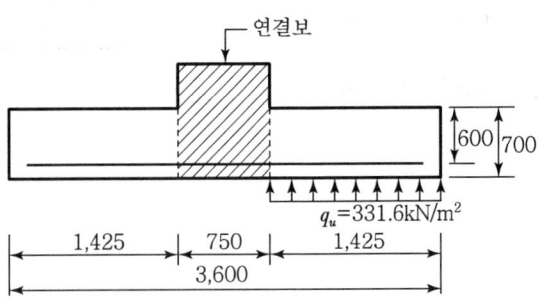

연결보를 지지부재로 하여 줄기초와 설계

$M_u = \dfrac{1}{2} \times 331.6 \times 1.425^2 \times 1.8 = 606.0 \text{kN} \cdot \text{m}$

$m_u = \dfrac{M_u}{f_{cd}bd^2} = \dfrac{606.0 \times 10^6}{0.65(0.85 \times 21) \times 1,800 \times 600^2} = 0.0806$

$z = 0.5(1+\sqrt{1-2m_u})d = 0.5(1+\sqrt{1-2\times 0.0806})\times 600 = 574.8\text{mm}$

$0.95d = 0.95 \times 600 = 570.0\text{mm}$

소요 $A_s = \dfrac{M_u}{f_{yd}z} = \dfrac{606 \times 10^6}{0.9(400)(570)} = 2,953\text{mm}^2$

$\rho_{\min} = \dfrac{1.4}{f_y} = \dfrac{1.4}{400} = 0.0035$

$A_{s,\min} = 0.0035 \times 1,800 \times 600 = 3,780\text{mm}^2$ (지배)

따라서 10−D22 철근($A_s = 3,870\text{mm}^2$)을 배근

(2) 연결보와 나란한 방향은 최소 철근만을 배근

$A_s = 0.002 \times 1,000 \times 700 = 1,400\text{mm}^2$

따라서 D19@200mm($A_s = 1,435\text{mm}^2/\text{m}$)의 배근

5. 연결보의 설계

$M_u = 1,057\text{kN} \cdot \text{m}$

$V_u = 1,880 - 1,194 \times (0.45 + 0.9) = 268.1\text{kN}$

$b_w = 750\text{mm},\ h = 1,000\text{mm},\ d = 900\text{mm}$

소요 $A_s = \dfrac{1,057 \times 10^6}{0.9(400)(0.95 \times 900)} = 3,434\text{mm}^2$ (지배)

$\rho_{\min} = \dfrac{1.4}{f_y} = \dfrac{1.4}{400} = 0.0035$

$A_{s,\min} = 0.0035 \times 750 \times 900 = 2,363\text{mm}^2$

∴ Use 8−D25($A_s = 4,053.6\text{mm}^2$)

전단강도 검토결과 $\phi V_c/2 < V_u < \phi V_c = 386\text{kN}$ 이므로 최소전단보강근을 배근

6. 배근도

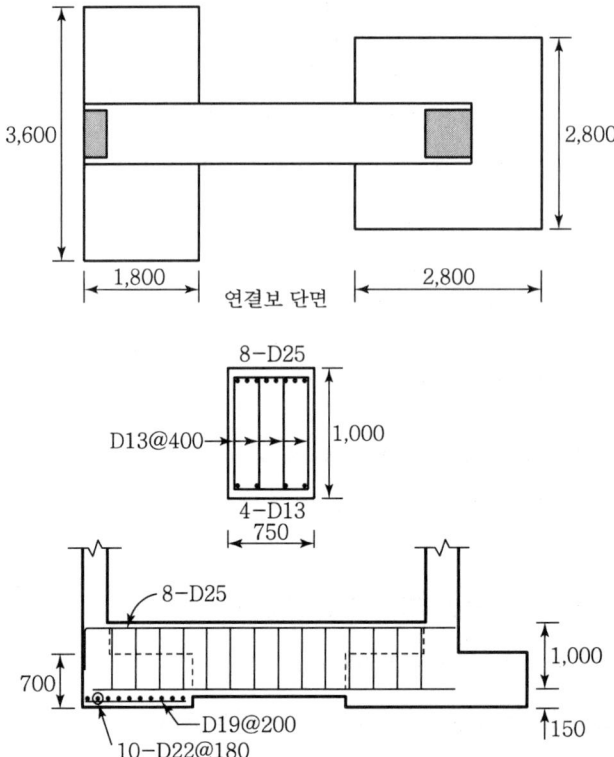

제8장 기초설계

Question 05 주각에서의 힘의 전달에 대한 설계

아래와 같은 기둥과 기초의 접촉면에서 지압강도, 다우얼철근, 정착 등에 대해 검토하시오.

설계조건

기둥의 콘크리트 설계기준압축강도
$f_{ck} = 35\text{MPa}(\text{N/mm}^2)$
기초의 콘크리트 설계기준압축강도
$f_{ck} = 21\text{MPa}(\text{N/mm}^2)$
철근의 설계기준항복강도
$f_y = 400\text{MPa}(\text{N/mm}^2)$
설계용 하중 $P_u = 4{,}200\text{kN}$
기둥크기 = 300mm × 750mm
기초크기 = 4,200mm × 4,200mm

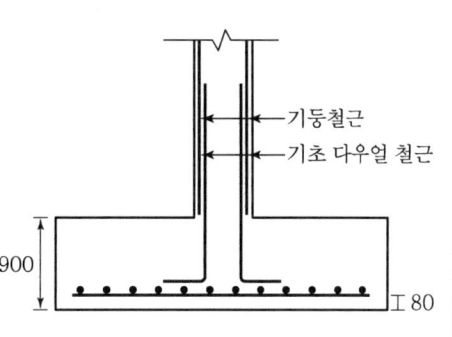

1. 기둥 콘크리트의 지압강도 설계

$P_u = 4{,}200\text{kN}$

$\phi P_{nb} = \phi(0.85 f_{ck}\ A_1) = 0.65 \times (0.85 \times 35 \times 300 \times 750) \times 10^{-3} = 4{,}351\text{kN}$

여기서, f_{ck} : 기둥 콘크리트의 설계기준압축강도(35MPa)
A_1 : 기둥의 단면적(300×750)

$P_u < \phi P_{nb}$ ∴ O.K

2. 기초 콘크리트의 지압강도 설계

(1) 지압강도 검토

$P_u = 4{,}200\text{kN}$

$\phi P_{nb} = \phi(0.85 f_{ck}\sqrt{A_2/A_1})A_1$

$\quad\quad\quad = 0.65 \times (0.85 \times 21 \times 2) \times 300 \times 750 \times 10^{-3} = 5{,}221\text{kN}$

여기서, f_{ck} : 기초 콘크리트의 설계기준압축강도(21MPa)
A_1 : 기둥의 단면적(300×750)
A_2 : 기초의 지지면적($3,750 \times 4,200$)
$\sqrt{A_2/A_1} = \sqrt{15,750,000/225,000} = 8.37 \to 2.0$(최대)

$\therefore P_u < \phi P_{nb}$ $\therefore$ O.K

(2) 기둥과 기초 사이에 필요한 다우얼 철근

$A_{s(\min)} = 0.005(300 \times 750) = 1,125 \text{mm}^2$

$4-D19(A_s = 1,196\text{mm}^2)$ 다우얼 철근 사용

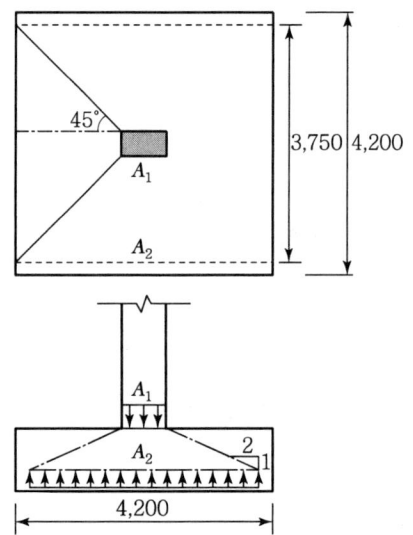

(3) 다우얼 철근의 정착길이 검토

기둥 내 필요 정착길이

$$l_{db} = \frac{0.25 d_b f_y}{\lambda \sqrt{f_{ck}}}$$

$$= 0.25 \times 19 \times \frac{400}{\sqrt{35}} = 321\text{mm}$$

$l_{db} = 0.043 d_b f_y = 0.043 \times 19 \times 400 = 327\text{mm}(지배)$

보정계수=1일 경우

$l_d = l_{db} = 321\text{mm}$

기초 내 필요 정착길이

$l_{db} = 0.25 \times 19 \times 400 / \sqrt{21} = 414.6\text{mm}(지배)$

$l_{db} = 0.043 \times 19 \times 400 = 327\text{mm}$

보정계수=1일 경우

$l_d = l_{db} = 414.6\text{mm}$

기초 철근 상부까지 정착길이로 사용하면

정착길이 = 900 − 80(피복) − 2×25(기초철근직경) − 19(다우얼철근직경)

$\qquad = 751\text{mm} > l_d \qquad \therefore \text{O.K}$

Question 06 프리캐스트 기둥 하중 전달 설계

다음과 같은 프리캐스트 기둥과 베이스 플레이트 사이와, 베이스 플레이트와 페데스탈 사이의 힘의 전달을 검토하시오.

[설계조건]

설계용 하중 $P_u = 4,500\text{kN}$

기둥의 콘크리트 설계기준압축강도

$f_{ck} = 35\text{MPa}(\text{N}/\text{mm}^2)$

페데스탈의 콘크리트 설계기준압축강도

$f_{ck} = 21\text{MPa}(\text{N}/\text{mm}^2)$

철근의 설계기준항복강도

$f_y = 400\text{MPa}(\text{N}/\text{mm}^2)$

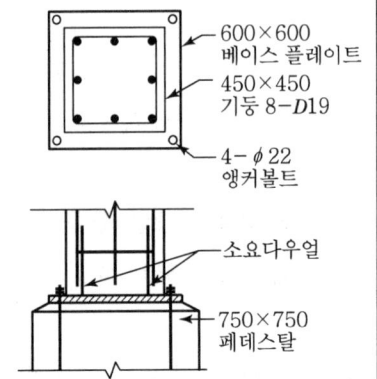

600×600 베이스 플레이트
450×450 기둥 8-D19
4-φ22 앵커볼트
소요다우얼
750×750 페데스탈

1. 프리캐스트 기둥과 베이스 플레이트 사이의 지압강도 설계

(1) 지압강도 검토

$P_u = 4,500\text{kN}$

$\phi P_{nb} = \phi(0.85 f_{ck} A_1) = 0.65 \times (0.85 \times 35 \times 450 \times 450) \times 10^{-3} = 3,916\text{kN}$

$P_u > \phi P_{nb}$

초과하중은 다우얼이 부담

(2) 다우얼의 소요단면적

$A_{s(req)} = \dfrac{P_u - \phi P_{nb}}{\phi f_y} = \dfrac{(4,500 - 3,916) \times 10^3}{0.65 \times 400} = 2,246\text{mm}^2$ (지배)

$A_{s(\min)} = \dfrac{1.5 A_g}{f_y} = \dfrac{1.5 \times 450 \times 450}{400} = 760\text{mm}^2$

따라서 기둥 내에 $8-D19(A_s = 2,296\text{mm}^2)$ 다우얼 배근

(3) 다우얼의 정착길이

압축을 받는 이형철근의 정착

$$l_{db} = \frac{0.25 d_b f_y}{\sqrt{f_{ck}}} = \frac{0.25 \times 19 \times 400}{\sqrt{35}} = 321 \text{mm} (\text{지배})$$

$$l_{db} = 0.04 d_b f_y = 0.04 \times 19 \times 400 = 304 \text{mm}$$

초과로 배근된 철근 단면적을 고려

$$l_d = l_{db} \times \frac{\text{소요} A_s}{\text{배근} A_s} = 321 \times \frac{2,082}{2,296} = 291.1 \text{mm}$$

따라서 8-D19×300mm 이형철근 다우얼 사용

2. 베이스 플레이트와 페데스탈 사이의 지압강도 설계

(1) 지압강도 설계

$$P_u = 4,500 \text{kN}$$

$$\phi P_{nb} = \phi (0.85 f_{ck} A_1) \sqrt{\frac{A_2}{A_1}}$$

$$= 0.65 \times (0.85 \times 21 \times 600 \times 600) \times 1.25 \times 10^{-3} = 5,221 \text{kN}$$

여기서, A_1 : 베이스 플레이트 크기(600×600)
A_2 : 페데스탈 크기(750×750)
$\sqrt{A_2/A_1} = 1.25$

∴ $P_u < \phi P_{nb}$

하지만 최소 보강근을 4개 이상 배근

(2) 최소 보강근의 소요 단면적(앵커볼트 $f_y = 240\text{MPa}$)

$$A_{s(\min)} = \frac{1.5 A_g}{f_y} = \frac{1.5 \times 450 \times 450}{240} = 1,266 \text{mm}^2$$

여기서, A_g : 프리캐스트 기둥의 단면적

∴ $4 - \phi 22 (A_s = 1,520 \text{mm}^2)$ 앵커볼트를 배근

(3) 앵커볼트의 정착길이

원형 앵커볼트의 정착길이는 압축을 받는 이형철근에 대한 정착길이의 2배로서 결정

$$l_d = 2\left(\frac{0.25 d_b f_y}{\lambda \sqrt{f_{ck}}}\right) = \frac{2 \times 0.25 \times 22 \times 240}{\sqrt{21}}$$

$= 576 \text{mm} (\text{지배})$

$l_d = 2(0.043 d_b f_y) = 2(0.043 \times 22 \times 240)$

$= 454 \text{mm}$

따라서 $4 - \phi 22 \times 600 \text{mm}$ 앵커볼트를 사용

앵커볼트는 $4 - D10$대근을 중심 간격 75mm로 감는다.

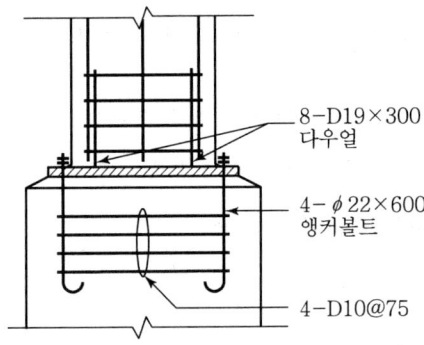

Question	무근콘크리트 독립 기초판 설계
07	그림의 주거용 건물에서 정사각형 무근콘크리트 독립 기초판을 설계하시오.

설계조건

고정하중 = 180kN
활하중 = 180kN
지붕활하중 = 35kN
적설하중 = 45kN
상재하중 = 0
기둥의 크기 = 0.3m × 0.3m
지반의 허용지지강도 = 120kN/m²
f_{ck} = 17MPa
하중조합
(1) $1.2D + 1.6L + 0.5S$
(2) $1.2D + 1.0L + 1.6S$

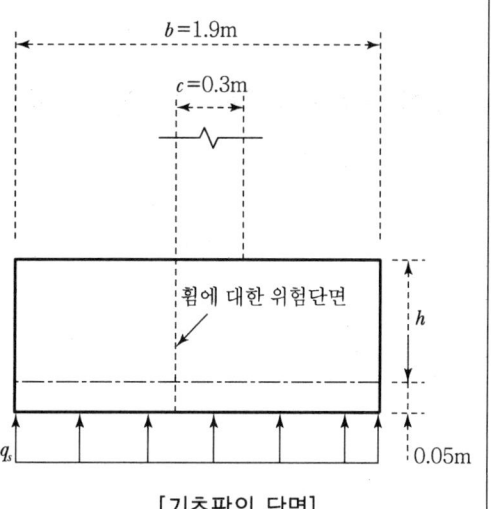

[기초판의 단면]

1. 기초판의 소요면적의 계산

$$A_f = \frac{180+180+45}{120} = 3.38\text{m}^2$$

따라서 1.9m × 1.9m의 정사각형 기초판 사용($A_f = 3.61\text{m}^2$)

2. 하중조합에 대하여 계수축하중의 계산

(1) $P_u = 1.2D + 1.6L + 0.5S$
   $= 1.2(180) + 1.6(180) + 0.5(45)$
   $= 526.5\text{kN}$

(2) $P_u = 1.2D + 1.0L + 1.6S$
   $= 1.2(180) + 1.0(180) + 1.6(45)$
   $= 468\text{kN}$

$P_u = 526.5\text{kN}$ 사용

3. 하중계수가 적용된 지반에 대한 지압강도의 결정

$$q_u = \frac{526.5}{3.61} = 145.8 \text{kN/m}^2$$

4. 휨에 저항할 수 있는 기초판의 두께 결정

$$M_u = q_u(b)\left(\frac{b-c}{2}\right)\left(\frac{b-c}{4}\right)$$

$$= 145.8 \times 1.9 \times \left(\frac{1.9-0.3}{2}\right)\left(\frac{1.9-0.3}{4}\right)$$

$$= 88.6 \text{kN} \cdot \text{m}$$

$\phi M_n \geq M_u$

$\phi = 0.55$

$M_n = 0.42\lambda\sqrt{f_{ck}}\, S_m$

$\phi M_n = 0.55 \times 0.42 \times 1 \times \sqrt{17} \times \dfrac{1{,}900 \times h^2}{6} \geq 88.6 \text{kN} \cdot \text{m}$

$h \geq 0.542\text{m}$

$h = 550\text{mm}$로 결정

5. 1방향 전단에 대한 전단의 검토

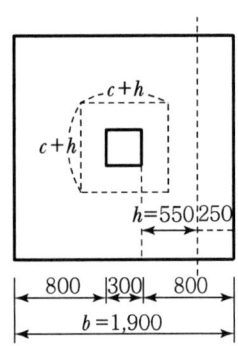

전단에 대한 위험단면 : 기둥의 전면으로부터 유효깊이 h만큼 떨어진 곳

$$V_u = q_u b \left[\left(\frac{b}{2}\right) - \left(\frac{c}{2}\right) - h \right] = 145.8 \times 1.9 \times \left[\frac{1.9}{2} - \frac{0.3}{2} - 0.55 \right] = 69.3 \text{kN}$$

$\phi V_n \geq V_u$

$V_n = 0.11 \sqrt{f_{ck}} bh$

$V_n = 0.11 \times \sqrt{17} \times 1.9 \times 0.55 = 474 \text{kN}$

$\phi V_n = 0.55 \times 474 = 260.7 \text{kN} > 69.3 \text{kN}$ ∴ O.K

6. 2방향 전단(펀칭)에 대한 전단의 검토

위험단면 : 기둥의 전면에서 $0.5h$

$V_u = q_s [b^2 - (c+h)^2] = 145.8 [1.9^2 - (0.3+0.55)^2] = 421.0 \text{kN}$

$\phi V_n \geq V_u$

$V_n = 0.11 \left(1 + \frac{2}{\beta_c} \right) \sqrt{f_{ck}} b_0 h \leq 0.22 \sqrt{f_{ck}} b_0 h$

$\beta = 1.0$

$V_n = 0.11 \left(1 + \frac{2}{1} \right) \sqrt{17} \times ((0.3+0.55) \times 4) \times 0.55 = 2,544.4 \text{kN}$

$\quad \geq 0.22 \sqrt{17} \times (0.85 \times 4) \times 0.55 = 1,696.2 \text{kN}$

$\phi V_n = 0.55 \times 1,696.2 = 932.9 \text{kN} > 421.0 \text{kN}$ ∴ O.K

7. 기둥과 기초판 경계면의 지압강도 검토

$P_u = 526.5 \text{kN}$

$\phi P_{nb} \geq P_u$

$P_{nb} = 0.85 f_{ck} A_1 = 0.85 \times 17 \times 300 \times 300 = 1,300 \text{kN}$

$\phi P_{nb} = 0.55 \times 1,300 = 715 \text{kN} > 526.5 \text{kN}$ ∴ O.K

제9장 옹벽 및 지하실 외벽설계

1 옹벽 정의

옹벽(Retaining Wall)이란 배후의 토사 붕괴를 방지할 목적으로 만들어지는 구조물이며, 토압에 대하여 옹벽자중으로 안정을 유지하는 구조물이다.

2 옹벽 종류

옹벽은 중력식 옹벽, 캔틸레버로 구성된 캔틸레버 옹벽, 캔틸레버를 벽체로 연결한 부벽식 옹벽, 선반식 옹벽, 격자식 옹벽, 보강토 옹벽 등이 있다.

1. 중력식 옹벽

중력식 옹벽은 자중(自重)으로 토압을 견디는 무근콘크리트 구조로 철근을 제외한 다양한 재료가 많이 사용된다. 일반적으로 3~4m 높이의 경사면에 사용된다.

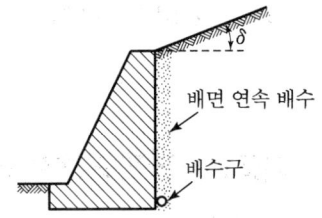

2. 캔틸레버 옹벽(L형 및 역T형 옹벽)

L형 옹벽은 캔틸레버를 이용한 옹벽으로 재료가 절약되는 옹벽으로 자중이 적은 대신 배면의 뒤채움을 충분히 보강해야 안전하다. 지반이 연약한 경우나 안정조건을 만족하지 못할 때는 역T형 캔틸레버 옹벽을 사용한다.

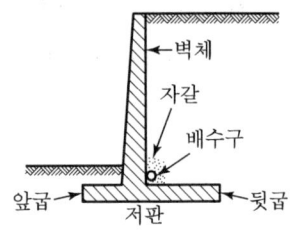

3. 부벽식 옹벽

캔틸레버 옹벽에서 지간이 길어지면 휨모멘트가 커져 단면이 증가되므로 휨모멘트를 효율적으로 분담시키기 위해 캔틸레버를 벽체(부벽이라 함)로 연결한 옹벽을 부벽식 옹벽이라 한다. 배면에 부벽이 있는 것이 뒷부벽식이고, 전면에 부벽이 있으면 앞부벽식이다.

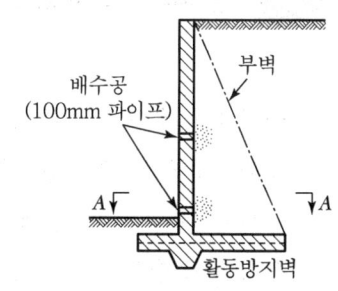

4. 선반식 옹벽

좁은 기초 폭에 높은 옹벽을 필요로 할 경우 사용하는 옹벽으로 계단식 옹벽이라고도 한다.

5. 격자 옹벽

연약한 토사로 파괴 우려가 있거나 부등침하가 우려될 경우 사용하는 방법으로 틀식 옹벽으로도 불린다. 콘크리트 침목 같은 자재를 가로세로로 쌓아올리면 되는 단단한 구조이며 저렴한 것이 특징이다.

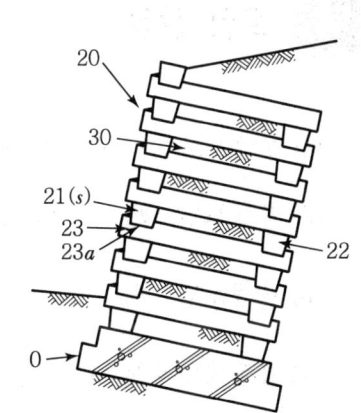

6. 보강토 옹벽

흙속에 있는 입자를 보강재와 결합시켜 층을 다져 설치하는 옹벽으로 지반을 단단한 결정체로 만들어 외력에 견디는 구조이다. 옹벽설치가 불가능하거나 건설공기가 촉박한 경우 또는 외관이 미려한 장점 때문에 많이 사용된다.

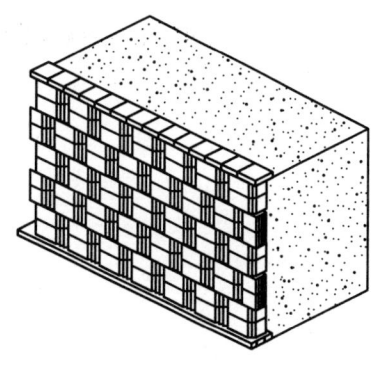

3 옹벽의 구성요소

캔틸레버 옹벽을 기준으로 살펴보면 옹벽은 수직벽체, 뒷굽판, 앞굽판 및 전단 키(Shear Key)로 이루어진다. 모든 부재는 캔틸레버 거동을 하며 요소별 수행역할은 다음과 같다.

(1) 수직벽체 : 수평토압 저항
(2) 뒷굽판 : 수직하중 및 지지력 저항
(3) 앞굽판 : 지지력 저항
(4) 전단 키 : 수평력 저항

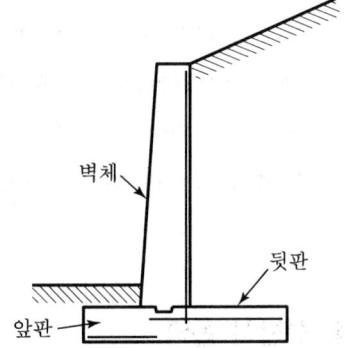

4 토압 산정

(1) 토압강도 : $p = C\gamma_s h = Cwh$

(2) 주동토압 : $P_a = \dfrac{1}{2} C_a \gamma_s h^2 = \dfrac{1}{2} C_a w h^2$

(3) 수동토압 : $P_p = \dfrac{1}{2} C_p \gamma_s h^2 = \dfrac{1}{2} C_p w h^2$

(4) 주동토압계수 : $C_a = \dfrac{1-\sin\phi}{1+\sin\phi}$

(5) 수동토압계수 : $C_p = \dfrac{1+\sin\phi}{1-\sin\phi}$

여기서, $\gamma_s = w$: 흙의 단위중량, h : 옹벽 높이, ϕ : 흙의 내부마찰각

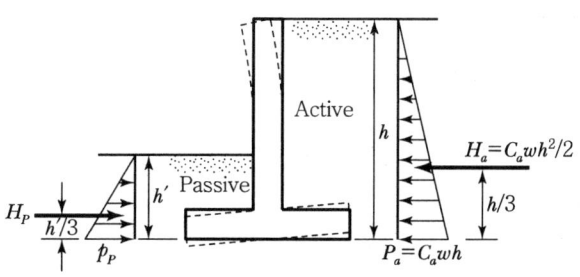

[토압분포상태]

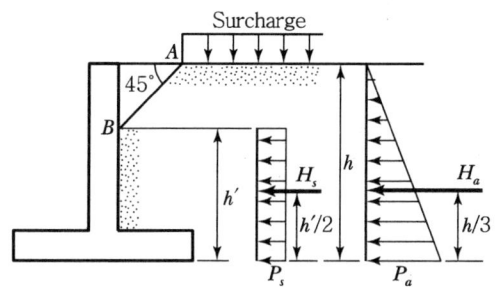

[상재하중을 고려한 토압분포상태]

5 옹벽안정 검토

옹벽은 정역학적인 평형조건을 만족하면 안정하므로 수평력과 수직력 및 휨모멘트에 대한 힘의 평형방정식을 만족하는지 검토하면 된다.

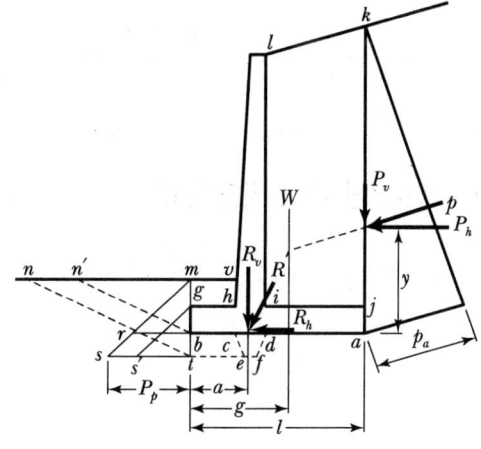

1. 전도에 대한 안정검토

(1) 전도모멘트(M_o) : $M_o = P_h \times y$

(2) 저항모멘트(M_r) : $M_r = W \times g + P_v \times l$

(3) 전도 안전검토 : $S.F. = \dfrac{M_r}{M_o} \geqq 2.0 \quad \therefore \text{O.K}$

2. 활동에 대한 안정검토

(1) 활동력(H_o) : $H_o = \Sigma H$

(2) 저항력(H_r) : $H_r = \mu \times \Sigma W$

(3) 활동 안전검토 : $S.F. = \dfrac{H_r}{H_o} = \dfrac{\mu \Sigma W}{\Sigma H} \geqq 1.5 \quad \therefore \text{O.K}$

옹벽설계에 사용되는 토질특성과 마찰계수는 다음과 같다.

구분	토질종류	단위중량 (kN/m³)	내부마찰각 ($\phi°$)	마찰계수 (μ)
1	투수성이 좋은 모래나 자갈	17~19	33~40	0.5~0.6
2	투수성이 나쁜 모래나 자갈	19~20	25~35	0.4~0.5
3	실트질 모래, 점토가 함유된 모래나 자갈	17~19	23~30	0.3~0.4
4	촘촘한 점토	16~19	25~35	0.2~0.4
5	느슨한 점토	14~16	20~25	0.2~0.3

3. 지지력에 대한 안정검토

$q_{1,2} = \dfrac{P}{A} \pm \dfrac{M}{I} y = \dfrac{\Sigma W}{B}\left(1 \pm \dfrac{6e}{B}\right) < q_a =$ 허용지지력 $\quad \therefore \text{O.K}$

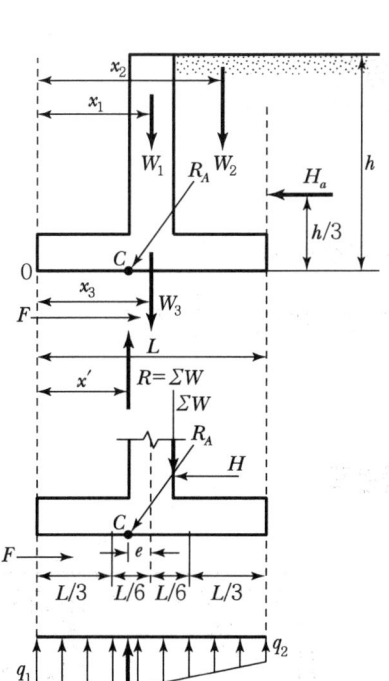

지반의 허용지지력은 다음과 같다.

기초지반	허용지지력 (kN/m²)	기초지반	허용지지력 (kN/m²)
경암반(화강암)	5000	암석+모래	200~400
연암반(사암)	2500	모래	200~400
연암(연사암)	800	사질토	150~300
조밀한 자갈	500	점성토	100~200
느슨한 자갈	300	실트	50~100
자갈+모래	300~500	점토	50~100

6 부벽식 옹벽 설계

1. 계획

(1) 옹벽 높이가 7.5m 이상일 때 적용

(2) 부벽의 간격은 옹벽높이의 $\frac{1}{2} \sim \frac{1}{3}$ 정도

2. 옹벽에 작용하는 하중분포

$M = pl^2/10$
$V = pl/2$

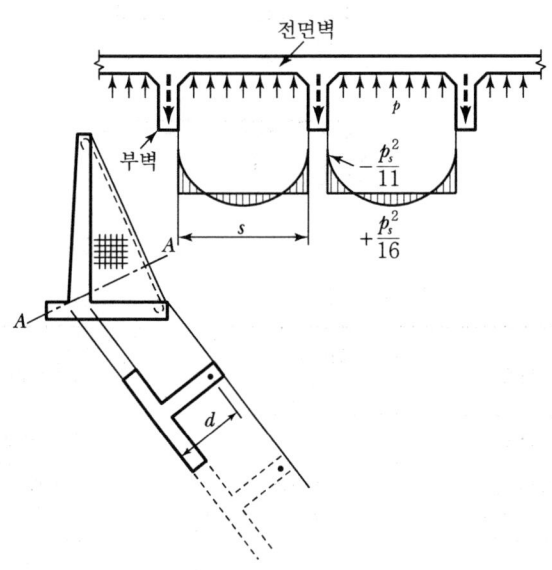

[뒷부벽식 옹벽의 설계]

3. 옹벽 전면벽의 설계

(1) 수평방향설계

① 부벽을 지점으로 하는 1방향 연속슬래브로 설계

② 수평방향 모멘트는 근사적으로 시방서에서 제안된 모멘트계수를 사용

③ Huntington이 뒷부벽식 옹벽의 해법을 위해 제안한 모멘트계수를 사용

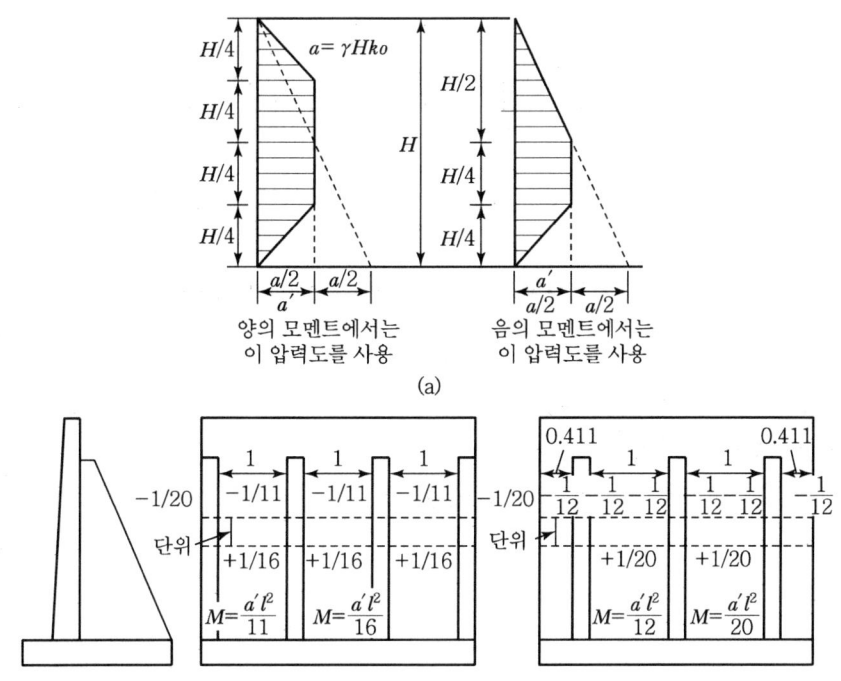

[Huntington이 제안한 전면벽의 모멘트계수]

(2) 수직방향설계

① 옹벽 전면에 대한 수직방향의 휨모멘트는 3변지지 슬래브로 간주
② Huntington이 제안한 모멘트 분포로부터 구한다.

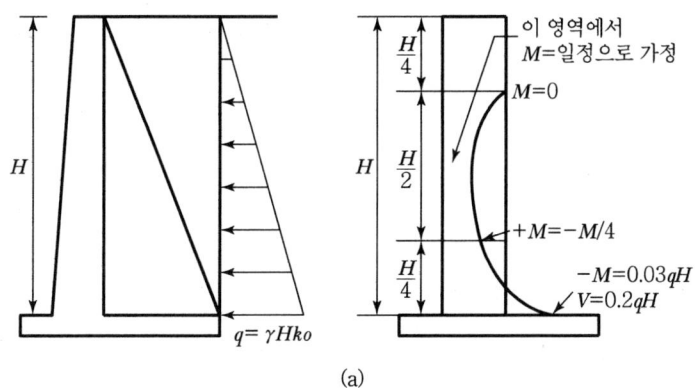

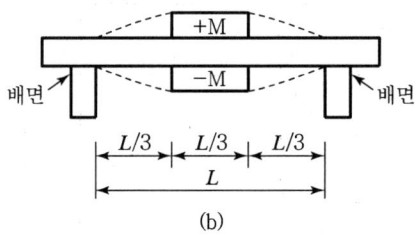

(b)

[뒷부벽식 옹벽의 전면벽 모멘트 분포도]

- 정모멘트 : $+M = -M/4$
- 부모멘트 : $-M = 0.03qHL$
- 전면벽 하단의 전단력 : $v = 0.2qH$
- 전면벽 하단의 토압 : $q = k_o \gamma H$

Question	옹벽안전성
01	캔틸레버 옹벽의 안전성에 대해 설명하시오. (토압산정 및 전도, 활동에 대해)

1. 정의

옹벽(Retaining Wall)이란 배후의 토사의 붕괴를 방지할 목적으로 만들어지는 구조물이며, 토압에 대하여 옹벽자중으로 안정을 유지하는 구조물이다. 캔틸레버 옹벽은 수직벽체(Stem), 뒷판(Heel) 및 앞판(Toe)으로 이루어진 구조물로 모든 부재가 캔틸레버로 거동하기 때문에 붙여진 이름이다.
철근콘크리트로 구성되며 역T형 옹벽으로 불리고 3~7.5m 높이에 사용된다.

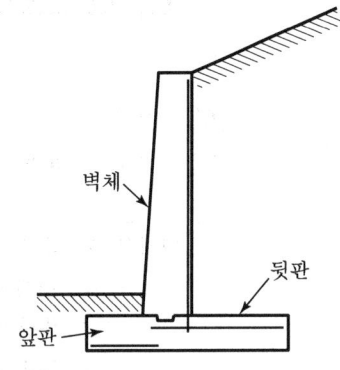

2. 주동토압 산정

옹벽은 보수적으로 설계하기 위해 옹벽전면에 작용하는 수동토압은 고려하지 않으며 옹벽배후에 작용하는 주동토압만 고려한다. 토압은 Coulomb, Rankine, Terzaghi 등의 공식을 적용하며 Coulomb 공식이 많이 사용된다.

토압강도 : $p = C_a \gamma_s h$

주동토압 : $P_a = \dfrac{1}{2} C_a \gamma_s h^2$

여기서, γ_s : 흙의 단위중량, h : 옹벽높이
C_a : 주동토압계수

(1) Coulomb 주동토압계수

Coulomb의 주동토압계수는 다음과 같다.

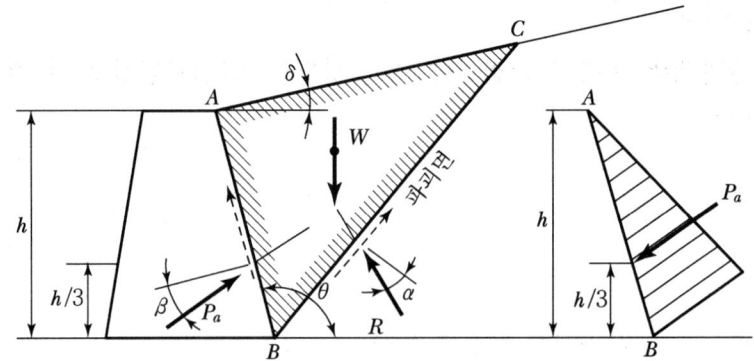

$$C_a = \frac{\sin^2(\theta-\alpha)}{\sin^2\theta \sin(\theta+\alpha)\left[1+\sqrt{\dfrac{\sin(\alpha+\beta)\sin(\alpha-\delta)}{\sin(\theta+\beta)\sin(\theta-\delta)}}\right]^2} = \frac{1-\sin\alpha}{1+\sin\alpha}$$

여기서, θ : 옹벽배면이 수평면과 이루는 각
　　　　α : 뒤채움 흙의 내부 마찰각
　　　　β : 벽면마찰각(옹벽 배면과 뒤채움 흙 사이의 마찰각)
　　　　δ : 옹벽 배후의 지표면이 수평면과 이루는 각

만일, 옹벽배면이 수직이고 $\theta = 90°$, 벽면마찰각이 $\beta = \alpha$이고, $\delta = 0$이면 주동토압계수는 마지막 항과 같다.

(2) Rankine 주동토압계수

Rankine 주동토압계수는 Coulomb의 공식에서 $\theta = 90°$, $\beta = \alpha$, $\delta = 0$일 때의 주동토압계수와 동일하다.

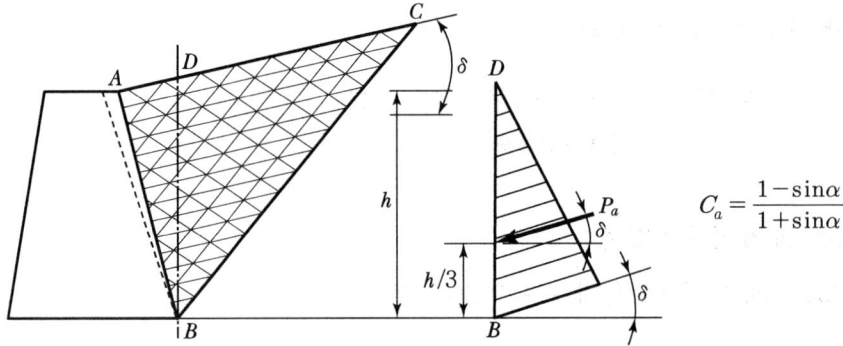

$$C_a = \frac{1-\sin\alpha}{1+\sin\alpha}$$

3. 옹벽 안정검토

옹벽이 외력에 대해 안정하기 위해서는 전도(Overturning)하지 않아야 하고, 활동(Sliding)하지 않아야 하며, 침하(Settlement)되지 않아야 한다.

(1) 전도에 대한 안정

토압과 같은 모든 수평력을 ΣH, 옹벽자중 등 모든 연직력을 ΣW라 할 때 전도에 대한 안전검토는 다음과 같다.

1) 전도모멘트(M_o)

$$M_o = n \times \Sigma H$$

2) 저항모멘트(M_r)

$$M_r = m \times \Sigma W$$

3) 전도 안전조건

$$S.F = \frac{M_r}{M_o} \geq 2.0$$

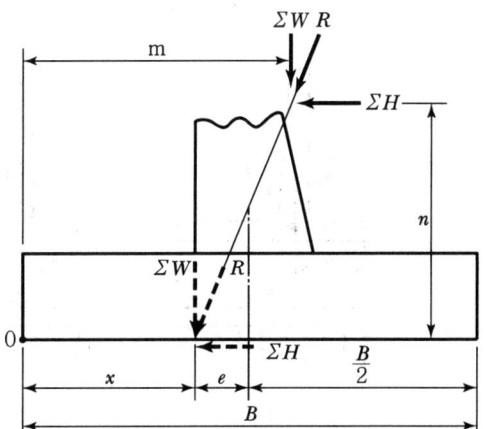

(2) 활동에 대한 안정

모든 수평토압(ΣH)은 옹벽의 기초저면을 활동시키려고 한다. 이 활동에 저항하는 힘은 기초저면의 마찰력과 앞판 전면의 수동토압이다. 그러나 수동토압은 무시하므로 활동에 저항하는 힘은 마찰력뿐이다. 기초저면에서의 마찰력은 다음과 같다.

1) 활동수평력(H_o) : $H_o = \Sigma H$

2) 활동저항력(H_r) : $H_r = \mu \times \Sigma W$

3) 활동에 대한 안전율 및 안전조건

$$S.F = \frac{H_r}{H_o} = \frac{\mu \Sigma W}{\Sigma H} \geq 1.5$$

여기서, μ : 마찰계수

활동에 대한 안전율이 1.5를 만족하지 않을 경우에는 활동방지벽(Base Shear Key)을 설치하여 안전을 확보한다.

(3) 침하에 대한 안정

자중을 포함하여 옹벽에 작용하는 모든 외력의 합력을 R이라 하고, 편심거리 e인 연직력을 ΣW라 할 때 저판바닥에 작용하는 압력은 다음과 같다.

$$p_{max,\ min} = \frac{P}{A} \pm \frac{M}{I}y = \frac{\Sigma W}{B}\left(1 \pm \frac{6e}{B}\right) < q_a$$

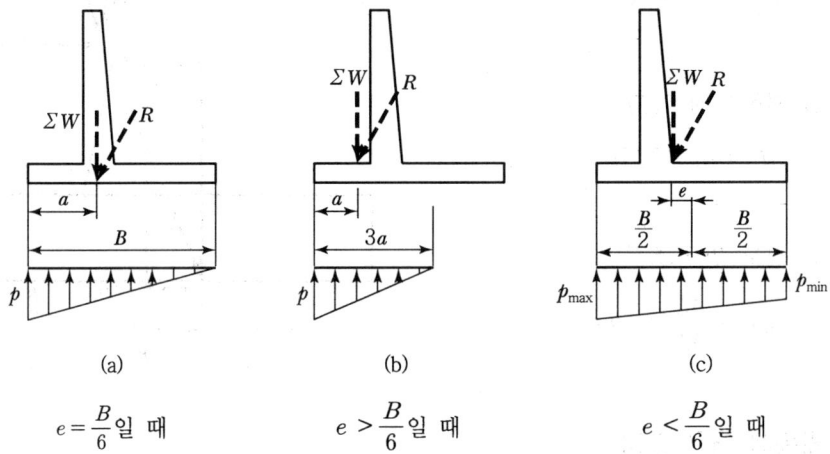

(a) $e = \dfrac{B}{6}$일 때   (b) $e > \dfrac{B}{6}$일 때   (c) $e < \dfrac{B}{6}$일 때

기초저판에 작용하는 최대압력이 기초지반의 허용지지력을 넘지 않아야 기초는 침하하지 않는다. 지반의 허용지지력은 실험으로 구해야 하나 중요하지 않은 구조물은 다음 표를 적용해도 무방하다.

기초지반	허용지지력 (kN/m²)	기초지반	허용지지력 (kN/m²)
경암반(화강암)	5,000	암석과 모래 혼합물	200~400
연암반(사암)	2,500	모래	200~400
연암(연사암)	800	사질토	150~300
조밀한 자갈	500	점성토	100~200
느슨한 자갈	300	실트	50~100
자갈과 모래 혼합	300~500	점토	50~100

제9장 옹벽 및 지하실 외벽설계

| Question 02 | 옹벽안정 검토 |

지면에서 4.0m 높이의 둑을 그림과 같이 캔틸레버옹벽으로 할 경우
(1) 전도모멘트에 대한 안정성
(2) 미끄러짐에 대한 안정성
(3) 접지압의 허용지내력 등을 검토하시오.

설계조건

흙의 중량 $\gamma = 18\text{kN/m}^3$
상재하중 $S = 15\text{kN/m}^2$
흙의 내부마찰각 $\phi = 34°$
점착력 $c = 0$
허용지내력 $q_a = 250\text{kN/m}^2$
흙과 콘크리트의 마찰계수 $\mu = 0.6$

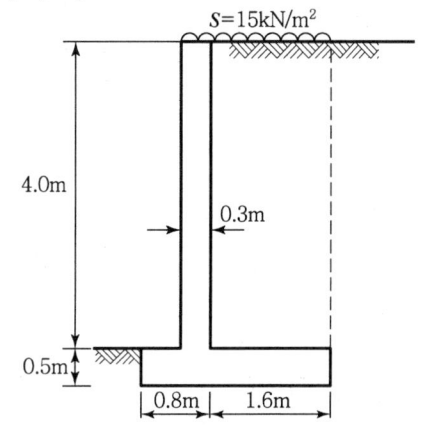

◉ **풀이** 역T형 옹벽의 안전을 검토하는 문제이다. 주동토압과 단면자중 등을 산정하여 안전을 검토하기로 한다.

1. 주동토압 산정

(1) 흙의 토압

$$C_a = \frac{1-\sin\phi}{1+\sin\phi} = \frac{1-\sin 34}{1+\sin 34} = 0.283$$

$$p = C_a \gamma_s h = 0.283 \times 18 \times 4.5 = 22.923 \text{kN/m}$$

$$P_a = \frac{1}{2} p h = \frac{1}{2} \times 22.923 \times 4.5 = 51.6 \text{kN}$$

(2) 상재하중

$$p_s = C_a q = 0.283 \times 15 = 4.245 \text{kN/m}$$

$$P_s = p_s h = 4.245 \times 4.5 = 19.1 \text{kN}$$

2. 전도에 대한 안정검토

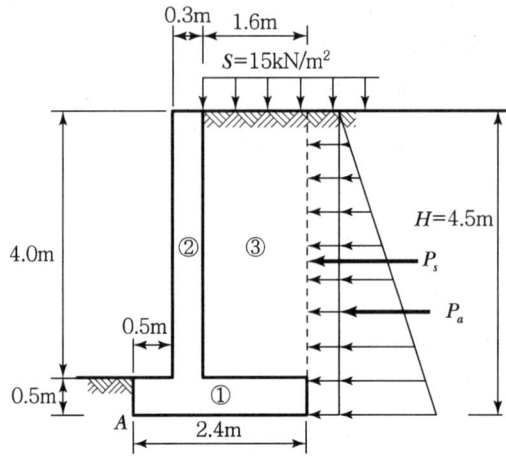

(1) 전도모멘트(M_o)

$$\sum M_o = P_a \times \frac{h}{3} + P_s \times \frac{h}{2}$$

$$= 51.6 \times \frac{4.5}{3} + 19.1 \times \frac{4.5}{2}$$

$$= 120.375 \text{kN} \cdot \text{m/m}$$

(2) 저항모멘트(M_r)

$M_r = m \times \sum W$

옹벽의 단위중량은 25kN/m³로 가정하여 안전을 검토한다.

구분	면적 $b \times h$	(m²)	단위중량 (kN/m³)	중량(a) (kN/m)	팔길이(b) (m)	저항모멘트 =(a)(b)
1	2.4×0.5	1.2	25.0	30.0	1.20	36.0
2	0.3×4.0	1.2	25.0	30.0	0.65	19.5
3	1.6×4.0	6.4	18.0	115.2	1.6	184.32
상재하중	1.6×1.0	1.6	15.0	24.0	1.6	38.4
합계				$\sum W$=199.2		$\sum M_r$=278.22

저항모멘트는 앞굽판의 A에 대해서 구한다.

$\sum M_r = 278.22 \text{kN} \cdot \text{m/m}$

(3) 전도에 대한 안전검토

$$S.F = \frac{\sum M_r}{\sum M_o} = \frac{278.22}{120.375} = 2.31 \geq 2.0 \qquad \therefore \text{O.K}$$

따라서 전도에 대하여 안전하다.

3. 활동에 대한 안정검토

(1) 활동수평력

$$H_o = \sum H = P_a + P_s = 51.6 + 19.1 = 70.7 \text{kN/m}$$

(2) 활동저항력

$$H_r = \mu \times \sum W = 0.6 \times 199.2 = 119.52 \text{kN/m}$$

(3) 활동에 대한 안전검토

$$S.F = \frac{H_r}{H_o} = \frac{\mu \sum W}{\sum H} = \frac{119.52}{70.7} = 1.69 \geq 1.5 \qquad \therefore \text{O.K}$$

4. 지지력에 대한 안정검토

(1) 편심산정

$$x = \frac{\sum M_r - \sum M_o}{\sum W} = \frac{278.22 - 120.375}{199.2} = 0.792 \text{m}$$

$$e = \frac{B}{2} - x = \frac{2.4}{2} - 0.792 = 0.408 \text{m}$$

$$e = 0.408 > \frac{B}{6} = \frac{2.4}{6} = 0.4 \text{m} \qquad \therefore \text{삼각형 분포임}$$

(2) 지압산정

바닥면의 작용폭 $3x = 3\left(\dfrac{B}{2} - e\right) = 3 \times \left(\dfrac{2.4}{2} - 0.408\right) = 2.376\text{m}$

$p_{\max} = \dfrac{2\sum W}{L \cdot 3x} = \dfrac{2 \times 199.2}{2.376} = 167.68\text{kN/m}^2$ < 허용지지력 = 250.0kN/m^2

따라서 허용지지력 이내에 있으므로 안전하다.

| Question | 지하층 외벽의 설계 |

03 다음과 같은 철근콘크리트 지하벽체를 설계하고자 한다. 흙의 내부마찰각은 $\phi=30°$이고 지하수위 상부 흙의 단위체적중량은 $\gamma=18kN/m^3$, 지하수위 하부 흙의 경우 $\gamma_{sat}=19kN/m^3$, 물의 단위체적중량은 $\gamma_w=9.8kN/m^3$이고 $\gamma'=9.2kN/m^3$이다. 토압에 대한 하중계수는 1.6으로 한다. $f_{ck}=27MPa$, $f_y=400MPa$이고 계산상 편의를 위하여 콘크리트의 탄성계수는 $E_c=2\times10^4MPa$로 하며 상재하중은 적용하지 않는 것으로 한다.

(1) 벽체에 토압을 산정하고 그 분포도를 그리시오. 지하수위는 G.L-3.5m에 위치하고 있다.
(2) 처짐각법을 이용하여 벽체의 단위폭에 작용하는 토압에 의한 모멘트도를 작성하시오. 단 해석의 편의를 위하여 지점 A와 B는 회전단으로 지지되어 있고 지점 C는 고정단으로 지지되어 있다고 가정한다.
(3) 벽체의 수직철근으로 D16을 사용할 경우, 지점 C의 수직철근량을 결정하시오.
(4) 지점 C의 상부 $y=300mm$되는 곳에서 전단철근이 필요한지 검토하시오.

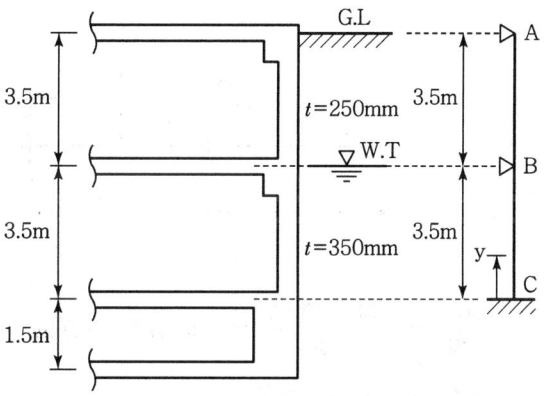

1. 횡력 산정

(1) 건물외벽 : 정지토압계수 사용

$k_0 = 1 - \sin\phi = 1 - \sin30° = 0.5$

(2) 벽면의 깊이에 따른 횡압

하중조합 $U = 1.6L + 1.6H_h$

지면 $p = 0$

지하수위면 $p = 1.6 \times (0.5 \times 18 \times 3.5) = 50.4 \text{kN/m}^2$ (지하 1층)

지하 2층 바닥 $p = 50.4 + 1.6 \times (0.5 \times 9.2 \times 3.5) + 1.6 \times 9.8 \times 3.5 = 131.04 \text{kN/m}^2$

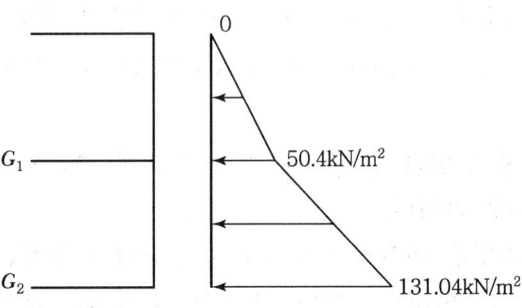

2. 처짐각법 이용한 토압에 의한 Moment도

(1) 고정단 Moment

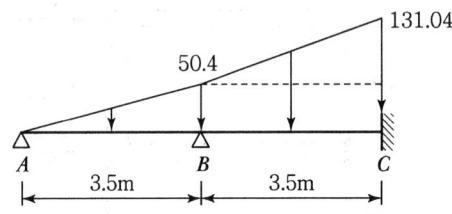

$$FEM_{ab} = -\frac{wL^2}{30} = -\frac{50.4(3.5)^2}{30} = -20.6 \text{kN} \cdot \text{m/m}$$

$$FEM_{ba} = +\frac{wL^2}{20} = +\frac{50.4(3.5)^2}{20} = 30.9 \text{kN} \cdot \text{m/m}$$

$$FEM_{bc} = +\frac{w_1 L^2}{12} + \frac{w_2 L^2}{30} = -50.4\frac{(3.5)^2}{12} - 80.64\frac{(3.5)^2}{30} = -84.4 \text{kN} \cdot \text{m/m}$$

$$FEM_{cb} = +\frac{w_1 L^2}{12} + \frac{w_2 L^2}{20} = +\frac{50.4(3.5)^2}{12} + \frac{80.64(3.5)^2}{20} = +100.8 \text{kN} \cdot \text{m/m}$$

(2) 보의 강성

　　$AB : t = 250\text{mm}$

　　$BC : t = 350\text{mm}$

　　$I_{AB} = \dfrac{1.0 \times (0.25)^3}{12} = 0.0013\text{m}^4$

　　$I_{BC} = \dfrac{1.0 \times (0.35)^3}{12} = 0.0036\text{m}^4$

　　$E = 2 \times 10^4 \text{MPa}$

강성도계수

　　$K_{ab} = \left(\dfrac{I}{L}\right)_{ab} = \dfrac{0.0013}{3.5} = 0.000371 = K$

　　$K_{bc} = \left(\dfrac{I}{L}\right)_{bc} = \dfrac{0.0036}{3.5} = 0.00103 = 2.8K$

(3) 처짐각 방정식

　　$\theta_c = 0, \ R = 0$

　　$M_{nf} = 2EK_{nf}(2\theta_n + \theta_f - 3R_{nf}) + FEM_{nf}$ ··· ①

　　$M_{ab} = 2EK(2\theta_a + \theta_b) - 20.6$

　　$M_{ba} = 2EK(2\theta_b + \theta_a) + 30.9$

　　$M_{bc} = 2E(2.8K)(2\theta_b) - 84.4$

　　$M_{cb} = 2E(2.8K)(\theta_b) + 100.8$

절점 방정식

　절점 B : $\sum M_b = 0, \quad M_{ba} + M_{bc} = 0$

　절점 A : $\sum M_A = 0, \quad M_{ab} = 0$

　$2EK(2\theta_a + \theta_b) - 20.6 = 0$ ··· ②

　$2EK(2\theta_b + \theta_a) + 30.9 + 2E(2.8K)(2\theta_b) - 84.4 = 0$ ······················ ③

　$4EK\theta_a + 2EK\theta_b = 20.6$ ··· ④

　$2EK\theta_a + 15.2EK\theta_b = 53.5$ ··· ⑤

from ④, ⑤

$$4EK\theta_a + 2EK\theta_b = 20.6$$
$$- \quad 4EK\theta_a + 30.4EK\theta_b = 107$$

$$EK\theta_a = 3.042, \quad EK\theta_a = 3.629$$

(4) 재단모멘트

$$M_{ab} = 4EK\theta_a + 2EK\theta_b - 20.6 = 0$$
$$M_{ba} = 2EK\theta_a + 4EK\theta_b + 30.9 = 2 \times 3.629 + 4 \times 3.042 + 30.9 = 50.32$$
$$M_{bc} = 11.2EK\theta_b - 84.4 = -50.32$$
$$M_{cb} = 5.6EK\theta_b + 100.8 = 117.84$$

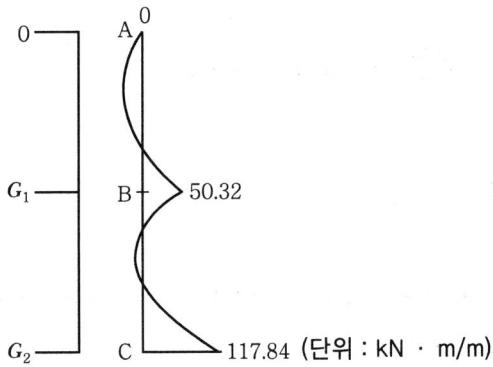

3. C점의 수직 철근량

$$M_u = -117.84 \text{kN} \cdot \text{m/m}$$

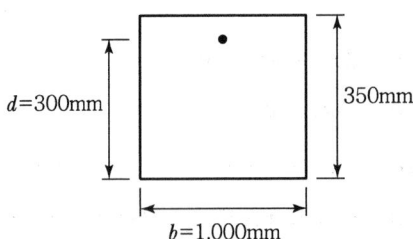

$$m_u = \frac{M_u}{f_{cd}bd^2} = \frac{117.84 \times 10^6}{0.65(0.85 \times 27) \times 1{,}000 \times 300^2} = 0.088$$

$$z = 0.5\left(1 + \sqrt{1 - 2m_u}\right)d = 0.5\left(1 + \sqrt{1 - 2 \times 0.088}\right) \times 300 = 286.2\text{mm}$$

$0.95d = 0.95 \times 300 = 285\text{mm}$

소요 $A_s = \dfrac{M_u}{f_{yd}z} = \dfrac{117.84 \times 10^6}{0.9(400)(285)} = 1{,}148.5\text{mm}^2$

$\rho_{\min} = \dfrac{1.4}{f_y} = \dfrac{1.4}{400} = 0.0035$

$A_{s,\min} = 0.0035 \times 1{,}000 \times 300 = 1{,}050\text{mm}^2$

D16 bar $A_s = 198.6\text{mm}^2$

$n = \dfrac{1{,}148.5}{198.6} = 5.8 \approx 6$개

∴ Use 6-D16($A_s = 1{,}192.0\text{mm}^2$)

4. 지점 C 상부 300mm 위치의 전단철근 검토

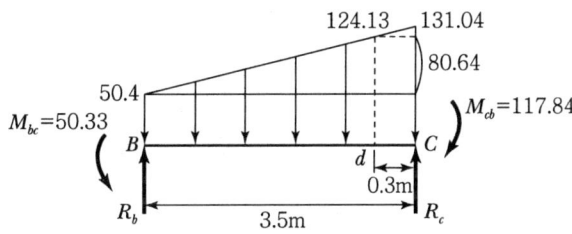

$\Sigma M_B = 0$

$117.84 - 50.33 + 50.4 \times 3.5 \times \dfrac{3.5}{2} + \dfrac{1}{2} \times 80.64 \times 3.5 \times \dfrac{2}{3} \times 3.5 - R_c(3.5) = 0$

∴ $R_c = 301.6\text{kN}(\uparrow)$

C점으로부터 300mm 떨어진 점 d의 전단력

$V_{u,d} = 201.6 - 0.3 \times 124.13 - \dfrac{1}{2} \times (131.04 - 124.13) \times 0.3 = 163.3\text{kN}$

$$\phi V_c = \phi \frac{1}{6}\sqrt{f_{ck}}\,b_w d = 0.75 \times \frac{1}{6} \times \sqrt{27} \times 1{,}000 \times 300 \times 10^{-3} = 195.0\,\text{kN}$$

$$\frac{1}{2}\phi V_c = 97.5\,\text{kN}$$

$$\therefore\ \frac{1}{2}\phi V_c < V_{u,d} < \phi V_c : \text{최소전단철근 배근}$$

제10장 철근콘크리트의 특수문제

Question 01 내화콘크리트

내열, 내화 콘크리트 정의, 용도, 요구 성능을 설명하시오.

1. 정의

내화콘크리트란 불에 잘 견디어 고온에서도 강도가 떨어지지 아니하는 콘크리트를 말한다. 알루미나가 많이 들어 있는 시멘트나 칼슘알루미나 시멘트에 내화성질이 있는 쇄석(碎石)을 혼합하여 내화콘크리트를 만든다.

2. 용도

(1) 내화벽이나 방화벽에 사용 (2) 열을 차단해야 하는 벽체
(3) 인화성 액체/가스 저장장소 (4) 정유, 화학석유공장 등 위험물 저장장소
(5) 폭발물 저장장소 (6) 전력배관설비
(7) 가열로 시설

3. 요구성능

(1) 내화시간 요구성능 : 내화시간은 최소 1시간 이상
(2) 내화재료 요구성능 : 최소 1시간 이상 견딜 수 있는 내화재료일 것
(3) 철골부재 외면으로부터 내화 콘크리트 두께가 50mm 이상일 것
(4) 탈락 및 균열이 발생시 표준양생기간이 지난 후 보수작업 실시할 것
(5) 외관검사와 피복두께, 밀도, 부착강도 등 공사 품질검사 실시
(6) 동절기 시공시 보온으로 내화재료를 적정온도로 유지할 것

Question 02	수화열 저감대책

철근콘크리트 구조물 시공 시 수화열에 대한 관심이 증가하고 있다. 수화열 해석을 위한 경계치 문제 기본 미분방정식을 유도 설명하고 수화열 저감대책을 약술하시오.

1. 수화열해석용 경계치 문제

(1) 개요

콘크리트 수화열에 대한 영향평가는 내부의 단열온도 상승에 의한 열의 흐름과 그 결과로 나타나는 열응력에 의한 영향을 평가하는 것이다. 즉, 열전달로 인한 임의 구조부위의 온도차로 발생한 내부응력이 콘크리트의 인장강도 곡선을 상회하는지 여부로 구조물의 안전성을 평가한다.

(2) 수화열 해석종류

수화열에 의한 콘크리트 시간에 따른 온도해석은 열전달해석에 속하며, 열전달해석은 유한차분법과 유한요소법으로 수행한다.

1) 유한차분법

주어진 편미분방정식의 해를 구하는 데 있어 대류나 복사 등의 경계조건이 달라짐에 따라 차분식이 달라지므로 문제마다 새로운 차분식을 구성해야 하는 복잡한 방법이다.

2) 유한요소법

수화열 해석영역을 적당한 크기의 유한요소로 나누고 각 절점의 값에서 요소 내 임의 위치의 값을 알 수 있는 형상함수를 정의하여 편미분방정식을 유한 개의 절점 값에 대한 행렬식으로 만들어 적절한 경계조건을 대입하여 행렬식을 구한다.

유한요소해석법은 경계조건을 쉽게 다룰 수 있고 프로그램이 문제의 경계조건과 무관하므로 다양한 형태의 문제에 적용될 수 있는 장점이 있다.

(3) 열흐름 평형방정식에 적용되는 경계조건 산정

1) 대상구조물에 외적인 열원 공급이 생기기 전에 구조물에 가해지는 초기온도를 선정한다.
2) 열전달 경계조건의 주요 열특성인 외기 대류조건을 고려한다. 열량의 형태인 외기대류에 대한 경계조건을 나타내는 미분방정식을 사용한다.
3) 외기와 대상 구조물이 접하는 면적을 임의의 기호로 나타내고, 대류로 인한 열량은 외기와 대상구조물 간의 온도차로 발생하므로 면적이 반영된 미분방정식으로 나타낸다. 대기와의 대류면에 작용한 열응력은 다음과 같다.

$$q = h_a(T_1 - T_0)$$

여기서, h_a : 외기 대류계수, T_1 : 외기온도,
T_0 : 외기대류가 발생하는 지점의 절점온도

(4) 유한요소해석

열전달 평형방정식과 경계조건 및 초기조건을 Gauss의 부분적분공식과 변분법을 이용하여 행렬방정식으로 구성할 수 있는데 이런 원리로 유한요소법을 적용할 수 있다.

2. 수화열 기본 미분방정식

(1) 열전도 평형 방정식

1) Fourier법칙을 이용한 열전도 구성 방정식

$$q_x = -k_x \frac{\partial T}{\partial x} \qquad q_{x+dx} = q_x + \frac{\partial q_x}{\partial x}dx$$

$$q_y = -k_y \frac{\partial T}{\partial y} \qquad q_{y+dy} = q_y + \frac{\partial q_y}{\partial y}dy \quad \cdots\cdots\cdots\cdots\cdots\cdots ①$$

$$q_z = -k_z \frac{\partial T}{\partial z} \qquad q_{z+dz} = q_z + \frac{\partial q_z}{\partial z}dz$$

q_x, q_y, q_z : 단위시간에 단위면적당 전달된 열흐름($kcal/hr \cdot m^2$)
k_x, k_y, k_z : x, y, z 방향의 열전도계수($kcal/hr \cdot m \cdot ℃$)
$T(x, y, z, t)$: 온도(℃)

2) 물체 내부에서의 전도에 관한 열전도 평형방정식

$$Q_x + Q_y + Q_z + Q^B = Q_{x+dx} + Q_{y+dy} + Q_{z+dz}$$

$$Q_x = q_x \cdot dydz \qquad Q_{x+dx} = q_{x+dx} \cdot dydz$$
$$Q_y = q_y \cdot dxdz \qquad Q_{y+dy} = q_{y+dy} \cdot dxdz \quad \cdots\cdots ②$$
$$Q_z = q_z \cdot dxdy \qquad Q_{z+dz} = q_{z+dz} \cdot dxdy$$
$$Q^B = q^B \cdot dxdydz$$

q^B : 발열량(kcal/m³·hr)

3) 열전도 평형방정식

$$\frac{\partial}{\partial x}\left(k_x \frac{\partial T}{\partial x}\right) + \frac{\partial}{\partial y}\left(k_y \frac{\partial T}{\partial y}\right) + \frac{\partial}{\partial z}\left(k_z \frac{\partial T}{\partial z}\right) + q^B = 0 \quad \cdots\cdots ③$$

(2) 경계 조건 및 초기 조건

$T_0 = T_0(x_i, 0)$ $\qquad x_i \in V$: 초기 온도 설정

$T = T_A^*(x_i, t)$ $\qquad x_i \in T_A$: 임의의 위치(x_1)에서의 온도

3. 수화열 저감대책

(1) 제어대책 기본개념

매스콘크리트의 온도균열은 타설 후 시멘트의 수화열에 의한 온도상승 및 강하에 따라 생기는 체적변화가 내부 또는 외부적으로 구속을 받아 발생하는 것으로, 온도균열의 제어대책은 기본적으로 다음과 같다.

1) 콘크리트의 최대 상승온도를 낮게 한다.
2) 온도응력을 완화시킨다.
3) 온도응력에 대한 저항력을 증가시킨다.

(2) 저감대책

저감대책	저감방안 효과
저발열시멘트 사용	1) 발열량이 적은 시멘트를 사용하므로 별도의 장치 없이 시공속도가 빠름 2) 배합설계 변경이 필요하며 품질시험과 장기적인 내구성 검증절차가 필요함
분할타설	1) 별도의 시설 없이 타설만으로 조절 가능 2) 타설온도를 조절하기 위한 배합수관리가 어려움 3) 계측을 통한 타설높이를 결정해야 하므로 외부환경영향을 크게 받음 4) 시공이음부의 정밀관리가 요구되며 이음부의 하자발생 가능성 상존
프리쿨링	1) 계절에 따른 온도변화로 관리가 어려움 2) 냉각수 및 얼음제조설비 필요 3) 배합설계 변경이 없어 별도품질시험 불필요
파이프쿨링	1) 파이프설치, 유입수저장시설, 수온조절장치 등 별도시설 필요 2) 배합설계 변경이 없어 별도품질시험 불필요

Question	수화열평가
03	콘크리트 구조물의 수화열로 인한 온도균열 발생의 평가방법 및 그 제어대책에 대하여 설명하시오.

◎ **풀이** 콘크리트 수화열에 의한 온도균열과 수화열평가 및 제어대책을 살펴보는 문제이다. 수화열에 대한 정의와 제어대책을 살펴본다.

1. 정의

콘크리트 수화열의 화학반응으로 발생되는 온도응력을 제어하는 지수를 온도균열지수라 하며 수화열에 대한 제어대책으로 온도균열지수를 적용한다.
온도균열지수 검토가 필요한 콘크리트를 매스콘크리트라 하며 온도균열지수를 적용하여 콘크리트 균열발생에 대한 안전성을 확보한다.

2. 온도균열지수

온도균열지수는 타설하는 위치에 따라 다르므로 이를 정리하면 다음과 같다.

구분	매스콘크리트 타설 시	연질지반 위에 타설 시	암반 위에 타설 시 (슬래브 등)
온도균열지수 $I_{cr}(t)$	$I_{cr}(t) = \dfrac{f_t(t)}{f_x(t)}$	$I_{cr}(t) = \dfrac{15}{\Delta T_i}$	$I_{cr}(t) = \dfrac{10}{R \Delta T_o}$

여기서, $f_x(t)$: 재령 t에서 수화열에 의해 생긴 부재 내부의 온도응력 최댓값
$f_t(t)$: 재령 t에서 콘크리트의 인장강도
ΔT_i : 내부온도가 최대일 때 내부와 표면과의 온도차(℃)
ΔT_o : 부재의 평균최대온도와 외기온도와의 온도차이(℃)
R : 외부구속정도를 나타내는 지수

3. 균열지수와 균열관계

① 온도균열지수가 클수록 균열이 생기기 어렵고
② 온도균열지수가 작을수록 균열이 생기기 쉬우며, 발생하는 균열의 개수도 많으며 균열폭도 크다.

4. 설계기준

① 균열을 방지할 경우 : 1.5 이상
② 균열발생을 제한할 경우 : 1.2 이상 1.5 미만
③ 유해한 균열을 제한할 경우 : 0.7 이상 1.2 미만

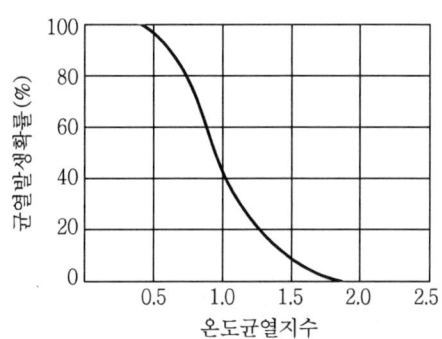

[온도균열지수에 의한 균열발생확률 곡선]

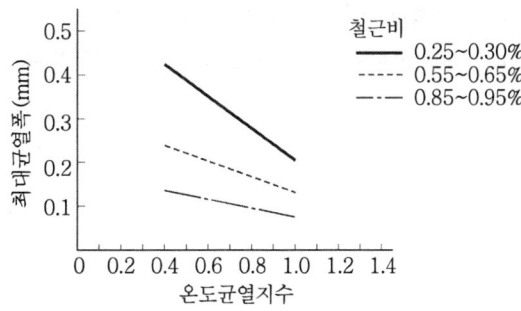

[철근비에 따른 온도균열지수와 균열폭 관계]

Question 04 매스콘크리트

콘크리트 표준 시방서에 의한 매스콘크리트를 정의하고 온도 균열지수(정의, 간략식, 균열제어를 위한 참고치)를 자세히 설명하라.

1. 정의

매스콘크리트란 부재 또는 구조물의 치수가 커서 시멘트의 수화열에 의한 온도상승을 고려하여 설계와 시공을 해야 하는 콘크리트를 말한다.

2. 온도균열지수

(1) 정의

매스콘크리트의 균열발생 검토에 쓰이는 것으로 콘크리트 인장강도를 온도응력으로 나눈 것을 말한다.

(2) 간략식

온도균열지수 = $\dfrac{\text{콘크리트 인장강도}}{\text{온도응력}}$ 이므로 식으로 표현하면,

$$I_{cr} = \frac{f_{sp}(t)}{f_t(t)}$$

여기서, $f_{sp}(t)$ = 재령(t일)에서의 콘크리트 인장강도
$f_t(t)$ = 재령(t일)에서 수화열로 발생된 온도응력

(3) 균열제어 참고치

구분	온도균열지수
균열발생 방지	1.5 이상
균열발생 제한	1.2~1.5
유해한 균열발생	0.7~1.2

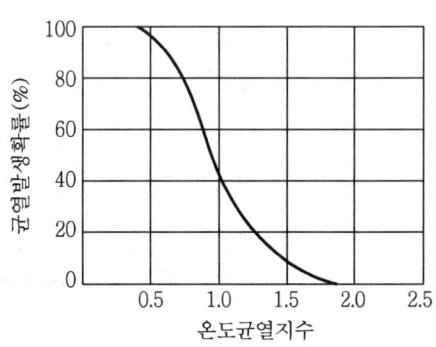

3. 콘크리트 열특성

(1) 수화열 산정

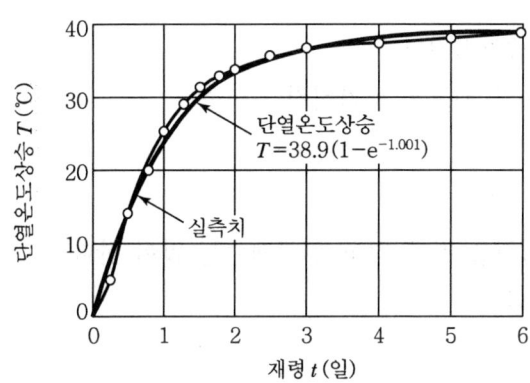

$$Q(t) = Q_\infty(1 + e^{-rt})$$

여기서, $Q(t)$: 단열온도 상승량
Q_∞ : 최종 단열온도
r : 온도상승에 관한 계수
t : 콘크리트 재령(일)

(2) 수화열강도 산정

1) 재령 t일의 압축강도 : $f_c'(t) = \left(\dfrac{t}{a+bt}\right) f_{c(91)}$

2) 재령 t일의 인장강도 : $f_t(t) = c\sqrt{f_c'(t)}$

3) 재령 t일의 유효탄성계수 : $E_e(t) = \phi(t) 1.5 \times 10^4 \sqrt{f_c'(t)}$

여기서, $f_{c(91)}$: 재령 91일의 압축강도
$c = 1.4$(시멘트 건조상태에 따라 다름)
$\phi(t)$: 크리프영향에 따른 보정계수

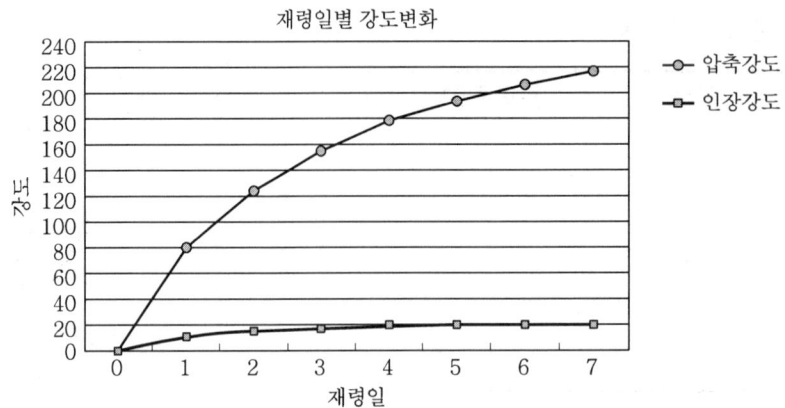

4. 설계 시 균열제어 방법

(1) 철근응력을 줄이는 방안

1) 철근응력과 균열폭은 비례하므로 저강도 철근을 사용하여 철근응력 상한값을 제한한다.
2) 단면치수에서 유효높이를 증가시킨다.
3) 철근량은 최대 철근량 이하가 되도록 증가시킨다.

(2) 철근배근 대책

1) 동일 철근량에서 철근의 직경을 작게 하고 철근개수는 많이 한다.
2) 가능한 이형철근을 사용한다.
3) 철근간격을 균일하게 한다.

(3) 연성파괴 유도

큰 폭의 적은 개수의 균열보다 미세폭인 다수 균열이 유리하다.

(4) 비구조적인 균열제어

1) 건조수축 및 온도균열을 제어하기 위해 배력철근은 직경이 작은 철근을 좁은 간격으로 배근한다.
2) 균열유발줄눈 및 신축줄눈을 설치하여 균열을 집중하거나 온도에 의한 신축을 흡수한다.

5. 시공 시 균열제어 방법

(1) 배합 시

1) 설계기준강도와 Workability를 만족하는 범위에서 콘크리트의 온도상승이 최소가 되도록 재료와 배합비를 결정한다.
2) 최소 단위시멘트량을 사용한다.(1도 상승/단위 시멘트량 $10kg/m^3$)
3) 중용열, 고로, 플라이애쉬, 저열시멘트를 사용한다.
4) 굵은 골재 최대치수를 크게 하고 입도분포를 양호하게 한다.
5) S/a를 작게 한다.

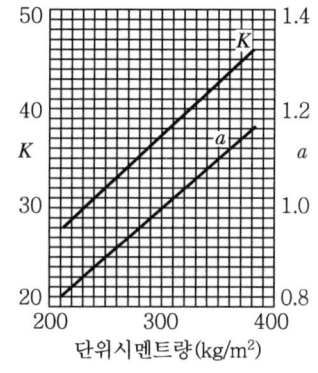

(주) $T = K(1-e^{-st})$로 한 경우의 K, a를 구하는 도표이다.

[단위시멘트량 변화에 따른 수화열]

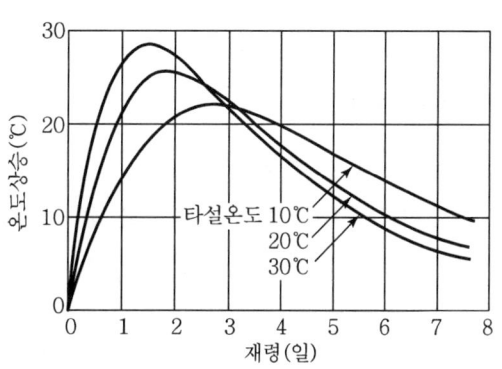

[타설온도에 따른 수화열]

(2) 비비기 시 온도조절

1) 냉각한 물, 냉각한 굵은 골재, 얼음을 사용한다.
2) 재료냉각은 균등하게 시행한다.
3) 얼음은 콘크리트 비비기가 끝나기 전에 모두 녹아야 한다.
4) 비벼진 온도는 외기온도보다 10~15℃ 낮게 한다.
5) 굵은 골재의 냉각은 1~4℃ 냉각공기와 냉각수에 의한다.
6) 얼음덩어리는 물양의 10~40% 이내로 한다.

(3) 타설 시

1) 콘크리트 타설 시 블럭을 분할하여 온도발생열량을 줄인다.
2) 신, 구 콘크리트의 타설시간 간격을 조정한다.

Question 05 | 콘크리트 온도균열

콘크리트 구조물 온도균열의 원인 및 방지대책에 대하여 설명하시오.

1. 정의

콘크리트양생 시 물의 촉매작용으로 시멘트 화학반응이 발생하여 콘크리트 내부에 수화열로 인한 온도상승이나 외부의 온도하강으로 콘크리트에 균열이 발생하는 것을 온도균열이라 한다.

2. 온도균열 발생원인

(1) 내부구속에 의한 균열

상대적으로 온도가 낮은 표면은 수축하려 하고 온도가 높은 내부는 이를 구속하여 콘크리트 표면에 인장응력 균열이 발생하게 된다.

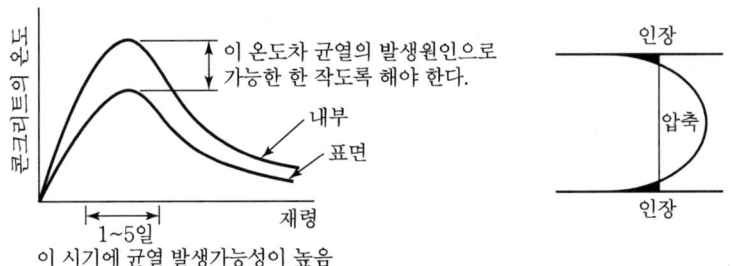

[내부구속에 의한 균열발생 메커니즘]

(2) 외부구속에 의한 균열

콘크리트는 양생 시 내부온도가 최고치에 도달한 후 외기온과 같을 때까지 온도가 내려가게 되는데 이때 지반 또는 기 타설한 콘크리트로의 구속으로 콘크리트에 구속균열이 발생하게 된다.

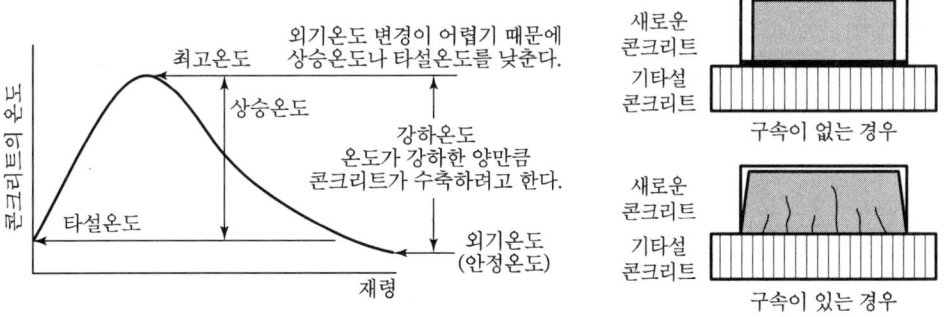

[외부구속에 의한 균열발생 메커니즘]

   (3) 콘크리트 1회 타설 높이 과다 시
   (4) 콘크리트 양생시 내부온도 증가 방치
   (5) 굵기가 작은 굵은골재 사용으로 단위시멘트량 증가 시
   (6) 온도균열 제어철근 미배근 시
   (7) 온도균열지수 미준수 시

3. 온도균열 방지대책

   (1) 팽창콘크리트 사용
   (2) 플라이애시 등의 혼화재 사용
   (3) 콘크리트 1회 타설 높이 준수
   (4) 중용열포틀랜드시멘트 또는 저발열시멘트를 사용
   (5) 콘크리트 양생 시 내부 온도증가 억제(Pipe-Cooling 등)
   (6) 가능한 큰 굵은골재 최대치수 사용으로 단위시멘트량 감소
   (7) 균열유발줄눈 적용하여 균열발생위치 제어
   (8) 온도균열 제어철근 배근
   (9) 온도균열지수로 온도균열 제어방법 적용

> **온도균열 제어방법**　　　　　　　　　　　　　　　　　Reference
>
> 온도균열지수에 의한 온도균열을 제어하기 위해서는 시멘트, 혼화재료, 골재 등을 포함한 재료 및 배합의 적절한 선정, 블록분할, 이음위치 선정, 콘크리트 타설속도 조절, 콘크리트치기 시간간격 선정, 거푸집재료 및 구조선정, 콘크리트 냉각방법선정, 양생방법선정 등 시공 전반에 걸친 검토를 수행하여야 한다.

> **Question 06** 내구성 문제
>
> 철근콘크리트 구조물에서 내구성 설계를 하는 경우 고려하여야 할 사항(항목)을 열거하시오.

1. 정의

내구성이란 콘크리트 소요 공용기간 중 환경오염에 변하지 않고 저항하는 성질을 말하며, 사용기간 동안 초기의 성능을 그대로 유지할 수 있는 성능을 말한다.

2. 내구성 저하 원인

① 기상작용 : 동결 융해 반복
② 화학물질 : 황산, 염산 등
③ 물의 침식작용 및 마모
④ 중성화 및 철근 부식
⑤ 알칼리-골재 반응
⑥ 전류작용
⑦ 염해

3. 대책

(1) 설계 단계

① 피복두께
② 설계 하중 산정 유의

(2) 시공 단계

① 재료 선정
② 배합설계
③ 수밀콘크리트
④ 다짐 및 양생 철저

(3) 유지관리 단계

① 내구성 저하 최대한 억제
② 보수 보강 실시

제10장 철근콘크리트의 특수문제

Question 07	적산온도 설명

적산온도(Maturity, 성숙도)에 대하여 설명하시오.

1. 정의

적산온도란 콘크리트 타설 후 양생시간에 따른 콘크리트 내부온도를 추적하여 양생의 정도를 나타낸 개념을 말한다. 즉, 콘크리트 구조체 내부에 온도를 측정하는 장치를 설치하여 재령별로 콘크리트 내부온도를 측정하여 콘크리트 소요강도 도달 유무를 판단하는 방법이다.

2. 수행방법

(1) 콘크리트 내부온도 측정센서 설치

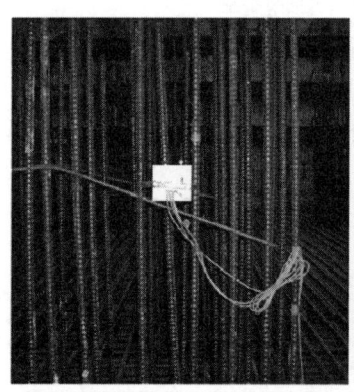 

(2) 내부온도 측정 및 기록

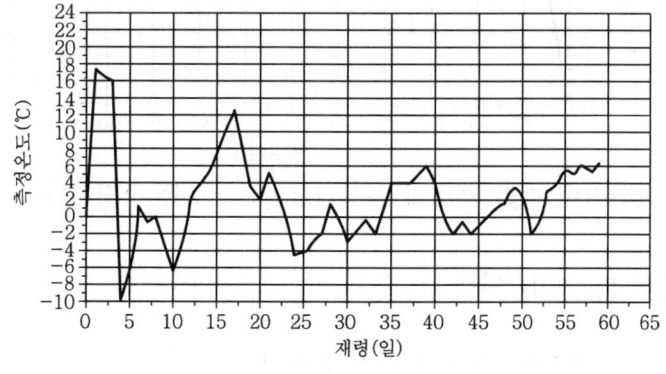

[실시간 온도경향 기록지]

Professional Engineer Civil Engineering Structures **369**

(3) 콘크리트 성숙도 산출

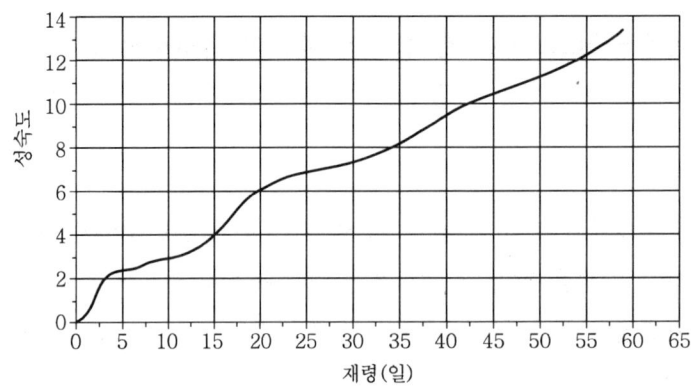

[재령별 성숙도]

$$M = \sum (\theta - T_0) \cdot \Delta t$$

여기서, M : 적산온도에 의한 콘크리트성숙도
  θ : 일평균기온 또는 평균 콘크리트 온도(℃)
  T_0 : 기준온도(통상 -10℃ 적용)
  Δt : 계산에 적용된 재령일(일)

(4) 콘크리트 강도 산정

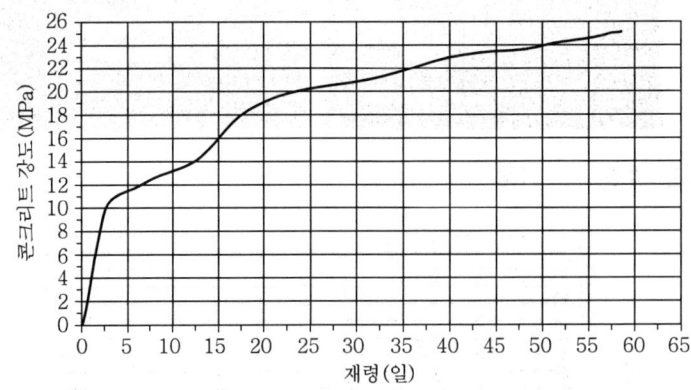

시방서 제안식에 따라 재령별 콘크리트압축강도를 산정한다.

$$f_c'(t) = \left(\frac{t}{a+bt} \right) f'(28)$$

$f_c'(t)$: 재령(t일)에서 콘크리트 압축강도

제10장 철근콘크리트의 특수문제

Question 08	곡률연성비 설명

RC부재의 곡률 연성비(Ductility Ratio)에 대하여 기술하시오.

1. 정의

연성비란 항복상태의 처짐에 대한 극한상태의 처짐비를 말하는 것으로 부재의 연성정도를 나타내는 지표로 사용된다. 곡률연성비란 항복상태의 처짐곡률에 대한 극한상태의 처짐곡률 비를 말하는 것으로 부재의 연성정도를 나타내는 지표로 사용된다.

2. 연성비 산정방법

(1) 처짐연성비(Deflection Ductility Ratio)

$$처짐연성비 = \frac{극한 \ 시 \ 보의 \ 처짐}{항복 \ 시 \ 보의 \ 처짐} = \frac{\Delta_u}{\Delta_y}$$

(2) 곡률연성비(Curvature Ductility Ratio)

$$곡률연성비 = \frac{극한 \ 시 \ 보의 \ 곡률}{항복 \ 시 \ 보의 \ 곡률} = \frac{\rho_u}{\rho_y}$$

여기서, RC보인 경우
항복 시 콘크리트보의 곡률 = 압축단 변형률/중립축까지의 깊이
극한 시 콘크리트보의 곡률 = 압축단 변형률(0.003)/중립축까지의 깊이

3. 의미

처짐연성비는 보 전체적인 거동 및 보의 지점상태 등을 고려한 연성도를 나타내는 척도이며, 곡률연성비는 보의 지지조건이나 길이 등을 고려하지 않고 단지 보의 위험단면에서의 연성도를 고려하므로 국부적인 연성도에 대한 척도를 나타낸다.

4. 활용

연성비를 고려할 경우는 부재의 연성정도를 나타내는 것이므로 부재의 취성/연성 정도에 대한 상대적인 평가를 위해 사용된다.

Question	균열문제
09	굳지 않은 콘크리트의 균열발생원인에 대해 설명하고 제어대책을 설명하시오.

1. 정의

굳지 않은 상태에서 발생하는 균열이란 외력인 하중을 받아서 발생하는 구조적인 균열이 아니라 시공 및 환경으로 발생되는 비구조적인 균열로 콘크리트 양생 전에 발생하는 균열을 말하며 침하균열과 소성수축균열이 있다.

2. 균열 종류

(1) 침하균열

침하균열은 굳지 않은 콘크리트의 품질 차이, 타설 두께 차이 및 콘크리트 내의 매설물에 의하여 발생되는 균열을 말한다.

(2) 소성수축균열

소성수축균열(Plastic Shrinkage Crack)은 물의 증발량이 블리딩 수보다 많은 경우에 콘크리트 표면이 건조되면서 콘크리트 표면에 발생되는 균열을 말한다.

3. 발생 위치

(1) 침하균열

1) 배근위치 및 매설물 위치
2) 타설두께 변화 위치

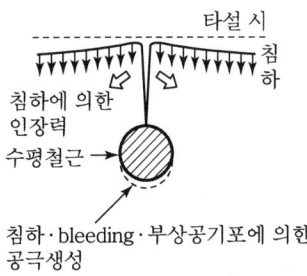 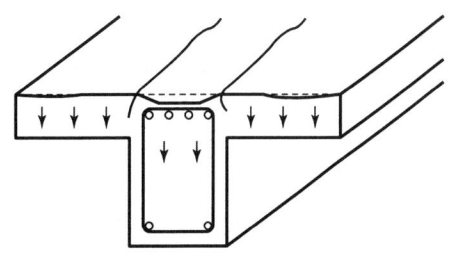

4. 발생원인

(1) 침하균열

1) W/C비 과다사용 및 다짐불량
2) 매설물 및 철근에 의한 콘크리트 침하 구속
3) 타설 두께 차이에 의한 침하량 차이

(2) 소성수축균열

1) 증발량이 블리딩 수(Bleeding Water) 보다 많은 조건에서 콘크리트 표면에 발생
2) 단위시멘트량의 과다로 인한 수화열의 증대
3) 콘크리트 표면이 바람 및 직사광선에 노출되어 증발
4) 콘크리트의 온도가 높아 증발 촉진

5. 제어대책

(1) 침하균열

1) 배합설계 시 블리딩 수(Bleeding Water)가 최소가 되도록 한다.
2) 콘크리트 시공이음부 위치 선정 후 타설한다.
3) 벽, 기둥, 보 콘크리트 타설 후 슬래브 타설
4) 부재별 타설 간격은 1~2시간 정도 간격을 둔다.
5) 균열발생 직후 재다짐 또는 표면처리와 같은 후속조치를 실시한다.

(2) 소성수축균열

1) 배합설계 시 단위시멘트량을 최소화한다.
2) 바람막이를 설치하여 수분증발량을 최소화한다.
3) 표면보호 및 습윤양생 작업은 콘크리트 타설 후 되도록 빨리 실시한다.
4) 양생 시 표면보호에 의한 보습대책(피막양생제 및 비닐씌움)을 실시한다.
5) 직사광선에 직접 노출되지 않도록 한다.
6) 콘크리트 온도를 줄이도록 골재를 사전 냉각한다.

Question 10	중성화 논술문제
	콘크리트의 중성화 발생원인과 제어대책에 대하여 설명하시오.

풀이 콘크리트 열화현상의 하나인 중성화현상에 대한 문제이다. 중성화현상의 정의, 발생원인, 피해사례, 방지대책 등을 살펴본다.

1. 정의

콘크리트는 고알칼리 성질을 가지고 있어 철근주위에 부동태 피막을 형성함으로써 철근을 부식 환경에서 보호한다. 그러나, 이산화탄소, 산성비, 산성토양의 접촉 및 화재 등의 원인으로 콘크리트 내의 pH 12~13 정도의 강알칼리성이 pH 8.5~10 이하로 낮아지는 현상을 콘크리트 중성화라 한다.

2. 중성화 발생원인

(1) 콘크리트의 탄산화
(2) 산성비
(3) 산성토양과의 접촉
(4) 화재

3. 중성화 화학반응

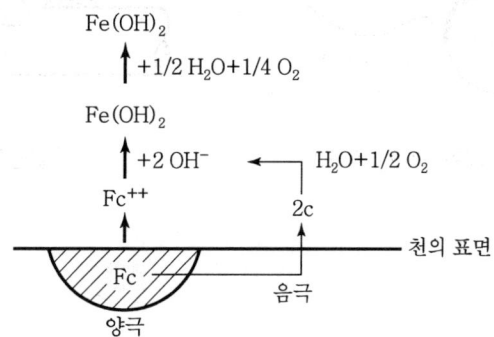

콘크리트의 중성화는 수산화칼슘이 탄산화되는 것을 말하며 시멘트 경화체에서 알칼리성이 저하하는 현상이다. 대표적인 중성화 화학반응식은 아래와 같다.

$$Ca(OH)_2 + H_2CO_3 \rightarrow CaCO_3 + 2H_2O$$

4. 중성화 피해사례

   (1) 구조물의 균열 발생
   (2) 콘크리트 강도 저하
   (3) 철근부식, 콘크리트와 철근의 부착력 저하
   (4) 팽창압에 의한 피복콘크리트의 균열
   (5) 백태 발생
   (6) 유리석회 발생

5. 중성화에 의한 철근부식기구

콘크리트 중성화가 진행되면 철근표면에 형성되어 있는 부동태의 피막이 파손되어 철근이 부식되기 쉬운 환경이 된다. 철근의 부식은 철근의 체적팽창을 발생시켜 콘크리트의 균열과 탈락을 유발한다.

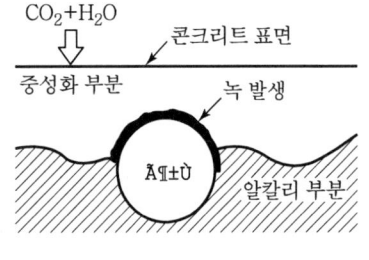

[중성화에 의한 철근부식도]

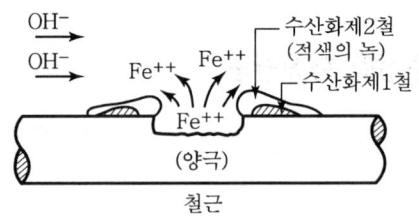

[철근의 부식기구]

6. 중성화 영향인자

(1) 내적요인

1) 물리적 요인 : 물시멘트비, 혼화재 치환율, 공기량, 초기양생조건
2) 화학적 요인 : 시멘트 알칼리양, 혼화재 종류, 배합조건, 환경조건

(2) 외적요인

온도, 습도, 우수

(3) 중성화 실험

1) 1%의 페놀프탈레인 용액 살포 후 깊이 측정
2) 정밀분석은 X-ray 회절분석 또는 시차중량분석 시험 실시

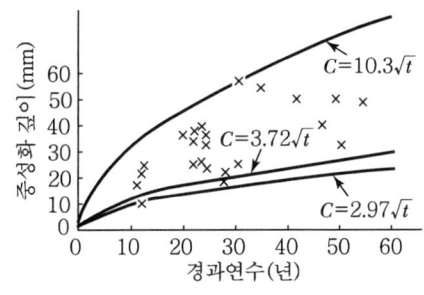

[실내의 중성화 속도]

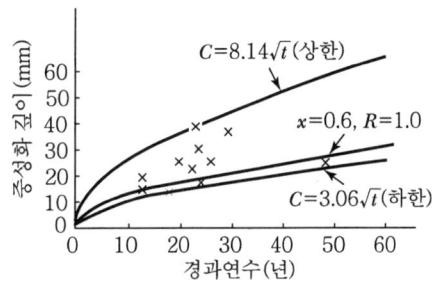

[실외의 중성화 속도]

7. 중성화 방지대책

(1) 재료 및 배합 시 대책

1) 내구성이 큰 골재사용
2) 가능한 치밀한 콘크리트
3) 조강, 보통포틀랜트시멘트 사용
4) 고비중의 양질골재 사용
5) 물시멘트비, 공기량, 세공량은 낮게(AE제, 감수제, 유동화제 사용)

(2) 시공 시 대책
   1) 충분한 초기양생
   2) 충분한 피복두께 확보
   3) 세밀한 거푸집 제작
   4) 다짐 철저
   5) 콘크리트표면 라이닝 실시
   6) 타설이음부 처리 주의

(3) 표면 마감재 사용 시 대책
   1) 에폭시 같은 고분자계통 사용
   2) 모르타르, 페인트 및 타일에 의한 마감처리 시행

Question 11	염해대책

해양환경의 영향을 받는 콘크리트 구조물의 염해에 대한 내구성 설계방법을 간단히 기술하시오.

1. 개요

콘크리트 내의 염분은 콘크리트 강도에는 큰 영향을 주지 않으나 철근을 부식시키는 결과를 초래하여 내구성을 저하시킨다.

2. 염해 피해

(1) 철근부식

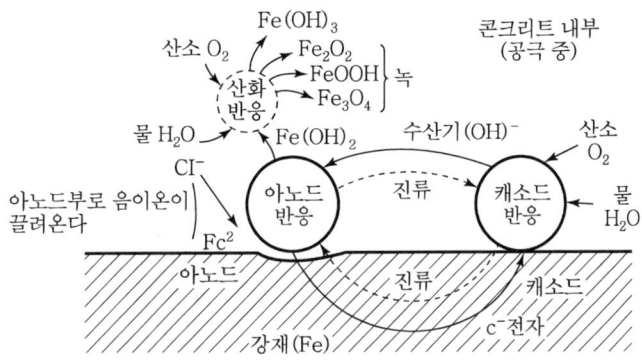

$Fe + 2Cl^- \rightarrow FeCl_2 + 2e^-$ (수산화제1철 생성과정)

$FeCl_2 + 2H_2O \rightarrow Fe(OH)_2 + 2H^+ + 2Cl^-$ (수산화제2철 생성과정)

(2) 콘크리트 화학침식

황산염($MgSO_4$)이 C_3A 수화물과 반응하여 에트랑게이트 생성 : 콘크리트에 팽창성 균열

3. 염분의 침투경로

① 깨끗이 세척하지 않은 바다모래의 사용
② 경화촉진제로서 염화칼슘의 사용
③ 염화칼슘을 주체로 한 조강형 AE제 사용
④ 혼화수로서 해수 사용
⑤ 제설제로 염화칼슘 사용

4. 염화물 함유량 규제

(1) 잔골재

절대 건조중량의 0.04% 이하

(2) 콘크리트

부식방지를 위해 $3N/m^3$ 이하

5. 설계대책

(1) 재료선정 시

1) 에폭시 철근 사용
2) 해사 사용할 때 제염대책 강구
3) 해수 사용 금지

(2) 콘크리트 타설 시

1) W/C를 55% 이하로 줄인다.
2) 단위수량을 줄이고 단위시멘트량을 증가한다.
3) 슬럼프를 8cm 이하로 한다.
4) 잔골재비(S/a)를 키운다.
5) 굵은골재 최대치수를 줄인다.
6) 양질의 감수제와 AE제를 사용한다.

7) 충분한 부재두께 및 피복두께를 확보한다.
8) 시공이음이 생기지 않도록 시공계획을 세운다.
9) 시공이음 시 레이턴스나 재료분리 부분 제거하고 지수판을 설치한다.
10) 양생 시 습윤양생을 실시한다.

(3) 피복두께를 충분히 취해 균열폭을 작게 한다.

(4) 콘크리트 표면에 라이닝을 하는 방법

6. 보수보강 방법
(1) 단면보수 및 표면 피복 확보
(2) 전기방식
(3) 피복두께 확보, 균열발생 방지

> **Question 12** 콘크리트 열화현상
>
> 철근콘크리트 구조물의 열화원인을 화학적인 것과 물리적인 것으로 구분하여 설명하고 제어대책을 기술하시오.

◉ **풀이** 철근콘크리트 구조물의 열화현상을 화학적인 것과 물리적인 것으로 구분하여 제어대책을 설명하는 문제이다.

1. 열화원인 분류

콘크리트 열화원인을 화학적인 현상과 물리적인 현상으로 분류해본다.

열화원인	열화현상 종류
화학적 현상	화학물질, 화학작용, 해수 및 해양환경, 제설제, 알칼리골재반응, 중성화
물리적 현상	기상작용(동해), 누수, 침식, 마모, 균열
유지관리 미비	직류전압 노출, 화재, 과적차량, 피로하중, 충돌, 보수보강 미비

2. 화학적 열화현상 원인 및 대책

(1) 해수 및 해염

열화원인	열화대책
염화물 존재 시 염소이온이 강재 피막의 부동태 피막을 파괴하고 물과 결합해 철근부식반응이 진행된다. $Fe + 2Cl^- \rightarrow FeCl_2 + 2e^-$	1) 잔골재에서 염화물은 절대 건조중량의 0.04% 이하로 규제 2) 콘크리트 내에서 염화물은 $0.3kgf/m^3$ 이하 사용 3) 에폭시 철근 사용 4) 해수 사용 금지

(2) 알칼리 골재반응

열화원인	열화대책
1) 알칼리 반응성 골재(화산암, 규질암, 미소석영, 변형된 석영) 사용 시 2) 시멘트 내 충분한 수산화 알칼리 용액 존재 시 3) 다습/습윤상태 타설 시	1) 부순돌, 자갈 골재 반응성 조사 2) 반응성 골재사용시 전알칼리성을 0.6% 이하 적용 3) 콘크리트 $1m^3$당의 알칼리 총량은 Na_2O당량으로 3kg 이하 사용

(3) 중성화 현상

열화원인	열화대책
콘크리트의 탄산화현상 (산성비, 산성토양과 접촉 시, 화재)으로 발생	1) 내구성이 큰 골재 사용 2) 조강, 보통포틀랜트시멘트 사용 3) 고비중의 양질골재 사용 4) 물시멘트비, 공기량은 가능한 낮게 할 것(AE제, 유동화제 사용) 5) 충분한 초기양생 실시 6) 충분한 피복두께 확보 및 다짐 철저 7) 콘크리트 표면라이닝 실시 8) 에폭시, 모르타르, 페인트, 타일과 같은 표면마감재 사용

3. 물리적 열화현상 원인 및 대책

(1) 동해

열화원인	열화대책
1) 비중이 작은 골재사용(기공이 많은 골재사용, 흡수율이 큰 경우) 2) 초기동해시(굳지 않은 콘크리트) 3) 콘크리트 내 수분함유 시 4) 동결온도 지속 시	1) 재료선정시 비중이 크고 강도가 높은 골재 사용, 다공질의 골재 사용 금지, 혼화제(AE)제 사용 2) W/C비는 가능한 낮게, 단위수량은 필요범위 내에서 최솟값 적용 3) 치기 및 다지기 시 골재분리 방지 진동다짐 및 구석다짐 실시

(2) 침식 및 마모작용

열화원인	열화대책
물의 침식작용 및 마모에 대한 내구성 1) 물속의 모래 및 자갈에 의한 표면 마모 2) 차량하중과 같은 반복하중에 의한 표면 마모 3) 공동현상에 의한 콘크리트 파손	1) 내구성이 큰 골재사용 2) 조강, 보통포틀랜트시멘트 사용 3) 고비중의 양질골재 사용 4) 물시멘트비, 공기량은 가능한 한 낮게 할 것(AE제, 유동화제 사용) 5) 충분한 초기양생 실시 6) 충분한 피복두께 확보 및 다짐 철저 7) 콘크리트 표면라이닝 실시 8) 에폭시, 모르타르, 페인트, 타일과 같은 표면마감재 사용

(3) 균열

열화원인	열화대책
1) 외력으로 발생되는 구조적 균열	설계하중 및 초과하중에 의한 구조적 균열 (인장균열, 휨균열, 전단균열, 비틀림균열, 지압균열)
2) 시공, 환경상의 원인으로 발생되는 비구조적 균열 　가) 시공상 경화 전 발생되는 균열 　　• 소성수축균열, 침하균열 　　• 타설순서 미준수에 의한 균열 　　• 경화 전 진동에 의한 균열 　　• 시멘트 이상 응결/팽창 균열 　　• 혼화재료 불균일분산 균열 　　• 지보공 처짐에 의한 균열 　　• 초기동해, 침하에 의한 균열 　나) 경화 중에 발생되는 균열 　　• 수화열에 의한 온도균열 　　• 건조수축에 의한 균열 　　• 시공하중에 의한 균열 　　• 시공이음부 처리 미숙 균열 　　• 거푸집의 조기해체 균열	1) 내구성이 큰 골재사용 2) 재료 선정 시 비중이 크고 강도가 높은 골재 사용, 다공질의 골재 사용금지, 혼화제 (AE제) 사용 3) W/C비는 가능한 한 낮게, 단위수량은 필요범위 내에서 최솟값 적용 4) 치기 및 다지기 시 골재분리 방지 진동다짐 및 구석다짐 실시 5) 고비중의 양질골재 사용 6) 물시멘트비, 공기량은 가능한 낮게 할 것 7) 충분한 초기양생 실시 8) 충분한 피복두께 확보 및 다짐철저
다) 환경상의 영향 　　• 기상조건(동결)에 의한 균열 　　• 환경조건에 따른 균열 　　　(염해, 중성화) 　　• 화학적 반응에 의한 균열 　　　(알칼리골재반응, 염해, 화학물질에 노출) 　　• 고압전류에 의한 균열 　　　(전식 및 철근과 콘크리트 사이에 발생되는 균열) 　　• 화재에 의한 균열 　　• 침식, 마모에 의한 균열	해당 열화원인 및 대책 참조

4. 유지관리 측면 열화현상 원인 및 대책

(1) 화재

열화피해	열화대책
1) 강도 저하 • 가열로 시멘트 수화물 결정수 방출 • 500℃ 전후 $Ca(OH)_2$가 분해하여 CaO 발생 • 750℃ 전후에서 $CaCO_3$ 분해 시작 • $Ca(OH)_2$ 분해로 콘크리트강도 급격히 감소 2) 탄성계수 저하 3) 철근과의 부착력 저하	철저한 화재예방교육 시행

Question 13	동해현상

콘크리트 동해에 대해 설명하시오.

1. 개요
콘크리트에 함유되어 있는 수분이 동결하면 팽창함으로써 콘크리트의 파괴를 가져온다. Fresh Concrete가 초기에 동해를 입으면 강도, 내구성, 수밀성이 현저하게 저하되기 때문에 반드시 제거한 후 다시 타설하여야 한다.

2. 원인
(1) 비중이 작은 골재사용
(2) 초기 동해 발생
(3) 콘크리트가 수분 함유
(4) 동결온도 지속

3. 대책
(1) 재료 선정 시
　① 비중이 크고 강도가 높은 골재 사용
　② 다공질의 골재 사용금지
　③ 혼화제(AE제) 사용

(2) 배합 시
　① W/C비는 가능한 한 낮게
　② 단위수량은 필요 범위 내에서 최솟값 사용

(3) 치기 및 다지기
  ① 골재분리 방지
  ② 진동다짐 및 다짐실시

(4) 양생 시 : 동해방지 보온 및 급열 양생 실시

(5) 유지관리 시 : 수분 접촉 억제 및 방수처리

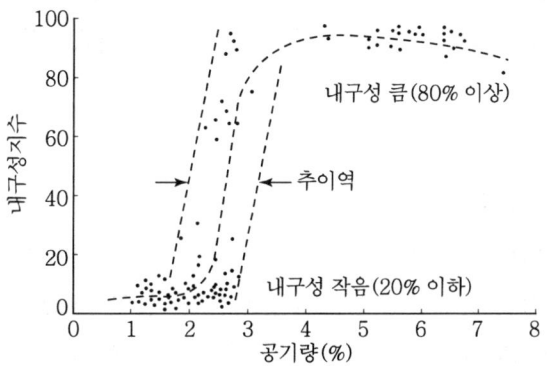

[공기량과 내구성지수]

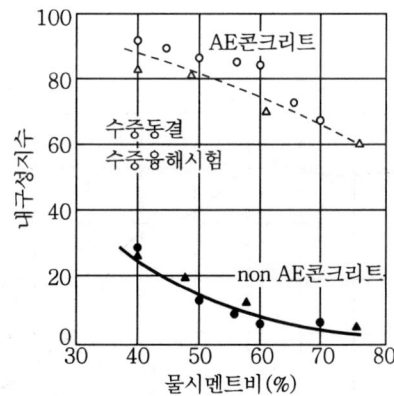

[W/C비와 동해]

Question 14 화재

콘크리트 화재 피해와 조사방법에 대해 설명하시오.

1. 개요

콘크리트 및 철근콘크리트는 현재 사용되고 있는 구조재료 중에서 가장 내구성이 큰 편에 속하나, 화재시 온도가 거의 1,000℃ 정도까지 올라가게 되어 콘크리트가 일시적으로 고온에 노출되는 경우 콘크리트 및 강재의 재료특성이 변한다.

2. 화재의 피해

(1) 콘크리트 강도변화

온도상승에 의한 콘크리트의 강도에 미치는 영향은 300℃ 이하에서는 적고 그 이상에서는 확실히 강도감소가 크게 발생한다. 불연재료인 콘크리트는 가열에 의해 시멘트 경화물과 골재와는 각각 다른 팽창 수축거동을 일으키고 단부구속으로 인해 열응력에 따라 균열이 발생된다. 이러한 균열과 열로 인한 시멘트 경화물의 변질과 골재 자체의 열적변화에 의하여 콘크리트의 강도와 탄성계수가 저하된다. 500℃ 이상의 열을 받으면 콘크리트의 강도저하율은 50% 이하가 되고 탄성계수도 약 80% 저하된다.

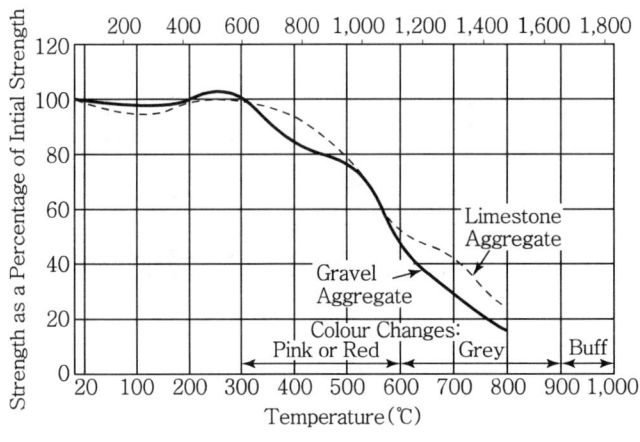

[화재의 온도에 따른 강도저하]

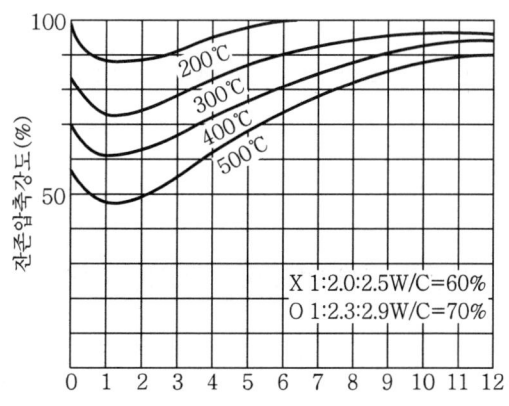

[냉각 후 재령에 따른 강도회복현상]

(2) 탄성계수 변화

콘크리트의 탄성계수에 미치는 온도의 영향은 일반적으로 150~400℃ 사이에서는 탄성계수가 현저히 감소됨을 알 수 있다. 이것은 콘크리트 중의 모세관수와 겔수의 증발과 수화생성물의 흡착수가 탈수되면서 시멘트 페이스트와 골재의 부착 경감이 원인이라 할 수 있다.

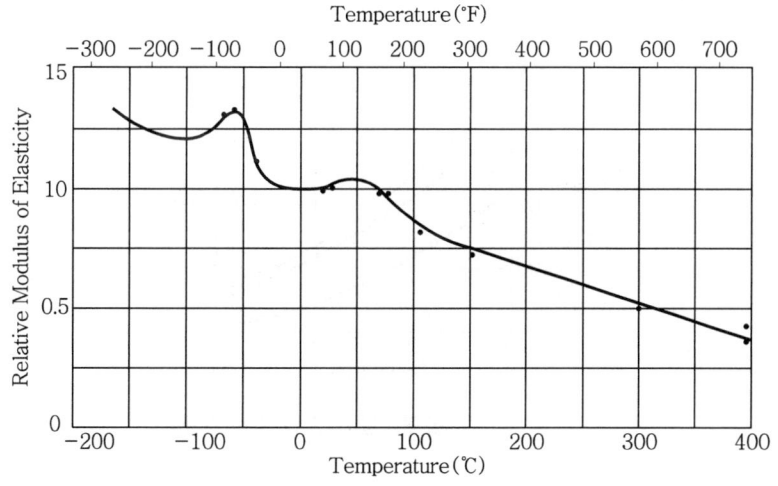

[콘크리트 탄성계수의 변화]

(3) 콘크리트의 색의 변화

콘크리트의 온도가 상승하면 콘크리트의 색이 변하게 되는데 300℃까지는 색의 변화가 없고 300~600℃까지는 분홍색 또는 적색을 나타내며, 600℃ 이상에서는 회색과 황갈색을 나타낸다.

(4) 화재온도와 지속시간에 따른 콘크리트 구조물의 내력저하 깊이

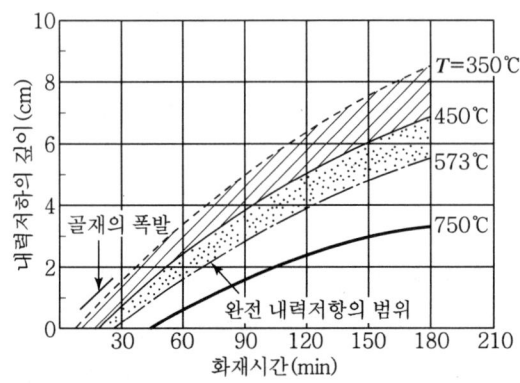

[화재시간과 내력저하 범위관계]

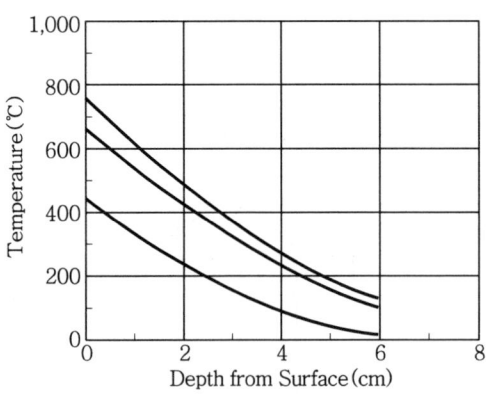

[화재온도와 손상깊이 관계]

(5) 강재의 피해

온도변화에 대한 구조용 강재의 항복강도, PSC 강재의 극한강도, 고강도 합금의 극한강도에 대하여 온도에 따른 강도비율 변화를 나타내고 있다. 일반적으로 온도가 증가함에 따라서 강재의 강도는 감소하지만, 온도가 약 200℃ 정도까지 상승하여도 구조용 강재나 PSC 강재는 초기강도의 90% 이상을 보유하고 있음을 알 수 있다.

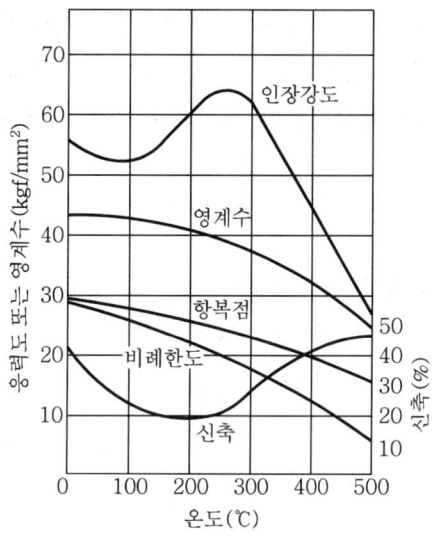

[구조용 강재의 온도에 따른 변화]

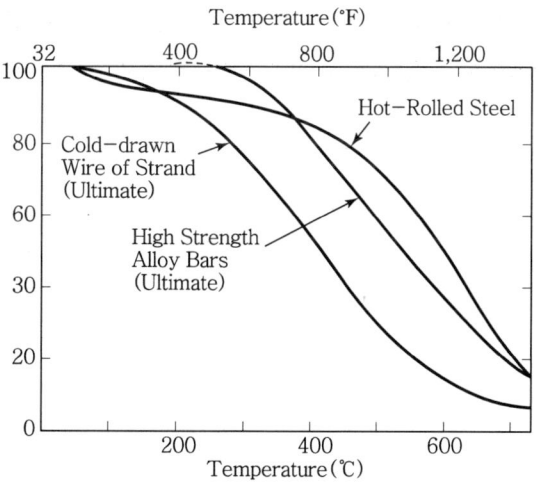

[온도에 따른 강재의 강도 변화]

3. 화재손상을 파악하기 위한 분석방법

(1) 화재피해에 따른 콘크리트 분석

일반적으로 시멘트 경화체를 가열하면 약 150℃에서 유리수, 겔수를 잃고 계속해서 화학적 결합수도 소실된다. 250~350℃에서 칼슘실리케이트 수화물은 그 보유수분의 약 20%가 탈수되며, 500℃ 전후에는 보유수분의 대부분을 잃게 되고, 또한 수산화칼슘은 분해되어 다음 화학식과 같이 생석회를 생성한다.

$$Ca(OH)_2 \xrightarrow[\text{냉각장치}]{400\sim700℃ \text{의 가열}} CaO + H_2O$$

더욱이 750℃ 전후에서 탄산칼슘($CaCO_3$)이 분해된다. 이와 같이 고온에 의해 변질된 콘크리트는 냉각수분이 보급되면 손상이 조금은 회복되지만 500℃ 이상에서 가열된 경우에는 내부조직에까지 손상을 입히기 때문에 회복할 수 없다. 또한 시멘트 경화체는 100℃ 전후까지는 팽창하지만 그 이상의 온도로 하면 Al_2O_3과 Fe_2O_3의 화합물 및 칼슘실리케이트의 탈수에 의해서 약 2%의 수축을 나타낸다.

(2) 시차열 시험에 의한 분석

화재에 의한 피해가 발생되지 않는 건전한 부위의 시료를 채취하여 전기로에서 각각 200, 400, 600, 800 및 1,000℃로 30분간 가열한 시료를 열분석한 결과를 기준으로 콘크리트의 손상정도를 파악하는 방법이 시차열분석방법이다.

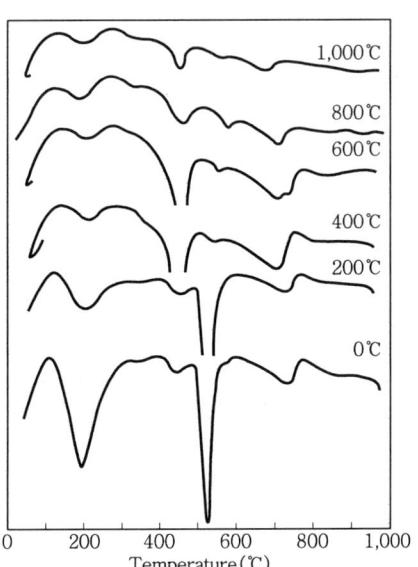

[화재온도에 따른 시차열시험 결과]

(3) X-ray 회절시험에 의한 분석

콘크리트의 X선 회절분석은 고온에 의하여 콘크리트 중의 시멘트수화물의 변화를 정량적으로 추정하여 화재온도와 온도의 작용시간을 추정하기 위하여 각 부위별 표면에서부터 깊이별로 미분말로 채취하여 X선 회절분석을 실시한다. 콘크리트의 반응생성물을 정성적으로 분석하고 시멘트 수화물이 고온에 의하여 어떤 물질로 변하고 얼마나 변하였는지를 정량적으로 분석하여 콘크리트가 화재에 의해 받은 온도와 가열시간을 추정한다.

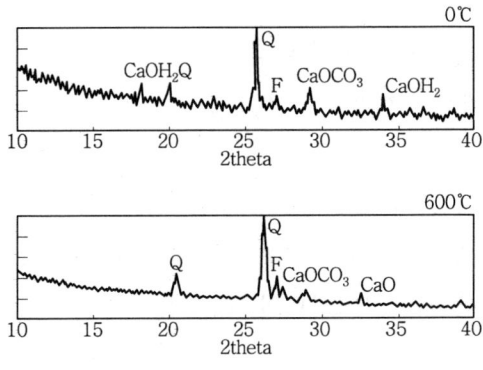

[X-ray 회절분석시험 결과]

제1편 철근콘크리트 공학

Question	폭렬현상
15	고성능 콘크리트의 폭렬(Moisture Clog Spalling)현상 발생원인과 설계대책을 설명하시오.

◉ **풀이** 고성능 콘크리트의 폭렬현상에 대한 발생원인과 특성, 설계상 대책을 살펴본다.

1. 정의

화재 등으로 콘크리트 표면이 고온에 노출되어 장시간 지속될 경우 콘크리트 내부에 축적되어 있던 혼합수의 수증기압이 콘크리트 표면의 인장강도보다 클 경우 콘크리트 표면으로 폭음과 함께 콘크리트가 박락하게 되는 현상을 콘크리트 폭렬(Moisture Clog Spalling)현상이라 한다.

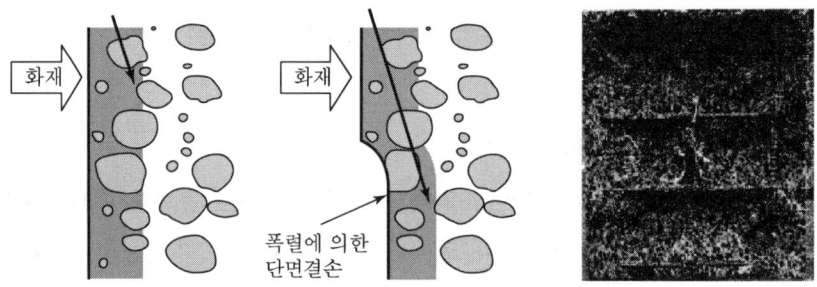

[콘크리트 폭렬현상과 피해사진]

2. 폭렬발생 메커니즘

(1) 온도에 의한 콘크리트의 화학적 특성

① 100~200℃에서는 흡착수의 분리 및 소실로 콘크리트 중의 시멘트 수화물의 수축현상 발생

② 300℃ 이상이 되면 화학적으로 변질

③ 400℃ 이상에서는 화학적 결합수 방출

④ 500~580℃에서는 콘크리트의 수산화칼슘[$Ca(OH)_2$]이 열분해로 콘크리트의 알칼리성 소실

⑤ 500℃를 넘으면 콘크리트의 강도가 50%까지 감소되며, 철근콘크리트 구조물의 내구성이 현저하게 감소

(2) 발생 메커니즘

콘크리트는 열전도성이 낮고 비열이 높기 때문에 열에너지 발산이 쉽지 않은 특성이 있는데, 화재와 같이 고온이 지속될 경우 콘크리트 내부는 혼합수가 분리/응집되어 가열된다. 가열로 축적된 혼합수의 수증기압이 콘크리트 표면의 인장강도보다 클 경우 콘크리트는 폭음과 함께 박락하게 되는 메커니즘이다.

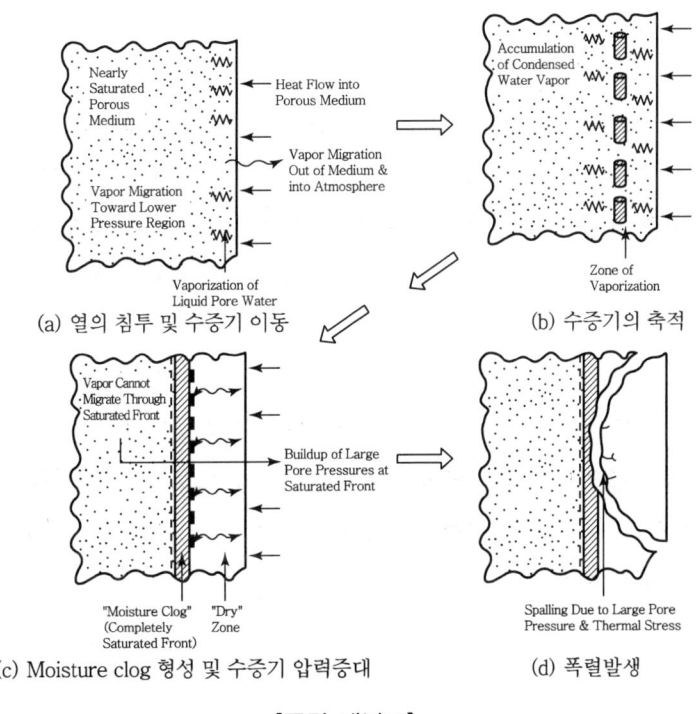

(a) 열의 침투 및 수증기 이동
(b) 수증기의 축적
(c) Moisture clog 형성 및 수증기 압력증대
(d) 폭렬발생

[폭렬 개념도]

(3) 포화층과 폭렬현상

화재로 콘크리트 표면온도가 증가할 경우 콘크리트 내부의 혼합수가 어떻게 변동하는지를 살펴본다.

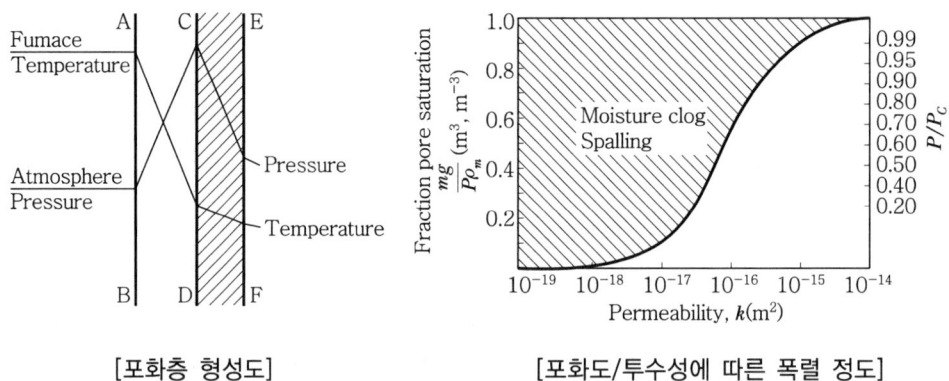

[포화층 형성도]   [포화도/투수성에 따른 폭렬 정도]

[1단계]

화재 시 고온에 노출된 콘크리트 표면에 인접한 층의 수분이 상대적으로 온도가 낮은 내부로 이동하고 내부의 공극층으로 재흡수된다. 이러한 메커니즘으로 표면의 건조층 두께가 증가하며 내부에는 상당한 두께의 포화층(Moisture Clog)이 서서히 형성된다. 이로 인해 건조층과 포화층 사이에 구분면이 생긴다.(C−D면)

[2단계]

화재가 진행되고 혼합수가 내부로 수분이동이 힘들어지면 수증기는 A−B−C−D층을 통해 노출면으로 이동되면서 내부는 열응력으로 높은 압력을 받게 된다. 더구나 수증기가 열을 받으면 체적을 팽창시켜 온도증가율이 더 커져 C−D면에서 압력이 빠르게 증가된다.

[3단계]

투수성이 높은 재료는 내부로 압력을 분산시켜 전체적으로 안정 상태를 유지하나, 투수성이 낮으면 C−D면에서의 압력이 계속적으로 증가하게 되고 결국엔 그 압력이 콘크리트의 인장 강도보다 커지는 시점에 도달하면 건조층이 노출된 표면으로 큰 소음과 함께 터지는 폭렬현상이 발생된다. 폭렬현상은 한번 발생했다고 끝나는 것이 아니고, 새로운 건조층과 포화층을 형성하면서 반복적으로 빈번하게 지속된다.

3. 발생원인

(1) 직접원인

   화재로 발생된 콘크리트 내부의 열응력 및 수증기압

(2) 간접원인 및 영향인자

   ① 콘크리트의 밀도 및 콘크리트에 사용된 골재의 특성 및 성분
   ② 화재 시 콘크리트에 작용하는 하중
   ③ 콘크리트가 가열되는 속도 및 온도 분포
   ④ 콘크리트 강도(고강도 콘크리트에 많이 발생됨)
   ⑤ 물-결합재 비 등의 배합요인

4. 피해사례

(1) 피해현상

   ① 시멘트 수화물의 탈수
   ② 혼합수 및 골재의 열팽창에 의한 콘크리트 균열(Crack) 발생
   ③ 콘크리트 박락(Spalling), 팝-아웃(Pop-out) 발생

(2) 구조적 피해

   ① 콘크리트 및 철근의 단면적 감소
   ② 단면 2차모멘트(I) 감소
   ③ 탄성계수(E)도 일반강도 콘크리트에 비해 감소
   ④ 부재의 강성이 저하
   ⑤ 부재내력 감소
   ⑥ 처짐증가 및 성능저하로 구조물 붕괴 유발

5. 폭렬저감 대책

(1) 내화도료/내화피복재 사용으로 급격한 온도상승을 억제시키는 방법

콘크리트 표면에 내화피복, 내화도료 등을 사용하여 화재 시 콘크리트의 온도상승을 일시적으로 저감시킬 수 있는 방법을 말한다. PP섬유판 등의 내화 보강판을 콘크리트에 부착하는 방법 등이 있다.

(2) 폭렬 저감재료를 혼입하거나 강관을 사용하여 내부의 수증기압을 쉽게 배출하는 방법

폭렬 저감재료로 폴리프로필렌(PP) 섬유를 사용하는데, 이는 화재 시 섬유가 녹아 내린 공간으로 콘크리트 내부의 높은 수증기압을 제거하거나, 강관을 이용하는 경우 수증기 분출을 위한 구멍의 설치 등 적절한 제거 조치가 필요하며 수증기압의 과다 발생 시 강관의 변형을 유발하므로 이에 대한 조치가 필요하다.

(3) 철근의 온도상승을 제어하기 위한 소정의 피복두께를 확보하는 방법

(4) 내화피복 보호재 사용으로 콘크리트 비산물을 억제시키는 방법

강판, 섬유시트, 메탈라스 등을 사용하여 구조적으로 콘크리트의 비산을 억제시키는 방법. 즉, 메탈라스나 폭렬구속 철근의 배치를 통한 횡구속을 이용하여 보강하는 방법이다.

part 02

프리스트레스트 콘크리트

제1장 프리스트레스트 콘크리트의 개념 및 재료
제2장 프리스트레스의 도입과 손실
제3장 프리스트레스 휨 부재의 해석
제4장 프리스트레스 휨 부재의 설계
제5장 전단설계
제6장 처짐
제7장 연속보 해석

제1장 프리스트레스트 콘크리트의 개념 및 재료

Question 01 프리스트레스 강재 요구사항

프리스트레스 강재에 요구되는 성질에 대하여 열거하시오.

1. PSC 강재에 요구되는 일반적 성질

(1) PSC 강재는 인장강도가 높아야 한다.

(2) 릴랙세이션이 작아야 한다. 릴랙세이션이 크면 응력손실이 크다.

(3) PSC 강재는 응력부식에 대한 저항성이 커야 한다.

(4) 콘크리트와 부착이 좋아야 한다.

2. 강재 규정

(1) PSC에 사용되는 강선은 KSD 7002 [PC강선 및 PC강연선 규정]에 따라야 한다.

(2) 강봉에 대한 것은 KSD 3505 [PC 강봉 규정]에 따라야 한다.

3. PSC 강재 응력변형률 특성

(1) PSC 강재의 특성

① PSC 강재 인장강도는 고강도철근의 약 4배이다.

② PSC 강재 인장강도 크기는 강연선, 강선, 강봉 순서이다.

③ PSC 강재는 뚜렷한 항복점이 없다.

(2) PSC 강재의 탄성계수

$$E_p = 2.0 \times 10^5 \text{MPa}$$

(3) PSC 강재의 릴랙세이션
   ① PSC 강재 릴랙세이션은 프리스트레스 힘이 도입된 시간부터 발생하므로 크리프보다 릴랙세이션으로 취급하는 것이 타당하다.
   ② 순 릴랙세이션이란 일정 변형률하에서 일어나는 인장응력의 감소량을 말한다. 초기 인장응력과 현재 인장응력의 차를 초기 인장응력으로 나눈 값을 백분율로 표시한 것이다.
   ③ 겉보기 릴랙세이션이란 콘크리트 크리프, 건조수축 등으로 초기 PSC 강재의 인장변형률이 시간경과에 따라 감소하는 것을 말한다.

Question 02 응력부식

PC강재 응력부식에 대하여 설명하고 발생원인과 방지대책을 기술하시오.

1. 정의
높은 응력에서는 무응력 상태보다 일반적으로 재료의 응력손실이 빨라지고 부재표면에도 녹이 빨리 진행되는 현상을 말한다.

2. 발생원인
(1) 고응력상태에서는 강재의 조직이 취약해진다.
(2) 점식과 같은 녹이나 작은 홈이 응력집중을 유발시킨다.
(3) 지름이 작은 원형디스크에 강재를 감아 놓은 경우 휨응력이 작용된 상태로 방치되므로 응력부식의 원인이 된다.
(4) 오일 템퍼션이 주원인이다.

3. 피해사례
(1) 재긴장을 위해 그라우팅 작업을 지연시키면 쉬스 내부의 PS강선이 부식된다.
(2) 그라우팅이 충분하지 않으면 부식이 발생된다. 이때는 PS강선을 교체해야 한다.
(3) 지연파괴로 PS강선이 갑자기 파단된다.

4. 방지대책
(1) PS강재를 방청한다.
(2) 긴장 후 즉시 그라우팅을 실시한다.
(3) 쉬스관(Sheath Pipe)이 충분히 충진되도록 그라우팅을 실시한다.

Question	지연파괴
03	지연파괴(Delayed Fracture)

1. 정의

허용응력 이하로 긴장해 놓은 PS강재가 긴장 후 몇 시간 혹은 수십 시간 이내에 갑자기 끊어지는 현상을 지연파괴라고 한다.

2. 원인

① 분명히 밝혀진 것은 없다.
② 취급 중 부식이 원인인 것으로 추정하고 있다.

3. 대책

① 운반 중 부식 방지
② 저장 중 부식 방지
③ PS강재 긴장 후 즉시 그라우팅 실시

Question	Preflex Beam
04	Preflex Beam의 원리와 제작방법을 설명하시오.

1. 원리

Preflex Beam은 Steel Girder에 미리 설계하중의 10~20%를 추가한 사전굴곡(Preflexion) 하중을 재하시킨 후 하부플랜지에 고강도 콘크리트($f_{ck}=40$MPa)를 타설하여 콘크리트 부위에 압축프리스트레스를 도입하는 일종의 Pre-Tension 공법으로 철골과 콘크리트의 구조적인 장점을 최대한 살린 합성보를 말한다.

2. 제작방법

(1) 고강도 강재인 Beam이나 Plate Girder에 Camber를 주어 제작한다.

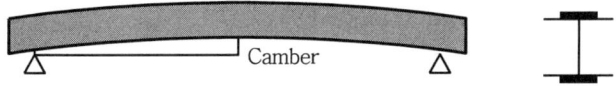

(2) 설계하중의 10%~20%에 해당되는 사전굴곡(Preflexion) 하중을 가한다.

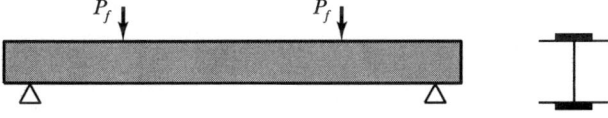

(3) 사전굴곡 하중 작용상태에서 하부플랜지에 콘크리트를 타설하고 양생한다.

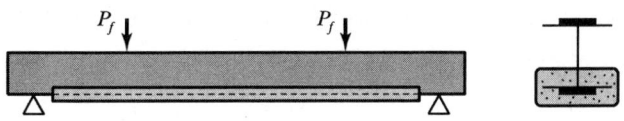

(4) 사전굴곡 하중을 제거하면 콘크리트에는 압축 긴장력이 도입되고 원래 캠버보다 감소된다.

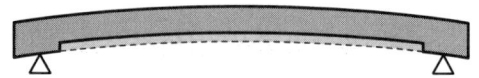

(5) 현장에 설치한 후 상판슬래브 및 복부 콘크리트를 타설하고 마감한다.

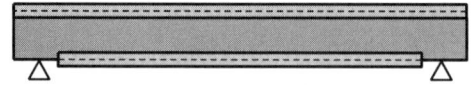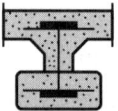

3. 특성

(1) 안전성

Preflexion으로 하부플랜지 콘크리트에는 설계하중에 의한 휨인장응력만큼 압축응력이 작용하므로 일반강형과 콘크리트형에 비하여 안전성이 확보된다.

(2) 내구성

강재와 콘크리트는 모두 고강도의 재료를 사용하고 주형콘크리트와 슬래브 콘크리트를 일체로 타설함으로써 교량 전체의 강성을 증가시킨다. 또한 사전굴곡(Preflexion)으로 하부콘크리트에 균열이 제어되어 내구성과 내부식성이 증가된다.

(3) 시공성

① 제작이 공장에서 이루어지므로 품질관리가 용이하다.
② 운반과 취급이 간편하고, 시공기간이 단축된다.
③ 1회 시공(One Point Erection)이 가능하여 지보공이 필요하지 않고 시공기간 중 교하공간을 이용할 수 있다.
④ 빔의 무게중심이 낮아 가설시 전도위험이 줄어든다.

(4) 유용성

① 경간 대 형고 비(H/L)를 1/20~1/30로 최소화할 수 있어 형하공간이 극히 제한된 장스팬의 교량에 적용할 수 있으며 미관이 우수하다.
② 도시고가교, 입체교차로, 지하철공사, 고속철공사 등에 매우 유용하다.
③ 균열제어 등을 통해 교량 유지관리 비용절감이 가능하다.

4. 특징

① 타 형식에 비교하여 형고를 낮출 수 있다.
② 경간길이를 길게 할 수 있어 미적 효과가 우수하다.
③ 설계하중에 대하여 확실한 안전성 확보가 가능하다.
④ 유지관리가 쉽고, 유지관리비 절감효과가 있다.
⑤ 운반 및 취급이 간편하다.
⑥ 반영구적인 구조물 제조가 가능하다.
⑦ 처짐과 진동이 크다.

5. 사용처

① 교량, 고가교, 철도교, 육교
② 지하구조물(터널 및 지하철)
③ 수리, 항만시설 : 폐수로, 하수로 천장, 하천복개공사 시

Question	PC공법
05	Pre-Tension과 Post-Tension을 비교 설명하시오.

1. 개요

프리스트레스트콘크리트(PSC)란 하중에 의하여 일어나는 응력을 소정의 한도까지 상쇄할 수 있도록 미리 인공적으로 그 응력의 분포와 크기를 정하여 반대로 내력을 준 콘크리트를 말한다. PSC 제작방법에 따라 Pre-Tension과 Post-Tension 방법으로 분류되는데 여기서는 그 차이점을 비교 설명해보기로 한다.

2. PSC 종류

(1) Pre-Tension : PS 강선 긴장 후 콘크리트를 타설하는 PSC 보
(2) Post-Tension : 콘크리트 타설 후 PS 강선을 긴장하는 PSC 보

3. Pre-Tension 방식

(1) 제작방법

    1) 롱라인(Long Line) 방식 : 연속식
       • 인장대에 여러 개 거푸집을 직렬 배치하여 긴장력 도입
       • 1회에 여러 개 부재 생산 가능

    2) 단일몰드(Individual) 방식 : 단일식
       • 거푸집 자체를 인장대로 사용하여 긴장력 도입
       • 1회에 1개 부재만 생산 가능

(2) 제작순서

    ① PS 강재에 인장력을 주어 긴장시킨다.

② 콘크리트를 타설한다.
③ PS 강재를 천천히 풀어 콘크리트에 프리스트레스를 준다.

(3) 응력전달방법

PS 강선과 콘크리트 사이의 마찰력에 의하여 응력을 도입한다.

(4) 장점

① 공장제품으로 제품의 신뢰도가 높다.
② 동일 단면의 부재를 대량 생산할 수 있다.
③ 쉬스(Sheath) 및 정착장치 등이 필요하지 않다.

(5) 단점

대형 부재의 생산과 수송이 어렵고, PS 강재의 곡선배치가 쉽지 않다.

4. Post-Tension 방식

(1) 제작순서

① 거푸집을 설치하고 쉬스(Sheath)를 배치한다.
② 콘크리트를 타설하고 양생한다.
③ PS 강재를 긴장하여 콘크리트 양단에 정착한다.
④ 그라우팅을 한다.

(2) 응력전달방법

정착단을 통하여 응력을 콘크리트에 전달시킨다.

(3) 특징

① 대형구조물에 적당하다.
② 현장에서 프리스트레스 도입이 가능하다.
③ 프리캐스트 PC 부재의 결합과 조립이 편리하다.

④ 부착시키지 않은 PC 부재는 PS 강재의 재긴장이 가능하다.
⑤ 부착시키지 않은 PC 부재는 부착시킨 PS 강재에 비하여 파괴강도가 낮고 균열폭이 커지는 등 역학적인 성질이 떨어진다.
⑥ PS 강재를 곡선배치할 수 있어 프리텐션보다 역학적으로 경제적이다.

5. 비교

항목	Pre-Tension 방식	Post-Tension 방식
① 제작순서	PS 강선 긴장 후 콘크리트 타설	콘크리트 타설 후 PS 강선 긴장
② 제작장소	공장제작 원칙	현장 제작
③ 제작 가능길이	단길이 제작에 적용	장길이 제작에 적용
④ 역학적 측면	Post-Tension 보다 불리	곡선배치에 의한 상향력 발생으로 하향력 감소로 유리
⑤ 시공방법	공장에서 일괄시공	Segment로 단계시공
⑥ 보조장치	특별한 보조장치 필요 없음	쉬스, 정착장치, 그라우팅과 같은 보조장치 필요
⑦ 응력전달방식	PS 강재와 콘크리트 사이의 마찰력	정착장치
⑧ 콘크리트	f_{ck}가 35MPa 이상	f_{ck}가 30MPa 이상

| Question 06 | PSC 기본개념 |

프리스트레스트 콘크리트(Prestressed Concrete)의 기본개념에 관하여 논하시오.

1. 개요

PSC 설계 시 기본개념에는
(1) 균등질보 개념(응력개념)
(2) 내력개념(강도개념)
(3) 하중평형개념(등가하중)

2. 균등질보 개념(응력개념) : Homogenous Beam Concept(Stress Concept)

콘크리트에 Prestress가 가해지면 소성재료인 콘크리트가 탄성재료로 전환된다는 개념으로 프랑스 Freyssinet가 제안한 것으로 가장 널리 통용되는 개념

이 개념에 따르면 콘크리트는 두 종류의 힘을 받게 된다. 하나는 프리스트레싱에 의한 힘이고 다른 하나는 하중에 의한 힘이다.

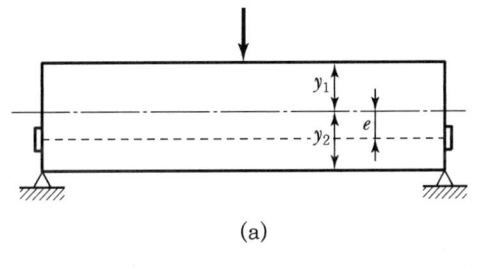

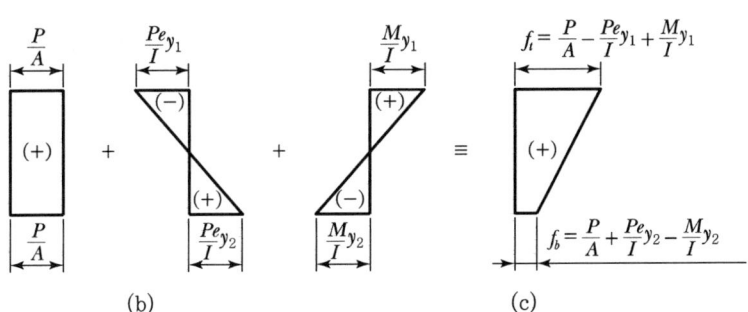

[균등질보 개념의 개요도]

3. 내력개념(강도개념) : Internal Force Concept(Strength Concept)

PC를 RC와 같이 생각하여 콘크리트는 압축력을 받고 긴장재는 인장력을 받게 하여 두 힘의 우력모멘트로 외력에 의한 휨모멘트에 저항한다는 개념

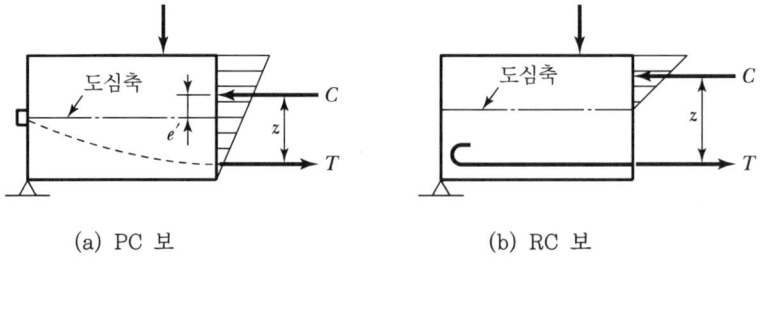

(a) PC 보   (b) RC 보

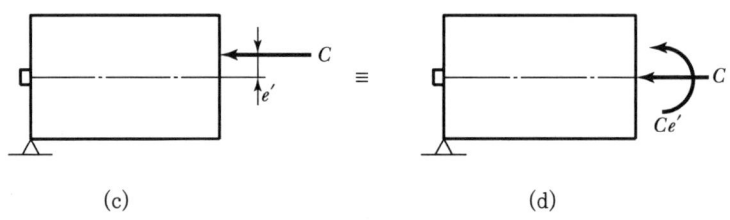

(c)   (d)

[강도개념의 PSC와 RC의 차이점]

$$C = T = P$$
$$M = Cz = Tz = Pz$$
$$f = \frac{C}{A} \pm \frac{C \cdot e'}{I}y = \frac{P}{A} \pm \frac{P \cdot e'}{I}y$$

4. 하중평형개념(등가하중) : Load Balancing Concept(Equivalent Transverse Loading)

Prestressing에 의한 작용력과 부재에 작용하는 하중을 비기게 하자는 데 목적을 둔 개념

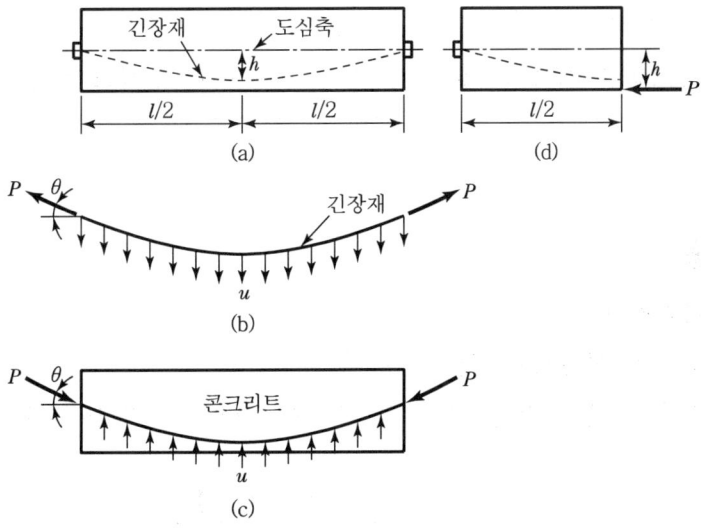

[하중평형개념의 개요도]

$$Ph = \frac{u\ell^2}{8}, \qquad u = \frac{8Ph}{\ell^2}$$

$$M = \frac{(\omega - u)\ell^2}{8}$$

$$f = \frac{P\cos\theta}{A} \pm \frac{M}{I}y = \frac{P}{A} \pm \frac{M}{I}y \ (\because \cos\theta = 1)$$

여기서, ω : 부재에 작용하는 하중
       u : 상향력

Question 07. RC보와 PSC보의 비교 — RC보와 PSC보의 내부저항 모멘트를 비교(우력모멘트) 설명하시오.

1. RC구조물

하중이 증가하면

(1) 우력의 팔길이 jd는 변하지 않는다.

(2) 강재가 부담하는 인장력 T가 증가함으로써 우력모멘트가 증가하여 하중에 저항한다.

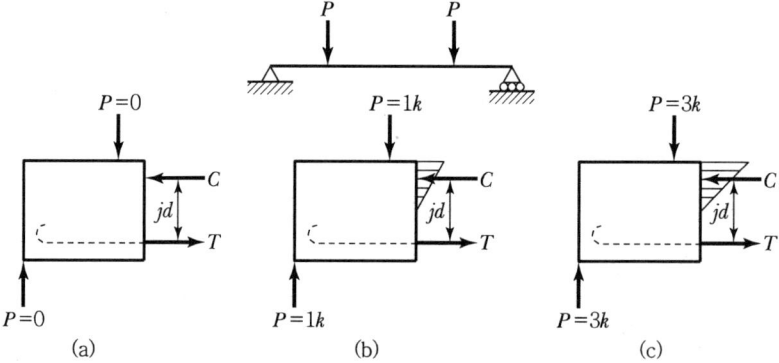

[RC 보의 우력모멘트]

2. PSC구조물

하중이 증가하면

(1) 강재가 부담하는 T는 변하지 않는다.

(2) 우력의 팔길이가 증가함으로써 우력모멘트가 증가하고 하중저항능력이 커진다.

(3) 균열이 발생되지 않은 상태에서 콘크리트의 전단면이 유효한 것으로 가정하기 때문이다.

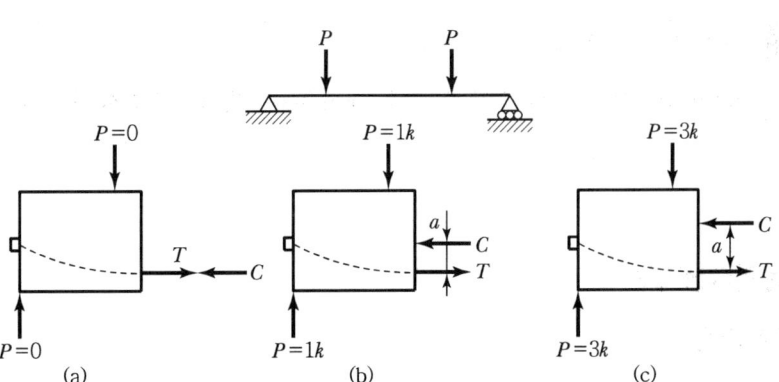

[PSC 보의 우력모멘트]

Question 08 | RC & PSC – 응력발생기구

RC와 PSC의 응력발생기구의 차이점에 대해 설명하시오.

1. RC 응력발생기구

(1) 기본가정

① 인장측 콘크리트 무시
② 압축측 콘크리트는 압축력만 부담
③ 인장측은 철근이 인장력 분담
④ 압축측 콘크리트는 변형률 0.003에서 파괴 가정
⑤ 인장측 철근은 항복변형률에서 파괴

(2) 응력발생 형태

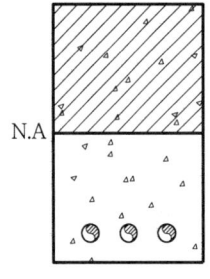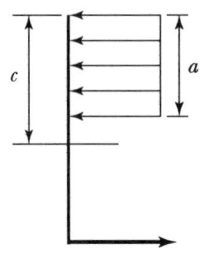

2. PSC 응력발생기구

(1) 기본가정

① 인장측 콘크리트는 파괴강도까지 인장응력 분담
② 콘크리트 전단면이 압축응력 분담
③ 인장측은 PSC강선이 분담
④ 인장력이 파괴강도보다 클 경우 인장측 콘크리트 무시

(2) 응력발생 형태

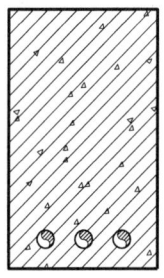 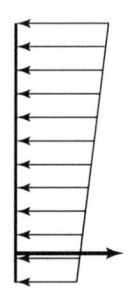

이를 표로 간단히 정리하면 다음과 같다.

	RC구조물	PSC구조물
하중저항	하중이 증가하면 • 강재가 부담하는 인장력 증가 • 우력의 팔길이 불변 • 우력모멘트 증가	하중이 증가하면 • 긴강재가 부담하는 인장력 불변 • 우력의 팔길이 증가 • 우력모멘트 증가 • 균열이 발생되지 않으면 콘크리트의 전단면은 유효
응력해석	1) 해석상 가정사항 • 철근위치에서 철근과 콘크리트의 변형률은 동일하다.(부착, 마찰, Interlocking) • 인장 측에 균열이 발생한다. • 응력-변형률관계, 강도특성은 비례한도에 근거한다. • 콘크리트의 인장부분은 무시한다. 2) 응력해석 • $f_c = \dfrac{M}{I_{cr}} x$ • $f_s = n \dfrac{M}{I_{cr}} (d-x)$	1) 해석상 가정사항 • 단면의 변형률은 중립축에서 떨어진 거리에 비례한다. • 콘크리트 단면은 탄성체로 가정하고 탄성해석을 실시한다. • 콘크리트의 전단면이 유효하다고 가정한다. 2) 응력해석 • 탄성이론에 의한다. • $f = E\epsilon$ • $f = \dfrac{P}{A} \mp \dfrac{P \times e}{I} y \pm \dfrac{M}{I} y$

Question 09. PSC강선을 고강도로 사용하는 이유

PSC강선을 고강도로 사용하는 이유에 대해 응력-변형률 선도를 이용하여 설명하시오.

1. 개요

PSC강재로서 갖추어야 할 성질 가운데 가장 중요한 것은 인장강도이다. 각종 손실에 의하여 소멸되고도 상당히 큰 프리스트레스 힘이 남을 수 있도록 긴장할 수 있는 고장력강재가 필요함

2. 고강도 강재의 필요성

(1) 일반적인 강재를 사용하여 인장하면 초기 변형률이 작으며($\varepsilon = f_i/E_s$), 이를 크리프나 건조수축에 의한 변형률과 비교하면 거의 비슷한 값이 된다. 두 값이 비슷하면 초기 긴장력에 의한 변형률이 거의 0에 가까워져 유효 프리스트레스가 남지 않게 되면서, 손실률이 커지게 된다.

(2) PSC강재의 경우에는 초기 인장강도가 커서 초기 변형률이 크며, 크리프와 건조수축에 의한 손실 변형률을 고려해도 상당한 변형률을 유지하게 된다. 즉, 손실률이 작다는 것을 의미한다. 그러므로, PSC강재는 고강도 강재가 필요하게 된다.

3. 프리스트레스 유효율 및 응력-변형률도

(1) 프리스트레스의 유효율

$$R = \frac{f_e}{f_i} = 1 - \frac{\Delta f_p}{f_i}$$

여기서, R : 프리스트레스 유효율(Effective Prestress Ratio) 또는 잔류 프리스트레스계수(Residual Prestress Factor)

나. 응력-변형률도

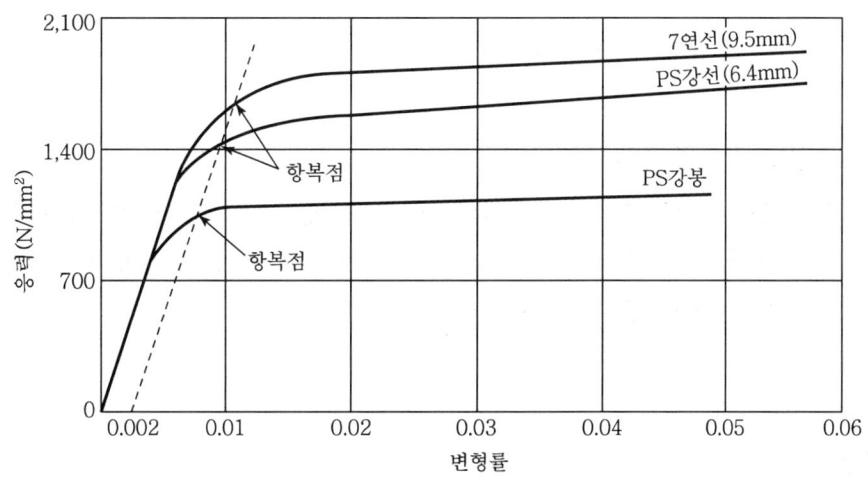

[프리스트레스용 강재의 응력-변형률도]

위 그림에서 알 수 있듯이, 초기 긴장 후 동일한 변형률 손실이 발생할 시에 손실량은 고강도 강재가 다소 많을지라도 프리스트레스 유효율에서는 높음을 알 수 있다.

4. 적용 예

동일한 부재와 단면을 가지는 압축부재의 예

(1) 일반 철근의 긴장력 감소

보통의 철근을 긴장재로 사용하고 초기 긴장을 한 경우 프리스트레싱에 의한 철근의 늘음 길이는 건조수축과 크리프에 의한 단축량이 다음 식과 같다.

$f_{si} = 210\text{MPa}$인 경우 변형률 : $210/E_c = 1.05 \times 10^{-3}$

콘크리트의 건조수축과 크리프에 의한 변형률 $= 0.90 \times 10^{-3}$

위 식에서 볼 수 있듯이 보통의 철근을 사용하면 그 늘음 길이가 건조수축과 크리프에 의한 단축량과 거의 비슷함을 알 수 있다. 이 경우 콘크리트의 건조수축과 크리프에 의한 감소량은

$$\Delta f_{se} = 0.9 \times 10^{-3} \times 2.0 \times 10^5 = 180\mathrm{MPa}$$

그러므로, 손실률은 180/210 = 86%

(2) 고강도 강재의 긴장력 감소

철근 대신 고강도 강재를 사용하여 1,050MPa 정도로 긴장 시, 건조수축과 크리프에 의한 강재응력의 감소량인 180MPa를 제외하고도 870MPa 정도가 남아있게 된다. 그러므로, 손실률은 180/1,050 = 17%

5. 결론

위 검토에서 볼 수 있듯이 최초 긴장재에 준 인장응력이 클수록 유효인장응력과 최초에 준 인장응력의 비가 커져서 프리스트레싱 효율이 좋아진다는 것을 보여준다. 즉, 최초에 긴장재에 줄 수 있는 인장변형률이 클수록 콘크리트의 크리프와 건조수축에 의한 변형률을 빼고 남는 변형률이 최초에 준 변형률에 비하여 큰 값이 된다.

그러므로 프리스트레싱의 효율을 좋게 하려면 최초 긴장재에 준 인장응력이 커야 하고, 이것이 PSC에서 고강도 강재를 긴장재로 사용해야 하는 이유이다.

제2장 프리스트레스트의 도입과 손실

Question 01 | 프리스트레스 손실
프리스트레스 손실을 설명하시오.

1. 개요

프리스트레스는 초기에 PS 강재를 긴장할 때 긴장장치에서 측정된 인장응력과 같지 않은데 이는 PS 강재의 긴장작업 중이나 긴장작업 후에도 여러 원인에 의해 인장응력이 손실되기 때문이다. 프리스트레스 손실을 살펴본다.

2. 프리스트레스의 손실

(1) PS 강재 긴장 시 발생하는 단기손실

① 정착단 활동에 의한 손실
② 콘크리트 탄성수축에 의한 손실
③ 마찰에 의한 손실

(2) PS 강재 긴장 후 발생하는 장기손실

① 콘크리트 크리프에 의한 손실
② 콘크리트의 건조수축에 의한 손실
③ PS 강재 릴랙세이션에 의한 손실

3. 손실저감대책

(1) 재료측면 대책

① 쉬스는 마찰손실을 줄이기 위해 파상마찰을 이용한다.
② PS 강재는 신축성이 좋고, 릴랙세이션이 작으며 항복비가 큰 것을 사용한다.
③ 콘크리트는 건조수축이 작고 크리프가 작은 고강도 콘크리트를 사용한다.

(2) 시공측면 대책

1) 긴장 시 콘크리트 응력 확인

① Pre-Tension : 도입 압축응력의 1.7배 또는 30MPa 이상
② Post-Tension : 도입 압축응력의 1.7배 이상

2) 긴장력 도입순서 준수

① 도심에서 편심이 큰 순서로 중심에서 대칭으로 도입한다.
② 콘크리트에 균등한 응력이 작용하도록 시공한다.

4. 고찰

PS 강재의 손실량 추정은 시공조건, 재료의 특성 및 PS 강재의 특징 등을 자세히 파악한 후 손실량을 산정하며 구조물의 내하력 손실이나 과대변위가 발생하지 않도록 설계와 시공을 해야 한다.

Question 02 | PC응력 손실

도로교 설계기준에 의한 프리스트레스 손실에 대하여 프리스트레싱 직후의 손실, 시간에 따라 발생하는 손실, 전체 손실량의 간이계산법을 설명하시오.

1. 개요

프리스트레스는 초기에 PC강재를 긴장할 때 긴장장치에서 측정된 인장응력과 같지 않은데 이는 PC강재의 긴장작업 중이나 긴장작업 후에도 여러 원인에 의해 인장응력이 손실되기 때문이다. 프리스트레스 손실을 살펴본다.

2. 프리스트레스 손실

(1) PC강재 긴장 시 발생하는 단기손실

① 정착단 활동
② 콘크리트 탄성수축
③ 마찰

(2) PC강재 긴장 후 발생하는 장기손실

① 크리이프
② 건조수축
③ 릴랙세이션

3. 정착단 활동에 의한 손실

$$\Delta f_{ps} = E_p \frac{\Delta l}{l} \quad \text{(긴장재와 쉬스 사이에 마찰이 없는 경우)}$$

여기서, E_p : PS강선 탄성계수, Δl : 정착장치 활동량

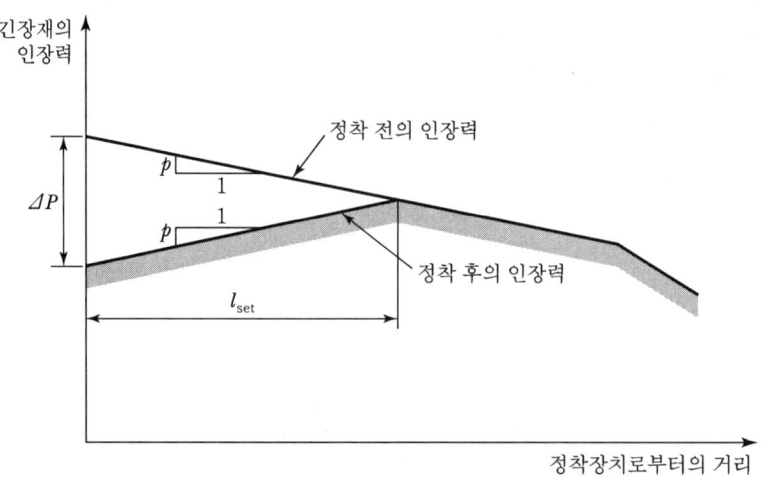

[정착단활동에 의한 손실곡선 분포도]

4. 탄성변형에 의한 손실

$$\Delta f_{pel} = \frac{E_p}{E_{ci}} f_{cir} \text{ (프리텐션방식에서 발생)}$$

여기서, E_{ci} : 콘크리트 탄성계수

5. 마찰에 의한 손실

(1) 곡률마찰(긴장재의 각도변화)에 의한 손실 : $P_x = P_o e^{-\mu\alpha}$

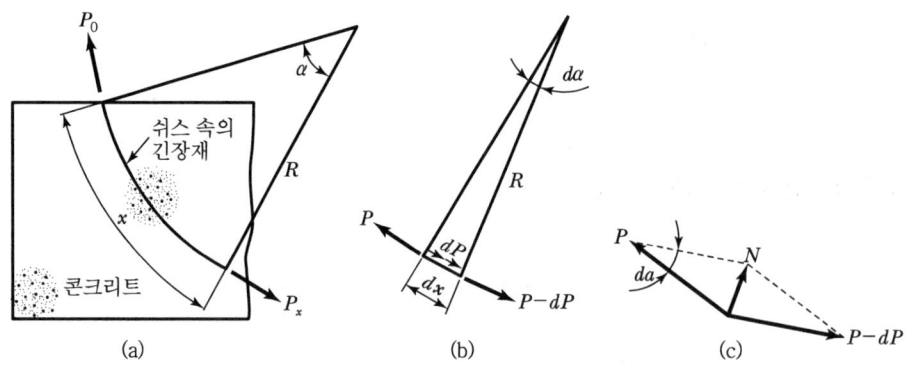

(2) 파상마찰(긴장재의 길이영향)에 의한 손실 : $P_x = P_o e^{-kx}$

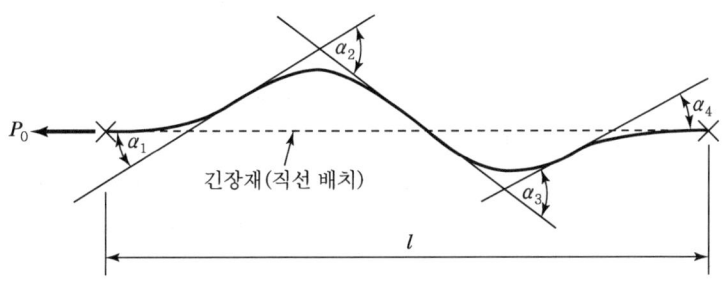

(3) 곡률마찰과 파상마찰을 동시작용하는 경우 손실량

  1) $(\mu\alpha + kx) > 0.3$인 경우 : $P_x = P_o e^{-(\mu\alpha + kx)}$

  2) $(\mu\alpha + kx) < 0.3$인 경우 : $P_x = P_o(1 - kx - \mu\alpha)$

    여기서, P_o : 정착단에서 긴장력
            μ : 곡률마찰계수
            α : 정착단에서 임의점까지의 총 각 변화량(radian)
            k : 파상마찰계수
            x : 정착단에서 임의점까지의 강선 길이

6. 건조수축에 의한 장기손실

건조수축에 의한 장기손실은 프리텐션 방식이냐 포스트텐션 방식이냐에 따라 손실량이 다르며 연간상대습도가 변수로 작용하며 산정은 다음과 같다.

(1) 프리텐션 방식 : $\Delta f_{ps} = 119 - 1.05H$

(2) 포스트텐션 방식 : $\Delta f_{ps} = 0.8(119 - 1.05H)$

    여기서, H : 연간상대습도 백분율

7. 크리프에 의한 장기손실

$$\Delta f_{pcr} = 12 f_{cir} - 7 f_{cds}$$

f_{cir} : 정착 직후 보의 사하중과 프리스트레스 힘에 의해 일어나는 긴장재 도심위치에서의 콘크리트 응력

f_{cds} : 프리스트레스를 도입할 때 존재하던 사하중을 제외한 그 후의 모든 사하중에 의해 일어나는 긴장재 도심위치에서의 콘크리트 응력

8. 릴랙세이션에 의한 장기손실

포스트텐션 부재의 인장강도 1,750~1,900MPa인 강선을 기준으로 한 릴랙세이션 손실은 다음과 같다.

(1) 응력제거 강선

$$\Delta f_{pr} = 140 - 0.3 \Delta f_{pf} - 0.4 \Delta f_{pel} - 0.2 (\Delta f_{psh} + \Delta f_{pcr})$$

(2) 저릴랙세이션 강선

$$\Delta f_{pr} = 35 - 0.07 \Delta f_{pf} - 0.1 \Delta f_{pel} - 0.05 (\Delta f_{psh} + \Delta f_{pcr})$$

Question 03 프리스트레스의 장기손실을 설명하시오.

1. 개요
프리스트레스트 콘크리트 보의 장기손실은 다음과 같다.
(1) 콘크리트 건조수축에 의한 손실
(2) 콘크리트 크리프에 의한 손실
(3) PS 강재의 릴랙세이션에 의한 손실

2. 건조수축에 의한 장기손실
건조수축에 의한 장기손실은 프리텐션 방식이냐 포스트텐션 방식이냐에 따라 손실량이 다르며 연간상대습도(H_r)가 변수로 작용하며 산정은 다음과 같다.
(1) 프리텐션 방식 : $\Delta f_{ps} = 119 - 1.05 H_r$
(2) 포스트텐션 방식 : $\Delta f_{ps} = 0.8(119 - 1.05 H_r)$

3. 크리프에 의한 장기손실
크리프에 의한 장기손실은 다음과 같이 산정한다.

$$\Delta f_{pcr} = 12 f_{cir} - 7 f_{cds}$$

여기서, f_{cir} : 정착 직후 보의 사하중과 프리스트레스 힘에 의해 일어나는 긴장재 도심위치에서의 콘크리트 응력
f_{cds} : 프리스트레스 도입 시 존재하는 사하중을 제외하고 모든 사하중에 의한 콘크리트 응력

4. 릴랙세이션에 의한 장기손실

(1) 프리텐션 부재

인장강도 1,750~1,900MPa인 강선 기준

1) 응력이 제거된 강선

$$\Delta f_{pr} = 140 - 0.4\Delta f_{pel} - 0.2(\Delta f_{psh} + \Delta f_{pcr})$$

2) 저릴랙세이션 강선

$$\Delta f_{pr} = 35 - 0.1\Delta f_{pel} - 0.05(\Delta f_{psh} + \Delta f_{pcr})$$

(2) 포스트텐션 부재

인장강도 1,750~1,900MPa인 강선 기준

1) 응력제거 강선

$$\Delta f_{pr} = 140 - 0.3\Delta f_{pf} - 0.4\Delta f_{pel} - 0.2(\Delta f_{psh} + \Delta f_{pcr})$$

2) 저릴랙세이션 강선

$$\Delta f_{pr} = 35 - 0.07\Delta f_{pf} - 0.1\Delta f_{pel} - 0.05(\Delta f_{psh} + \Delta f_{pcr})$$

Question 04. PS 강재의 릴랙세이션을 설명하시오.

1. 정의

PS 강재의 Relaxation은 PS 강재를 긴장한 채 일정한 응력을 받으면 시간의 경과와 더불어 인장응력이 감소하게 되는 현상을 말하며 릴랙세이션은 PS 강재의 장기적인 프리스트레스 손실을 유발하게 된다.

2. 릴랙세이션 종류

(1) 순 릴랙세이션

일정한 변형률 상태에서 발생하는 인장응력 감소량을 초기에 가한 PS 강재의 인장응력에 대한 백분율로 나타내는 릴랙세이션을 순 릴랙세이션이라 한다.

(2) 겉보기 릴랙세이션

PS강재는 콘크리트의 건조수축과 크리프에 의하여 그 인장변형률이 일정하게 유지되지 못하고 시간의 경과와 더불어 감소하는데 이것을 겉보기 릴랙세이션이라 한다. 실제 PSC의 프리스트레스 감소량은 겉보기 릴랙세이션에 의해 결정된다.

3. 릴랙세이션 손실량 산정(Δf_{pr})

(1) 프리텐션 부재 : 인장강도 1,750~1,900MPa인 강선

1) 응력이 제거된 강선

$$\Delta f_{pr} = 140 - 0.4\Delta f_{pel} - 0.2(\Delta f_{psh} + \Delta f_{pcr})$$

2) 저릴랙세이션 강선

$$\Delta f_{pr} = 35 - 0.1\Delta f_{pel} - 0.05(\Delta f_{psh} + \Delta f_{pcr})$$

(2) 포스트텐션 부재 : 인장강도 1,750~1,900MPa인 강선

1) 응력제거 강선

$$\Delta f_{pr} = 140 - 0.3\Delta f_{pf} - 0.4\Delta f_{pel} - 0.2(\Delta f_{psh} + \Delta f_{pcr})$$

2) 저릴랙세이션 강선

$$\Delta f_{pr} = 35 - 0.07\Delta f_{pf} - 0.1\Delta f_{pel} - 0.05(\Delta f_{psh} + \Delta f_{pcr})$$

(3) 포스트텐션 부재 : 인장강도 1,680MPa인 강선

$$\Delta f_{pr} = 126 - 0.3\Delta f_{pf} - 0.4\Delta f_{pel} - 0.2(\Delta f_{psh} + \Delta f_{pcr})$$

(4) 포스트텐션 부재 : 인장강도 1,015~1,120MPa인 강선

$$\Delta f_{pr} = 21\mathrm{MPa}$$

여기서, Δf_{pel} : 탄성수축 손실량
Δf_{psh} : 건조수축 손실량
Δf_{pcr} : 크리프 손실량
Δf_{pf} : PS 강재 마찰 손실량

제3장 프리스트레스트 휨 부재의 해석

Question 01 위험단면 위치에서의 응력검토

다음의 프리텐션 콘크리트보에서 연단응력을 검토하시오.
(단, 사용 긴장재는 KS D 7002 규격의 저이완 12.7mm 직경의 강연선이고, 직선으로 배치한 경우이다. 잭킹응력은 $0.75f_{pu}$이다.)

설계조건

$f_{ci} = 28\text{MPa}$

$f_{ck} = 40\text{MPa}$

$f_{pu} = 1,890\text{MPa}$

$f_{si} = 0.75f_{pu} = 1,417.5\text{MPa}$

$E_{ps} = 193,000\text{MPa}$

$b = 300\text{mm}, \ h = 750\text{mm}, \ d_p = 625\text{mm}$

$e = 250\text{mm}$

긴장재 $A_{sp} = 99\text{mm}^2, \ D_{sp} = 12.7\text{mm}$

경간 = 8.0m

$\omega_d(\text{자중}) = 5.0\text{kN/m}, \ \omega_{sd}(\text{추가고정하중}) = 25.0\text{kN/m}$

$\omega_l(\text{활하중}) = 15.0\text{kN/m}$

1. 재료의 성질

$A_{ps} = 6 \times 99 = 594\text{mm}^2$

$A_c = 300 \times 750 = 225,000\text{mm}^2$

$$I_c = \frac{300 \times 750^3}{12} = 10{,}546{,}875{,}000 \text{mm}^4$$

$$y_b = \frac{750}{2} = 375\text{mm}, \quad y_t = \frac{750}{2} = 375\text{mm}$$

$$S_b = \frac{I_c}{y_b} = \frac{10{,}546{,}875{,}000}{375} = 28{,}125{,}000 \text{mm}^3$$

$$S_t = \frac{I_c}{y_t} = \frac{10{,}546{,}875{,}000}{375} = 28{,}125{,}000 \text{mm}^3$$

2. 허용응력 계산

(1) 도입단계 허용응력

압축연단 최대 압축응력 $= 0.6 f_{ci} = 0.6 \times 28 = 16.8 \text{MPa}$

인장측에 최대 인장응력 $= 0.25\sqrt{f_{ci}} = 0.25\sqrt{28} = 1.32 \text{MPa}$

(2) 사용단계 허용응력 및 등급용 응력

압축연단응력(긴장력 + 지속하중) $= 0.45 f_{ck} = 0.45 \times 40 = 18.0 \text{MPa}$

(긴장력 + 전체하중) $= 0.6 f_{ck} = 0.6 \times 40 = 24.0 \text{MPa}$

인장연단응력(비균열단면) $= 0.63 \lambda \sqrt{f_{ck}} = 0.63\sqrt{40} = 3.98 \text{MPa}\,(f_t \leq 0.63\sqrt{f_{ck}})$

(부분균열단면) $= 1.0 \lambda \sqrt{f_{ck}} = 1.0\sqrt{40}$

$\qquad = 6.32 \text{MPa}\,(0.63\lambda\sqrt{f_{ck}} < f_t \leq 1.0\lambda\sqrt{f_{ck}})$

3. 프리스트레스 힘 계산

$F_o = 0.75 f_{pu} \cdot A_{ps} = 0.75 \times 1{,}890 \times (99 \times 6) \times 10^{-3} = 842.0 \text{kN}$

$F_{st} = 0.9 F_o = 0.9 \times 842.0 = 757.8 \text{kN} \,(\text{초기손실 } 10\%\text{로 가정})$

$F_{pe} = 0.8 F_o = 0.8 \times 842.0 = 673.6 \text{kN} \,(\text{장기손실 } 20\%\text{로 가정})$

4. 전달길이가 끝나는 점(도입 위치)에서 자중에 의한 모멘트 계산

$$x(\text{전달길이}) = 50 \cdot D_{sp} = 50 \times 12.7 \times 10^{-3} = 0.635\text{m}$$

$$M_d = \frac{\omega_d \cdot x \cdot (L-x)}{2} = \frac{5.0 \times 0.635 \times (8-0.635)}{2} = 11.69\text{kN} \cdot \text{m}$$

5. 부재 중앙에서 사용하중 모멘트 계산

$$M_d = \frac{\omega_d \cdot L^2}{8} = \frac{5.0 \times 8^2}{8} = 40.0\text{kN} \cdot \text{m}$$

$$M_{sd} = \frac{\omega_{sd} \cdot L^2}{8} = \frac{25.0 \times 8^2}{8} = 200.0\text{kN} \cdot \text{m}$$

$$M_l = \frac{\omega_l \cdot L^2}{8} = \frac{15.0 \times 8^2}{8} = 120.0\text{kN} \cdot \text{m}$$

하중	도입위치(도입단계) $P=F_{st}$		경간중앙(도입단계) $P=F_{st}$		경간중앙(사용하중단계) $P=F_{pe}$		
	f_b	f_t	f_b	f_t	f_b	f_t	f_t
P/A	−3.37	−3.37	−3.37	−3.37	−2.99	−2.99	−2.99
$P \cdot e/S$	−6.74	+6.74	−6.74	+6.74	−5.99	5.99	5.99
M_d/S	0.42	−0.42	1.42	−1.42	1.42	−1.42	−1.42
M_{sd}/S	−	−	−	−	7.11	−7.11	−7.11
M_l/S	−	−	−	−	4.27	−	−4.27
응력	−9.69	2.95	−8.69	1.95	3.82	−5.53	−9.80
허용응력	$0.6f_{ci}$	$0.25\sqrt{f_{ci}}$	$0.6f_{ci}$	$0.25\sqrt{f_{ci}}$	$0.63\sqrt{f_{ck}}$	$0.45f_{ck}$	$0.6f_{ck}$
	−16.80	2.65	−16.80	2.65	3.98	−18.0	−24.0
	OK	NG	OK	OK	비균열	OK	OK

6. 도입위치 상부 인장철근량 계산

(인장응력이 허용응력을 초과하여 인장력을 저항하기 위한 철근)

$$c = \frac{f_t}{(f_t + f_b)} \times h = \frac{2.95}{2.95 + |-9.69|} \times 750 = 175.0 \text{mm}$$

$$T = \frac{c \cdot f_t \cdot b}{2} = \frac{175.0 \times 2.95 \times 300}{2 \times 10^3} = 77.4 \text{kN}$$

$$A_s = \frac{T}{\min(0.6f_y, 210\text{MPa})} = \frac{77.4 \times 10^3}{\min(0.6 \times 400, 210)} = 368.8 \text{mm}^2$$

Question 02 응력경도 및 설계강도

다음 그림과 같은 단순보의 지간 중앙단면에 대해서 설계하시오.

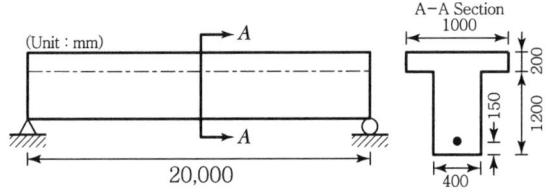

(단, 2차 고정하중 = 6kN/m, 활하중 = 5kN/m, 초기 프리스트레스 P_i = 1,360kN, 장기손실 = 15% 가정, PS강연선 : SWPC 7B/D12.7)

$\gamma_c = 25\text{kN/m}^3$ $A_p = 1,000\text{mm}^2$

$E_p = 2.0 \times 10^5 \text{MPa}$ $f_{py} = 1,500\text{MPa}$

$f_{pu} = 1,700\text{MPa}$ $f_{ck} = 40\text{MPa}$

$E_c = 2.6 \times 10^4 \text{MPa}$ $f_{ci} = 30\text{MPa}$

$f_{ps} = 0.9 \times f_{pu}$ $f_r = 0.63\lambda\sqrt{f_{ck}}$

〈콘크리트의 허용응력〉

	허용 휨 압축응력	
프리스트레스 도입 직후	허용 휨 압축응력	$0.6f_{ci}$
	허용 휨 인장응력	$0.25\sqrt{f_{ci}}$
사용하중이 작용할 때	허용 휨 압축응력	$0.6f_{ck}$
	허용 휨 인장응력	$0.5\sqrt{f_{ck}}$

① PS 도입 시 콘크리트 상·하부응력을 계산하고 허용응력과 비교하시오.
② 전 설계하중이 작용할 때 콘크리트 상·하부응력을 계산하고 허용응력과 비교하시오.
③ 균열모멘트를 계산하고 균열에 대한 안전율을 계산하시오.
④ 공칭휨강도를 계산하고 안전성을 검토하시오.

1. PS 도입 시 : $P_i + M_{d1}$

1) 작용 Moment

$$A_c = 1{,}000 \times 200 + 1{,}200 \times 400 = 680{,}000 \text{mm}^2 = 0.68\text{m}^2$$

$$w_{d1} = \gamma_c A_c = 25\text{kN/m}^3 \times 0.68\text{m}^2 = 17\text{kN/m}$$

$$M_{d1} = \frac{w_{d1} \ell^2}{8} = \frac{17 \times 20^2}{8} = 850\text{kN} \cdot \text{m} = 850 \times 10^3 \text{kN} \cdot \text{mm}$$

$$P_i = 1{,}360\text{kN}$$

2) 보의 중립축 e, I

$$y_i = \frac{400 \times 1{,}200 \times 600 + 200 \times 1{,}300}{400 \times 1{,}200 + 1{,}000 \times 200} = 806\text{mm}$$

$$\therefore e = 806 - 150 = 656\text{mm}$$

$$I = \frac{400 \times 806^3}{3} + \frac{1{,}000 \times 594^3}{3} - \frac{600 \times 394^3}{3}$$

$$= 1.274 \times 10^{11} \text{mm}^4$$

3) 상·하부 응력

$$f_t = \frac{P_i}{A_c} - \frac{P_i e}{I} y_t + \frac{M_{d1}}{I} y_t$$

$$= \frac{1{,}360 \times 10^3}{680{,}000} - \frac{1{,}360 \times 10^3 \times 656}{1.274 \times 10^1} \times 594 + \frac{850 \times 10^6 \times 594}{1.274 \times 10^{11}}$$

$$= 1.80\text{MPa} < 0.6 f_{ci} = 0.6 \times 30 = 18\text{MPa} \qquad \therefore \text{O.K}$$

$$f_b = \frac{P_i}{A_c} + \frac{P_i e}{I} y_b - \frac{M_{d1}}{I} y_b$$

$$= \frac{1{,}360 \times 10^3}{680{,}000} + \frac{1{,}360 \times 10^3 \times 656}{1.274 \times 10^{11}} \times 806 - \frac{850 \times 10^6 \times 806}{1.274 \times 10^{11}}$$

$$= 2.27\text{MPa} < 0.6 f_{ci} = 18\text{MPa} \qquad \therefore \text{O.K}$$

2. 전설계 하중 작용 시 : $P_e + M_{d1} + M_{d2} + M_\ell$

1) 작용 Moment

$$P_e = P_i \times (1 - 0.15) = 1,360 \times 0.85 = 1,156\,\text{kN}$$

$$M_{d1} = 850 \times 10^6 \,\text{N} \cdot \text{mm}$$

$$M_{d2} = \frac{6 \times 20^2}{8} = 300\,\text{kN} \cdot \text{m} = 300 \times 10^6 \,\text{N} \cdot \text{mm}$$

$$M_\ell = \frac{5 \times 20^2}{8} = 250\,\text{kN} \cdot \text{m} = 250 \times 10^6 \,\text{N} \cdot \text{mm}$$

2) 보의 상·하부 응력

$$f_t = \frac{P_e}{A_c} - \frac{P_e e}{I} y_t + \frac{M_{d1} + M_{d2} + M_l}{I} y_t$$

$$= \frac{1,156 \times 10^3}{680,000} - \frac{1,156 \times 10^3 \times 656}{1.274 \times 10^{11}} \times 594 + \frac{1,400 \times 10^6 \times 594}{1.274 \times 10^{11}}$$

$$= 4.69\,\text{MPa} < 0.6 f_{ck} = 0.6 \times 40 = 24\,\text{MPa} \qquad \therefore \text{O.K}$$

$$f_b = \frac{P_e}{A_c} + \frac{P_e e}{I} y_b - \frac{M_{d1} + M_{d2} + M_l}{I} y_b$$

$$= \frac{1,156 \times 10^3}{680,000} + \frac{1,156 \times 10^3 \times 656}{1.274 \times 10^{11}} \times 806 - \frac{1,400 \times 10^6 \times 806}{1.274 \times 10^{11}}$$

$$= -2.36\,\text{MPa} > -0.5\sqrt{f_{ck}} = -0.5\sqrt{40} = -3.16\,\text{MPa} \qquad \therefore \text{O.K}$$

3. 균열 Moment M_{cr}

1) M_{cr}

$$\frac{P_e}{A_c} + \frac{P_e e}{I} y_b - \frac{M_{cr}}{I} y_b = -f_r$$

$$\frac{M_{cr}}{I} y_b = f_r + \frac{P_e}{A_c} + \frac{P_e e}{I} y_b$$

$$\therefore M_{cr} = Z_2 f_r + P_e \left(\frac{r_c^2}{y_b} + e \right)$$

$$Z_2 = \frac{I}{y_b} = \frac{1.274 \times 10^{11}}{806} = 1.581 \times 10^8 \text{mm}^3,$$

$$f_r = 0.63\sqrt{f_{ck}} = 0.63\sqrt{40} = 3.98$$

$$r_c^2 = \frac{I}{A_c} = \frac{1.274 \times 10^{11}}{680,000} = 1.874 \times 10^5 \text{mm}$$

$$\therefore M_{cr} = 1.581 \times 10^8 \times 3.98 + 1,156 \times 10^3 \left(\frac{1.874 \times 10^5}{806} + 656\right) = 1.66 \times 10^9 \text{N} \cdot \text{mm}$$

$$= 1.66 \times 10^3 \text{kN} \cdot \text{m}$$

$$= 1,660 \text{kN} \cdot \text{m}$$

2) F_{cr}

$$M_{d1} + M_{d2} + F_{cr} M_\ell = M_{cr}$$

$$\therefore F_{cr} = \frac{M_{cr} - M_{d1} - M_{d2}}{M_\ell} = \frac{1,660 \times 10^6 - 850 \times 10^6 - 300 \times 10^6}{250 \times 10^6} = 2.04$$

4. ϕM_n

1) f_{ps} 및 강재지수

$$f_{pe} = \frac{P_e}{A_p} = \frac{1,156 \times 10^3}{1,000} = 1,156 \text{MPa}$$

$$\frac{f_{pe}}{f_{pu}} = \frac{1,156}{1,700} = 0.68 > 0.5 \to f_{ps} \text{ 산정}$$

$$f_{ps} = f_{pu}\left\{1 - \frac{r_p}{\beta_1}\left(\rho_p \frac{f_{pu}}{f_{ck}}\right)\right\} \quad \cdots\cdots\cdots\cdots \quad (1)$$

$$\beta_1 = 0.85$$

$$d_p = 1,400 - 150 = 1,250$$

$$r_p = 0.4 \left(\frac{f_{py}}{f_{pu}} = \frac{1,500}{1,700} = 0.88 > 0.85\right)$$

$$\rho_p = \frac{A_p}{bd_p} = \frac{1,000}{1,000 \times 1,250} = 8 \times 10^{-4}$$

$$\therefore f_{ps} = 1,700\left\{1 - \frac{0.4}{0.85}\left(8 \times 10^{-4} \times \frac{1,700}{40}\right)\right\} = 1,673\text{MPa}$$

2) 강재지수

$$w_p = \rho_p \frac{f_{ps}}{f_{ck}} = 8 \times 10^{-4} \times \frac{1,673}{40} = 0.0335 < 0.32\beta_1 = 0.32 \times 0.85 = 0.272 \qquad \therefore \text{O.K}$$

3) ϕM_n

① T형보 check

$$a = \frac{A_p f_{ps}}{0.85 f_{ck} b} = \frac{1,000 \times 1673}{0.85 \times 40 \times 1,000} = 49.2 < t_f = 200\text{mm}$$

$a < t_f$ 이므로 폭 b인 구형보

② M_n

$$M_n = A_p f_{ps}\left(d_p - \frac{a}{2}\right) = 1,000 \times 1,673 \times \left(1,250 - \frac{49.2}{2}\right)$$
$$= 2.05 \times 10^9 \text{N} \cdot \text{mm}$$

③ ϕ 검토

$$\varepsilon_t = \varepsilon_c\left(\frac{d_p}{c} - 1\right) = 0.003\left(\frac{1,250}{57.9} - 1\right) = 0.062 > 0.005$$

$\therefore \phi = 0.85$

$$c = \frac{a}{\beta_1} = \frac{49.2}{0.85} = 57.9$$

④ ϕM_n

$$\phi M_n = 0.85 \times 2.05 \times 10^9 = 1.74 \times 10^9 \text{N} \cdot \text{mm}$$

안전도 검토

$\phi M_n > 1.2 M_{cr}$

$$\frac{\phi M_n}{M_{cr}} > 1.2$$

$$\frac{1.74 \times 10^9}{1,660 \times 10^6} = 1.05 < 1.2 \qquad \therefore \text{N.G}$$

제2편 프리스트레스트 콘크리트

Question 03 | 압력선 & 한계핵

PSC에서 압력선과 한계핵에 대해 설명하시오.

1. 압력선 정의

RC보에서는 외력모멘트가 증가하면 내력모멘트인 저항모멘트는 팔길이(z)는 변함없이 콘크리트압축력(C)과 철근인장력(T)이 증가하여 저항하나, PSC보는 압축력과 인장력의 변화는 적은 대신 z값이 변해 외력의 휨모멘트 증가에 저항한다. 여기서 인장력 T는 프리스트레스 힘 P_i와 같고, C는 압축력의 작용선으로서 압력선(Thrust Line) 또는 C선(C-Line)이라고 한다.

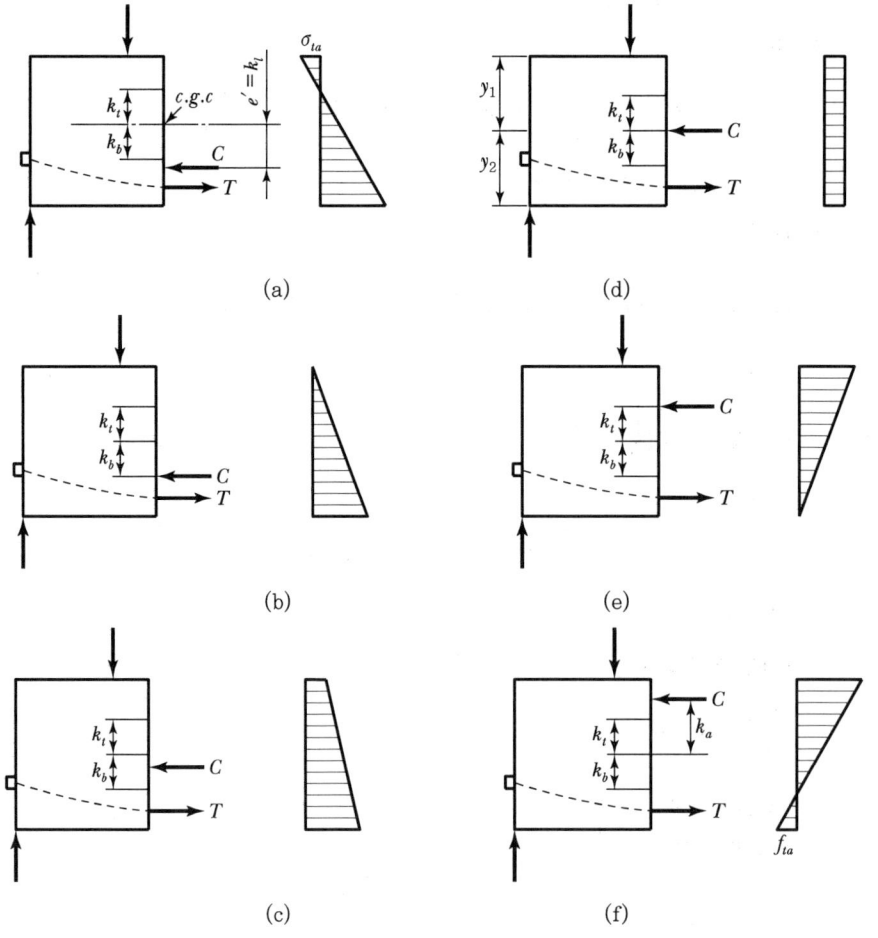

2. 핵심 정의

프리스트레스힘만이 작용할 경우 인장응력이 발생하지 않도록 하는 강선의 작용한계점은 도심 상부와 도심 하부 2곳에 존재하며 이를 각각 상핵점 및 하핵점이라 하고 상핵점과 하핵점 사이에 긴장력이 작용하는 경우 단면에는 인장응력이 발생치 않으며 이 영역을 핵심이라 한다.

(1) 하핵거리 : 상현응력=0일 때 $e_p = k_b = r^2/y_1$: 그림 (b)

(2) 상핵거리 : 하현응력=0일 때 $e_p = k_t = r^2/y_2$: 그림 (c)

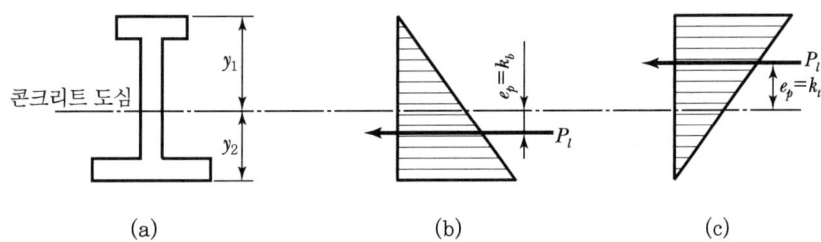

> **Question 04** 휨 효율
>
> 휨 효율계수와 상핵, 하핵거리와의 관련성을 설명하시오.

1. 휨 효율의 척도

$$\frac{Z}{A_c} : 이\ 값이\ 큰\ 보가\ 효율적$$

$$\frac{Z_1}{A_c} = \frac{I_c}{A_c y_1} = \frac{r_c^2}{y_1} = k_l$$

$$\frac{Z_2}{A_c} = \frac{I_c}{A_c y_2} = \frac{r_c^2}{y_2} = k_t$$

2. 가장 효율적인 단면

(1) 회전반경이 가장 큰 값, 상하의 핵 거리가 가장 큰 단면
(2) 콘크리트 면적이 단면의 상하면 가까이에 집중되어 있음

$$\frac{k_l}{y_2} = \frac{r_c^2}{y_1 y_2}$$

$$\frac{k_t}{y_1} = \frac{r_c^2}{y_1 y_2}$$

$$Q = \frac{r_c^2}{y_1 y_2} : 휨\ 효율계수(\text{Efficiency Factor of Flexure})$$

→ 높이가 주어진 단면의 휨 효율을 비교하는 데 사용

$$Q = \frac{r_c^2}{y_1 y_2} \frac{y_1 + y_2}{h} = \frac{k_l + k_t}{h}$$

3. 단면형상과 휨 효율

(1) 비교적 얇은 복부와 flange를 갖는 I형 또는 T형 단면은 두꺼운 복부와 flange를 가지는 단면보다 Q값이 크다.

(2) 잘 설계된 I형보 : $Q=0.5$ 정도

| Question | 긴장재의 배치 |

05 긴장재의 상한편심과 하한편심을 설명하시오.

1. 정의

(1) 하한편심거리

하중을 재하하지 않은 상태에서 콘크리트 응력이 허용응력을 초과하지 않기 위한 긴장재의 편심거리를 하한편심거리라 한다.

(2) 상한편심거리

설계하중 상태에서 허용응력을 초과하지 않기 위한 편심거리를 상한편심거리라 한다. 최적의 PS 강재 배치는 PS 강재를 상한과 하한편심거리 사이에 배치하는 것이다.

2. 편심거리 산정

(1) 긴장력 도입 직후(하한편심거리)

상연응력 $f_t = \dfrac{P_i}{A_c} - \dfrac{P_i e_p}{Z_1} + \dfrac{M_{d1}}{Z_1} \geq f_{ta}$

$\therefore e_p \leq \dfrac{Z_1}{A_c} + \dfrac{M_{d1} - Z_1 f_{ta}}{P_i}$ ·· ①

하연응력 $f_b = \dfrac{P_i}{A_c} + \dfrac{P_i e_p}{Z_2} - \dfrac{M_{d1}}{Z_2} \leq f_{ca}$

$\therefore e_p \leq -\dfrac{Z_2}{A_c} + \dfrac{M_{d1} + Z_2 f_{ca}}{P_i}$ ·· ②

(2) 설계하중이 작용할 때(상한편심거리)

상연응력 $f_t = \dfrac{P_e}{A_c} - \dfrac{P_e e_p}{Z_1} + \dfrac{M_{d1}}{Z_1} + \dfrac{M_{d2} + M_l}{Z_1} \leq f_{cw}$

$\therefore e_p \geq \dfrac{Z_1}{A_c} + \dfrac{M_t - Z_1 f_{cw}}{RP_i}$ ················ ③

하연응력 $f_b = \dfrac{P_e}{A_c} + \dfrac{P_e e_p}{Z_2} - \dfrac{M_{d1}}{Z_2} - \dfrac{M_{d2} + M_l}{Z_2} \geq f_{tw}$

$\therefore e_p \geq -\dfrac{Z_2}{A_c} + \dfrac{M_t + Z_2 f_{tw}}{RP_i}$ ················ ④

여기서, R : 유효율, $M_t = M_{d1} + M_{d2} + M_l$

①, ② 하한편심
③, ④ 상한편심

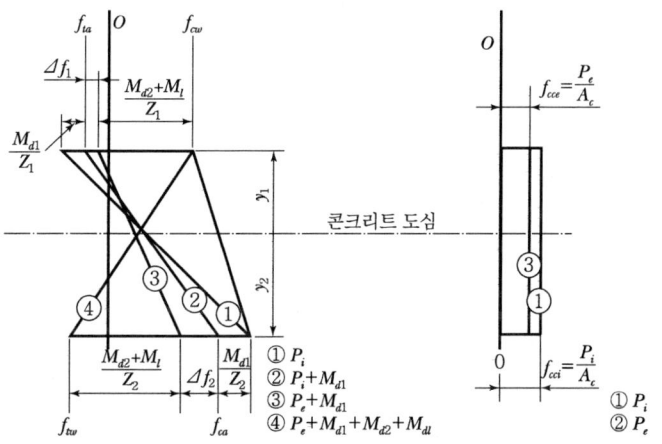

(a) 최대 모멘트 단면의 응력분포 (b) 지점단면의 응력분포

3. 편심거리 제한

(1) 그림의 제한범위 내에 긴장재의 도심이 존재하면 콘크리트응력은 허용응력 이내가 된다.

(2) 긴장재 배열에 상관없이 긴장재 도심은 이 상한과 하한거리 내에 있어야 한다.

(3) 단면이 너무 크거나 긴장력이 과대하면 그 제한범위가 넓어진다.
(4) 단면이 너무 작거나 긴장력이 작으면 긴장재의 배치범위가 단면 밖으로 나가거나 제한폭이 너무 좁게 된다. 이 경우에는 단면을 수정하거나 프리스트레스 힘을 수정한다.

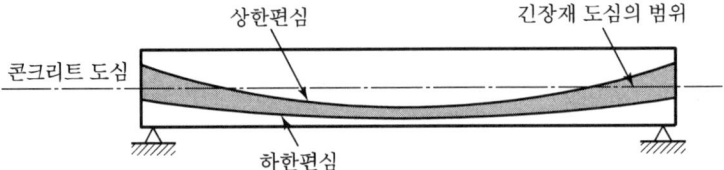

Question 06 긴장재 배치 계산

다음과 같은 보에서 긴장재의 배치범위를 정하시오.

$f_{ca} = 16.8\text{MPa}, \ f_{ta} = -1.3\text{MPa}$

$f_{cw} = 16\text{MPa}, \ f_{tw} = -3.2\text{MPa}$

$M_{d1} = 76,746\text{N} \cdot \text{m}$

$M_t = M_{d1} + M_{d2} + M_\ell = 467,460\text{N} \cdot \text{m}$

$P_i = 1,419,000\text{N}$

$P_e = RP_i = 1,206,150\text{N}$

$Z_1 = 24.14 \times 10^6 \text{mm}^3$

$Z_2 = 28.94 \times 10^6 \text{mm}^3$

$A_c = 165,000\text{mm}^2, \ \gamma_c^2 = 58,200\text{mm}^2$

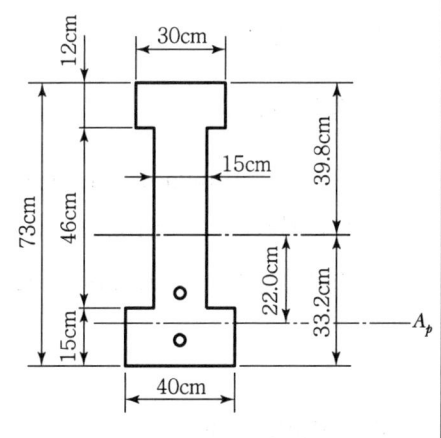

● **풀이** 각 단계별 허용응력 이내에 들도록 긴장재의 편심을 정한다.

1. 각 단면의 모멘트

구분	지간중앙	1/4 지간	지점
M_{d1}	76,746N·m	57,560N·m	0
M_t	467,460N·m	350,600N·m	0

2. 긴장재 도심위치의 하한

(1) 하한 ⓐ

$$\text{지점}: e_p \leq \frac{Z_1}{A_c} + \frac{M_{d1} - Z_1 f_{ta}}{P_i} = \frac{24.14 \times 10^6}{165,000} + \frac{0 - 24.14 \times 10^6 \times (-1.3)}{1,419,000}$$

$$= 168\text{mm} = 16.8\text{cm}$$

$$1/4 \ \text{지간}: e_p \leq 168 + \frac{57,560 \times 10^3}{1,419,000} = 209\text{mm} = 20.9\text{cm}$$

지간중앙 : $e_p \leq 168 + \dfrac{76,746 \times 10^3}{1,419,000} = 222\text{mm} = 22.2\text{cm}$

(2) 하한 ⓑ

지점 : $e_p \leq -\dfrac{Z_2}{A_c} + \dfrac{M_{d1} + Z_2 f_{ca}}{P_i} = -\dfrac{28.94 \times 10^6}{165,000} + \dfrac{0 + 28.94 \times 10^6 \times 16.8}{1,419,000}$

$\quad = 169\text{mm} = 16.9\text{cm}$

1/4 지간 : $e_p \leq 210\text{mm} = 21.0\text{cm}$

지간중앙 : $e_p \leq 223\text{mm} = 22.3\text{cm}$

3. 편심거리의 상한

(1) 상한 ⓐ

지점 : $e_p \geq \dfrac{Z_1}{A_c} + \dfrac{M_t - Z_1 f_{cw}}{RP_i} = \dfrac{24.14 \times 10^6}{165,000} + \dfrac{0 - 24.14 \times 10^6 \times 16}{1,206,150}$

$\quad = -175\text{mm} = -17.5\text{cm}$

1/4 지간 : $e_p \geq -175 + \dfrac{350,600 \times 10^3}{1,206,150} = 117\text{mm} = 11.7\text{cm}$

지간중앙 : $e_p \geq -175 + \dfrac{467,460 \times 10^3}{1,206,150} = 214\text{mm} = 21.4\text{cm}$

(2) 상한 ⓑ

지점 : $e_p \geq -\dfrac{Z_2}{A_c} + \dfrac{M_t + Z_2 f_{tw}}{RP_i} = -\dfrac{28.94 \times 10^6}{165,000} + \dfrac{0 + 28.94 \times 10^6 \times (-3.2)}{1,206,150}$

$\quad = -252\text{mm} = -25.2\text{cm}$

1/4 지간 : $e_p \geq -252 + \dfrac{350,600 \times 10^3}{1,206,150} = 40\text{mm} = 4.0\text{cm}$

지간중앙 : $e_p \geq -252 + \dfrac{467,460 \times 10^3}{1,206,150} = 137\text{mm} = 13.7\text{cm}$

4. 긴장재 배치

(1) 결과
- 부(−) 편심거리 : 단면 도심에서 위쪽
- 그림 (a) : 계산결과 배치

(2) 긴장재의 두 케이블의 실제의 도심선 : 그림 (b)

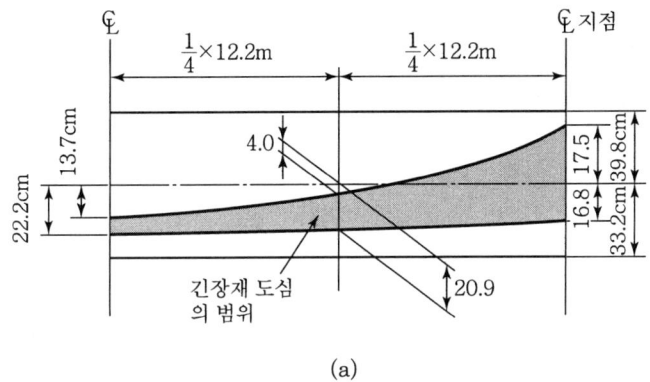

(a)

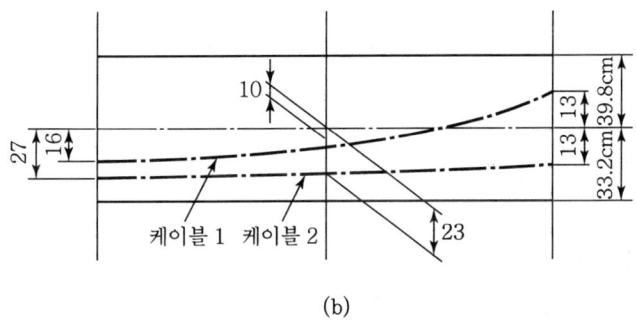

(b)

Question 07. PS 콘크리트 균열등급

비균열 등급, 부분균열 등급, 완전균열 등급에 대해 설명하시오.

1. 개요

프리스트레스트 콘크리트 휨부재는 균열발생 여부에 따라 그 거동이 달라지며, 균열의 정도에 따라 세 가지 등급으로 구분하고 구분된 등급에 따라 응력 및 사용성을 검토하도록 규정하고 있다.

2. 특징

(1) 비균열 등급

① $f_t \leq 0.63\lambda\sqrt{f_{ck}}$

f_t : 사용하중하에서 총단면으로 계산한 인장 연단 응력(MPa)

② f_t 가 콘크리트 파괴계수 $0.63\lambda\sqrt{f_{ck}}$ 이하이므로 균열이 발생하지 않는다.
③ 사용하중이 작용할 때의 응력은 총 단면 2차 모멘트 I_g를 사용하여 계산
④ ACI Code(318-05) : Class U로 구분

(2) 부분균열 등급

① $0.63\lambda\sqrt{f_{ck}} < f_t < 1.0\lambda\sqrt{f_{ck}}$
② 비균열 단면과 완전균열 등급의 중간 수준
③ 사용하중이 작용할 때의 응력은 총 단면으로 계산, 처짐은 2개의 직선으로 구성되는 모멘트-처짐관계를 사용하여 계산하거나 유효단면 2차모멘트 I_e를 사용하여 계산
④ ACI Code(318-05) : Class T로 구분

(3) 완전균열 등급
① $f_t > 1.0\lambda\sqrt{f_{ck}}$
② 사용하중이 작용할 때 단면의 응력은 균열 환산 단면을 사용하여 계산
③ 처짐은 2개의 직선으로 구성되는 모멘트-처짐관계를 사용하여 계산하거나 유효단면 2차 모멘트 I_e를 사용하여 계산
④ ACI Code(318-05) : Class C로 구분

(4) 허용응력
① 균열에 따른 Class개념 도입에 따라 인장응력에 대한 항목삭제, 지속하중 개념 도입
② 콘크리트 허용 휨 응력 조정
　㉠ 압축연단응력(유효프리스트레스+지속하중) : $0.45\,f_{ck}$
　㉡ 압축연단응력(유효프리스트레스+전체하중) : $0.60\,f_{ck}$

Question 08 : 균열모멘트

PSC 보의 균열모멘트를 산정하시오.

1. 균열모멘트의 중요성

(1) 처짐은 균열을 수반할 때 휨강성이 감소된다.
(2) 보에 균열이 발생되면 PS 강재는 부식에 더욱 취약해진다.
(3) 균열로 PS 강재의 인장응력이 증가하며 보의 피로저항이 감소된다.
(4) 균열은 사용성을 저하시킨다.

2. 균열모멘트 산정 시 기본 가정

(1) 콘크리트는 탄성체이다.
(2) 인장연단의 합성응력이 콘크리트의 휨인장강도에 이르면 균열이 발생된다.

3. 균열모멘트 산정

프리스트레스와 균열모멘트에 의한 응력이 휨인장강도와 같다고 가정하면

$$-f_r = \frac{P_e}{A_c}\left(1 + \frac{e_p}{r_c^2}y_2\right) - \frac{M_{cr}}{Z_2}$$

여기서, f_r : 휨인장강도 $= 0.63\lambda\sqrt{f_{ck}}$

상기 식을 정리하면,

$$\frac{M_{cr}}{Z_2} = f_r + \frac{P_e}{A_c}\left(1 + \frac{e_p}{r_c^2}y_2\right)$$

여기서, $Z_2 = \dfrac{I_c}{y_2}$, $r_c^2 = \dfrac{I_c}{A_c}$로 놓으면 균열모멘트는 아래와 같다.

$$M_{cr} = f_r\,Z_2 + P_e\left(\dfrac{r_c^2}{y_2} + e_p\right)$$

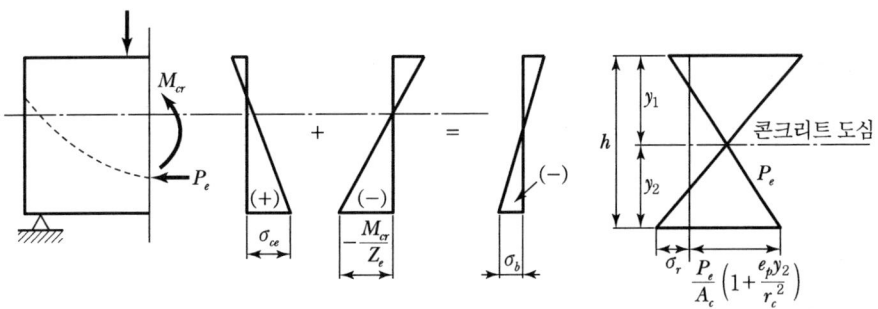

[균열모멘트 응력분포도]

4. 균열에 대한 안전율

$$M_{d1} + M_{d2} + F_{cr}\,M_l = M_{cr}$$

$$\therefore\ F_{cr} = \dfrac{M_{cr} - M_{d1} - M_{d2}}{M_l}$$

제4장 프리스트레스트 휨 부재의 설계

Question 01 강재지수
PSC보의 강재지수를 설명하시오.

1. 정의

강재지수(Reinforcement Index)란 PSC보에 설치하는 철근비를 말하며, 연성파괴를 유도하기 위한 저보강보 설계를 위해 과보강보와 저보강보의 판단기준으로 사용되고 있다.

2. PSC보의 강재지수

(1) 긴장재만 설치된 경우

$$q_p = p_p\left(\frac{f_{pu}}{f_{ck}}\right), \quad p_p = \frac{A_p}{bd_p}$$

(2) 긴장재와 철근이 설치된 경우

$$q_p + \frac{d}{d_p}(q - q')$$

여기서, 인장철근 강재비 $q = p\dfrac{f_y}{f_{ck}}, \quad p = \dfrac{A_s}{bd}$

압축철근 강재비 $q' = p'\dfrac{f_y}{f_{ck}}, \quad p = \dfrac{A_s{'}}{bd}$

3. 강재지수 제한

연성파괴를 유도하기 위해 강재지수를 다음과 같이 제한하고 있다.

(1) 긴장재만 갖는 경우

　　1) 구형보 : $q_p \leqq 0.32\beta_1$

　　2) T형보 : $q_{pw} \leqq \dfrac{A_{pw} f_{pu}}{bd_p f_{ck}} \leqq 0.32\beta_1$

(2) 긴장재와 철근을 가지는 구형보

$$q_p + \dfrac{d}{d_p}(q-q') \leqq 0.36\beta_1$$

(3) 최소강재량

$$\phi M_n \geqq 1.2 M_{cr} = 1.2(f_{ru} + f_{pe})Z_c$$

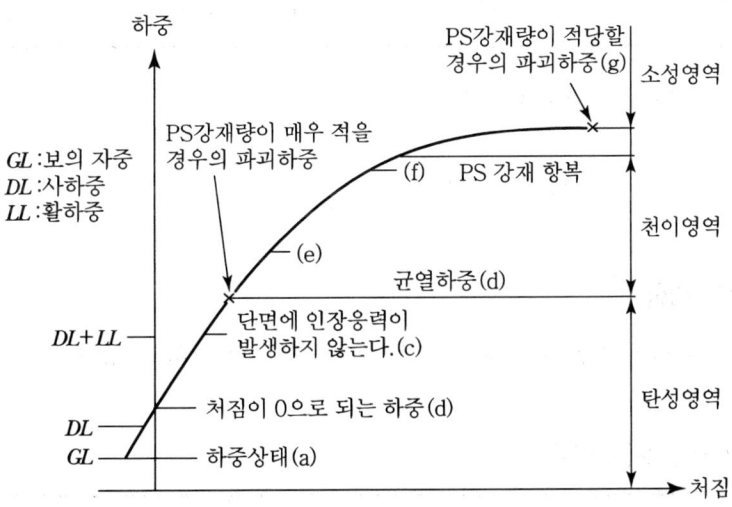

[저보강보에서 PS 강재량에 따른 PSC보의 파괴형태]

Question 02 강재지수

PSC보의 강재지수와 파괴형태를 기술하시오.

1. 정의

강재지수(Reinforcement Index)란 PSC보에 설치하는 철근비를 말하며, 연성파괴를 유도하기 위한 저보강보 설계를 위해 과보강보와 저보강보의 판단기준으로 사용되고 있다.

2. PSC보 강재지수 산정

PSC보 강재지수는 긴장재와 철근의 사용유무에 따라 다르게 산정된다.

구분	강재지수	비고
긴장재만 설치된 경우	$q_p = p_p \left(\dfrac{f_{pu}}{f_{ck}} \right),\ p_p = \dfrac{A_p}{b\,d_p}$	
긴장재와 철근이 설치된 경우	$q_p + \dfrac{d}{d_p}(q - q')$	

여기서, 인장철근 강재비 $q = p\dfrac{f_y}{f_{ck}},\ p = \dfrac{A_s}{bd}$

압축철근 강재비 $q' = p'\dfrac{f_y}{f_{ck}},\ p' = \dfrac{A_s{'}}{bd}$

3. 강재지수 제한

PSC보의 연성파괴를 유도하기 위해 강재지수를 제한하고 있다.

(1) 긴장재만 갖는 경우

구분	강재지수	비고
사각형보	$q_p \leq 0.32\beta_1$	
T형보	$q_{pw} \leq \dfrac{A_{pw}\,f_{pu}}{b\,d_p\,f_{ck}} \leq 0.32\beta_1$	

(2) 긴장재와 철근을 갖는 경우

구분	강재지수	비고
사각형보	$q_p + \dfrac{d}{d_p}(q-q') \leq 0.36\beta_1$	
T형보	$q_{pw} + \dfrac{d}{d_p}(q_w - q_w') \leq 0.36\beta_1$	

여기서, $q_{pw} = p_p \dfrac{f_{pu}}{f_{ck}} \left(p_p = \dfrac{A_p}{b_w d_p} \right)$

$q_w = p \dfrac{f_y}{f_{ck}} \left(p = \dfrac{A_s}{b_w d} \right)$

$q_w' = p' \dfrac{f_y}{f_{ck}} \left(p' = \dfrac{A_s'}{b_w d} \right)$

(3) 최소강재량 : $\phi M_n \geq 1.2 M_{cr} = 1.2(f_{ru} + f_{pe})Z_c$

4. PSC보 파괴형태

(1) 저보강보 파괴특성

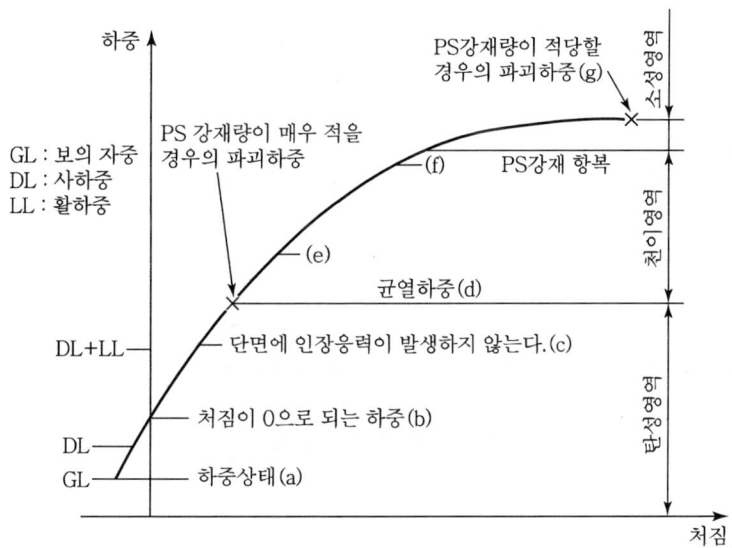

[저보강보에서 PS 강재량에 따른 PSC보의 파괴형태]

PS강재 응력이 항복강도보다 큰 경우에도 콘크리트가 압축파괴에 도달하여 연성파괴가 발생되는 보를 저보강보라 하며, 균열발생 후 균열환산단면적의 휨강성과 평행하게 휨강성이 변하다가 파괴되는 특성이 있다.

1) PS강선량이 매우 작은 경우 균열이 발생하며 보가 파괴된다.
2) 적당량의 PS강선을 사용하는 경우 PS강재가 항복 후에도 소정의 변형이 발생한 후에 파괴된다.

(2) 과보강보

PS강재가 항복강도에 이르기 전에 콘크리트가 먼저 파괴되어 취성파괴 현상을 보이는 보를 과보강보라 하며 파괴하중에 이르기까지 비균열 환산단면적의 휨강성을 유지하다가 사전 징조 없이 갑자기 취성파괴를 일으키는 특성이 있다.

1) 과보강보의 경우 파괴를 야기하는 하중의 크기가 변한다.
2) 균열이 발생된 후 균열환산단면적의 휨강성과 평행하게 휨강성이 변화하다가 파괴되는 경향을 보여 파괴의 전조가 나타나지 않은 취성파괴를 한다.

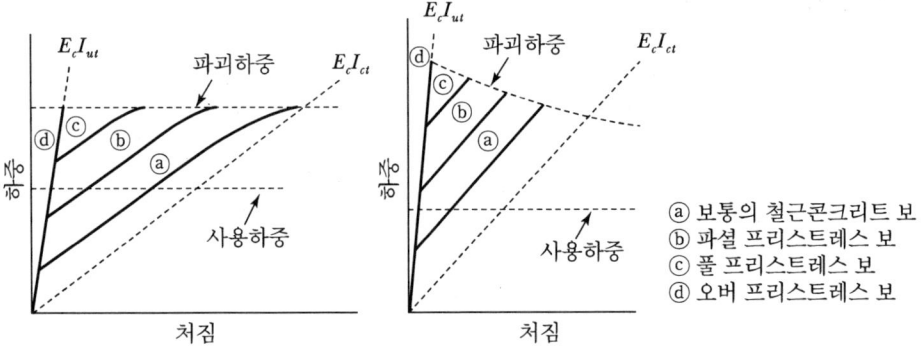

(a) 저보강보의 하중-처짐곡선   (b) 과보강보의 하중-처짐곡선

[저보강보와 과보강보의 파괴형태]

(3) 평형보

균열발생과 동시에 PS강재도 파단하는 보를 평형보라 한다.

제4장 프리스트레스트 휨 부재의 설계

| Question 03 | 휨강도 |

프리스트레스보의 휨강도 산정방법에 대해 설명하시오.

1. 개요

PC휨부재의 휨강도의 계산은 강도설계법에 따르되 PC강재의 응력은 f_{py} 대신에 f_{ps}를 사용한다. f_{ps}는 보가 파괴할 때의 PC강재의 응력이다.

2. 설계기준의 f_{ps}를 적용할 수 있는 조건

$$f_{pe} \geq 0.5 f_{pu}$$

3. f_{ps} 산정

(1) 부착된 경우

$$f_{ps} = f_{pu}\left[1 - \frac{\gamma_p}{\beta_1}\rho_p\frac{f_{pu}}{f_{ck}}\right]$$

β_1 : 등가응력깊이계수 ρ_p : PC강재비
γ_p : PC강재 종류에 따른 계수

$\dfrac{f_{py}}{f_{pu}} \geq 0.85$ (응력제거 강재) $\gamma_p = 0.4$

$\dfrac{f_{py}}{f_{pu}} \geq 0.9$ (저릴렉세이션 강재) $\gamma_p = 0.28$

$\dfrac{f_{py}}{f_{pu}} \geq 0.8$인 경우(강봉) $\gamma_p = 0.55$

(2) 부착되지 않은 경우

1) 지간(l) 대 높이(h)의 비가 35 이하일 때

$$f_{ps} = f_{pe} + 70 + \frac{f_{ck}}{100\rho_p} < f_{py} \text{ 또는 } (f_{pe} + 420)\text{MPa}$$

2) 지간(l) 대 높이(h)의 비가 35 이상일 때

$$f_{ps} = f_{pe} + 70 + \frac{f_{ck}}{300\rho_p} < f_{py} \text{ 또는 } (f_{pe} + 210)\text{MPa}$$

4. 휨강도 산정

(1) 직사각형 단면

1) PS 강재만을 고려할 때

① 등가응력깊이 산정

$$a = \frac{A_{ps} f_{ps}}{0.85 f_{ck} b}$$

② $\phi M_n = \phi \left[A_{ps} f_{ps} \left(d_p - \frac{a}{2} \right) \right]$

$\qquad = \phi \left[A_{ps} f_{ps} d_p \left(1 - 0.59 \frac{\rho_p f_{ps}}{f_{ck}} \right) \right]$

2) 인장철근의 영향을 고려할 때

$$\phi M_n = \phi \left[A_{ps} f_{ps} \left(d_p - \frac{a}{2} \right) \right] + A_s f_y \left(d - \frac{a}{2} \right)$$

$$a = \frac{A_{ps} f_{ps} + A_s f_y}{0.85 f_{ck} b}$$

3) 압축철근의 영향을 고려할 때

$$\phi M_n = \phi \left[A_{ps} f_{ps} \left(d_p - \frac{a}{2} \right) \right] + A_s f_y \left(d - \frac{a}{2} \right) + A'_s f_y \left(\frac{a}{2} - d' \right)$$

$$a = \frac{A_{ps} f_{ps} + A_s f_y - A'_s f_y}{0.85 f_{ck} b}$$

(2) I형 단면 또는 T형 단면의 보의 휨강도

① 플랜지의 내민 부분의 압축력과 비기는 인장력 $A_{pf} f_{ps}$ 라고 하면

$$A_{pf} f_{ps} = 0.85 f_{ck} t_f (b - b_w)$$

② 단면의 총인장력 $A_p f_{ps} + A_s f_y$ 에서 $A_{pf} f_{ps}$ 를 뺀 나머지 인장력

$$A_{pw} f_{ps} = A_p f_{ps} + A_s f_y - A_{pf} f_{ps}$$

③ 이 인장력은 복부의 압축력과 비겨야 한다.

$$A_{pw} f_{ps} = 0.85 f_{ck} a b_w$$

$$\therefore a = \frac{A_{pw} f_{ps}}{0.85 f_{ck} b_w}$$

$$\phi M_n = \phi \left[A_{pw} f_{ps} \left(d_p - \frac{a}{2} \right) + A_{pf} f_{ps} \left(d_p - \frac{t_f}{2} \right) + A_s f_y (d - d_p) \right]$$

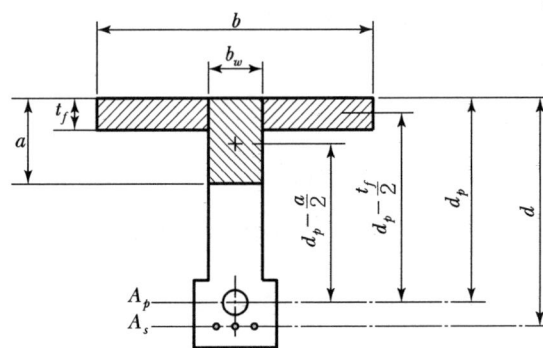

Question 04 | PSC보 해석

설계기준에 의해서 f_{ps} 및 설계강도를 계산하시오.

설계조건

$f_{se}=1{,}225\text{MPa}, \ f_y=420\text{MPa}$

$f_{py}=1{,}500\text{MPa}, \ f_{pu}=1{,}760\text{MPa}$

$f_{ck}=35\text{MPa}, \ f_{cu}=23.8\text{MPa}$

$E_s=200{,}000\text{MPa}$

$f_{ps}=f_{pu}\left[1-\dfrac{\gamma_p}{\beta_1}\left\{\rho_p\dfrac{f_{pu}}{f_{ck}}+\dfrac{d}{d_p}(\omega-\omega')\right\}\right]$

$A_p=760.0\text{mm}^2$

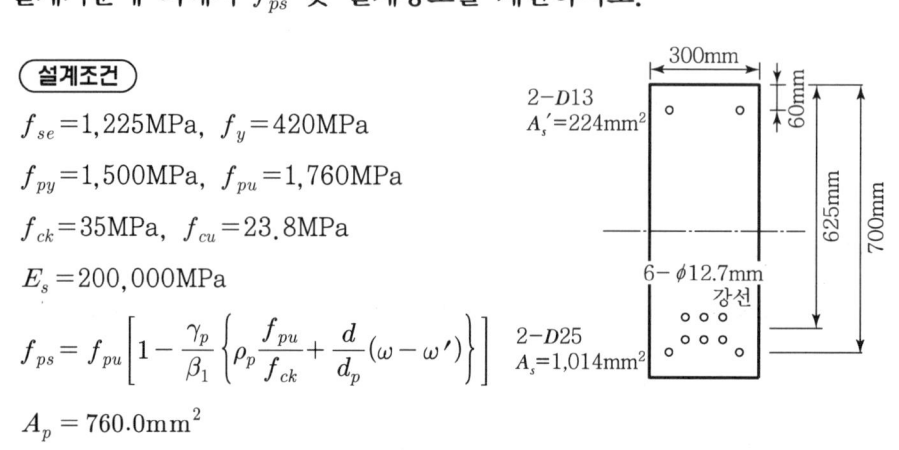

● **풀이** 설계기준에 의해 PSC보의 설계강도를 산정한다.

1. 공칭 긴장응력 산정

(1) PSC 파괴 시의 강선응력(f_{ps}) 공식

$$f_{ps}=f_{pu}\left[1-\dfrac{\gamma_p}{\beta_1}\left\{\rho_p\dfrac{f_{pu}}{f_{ck}}+\dfrac{d}{d_p}(\omega-\omega')\right\}\right] \quad\cdots\cdots\cdots ①$$

여기서, $\rho_p\dfrac{f_{pu}}{f_{ck}}+\dfrac{d}{d_p}(\omega-\omega')\geq 0.17$

$d'\leq 0.15\,d_p$의 조건을 만족해야 한다.

(2) 단면제원 산정

$b=30\text{cm}, \ d=70\text{cm}, \ d_p=62.5\text{cm}$

$A_s=1{,}014\text{mm}^2, \ A_s'=224\text{mm}^2,$ 강선$=6@\phi12.7\text{mm}$ 이므로

$A_p=6\times\left(\dfrac{\pi\times 12.7^2}{4}\right)=760.0\text{mm}^2=7.6\,\text{cm}^2$

$\rho=\dfrac{A_s}{b\,d}=\dfrac{10.14}{30\times 70}=0.00482$

$$\rho' = \frac{A_s'}{b\,d} = \frac{2.24}{30 \times 70} = 0.00106$$

$$\rho_p = \frac{A_p}{b\,d_p} = \frac{7.6}{30 \times 62.5} = 0.00405$$

$$\omega = \frac{\rho f_y}{f_{ck}} = \frac{0.00482 \times 420}{35} = 0.05784$$

$$\omega' = \frac{\rho' f_y}{f_{ck}} = \frac{0.00106 \times 420}{35} = 0.01272$$

$$\beta_1 = 0.85 - 0.007\left(\frac{f_{ck}-28}{1}\right) = 0.85 - 0.007\left(\frac{35-28}{1}\right) = 0.80$$

f_{py}와 f_{pu}가 주어지지 않았으므로 $f_{py} = 1,500\text{MPa}$, $f_{pu} = 1,760\text{MPa}$로 가정

$$\frac{f_{py}}{f_{pu}} = \frac{1,500}{1,760} = 0.852 > 0.85 \text{이므로 } \gamma_p = 0.40$$

f_{py}/f_{pu}	≥ 0.80	≥ 0.85	≥ 0.90
γ_p	0.55	0.40	0.28

(3) PSC보 공칭긴장응력 산정

$$\left[\rho_p \frac{f_{pu}}{f_{ck}} + \frac{d}{d_p}(\omega - \omega')\right] = 0.00405 \times \frac{1,760}{35} + \frac{70}{62.5}(0.05784 - 0.01272)$$

$$= 0.20871 > 0.17$$

$d' = 60\text{mm} < 0.15 d_p = 0.15 \times 625 = 93.75\text{mm}$ ∴ O.K

$$\therefore f_{ps} = f_{pu}\left[1 - \frac{\gamma_p}{\beta_1}\left\{\rho_p \frac{f_{pu}}{f_{ck}} + \frac{d}{d_p}(\omega - \omega')\right\}\right]$$

$$= 1,760 \times \left(1 - \frac{0.40}{0.80} \times 0.20871\right) = 1,576\text{MPa}$$

2. 설계강도 산정

(1) 등가사각형 깊이 산정

인장철근과 압축철근이 모두 고려되었기 때문에 설계강도는 강선 및 철근의 공칭 긴장응력으로 구한다.

$$\therefore a = \frac{A_p f_{ps} + A_s f_y - A_s' f_y}{0.85 f_{ck} b}$$

$$= \frac{7.6 \times 1{,}576 + 10.14 \times 420 - 2.24 \times 420}{0.85 \times 35 \times 30}$$

$$= 17.1 \text{cm} = 171 \text{mm}$$

(2) ϕ 검증

$\beta_1 = 0.8$

$c = \dfrac{a}{\beta_1} = \dfrac{171}{0.8} = 213.75 \text{mm}$

$\varepsilon_t = 0.003 \times \dfrac{d_t - c}{c} = 0.003 \times \dfrac{(700 - 213.75)}{213.75} = 0.00683 > 0.005$

$\therefore \phi = 0.85$

(3) 설계강도 산정

$$\therefore M_u = \phi M_n = \phi \left[A_p f_{ps} \left(d_p - \frac{a}{2} \right) + A_s f_y \left(d - \frac{a}{2} \right) + A_s' f_y \left(\frac{a}{2} - d' \right) \right]$$

$$= 0.85 \times \left[760 \times 1{,}576 \times \left(625 - \frac{134}{2} \right) + 1014 \times 420 \times \left(700 - \frac{171}{2} \right) \right.$$

$$\left. + 224 \times 420 \times \left(\frac{171}{2} - 60 \right) \right]$$

$$= 7.74 \times 10^8 \text{N} \cdot \text{mm} = 774 \text{kN} \cdot \text{m}$$

| Question | 휨설계(비부착긴장재인 경우) |

05

다음의 비부착 프리텐션 콘크리트 보에서 설계휨강도를 계산하시오. (단, 사용 긴장재는 KS D 7002 규격의 저이완 12.7mm 직경의 강연선이다. 초기손실은 10%, 장기손실은 20%로 가정한다.)

설계조건

$f_{ck} = 35\text{MPa}$

긴장재 $A_{ps} = 6 \times 99\text{mm}^2 = 594\text{mm}^2$

$f_{pu} = 1,890\text{MPa}$

$f_{py} = 1,590\text{MPa}$

$E_{ps} = 193,000\text{MPa}$

철근 $2-D32 = 1,588.4\text{mm}^2$

$f_y = 400\text{MPa}$

$E_s = 200,000\text{MPa}$

$b = 300\text{mm}, \quad h = 750\text{mm}$

$d_p = 625\text{mm}, \quad d = 650\text{mm}$

$e = 250\text{mm}, \quad L = 8.0\text{m}$

$f_{ps} = f_{pe} + 70 + \dfrac{f_{ck}}{100\rho_p}$

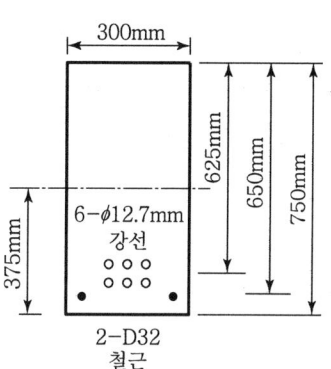

1. 단면속성

$A_{ps} = 594\text{mm}^2$

$A_s = 1,588.4\text{mm}^2, \quad A_s' = 0\text{mm}^2$

$A_c = 225,000\text{mm}^2$

$I_c = 10,546,875,000\text{mm}^4$

$y_b = y_t = 375\text{mm}$

$S_b = 28,125,000\text{mm}^3$

$$y_{ps} = d_p - \frac{h}{2} = 625 - \frac{750}{2} = 250\text{mm}$$

$$S_{ps} = \frac{I_c}{y_{ps}} = \frac{10{,}546{,}875{,}000}{250} = 42{,}187{,}500\text{mm}^3$$

2. 프리스트레스 힘 계산

$$F_o = 0.75 f_{pu} \cdot A_{ps} = 0.75 \times 1{,}890 \times (99 \times 6) \times 10^{-3} = 842.0\text{kN}$$

$$F_{st} = 0.9 F_o = 0.9 \times 842.0 = 757.8\text{kN}(\text{초기손실 10\%로 가정})$$

$$F_{pe} = 0.8 F_o = 0.8 \times 842.0 = 673.6\text{kN}(\text{장기손실 20\%로 가정})$$

3. f_{ps} 계산

$$\frac{L}{h} = \frac{8{,}000}{750} = 10.67 \left(\frac{L}{h} < 35\right)$$

$$\rho_p = \frac{A_{ps}}{bd_p} = \frac{594.0}{300 \times 625} = 0.00317$$

$$f_{pe} = \frac{F_{pe}}{A_{ps}} = \frac{672.2 \times 10^3}{592.8} = 1{,}134.0\text{MPa}(\text{프리스트레스 보강재의 유효응력})$$

$$f_{ps} = f_{pe} + 70 + \frac{f_{ck}}{100 \cdot \rho_p} = 1{,}134.0 + 70 + \frac{35}{100 \times 0.00317} = 1{,}314.4\text{MPa}$$

여기서, $f_{ps} < \min[f_{py}, (f_{pe} + 420)]$

$f_{py} = 1{,}590\text{MPa}$, $f_{pe} + 420 = 1{,}314.0 + 420 = 1{,}734.0\text{MPa}$

$\therefore f_{ps} = 1{,}314.4\text{MPa} < \min[f_{py}, (f_{pe} + 420)] = 1{,}590.0\text{MPa}$　　$\therefore$ O.K

4. 등가응력블록 계산

$$a = \frac{A_{ps} \cdot f_{ps} + A_s \cdot f_y}{0.85 f_{ck} \cdot b} = \frac{594.0 \times 1{,}314.4 + 1{,}588.4 \times 400}{0.85 \times 35 \times 300} = 158.7\text{mm}$$

5. ϕM_n 계산

$\beta_1 = 0.801$ ($f_{ck} > 28\text{MPa}$인 경우는 $\beta_1 = 0.85 - 0.007(f_{ck} - 28) \geq 0.65$)

$c = \dfrac{a}{\beta_1} = \dfrac{158.7}{0.801} = 198.1\text{mm}$

$\varepsilon_t = 0.003 \times \dfrac{d-c}{c} = 0.003 \times \dfrac{650-197.9}{197.9} = 0.00685 > 0.0050$

$\phi = 0.85$ ($\varepsilon_t > 0.005$이므로 인장지배구간)

$\phi M_n = \phi \left\{ A_{ps} \cdot f_{ps} \cdot \left(d_p - \dfrac{a}{2}\right) + A_s \cdot f_y \cdot \left(d - \dfrac{a}{2}\right) \right\}$

$= \dfrac{0.85 \left\{ 594.0 \times 1{,}314.4 \left(625 - \dfrac{158.7}{2}\right) + 1{,}588.4 \times 400 \left(625 - \dfrac{158.7}{2}\right) \right\}}{10^6}$

$= 670.3\text{kN} \cdot \text{m}$

6. $1.2M_{cr}$ 검토

$1.2M_{cr} = 1.2 \left[\dfrac{F_{pe}}{A} + \dfrac{F_{pe} \cdot e}{S_b} + 0.63\sqrt{f_{ck}} \right] \times S_b$

$= 1.2 \left[\dfrac{673.6 \times 10^3}{225{,}000} + \dfrac{673.6 \times 10^3 \times 250}{28{,}125{,}000} + 0.63\sqrt{35} \right] \times 28{,}125{,}000 \times 10^{-6}$

$= 428.9\text{kN} \cdot \text{m}$

$\phi M_n > 1.2 M_{cr} \quad \therefore \text{O.K}$

7. 최소 부착철근량 검토

$A_{ct} = b \times \dfrac{h}{2} = 300 \times \dfrac{750}{2} = 112{,}500\text{mm}^2$

$A_s = 0.004 \times A_{ct} = 0.004 \times 112{,}500 = 450.0\text{mm}^2 < 1{,}588.4\text{mm}^2 \quad \therefore \text{O.K}$

Question 06 변형률 적합법
Strain Compatibility Analysis에 대해 설명하시오.

1. 개요

변형의 적합조건과 힘의 평형조건을 이용하여 시산법(trial & error)으로 단면의 휨 강도를 해석

2. 해석과정

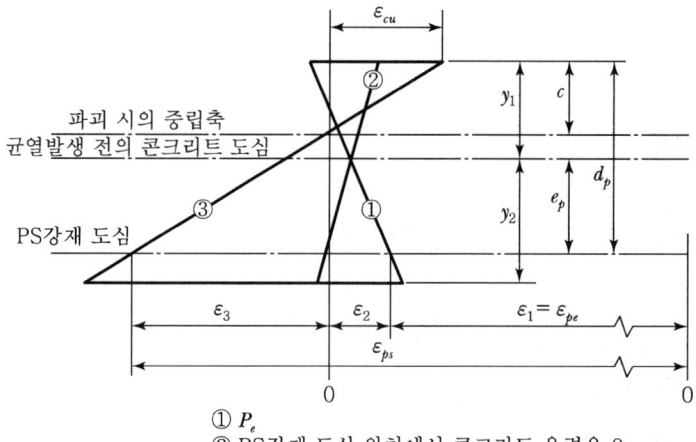

① P_e
② PS강재 도심 위치에서 콘크리트 응력은 0
③ 극한하중

(a) 콘크리트와 PS강재의 변형률

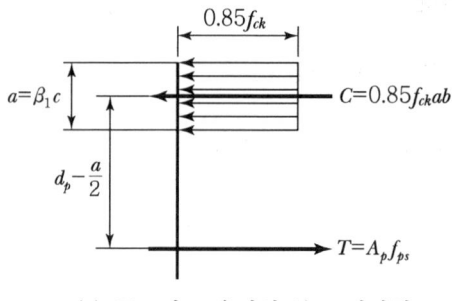

(b) 콘크리트 응력의 분포 사각형

제4장 프리스트레스트 휨 부재의 설계

(1) 유효 프리스트레스 P_e 만이 작용할 때

$$f_{pe} = \frac{P_e}{A_p}$$

$$\varepsilon_1 = \varepsilon_{pe} = \frac{P_e}{E_p A_p} \quad \cdots\cdots\cdots ①$$

(2) 긴장재 도심위치에서 콘크리트 응력이 0으로 감소되는 하중단계 변형률

$$\varepsilon_2 = \frac{P_e}{A_c E_c}\left(1 + \frac{e_p^2}{r_c^2}\right) \quad \cdots\cdots\cdots ②$$

(3) 부재가 파괴 단계 시

$$\varepsilon_3 = \varepsilon_{cu} \frac{d_p - c}{c} \quad \cdots\cdots\cdots ③$$

(4) 파괴시 PS강재의 총 변형률 ε_{ps}

$$\varepsilon_{ps} = \varepsilon_1 + \varepsilon_2 + \varepsilon_3 \quad \cdots\cdots\cdots ④$$

(5) 파괴시 PS강재 응력 및 공칭 휨강도

$$a = \frac{A_{ps} f_{ps}}{0.85 f_{ck} b} = \beta_1 c$$

$$\phi M_n = \phi \left[A_{ps} f_{ps} \left(d - \frac{a}{2}\right) \right] \quad \cdots\cdots\cdots ⑤$$

(6) f_{ps} 산정

식⑤에서 f_{ps} 는 미지의 값

처음에 f_{ps} 값을 가정하고 PS강재의 응력-변형률 곡선으로부터 얻은 ε_{ps} 와 식④로 계산한 ε_{ps} 를 비교하는 시산법에 의해 f_{ps} 를 구함

Question 07 휨설계(부착긴장재인 경우, 변형률 적합조건식 이용)

변형률 적합법을 이용하여 다음 프리텐션 콘크리트의 보에서 설계휨강도를 계산하시오.(단, 사용 긴장재는 KS D 7002 규격의 저이완 12.7mm 직경의 강연선이다.)

설계조건

f_{ck} = 35MPa

긴장재 A_{sp} = 99mm^2

f_{pu} = 1,890MPa

f_{py} = 1,590MPa

E_{ps} = 193,000MPa

철근 2-D32

f_y = 400MPa

E_s = 200,000MPa

b = 300mm, h = 750mm

d_p = 625mm, d = 650mm

e = 250mm

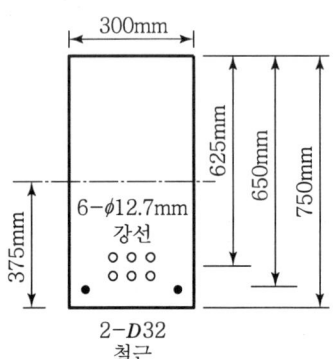

1. 재료성질

$A_{ps} = 594\text{mm}^2$

$A_s = 1,588.4\text{mm}^2, \ A_s' = 0\text{mm}^2$

$A_c = 225,000\text{mm}^2$

$I_c = 10,546,875,000\text{mm}^4$

$y_b = y_t = 375\text{mm}$

$S_b = 28,125,000\text{mm}^3$

2. 프리스트레스 힘 계산

$$F_o = 0.75 f_{pu} \cdot A_{ps} = 0.75 \times 1,890 \times (99 \times 6) \times 10^{-3} = 842.0 \text{kN}$$

$$F_{st} = 0.9 F_o = 0.9 \times 842.0 = 757.8 \text{kN} \,(\text{초기손실 10\%로 가정})$$

$$F_{pe} = 0.8 F_o = 0.8 \times 842.0 = 673.6 \text{kN} \,(\text{장기손실 20\%로 가정})$$

3. f_{pe} 계산

초기손실 20%이고, 인장응력이 $0.75 f_{pu}$ 라고 가정

$$f_{pe} = (1-0.2) \cdot 0.75 \cdot f_{pu} = (1-0.2) \times 0.75 \times 1,890 = 1,134.0 \text{MPa}$$

$$\varepsilon_{pe} = \frac{f_{pe}}{E_{ps}} = \frac{1,134.0}{193,000} = 0.00588$$

4. 변형도 적합조건과 힘의 평형 조건

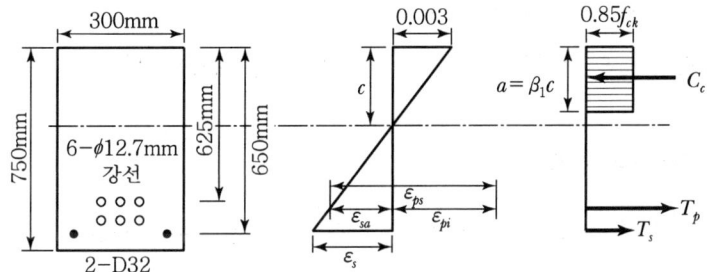

$$\frac{\varepsilon_{sa} + 0.003}{d_p} = \frac{0.003}{c}$$

$$\varepsilon_{sa} = \frac{0.003 d_p}{c} - 0.003 = \frac{1.875}{c} - 0.003$$

$$\varepsilon_{ps} = \varepsilon_{sa} + \varepsilon_{pe} = \left(\frac{1.875}{c} - 0.003 \right) + 0.00588$$

$$\varepsilon_s = \frac{0.003 d}{c} - 0.003 = \frac{1.95}{c} - 0.003$$

$$\varepsilon_y = \frac{f_y}{E_s} = \frac{400}{200,000} = 0.0020$$

5. 중립축 위치 계산

(1) $c = 230\text{mm}$ 가정

$$\varepsilon_{ps} = \left(\frac{1.875}{c} - 0.003\right) + 0.00588 = \left(\frac{1.875}{230} - 0.003\right) + 0.00588$$

$$= 0.0110 > 0.0086$$

$$f_{ps} = 1,890 - \frac{0.28}{\varepsilon_{ps} - 0.007} = 1,890 - \frac{0.28}{0.0110 - 0.007} = 1,820.5\text{MPa}$$

$$\varepsilon_s = \frac{1.95}{c} - 0.003 = \frac{1.95}{230} - 0.003 = 0.00548 > 0.0020$$

$$\beta_1 = 0.801\,(f_{ck} > 28\text{MPa}) \qquad \beta_1 = 0.85 - 0.007 \times (f_{ck} - 28) \geqq 0.65$$

$$a = \beta_1 \times c = 0.801 \times 230 = 184.2\text{mm}$$

$$C = 0.85 f_{ck}\,ab = 0.85 \times 35 \times 184.2 \times 300 \times 10^{-3} = 1,644.3\text{kN}$$

$$T_p = A_{ps} \cdot f_{ps} = 594.0 \times 1,820.5 \times 10^{-3} = 1,081.1\text{kN}$$

$$T_s = A_s \cdot f_y = 1,588 \times 4 \times 400 \times 10^{-3} = 635.4\text{kN}$$

$C = T_p + T_s$ 만족 여부 확인

$$1,644.3 \neq 1,081.1 + 635.4 = 1,716.5\text{kN}$$

(압축강도 < 인장강도 : 중립축을 크게 해서 재계산 필요)

(2) $c = 239\text{mm}$로 가정

$$\varepsilon_{ps} = \left(\frac{1.875}{c} - 0.003\right) + 0.00588 = \left(\frac{1.875}{c} - 0.003\right) + 0.00588$$

$$= 0.0107 > 0.0086$$

$$f_{ps} = 1,890 - \frac{0.28}{\varepsilon_{ps} - 0.007} = 1,890 - \frac{0.28}{0.0107 - 0.007} = 1,814.3\text{MPa}$$

$$\varepsilon_s = \frac{1.95}{c} - 0.003 = \frac{1.95}{240} - 0.003 = 0.00513 > 0.0020$$

$$a = \beta_1 \times c = 0.801 \times 240 = 192.2\text{mm}$$

$$C = 0.85 f_{ck}\,ab = 0.85 \times 35 \times 192.2 \times 300 \times 10^{-3} = 1,715.4\text{kN}$$

$$T_p = A_{ps} \cdot f_{ps} = 594.0 \times 1,814.3 \times 10^{-3} = 1,077.7\text{kN}$$

$$T_s = A_s \cdot f_y = 1,588.4 \times 400 \times 10^{-3} = 635.4\text{kN}$$

$C = T_p + T_s$ 만족 여부 확인

$1,715.4 \approx 1,077.7 + 635.4 = 1,713.1 \text{kN}$

→ 압축강도와 인장강도의 차이가 0.14% 이내로 거의 동일하므로 만족

6. ϕM_n 계산

$$\varepsilon_t = 0.003 \times \frac{d-c}{c} = 0.003 \times \frac{650-239}{239} = 0.0052 > 0.0050$$

$\phi = 0.85 \, (\varepsilon_t > 0.005 \text{ 인장지배구간})$

$$\phi M_n = \phi \left\{ A_{ps} \cdot f_{ps} \cdot \left(d_p - \frac{a}{2} \right) + A_s \cdot f_y \cdot \left(d - \frac{a}{2} \right) \right\}$$

$$= \frac{0.85 \left\{ 594 \times 1,814.3 \left(625 - \frac{192.2}{2} \right) + 1,588.4 \times 400 \left(625 - \frac{192.2}{2} \right) \right\}}{10^6}$$

$$= 770.1 \text{kN} \cdot \text{m}$$

7. $1.2 M_{cr}$ 계산

$$1.2 M_{cr} = 1.2 \left[\frac{F_{pe}}{A} + \frac{F_{pe} \cdot e}{S_b} + 0.63 \sqrt{f_{ck}} \right] S_b$$

$$= 1.2 \left[\frac{673.6 \times 10^3}{225,000} + \frac{673.6 \times 10^3 \times 250}{28,125,000} + 0.63 \sqrt{35} \right] \times 28,125,000 \times 10^{-6}$$

$$= 428.9 \text{kN} \cdot \text{m}$$

$\phi M_n > 1.2 M_{cr}$ ∴ O.K

제5장 전단설계

Question 01	PSC 전단설계
	PSC보의 전단 설계에 대해 설명하시오.

1. Mohr원을 이용한 RC보와 PSC보의 지점부 부근의 응력분포

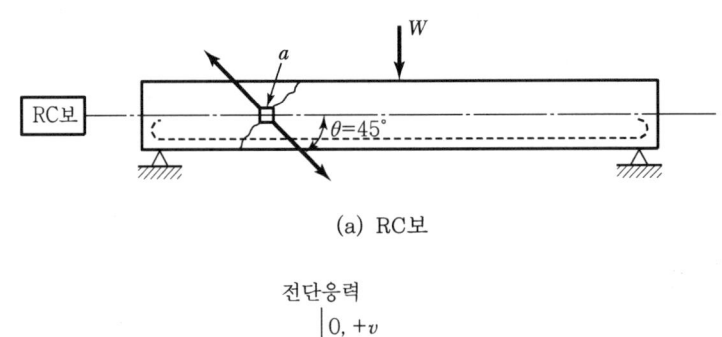

(a) RC보

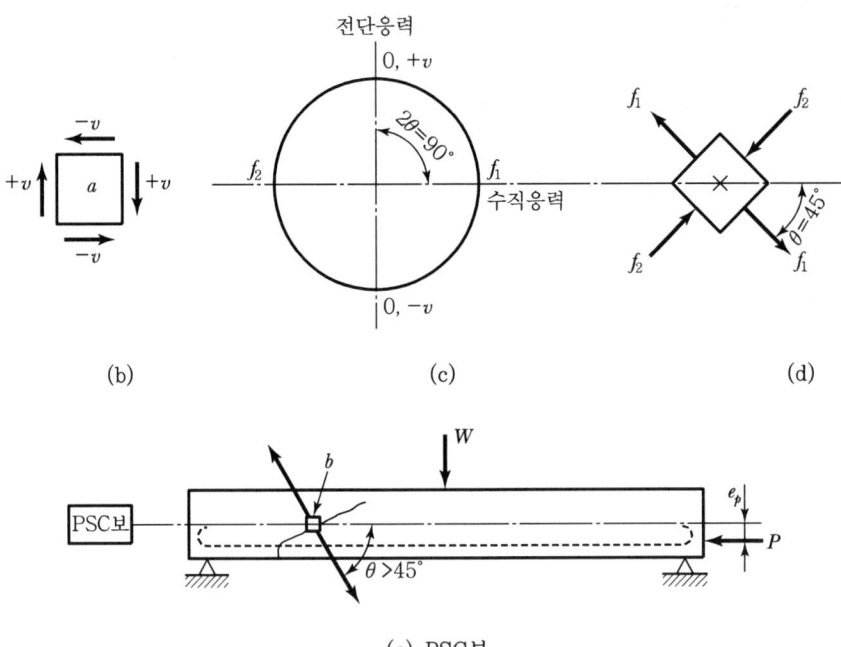

(b)　　　　　(c)　　　　　(d)

(e) PSC보

제5장 전단설계

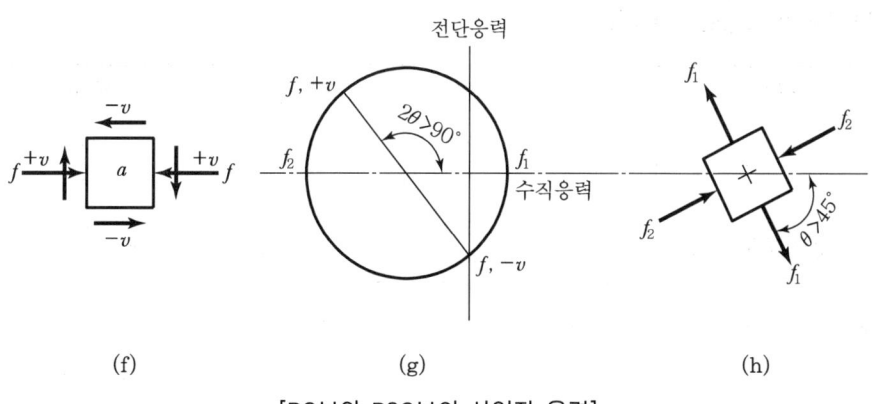

[RC보와 PSC보의 사인장 응력]

2. PSC보의 전단력

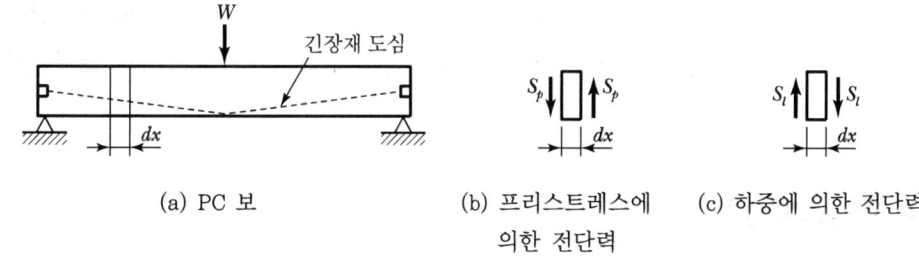

(a) PC 보   (b) 프리스트레스에 의한 전단력   (c) 하중에 의한 전단력

(1) 긴장재가 곡선 배치되는 경우 상향력이 발생되며 이로 인해 $(-)V_p$ 전단력이 발생
(2) 하중의 한 하향력에 의해 $(+)V_l$ 전단력 발생
(3) 전단력의 감소

$$V = 하향전단력(V_l) - 상향전단력(V_p)$$

3. PSC보와 RC보의 비교

구분	PSC보	RC보
전단력 크기	$V_l - V_p$	V_l
응력분포	$v = \dfrac{(V_l - V_p) \times Q}{I \times b}$, $f_t = -\dfrac{P_i}{A_c} \pm \dfrac{P_i e_p}{Z} \mp \dfrac{M_{d1}}{Z}$	$v = \dfrac{V_l\, Q}{Ib}$
주응력	$f_{1,2} = \dfrac{-f_x}{2} + \sqrt{(\dfrac{f_x}{2})^2 + v^2}$	$f_{1,2} = v$
주응력 각도	$\tan 2\theta = 2 \times \dfrac{v}{f_x}$	$\tan 2\theta = 2 \times \dfrac{v}{f_x}$

(1) 전단력의 크기가 감소하여 복부의 두께를 감소할 수 있다.

(2) 주인장응력의 크기가 감소하여 전단균열 가능성이 작아진다.

(3) PSC보의 사인장 균열 각도 2θ는 RC보의 각도보다 더 큰 각으로 발생된다. 따라서 수직스트럽을 배치하는 경우 사인장 균열이 더 많은 스트럽과 교차한다.

4. 전단설계 절차

극한강도설계개념(USD)

$$V_u \leq \phi V_n$$

> 여기서, V_u : 소요전단강도(계수하중에 의한 계수전단력)
> V_n : 단면의 공칭전단강도(nominal shear strength)($= V_c + V_s$)
> ϕ : 강도감소계수($= 0.75$)

(1) 설계절차

1) 콘크리트의 전단력에 대한 규정

$$\text{실용식} : V_c = \left(0.05\lambda \sqrt{f_{ck}}\, b_w d + 4.9 \dfrac{V_u d}{M_u} \right) b_w d$$

단, $\dfrac{1}{6}\lambda\sqrt{f_{ck}}\,b_w d \le V_c < \dfrac{5}{12}\lambda\sqrt{f_{ck}}\,b_w d$

$\dfrac{V_u d}{M_u} \le 1.0$

2) 분류

① $V_u \le \dfrac{1}{2}\phi V_c$: 전단철근 필요 없음

② $\dfrac{1}{2}\phi V_c < V_u \le \phi V_c$: 이론적으로는 전단철근이 필요 없지만 다음과 같이 최소철근을 배치하여야 함

$$A_{v,\min} = 0.0625\lambda\sqrt{f_{ck}}\,\dfrac{b_w s}{f_y} \ge 0.35\dfrac{b_w s}{f_y}$$

예외조건) ① 슬래브와 확대기초
② 콘크리트 장선구조
③ 보의 높이 $h \le 250mm$ 또는 I형·T형보에 있어서 높이가 플랜지 두께의 2.5배 또는 복부폭의 1/2 중 큰 값 이하인 보
④ 교대 벽체 및 날개벽, 옹벽의 벽체 등과 같이 휨 거동이 주된 판 부재
⑤ 순단면의 깊이가 315mm를 초과하지 않는 속빈 부재에 작용하는 계수전단력이 $0.5\phi V_{cw}$를 초과하지 않는 경우
⑥ 보의 길이가 600mm를 초과하지 않고 설계기준 압축강도 40MPa를 초과하지 않는 강섬유콘크리트보에 작용하는 계수 전단력이 $\phi\dfrac{1}{6}\sqrt{f_{ck}}\,b_w d$를 초과하지 않는 경우

③ $V_u > \phi V_c$: 전단철근 필요
  • 단면의 공칭 전단강도 : $V_n = V_c + V_s$

$$V_s = \dfrac{A_v f_y d}{s} \le \dfrac{2}{3}\lambda\sqrt{f_{ck}}\,b_w d$$

- 수직스터럽

$$V_u = \phi V_n = \phi\left(V_c + \frac{A_v \cdot f_y \cdot d}{s}\right) \text{로부터}$$

$$A_v = \frac{(V_u - \phi V_c)s}{\phi f_y d}$$

$$s = \frac{\phi A_v f_y d}{V_u - \phi V_c}$$

3) 최소 전단철근

$$A_{v,\min} = 0.0625\lambda\sqrt{f_{ck}}\frac{b_w s}{f_y} \geq 0.35\frac{b_w s}{f_y} \quad \cdots\cdots\cdots\cdots\cdots\cdots\cdots\cdots\cdots\cdots ①$$

유효 프리스트레스의 힘이 휨철근의 인장강도의 40% 이상인 PC부재는 ① 또는 다음 식으로 구한 값 중 작은 값 이상

$$A_v = \frac{A_p}{80}\frac{f_{pu}}{f_y}\frac{s}{d}\sqrt{\frac{d}{b_w}} \quad \cdots\cdots\cdots\cdots\cdots\cdots\cdots\cdots\cdots\cdots\cdots\cdots\cdots\cdots ②$$

여기서, A_p : PS강재의 단면적(mm²)

f_y : 스터럽 철근의 항복 강도(MPa)

f_{pu} : PS강재의 인장강도(MPa)

d : 압축측 연단에서 긴장재 도심까지의 거리(mm)($\geq 0.8h$)

스터럽 간격 : $s < 0.75h$, 600mm

$V_s \geq \dfrac{1}{3}\lambda\sqrt{f_{ck}}\,b_w d$ 일 경우 간격을 위의 1/2로 줄임

| Question | 전단강도계산(약산식 이용) |

02 다음의 프리텐션 콘크리트 보에서 전단보강이 필요한지 약산식으로 검토하시오. (단, 사용 긴장재는 KS D7002 규격의 저이완 12.7mm 직경의 강연선이다.)

설계조건

$f_{ck} = 35\text{MPa}$

긴장재 $A_{sp} = 99\text{mm}^2$

$f_{pu} = 1,890\text{MPa}, \ f_{ps} = 1,713\text{MPa}$

$E_{ps} = 193,000\text{MPa}$

철근 2-D32

$f_y = 400\text{MPa}, \ E_s = 200,000\text{MPa}$

$b = 300\text{mm}, \ h = 750\text{mm}$

$d_p = 625\text{mm}, \ d = 650\text{mm}$

$e = 250\text{mm},$ 경간 $= 8.0\text{m}$

$\omega_d(\text{자중}) = 5.0\text{kN/m}, \ \omega_{sd}(\text{추가고정하중}) = 20.0\text{kN/m}$

$\omega_l(\text{활하중}) = 15.0\text{kN/m}$

$V_c = \left(0.05\lambda\sqrt{f_{ck}} + 4.9\dfrac{V_u d}{M_u}\right)b_w\, d$

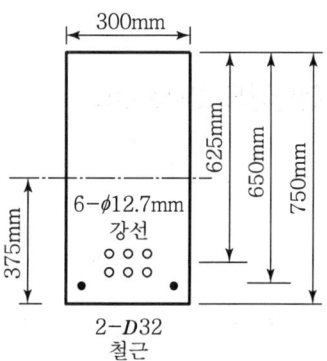

1. 재료 성질

$A_{ps} = 594\text{mm}^2, \ A_s = 1,588.4\text{mm}^2, \ A'_s = 0\text{mm}^2$

$A_c = 225,000\text{mm}^2, \ I_c = 10,546,875,000\text{mm}^4$

$y_b = y_t = 375\text{mm}, \ S_b = 28,125,000\text{mm}^3$

2. 계수하중 계산

$\omega_u = 1.2 \times (5.0 + 20.0) + 1.6 \times 15.0 = 54.0\text{kN/m}$

3. 모멘트 및 전단 계산

$$V_{u \cdot x} = \frac{\omega_u \cdot L}{2} - \omega_u \cdot x, \quad V_{u,\max} = \frac{54.0 \times 8.0}{2} - 54.0 \times 0 = 216.0 \text{kN}$$

$$M_{u \cdot x} = \frac{\omega_u \, x(L-x)}{2}, \quad M_{u,\max} = \frac{54.0 \times 8^2}{8} = 432.0 \text{kN} \cdot \text{m}$$

4. 전단강도 Diagram

$$d = \frac{A_{ps} \cdot f_{ps} \cdot d_p + A_s \cdot f_y \cdot d}{A_{ps} \cdot f_{ps} + A_s \cdot f_y} = \frac{594.0 \times 1,713.0 \times 625 + 1,588.4 \times 400 \times 650}{594.0 \times 1,713.0 + 1,588.4 \times 400}$$

$$= 634.6 \text{mm} > 0.8h = 600 \text{mm}$$

$$f_{pe} = \frac{P}{A_{ps}} = \frac{673.6 \times 10^3}{594.0} = 1,134 \text{MPa} \geqq 0.4 f_{pu} = 0.4 \times 1,890 = 756.0 \text{MPa}$$

∴ 약산식 사용 가능

$$V_{c,\min} = \frac{1}{6} \lambda \sqrt{f_{ck}} \cdot b_w \cdot d = \frac{1}{6} \sqrt{35} \times 300 \times \frac{634.6}{10^3} = 187.7 \text{kN} = 187.7 \text{kN}$$

$$V_{c,\max} = \left(\frac{5}{12}\right) \lambda \sqrt{f_{ck}} \cdot b_w \cdot d = \left(\frac{5}{12}\right) \sqrt{35} \times 300 \times \frac{634.6}{10^3} = 469.3 \text{kN}$$

$$V_c = \left(0.05 \lambda \sqrt{f_{ck}} + 4.9 \frac{V_u \cdot d}{M_u}\right) b_w d$$

Point	x(m)	V_u(kN)	M_u(kN·m)	d(m)	$\frac{V_u d}{M_u}$	≤ 1.0	V_c(kN)	$V_{c,\max}$
1	0.50	189.0	101.3	0.65	1.213	1.000	1,013.2	469.3
2	1.00	162.0	189.0	0.65	0.557	0.557	592.8	469.3
3	2.00	108.0	324.0	0.65	0.217	0.217	267.9	267.9

전달길이 $= 50d_b = 50 \times 12.7 \times 10^{-3} = 0.635\text{m}$

$\dfrac{V_u}{\phi} = \dfrac{216.0}{0.75} = 288.0\text{kN}$

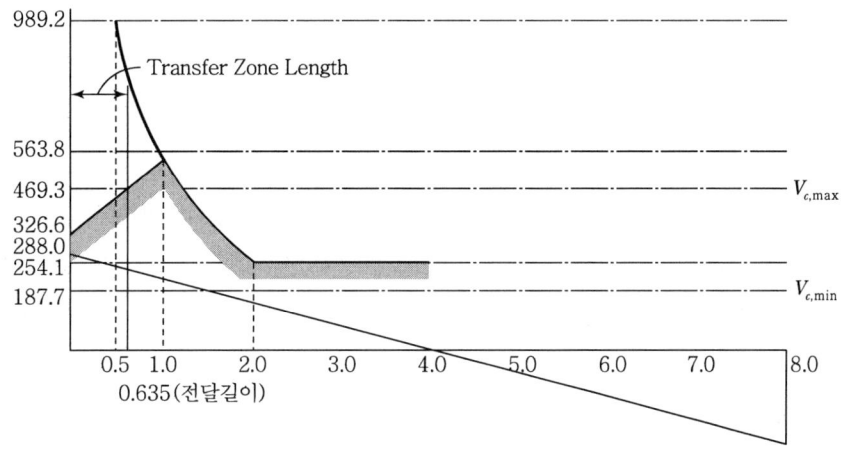

전단보강 필요 없음

Transfer Zone 시작값 $= 0.29\lambda\sqrt{f_{ck}} \cdot b_w d = 326.6\text{kN}$

Transfer Zone 끝값 $= \dfrac{5}{12}\lambda\sqrt{f_{ck}} \cdot b_w d = 469.3\text{kN}$

제6장 처짐

Question 01 처짐산정

그림과 같은 PSC 보에서 콘크리트 타설 후 360일이 경과한 후에 지간 중앙에서 발생하는 처짐을 크리프 계수를 이용하여 계산하시오. 작용하는 활하중은 6,000N/m이고, 콘크리트의 단위중량은 25kN/m³이다. P_i = 800kN, A_p = 743.2mm², E_c = 3×10⁴MPa, E_p = 2×10⁵MPa, 재령 360일 에서의 콘크리트 크리프 계수 ϕ =1.8, 긴장재의 인장손실 Δf_P = 360MPa 로 한다.

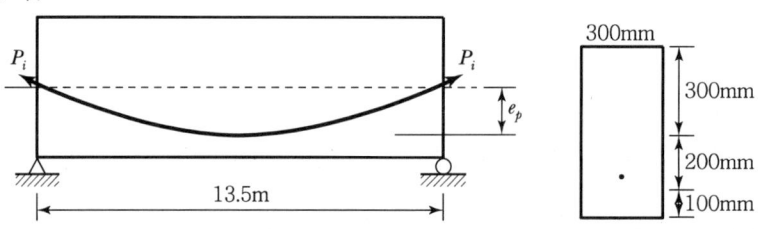

● **풀이** PSC 보의 장기처짐을 산정하는 문제이다. 콘크리트 크리프 및 건조수축 계수를 고려하여 장기처짐을 산정한다.

1. 단면성질 산정

(1) 단면적 산정 : $A_c = 300 \times 600 = 180,000 \text{mm}^2$, $e_p = 200 \text{mm}$

(2) 사하중 산정 : $w_d = \gamma A = 25 \times 10^3 \times 0.18 = 4,500 \text{N/m}$

(3) 압축강도 산정 : $E_c = 8,500^3\sqrt{f_{cu}} = 3 \times 10^4 \text{MPa}$ 이므로 $f_{ck} = 36 \text{MPa}$

(4) 단면 2차 모멘트 : $I_g = \dfrac{300 \times 600^3}{12} = 5.4 \times 10^9 \text{mm}^4$

2. 작용모멘트 산정

(1) 작용모멘트(M_a) 산정

$$w_d = 4,500\text{N/m}, \ w_l = 6,000\text{N/m}$$
$$w = w_d + w_l = 4,500 + 6,000 = 10,500\text{N/m}$$
$$M_d = \frac{w_d L^2}{8} = \frac{4,500 \times 13.5^2}{8} = 10.25 \times 10^4 \text{N} \cdot \text{m}$$
$$M_a = \frac{w L^2}{8} = \frac{10,500 \times 13.5^2}{8} = 23.9 \times 10^4 \text{N} \cdot \text{m}$$

(2) 균열저항모멘트 산정(M_{cr})

$$f_r = -0.63\lambda\sqrt{f_{ck}} = -0.63\sqrt{36} = -3.78\text{MPa}$$
$$y_t = \frac{h}{2} = \frac{600}{2} = 300\text{mm}$$
$$M_{cr} : \text{PSC보의 } M_{cr} = \frac{f_{cr} I_g}{y_t} = \frac{3.78 \times 5.4 \times 10^9 \times 10^{-3}}{300} = 6.8 \times 10^4 \text{N} \cdot \text{m}$$

3. 유효단면 2차모멘트(I_e) 산정

(1) 균열발생 전 단면 2차모멘트

$$I_g = \frac{bh^3}{12} = \frac{300 \times 600^3}{12} = 5.4 \times 10^9 \text{mm}^4$$

(2) 균열단면 2차모멘트 산정(I_{cr})

$$n = \frac{E_s}{E_c} = 6.7, \ A_p = 743.2\text{mm}^2, \ p = \frac{A_p}{bd_p} = \frac{743.2}{300 \times 500} = 0.00495$$
$$x = (-np + \sqrt{(np)^2 + 2np})d = 113.3\text{mm}$$
$$I_{cr} = \frac{bx^3}{3} + nA_p(d_p - x)^2 = \frac{300 \times 113.3^3}{3} + 6.7 \times 743.2(500 - 113.3)^2$$
$$= 8.9 \times 10^8 \text{mm}^4$$

(3) 유효단면 2차 모멘트 산정

$$I_e = \left(\frac{M_{cr}}{M_a}\right)^3 I_g + \left[1 - \left(\frac{M_{cr}}{M_a}\right)^3\right] I_{cr}$$

$$= \left(\frac{6.8}{23.9}\right)^3 \times 5.4 \times 10^9 + \left[1 - \left(\frac{6.8}{23.9}\right)^3\right] \times 8.9 \times 10^8 = 9.94 \times 10^8 \text{mm}^4$$

4. PSC보의 장기처짐 산정

No.	구분	장기처짐 산정식	비고
1	유효긴장력	$-\Delta_{pe} - \left(\dfrac{\Delta_{pi} + \Delta_{pe}}{2}\right)\phi$	$\Delta_{pe} = \Delta_{pi}\left(\dfrac{P_e}{P_i}\right)$
2	자중	$\Delta_o(1+\phi)$	
3	추가사하중 (고정하중)	$\Delta_d(1+\phi)$	
4	활하중	Δ_l	
	장기처짐	$-\Delta_{pe} - \left(\dfrac{\Delta_{pi} + \Delta_{pe}}{2}\right)\phi + (\Delta_o + \Delta_d)(1+\phi) + \Delta_l$	

여기서, Δ_{pi} : 초기긴장력에 의한 처짐
Δ_{pe} : 유효긴장력에 의한 처짐
ϕ : 크리프계수

(1) 긴장력 작용 시 휨응력 산정

$$f_{\text{상연}} = \frac{P_i}{A_c} - \frac{P_i e_p}{I}y + \frac{M_d}{I}y$$

$$= \frac{800 \times 10^3}{180,000} - \frac{800 \times 10^3 \times 200}{5.4 \times 10^9} \times 300 + \frac{10.25 \times 10^4 \times 10^3}{5.4 \times 10^9} \times 300$$

$$= 4.44 - 8.89 + 5.69$$

$$= +1.24\text{MPa} < -3.78\text{MPa} \quad \cdots\cdots\cdots\cdots\cdots\cdots\cdots\cdots\cdots ①$$

긴장력 작용 시 사하중만 작용한다. 이때 상연에는 압축응력이 작용하고 있어 균열이 발생하지 않으므로 전체단면에 대한 단면 2차모멘트로 처짐을 구한다.

제6장 처짐

(2) 초기긴장력에 의한 처짐 산정(Δ_{pi})

1) 등가 상향력

$$u = \frac{8 P_i e_p}{L^2} = \frac{8 \times 800 \times 10^3}{13.5^2} = 7{,}023.3 \text{N/m}$$

2) 처짐 산정

$$\Delta_{pi} = \frac{5\,u\,L^4}{384\,E_c\,I_g} = \frac{5 \times 7{,}023.3 \times 10^{-3} \times 13{,}500^4}{384 \times 3 \times 10^4 \times 5.4 \times 10^9} = 18.75 \text{mm}$$

(3) 유효긴장력에 의한 처짐 산정(Δ_{pe})

1) 유효긴장력

$$f_{pi} = \frac{P_i}{A_p} = \frac{800 \times 10^3}{743.2} = 1{,}076.4 \text{N/mm}^2$$

$$f_{pe} = f_{pi} - \Delta f_p = 1{,}076.4 - 360 = 716.4 \text{N/mm}^2$$

$$P_e = f_{pe}\,A_p = 716.4 \times 743.2 = 532{,}428 \text{N} = 532 \text{kN}$$

2) 유효긴장력 처짐

$$\Delta_{pe} = \Delta_{pi}\left(\frac{P_e}{P_i}\right) = 18.75 \left(\frac{532}{800}\right) = 12.5 \text{mm}$$

(4) 작용하중에 대한 처짐산정

1) 작용하중에 의한 응력산정

$$f = \frac{P_e}{A_c} \mp \frac{P_e\,e_p}{I}y \pm \frac{M_a}{I}y$$

$$= \frac{532 \times 10^3}{180{,}000} \mp \frac{532 \times 10^3 \times 200}{5.4 \times 10^9} \times 300 \pm \frac{23.9 \times 10^4 \times 10^3}{5.4 \times 10^9} \times 300$$

$$f_{상연} = 2.96 - 5.91 + 13.3 = 10.35 \text{N/mm}^2$$

$$f_{하연} = 2.96 + 5.91 - 13.3$$

$$= -4.43 \text{N/mm}^2 < -3.78 \text{N/mm}^2 \quad \cdots\cdots\cdots ②$$

인장부에 균열이 발생하므로 균열을 고려한 유효환산 단면 2차모멘트를 이용하여 처짐을 산정한다.

2) 자중에 의한 처짐산정

   자중만 작용할 경우에는 전단면에 압축응력이 작용하고 있으므로 전체단면에 대한 단면 2차모멘트로 처짐을 산정한다.

$$\Delta_o = \frac{5 w_d L^4}{384 E_c I_g} = \frac{5 \times 4{,}500 \times 10^{-3} \times 13{,}500^4}{384 \times 3 \times 10^4 \times 5.4 \times 10^9} = 12.0 \text{mm}$$

3) 활하중에 의한 처짐산정

   활하중이 작용할 경우에는 하연 인장부에 균열이 발생하므로 유효환산 단면 2차모멘트로 처짐을 산정한다.

$$\Delta_l = \frac{5 w_l L^4}{384 E_c I_e} = \frac{5 \times 6{,}000 \times 10^{-3} \times 13{,}500^4}{384 \times 3 \times 10^4 \times 9.94 \times 10^8} = 87.0 \text{mm}$$

5. 장기처짐 산정 및 검토

(1) 장기처짐 산정

$\Delta_{pi} = 18.75 \text{mm}$, $\Delta_{pe} = 12.5 \text{mm}$, $\Delta_o = 12.0 \text{mm}$, $\Delta_d = 0 \text{mm}$, $\Delta_l = 87.0 \text{mm}$

$\phi = 1.8$ 이므로 이를 대입하면 장기처짐이 산정된다.

$$\Delta_{long} = -\Delta_{pe} - \left(\frac{\Delta_{pi} + \Delta_{pe}}{2}\right)\phi + (\Delta_o + \Delta_d)(1+\phi) + \Delta_l$$

$$= -12.5 - \left(\frac{18.75 + 12.5}{2}\right) \times 1.8 + (12.0 + 0)(1 + 1.8) + 87.0$$

$$= +80.0 \text{mm}$$

(2) 허용처짐 검토

부재형태	고려할 처짐	처짐한계
과도한 처짐으로 **손상되기 쉽고** 비구조요소를 지지하지 않는 **평지붕구조**	활하중에 의한 단기처짐	$\Delta_{\lim} = \dfrac{L}{180}$
과도한 처짐으로 **손상되기 쉽고** 비구조요소를 지지하지 않는 **바닥구조**		$\Delta_{\lim} = \dfrac{L}{360}$
과도한 처짐으로 **손상될 염려가 없고** 비구조요소를 지지하는 **지붕구조** 또는 **바닥구조**	단기처짐 (추가활하중) + 장기처짐	$\Delta_{\lim} = \dfrac{L}{240}$
과도한 처짐으로 **손상되기 쉽고** 비구조요소를 지지하는 **지붕구조** 또는 **바닥구조**		$\Delta_{\lim} = \dfrac{L}{480}$

과도한 처짐으로 손상될 염려가 없는 바닥구조인 단순보이므로 처짐한계는 $\Delta_{\lim} = \dfrac{L}{240}$ 를 적용한다.

$$\Delta_{long} = +80.0\text{mm} > \Delta_{\text{Lim}} = \dfrac{L}{240} = \dfrac{13,500}{240} = 56.3\text{mm} \quad \therefore \text{ N.G}$$

따라서, 장기처짐에 대해 사용성은 확보되지 않았음을 알 수 있다.

제7장 연속보 해석

> **Question 01** 연속보
> 연속보에서 1차 모멘트와 2차 모멘트에 대하여 설명하시오.

1. 1차 모멘트(Primary Moment)

중앙지점이 구속되어 있지 않다고 가정하면 2경간 연속보는 $2l$의 지간을 갖는 단순보로 치환되며 프리스트레스에 의하여 중간 지점부에 솟음이 발생된다. 이와 같이 연속보를 단순보로 치환하였을 때 지점부의 솟음을 일으키게 하는 모멘트를 1차 모멘트라고 한다.

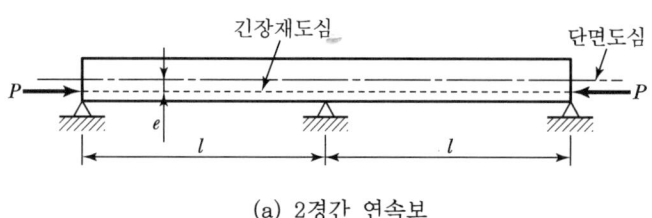

(a) 2경간 연속보

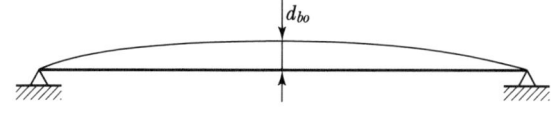

(b) 중앙지점을 제거했을 때의 솟음

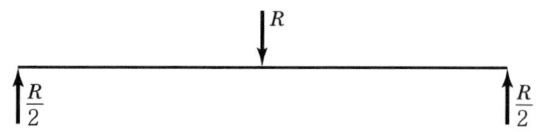

(c) 프리스트레싱으로 인한 지점 반력

(d) 프리스트레싱으로 인한 실제의 처짐

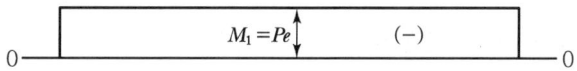

(e) 프리스트레싱으로 인한 1차모멘트

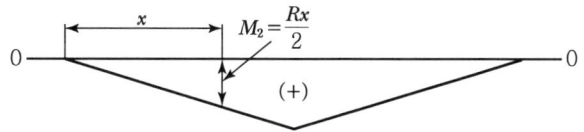

(f) 지점반력으로 인한 2차모멘트

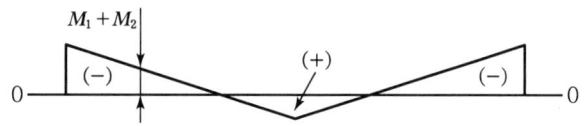

(g) 프리스트레싱으로 인한 총 모멘트

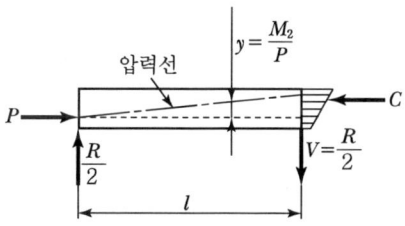

(f) 왼쪽 지간의 자유물체도

- 적합 조건식

$$d_{bo} + Rd_{bb} = 0$$

$$y = \frac{M_2}{P}$$

y : 긴장재 도심으로부터 C선까지의 거리

2. 2차 모멘트

1차 모멘트에 의하여 솟음이 발생되나 실제 구조물은 2경간 연속보이므로 중간지점부에서는 부반력 R이 발생하여 변위가 발생되지 않는다. 중간지점의 반력 R로 인하여 양 지점에서는 $R/2$의 반력이 발생되며 이 반력에 의하여 발생되는 모멘트를 2차 모멘트라 한다.(부반력 R은 변형일치법으로 계산)

$$M_2 = \frac{R}{2} \times x$$

| Question 02 | PSC 연속보 해석 |

강선이 곡선 배치된 2경간 연속 PSC 슬래브에서 1차, 2차 모멘트 및 최종 압력선을 구하고 B점에서의 응력을 구하시오.

- 지간 9.14m인 2경간 연속보
- 단면(구형단면) 30.0×55.9cm
- 지간중앙의 편심량 $e = 15.2$cm
- 중간지점 B에서 편심량 $e = -15.2$cm
- 유효프리스트레스 $P_e = 907$kN

1. 프리스트레스에 의한 1차 모멘트(편심에 의한 모멘트)

지간중앙에서 $M_1 = -Pe = -907 \times 0.152 = -137.86$ kN·m

지점에서 $M_1 = +Pe = 907 \times 0.152 = 137.86$ kN·m

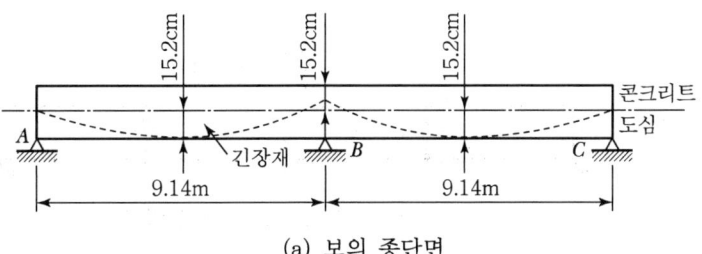

(a) 보의 종단면

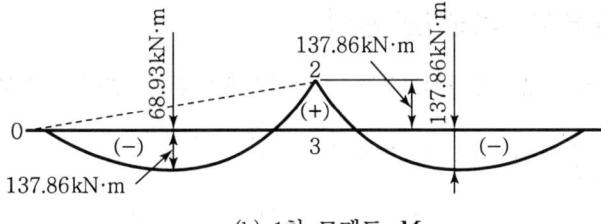

(b) 1차 모멘트 M_1

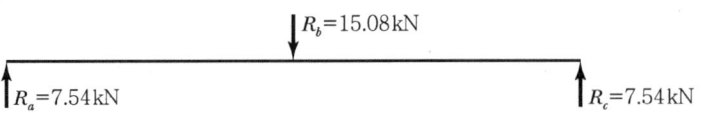

(c) 프리스트레스로 인한 반력

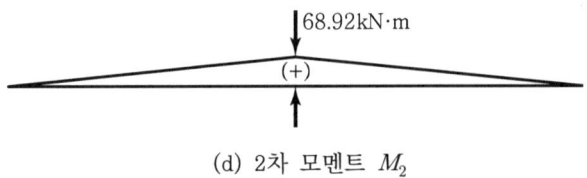

(d) 2차 모멘트 M_2

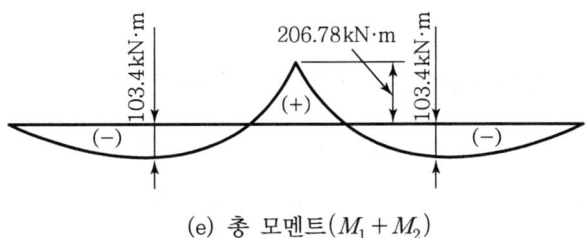

(e) 총 모멘트 (M_1+M_2)

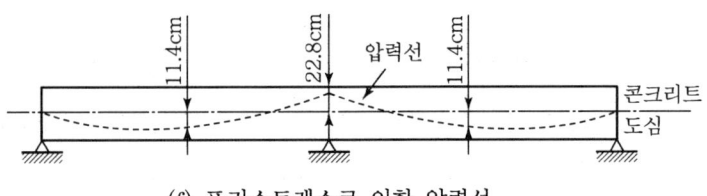

(f) 프리스트레스로 인한 압력선

2. B점의 반력에 의한 2차모멘트 산정

(1) B점의 구속이 없다면 1차모멘트에 의한 처짐량(모멘트 면적법)

$$d_{Bo} = -\frac{1}{EI}\left[\left((137.86+68.93)\times 9.14\times \frac{2}{3}\times \frac{9.14}{2}\right) - \left(137.86\times 9.14\times \frac{1}{2}\times \frac{2}{3}\times 9.14\right)\right] = \frac{-1,919.5}{EI}$$

(2) B점에 R_b를 작용 시 처짐량(모멘트 면적법)

$$d_{BB} = \frac{1}{EI}\left(4.57R_b \times 9.14 \times \frac{1}{2} \times \frac{2}{3} \times 9.14\right) = \frac{127.259R_b}{EI}$$

(3) B점은 구속되어 있으므로

$$d_{Bo} + d_{BB} = \frac{-1,919.46}{EI} + \frac{127.259R_b}{EI} = 0$$

$$\therefore R_b = 15.08\text{kN}(\downarrow)$$

(4) B점에서의 2차모멘트

$$M_2 = 7.54 \times 9.14 = 68.92\text{kN} \cdot \text{m}$$

3. 1차모멘트와 2차모멘트를 겹침

(1) 지간중앙에서

$$M_C = -M_1 + \frac{M_2}{2} = 137.86 - \frac{68.92}{2} = 103.4\text{kN} \cdot \text{m}$$

(2) B지점에서

$$M_S = M_1 + M_2 = 137.86 + 68.92 = 206.78\text{kN} \cdot \text{m}$$

4. 압력선의 위치(단면 도심에서 압력선까지 떨어진 거리)

(1) 지간중앙에서

$$y_C = \frac{M_c}{P_e} = \frac{103.4}{907.2} = 0.114\text{m} = 114\text{mm}$$

(2) B지점에서

$$y_B = \frac{M_s}{P_e} = \frac{206.78}{907.2} = 0.228\text{m} = 228\text{mm}$$

5. B점에서 응력 산정

$$f = \frac{P_e}{A} \pm \frac{P_e \cdot e'}{I} y$$

$e' = 22.8 \text{cm}$ (단면도심에서 압력선까지의 거리)

$A_c = 30.5 \cdot 55.9 = 1,705 \text{cm}^2 = 170,500 \text{mm}^2$

$I = \dfrac{1}{12} \times 30.5 \times 55.9^3 = 443,970 \text{cm}^4$

$y = \dfrac{h}{2} = \dfrac{55.9}{2} = 27.96 \text{cm} = 279.6 \text{mm}$

$f = \dfrac{907,000}{170,500} \pm \dfrac{907,000 \times 228}{443,970 \times 10^4} \times 279.6 = 18.4 \text{N/mm}^2$ (상단응력 : 압축)

$\qquad\qquad\qquad\qquad\qquad = -7.7 \text{N/mm}^2$ (하단응력 : 인장)

Question 03

다음과 같은 3경간 PSC 연속보에서 지점의 반력을 구하고, 전단력도와 모멘트도를 구하시오. (단, $F = 1,000\text{kN}$, $e = 50\text{cm}$, $E = 300,000\text{kN/cm}^2$ 이다.)

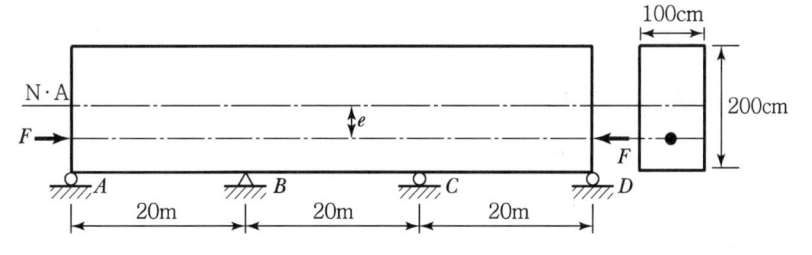

1. 강도 산정

$$K_{AB} = K_{BA} = K_{BC} = K_{CB} = K_{CD} = K_{DC} = \frac{I}{20} = K$$

2. 하중항 산정

전구간 긴장재의 균등 편심으로 인한 휨모멘트 하중이 작용하므로 이를 구하면,

$C_{AB} = C_{BC} = C_{CD} = +P \times e = +1,000 \times 0.5 = +500 \text{kN} \cdot \text{m}$

$C_{BA} = C_{CB} = C_{DC} = -P \times e = -1,000 \times 0.5 = -500 \text{kN} \cdot \text{m}$

3. 부재각 산정

지점 침하가 없으므로 구조물의 부재각 = 0

$R_{AB} = R_{BA} = R_{BC} = R_{CB} = R_{CD} = R_{DC} = 0$

4. 처짐 방정식 적용

대칭 구조물 $\theta_A = -\theta_D$, $\theta_B = -\theta_C$

$M_{AB} = 2EK(2\theta_A + \theta_B) + 500 = 0$

$\therefore 2EK\theta_A = -EK\theta_B - 250$

$\begin{aligned}
M_{BA} &= 2EK(\theta_A + 2\theta_B) - 500 \\
&= 2EK\theta_A + 4EK\theta_B - 500 \\
&= [-EK\theta_B - 250] + 4EK\theta_B - 500 \\
&= 3EK\theta_B - 750
\end{aligned}$

$\begin{aligned}
M_{BC} &= 2EK(2\theta_B + \theta_c) + 500 \\
&= 2EK(2\theta_B - \theta_B) + 500 = 2EK\theta_B + 500
\end{aligned}$

$M_{CB} = -M_{BC}, \quad M_{CD} = -M_{BA}, \quad M_{DC} = -M_{AB} = 0$

5. 절점 방정식 적용 및 미지수 결정

좌우 대칭이므로 B점에 대해 절점 방정식을 적용하여 미지수를 결정한다.

$\therefore \sum M_B = 0$

$M_{BA} + M_{BC} = [3EK\theta_B - 750] + [2EK\theta_B + 500] = 5EK\theta_B - 250 = 0$

$\therefore EK\theta_B = +50$

6. 재단 모멘트 결정

결정된 미지수를 처짐각 방정식에 대입하여 재단 모멘트를 구한다.

$M_{AB} = 0 = -M_{DC}$

$M_{BA} = 3EK\theta_B - 750 = 3 \times 50 - 750 = -600 \text{kN} \cdot \text{m} = -M_{CD}$

$M_{BC} = 2EK\theta_B + 500 = 2 \times 50 + 500 = +600 \text{kN} \cdot \text{m} = -M_{CB}$

7. 단면력도 작성

자유물체도로부터 반력을 구하고, 반력에 의한 휨모멘트를 구하면 2차 모멘트가 구해진다.

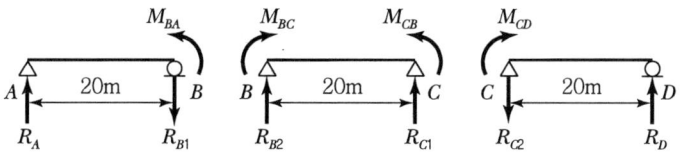

$$R_A = R_D = \frac{M_{BA}}{L} = \frac{600}{20} = 30\text{kN} = -R_{B1} = -R_{C2}$$

AB & CD구간 : $M_B = R_A L = 30 \times 20 = +600\text{kN} \cdot \text{m}$

BC 구간 : $M = M_{BC} = M_{CB} = +600\text{kN} \cdot \text{m}$

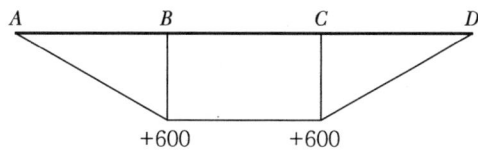

[2차 휨모멘트도(kN·m)]

8. 1차 모멘트 및 2차 모멘트 산정

(1) 1차 모멘트 산정

$$M_1 = -P \times e = -1{,}000 \times 0.5 = -500\text{kN} \cdot \text{m}$$

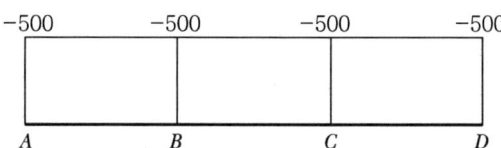

(2) 2차 모멘트 산정

1차 모멘트의 반력에 의해 발생된 휨모멘트

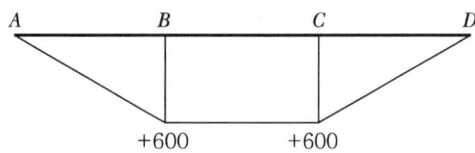

(3) 최종 모멘트 산정

1차 모멘트 + 2차 모멘트

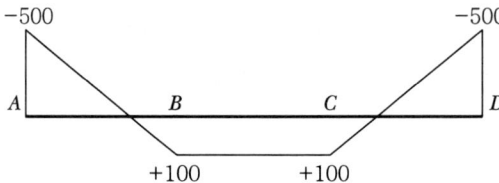

[최종모멘트도 : kN·m]

Question	Concordant Cable
04	컨코던트 케이블을 설명하시오.

1. 정의

긴장재의 도심이 압력선과 일치하도록 배치된 PS강선을 컨코던트 케이블(Concordant Cable)이라 하며 중간지점에 반력이 발생되지 않고, 반력에 의한 2차 모멘트가 발생하지 않는 특징이 있다.

2. 컨코던스 긴장재 배치방법

(1) 연속보에 임의의 하중을 가했을 때 일어나는 휨모멘트와 닮은 꼴이 되도록 PS 강재를 배치한다.
(2) 중간지점에서는 가능한 높게 설치한다.
(3) 지간 중앙 근처에는 가능한 낮게 설치한다.

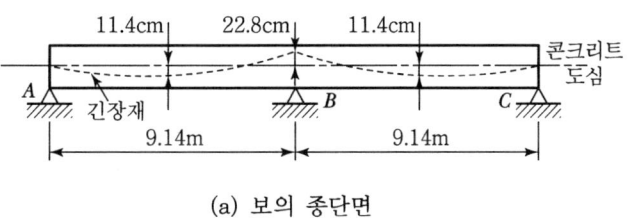

(a) 보의 종단면

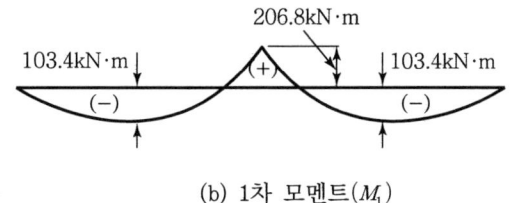

(b) 1차 모멘트(M_1)

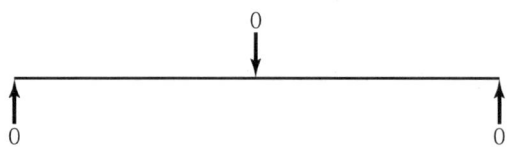

(c) 프리스트레스로 인한 반력

(d) 2차 모멘트(M_2)

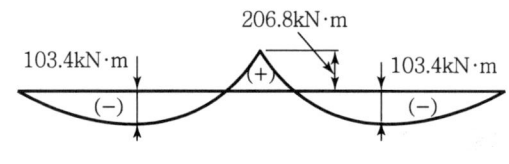

(e) 총 모멘트($M_1 + M_2$)

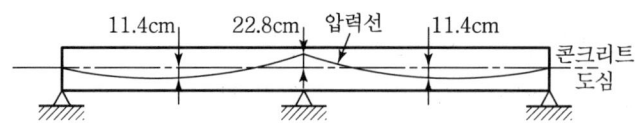

(f) 프리스트레스로 인한 압력선

Question 05. 강재의 직선이동

강재의 직선이동(Linear Transformation)에 대해 설명하시오.

1. 개요

(1) 압력선과 PS강재 도심선의 기본 형상은 같다.
(2) 압력선은 강재 끝을 중심으로 긴장재의 끝을 적당히 회전하면 얻을 수 있다.
(3) 긴장재의 도심선을 지간 내에서 그 형상을 변화시키는 일 없이 한쪽 끝을 중심으로 회전시키는 것을 긴장재의 직선이동이라 한다.

2. 직선이동의 효과

(1) 한 지간 내에 긴장재의 배치가 새로운 위치로 직선 이동되더라도 압력선은 직선이동 전과 조금도 변하지 않는다.
(2) 긴장재의 배치가 달라지면 프리스트레싱에 의한 반력이 달라지고 2차 모멘트 및 1차 모멘트가 달라지지만 두 모멘트의 합계는 변하지 않는다.
(3) 직선 이동하더라도 콘크리트에 발생되는 응력은 동일하다.

3. 긴장재의 직선이동

(1) 이동 전

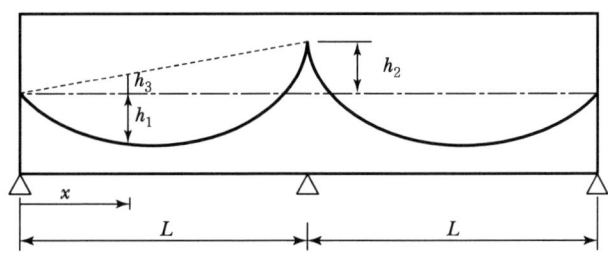

$L : h_2 = x : h_3$ $\therefore h_3 = h_2 \times x/L$

(2) 이동 후

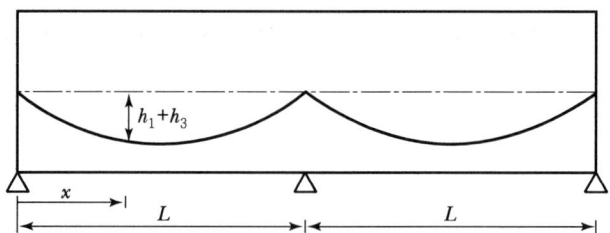

부록

과년도 기출문제

제111회~제134회

제111회
(2017년 1월 22일)

제1교시 다음 문제 중 10문제를 선택하여 설명하시오.(각 10점)

1. 교량의 내진설계에서 최대 소성 힌지력의 개념
2. 볼트이음과 용접이음을 같은 이음 개소에서 병용하는 경우에 유의해야 할 점
3. 신축이음장치의 파손원인
4. 곡선교에서 뒤틀림(Distortion)과 휨(Warping)
5. 케이블의 풍우진동(Rain-wind vibration) 발생조건
6. 토목구조물의 내용(耐用) 연수에 대한 일반사항, 경제적 내용연수, 기능적 내용연수 및 물리적 내용연수
7. 소수 거더교의 특징
8. 도로교 설계기준 한계상태설계법(2015년)에서 부모멘트 구간의 최소 바닥판 철근
9. 가설공사표준시방서(2016년)에서 가시설물 설계에 적용되는 수직하중, 수평하중 및 특수하중의 종류
10. 콘크리트구조기준(2012년)에 따른 인장이형철근의 정착길이 산출 시 적용되는 보정계수
11. 프리스트레스트 콘크리트 부재에 사용되는 PS강재의 지연파괴(Delayed fracture)
12. 강교에 내후성강 적용 시 환경적 측면의 제한조건
13. 콘크리트 배합 시 사용되는 실리카흄(Silica fume)의 특징 및 구조적 적용성

제2교시 다음 문제 중 4문제를 선택하여 설명하시오.(각 25점)

1. FCM으로 건설 중인 교량의 가고정부가 파손되는 경우, 예상되는 파손원인과 가고정부 검토 시 고려해야 할 하중에 대하여 설명하고 다음 조건에서 설치할 강봉의 수와 콘크리트 블록의 단면적을 구하시오.(단, 최대 불균형모멘트 $M=250,000\text{kN}\cdot\text{m}$, 총 작용 연직력 $N=130,000\text{kN}$이며 강봉의 $P_u=1,070\text{kN}$이고 강봉 도심 간의 거리는 3.5m이며, 콘크리트 블록의 설계기준 압축강도 $f_{ck}=60\text{MPa}$이다.)

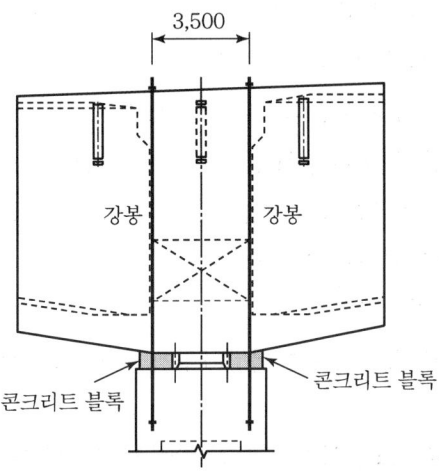

2. 상하부 플레이트와 고무패드가 분리된 탄성받침의 문제점 및 개선대책에 대하여 설명하시오.

3. 판형교 위에 설치된 철근콘크리트 도로교 바닥판의 피로손상 과정 및 대책에 대하여 설명하시오.

4. 콘크리트의 자기수축(Autogeneous shrinkage) 발생 메커니즘과 구조물에 미치는 영향, 그리고 건조수축(Dry shrinkage)과의 차이점을 설명하시오.

5. 다음 구조물에서 최소 일의 원리를 이용하여 모든 부재력을 구하고, 가상일의 원리를 활용하여 C점의 수직변위(v_c)와 수평변위(u_c)를 구하시오.(단, 모든 부재의 축방향 강성(Axial rigidity)은 EA이다.)

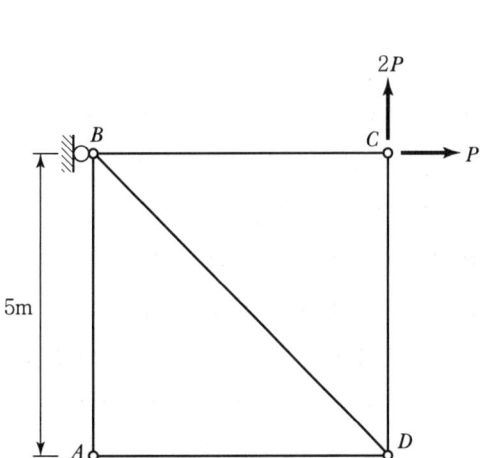

6. FCM P.S.C Box교, Extradosed교, Cable-Stayed교의 구조적 개념, 하중 분담과 개략적인 형고비를 비교하여 설명하시오.

제3교시 다음 문제 중 4문제를 선택하여 설명하시오.(각 25점)

1. 지하철 공사 현장에서 가로보의 지간 중앙에 복공판이 떨어졌을 때 다음을 구하시오.

> 〈조건〉
> • 복공판의 중량(W)은 5.0kN이며 낙하고(h)는 1.0m이고 에너지 손실은 무시하며 가로보의 경간장(L)은 5.0m로 단순지지되어 있다.
> • 가로보의 규격은 H-300×300×10×15이고 강축으로 설치되었으며, 탄성계수 (E)는 200,000MPa이다.

1) 복공판의 최대 낙하속도
2) 가로보 중앙 지점에서 처짐
3) 충격하중 및 정하중에 의한 휨응력
4) 충격하중과 정하중에 의한 휨응력의 비

2. 평면변형(Plane Strain)과 평면응력(Plane Stress)에 대하여 설명하고, 토목구조에서 적용되는 사례에 대하여 설명하시오.

3. 폭열(Spalling) 현상에 의한 고강도 콘크리트 구조물의 성능저하 및 화재손상 평가방법에 대하여 설명하시오.

4. 프리텐션 I형 거더 정착부에서 하중작용 전에 발생하기 쉬운 균열의 유형 및 이 균열의 저감방안을 설명하시오.

5. 그림과 같이 정팔각형 프레임 구조물에 하중이 작용하는 경우에 대하여 축력선도(Axial Force Diagram), 전단력선도(Shear Force Diagram), 휨모멘트선도(Bending Moment Diagram)를 구하고 개략적인 변형도(Deformed Configuration)를 그리시오.(단, 정팔각형 중심에서 모든 꼭짓점까지의 거리는 10m이다.)

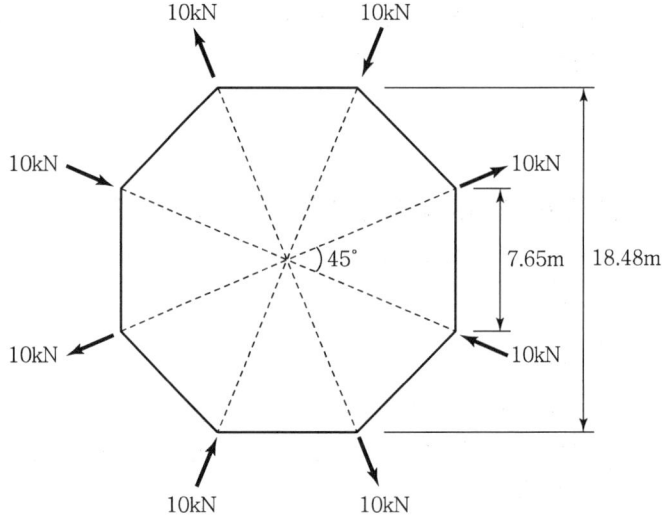

6. 철근콘크리트 교량의 안전진단과업 수행절차와 필요한 시험항목에 대하여 설명하시오.

제4교시 다음 문제 중 4문제를 선택하여 설명하시오.(각 25점)

1. 도로교 설계에 있어서 내진등급에 따른 설계지진 가속도(g)와 이에 대응하는 지진규모(M)를 설명하고 지진 에너지(E)의 비율을 계산하시오.

2. 다음과 같은 교량 상부 슬래브 캔틸레버부의 가설동바리에 대하여 사재에 발생되는 응력을 구하시오.(단, 가설동바리의 자중은 무시하고, 콘크리트 슬래브 단위중량은 25kN/m³이며 수평재에 등분포하게 작용한다고 가정한다. 수평재와 수직재 및 사재는 강재(SS400) $L-60\times60\times5$이고, 부재들은 한 개의 M20볼트로 연결되어 0.9m 간격으로 설치되었으며, 슬래브 거푸집은 $t=2$mm인 강재이다.)

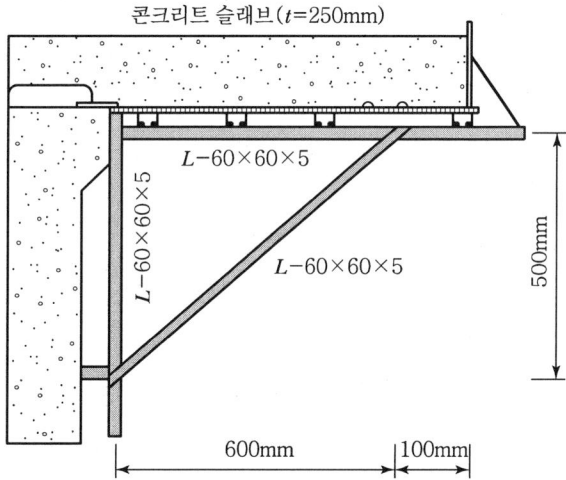

3. 무도장 내후성 강 교량에 대하여 설명하시오.

4. 콘크리트 충전강관(Concrete filled tube) 기둥의 후좌굴(Post local buckling) 거동을 설명하시오.

5. 해상풍력 지지구조물(기초)의 설계단계와 설계단계별 고려항목을 설명하시오.

6. 균열선단에서의 소성역 크기(Plastic zone size) 중 단순 소성역 크기(Monotonic plastic zone size)와 반복 소성역 크기(Cyclic plastic zone size)에 대하여 설명하시오.

제112회

(2017년 5월 14일)

제1교시 다음 문제 중 10문제를 선택하여 설명하시오.(각 10점)

1. 교량받침 설계 시 고려할 사항에 대하여 설명하시오.
2. 교량 구조해석 시 플랜지 유효폭 결정방법을 도로교설계기준(2015년)에 근거하여 설명하시오.
3. 일상의 온도변화에 노출되는 콘크리트 표면부분에서의 건조수축철근과 온도철근을 더한 총 철근량에 대하여 도로교설계기준(2015년)을 근거하여 설명하시오.
4. 철도교의 상로트러스 및 하로트러스 형식에 따른 장대레일축력에 대하여 비교 설명하시오.
5. 교대 배면부에 설치하는 접속슬래브의 구조적 역할과 침하원인을 설명하시오.
6. 엑스트라도즈드교의 주탑부 케이블 정착시스템에서 분리정착과 관통고정정착을 설명하시오.
7. 1주탑 비대칭 사장교의 특징을 설명하시오.
8. 현수교에서 중앙부에 설치되는 센터록(center lock)의 역할에 대하여 설명하시오.
9. 레일리(Rayleigh) 감쇠행렬을 구하는 방법을 설명하시오.
10. 도로교설계기준(한계상태설계법)에 규정된 충격하중에 대하여 설명하시오.
11. 바우징거 효과(Bauschinger effect)의 반복하중과 교대하중을 구분하여 설명하시오.
12. 크리프에 의한 응력 재분배에 대하여 설명하시오.
13. 도로교설계기준(한계상태설계법)에 규정된 사용수명과 설계수명을 설명하시오.

제2교시 다음 문제 중 4문제를 선택하여 설명하시오.(각 25점)

1. 다음 각 보의 지점반력을 구하고 전단력도 및 휨모멘트도를 도시하시오.(단, 모든 부재의 EI는 일정하고 AB부재와 CD부재는 직각으로 교차하며 E점은 강결구조임)

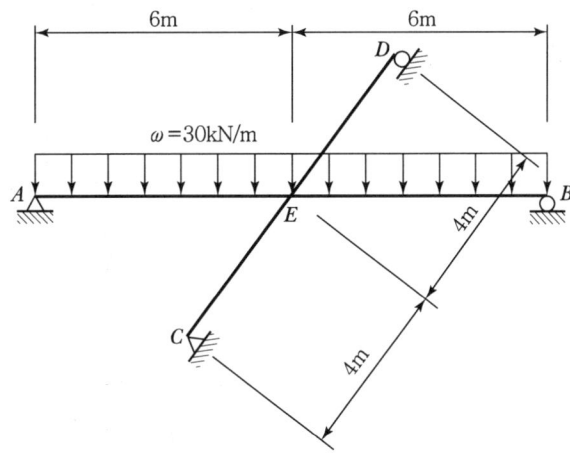

2. 도로교설계기준(한계상태설계법)에 관하여 다음 사항을 설명하시오.
   1) 한계상태(Limit State)
   2) 신뢰도지수(Reliability Index, β)
   3) 강재의 평균항복강도와 변동계수가 각각 400MPa, 3%이고, 평균부재응력과 응력의 변동계수가 각각 360MPa, 2.5%일 때 신뢰도지수(β)를 구하시오.(단, 재료의 항복강도와 부재응력은 독립적이고 정규분포임)

3. 교량신축이음 설계 시 이동량 산정에 적용할 항목과 기준에 대하여 설명하시오.

4. 비감쇠 일자유도계(undamped single degree of freedom system) 구조물의 고유진동수(ω)를 구하는 식을 유도하시오.(단, 질량 : m, 스프링상수 : k로 표기하시오.)

5. 강교량에서 현장용접이 주로 적용되는 부재 위치를 제시하고, 설계단계에서 고려할 사항에 대해서 설명하시오.

6. 해상에서 사장교 가설 시 강재주탑, 보강거더 및 케이블 가설공법에 대하여 설명하시오.

제3교시 다음 문제 중 4문제를 선택하여 설명하시오.(각 25점)

1. 콘크리트 구조물에 설치되는 강재 앵커의 파괴형태 및 설계방법에 대하여 설명하시오.

2. 한계상태설계법에서 아래 콘크리트 T형 단면에 대한 극한한계상태 단면강도를 산출하시오.(단, $f_{ck}=30\text{MPa}$, $f_y=350\text{MPa}$, $A_s=3{,}096\text{mm}^2$, $E_s=200\text{GPa}$, $\Phi_s=0.90$, $\Phi_c=0.65$)

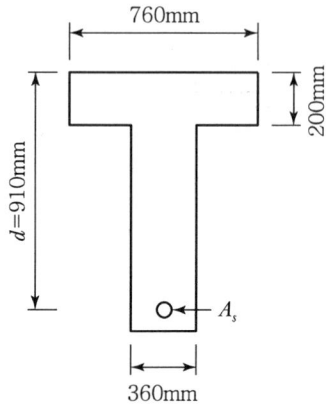

3. 단경간 하로 강아치교 가설공법 중 다축운반 이동장비(transporter)에 의한 일괄가설공법의 특성 및 기술적 검토사항을 설명하시오.

4. 콘크리트구조기준(2012년)에 근거하여, 콘크리트 부재에서 지배단면에 따른 변형률 조건과 강도감소계수에 대하여 설명하시오.

5. 소하천을 횡단하는 교량의 계획 및 형식 선정 시 고려할 사항에 대하여 설명하시오.

6. 보도전용 횡단육교 설계 시 진동 및 경관 측면에서 고려할 사항에 대해 설명하시오.

제4교시 다음 문제 중 4문제를 선택하여 설명하시오.(각 25점)

1. 케이블 교량설계 중 케이블 교체 및 파단 시 고려할 사항에 대하여 케이블 강교량 설계지침과 연계하여 설명하시오.
2. 고속철도교 설계 시 도로교와 상이하게 적용하는 설계하중을 구분하여 설명하고, 주행안전성, 동특성 및 궤도 안전성과 관련한 특수검토항목을 설명하시오.
3. 왕복 4차로의 광폭 2주형 판형교를 설계할 때 주요검토사항과 교량 가설계획에 대하여 설명하시오.
4. 케이블 교량의 내풍설계 흐름도를 작성하고 동적 해석 시 유의사항과 내풍대책에 대하여 설명하시오.
5. 지하공동구 내진설계기준에서 지중구조물의 응답변위법 설계개념 및 설계방법을 설명하시오.
6. 철근콘크리트 아치 구조물에 적용되는 활절(hinge) 중 메나제 힌지(mesnager hinge)의 특징과 설계방법에 대하여 설명하시오.

제113회
(2017년 8월 12일)

제1교시 다음 문제 중 10문제를 선택하여 설명하시오.(각 10점)

1. 강재 용접이음에서 플러그(plug) 용접과 슬롯(slot) 용접
2. 아치교량에서 라이즈(rise) 비가 구조물에 미치는 영향
3. 도로교설계기준(한계상태설계법, 2016)에서 강재 인장부재의 볼트연결부 전단지연을 고려하기 위한 감소계수(U)
4. 축하중을 받는 강봉에서 슬립 밴드(slip bands)
5. 도로교의 탄성 동적응답 해석 시 고려사항
6. 도로교설계기준(한계상태설계법, 2016)에서 콘크리트교의 스트럿-타이 모델 이용 시 균열이 발생한 압축영역 콘크리트 스트럿의 설계강도(횡방향 인장철근 0.4% 미만)
7. 교량의 동적해석 모델링 시 고려하여야 할 구조물과 동적 가진력의 특성
8. 콘크리트구조기준(2012)에 따라 아치 리브를 설계할 때, 세장비에 따른 좌굴 안정성
9. 도로교설계기준(한계상태설계법, 2016)에서 두께 1,200mm 이하인 부재에 배근되는 건조수축 및 온도변화에 대한 철근상세
10. 케이블 교량에서 보수 가능 부재와 교체 가능 부재
11. 도로교설계기준(한계상태설계법, 2016)에서 강교 설계 시 인장부재의 세장비 기준
12. 건설기술진흥법에 따라 작성하는 설계안전검토보고서
13. 콘크리트를 충전한 합성강 기둥의 구조적 특징

제2교시 다음 문제 중 4문제를 선택하여 설명하시오.(각 25점)

1. 초음파 탐상기를 이용한 콘크리트 균열깊이 측정방법 중 T법, $T_c - T_o$법, BS법의 측정방법 및 적용 가능한 조건에 대하여 설명하시오.

2. 도로교설계기준(한계상태설계법, 2016)에서 곡선의 영향을 고려한 긴장재의 부재 상세를 설명하시오.

3. 앵커지지벽체(anchored walls)의 구조적 파괴에 대한 안전성에 대하여 설명하시오.

4. 직사각형 단면의 단순보(폭 $b=300mm$, 유효깊이 $d=540mm$, 인장부 단철근량 $A_s = D25-3ea = 1,520mm^2$)가 사용 고정하중모멘트 $50kN \cdot m$, 충격을 포함한 사용활하중 모멘트 $90kN \cdot m$을 받고 있다. 콘크리트구조기준(2012)에 따라 피로에 대하여 검토하시오.(단, 콘크리트 설계기준 압축강도 $f_{ck}=24MPa$, 철근 항복강도 $f_y=400MPa$, 탄성계수비 $n=8$이다.)

5. 직사각형 단면(폭b×높이h)의 단철근 철근콘크리트 보에 최소 철근만이 배근되어 있는 상태이다. 콘크리트구조기준(2012)에 따라, 이 보의 공칭 휨모멘트(M_n)와 균열모멘트(M_{cr}) 간의 관계를 설명하시오.(단, 콘크리트의 설계기준 압축강도(f_{ck})는 40MPa, 경량콘크리트계수(λ)는 1이고, 유효깊이(d)는 높이의 0.9배로 가정한다.)

6. 가장자리의 영향을 받지 않는 단일 갈고리앵커볼트가 그림과 같이 설치(콘크리트 타설 전 설치)되어 있다. 상향 인장력 30kN 작용 시 콘크리트 파괴를 구속하기 위한 별도의 보조철근은 배근하지 않아 기초판에 균열이 발생하였다. 이때 갈고리앵커볼트의 안전성을 콘크리트구조기준(2012)에 따라 검토하시오.

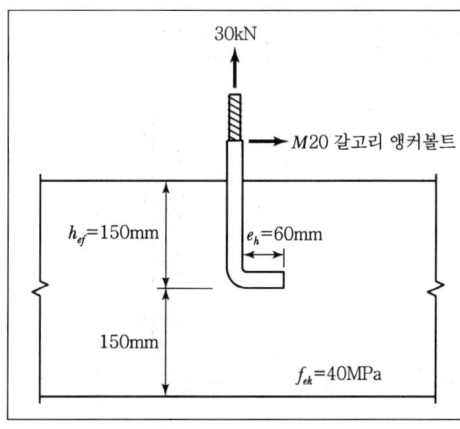

〈가정조건〉
1. 갈고리앵커볼트(M20)는 연성강재이며 단면적 $A_{se}=245mm^2$, 인장강도 $f_{uta}=400MPa$
2. 갈고리 앵커볼트에 작용하는 계수인장강도(콘크리트구조기준 적용) : 30kN
3. 콘크리트의 설계기준 압축강도 : 40MPa

제3교시 다음 문제 중 4문제를 선택하여 설명하시오.(각 25점)

1. PRC(prestressed reinforced concrete) 구조에 대해 설명하고 PRC 구조를 RC(reinforced concrete) 구조, PC(prestressed concrete) 구조와 비교하시오.

2. 염해를 받는 콘크리트 구조물에 대한 확률론적 내구성 설계방법의 개념을 설명하시오.

3. 구조물에서 지진하중을 제어하는 시스템(내진, 제진, 면진)에 대한 개념과 적용사례를 설명하시오.

4. 건조수축 상태의 단면적이 일정하고 길이가 L인 철근콘크리트 부재가 비구속 상태와 완전구속 상태일 때, 각각의 콘크리트 응력 값을 구하고 거동을 비교하여 설명하시오.(단, 콘크리트 면적에 대한 철근 단면적의 비(A_s/A_c)는 0.02, 콘크리트의 자유건조수축변형률(ε_{sh})는 250×10^{-6}, 철근의 탄성계수(E_s)는 200GPa, 콘크리트의 탄성계수(E_c)는 28GPa, 콘크리트의 설계기준 압축강도(f_{ck})는 30MPa이다.)

5. 외경 $D=508$mm, 두께 $t=12$mm의 강관말뚝에 대한 항복모멘트(M_y), 소성모멘트(M_p) 및 형상계수($f=M_p/M_y$)를 구하시오.(단, 강관의 항복강도 $f_y=350$MPa이다.)

6. 그림과 같이 1,000mm×1,000mm의 강-콘크리트 합성기둥에 압축력 $P=22,000$kN, 수평축(y축)에 대한 모멘트 $M=4,000$kN·m가 작용할 때 강재 및 콘크리트에 발생하는 최대 응력을 구하시오.(단, 강재의 두께는 20mm이고 전단 연결재가 충분히 배치되어 강-콘크리트는 완전합성작용을 하며 강재와 콘크리트의 탄성계수는 각각 200GPa 및 30GPa이고, 단면치수의 단위는 mm이다.)

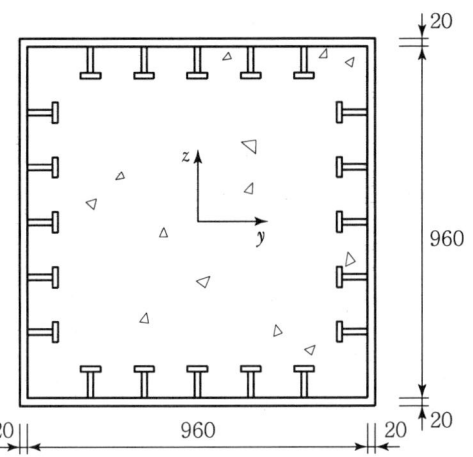

제4교시 다음 문제 중 4문제를 선택하여 설명하시오.(각 25점)

1. 내부 부착 긴장재를 갖는 포스트텐션 PSC 교량의 그라우트 미충전이 의심되는 경우 조사방법을 설명하시오.
2. PSC교 정착구 해석방법에 대하여 비교 설명하시오.
3. 강교에 사용되는 폐단면 강박스(closed steel box) 거더와 개구제형 강박스(top-open trapezoidal steel box) 거더의 특징을 비교하여 설명하시오.
4. 강관말뚝과 확대기초의 A Type, B Type 결합방법에 대하여 비교 설명하고 B Type을 응용한 공법들을 열거하시오.
5. 브래킷(bracket)의 파괴유형과 설계방법에 대하여 설명하시오.
6. 아래 그림의 PSC 거더 단면 A, B에 대하여 상·하 핵(core) 거리와 휨효율계수를 구하고 구조성능을 비교 설명하시오.

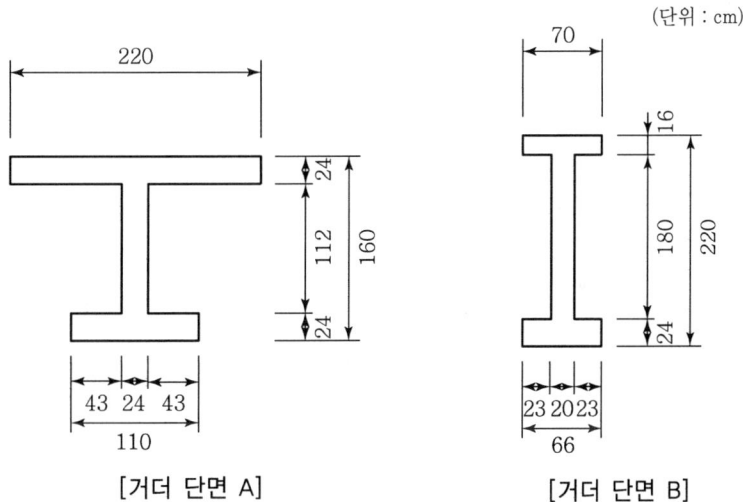

[거더 단면 A]   [거더 단면 B]

제114회
(2018년 2월 4일)

제1교시 다음 문제 중 10문제를 선택하여 설명하시오.(각 10점)

1. 성능기반 설계기준
2. 교량에서 교축직각방향 부재에 의해 지지되는 콘크리트 바닥판의 경험적 설계
3. 교량의 내풍대책
4. 강상형(Steel Box Girder) 단면의 비틀림상수비(α)
5. 구조물의 정적해석과 동적해석의 차이점
6. 구조용 강재의 응력이력곡선(應力履歷曲線)
7. 감쇠자유진동
8. 1방향슬래브의 경간 결정
9. 콘크리트의 피로(Fatigue)
10. 특별한 기준이 없을 경우 도로교 설계기준(한계상태설계법, 2016년)에서 처짐 기준
11. 콘크리트 구조물의 내구수명 결정요인과 목표내구수명
12. 도로교설계기준(한계상태설계법, 2016년)에서 보도하중
13. 콘크리트 촉진내후성시험

제2교시 다음 문제 중 4문제를 선택하여 설명하시오.(각 25점)

1. 역량스펙트럼법(Capacity Spectrum Method)에 의한 기존 구조물의 내진성능 평가방법을 단계별로 구분하여 설명하시오.

2. 프리스트레스트 콘크리트(PSC) 거더에서 강연선강도를 1,870MPa에서 2,400MPa의 고강도로 상향할 때 장단점 및 검토할 사항을 설명하시오.

3. 다음과 같은 외팔보에서 연직방향 자유진동에 대한 운동방정식을 유도하고, 고유진동수를 구하시오.(여기서 보의 강성은 EI로 가정하고, 보의 자중은 무시한다. 이때 외팔보의 $E=210,000$MPa, $I=1.2\times10^{-4}$m^{4}이며, 스프링의 $K_s=$ 10kN/m이다. 외팔보의 길이 $L=10$m, 스프링에 달린 구의 무게 $W=10$kN이다.)

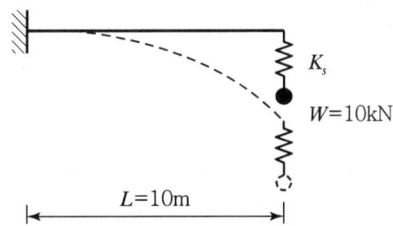

4. 구조물의 고유치 해석에 의한 질량참여율 해석방법에 대하여 설명하시오.

5. 매트릭스(Matrix) 구조해석 방법 중 응력법(應力法)과 변위법(變位法)을 비교하고 해석절차를 각각 설명하시오.

6. 다음 그림과 같은 단면에서 1) 보의 파괴상태, 2) 단면의 휨공칭강도를 구하고 적정 여부를 판단하시오.(단, 콘크리트의 설계기준강도 $f_{ck}=21$MPa, 철근의 항복강도 $f_y=350$MPa, 사용철근량 $A_s=2,570$mm², 철근의 탄성계수 $E_s=200,000$MPa, $n=7$, 극한모멘트 $M_u=350$kN·m, 콘크리트의 극한변형률 $\varepsilon_c=0.003$으로 가정한다.)

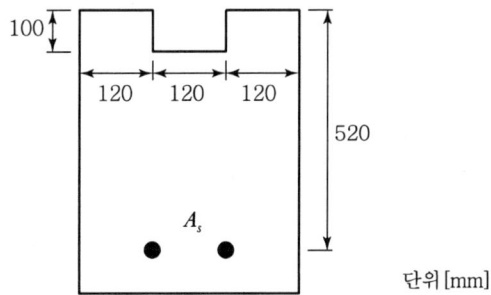

제3교시 **다음 문제 중 4문제를 선택하여 설명하시오.(각 25점)**

1. 휨을 받는 콘크리트 보에서 보의 급작스런 파괴, 즉 취성파괴를 방지하고 연성파괴를 유도하기 위해 두고 있는 규정을 철근콘크리트(RC) 보와 프리스트레스트 콘크리트(PSC) 보로 나누어 설명하시오.
2. 일체식 교대와 반일체식 교대의 특징을 비교하고 적용성을 설명하시오.
3. 프리텐션 부재 정착구역의 균열제어 설계방안을 설명하시오.
4. 주행차량이 적재높이 위반으로 가설된 강박스거더(Steel Box Girder)에 충돌하여, 복부 강판에 아래 그림과 같은 찢어짐과 변형이 발생하였다. 구조물의 주요 안전점검부위별 점검범위 및 보수보강방안을 설명하시오.

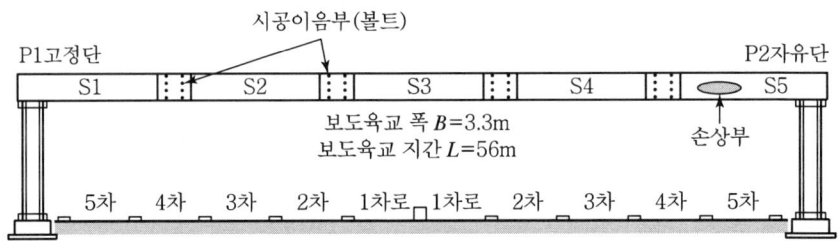

5. 교량의 내하력 평가 시 동적재하시험 데이터(Data)를 얻는 방법을 설명하고, 그 결과를 내하력, 보수보강 효과 및 구조물의 노후화 평가에 활용하는 방안을 설명하시오.
6. 교량에서 액상화 평가를 위한 평가기준 및 방법을 설명하고, 평가흐름도를 작성하시오.

제4교시 다음 문제 중 4문제를 선택하여 설명하시오.(각 25점)

1. 변폭 비대칭 FCM 교량의 불균형모멘트 발생요인과 그 제어방안을 설명하시오.

2. 강교량에서 공용 중 차량하중에 의한 변동응력으로 잔존피로수명을 평가하는 방법을 설명하시오.

3. 압출공법(ILM)에 의한 세그멘탈교량의 설계 및 시공 시 고려할 사항에 대해 설명하시오.

4. 아래 2경간 연속보 중앙지점 B의 모멘트에 대한 영향선을 작성하여 경간의 4등분점인 1~3의 영향선 종거값을 구하고, $KL-510$ 표준차로하중이 지날 때 지점 B에 발생하는 최대휨모멘트를 구하시오.(단, 보의 EI 값은 동일하고 활하중의 재하차로는 1차로이며, 충격은 고려하지 않는다.)

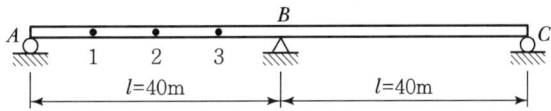

5. 다음 그림에서 1) 탄성한도 내에서 휨모멘트 작성 2) A점, C점이 소성힌지가 될 때의 하중과 탄성하중의 비를 구하시오.

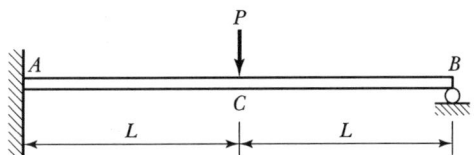

6. 지간 10m의 보에서 그림과 같이 3m의 보 중심간 간격을 가지는 완전 강합성 보의 소성중립축과 공칭휨모멘트를 하중저항계수설계법에 의해 구하시오.(단, 콘크리트의 슬래브 두께 $t_s=200$mm, 설계기준강도 $f_{ck}=24$MPa, 항복강도 $F_y=325$MPa이며, 강재의 규격은 $H-1,100\times300\times18\times32$이다.)

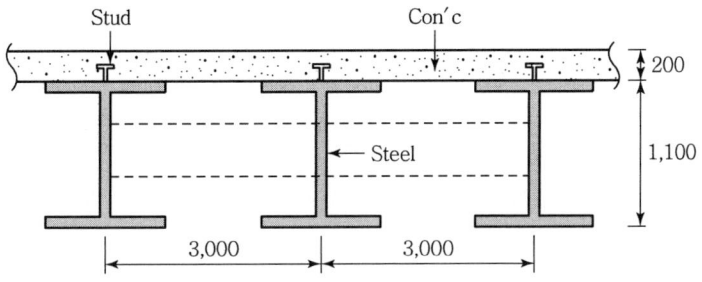

제115회

(2018년 5월 13일)

제1교시 다음 문제 중 10문제를 선택하여 설명하시오.(각 10점)

1. 고장력볼트 F10T와 F13T의 차이점에 대하여 설명하시오.
2. 도로교설계기준(한계상태설계법)의 하이브리드 강합성 거더에 대하여 설명하시오.
3. 닐센아치교의 구조적 장점에 대하여 설명하시오.
4. 콘크리트 유효탄성계수에 대하여 설명하시오.
5. 탄소섬유케이블에 대하여 설명하시오.
6. 최대비틀림에너지에 대하여 설명하시오.
7. 프리스트레스트 콘크리트구조에서 고강도 강재를 사용한 이유에 대하여 설명하시오.
8. 콘크리트의 크리프(Creep)에 대하여 설명하시오.
9. 설계기준강도(f_{ck})와 배합강도(f_{cr})에 대하여 설명하시오.
10. 기둥의 Secant 공식에 대하여 설명하시오.
11. 프리스트레스트 콘크리트 구조물에서 재료가 갖추어야 할 최소 조건에 대하여 설명하시오.
12. 압축인성(Compressive Toughness)에 대하여 설명하시오.
13. 용접이음의 안전율에 영향을 미치는 인자에 대하여 설명하시오.

제2교시 다음 문제 중 4문제를 선택하여 설명하시오.(각 25점)

1. 그림과 같이 지름 $h=420$mm인 원형 나선철근기둥에 축방향 철근 6-D25 ($d_b=25.4$mm)으로 보강되어 있다. 기둥의 설계강도 ϕP_n 및 소요 나선철근 간격 s를 구하시오.(단, 나선철근 D13($d_b=12.7$mm), $f_{ck}=30$MPa, $f_{yt}=400$MPa 및 나선철근 심부의 지름 $d_c=340$mm, $\phi=0.7$)

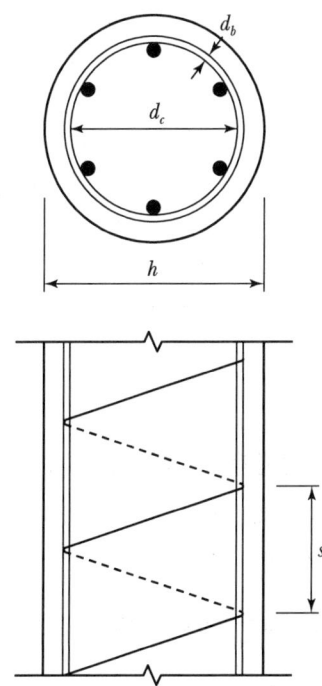

2. 교량용 콘크리트의 포켓기초에 대하여 설명하시오.

3. 콘크리트 구조물의 가동이음 형태를 열거하고, 그 이음의 기능적 고려사항에 대하여 설명하시오.

4. 강교에서 일반적으로 사용되고 있는 일반구조용 압연강재, 용접구조용 압연강재, 용접구조용 내후성 열간압연강재 및 교량구조용 압연강재의 재료적 특성에 대하여 설명하시오.

5. 프리스트레스트 콘크리트교량 가설공법 중 PSM(Precast Segment Method)의 특징과 설계 시 유의사항에 대하여 설명하시오.

6. 다음 그림과 같은 구조에 100mm×100mm×100mm 크기의 콘크리트 구조체가 고정되어 있을 때 체적변화량 ΔV와 변형에너지 U를 결정하시오.(단, 탄성계수 $E=20,000$MPa, 푸아송비 $v=0.1$ 및 $F=90$kN)

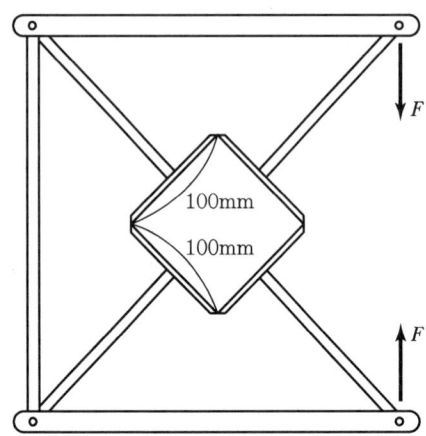

제3교시 다음 문제 중 4문제를 선택하여 설명하시오.(각 25점)

1. 그림과 같은 구조에서 기둥 BC의 길이 $\ell=3.7$m일 때, 좌굴에 의해 B점에 횡변위가 발생하지 않도록 하기 위한 허용가능 최대수평하중 $H_{\max}$를 결정하시오.(단, 허용응력은 다음 근사공식을 사용한다. $\sigma_{allow}=\dfrac{\sigma_Y}{2}\left(1-0.5\times\left(\dfrac{\lambda}{\lambda_c}\right)^2\right)$, $E=200,000$MPa, $\sigma_Y=350$MPa)

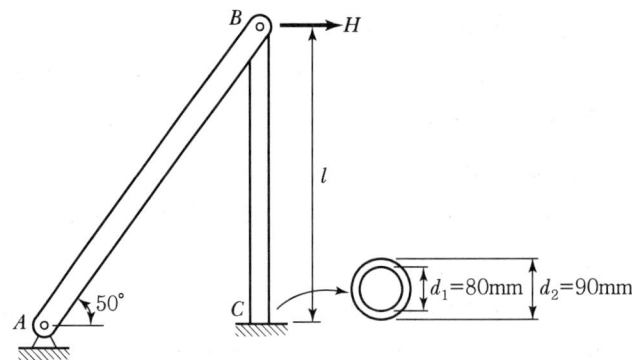

2. 염해환경하에 있는 콘크리트 구조물의 내구수명을 산정하기 위한 염화물이온 확산계수, 표면염화물량, 임계염화물량 및 내구수명평가에 대하여 설명하시오.

3. 소성힌지 보강철근이 없는 철근콘크리트 기둥과 충전식 강관기둥에서 압축하중재하 시와 휨모멘트 재하 시의 파괴거동에 대하여 설명하시오.

4. 그림과 같은 교각의 교축직각방향 해석모형에 대하여 기둥의 설계지진력을 구하시오.(단, 교량가설지역 조건 : 내진 Ⅰ등급, 지진구역 Ⅰ, 지반종류 Ⅱ이며, 콘크리트의 탄성계수 $E_c = 2.35 \times 10^4$ MPa이다.)

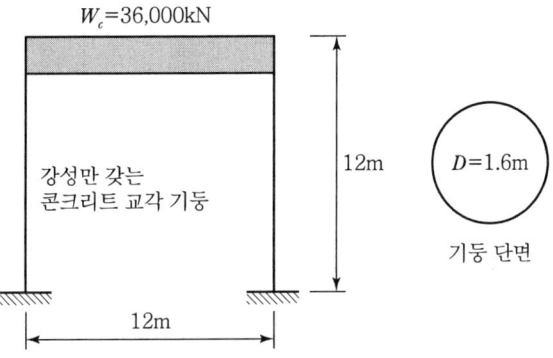

5. 교량용 말뚝기초의 내진설계를 위한 구조해석방법에 대하여 설명하시오.

6. 그림과 같이 동일한 등분포하중을 받는 3힌지 포물선 아치와 원호 아치에서 D점의 단면력을 각각 구하고, 두 구조형식의 구조적 특성을 비교하여 설명하시오.

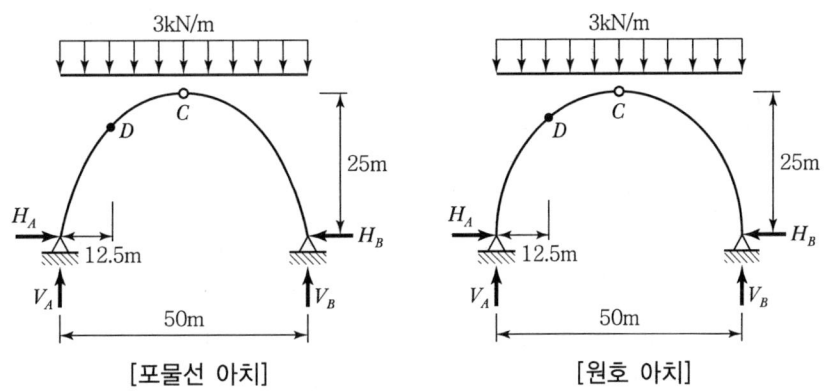

[포물선 아치]   [원호 아치]

제4교시 다음 문제 중 4문제를 선택하여 설명하시오.(각 25점)

1. 그림과 같이 폭 $b=300\text{mm}$, 유효깊이 $d=450\text{mm}$를 가진 보에 $3-D29(d_b=28.6\text{mm})$ 인장철근으로 보강되어 있을 때 단철근 직사각형 단면보의 설계 휨강도를 도로교설계기준(한계상태설계법, 2016)에 의해 구하시오.(단, $f_{ck}=30\text{MPa}$, $f_y=400\text{MPa}$, $\phi_c=0.65$, $\phi_s=0.95$, 압축합력의 크기를 나타내는 계수 $\alpha=0.80$ 및 작용점 위치를 나타내는 계수 $\beta=0.41$이다.)

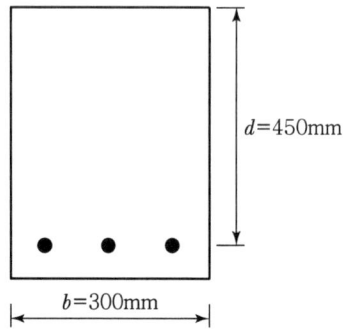

2. 콘크리트구조물에서 내구성 저하에 따른 철근부식 발생 메커니즘과 방지대책에 대하여 설명하시오.

3. 그림과 같은 하중을 받는 1단힌지 타단고정보의 소성붕괴하중 q_c와 소성힌지 위치 $\bar{x}$를 구하시오.

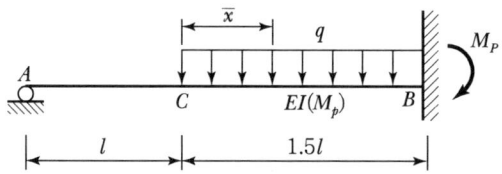

4. 사장교의 주케이블 및 닐센아치교 케이블로 사용되는 평행소선 케이블(Parallel Wire Cable)과 평행연선케이블(Parallel Strand Cable)의 구조개요, 특성 및 부식방지방법에 대하여 설명하시오.

5. 휨 부재의 횡 좌굴현상을 설명하고, 조밀단면으로 강축 휨을 받는 2축대칭 H형강부재의 횡지지길이 변화에 따른 영역별 휨강도 산정방법에 대하여 설명하시오.

6. 그림과 같이 단경간 40m인 강합성 박스거더교의 콘크리트 방호벽 상단에 방음벽을 추가로 설치할 경우 다음 물음에 답하시오. (단, 그림에 표기된 치수는 mm 단위이며, 극한한계상태 하중계수는 아래 표와 같다.)

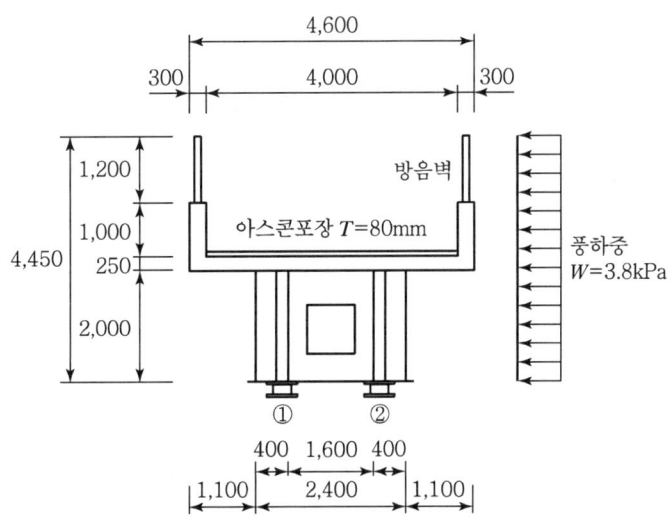

하중의 종류	극한한계상태 하중계수	
	최대	최소
DC : 구조부재와 비구조적 부착물	1.25	0.9
DW : 포장과 시설물	1.5	0.65
WS : 구조물에 작용하는 풍하중	1.4	1.4

1) 상부 고정하중과 풍하중에 의해 받침 ①, ②에 발생하는 연직반력을 도로교설계기준(한계상태설계법, 2016)에 의해 구하시오. (단, 강재거더 중량 15kN/m, 콘크리트 단위중량 24.5kN/m³, 방음벽 중량 1.5kN/m 및 아스콘 포장단위중량 23kN/m³이다.)

2) 받침 ①, ②의 연직반력 비대칭성을 줄이기 위해 받침을 강박스 복부재 하단으로 이동하여 받침 ①, ②의 간격을 당초 1.6m에서 2.4m로 넓혔을 때 연직반력 변화 및 강박스 보강방안에 대하여 설명하시오.

제116회

(2018년 8월 11일)

제1교시 다음 문제 중 10문제를 선택하여 설명하시오.(각 10점)

1. 토목구조물의 최적설계(Optimum Design)에서 문제의 정식화에 대하여 설명하시오.
2. 도로교설계기준(한계상태설계법, 2016)에 따라 강교에서 부재 연결 시 적용되는 필릿(Fillet) 용접의 최대, 최소 치수 및 최소 유효길이 규정에 대하여 설명하시오.
3. 교량구조용 압연강재인 HSB(High Performance Steel for Bridge)에 대하여 설명하시오.
4. 도로교설계기준(한계상태설계법, 2016)에 따라 구조해석 시 대변위이론에 대하여 설명하시오.
5. 고장력강의 설계 및 제작 시 유의사항에 대하여 설명하시오.
6. 가상일의 방법에 대하여 설명하시오.
7. 강교 비파괴검사의 종류와 특징에 대하여 설명하시오.
8. 도로교설계기준(한계상태설계법, 2016)에서 콘크리트교의 피로한계상태를 검증할 필요가 없는 구조물과 구조요소에 대하여 설명하시오.
9. 도로교설계기준(한계상태설계법, 2016)에서 가동받침의 이동량 산정에 대하여 설명하시오.
10. 철근콘크리트 벽체형 구조물 시공 시 균열유발줄눈(Control Joint)의 역할과 설치방법에 대하여 설명하시오.
11. 강관 가지연결에 대하여 설명하시오.
12. 고무와셔(rubber washer)가 달려있는 강봉에서 질량 4kg의 물체가 1m의 높이에서 자유낙하할 때 직경 15mm 강봉에 발생하는 최대응력을 구하시오. (단, 강봉의 탄성계수 $E=200$GPa, 고무와셔의 스프링계수 $k=4.5$N/mm, 강봉막대와 물체의 마찰효과는 무시)

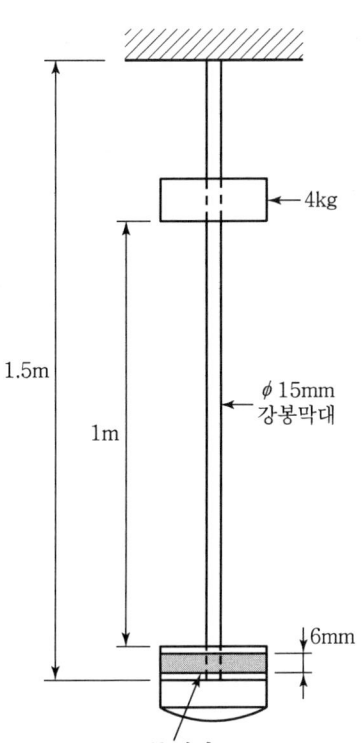

13. 지간 10m 단순보에 고정하중으로 등분포하중($w=1$kN/m)이 작용하고 활하중으로 집중하중($P=10$kN)이 작용하고 있다. 보의 중앙부(B)에서 고정하중모멘트(D), 활하중모멘트(L)가 발생할 때 목표신뢰성지수 $3.0(\beta_T=3.0)$을 만족하는 최소 저항모멘트(R)를 구하시오.(단, 파괴모드는 보의 중앙에서 발생하는 최대모멘트가 저항모멘트를 초과하면 파괴된다고 가정한다.)

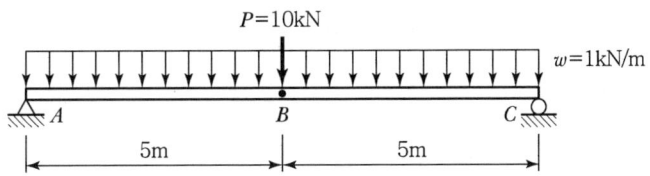

확률변수	고정하중모멘트(D)	활하중모멘트(L)	저항모멘트(R)
분포특성	표준정규분포	표준정규분포	표준정규분포
불확실량(C.O.V)	0.1	0.25	0.15
평균공칭비	1.0	1.0	1.0

제2교시 다음 문제 중 4문제를 선택하여 설명하시오. (각 25점)

1. 강구조물 균열의 발생, 진전, 파괴과정에 대하여 설명하시오.
2. 프리텐션방식(Pre-tensioning System)의 부재에서 전달길이와 정착길이에 대하여 설명하시오.
3. 유한요소해석 시 메시(mesh)의 개수, 조밀도, 형상, 차수에 대하여 설명하시오.
4. 아래와 같은 가정조건에서 경간 8m의 직사각형(300mm×600mm) 단순보의 단기처짐과 재령 3개월과 재령 5년에 대한 장기처짐을 콘크리트 구조기준(2012)에 따라 계산하시오.

   〈가정조건〉
   1) 콘크리트 f_{ck}=21MPa, 철근 f_y=300MPa
      탄성계수 E_s=200,000MPa, E_c=24,900MPa
   2) 직사각형 보에 사용된 철근의 인장철근비 ρ=0.0072, 압축철근비 ρ'=0.0023
   3) 전체단면의 단면2차모멘트 I_g=5.4×10^{9}mm^4
      균열단면의 단면2차모멘트 I_{cr}=1.77×10^{9}mm^4
   4) 고정하중(자중 포함)=6.16kN/m, 활하중=4.35kN/m(50%가 지속하중으로 작용)
   5) 장기추가처짐계수 $\lambda_\Delta=\xi/(1+50\rho')$, 시간경과계수 ξ(3개월=1.0, 5년=2.0)

5. 온도 20℃에서 두 봉의 끝 간격이 0.4mm이다. 온도가 150℃에 도달했을 때, (1) 알루미늄 봉의 수직응력, (2) 알루미늄 봉의 길이 변화를 구하시오.

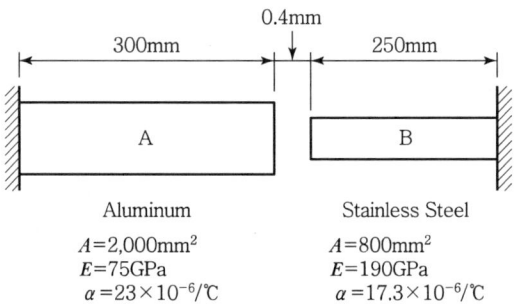

6. 내부 힌지(D점)를 갖는 연속보의 A, B점의 휨모멘트와 D점의 처짐을 구하시오.

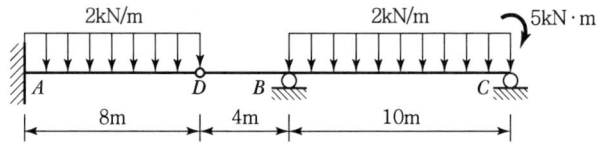

제3교시 다음 문제 중 4문제를 선택하여 설명하시오.(각 25점)

1. 도로교설계기준(한계상태설계법, 2016)에서 철근콘크리트 구조의 철근피복두께 규정에 대하여 설명하시오.
2. 장대교량의 신축이음 최소화를 위한 무조인트 시스템에 대하여 설명하시오.
3. 그림은 PSC보의 단부를 나타낸 것이다. PS강연선에 의해 포스트텐션 도입 시 균열이 발생하였다. A~E까지의 균열을 발생 원인별로 분류하고 대책을 설명하시오.

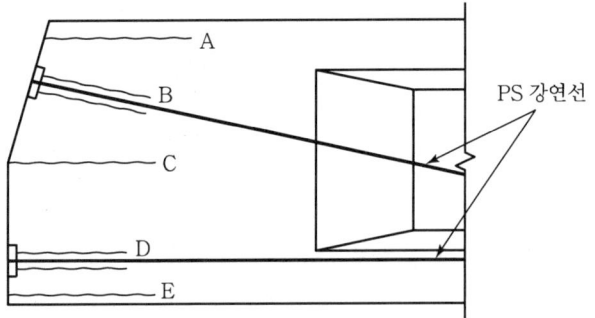

4. 총 무게가 2kN인 케이블 AC에 무게가 수평방향으로 일정하게 분포된다고 할 때, 케이블의 Sag h와 A점 및 C점의 처짐각을 구하시오.(단, BC부재는 강체 거동을 하는 것으로 가정한다.)

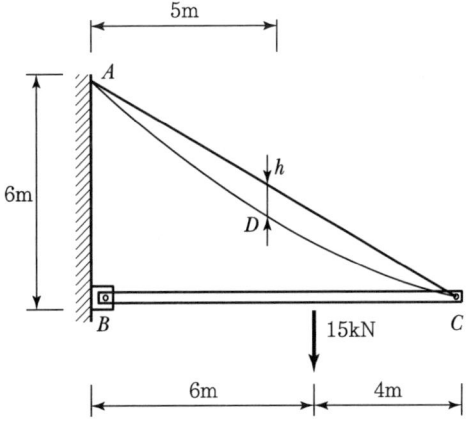

5. 강구조물의 정밀진단 시 임의 지점에 45° 스트레인 로젯을 사용하여 변형률을 측정한 결과 $\varepsilon_a = 680 \times 10^{-6}$, $\varepsilon_b = 410 \times 10^{-6}$ 그리고 $\varepsilon_c = -220 \times 10^{-6}$로 계측되었다. 강재의 탄성계수 $E = 200\text{GPa}$, 푸아송비 $\mu = 0.3$일 때 스트레인 로젯(rosette)을 설치한 계측지점의 최대 주변형률 및 주응력을 구하시오.

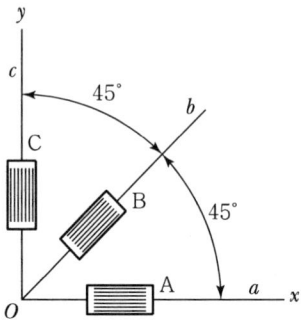

6. 외팔보 AB에 균일분포하중이 작용하기 전에 외팔보 AB 끝단과 외팔보 CD 끝단 사이에 $\delta_0 = 1.5\text{mm}$의 간격이 있다. 하중작용 후의 (1) A점의 반력, (2) D점의 반력을 구하시오.(단, $E = 105\text{GPa}$, $w = 35\text{kN/m}$이다.)

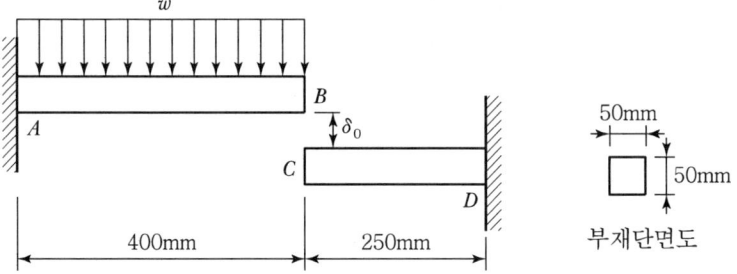

제4교시 다음 문제 중 4문제를 선택하여 설명하시오.(각 25점)

1. 온도균열지수에 의한 매스콘크리트의 온도균열 발생 가능성 평가 및 균열제어 대책에 대하여 설명하시오.

2. PSC박스거더의 손상유형과 원인 및 대책에 대하여 설명하시오.

3. 기존의 지중박스구조물에 대한 내진성능평가를 수행하였다. 다음 사항을 설명하시오.
   1) 응답변위법에 의한 내진성능평가 절차
   2) A, B 지점에서 부모멘트와 전단력에 대해 성능이 부족할 때 이에 대한 보강방안

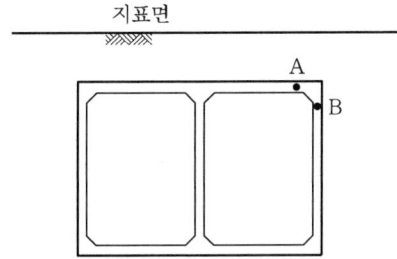

4. 3개의 강재기둥으로 지지하고 있는 강체슬래브 위에 모터가 회전하고 있다. 기둥의 지점 B 경계조건은 힌지단, 지점 A와 지점 C는 고정단이고, 강체슬래브와는 강결로 이루어져 있다. 모터의 편심질량은 200kg이고 편심이 50mm이며 강체슬래브의 무게(W)는 25kN이다. 기둥의 허용휨응력(f_a)이 200MPa 일 때, 모터의 허용 회전속도의 구간을 결정하시오.(단, 기둥의 질량은 무시하고 감쇠는 없는 것으로 가정하며, 각각의 기둥간격은 2m이고, 모든 기둥의 단면2차모멘트(I)는 $25.8 \times 10^6 mm^4$, 단면계수(S)는 $249 \times 10^3 mm^3$, 탄성계수(E)는 200GPa로 한다.)

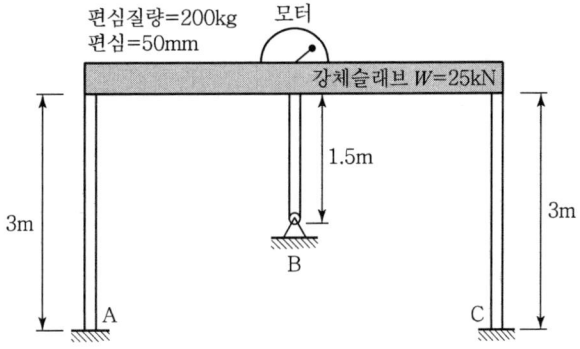

5. 그림의 철근콘크리트 기둥단면에서 작용하중이 편심(e=250mm)을 가지고 있을 때 주어진 단면의 균형단면력을 산정하고 공칭압축강도 P_n을 강도설계법에 따라 구하시오.(단, f_{ck} = 28MPa, f_y = 420MPa이다.)

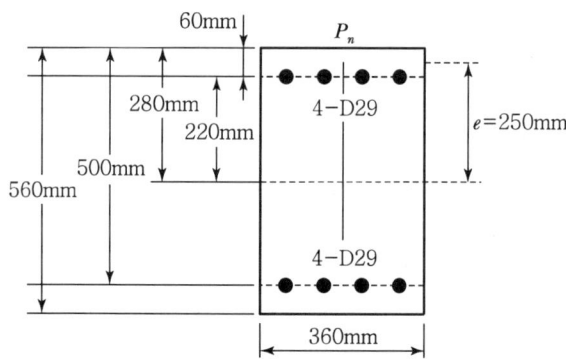

6. 지름 d = 6mm인 고강도 강연선이 반지름 R = 600mm의 새들에 걸쳐 있으며 이 강연선 1개에는 장력 T = 10kN이 작용하고 있다. 이 강연선의 탄성계수 E = 200GPa, 항복강도 f_y = 1,600MPa일 때, 강연선의 굽힘모멘트를 고려한 최대 발생응력을 구하시오.

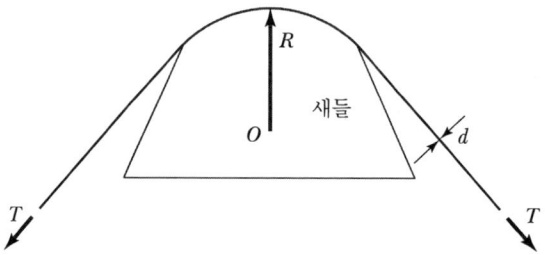

제117회
(2019년 1월 27일)

제1교시 다음 문제 중 10문제를 선택하여 설명하시오.(각 10점)

1. 보의 전단경간비(Shear Span Ratio)
2. 확장앵커(Expansion Anchor)
3. 최대 도입 프리스트레스(Maximum Induced Prestress)
4. 타이드 아치교(Tied Arch Bridge)
5. 복합재료(Fiber Reinforced Composite Materials)의 특징
6. 기초구조물의 내진설계 거동한계(기능수행수준/붕괴방지수준)
7. 설계VE에 있어 단계별(준비단계, 분석단계, 실행단계) 과업수행 중 분석단계
8. 부정정보 해석방법 중 변형일치법(변위일치법)
9. 휨강성(EI)과 보의 처짐의 상관관계
10. 도로교설계기준(한계상태설계법)에서 규정하고 있는 설계압축강도
11. 교명판(설명판 포함)에 기재할 내용
12. 말뚝기초의 등가정적 해석 시 만족하여야 하는 기본사항
13. '시설물의 안전 및 유지관리에 관한 특별법' 및 시행령에서는 1종 시설물 및 2종 시설물에 대하여 규정하고 있다. 다음 도로 교량은 몇 종 시설물에 해당되는지 설명하시오.
    (1) 지간 $L=2@50m=100m$인 강합성형 교량
    (2) 지간 $L=2@45+3@40+2@45=300m$인 개량형 PSC 교량

제2교시 다음 문제 중 4문제를 선택하여 설명하시오.(각 25점)

1. 성능평가와 안전점검·진단의 차별성과 연계성에 대하여 설명하시오.

2. FCM(Free Cantilever Method) 교량에 사용되는 교각의 종류와 특징에 대하여 설명하시오.

3. 다음 그림과 같은 단주기둥에서 (1) 중립축 위치를 도시하고, (2) 최대압축/인장응력을 구하시오.(단, $e_x = 9$cm, $e_y = 5$cm)

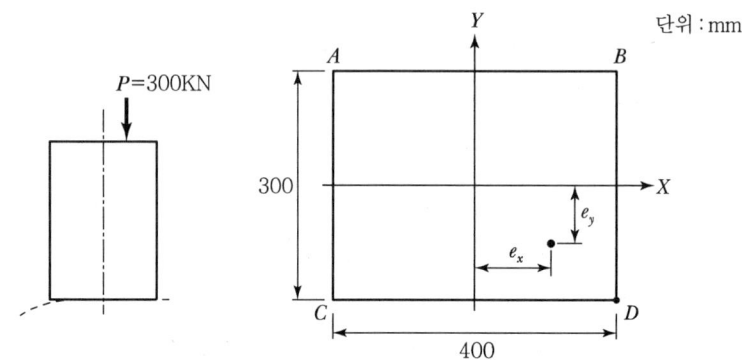

4. 그림과 같은 단면의 철근콘크리트 띠철근기둥(단주)에 축하중 P_u가 편심거리 $e_x = 360$mm인 위치에 작용할 경우, 이 기둥의 설계축강도 P_d 및 설계휨강도 M_d를 도로교설계기준 한계상태설계법(2012)에 의해 구하시오.(단, $f_{ck} = 30$MPa, $f_y = 400$MPa, D29의 철근 1개의 단면적 $A_s = 642.4$mm², $E_s = 2.0 \times 10^5$MPa, $\phi_c = 0.65$, $\phi_s = 0.95$, $\alpha = 0.8$, $\beta = 0.40$이다.)

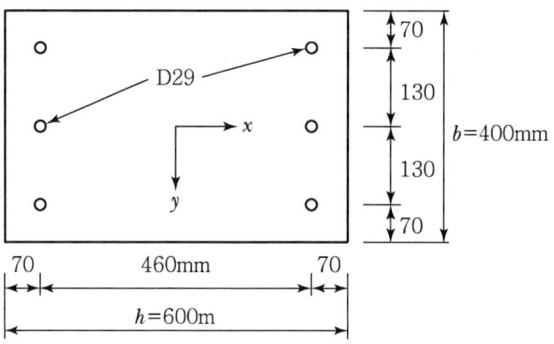

5. 다음 그림과 같은 등분포하중을 받는 보에서 A, B, C 점에서 같은 반력을 받도록 스프링 계수(k)를 구하시오.(단, EI 일정)

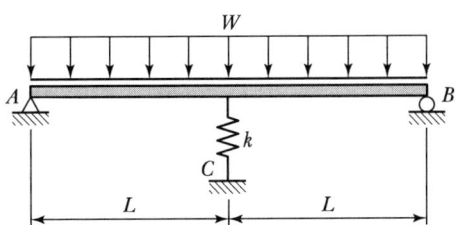

6. 최근 여름철 집중호우로 인해 옹벽이 전도되면서 무너지는 사고가 발생하고 있다. 다음 물음에 답하시오.
   (1) (그림1)에서 옹벽하단(A점)에서의 전도모멘트를 구하시오.
   (2) (그림2)와 같이 지하수위가 지표면까지 올라왔을 때 옹벽하단(A점)에서의 전도 모멘트를 구하시오.
   (3) 옹벽의 설계 및 시공 시 유의할 사항을 설명하시오.

   〈조건〉
   • 흙의 내부마찰각 $\phi = 30°$
   • 흙의 단위중량 $\gamma = 18\,kN/m^3$
   • 흙의 포화단위중량 $\gamma_{sat} = 20\,kN/m^3$
   • 물의 단위중량 $\gamma_w = 10\,kN/m^3$

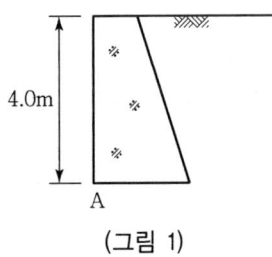

(그림 1)

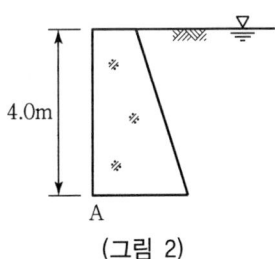

(그림 2)

제3교시 다음 문제 중 4문제를 선택하여 설명하시오.(각 25점)

1. 교량의 상부구조형식 중 박스거더(Box Girder)가 곡선교 적용에 유리한 이유에 대하여 설명하시오.

2. 하천을 횡단하는 지간 $L = 2@45 + 4@40 + 2@45 = 340m$인 개량형 PSC거더교가 설계되어 교량시공을 하려고 한다.(단, 하천의 유심부에는 교량공사용 가교가 있으며 교각마다 축도가 있다.)
   (1) 개량형 PSC거더교 시공순서
   (2) 귀하가 설계책임기술자로서 교량의 안전한 시공을 위해 검토해야 할 사항

3. 다음 그림과 같이 트러스 구조물의 DF부재력을 구하시오.

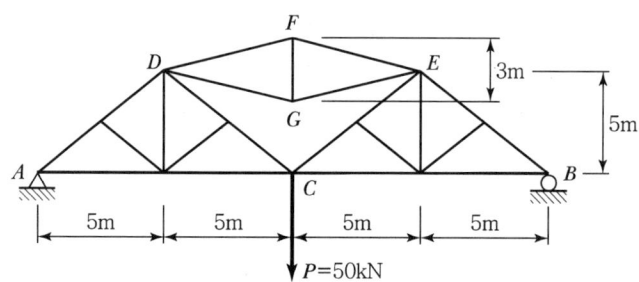

4. 다음 그림과 같은 구조물에서 AB부재가 수평이 될 때 (1) C, D, E점의 반력, (2) P하중의 작용위치 x를 구하시오.(단, $k_C = 50N/cm$, $k_D = 30N/cm$, $k_E = 20N/cm$, CD와 DE의 거리는 각각 1m이다.)

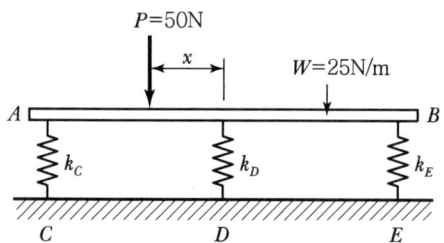

5. 그림과 같은 단면을 가진 양단 pin 기둥(장주)의 오일러 좌굴하중과 좌굴응력을 구하시오.(단, $H-200 \times 200 \times 8 \times 12$의 $A = 6,353mm^2$, $I_x = 4.72 \times 10^7 mm^4$, $I_y = 1.60 \times 10^7 mm^4$, $H-150 \times 100 \times 6 \times 9$의 $A = 2,684mm^2$, $I_x = 1.02 \times 10^7 mm^4$, $I_y = 0.151 \times 10^7 mm^4$, 기둥의 길이 $l = 10m$, 강재의 탄성계수는 $E = 210GPa$이다.)

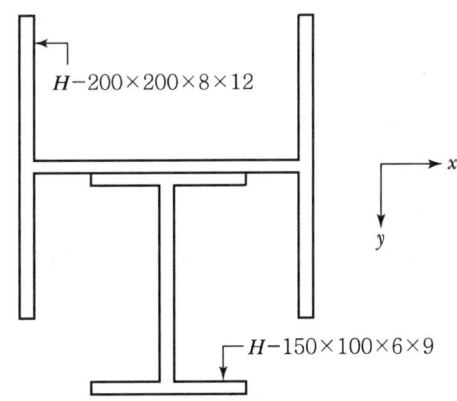

6. 도로가 서로 교차하는 구간에 평면교차로 대신에 지하차도를 계획하였다. 도로의 교차부에는 BOX 구조물로 설계하고 접속부에는 U-Type 구조물로 설계하였다. 그림과 같이 U-Type 구조물 주변에 지하수가 있을 경우 다음 물음에 답하시오.

   (1) 지하수위가 GL-1m일 때, 부력에 대한 안정성을 검토하시오.
   (2) 안정성이 확보되지 않을 경우 이에 대한 대책공법을 설명하시오.

   〈조건〉
   - 구조물 단위중량 $W_c = 25kN/m^3$
   - 물의 단위중량 $\gamma_w = 10kN/m^3$
   - 흙의 단위중량 $\gamma_t = 18kN/m^3$
   - 흙의 포화단위중량 $\gamma_{sat} = 20kN/m^3$
   - 흙의 강도정수 : 점착력 $c = 0kN/m^2$, 내부마찰각 $\phi = 30°$

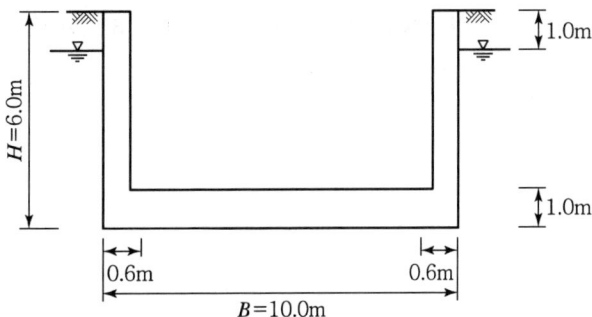

제4교시 다음 문제 중 4문제를 선택하여 설명하시오.(각 25점)

1. 건설사업관리(Construction Management, CM제도) 운영방식 중 순수형 CM 계약방식(CM for Free)과 위험형 CM계약방식(CM at Risk)에 대하여 설명하시오.

2. 아래와 같은 1차 부정정보에 대하여 A, B, C 점에서의 휨모멘트를 구하고 BMD(휨모멘트도)를 그리시오.(단, EI는 일정하고 지점침하는 없음)

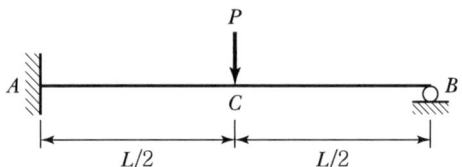

3. 다음 그림과 같은 연속보에서 A, B 점에서의 모멘트와 D점에서의 처짐을 구하시오.(단, EI는 일정하다.)

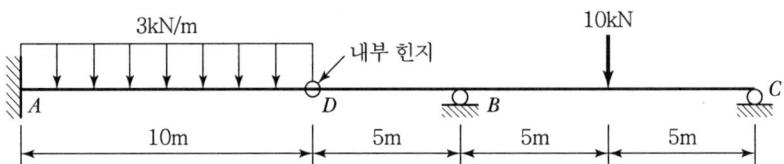

4. 다음 그림과 같은 단면에서
   (1) RC보의 파괴상태
   (2) 강도감소계수 ϕ_f
   (3) 설계모멘트의 적정 여부를 검토하시오.(강도설계법)

   (단, $f_{ck}=21$MPa, $f_y=350$MPa, $A_s=31.5$cm², $E_s=200,000$MPa, $n=7$, $M_u=370$kN·m, $\varepsilon_c=0.003$으로 가정)

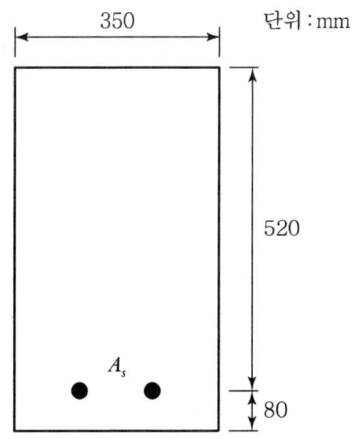

5. 그림과 같은 트러스에서 D점에 하중 P가 작용할 때 항복하중 P_y를 구하시오.(단, 탄성계수 E는 일정, 부재 AD 및 CD의 단면적은 A, 부재 BD의 단면적은 2A, 항복응력은 f_y이다.)

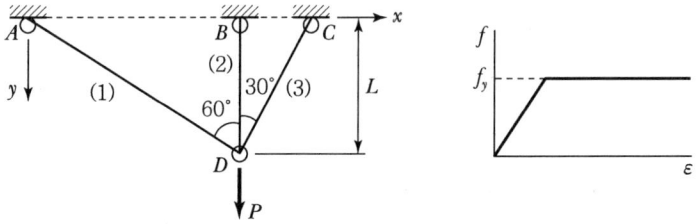

6. 그림과 같이 헌치가 있는 RC라멘교를 시공하기 위하여 동바리설계를 할 때, 콘크리트 타설 시 거푸집 및 동바리에는 콘크리트 압력이 작용하는데, 다음 물음에 답하시오.(단, $W_c = 24\text{kN/m}^3$)

   (1) 헌치거푸집(A-B)에 작용하는 수평력을 구하시오.
   (2) 동바리 설계 및 시공 시 유의할 사항을 설명하시오.

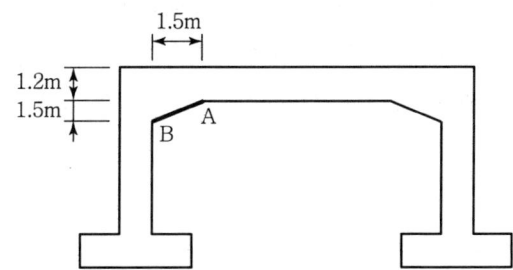

제 118 회

(2019년 5월 5일)

제1교시 다음 문제 중 10문제를 선택하여 설명하시오.(각 10점)

1. 교량의 단면 최적설계(optimum design)에서 설계변수, 목적함수, 제약조건에 대하여 설명하시오.
2. 전단하중을 받는 앵커의 파괴모드 중 프라이아웃(pry out)의 개념도를 그리고 설명하시오.
3. 철도교 설계에서 차량 횡하중의 발생원인과 적용방법을 설명하시오.
4. I형 단면을 갖는 구조용 압연강재의 잔류응력 분포에 대하여 설명하시오.
5. 교량구조용 압연강재(HSB재)에 대하여 설명하시오.
6. 도로교설계기준(한계상태설계법, 2016)에 제시된 교량의 위치선정에 대한 규정에 근거하여 도로상 교량의 다리 밑 공간에 대하여 설명하시오.
7. PS 강연선의 주요 부식 중 매크로셀 부식(macro-cell corrosion)에 대하여 설명하시오.
8. 특수교 케이블 점검을 위한 비파괴검사(non-destructive test) 방법 중 음향방출기법(Acoustic Emission, AE)에 대하여 설명하시오.
9. 철근콘크리트 부재의 거동과 관련하여 압축지배단면, 변화구간단면, 인장지배단면에 대한 강도감소계수에 대하여 설명하시오.
10. 도로교설계기준(한계상태설계법, 2016)에 근거하여, 온도에 의한 변형효과를 고려하기 위하여 설계 시 기준으로 사용하는 온도를 기후 및 교량별로 설명하시오.(단, 온도에 관한 정확한 자료가 없을 경우)
11. 단변의 길이 S, 장변의 길이 L, 두께 t인 2방향 철근콘크리트 슬래브가 4변 모두 단순지지되어 있다. 이 슬래브의 중앙에 집중하중 P가 작용할 때, 장변 및 단변으로의 하중분담 비를 설명하시오.(단, 장변 : 단변=1.5 : 1)
12. 교량에 사용하는 프리캐스트 바닥판의 장점 및 단점에 대하여 설명하시오.

13. 국내의 한국산업표준(KS)에서 규정하는 프리스트레스 강재의 표준규격에서 다음 기호의 의미를 ①의 예시와 같이 ②~④를 설명하시오.

예시) ① : 프리스트레스 원형 강연선

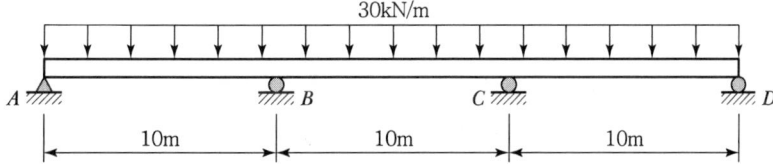

제2교시 다음 문제 중 4문제를 선택하여 설명하시오.(각 25점)

1. 연속압출공법(ILM)을 이용한 교량 설계 시 고려사항에 대하여 설명하시오.
2. 포스트텐션 공법이 적용된 프리스트레스 콘크리트 부재의 정착구역 중 국소구역에 대하여 설명하고, 지압응력에 대한 안전검토 방법에 대하여 설명하시오.
3. 강재의 취성파괴 원인과 대책에 대하여 설명하시오.
4. 그림과 같이 등분포하중($w=30kN/m$)을 받고 있는 3경간 연속보에 지점침하가 A에서 10mm, B에서 50mm, C에서 20mm, 그리고 D에서 40mm 발생하였다. 각 지점의 반력을 구하시오.(단, EI는 일정, $E=200GPa$, $I=700 \times 10^6 mm^4$)

5. 등가직사각형 응력분포와 강연선의 항복 후 직선관계식을 이용한 변형률 적합 조건을 이용하여, 폭이 400mm, 높이가 600mm인 직사각형단면 보의 공칭휨강도 M_n을 구하시오.(단, 긴장재 위치의 콘크리트 변형률이 0인 상태에서 추가로 프리스트레싱 강재에 발생될 것으로 예상되는 최초 변형률 $\varepsilon_3 = 0.01634$로 가정한다.)

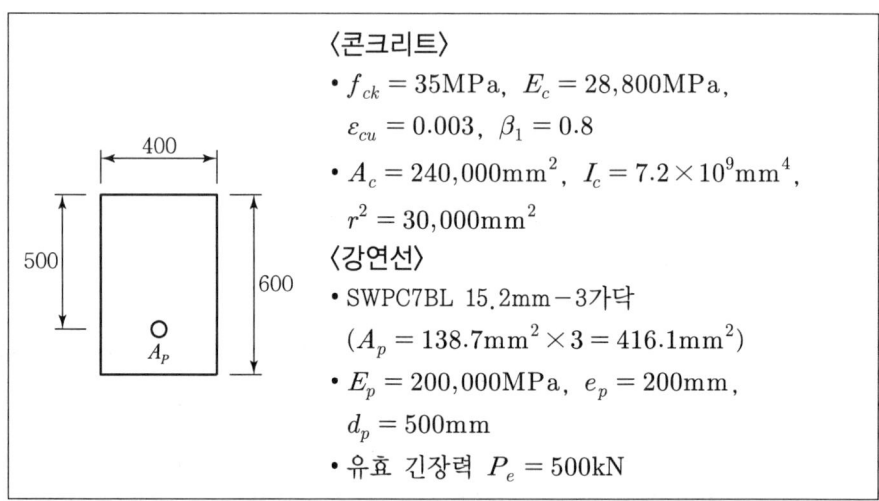

강연선 기호	항복강도	인장강도	항복변형률	극한변형률	항복 후 직선관계식
SWPC7BL	1,680MPa	1,860MPa	0.0084	0.035	$f_{ps} = 6{,}767\,\varepsilon_{ps} + 1{,}623$

6. 그림과 같은 지간 10m 단순보에서 고정하중은 등분포하중($w_1 = 1\text{kN/m}$)으로 작용하고 있고 활하중은 집중하중($P=10\text{kN}$)으로 작용하고 있다. 보의 중앙부(B)에서 고정하중 모멘트(D), 활하중모멘트(L)가 발생할 때 다음 물음에 답하시오.(단, 보의 중앙에서 발생하는 최대 모멘트가 저항모멘트를 초과하면 파괴된다고 가정한다.)

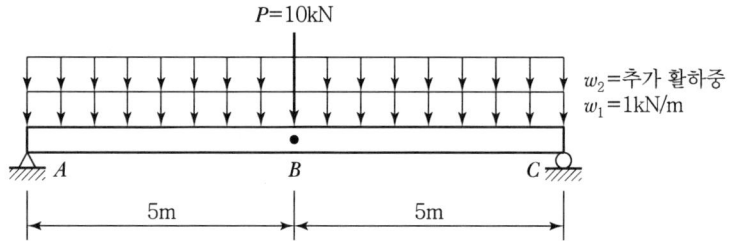

확률변수	고정하중모멘트(D)	활하중모멘트(L)	저항모멘트(R)
분포특성	표준정규분포	표준정규분포	표준정규분포
불확실량(C.O.V)	0.11	0.25	0.15
평균공칭비	1.05	1.15	1.05

파괴확률 (P_f)	신뢰성지수(β)
1/100	2.33
1/1,000	3.10
1/10,000	3.75
1/100,000	4.25

(1) 보 중앙에서 고정하중모멘트의 평균값과 활하중모멘트의 평균값을 각각 구하시오.

(2) 고정하중모멘트와 활하중모멘트의 표준편차를 각각 구하시오.

(3) 저항모멘트 1(R_1)이 80kN·m일 때 신뢰성지수(β)를 구하시오.(단, $w_2=0$)

(4) 구조물의 파괴확률(P_f)이 10^{-4}이 되기 위한 저항모멘트 2(R_2)를 구하시오.(단, $w_2=0$)

(5) 저항모멘트 2(R_2)로 설계된 보에서 파괴확률(P_f)이 10^{-3}을 만족하는 추가활하중(w_2)을 구하시오.

제3교시 다음 문제 중 4문제를 선택하여 설명하시오.(각 25점)

1. 기존 교각의 내진성능 향상방법을 나열하고 각각에 대하여 설명하시오.

2. 사장교 측경간 교각부에 부반력이 발생할 경우, 설계 시 고려사항에 대하여 설명하시오.

3. 도로교설계기준(한계상태설계법, 2016)에 제시된 도로배수에 대하여 설명하시오.

4. 구조물을 그림과 같이 무게가 없는 탄성기둥과 무게가 있는 강체거더로 모델링하였다. 이 구조물의 동특성을 산정하기 위하여 강체거더에 유압잭을 이용하여 수평 방향으로 변위를 가한 후 놓아서 자유진동이 발생하도록 하였다. 이때 유압잭으로 발생시킨 변위(u_1)는 20mm이고 3cycle 후 최대변위(u_4)는 16mm였다. 다음을 구하시오.(단, 지점 B는 힌지단, 지점 A 및 C는 고정단이며, 내부 힌지는 마찰이 없고, 강체거더와 기둥은 강결로 이루어져 있고, 강체거더의 무게(W)는 500kN, 모든 기둥의 단면2차모멘트(I)는 $25.8 \times 10^6 mm^4$, 탄성계수(E)는 200GPa로 한다.)

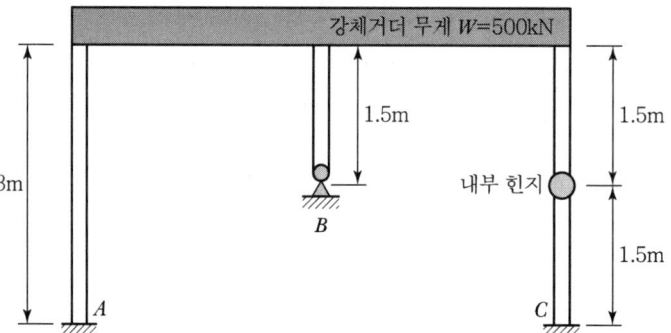

(1) 구조물의 강성
(2) 감쇠비
(3) 고유진동수 및 감쇠고유진동수
(4) 임계감쇠 및 감쇠계수
(5) 10cycle 후 최대변위(u_{11})

5. 다음 그림과 같이 경간장 30m의 포스트텐션 보에서 곡선으로 배치된 긴장재를 왼쪽지점(A)의 단부에서 인장력을 도입할 때 다음을 구하시오.(단, 텐던의 배치는 원호 형상으로 가정한다.)

(1) 쐐기 정착 전 긴장재의 신장량
(2) 쐐기 정착 후 중앙부(B점)의 즉시손실량
(3) 쐐기 정착 후 긴장력 분포도(A점, B점, C점)

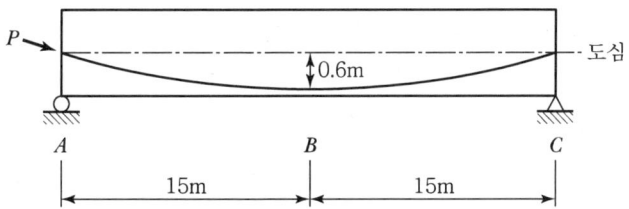

- 연장 : $L = 30.0$m, 편심거리 : 0.6m
- 사용 텐던 : SWPC7BL 15.2mm($A_{ps} = 138.7$mm^2, $f_{pu} = 1,860$MPa) − 22가닥 강연선
- 도입긴장력 : 4,250kN
- 탄성계수 : $E_p = 200$GPa
- 곡률마찰계수 $\mu = 0.2$/radian, 파상마찰계수 $K = 0.002$/m
- 쐐기 정착장치의 활동량 : 6mm

6. 다음과 같은 사각기둥(단주)이 균형 상태일 때, P_b, M_b 및 e_b를 강도설계법으로 구하시오.

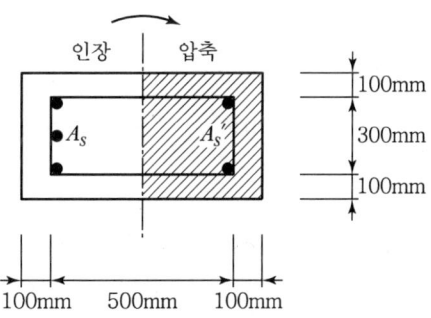

$f_{ck} = 24$MPa, $f_y = 300$MPa, $A_s = 3,000$mm^2, $A_s' = 1,000$mm^2, $E_s = 2.0 \times 10^5$MPa, $\varepsilon_c = 0.003$

제4교시 다음 문제 중 4문제를 선택하여 설명하시오.(각 25점)

1. 철근콘크리트 교량의 유지관리에서 철근 위치와 부식상태를 조사하는 방법과 그 특징을 설명하시오.
2. 평면응력상태에서 Tresca와 von Mises 항복기준을 도식적으로 비교하고 각각의 배경이론을 설명하시오.
3. 철근콘크리트 연속보 구조의 휨모멘트 재분배에 대하여 설명하고, 콘크리트구조기준(2012)과 도로교설계기준(한계상태설계법, 2016)을 비교 설명하시오.
4. 강교량의 설계에 적용되는 BIM(Building Information Modeling)에 대하여 설명하시오.
5. 다음의 복철근 직사각형보의 설계휨모멘트(ϕM_n)를 강도설계법으로 구하시오.

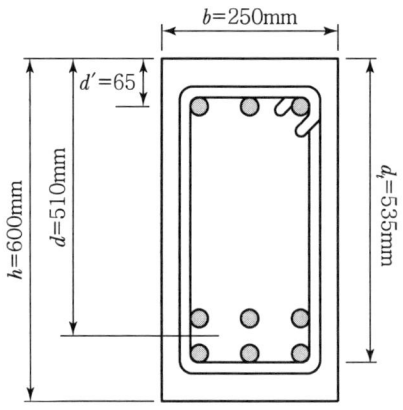

$f_{ck} = 21\text{MPa}, \ f_y = 300\text{MPa}, \ A_s = 6-\text{D}25(3{,}040\text{mm}^2),$
$A_s' = 3-\text{D}19(860\text{mm}^2), \ d' = 65\text{mm}$

6. 다음 그림과 같이 지간이 12.0m인 단순보이고, 자중 외에 8,180N/m가 작용하는 프리텐션 보가 있다. PS 강재는 7연선을 사용하였으며 편심거리(e_p)는 130mm이다. 프리스트레스 도입 직후의 프리스트레스 힘 P_i는 766kN이다. 콘크리트의 건조수축, 크리프 및 PS 강재의 릴랙세이션에 의한 프리스트레스의 시간적 손실이 15%일 때, 보의 중앙 단면에서 상, 하연의 휨응력을 구하시오.

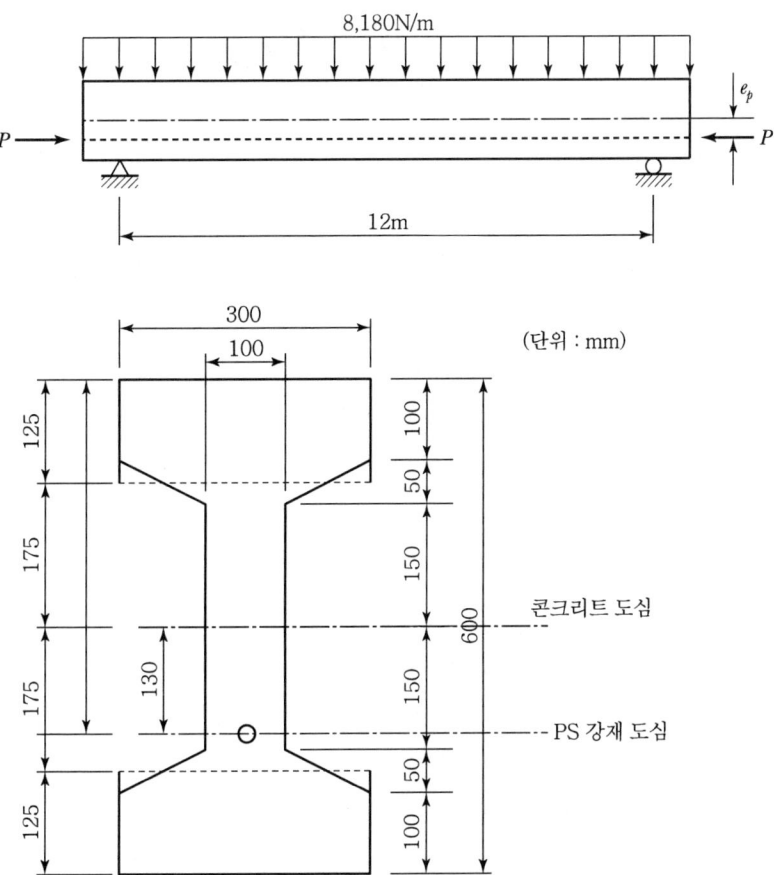

제119회
(2019년 8월 10일)

제1교시 다음 문제 중 10문제를 선택하여 설명하시오.(각 10점)

1. 구조물의 내진, 제진, 면진에 대하여 설명하시오.
2. 완전프리스트레싱과 부분프리스트레싱에 대하여 설명하시오.
3. 현재 설계평가기준인 PQ(Pre-Qualification), SOQ(Statement Of Qualification), TP(Technical Proposal)에 대하여 설명하시오.
4. 강재의 인성에 대하여 설명하시오.
5. 내진성능평가 시 소요역량과 공급역량에 대하여 설명하시오.
6. 콘크리트 배합 시 물-시멘트 비(W/C)가 콘크리트 압축강도에 미치는 영향에 대하여 설명하시오.
7. 철근콘크리트의 성립이유에 대하여 설명하시오.
8. 프리스트레싱 도입방법에 대하여 설명하시오.
9. 철근의 응력-변형률 곡선에 대하여 설명하시오.
10. 프리스트레스트 콘크리트의 하중 평형의 개념에 대하여 설명하시오.
11. 한계상태설계법에 대하여 설명하시오.
12. 도로구조물 설계에 적용되는 지진 가속도계수와 관성력의 관계에 대하여 설명하시오.
13. 도로교설계기준의 설계기준풍속에 대하여 설명하시오.

제2교시 다음 문제 중 4문제를 선택하여 설명하시오.(각 25점)

1. 철근콘크리트 T형보에서 플랜지의 유효폭 $b = 1,400\text{mm}$, 복부폭 $b_w = 400\text{mm}$, 플랜지 두께 $t_f = 100\text{mm}$, 유효깊이 $d = 640\text{mm}$, $h = 750\text{mm}$인 단면에 $M = 1,460\text{kN} \cdot \text{m}$가 작용할 때, T형보를 설계하시오.(단, $f_{ck} = 21\text{MPa}$, $f_y = 420\text{MPa}$)

2. 양단이 단순지지되어 있는 압축부재(H-400×400×13×21)의 중심축에 고정하중 900kN, 활하중 700kN이 작용할 때 압축부재의 안전성을 검토하시오. (단, LRFD 강구조설계기준을 적용하고 압축부재의 길이는 4,500mm이고 강재의 $A = 21,870\text{mm}^2$, $F_y = 235\text{N/mm}^2$)

3. 다음 설계조건을 갖는 단면의 전단강도를 한계상태설계법과 강도설계법으로 각각 구하고 두 설계방법의 차이점을 비교·설명하시오.

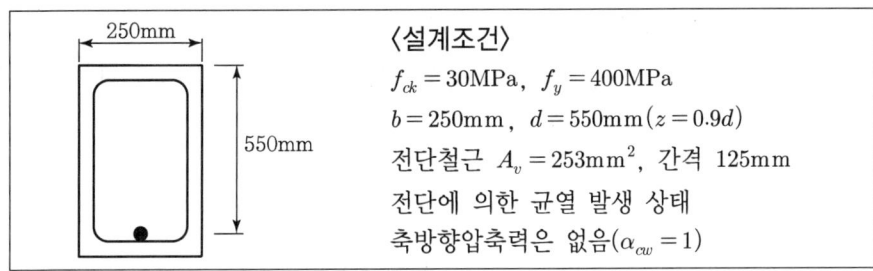

〈설계조건〉
$f_{ck} = 30\text{MPa}$, $f_y = 400\text{MPa}$
$b = 250\text{mm}$, $d = 550\text{mm}(z = 0.9d)$
전단철근 $A_v = 253\text{mm}^2$, 간격 125mm
전단에 의한 균열 발생 상태
축방향압축력은 없음($\alpha_{cw} = 1$)

4. Extradosed교와 콘크리트 사장교를 비교하여 설명하시오.
5. 하천교량의 여유고 및 경간장 결정기준을 하천설계기준에 준용하여 설명하시오.
6. 부정정 구조해석방법 중 응력법과 변위법에 대하여 해석순서를 고려하여 비교·설명하시오.

제3교시 다음 문제 중 4문제를 선택하여 설명하시오.(각 25점)

1. 다음 그림과 같은 중력식옹벽의 벽면에 작용하는 토압에 저항할 수 있는 P_a를 쐐기법을 이용하여 구하시오.(단, 흙의 내부 마찰각은 ϕ, 벽면경사각은 α, 배면 흙 경사각은 β, 콘크리트와 흙의 벽면마찰각은 δ, 흙 쐐기의 활동각은 ω)

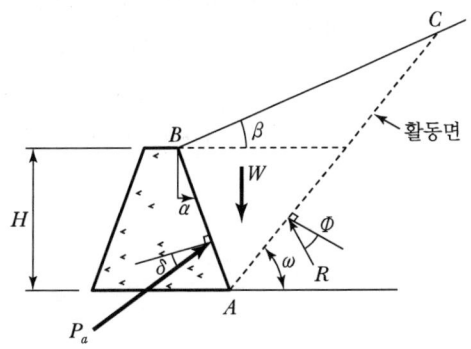

2. 교량확장 계획 시 기존 교량에 차량을 통행시키면서 신·구교량을 강결시켜 확장하는 경우 발생 가능한 문제점과 대책에 대하여 설명하시오.

3. 콘크리트 아치교의 설계 시 검토사항에 대하여 설명하시오.

4. 트러스 구조에서 2차 응력 발생원인과 2차 응력을 줄이기 위한 방안에 대해서 설명하시오.

5. 캔틸레버보의 자유단에 스프링 지점이 연결되어 있는 1차 부정정 구조물이다. 보의 휨강성이 EI이고 스프링 상수가 k_s일 때 Castigliano의 정리(최소 일의 방법)를 이용하여 B점의 반력을 구하고 스프링 지점 대신 가동지점일 경우의 반력을 구하시오.

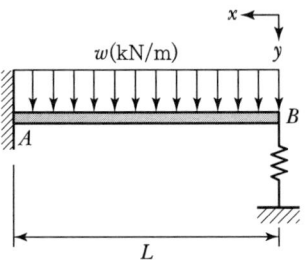

6. 다음 그림과 같은 L-150×150×12를 인장재로 하여 고장력볼트로 연결할 때 강구조 설계기준에 의하여 블록전단강도를 구하시오.[단, 형강의 강도는 $F_y = 235\text{MPa}$, $F_u = 400\text{MPa}$이며 고장력볼트는 M24(F10T)]

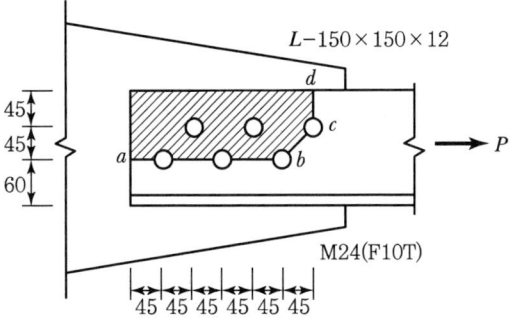

제4교시 다음 문제 중 4문제를 선택하여 설명하시오.(각 25점)

1. 아래 그림과 같이 단순보의 양단에 모멘트가 작용할 때 모멘트-변위 간의 관계를 $\{M\}_{2\times1} = [K]_{2\times2}\{\theta\}_{2\times1}$ 형태로 유도하시오.

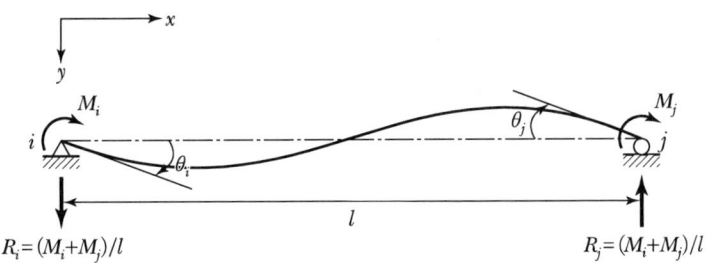

2. 공항진입교량 설계에 있어 적용할 파괴확률 P_f(Probability of Failure)와 안전지수 β(Safety Index)와의 상관관계를 설명하고, 아래 교량의 안전지수 β를 구하시오.

대표 거더의 휨모멘트 통계자료(지간 30m, 간격 2.4m의 단순 PSC거더)			
하중 영향(정규분포로 가정)		저항모멘트(대수정규분포로 가정)	
계수모멘트의 평균값 $\overline{S}$	5,000kN·m	공칭저항모멘트 R_n	8,000kN·m
계수모멘트의 표준편차 σ_S	400kN·m	저항모멘트에 대한 편심계수 λ_R	1.05
		저항모멘트의 변동계수 V_R	0.075

3. 지간이 20m이고 $b=400$mm, $h=900$mm인 프리스트레스트 콘크리트 보에 긴장재를 포물선 형상으로 배치한 경우 $P=3,300$ kN이 작용할 때 보의 지간 중앙에서 콘크리트의 상연과 하연의 응력을 응력 개념으로 계산하시오. 또한 강도 개념으로 계산하고 그 결과를 비교 분석하여 설명하시오.(단, 보의 중앙에서 편심량은 250mm이고 보의 자중 이외에 등분포 활하중 $w_l=17.4$kN/m가 작용하고, 프리스트레스트 콘크리트의 단위질량은 25kN/m³)

4. 강교량의 피로 균열 발생원인을 설명하고, S-N 곡선의 특성에 대하여 설명하시오.

5. 최근 시행 중인 건설기술용역 종합심사 낙찰제에 대하여 설명하시오.

6. 내진설계가 적용되지 않은 지중구조물(2련박스)의 중앙 기둥부에 적용하는 콘크리트구조기준의 특별고려사항에 대하여 설명하고 연성보강(띠철근) 적용범위를 설명하시오.

제 120 회

(2020년 2월 1일)

제1교시 다음 문제 중 10문제를 선택하여 설명하시오.(각 10점)

1. 철근콘크리트 보의 응력 교란구역
2. PS 강재의 응력 부식과 지연 파괴
3. 철근콘크리트 슬래브의 균열률(Crack Ratio)
4. 후설치 앵커볼트의 종류 및 문제점
5. 강구조물에서 부재의 면외좌굴
6. 사장교의 주케이블에 적용되는 평행소선케이블(Parallel Wire Cable)과 평행연선케이블(Parallel Strand Cable)의 구조 특징
7. 프리스트레스트 콘크리트(PSC) 거더의 횡만곡
8. 도로교설계기준(한계상태설계법, 2016)에서 구조물의 여용성, 중요도, 교량의 등급
9. 도로교설계기준(한계상태설계법, 2016)의 활하중
10. 건설기술진흥법에 따른 설계안전성 검토 수행절차
11. 매입형 강합성 기둥과 충전형 강합성 기둥의 특징
12. 비틀림 하중을 받는 부재에서 발생하는 뒴(Warping)과 뒤틀림(Distortion)
13. 프리스트레스트 콘크리트(PSC) 구조에 사용되는 콘크리트와 PS 강재의 재료 특성

제2교시 다음 문제 중 4문제를 선택하여 설명하시오.(각 25점)

1. 지속적으로 반복 및 충격하중을 받는 강재구조의 특성에 대해 설명하시오.
2. 기존 교량의 내진성능 평가절차와 내진성능 부족 시 내진성능 확보방안에 대하여 설명하시오.
3. 3경간 연속 사장교 계획 시 지형조건에 의해 중앙경간과 측경간의 비대칭 경간구성일 때, 비대칭성을 극복할 수 있는 구조계획 및 방안에 대하여 설명하시오.(단, 아래 그림은 경간계획만 참고하시오.)

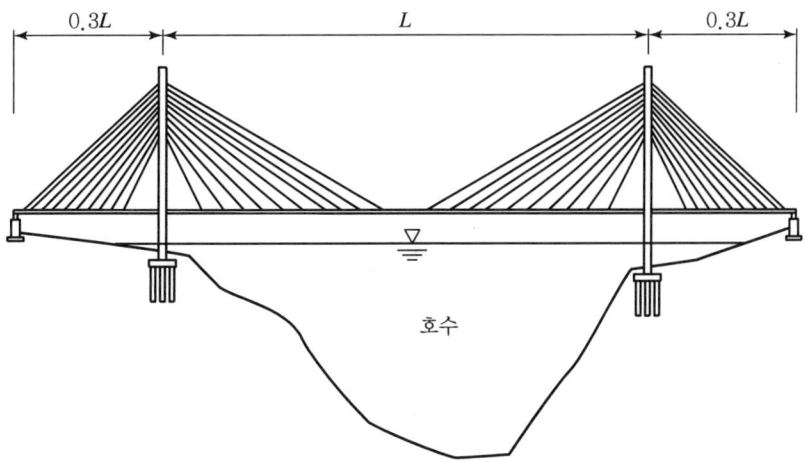

4. 다음 그림과 같이 길이 6m인 철근콘크리트 단순보에 고정하중 $W_D = 30\text{kN/m}$, 활하중 $W_L = 25\text{kN/m}$가 작용할 때 강도설계법을 적용하여 다음 사항을 구하시오.

 1) 계수모멘트(M_u)에 의한 단철근 직사각형 단면보의 휨 철근량과 사용철근
 2) 전단력 분포에 따른 최소 전단철근 배치구간을 구하고, 위험단면에서 수직 전단철근과 간격

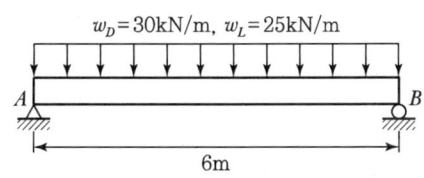

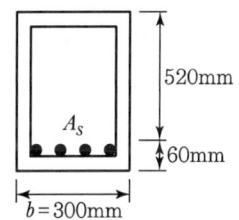

[단철근직사각형 단면보]

〈설계조건〉
- 보통콘크리트($f_{ck} = 27\text{MPa}$)
- 사용철근 SD400($f_y = 400\text{MPa}$)
- 철근의 개당 단면적 H29($A_s = 642.4\text{mm}^2$)
- 콘크리트 단위중량은 24kN/m^3
- 하중계수는 1.2D와 1.6L
- H13($A_s = 126.7\text{mm}^2$)
- 강도감소계수(ϕ)는 휨에 대하여 0.85와 전단에 대하여 0.75를 적용한다.

5. 아래 그림과 같이 기둥 하단부가 힌지로 지지된 뼈대구조가 횡방향 변위가 발생하면서 좌굴이 되는 경우의 좌굴하중을 구하시오.(단, 모든 부재의 길이와 휨강성은 각각 L과 EI로 일정하며, 부재의 축방향 변형과 전단 변형 효과는 무시한다.)

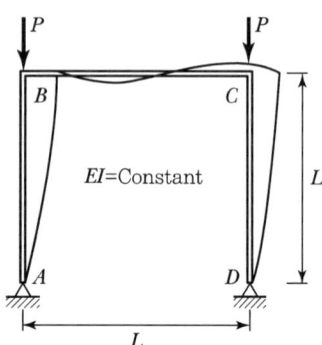

6. 강합성 박스거더의 지점부가 다음과 같이 보강재로 보강되어 있을 때, 도로교설계기준(한계상태설계법, 2016)에 의한 지압보강재의 축방향 압축강도를 구하시오. 단, 보강재는 복부판에 용접으로 접합되었으며 거더의 플랜지와 복부판, 그리고 보강재는 동일 강종이다.

(강종 : HSB500, $F_y = 380\text{MPa}$, $E = 205{,}000\text{MPa}$, 보강재 두께 $t_p = 36\text{mm}$, 보강재 돌출폭 $b_t = 200\text{mm}$, 보강재 설치간격 $d_e = 350\text{mm}$, 보강재 높이 H $= 2{,}400\text{mm}$, 다이아프램 두께 $t_w = 24\text{mm}$, 유효좌굴길이계수 K$= 0.75$, 저항계수$= 0.9$)

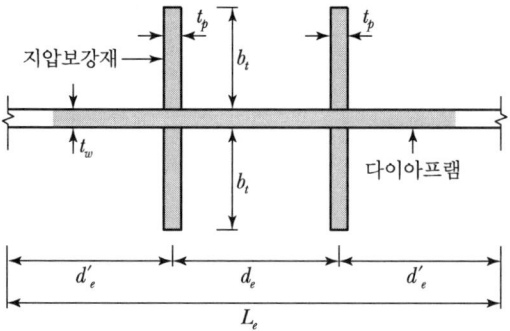

제3교시 다음 문제 중 4문제를 선택하여 설명하시오.(각 25점)

1. 사장교의 케이블 교체 및 파단 시 해석방법에 대해 설명하시오.
2. 프리스트레스트 콘크리트 전단 특성과 전단파괴의 종류에 대하여 설명하시오.
3. 강박스 거더는 박판의 플레이트에 각종 보강재를 부착하여 장경간 거더로 활용되는 형식이다.
   1) 강박스 거더교를 구성하고 있는 부재(보강재 포함)를 열거하고, 구조적 역할을 설명하시오.
   2) 기존 박스 거더를 합리적으로 개선한 형식 3개를 제시하고, 구조 개요를 설명하시오.
4. 다음 구조계의 B에 집중하중 P가 작용 시 B의 수직 탄성변위를 구하시오. (단, 전체 부재의 탄성계수는 E, 부재 AB의 휨강성은 EI, 부재 BC, BD의 단면적은 A로 가정한다.)

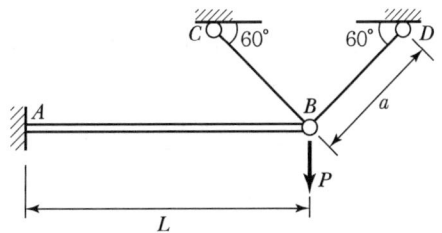

5. 아래 그림과 같은 플랜지의 폭이 B이고 복부판의 높이가 H이며 플랜지와 복부판의 두께 t가 일정한 ㄷ형강이 있다. 플랜지 중심선의 길이 b와 복부판 중심선의 길이 h를 이용하여, 복부판 중심선으로부터 전단 중심(o)까지의 거리 e를 구하시오.(단, $b=h$)

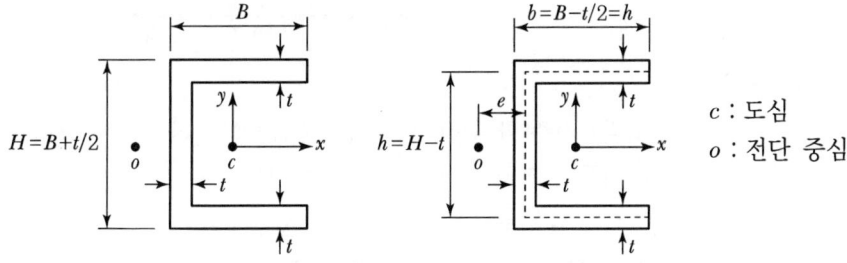

c : 도심
o : 전단 중심

6. 프리스트레스트 콘크리트 거더 교량($L=3@45=135m$) 설계 시, 첫 번째 교각을 고정단 위치로 설정하여 그에 따른 교대부 신축이음장치의 규모를 산정하시오.(단, 거더높이 $h=2.5m$, 콘크리트 탄성계수 $E_c=28,000N/mm^2$, 거더 단면적 $A_c=1.73\times10^6 mm^2$, 프리스트레싱 직후의 PS 강재에 작용하는 인장력 $P_i=7.1\times10^6 N$으로 가정하고, 온도 변화 $\triangle T=40℃$, 콘크리트 열팽창계수 $\alpha=1.0\times10^{-5}/℃$, 건조 수축 및 크리프 저감계수 $\beta=0.5$, 콘크리트의 크리프계수 $\phi=2.0$, 받침의 회전중심에서 거더의 중립축까지의 높이는 $\frac{2}{3}h$, 거더의 회전각 $\theta_i=\frac{1}{300}$, 설치여유량 ±30mm를 적용한다.)

제4교시 다음 문제 중 4문제를 선택하여 설명하시오.(각 25점)

1. 아래 그림과 같은 교통량이 많은 차도 상부로 신설 교량을 계획하려고 한다. 교량 연장 240m, 중앙 경간장은 100m 이상이 요구되는 설치환경이며, 신설 교량의 평면선형은 직선, 폭원은 20m이다. 다리 밑 공간과 도로계획고를 고려하여 적용 가능한 교량 형식을 열거하고 간략한 가설공법을 설명하시오.(단, 공사비와 경관성은 고려하지 않으며, 하부도로의 교통은 단시간 통제할 수 있으나 가설도로에 의한 우회처리는 할 수 없는 조건임)

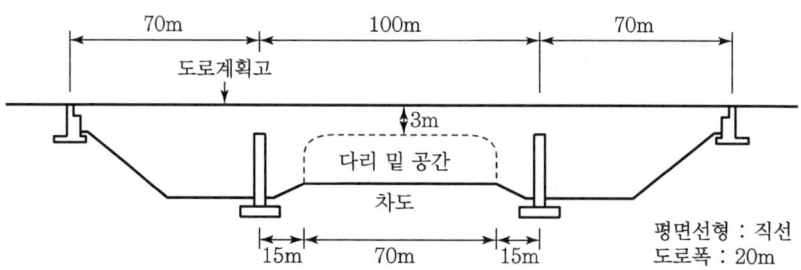

2. 도로교설계기준(한계상태설계법, 2016)에 따라 철근콘크리트 구조물의 철근 피복두께를 결정하는 방법을 설명하시오.
3. 프리스트레스트 콘크리트 거더에서 포스트텐션 방식으로 강연선 긴장 시, 즉시손실과 장기손실에 대해 설명하시오.
4. 소수 주 거더교의 구조적 특성을 설명하시오.
5. 해상 장대교량에서 발생 가능한 와류진동에 대하여 설명하시오.

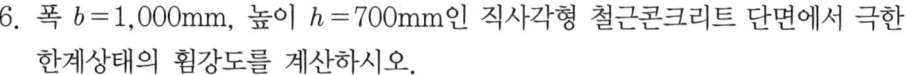

6. 폭 $b = 1,000$mm, 높이 $h = 700$mm인 직사각형 철근콘크리트 단면에서 극한한계상태의 휨강도를 계산하시오.

〈설계조건〉
1) 재료의 강도 및 극한한계상태 단면력
   - 콘크리트 설계기준강도 $f_{ck} = 30\text{N/mm}^2$
   - 철근의 항복강도 $f_y = 400\text{N/mm}^2$
   - 유효깊이 $d = 600.0$mm
   - 휨모멘트 $M_u = 5.0 \times 10^7 \text{N} \cdot \text{mm}$
2) 한계상태설계법에 의한 재료의 저항계수(극한한계상태)
   - 콘크리트 $\phi_c = 0.65$
   - 철근 $\phi_s = 0.95$
3) 콘크리트 강도에 따른 응력-변형률 곡선계수
   - 상승곡선부의 형상지수 $\eta = 2.0$
   - 최대응력에 처음 도달 시 변형률 $\varepsilon_{co} = 0.002$
   - 극한변형률 $\varepsilon_{cu} = 0.0033$
   - 압축합력 크기계수 $\alpha = 0.798$
   - 합력작용점 위치계수 $\beta = 0.412$
4) 모멘트 재분배 후 계수휨모멘트/탄성휨모멘트의 비율 $\delta = 1.0$
5) 단위 m당 철근간격에 따른 철근단면적(mm^2)

철근 종류	철근 간격(mm)	
	200	250
H13	633.5	506.8
H16	993.0	794.4

제 121 회

(2020년 4월 11일)

제1교시 다음 문제 중 10문제를 선택하여 설명하시오.(각 10점)

1. 프리스트레스트 콘크리트에서 유효 프리스트레스 f_{pe}를 결정하기 위해서 고려해야 할 프리스트레스 손실원인을 설명하시오.
2. '시설물의 안전 및 유지관리 실시 세부지침' 교량편 정밀안전진단의 재료시험 항목을 설명하시오.
3. 노후 열화된 콘크리트의 보수용 모르타르 선정 시 고려사항에 대하여 설명하시오.
4. '건설기술 진흥법 시행령'에 규정된 설계용역에 대한 건설사업관리업무의 검토 항목에 대하여 설명하시오.
5. 포스트텐션 방식의 프리스트레스트 콘크리트 구조물의 단구역(End Zone)에 대하여 설명하시오.
6. PSC 긴장재 정착구역의 응력교란영역에 대하여 설명하시오.
7. 완전 합성보에 대하여 설명하시오.
8. 용접과 고장력 볼트 병용 시 규정에 대하여 설명하시오.
9. 구조용 강재의 응력-변형률 선도를 설명하시오.
10. 강재의 장단점에 대하여 설명하시오.
11. 단순보의 지간($L=5.0\text{m}$) 중앙에 중량(W) 5kN이 2.0m의 높이(h)에서 떨어질 때 단순보의 지간 중앙에서의 처짐을 구하시오.(조건 : $E=200{,}000\text{MPa}$, $I=200{,}000{,}000\text{mm}^4$)

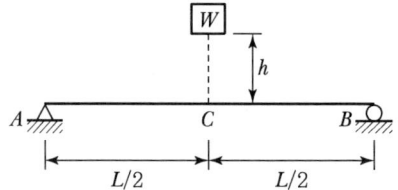

12. 아래와 같은 박스 단면의 비틀림상수 J값을 구하시오.(단, $h=3.0m$, $b=2.0m$, $t_1=0.25m$, $t_2=0.5m$, h 및 b는 부재 중심 간 거리이다.)

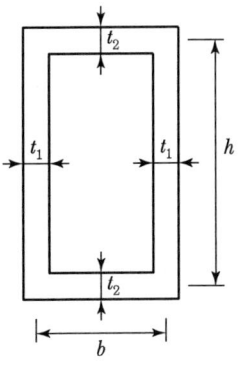

13. 그림과 같이 속도 V_0로 움직이고 있는 질량 m인 물체가 균일 단면의 휨부재 AB의 중앙점 C에 충격을 가할 때 C점에 작용하는 등가 정하중 P를 구하시오.

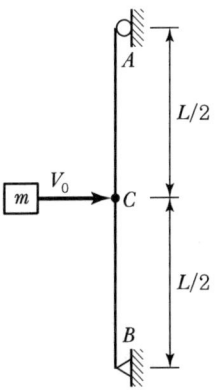

제2교시 다음 문제 중 4문제를 선택하여 설명하시오.(각 25점)

1. '기존 시설물(교량) 내진성능 평가요령'(2019) 중 내진성능 예비평가에 대하여 설명하시오.

2. 강박스거더(Steel Box Girder)의 단면 형상 및 크기 결정방법에 대하여 설명하시오.

3. 지하구조물 내진설계 시 해석방법에 따라 적용하는 응답수정계수에 대하여 설명하시오.

4. 트러스 구조물에서 $\dfrac{EA}{k \cdot L} = \dfrac{9}{8}$ 일 때, B점의 수평변위를 $\dfrac{F \cdot L}{EA}$에 대한 식으로 나타내시오.(단, Truss 부재의 EA는 일정, k는 스프링강성이다.)

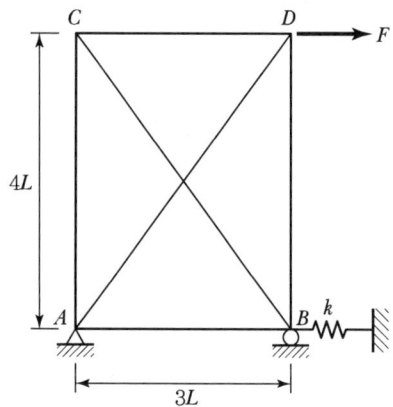

5. 합성보에서 1번 부재의 온도만 동일하게 50℃ 증가할 경우 B점의 반력을 구하시오.(단, 1, 2번 부재의 열팽창계수 $\alpha = 10 \times 10^{-5}/℃$, 1번 부재의 탄성계수 $E_1 = 20\text{MPa}$, 2번 부재의 탄성계수 $E_2 = 50\text{MPa}$이며, 1, 2번 부재는 완전부착되어 있어 미끄러짐(Slip)이 없고, 부재의 자중은 무시하는 것으로 가정한다.)

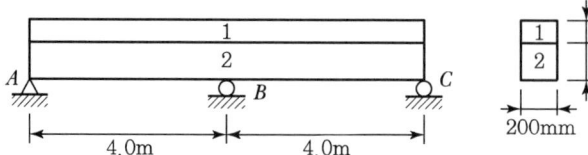

6. 그림과 같이 하중을 받을 때 볼트가 지지할 수 있는 최대하중 P_{max}를 구하시오. (단, 각각의 볼트의 단면적은 400mm²이고, 볼트의 허용 전단응력은 100MPa 이다.)

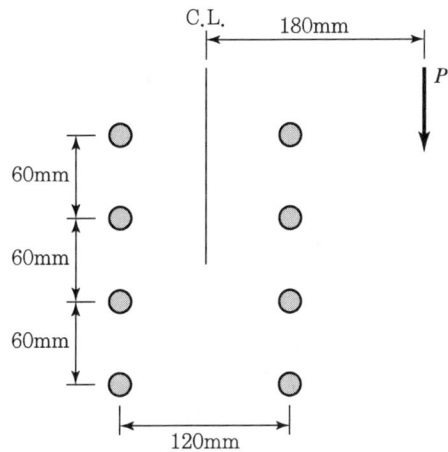

제3교시 다음 문제 중 4문제를 선택하여 설명하시오.(각 25점)

1. 가설설계기준 중 '가설교량 및 노면복공 설계기준'에 따라 가설교량에 작용하는 설계차량하중에 대하여 설명하시오.

2. 고속도로(폭원 $B=40.0$m)를 직각으로 통과하는 연장 2.0km의 철도교량을 계획하려고 한다. 2개 이상의 교량 형식을 선정하여 경간장 위주로 계획하고 사유를 설명하시오.

3. 그림과 같은 리벳 또는 볼트이음에서 파괴 경로가 $A-B-F-C-D-E$로 되는 피치길이 p_1, p_2 조건을 구하고, 그래프를 그려서 설명하시오.(단, 리벳 또는 볼트 구멍의 직경은 20mm로 일정하다.)

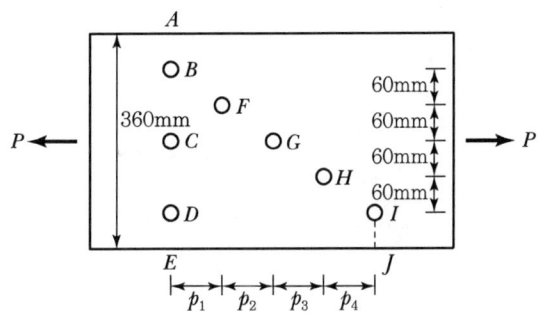

4. 그림과 같은 구조계의 고유진동수를 구하시오.(단, 보의 휨강성은 EI로 일정하다.)

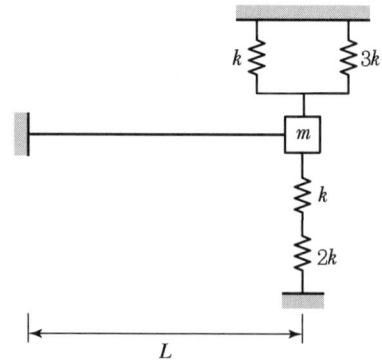

5. 복합소재 섬유인 탄소섬유(Carbon Fiber), 유리섬유(Glass Fiber)와 일반철근(Mild Steel)의 개략적인 응력-변형률 선도를 작성하고, 복합소재 섬유의 역학적 특성과 기존 철근 콘크리트 구조물 보강재로 사용 시 고려사항에 대하여 설명하시오.

6. A점의 수직처짐 δ_{AV}와 수평처짐 δ_{AH}의 크기가 같을 때, 각도 α값을 구하시오.(단, AB부재의 휨강성은 EI로 일정하다.)

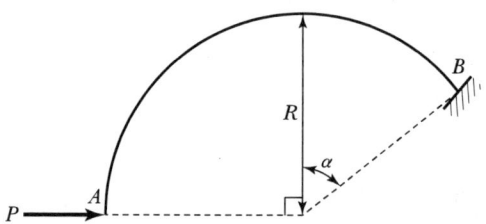

제4교시 다음 문제 중 4문제를 선택하여 설명하시오.(각 25점)

1. 긴장재를 절곡배치한 프리스트레스트 콘크리트 부재가 그림과 같이 단순지지 되어 있다. 부재의 단부에는 프리스트레싱에 의한 압축력 P가 작용하고 있다. 경간의 중앙에 집중하중(F)을 작용시켜서 경간 중앙의 콘크리트 최하단(A점) 응력이 영(0)이 되게 하는 집중하중(F)의 크기를 구하시오.

   - 단면조건 : 500mm(폭)×1,000mm(높이), 길이 $L=20$m
   - 콘크리트 단위중량 : $\gamma_c = 25\text{kN/m}^3$
   - 프리스트레스 힘 : $P=3,000$kN
   - 편심거리 : 경간 중앙에서의 긴장재의 편심거리 $e=250$mm
   - 단부에서의 편심거리 $e_1 = 50$mm

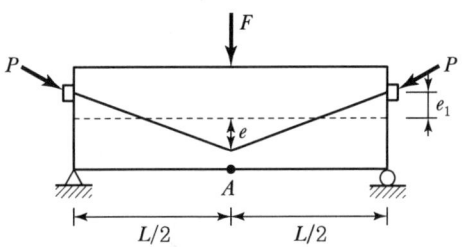

2. 그림과 같이 박스거더 상부 플랜지에 스터드가 설치되어 있다. 구조적으로 유리하게 스터드를 재배치하여 그림을 그리고 이유를 설명하시오.

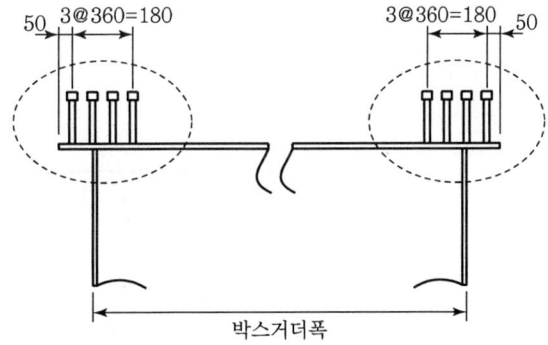

3. 내진설계 시 원형 기둥과 직사각형 기둥의 띠철근 구조 상세를 그리고, 적용기준을 설명하시오.

4. '설계공모, 기본설계 등의 시행 및 설계의 경제성 등 검토에 관한 지침'(2020)에 따른 설계 VE 실시대상과 설계VE 업무를 수행할 수 있는 자에 대하여 설명하시오.

5. 다음과 같은 조건의 복철근 보의 설계모멘트(ϕM_n)를 강도설계법으로 구하시오.

   - 재료조건 : $f_{ck} = 30\text{MPa}$, $f_y = 500\text{MPa}$, $E_s = 200,000\text{MPa}$
   - 단면조건 : $b = 300\text{mm}$, $h = 600\text{mm}$, $d = 512.5\text{mm}$, $d_1 = 537.5\text{mm}$, $d' = 62.5\text{mm}$
   - 철근량 : $A_s' = 3 - D25 = 1,521\text{mm}^2$, $A_s = 6 - D25 = 3,042\text{mm}^2$
   ※ d : 유효 깊이, d_t : 콘크리트 압축연단에서 최외단 인장철근의 중심까지의 거리

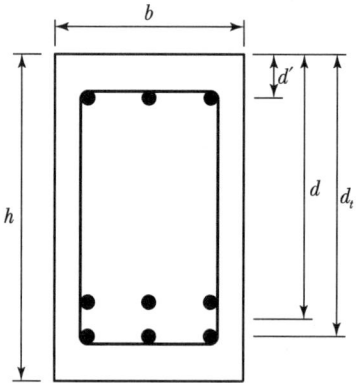

6. 그림과 같이 길이 $2L$인 캔틸레버 보의 중앙에 탄성지점을 설치한 결과 자유단 C에서의 처짐이 원래 처짐의 1/2로 감소되었을 때, 스프링력 및 스프링상수를 구하시오.(단, 휨강성 EI는 일정하다.)

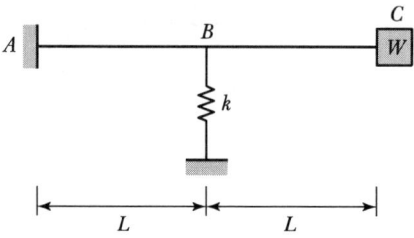

제 122 회
(2020년 7월 4일)

제1교시 다음 문제 중 10문제를 선택하여 설명하시오.(각 10점)

1. 도로교설계기준(한계상태설계법, 2016)에 제시된 부모멘트 구간의 최소 바닥판 철근 설치 규정에 대하여 설명하시오.
2. 프리텐션(Pre-tension) 방식의 프리스트레스트 콘크리트 부재에서 전달길이와 정착길이에 대하여 설명하시오.
3. 콘크리트의 연화효과(Softening Effect)에 대하여 설명하시오.
4. 철근콘크리트의 인장강화현상(Tension Stiffening Effect)에 대하여 설명하시오.
5. 강교량의 단면계획 시 조밀단면에 대하여 설명하시오.
6. 저형고 장지간 합성형 라멘교에 대하여 설명하시오.
7. 도로교설계기준(한계상태설계법, 2016)의 표준트럭하중(KL-510)에 대하여 설명하시오.
8. 구조물의 최적설계(Optimum Structural Design)를 수행하기 위한 개념, 설계변수 및 제약조건식 등에 대하여 설명하시오.
9. 철근콘크리트 구조물에서 사용성(Serviceability)을 확보하여야만 하는 사유와 사용하중에 의한 휨응력이 콘크리트와 철근의 허용응력을 초과하는 경우에 발생하는 현상을 설명하시오.
10. 아래 그림과 같이 폭이 120mm, 높이가 240mm, 탄성계수 $E_w = 9,000$MPa인 목재보에 폭이 100mm, 두께가 24mm, 탄성계수 $E_a = 72,000$MPa인 알루미늄판을 합성하였다. 이 보의 수평축(Y축)에 대하여 25kN·m인 휨모멘트가 작용하고 있다면, 이 합성부재를 이루는 두 부재의 최대응력과 최소응력을 구하시오.

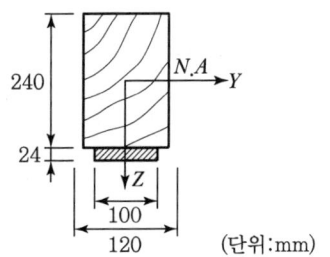

(단위:mm)

11. 강구조물의 설계에서 강종을 선정할 때 고려해야 할 사항에 대하여 설명하시오.

12. 기존 교량의 정밀안전진단을 위한 기본과업에 대하여 설명하시오.

13. 도로교설계기준(한계상태설계법, 2016)에 제시된 교량의 위치 선정에서 하천을 통과하는 경우 고려해야 할 사항에 대하여 설명하시오.

제2교시 다음 문제 중 4문제를 선택하여 설명하시오.(각 25점)

1. 교량설계 시 부반력이 발생하는 원인과 부반력이 발생하는 원인별 대책에 대하여 설명하시오.

2. 강구조부재설계기준(KDS 14 31 10)에 제시된 압축력과 휨을 동시에 받는 강구조물의 설계에 대하여 설명하시오.

3. 하천이나 하부도로를 사각으로 횡단하는 교량을 설계하고자 한다. 이러한 사각 교량설계에 따른 상하행선 교폭 구성방법, 구조적 특성, 철근배근 방법, 신축이음장치 설계방법 등을 각각 구분하여 설명하시오.

4. 아래 그림과 같이 지중에 공동구를 건설하고자 흙막이공을 계획하였다. 흙막이공의 코너 버팀대를 45°, 3m 간격으로 배치하였다. 띠장에 100kN/m의 하중이 작용하고, 버팀대에 5kN/m(자중 포함) 작업하중이 작용할 때 온도하중에 의한 축력(120kN)을 고려하여 버팀대에 발생하는 응력과 안전 여부를 검토하시오.(단, 버팀대의 H형강은 H300×300×10×15의 고재를 사용하며, 강재의 허용응력은 아래 표를 참조하고, 단기하중에 의한 응력 할증은 1.3으로 한다.)

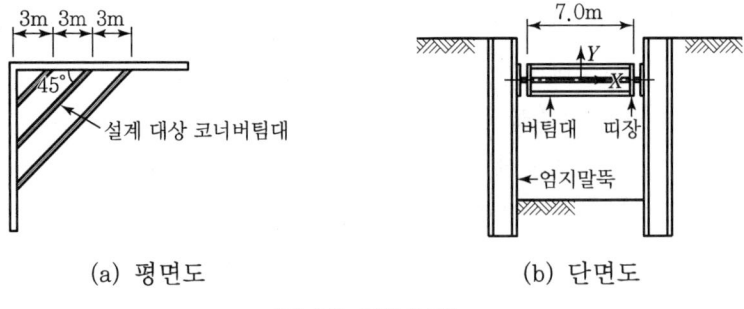

(a) 평면도   (b) 단면도

[강재의 허용응력]

허용 축방향 응력(MPa)	허용 휨압축 응력(MPa)
$\dfrac{l}{r} \le 20$, $f_{ca} = 140$ $20 < \dfrac{l}{r} \le 93$, $f_{ca} = 140 - 0.84(\dfrac{l}{r} - 20)$ $\dfrac{l}{r} > 93$, $f_{ca} = \dfrac{1,200,000}{6,700 + (l/r)^2}$	$\dfrac{l}{b} \le 4.5$, $f_{ba} = 140$ $4.5 < \dfrac{l}{b} \le 30$, $f_{ba} = 140 - 2.4(\dfrac{l}{b} - 4.5)$

5. 단면이 500×1,200mm인 직사각형 합성기둥(SRC)에 8개의 D25철근 (4,053.6mm²)과 H500×250×10×20인 H형강이 그림과 같이 배치되어 있다. 이 직사각형 합성기둥(SRC)에 대한 균형 파괴 시의 N_b, M_b를 구하시오. (단, N_b, M_b 계산 시 H형강의 복부두께는 무시하되, 직사각형 콘크리트 단면에서 철근과 H형강의 단면적은 공제하지 않는다.)

〈조건〉
- 콘크리트 설계기준 압축강도 $f_{ck} = 30\text{MPa}$
- 철근과 H형강의 항복강도 $f_y = 400\text{MPa}$
- 재료계수 $\phi_c = 0.65$, $\phi_s = 0.90$
- 콘크리트의 극한변형률 $\epsilon_{cu} = 0.0033$
- 콘크리트 응력분포 계수 $\alpha = 0.8$, $\beta = 0.4$
- 철근과 H형강 탄성계수 $E_s = 200,000\text{MPa}$

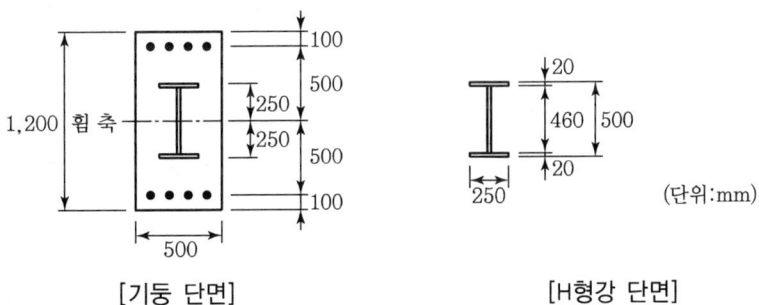

[기둥 단면]   [H형강 단면]

6. 아래 그림과 같은 단계별로 긴장력을 도입하는 FCM 구조물을 계획하고자 한다. seg.1에는 최초에 8m의 텐던 2개를 긴장하고, seg.2를 가설한 후 16m의 텐던 2개를 긴장한다. 각 텐던의 모든 위치는 도심으로부터 400mm로 동일하며 직선으로 배치할 때, 지점 A에서 초기손실 발생 직후 텐던의 긴장응력을 구하시오.(단, 1개의 텐던은 6개의 강연선으로 구성된다.)

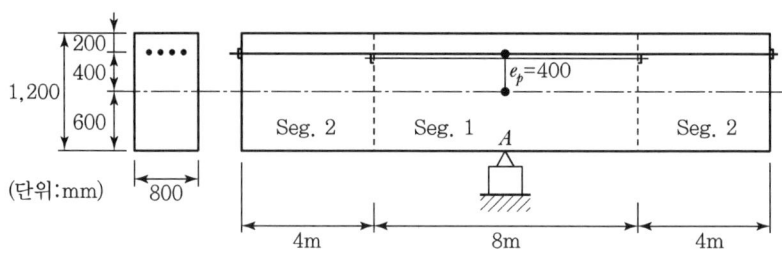

[A지점의 단면]

⟨조건⟩
- 프리스트레싱 강연선(개당) : $A_{ps} = 92.9\text{mm}^2$, $P_{pu} = 160\text{kN}$
- 양단긴장조건으로 잭에 의한 인장력은 인장강도의 75% 적용한다.
- 정착구의 활동량은 6mm이며, 곡률마찰계수와 파상마찰계수는 모두 0으로 가정한다.
- 긴장력 도입 시 콘크리트의 탄성계수 $E_{ci} = 26,400\text{MPa}$, 강재의 탄성계수 $E_s = 200,000\text{MPa}$, 탄성계수비 $n_p = 7.6$ 적용한다.
- 콘크리트 자중은 25kN/m^3이며, 쉬스에 의한 콘크리트 단면 공제는 없다.

제3교시 다음 문제 중 4문제를 선택하여 설명하시오.(각 25점)

1. 아래 그림과 같이 봉의 축방향과 단순보 지간 중앙에 연직 방향 낙하물(질량 M, 낙하높이 h)이 각각 자유 낙하될 때, 봉의 최대처짐($\delta_{\max\_1}$)과 단순보 지간 중앙에서의 최대처짐($\delta_{\max\_2}$)을 각각 유도하고, 동일한 중량(W)이 정적으로 재하되었을 때의 봉의 처짐(δ_{st_1}) 및 단순보의 처짐(δ_{st_2})과 각각 비교하여 설명하시오.(단, 봉의 축강성 EA와 단순보의 휨강성 EI는 일정하다.)

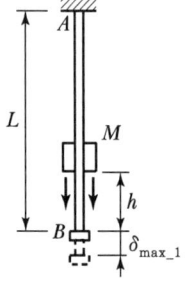 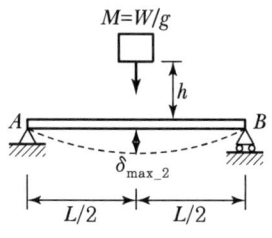

2. 단일현장타설말뚝의 장단점과 설계 시 고려사항을 설명하시오.
3. 도로교설계기준(한계상태설계법, 2016)에 제시된 내진설계기준의 기본개념에 대하여 설명하시오.
4. 그림과 같이 전단연결재로 연결된 합성거더의 단면이 부모멘트를 받고 있다. 이때 소성중립축 위치를 검토하고 소성모멘트를 구하시오.(단, 콘크리트의 설계기준 압축강도 f_{ck} = 30MPa, 강재의 항복강도 f_y = 340MPa이다. 상부철근 단면적은 1,800mm², 하부철근 단면적은 1,000mm²이며 철근의 최소항복강도 f_{yr} = 400MPa이다.)

[부모멘트 단면에 대한 소성중립축($\overline{Y}$)과 소성모멘트(M_p)]

경우	소성 중립축	조건	$\overline{Y}$와 M_p
I	복부판	$P_c + P_w \geq P_t + P_{rb} + P_{rt}$	$\overline{Y} = \left(\dfrac{D}{2}\right)\left[\dfrac{P_c - P_t - P_{rt} - P_{rb}}{P_w} + 1\right]$ $M_p = \dfrac{P_w}{2D}[\overline{Y}^2 + (D-\overline{Y})^2]$ $+ [P_{rt}d_{rt} + P_{rb}d_{rb} + P_t d_t + P_c d_c]$
II	상부 플랜지	$P_c + P_w + P_t \geq P_{rb} + P_{rt}$	$\overline{Y} = \left(\dfrac{t_t}{2}\right)\left[\dfrac{P_w + P_c - P_{rt} - P_{rb}}{P_t} + 1\right]$ $M_p = \dfrac{P_w}{2D}[\overline{Y}^2 + (D-\overline{Y})^2]$ $+ [P_{rt}d_{rt} + P_{rb}d_{rb} + P_w d_w + P_c d_c]$

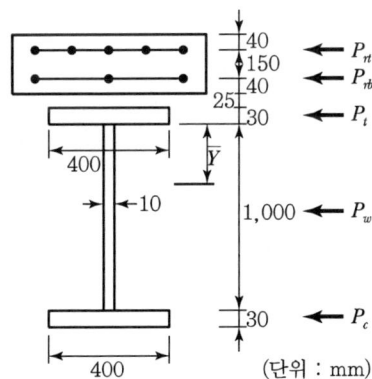

5. 아래 그림과 같은 2경간 PSC 연속보에 대하여 프리스트레스트 힘에 의한 1차 모멘트와 2차모멘트를 구하고, 최종 전단력도와 휨모멘트도를 그리시오. (단, P_e = 4,000kN, 강선의 편심거리 e_p = 400mm이며, 보 자중의 영향은 무시한다.)

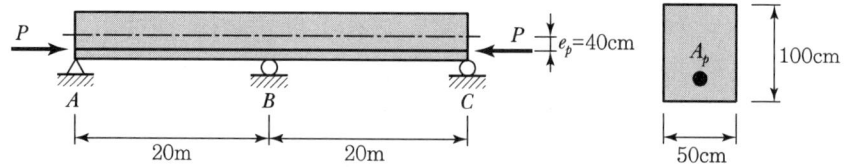

6. 아래 그림과 같이 연약지반과 지반지지력 확보 지반을 횡단하는 암거구조물을 설치하고, 그 암거구조물 상부에 성토를 하고자 할 때 다음 사항들에 대하여 설명하시오.
   1) 예상되는 문제점과 계획 설계 시 고려하여야 할 대책
   2) 작용하중
   3) 구조해석 시 헌치 영향 여부를 검토하고, 헌치 영향을 무시하는 경우에 상부 슬래브의 단부 구간에 대한 슬래브와 벽체 단면 산정에 사용되는 휨모멘트

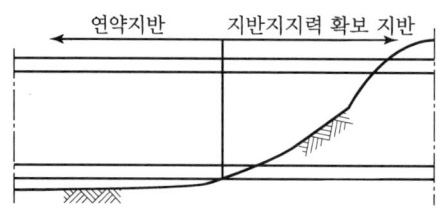
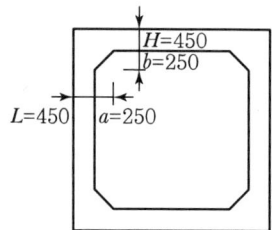

제4교시 다음 문제 중 4문제를 선택하여 설명하시오.(각 25점)

1. 아래 그림과 같은 역T형 옹벽을 설계할 때 아래 사항에 대하여 설명하시오.
   (단, 토압은 Rankine식 적용)

   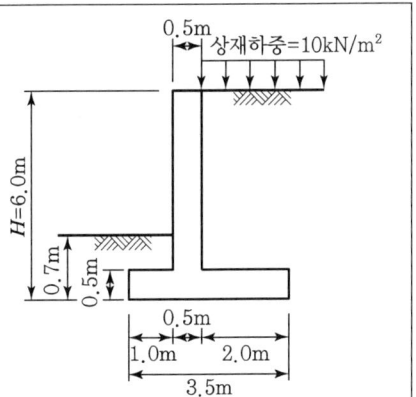

   〈설계조건〉
   - 뒷채움흙 내부마찰각 $\phi = 30°$
   - 흙의 단위중량 $\gamma_t = 18kN/m^3$
   - 콘크리트의 단위중량 $\gamma_c = 25kN/m^3$
   - 콘크리트와 지반과 마찰계수 $\mu = 0.4$
   - 재료강도
     - 콘크리트 $f_{ck} = 24MPa$
     - 철근 $f_y = 300MPa$
   - 지반허용지지력 $q_a = 200kN/m^2$

   1) 안정성을 검토하고, 안정성 검토항목 중 안정성을 만족하지 않은 경우에 대한 대책을 설명하시오.(단, 전면 수동토압 영향은 무시한다.)
   2) 뒷굽판에 대하여 휨강도 및 전단강도를 검토하시오.(단, 강도 설계법 적용, 모든 하중에 대한 하중계수는 1.5로 하며, 주철근 도심에서 콘크리트 최외측까지의 거리는 100mm, 주철근 D22 $A_s = 380mm^2$)
   3) 구성 부재별 주철근 배치도를 그리시오.

2. 콘크리트용 앵커의 종류, 작용하중에 의해 발생할 수 있는 파괴모드 및 작용하중(강도)별 설계원칙에 대하여 설명하시오.

3. 아래 그림과 같은 단면의 지간길이 $L = 25m$인 단지 간 플레이트 거더에 등분포하중($w = 60kN/m$)이 작용한다. 플랜지와 복부판을 필릿용접으로 연결할 때 용접치수를 설계하시오.(단, 필릿의 허용전단응력은 80MPa)

   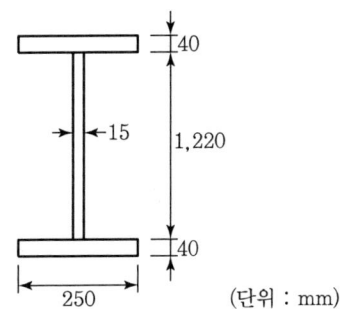

4. PSC 박스 거더교를 FCM 공법으로 설계하는 경우, 경간 구성 및 형고를 계획하고 설계 시 고려해야 할 사항에 대하여 설명하시오.(단, 교량전체연장은 $L=260\text{m}$로 가정)

5. 도로교설계기준(한계상태설계법, 2016)에 제시된 콘크리트교에서의 한계상태를 정의하고, 각각의 한계상태에서 검토해야 할 사항에 대하여 설명하시오.

6. 아래 그림과 같은 보에서 지점 A에서의 수직반력에 대한 영향선의 식 $y(x)$를 유도하고, B점과 C점의 종거를 구하시오.

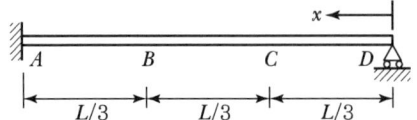

제 123 회
(2021년 1월 30일)

제1교시 다음 문제 중 10문제를 선택하여 설명하시오.(각 10점)

1. 방사능 차폐용 콘크리트(Radiation Shielding Concrete)
2. 설계 VE(Value Engineering)
3. 시설물 유지관리의 기본 접근방식
4. 철근콘크리트 보에서 압축철근의 역할
5. '건설공사 설계도서 작성기준(국토교통부, 2015.06)'에 따른 설계도서 작성 시 고려사항
6. 소성힌지(Plastic Hinge)
7. 평면변형 및 평면응력조건(Plane Strain and Plane Stress Condition)
8. 강재에서 발생하는 지연파괴(Delayed Fracture)
9. 공항에 설치된 토목구조물의 유지관리 계획
10. 아래 그림과 같이 수평봉 AB가 기둥 CD에 의해 지지되어 있고, 이 강재 기둥 단면의 제원은 45mm×45mm이다. 기둥의 안전계수를 3.0이라 가정할 때 허용하중 P_{ca}의 값을 구하시오.[단, 모든 부재의 탄성계수(E)는 200×10^3MPa이다.]

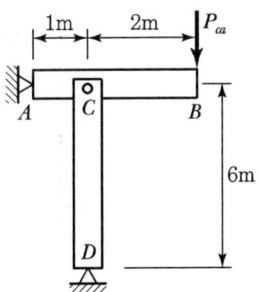

11. 아래 그림과 같은 구조물의 고유진동수를 구하시오.[단, 기둥의 탄성계수(E)는 200×10^3MPa, 상부 강체 자중(W)은 100kN이며, 단면의 지름은 모두 100mm로 속이 꽉 찬 원형 단면이다.]

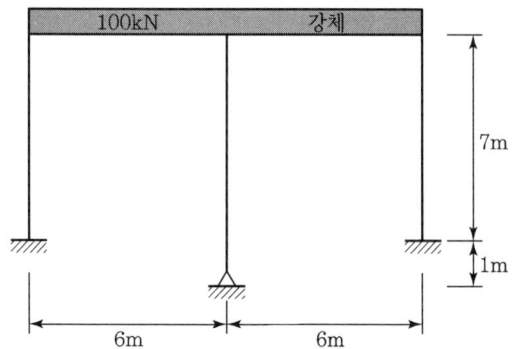

12. 아래 그림과 같은 구조계에 대한 소성모멘트(M_P)를 구하시오.

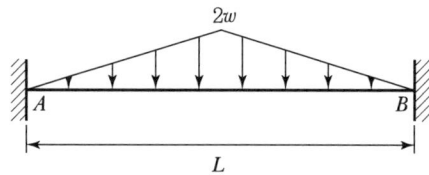

13. 아래 그림과 같은 라멘구조물에서 C점 반력을 구하시오.(단, EI = 일정)

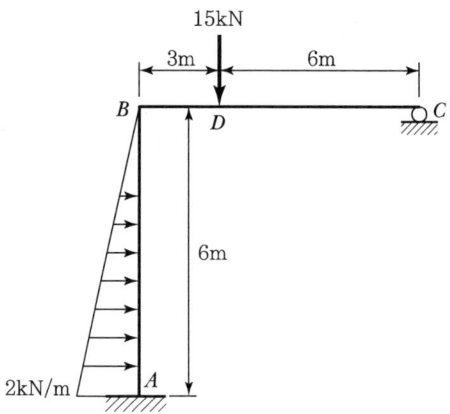

제2교시 다음 문제 중 4문제를 선택하여 설명하시오.(각 25점)

1. BIM(Building Information Modeling)의 활용 및 관리방안을 구조물의 계획단계, 설계단계, 성과품 검토단계별로 설명하시오.

2. 3주탑 이상 다경간 사장교의 구조적 특징, 문제점 및 개선방안에 대하여 설명하시오.

3. 아래 그림과 같이 한 경간의 길이가 20m인 3경간 PSC 연속보에서 보의 자중을 고려하여 각 지점의 반력을 구하고, PSC 연속보의 전단력도와 휨모멘트도를 작성하시오.[단, 콘크리트 단위중량(γ)은 25kN/m³, 도입긴장력(P)은 2,000kN, 편심거리(e)는 500mm이다.]

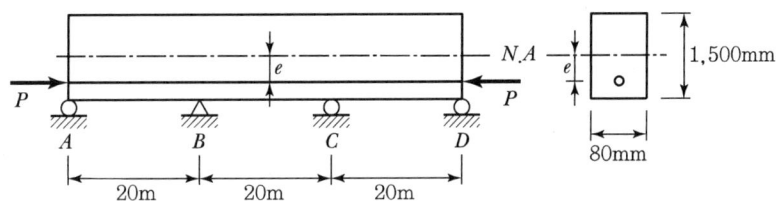

4. 콘크리트 구조물에 설치되는 강재 앵커의 종류와 파괴모드에 대하여 설명하시오.

5. 아래 그림과 같이 강종 SM355 강재의 L형강($L-150 \times 150 \times 12$) 부재가 M22(F10T) 고장력볼트로 연결된 경우, L형강의 파단한계상태와 설계강도를 검토하시오.[단, 유효 순단면적은 순단면적의 85%, 구멍의 지름은 25mm, SM355의 항복응력(F_y)은 355MPa, 인장응력(F_u)은 490MPa, L형강 단면적(A_g)은 3,477mm²이다.]

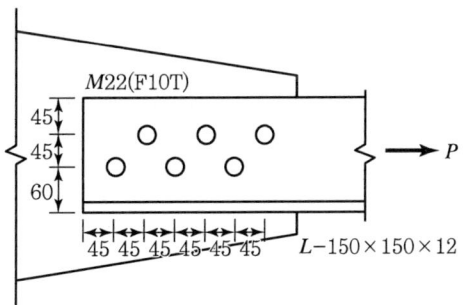

6. 아래 그림과 같은 PSC 거더 교량을 설계할 때 도로교설계기준에 의한 바닥판의 경험적 설계법을 설명하고, 단면 중앙부 바닥판의 철근배근을 계획하시오.[단, 교량폭은 11.9m, 상부 플랜지 폭은 0.7m, 철근(H16) 단면적은 198.6mm²으로 한다.]

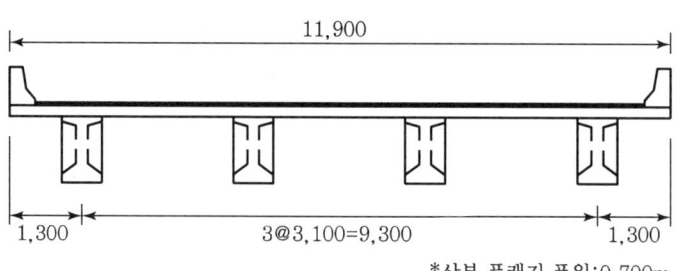

*상부 플랜지 폭원:0.700m

제3교시 다음 문제 중 4문제를 선택하여 설명하시오.(각 25점)

1. 콘크리트 구조물의 염해 및 염화물이온 확산계수를 정의하고, 외관상의 열화 상태 등급에 대하여 설명하시오.

2. 성능중심설계법(Performance-based Design)에 대하여 설명하시오.

3. 교량받침이 지점당 2개소인 2경간 연속 곡선 강상자형 거더 교량을 정밀점검한 결과 일부 교량받침에서 들뜸현상이 발견되었다. 이 들뜸현상의 발생원인 및 대책에 대하여 설명하시오.

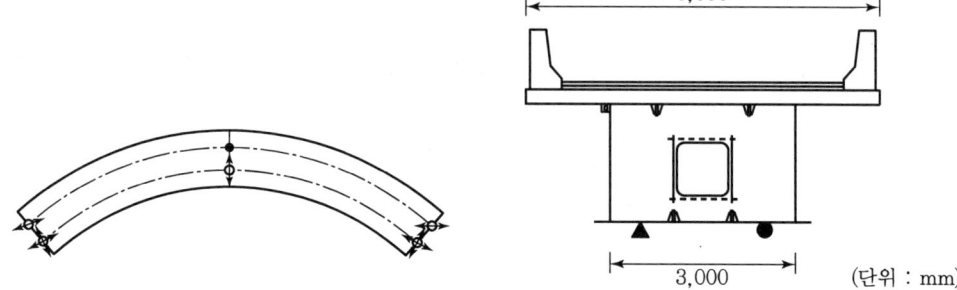

(단위 : mm)

4. 아래 그림과 같이 포물선 등분포 하중을 받는 구조물의 A점과 B점에서의 반력을 구하시오. $\left(\text{단, } k = \dfrac{3EI}{L^3}\right)$

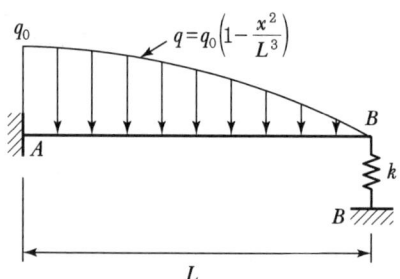

5. 아래 그림과 같은 철근콘크리트 보에서 800kN·m의 휨모멘트가 작용하는 경우 안전성을 검토하고, 필요시 설계조건에서 제시한 탄소섬유 시트를 사용하여 보강설계를 하시오.

〈설계조건〉
- 콘크리트
  - 설계기준강도 $f_{ck} = 24\text{MPa}$
  - 탄성계수 $E_c = 21 \times 10^3 \text{MPa}$
- 철근
  - 인장철근 $A_s = 3,042\text{mm}^2$
  - 압축철근량 $A_s' = 1,521\text{mm}^2$
  - 항복강도 $f_y = 400\text{MPa}$
  - 탄성계수 $E_S = 210 \times 10^3 \text{MPa}$
- 탄소섬유 시트(FTS-C5-30)
  (보강은 짝수 겹으로 설계 : 2겹, 4겹 등)
  - $t = 0.165\text{mm}$
  - $f_{y(cf)} = 1,000\text{MPa}$
  - $E_{ef} = 3.78 \times 10^5 \text{MPa}$

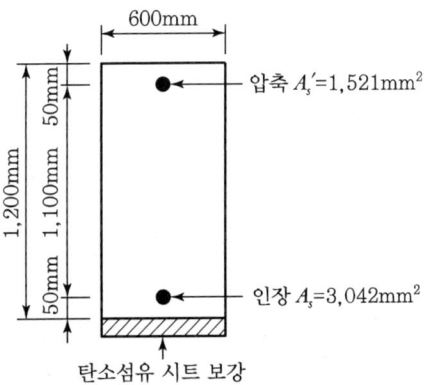

6. 아래 그림과 같이 케이블에 매달려 있는 보에 집중하중 6kN이 작용할 때, 이 케이블에 발생하는 인장력 T와 늘음량 Δ를 구하시오.[단, 케이블은 직경 12mm의 강봉이며, 길이는 12m, 탄성계수(E)는 200×10^3MPa, 보의 단면 2차모멘트(I)는 $160 \times 10^{-6} \text{m}^4$, 탄성계수($E$)는 200×10^3MPa이다.]

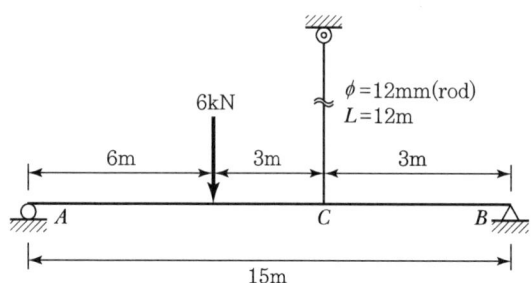

제4교시 다음 문제 중 4문제를 선택하여 설명하시오.(각 25점)

1. 철근콘크리트 구조물의 내구성 저하 원인과 콘크리트 표준시방서상의 내구성 평가원칙에 대하여 설명하시오.

2. 큰 직경(직경 32mm 초과)의 철근과 다발철근에 대한 구조적 적용기준에 대하여 설명하시오.

3. 도로교설계기준(한계상태설계법, 2016)에서 규정하는 한계상태별 하중조합에 대하여 설명하시오.

4. 아래 그림과 같은 2경간 연속보의 중앙지점(B)에서 4.5mm의 침하가 발생한 경우, 각 지점에서의 반력을 구하시오.(단, $E = 200 \times 10^3$MPa, $I = 160 \times 10^{-6} \text{m}^4$)

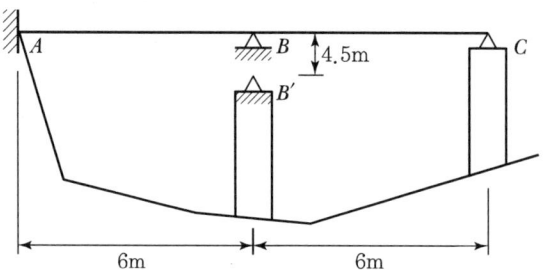

5. 아래 그림과 같은 철근콘크리트 직사각형 보에서 다음 사항들을 검토하시오.
[단, 도로교설계기준(한계상태설계법, 2016)을 적용한다.]

〈설계조건〉
- $f_{ck} = 24$MPa, $f_y = 300$MPa
- $b = 500$mm, $d = 900$mm ($z = 0.9d$)
- 철근 단면적 : D13 126.7mm², D19 286.5mm²
- 극한한계상태 부재력 : 휨모멘트 200kN·m, 전단력 250kN

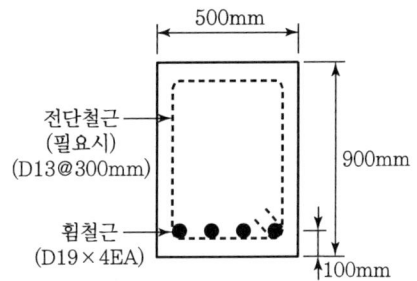

(1) 단면의 전단철근 필요 여부를 검토하고, 전단철근이 필요한 경우 전단강도와 전단철근 간격의 적정성을 검토하시오.(단, 복부 스트럿 경사각 $\theta = 30°$로 가정하며, 축력의 영향은 무시한다.)

(2) 단면의 설계휨강도 $M_r = 271$kN·m일 때, 전단력에 의한 추가 인장력의 영향을 고려하여 배치된 휨철근의 적정성을 검토하시오.

6. 아래 그림과 같이 배치된 브래킷의 볼트 직경을 결정하시오.[단, 작용하중(P)은 10kN이고, 허용전단응력(τ_a)은 200MPa이다.]

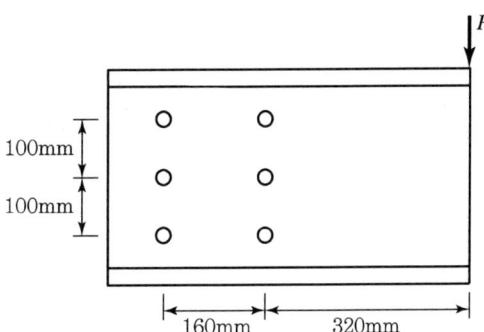

제 124 회
(2021년 5월 23일)

제1교시 다음 문제 중 10문제를 선택하여 설명하시오.(각 10점)

1. 한계상태설계법에서 여용성에 관련된 계수, 구조물의 중요도에 관련된 계수와 이 계수들의 설계 적용 방법에 대하여 설명하시오.
2. 프리스트레스트 콘크리트(PSC) 구조에서 부착(Bonded)강선, 비부착(Unbonded)강선의 단면 응력에 대한 구조적 거동 특성을 설명하시오.
3. 철근콘크리트 구조물의 열화원인에 대하여 설명하시오.
4. 프리스트레스트 콘크리트(PSC) 구조물에서 프리스트레스 손실에 대하여 설명하시오.
5. 연속 휨 부재의 부모멘트 재분배에 대하여 설명하시오.
6. 휨균열 제어를 위해 콘크리트 인장연단에 가장 가까이 배치되는 철근의 중심 간격에 대하여 설명하시오.
7. 강재취성파괴의 정의 및 강재취성파괴 방지를 위해 설계 시 고려해야 할 사항을 설명하시오.
8. 강합성판형교에서 비보강 복부판과 보강된 복부판에 대한 후좌굴강도에 대하여 설명하시오.
9. 콘크리트 교량의 전단설계 시 강도설계법과 한계상태설계법의 차이점을 설명하시오.
10. 도로교설계기준(한계상태설계법, 2016)의 피로하중에 대하여 설명하시오.
11. 비행장시설 설치기준(국토교통부, 2018.12)에서 규정하는 유도로 교량의 최소 직선거리와 최소 폭에 대하여 설명하시오.
12. 공항시설물 중 교량 및 지중구조물에 대한 내진등급의 분류기준에 대하여 설명하시오.
13. 구조물 계획 시 지진에 대비하여 지진력에 저항하는 구조 개념에 대하여 설명하시오.

제2교시 다음 문제 중 4문제를 선택하여 설명하시오. (각 25점)

1. 강교에서 붕괴유발부재(Fracture Critical Members)와 여유도에 대하여 설명하고, 붕괴유발부재에 대하여 예시를 들어 설명하시오.

2. 교량 재하시험의 주요 목적, 재하시험 계획에 포함되어야 하는 내용 및 동적재하시험에 대하여 설명하시오.

3. 기존 지하구조물(개착터널)의 기둥연성보강에 대하여 설명하시오.

4. 축방향 인장을 받는 보의 부재 축에 대하여 수직인 U형 전단철근의 간격을 구하시오.

   여기서, f_{ck} : 24MPa(모래 경량 콘크리트) f_{yt} : 500MPa
   M_d : 60.0kN · m M_l : 45.0kN · m
   V_d : 55.0kN V_l : 40.0kN
   N_d : −10.0kN(인장) N_l : −70.0kN(인장)
   고정하중계수 : 1.2   활하중계수 : 1.6
   철근 단면적 : D10 = 71.33mm²

   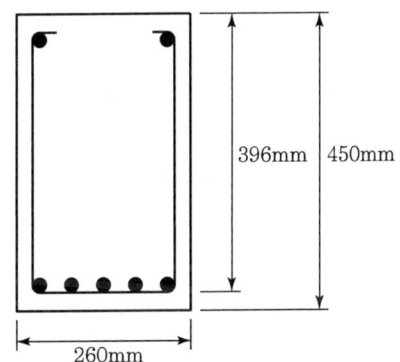

5. 그림과 같이 집중하중(10kN)을 받고 있는 3경간 연속보에 지점침하가 A에서 20mm, B에서 30mm, C에서 50mm, D에서 40mm 발생하였다. 지점 B에서의 모멘트(M_b)와 반력(R_b)을 구하시오. (단, E = 200GPa, I = 500 × 10⁶mm⁴)

   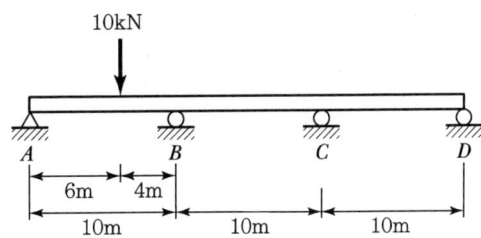

6. 다음 그림과 같은 구조물에서 온도 상승(ΔT) 시 부재의 변형률과 부재 내 응력을 구하시오.[단, 부재의 단면적(A), 탄성계수(E) 및 선팽창계수(α)는 일정하며, 스프링상수는 k이다.]

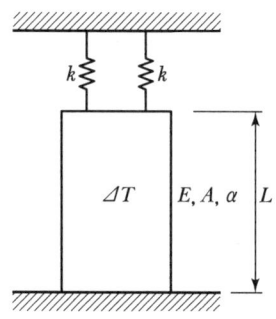

제3교시 다음 문제 중 4문제를 선택하여 설명하시오.(각 25점)

1. 교량의 경관설계에서 검토해야 할 기본적인 미적 조형원리에 대하여 설명하시오.

2. 지진해석을 위해 응답스펙트럼법을 사용할 때 모드별 최대응답을 조합하는 모드조합방법의 종류를 나열하고 설명하시오.

3. 광폭 강박스거더 사장교에서 보강거더 검토를 위한 설계기준(하중저항계수설계법) 내용과 계산과정에 대하여 설명하시오.

4. 아래 그림과 같이 긴장재를 포물선 형상으로 배치한 단순지지된 프리스트레스트 콘크리트(PSC) 보의 경간 중앙에서 콘크리트의 상연응력과 하연응력을 응력 개념, 강도 개념, 하중평형 개념 3가지 방법으로 구하시오.[단, 유효 프리스트레스 힘 $P_e = 3,300$kN, 보 중앙에서 편심량 $e_{(중앙)} = 250$mm, 보의 자중(w_d)과 등분포 활하중($w_l = 17.58$kN/m)이 작용하고, 경간 $l = 20$m, 프리스트레스트 콘크리트의 단위중량 $\gamma_e = 24.525$kN/m³으로 고려한다.]

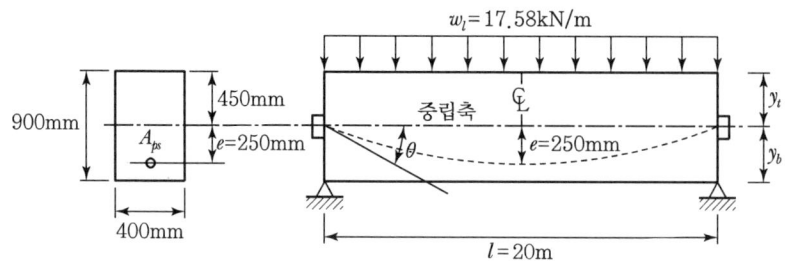

5. 아래 그림과 같은 2개의 수평변위 자유도를 갖는 2층 건물의 자유진동 응답을 모드 중첩법으로 구하시오.(단, 변위와 속도에 관한 초기조건은 다음 그림과 같으며, 감쇠는 무시한다.)

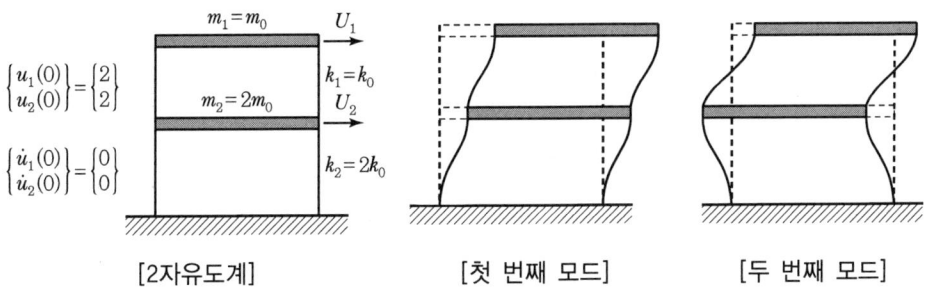

[2자유도계]　　　　[첫 번째 모드]　　　　[두 번째 모드]

6. 50kN의 고정하중(DL), 300kN의 활하중(LL)이 작용하는 인장부재에 대하여 맞대기 용접 시에 필요한 강재의 두께를 항복상태와 파단상태를 모두 고려하여 결정하시오.(단, 사용강재의 강도는 $F_y=235\text{MPa}$, $F_u=400\text{MPa}$, 고정하중계수 1.2, 활하중계수 1.6, 항복 시 강재 강도감소계수 0.9, 파단 시 강재 강도감소계수 0.75이다.)

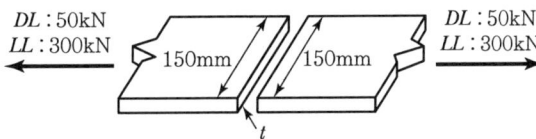

제4교시 다음 문제 중 4문제를 선택하여 설명하시오.(각 25점)

1. 설계안전성(Design For Safety) 검토에서 설계 시행단계별 설계자의 안전관리 업무에 대하여 설명하시오.
2. 시설별 내진설계기준의 일관성을 위하여 상위기준인 "내진설계일반(KDS 17 10 00)"이 제정되었다. 도로교의 경우 기존 설계기준과 비교하여 변경된 주요 내용에 대하여 설명하시오.

3. 콘크리트의 최소 피복두께를 산정할 때 고려해야 하는 사항을 모두 기술하고, 다음과 같은 조건에서 직경 32mm 이형철근이 배근된 노출 콘크리트 바닥판(슬래브)의 공칭피복두께를 구하시오.

> 〈조건〉
> • 노출등급 EC3(노출등급에 대한 콘크리트의 최소피복두께 35mm, 기준 최소 압축강도 30MPa)
> • 사용된 콘크리트 강도 50MPa
> • 콘크리트에 표면처리 및 피복에 대한 품질보증 시스템 미적용

4. 아래 캔틸레버보에 집중하중 100kN이 작용했을 때 BC(Cable) 부재의 인장력을 구하시오.

   BC부재 : $A_1 = 6.83\text{cm}^2$, AB부재 : $A_2 = 683\text{cm}^2$, $I_2 = 12,800\text{m}^4$

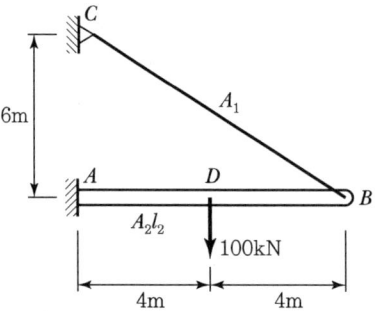

5. 아래 그림과 같은 광폭 프리스트레스트 콘크리트(PSC) 박스거더교에 대해서 다음 사항을 계산하시오.

   1) B점의 극한한계상태 시 전단력을 구하시오.(단, 프리스트레스트 콘크리트 박스거더 단면을 제외한 기타 부재의 자중 및 비틀림의 영향은 무시한다.)

   2) B점의 극한한계상태 전단에 대해서 설계하시오.[단, ① 복부트러스 각도는 45°로 가정, ② 전단철근 검토 시 횡방향 해석의 복부 휨강도에 필요한 주철근은 고려하지 않음, ③ 철근단면적(A_v) : D25 = 506.7mm^2, ④ 철근배치간격(S) : 150mm]

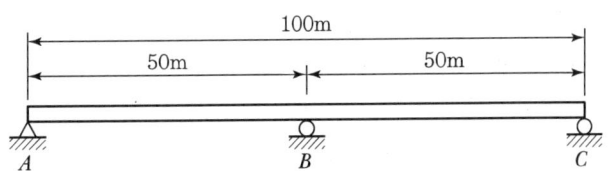

[교량 경간 구성]

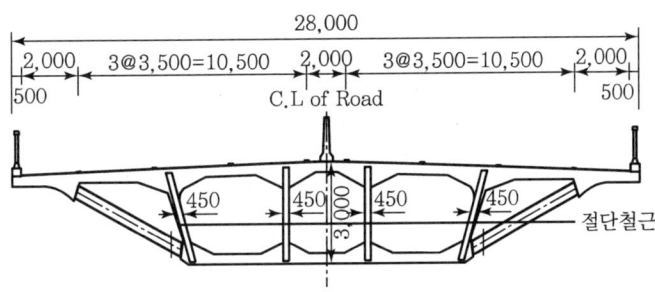

[교량 횡단 구성]

[설계조건]

광폭 PSC 박스거더	• 단면적 : 21,856,00mm² • 형고 : 3,000mm • 단면2차모멘트 : 2.9×10^{13} mm⁴ • 철근콘크리트 단위중량 : 25kN/m³ • $f_y(=f_{vy})$: 400MPa • f_{ck} : MPa
활하중	KL-510의 표준차로 하중만 교량 전 구간에 걸쳐 만재하한다.(단, 왕복 6차로 횡단 구성을 가지고 있다.)
하중계수	• 고정하중계수 : 1.25 • 활하중계수 : 1.8

6. 아래 그림과 같은 지형에 1) 슬래브교, 2) 라멘교 형식 적용성을 검토하고자 한다. 각각의 형식에 대하여 하부구조 단위폭(1.0m)당 고유진동수를 구하고, 동적 거동 측면에서의 특징을 설명하시오.(단, 철근콘크리트 단위중량 $\gamma_e = 24 \text{kN/m}^3$, 콘크리트 탄성계수 $E_c = 2.3 \times 10^4 \text{MPa}$, 받침물성치, 토압, 기초, 하부구조의 자중, 헌치의 영향은 무시한다.)

1) 슬래브교

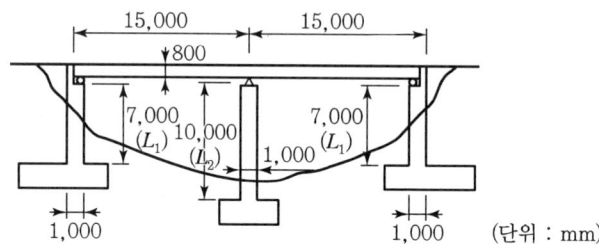

2) 라멘교

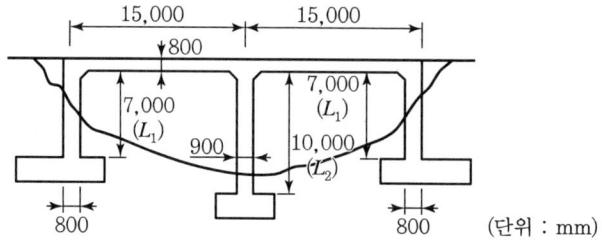

제 125 회

(2021년 7월 31일)

제1교시 다음 문제 중 10문제를 선택하여 설명하시오.(각 10점)

1. 교량 내진설계기준(한계상태설계법)(KDS 24 17 11 : 2021)에서 명시하고 있는 지진격리설계를 적용하지 않는 조건 3가지를 제시하고, 그 이유를 설명하시오.

2. "시설물의 안전 및 유지관리에 관한 특별법"에 제시된 시설물의 안전등급 결정 시 유의사항 및 각 등급에 따른 시설물의 상태에 대하여 설명하시오.

3. 가시설 구조물 설계에서 재료의 허용응력 할증계수에 대한 적용사유 및 각 경우별 적용값에 대하여 설명하시오.

4. 도로교에서 바닥판의 경험적 설계법이 가능한 구조적 근거 및 적용조건에 대하여 설명하시오.

5. FCM 공법으로 가설되는 다경간 PSC BOX GIRDER 교량에서 세그먼트 가설 시 발생하는 불균형 모멘트에 저항하기 위한 임시고정장치의 종류에 대하여 설명하시오.

6. 프리스트레스트 콘크리트 부재 중 포스트텐션 부재에서 설계를 위한 정착구역의 의미와 국소구역 및 일반구역에 대하여 개념도를 그려서 설명하시오.

7. 강재의 인성(Toughness)과 연성(Ductility)에 대하여 설명하시오.

8. 교량 설계하중(한계상태설계법)(KDS 24 12 21 : 2021)의 피로하중 크기와 형태 그리고 빈도 산정에 대하여 설명하시오.

9. 하천교량(KDS 51 90 10 : 2018)에서 제시된 하천교량의 경간장과 여유고에 대하여 설명하시오.

10. 공항시설물 중 유도로 교량에 대하여 설명하시오.

11. 그림과 같은 2련 암거에 대한 구조해석 및 단면검토 결과 각 부재의 설계철근량이 다음 표와 같이 계산되었다. 암거의 주철근조립도를 그리시오.

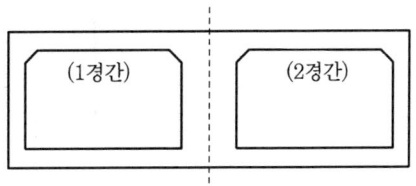

부재 위치		설계철근량
상부 슬래브	좌측 단부	H29 – 8EA
	1경간 중앙부	H29 – 4EA + H25 – 4EA
	중간지점부	H32 – 8EA
	2경간 중앙부	H29 – 4EA + H25 – 4EA
	우측 단부	H29 – 8EA
좌·우측 벽체	상부	H29 – 8EA
	중간부	H19 – 8EA
	하부	H29 – 8EA
하부 슬래브	좌측 단부	H29 – 8EA
	1경간 중앙부	H29 – 4EA + H25 – 4EA
	중간지점부	H29 – 8EA
	2경간 중앙부	H29 – 4EA + H25 – 4EA
	우측 단부	H29 – 8EA
중간 벽체 지점부		H19 – 8EA
중간 벽체 중앙부		H19 – 8EA

12. 그림과 같은 양단 고정보 중앙에 집중하중이 작용할 때 붕괴메커니즘을 작도하여 붕괴하중을 구하고, 이때의 휨모멘트도를 그리시오. (단, 보의 소성모멘트는 M_p)

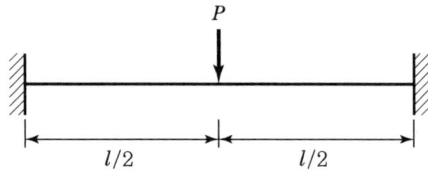

13. 다음과 같은 비감쇠 1자유도계 구조의 횡방향 고유진동수를 구하시오. (단, $E = 200,000$ MPa, $I = 5.0 \times 10^6$ mm^4)

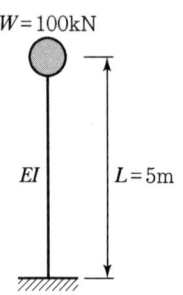

제2교시 다음 문제 중 4문제를 선택하여 설명하시오.(각 25점)

1. 지하암거 구조물의 부력에 대한 안전성 검토방법 및 안전성 확보 대책에 대하여 설명하시오.

2. 건설사업관리 업무수행 시 기술지원기술인의 임무와 설계 변경 요건 및 설계 변경 절차 시에 따른 건설사업관리기술인의 임무에 대하여 설명하시오.

3. 강구조물 용접부에 발생하는 잔류응력의 발생원인과 영향, 저감대책에 대하여 설명하시오.

4. 단경간 곡선 강박스 거더교(단일박스)에서 교량받침이 단부의 양단에 각각 2개씩 설치되어 있을 때 아래의 내용에 대하여 설명하시오.

    1) 곡선 강박스 거더교의 설계 시 하중재하, 구조해석모델, 교량받침설계, 격벽설계에 대하여 설명하시오.

    2) 곡선 강박스 거더교 설치 시 주의사항에 대하여 설명하시오.

5. 그림과 같은 대칭단면을 갖는 사각기둥(단주)이 축하중과 휨모멘트를 동시에 받을 때 주어진 조건에 따라 균형 파괴 시의 ϕP_n, ϕM_n을 구하시오.

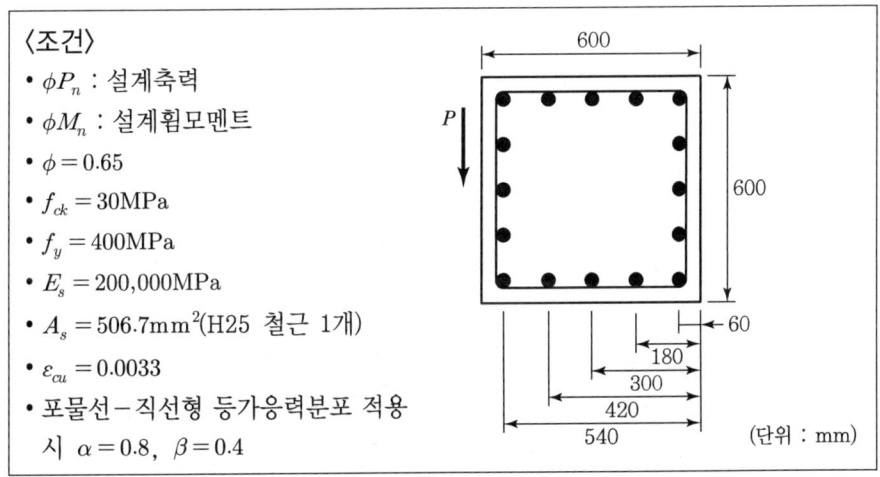

〈조건〉
- ϕP_n : 설계축력
- ϕM_n : 설계휨모멘트
- $\phi = 0.65$
- $f_{ck} = 30\text{MPa}$
- $f_y = 400\text{MPa}$
- $E_s = 200,000\text{MPa}$
- $A_s = 506.7\text{mm}^2$ (H25 철근 1개)
- $\varepsilon_{cu} = 0.0033$
- 포물선-직선형 등가응력분포 적용 시 $\alpha = 0.8$, $\beta = 0.4$

6. 아래 그림과 같은 타정식 대칭형 1주탑 현수교에 등분포 하중 w가 작용할 때 주케이블의 최대인장력 $T_{\max}$, $L/2$ 위치에서의 처짐(Sag) h, 주탑에 작용하는 축력 P를 주어진 조건에 따라 구하시오.

〈조건〉
- 지점 a와 b에서 주케이블의 형상은 수평선에 접한다고 가정하여 수직반력은 무시한다.
- 케이블의 자중은 무시한다.
- 보강형은 무응력 상태로 가정한다.

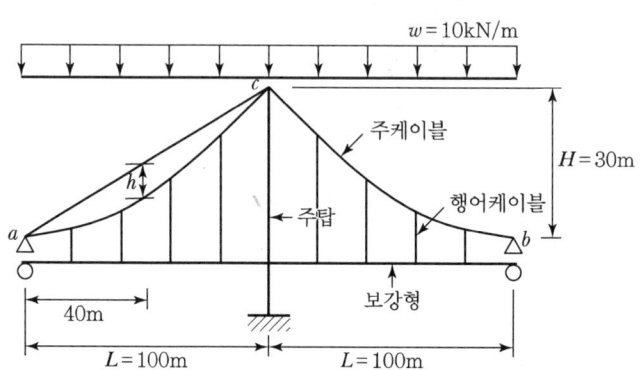

제3교시 다음 문제 중 4문제를 선택하여 설명하시오.(각 25점)

1. 비틀림 하중을 받는 강재보에서 발생하는 순수비틀림(Pure Torsion)과 뒴비틀림(Warping Torsion)에 대하여 설명하시오.

2. 콘크리트교 설계기준(한계상태설계법)(KDS 24 14 21 : 2021)의 구조해석에서 고려해야 할 일반사항과 구조물 이상화의 전체 해석을 위한 구조 모델에 대하여 설명하시오.

3. 강재의 휨부재에서 국부좌굴 거동 특성에 따른 단면의 구분방법과 각각의 단면에 대한 저항모멘트강도(M_n)를 산정하는 방법을 설명하고, 횡좌굴 거동에 따라 부재의 저항모멘트강도(M_n)를 산정하는 방법에 대하여 개념적(수식을 사용할 필요 없음)으로 설명하시오.(단, 잔류응력의 영향은 무시하는 것으로 간주함)

4. 도로교 계획 시 하부횡단조건(도로, 철도, 하천, 해상)에 따른 교량하부의 형하공간 확보 시 고려사항에 대하여 설명하시오.

5. 그림과 같이 기둥의 A지점은 힌지로 C지점은 고정단으로 지지된 뼈대구조의 탄성좌굴하중(P_{cr})을 구하시오.(단, 모든 부재의 길이 : L, 모든 부재의 휨강성 : EI, 축방향 변형과 전단변형 효과는 무시)

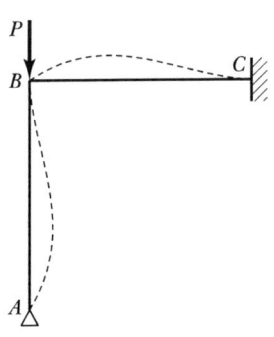

6. 구조물의 임의 지점에 45° 스트레인 로제트를 사용하여 변형률을 측정한 결과 $\varepsilon_a = 70 \times 10^{-6}$, $\varepsilon_b = 40 \times 10^{-6}$, $\varepsilon_c = -20 \times 10^{-6}$로 계측되었다. 재료의 탄성계수 $E = 30,000\,\mathrm{MPa}$, 푸아송비 $\mu = 0.167$일 때 스트레인 로제트를 설치한 계측지점의 최대 주변형률 및 주응력을 구하시오.

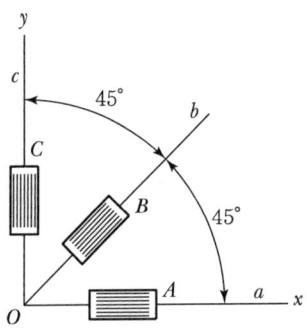

제4교시 다음 문제 중 4문제를 선택하여 설명하시오.(각 25점)

1. 기존 교량의 RC 교각에 대한 내진성능 평가 시 교각의 휨 성능과 전단 성능을 고려하여 파괴모드별로 내진 보유성능(공급역량)을 산정함에 따른 파괴모드에 대하여 기술하고 파괴모드별 보유성능에 대하여 설명하시오.

2. 교량 형식 중 현수교, 트러스교, 거더교, 아치교, 사장교의 형식이 휨모멘트에 대하여 저항하는 기구(Mechanism)를 각각 설명하고, 상대적으로 보다 긴 경간장을 확보하는 데 유리한 점과 불리한 점을 비교하여 설명하시오.

3. 사장교 구조계획 시 주탑과 보강거더 사이의 경계조건인 부양지지(Floating) 시스템, 받침지지(Bearing) 시스템 및 라멘(Rahman) 시스템에 대하여 개념을 설명하고, 각 시스템의 장단점에 대하여 설명하시오.

4. 건설산업 BIM 기본지침(국토교통부, 2020.12.)에서 BIM의 활용이 건설산업에 미치는 기대효과에 대하여 건설단계별로 설명하시오.

5. 그림의 a지점에서 편측 긴장된 포스트텐션 콘크리트 단순보의 양단부 a, c와 중앙부 b지점에서 정착장치의 활동과 마찰을 고려하여 주어진 조건에 따라 PS 강재의 응력손실을 구하고, 부재길이(x축)에 대한 긴장재의 응력(y축) 변화를 그림으로 나타내시오.

〈조건〉
- 정착장치의 활동 $\Delta l_{AS} = 3\,\text{mm}$
- 긴장재의 곡률마찰계수 $\mu_p = 0.25/\text{rad}$, 파상마찰계수 $k = 0.005/\text{m}$
  응력손실 $\Delta f_{px} = f_{pj}(\mu_p \cdot \alpha_{px} + k \cdot l_{px})$
- PS 강재 : 7연선 9.3mm(단면적 $A_{ps} = 51.61\,\text{mm}^2$)
  12가닥(긴장후 덕트 내부 그라우팅)
  탄성계수 $E_{ps} = 200,000\,\text{MPa}$
  인장강도 $f_{pu} = 1,780\,\text{MPa}$
  항복강도 $f_{py} = 1,500\,\text{MPa}$
  긴장응력 $f_{pj} = 0.94 f_{py}$
- 정착장치에 의한 응력손실 발생길이 : $l_{set} = \sqrt{\dfrac{\Delta l_{AS} \cdot E_{ps}}{f_f}}$
  f_f : 단위길이당 마찰손실 응력

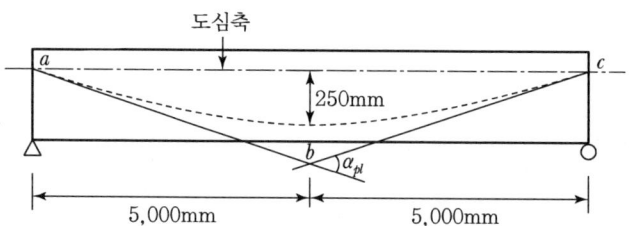

6. 압축력 P와 지간 중앙점에 횡하중 Q를 받는 단순 지지된 보-기둥에서 외력과 지간 중앙점의 변위(δ)와의 관계식을 유도하고, 힘-변위 거동에 대하여 설명하시오.(단, 부재의 휨강성 EI는 일정하다.)

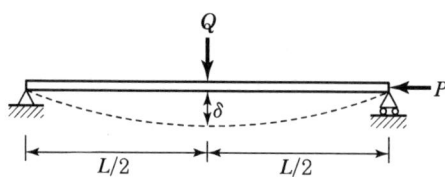

제 126 회
(2022년 1월 29일)

제1교시 다음 문제 중 10문제를 선택하여 설명하시오.(각 10점)

1. 슈퍼콘크리트의 개념과 특성에 대하여 설명하시오.
2. CM(Construction Management)에 대한 개념과 필요성에 대하여 설명하시오.
3. 보수·보강이 요구되는 구조물에서 일어나는 구조결함의 주요 요인을 내적 및 외적 조건으로 구분하여 설명하시오.
4. 교량설계의 경제성 검토에서 설계 VE와 시공 VE의 차이점에 대하여 설명하시오.
5. 강구조물의 비탄성 좌굴 이론에 대하여 설명하시오.
6. 공항시설 중 교량의 내진성능 목표에 따른 설계거동한계에 대하여 설명하시오.
7. 하중에 의한 PS 강연선의 발생응력을 PS 강연선과 콘크리트 간의 부착/비부착의 경우로 구분하여 설명하시오.
8. 전단중심(Shear Center)의 정의와 단면의 대칭성에 따른 전단중심의 위치에 대하여 설명하시오.
9. 전단설계 시 유효 전단철근의 개념을 설명하고, 현행 전단강도식의 개선방안에 대하여 설명하시오.
10. 등간격의 2경간 연속보에서 연속지점부 반력의 영향선을 그리시오.(단, 부재 단면 E와 I는 일정하다.)
11. 전단흐름(Shear Flow)에 대하여 설명하시오.
12. 교량을 설계할 때 고려하여야 할 하중의 종류(고정하중, 활하중 포함)를 도로교설계기준에 의거하여 12개를 쓰시오.
13. 플랜지의 두께가 얇고 폭이 큰 강I형 단면이나 강박스 단면에서의 전단지연(Shear Lag)에 대하여 설명하시오.

제2교시 다음 문제 중 4문제를 선택하여 설명하시오.(각 25점)

1. 강재의 품질관리를 위한 비파괴시험 방법의 종류에 대하여 주요 대상 결함사항, 시험방법 및 특성을 설명하시오.

2. 교량의 생애주기비용(Life Cycle Cost, LCC) 산정 시 확정론적 방법과 확률론적 방법 및 교량의 경제성 검토방법에 대하여 설명하시오.

3. BIM(Building Information Modeling)의 모델상세수준(Level of Development)에 대하여 설명하시오.

4. 아래 그림과 같이 슬리브 내에 볼트를 삽입하고, 슬리브가 볼트 주위를 둘러싼 양단에 볼트의 머리와 너트로 꼭 끼도록 조여져 있는 일체의 조립체를 보강부재로 사용하고자 한다. 이 보강부재에 온도가 $\Delta T = 30℃$만큼 상승하는 경우에 슬리브와 볼트에 발생하는 응력(f_S와 f_B)과 보강부재의 신장량(δ)을 구하시오.(단, 전체 조립체를 구성하고 있는 재료상수는 아래 조건과 같고, 조립체 길이 $L = 500$mm이다.)

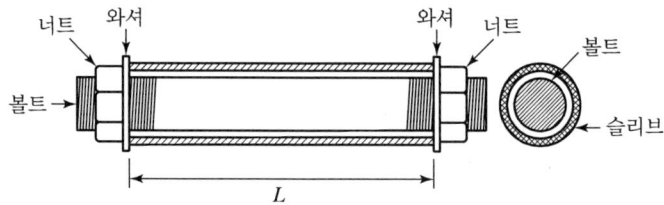

〈조건〉
1) 볼트의 열팽창계수, 단면적, 탄성계수 $\alpha_B = 1.0 \times 10^{-5}/℃$, $A_B = 300\text{mm}^2$, $E_B = 150,000$MPa
2) 슬리브의 열팽창계수, 단면적, 탄성계수 $\alpha_S = 1.2 \times 10^{-5}/℃$, $A_S = 400\text{mm}^2$, $E_S = 200,000$MPa

5. 아래 그림과 같은 포스트텐션 I형 보의 정착구역에서 각 긴장재는 인장강도 $f_{pu} = 1,820\text{MPa}$인 저릴랙세이션 PS 강연선 4개($\phi 12.7 \times 4$, $A_p = 98.71 \times 4 = 394.84\text{mm}^2$)로 이루어져 있고, 긴장재는 $0.75 f_{pu} (= 1,365\text{MPa})$로 긴장(Jacking)하는 경우 정착부의 보강철근을 설계하시오.

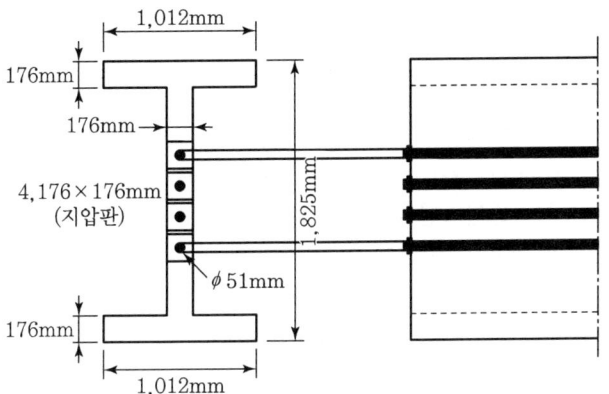

〈조건〉
- 철근의 항복강도 $f_y = 400\text{MPa}$
- D13 스터럽 사용(D13의 개당 철근 단면적 $A_s = 126.7\text{mm}^2$)
- 긴장 작업 시의 콘크리트 강도 $f_{ci} = 36.5\text{MPa}$
- I형 보의 단면적은 $616,000\text{mm}^2$
- $\phi 51\text{mm}$는 지압판의 홀(Hole) 직경임

6. 거더에 바닥판이 합성된 지간장이 30.0m인 합성거더교에서 아래 조건인 경우 지간 중앙부 하연에서 인장응력이 발생하지 않을 최소 초기 프리스트레스 힘 (P)을 구하시오. (단, 충격계수는 0.25, 유효율은 0.85, 긴장은 바닥판 합성 이전에 하는 것으로 가정한다.)

〈조건〉
① 합성 전 단면의 제원
   - 단면적(A) = 670,000mm^2
   - 도심에서 단면하연까지의 거리(y_b) = 950mm
   - 단면2차모멘트(I) = 330 × 10^{9}mm^4
   - 단면하연에서 긴장재 도심까지의 거리(e_p) = 100mm
② 합성 후 단면의 제원
   - 단면적(A_c) = 1,200,000mm^2
   - 도심에서 단면하연까지의 거리(y_{cb}) = 1,450mm
   - 단면2차모멘트(I_c) = 770 × 10^{9}mm^4
③ 하중
   - 합성 전 고정하중(w_d) = 15.0kN/m
   - 거더자중에 의한 등분포하중(w_{sw}) = 15.0kN/m
   - 합성 후 고정하중(w_{cd}) = 5.0kN/m
   - 활하중에 의한 지간 중앙부에서의 최대휨모멘트는 1,600kN·m 라 가정

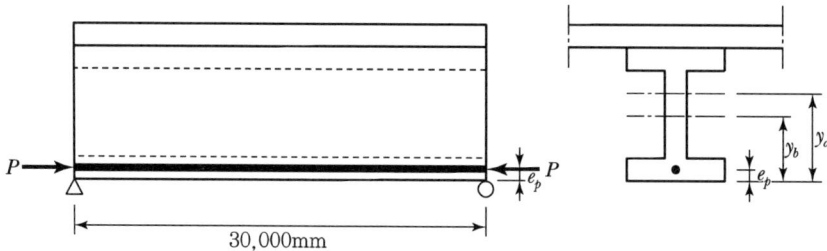

제3교시 다음 문제 중 4문제를 선택하여 설명하시오.(각 25점)

1. 구조설계에 대한 개념 및 구비요소에 대하여 설명하고, 붕괴유발부재(FCM)에 대한 정의와 판정방법에 대하여 설명하시오.

2. 동바리공법 및 프리캐스트공법을 포함한 PSC(프리스트레스트 콘크리트) 박스 거더교의 가설공법에 대하여 5가지를 열거하고 개요 및 특징을 설명하시오.

3. 설계기준, 설계지침 및 설계편람을 구분하여 설명하고, 2021년도에 개정된 콘크리트 구조설계기준(KDS 14 20 00)의 주요 변경사항에 대하여 설명하시오.

4. 다음 그림과 같이 슬래브 구조에 포함된 직사각형 단면의 보에 계수 전단력 $V_u = 180\text{kN}$이 위험 단면에 작용하고, 계수 비틀림 모멘트 $T_u = 30\text{kN} \cdot \text{m}$가 작용할 때 필요한 철근 배근 상세를 설계하시오.[단, $f_{ck} = 27\text{MPa}$의 보통 중량콘크리트, 철근의 항복강도 $f_y = 400\text{MPa}$이며, 휨 설계로부터 산정된 종방향 휨철근량 $A_s = 2,400\text{mm}^2$, 외측 스터럽의 피복두께는 40mm, 주철근은 D29($A_s = 642.4\text{mm}^2$), 종방향 비틀림 철근은 D13($A_s = 126.7\text{mm}^2$), 스터럽은 D10($A_s = 71.3\text{mm}^2$)을 사용한다고 가정한다.]

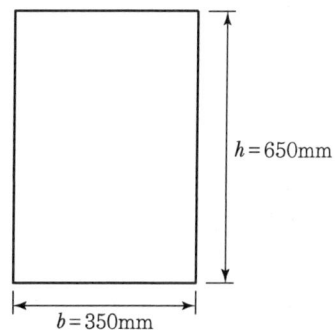

5. 아래 그림과 같은 플레이트거더 합성형교의 연속 바닥판 하면에 다음 설계조건과 같이 교축직각방향으로 두께 0.143mm의 탄소섬유 시트를 보강한 경우 보강 전과 보강 후의 휨응력을 검토하시오.[단, 휨모멘트 산정은 고정하중에 대해서는 $\dfrac{w_d \times L^2}{10}$ 적용, 활하중에 대해서는 $\dfrac{(L+0.6) \times P_{24} \times (1+I)}{9.6}$ 식에 연속보 효과를 적용하고, 압축철근 효과는 무시한다.]

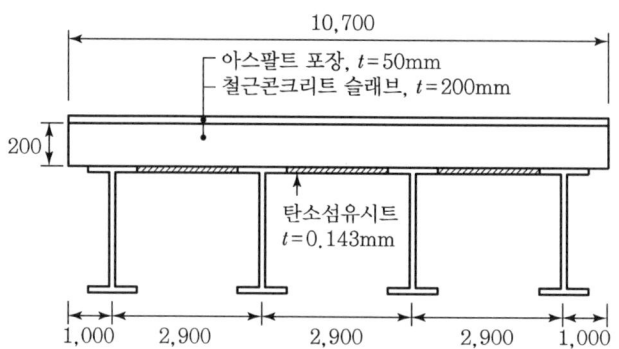

〈조건〉
1) 작용하중
   (1) 자중
       • 포장 단위중량 : $23kN/m^3$
       • 철근콘크리트 슬래브 단위중량 : $25kN/m^3$
   (2) 활하중 : DB24 후륜하중, 충격계수 $I=0.3$
2) 재료상수 및 허용응력
   (1) 콘크리트
       • 설계기준압축강도 : $f_{ck}=24MPa$
       • 허용휨압축응력 : $f_{ca}=9.8MPa$
       • 탄성계수 : $E_c=20,000MPa$
   (2) 철근(SD30)
       • 주철근 직경 및 간격 : $D16(A_s=198mm^2)@100mm$
       • 허용인장응력 : $f_{sa}=150MPa$
       • 탄성계수 : $E_s=200,000MPa$
       • 사용피복 : 40mm(주철근 도심부터 콘크리트 최외측까지 거리)
   (3) 탄소섬유
       • 인장강도 : $f_{pu}=1,900MPa$
       • 탄성계수 : $E_p=640,000MPa$
       • 허용인장응력 : $f_{pa}=633MPa$
   (4) 탄성계수비 : 재료별 탄성계수 적용

6. 아래 그림과 같이 뒷채움 토사가 옹벽 상단과 수평으로 형성된 역T형 옹벽에 대한 다음 사항을 설명하시오.
   1) 옹벽의 외적 안정성에 대한 안전율 계산 및 허용안전율과 비교

2) 외적 안정성 검토항목 중 허용 안전율을 만족하지 않는 경우에 대한 설계상의 대책

3) 옹벽구조 시공 상세

〈조건〉
- 뒷채움 토사의 내부마찰각 : $\phi = 30°$
- 흙의 단위중량 : 18kN/m^3
- 철근콘크리트의 단위중량 : 25kN/m^3
- 콘크리트와 기초지반의 마찰계수 : $\mu = 0.4$
- 기초지반의 허용지지력 : 200kN/m^2
- 안정계산 시 옹벽 전면부의 상재토 영향과 수동토압은 무시

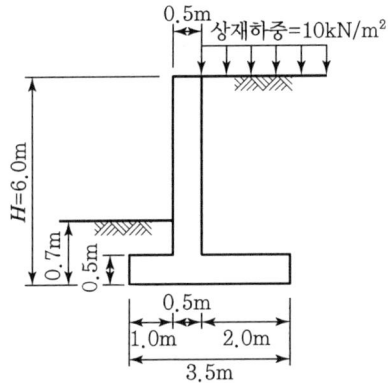

제4교시 다음 문제 중 4문제를 선택하여 설명하시오.(각 25점)

1. 강구조물에서 취성파괴의 개요, 원인 및 대책에 대하여 설명하시오.

2. 콘크리트 타설에 따른 일반과 특수 거푸집 및 동바리 설계 시 고려하는 하중들에 대하여 설명하고, 콘크리트 측압에 미치는 영향 요인 및 거푸집 설계 시 일반적인 고려사항에 대하여 설명하시오.

3. 지하차도의 U-Type 구조물에 부력 방지 앵커 적용 시 아래 사항에 대하여 설명하시오.

   1) 부력 방지 앵커공법 중 정착방식에 따른 인장마찰식, 압축마찰식, 지압식의 구조적 특성
   2) 부력 방지 앵커의 자유장 산정방법
   3) 부력 방지 앵커 설계 시 고려사항

4. 등분포하중(w)이 전체 경간(L)에 재하되어 있는 강재로 된 양단 고정보의 단면($b \times h$)이 있다. 이 보에서 경간 중앙부에 소성힌지가 형성될 때의 하중은 탄성하중의 몇 배가 되는가를 구하시오.

5. 인장강도(F_u)가 410MPa인 기둥에 브래킷을 양면 필릿용접으로 이음하려고 한다. 기둥 플랜지와 브래킷의 단면적은 충분히 크다고 가정한 상태에서 고정하중 P_D= 120kN, 활하중 P_L= 30kN이 그림과 같이 작용할 때, 이음부의 안전성을 검토하시오.(단, 고정하중의 하중계수는 1.25, 활하중의 하중계수는 1.8이며, 필릿용접의 전단응력 저항계수는 0.75, 공칭강도는 $0.6F_u$이다. 필릿용접의 유효길이는 필릿용접의 총길이에서 용접치수의 2배를 공제한 값으로 한다.)

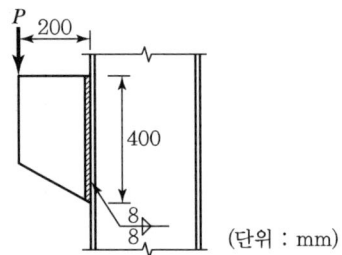

6. 아래 그림과 같은 3경간 연속보에 포스트텐션 방식을 적용하는 경우 아래 사항에 대하여 설명하시오.
   1) 긴장력 도입에 의한 신장량을 구하시오.
   2) 정착 후 긴장력 변화를 비교하시오.

   〈조건〉
   PS 강재는 15mm의 직경을 가지는 20가닥의 강연선으로 구성되며, f_{pu} = 1,960MPa, A_{ps} = 2,800mm², E_p = 200,000MPa의 재료 특성을 갖는다. 또한, $0.75f_{pu}$의 긴장력을 가지도록 양쪽 단부에서 동시에 긴장하며, 곡률마찰계수 μ = 0.28, 파상마찰계수 k = 0.0024/m, 정착장치 활동량 Δ_{set} = 6mm로 가정한다.

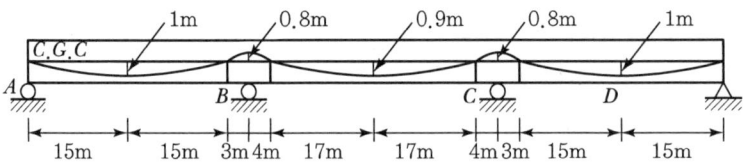

제 127 회
(2022년 4월 16일)

제1교시 다음 문제 중 10문제를 선택하여 설명하시오.(각 10점)

1. 화학적 프리스트레스트 콘크리트(Chemical Prestressed Concrete)
2. 소요 연성도(Required Ductility)
3. 분기 좌굴(Bifurcation Buckling)
4. 포스트텐션 프리스트레싱 시 발생하는 즉시 손실
5. 안전진단 시 콘크리트의 강도 추정 방법
6. 강교량 안전진단 시 실시할 수 있는 비파괴 시험의 종류 및 특징
7. 강재의 피로파괴(疲勞破壞)와 S-N 곡선
8. 프랫(Pratt), 하우(Howe), 와렌(Warren) 트러스의 차이점
9. 포스트텐션 보의 정착부 응력상태
10. 사각(Skew)으로 설계된 암거 슬래브의 사각부 보강
11. 공항시설물 중 지중구조물의 내진성능 목표에 따른 설계 거동 한계
12. 도로교설계기준(한계상태설계법)에서 공칭압축강도는 다음 식을 이용해 산정한다.

    $\lambda \leq 2.25$인 경우 : $P_n = 0.658^\lambda F_y A_s$

    $\lambda > 2.25$인 경우 : $P_n = \dfrac{0.877 F_y A_s}{\lambda}$

    단, $\lambda = (\dfrac{KL}{r\pi})^2 \dfrac{F_y}{E}$

    여기서, A_s : 부재의 총단면적(mm²)
    F_y : 항복강도(MPa)
    E : 강재의 탄성계수(MPa)
    K : 유효좌굴길이계수
    L : 비지지길이(mm)
    r : 회전반경(mm)

    위 식을 이용하여 압축부재의 탄성좌굴과 비탄성좌굴을 양분하는 한계세장비

$\left(\dfrac{KL}{r}\right)_{cr}$ 는 다음의 식으로 표현할 수 있다.

$$\left(\dfrac{KL}{r}\right)_{cr} = C\sqrt{\dfrac{E}{F_y}}$$

위 식을 유도하고 C값을 구하시오.

13. 아래 그림과 같이 평면응력상태에 있는 요소의 주응력과 주응력면을 모어(Mohr)의 원을 이용하여 구하시오.

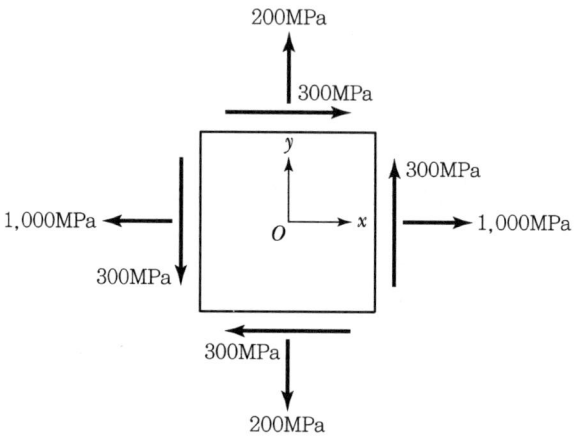

제2교시 다음 문제 중 4문제를 선택하여 설명하시오.(각 25점)

1. 현행 하천 설계기준에 의한 하천 횡단 교량 계획 시 교대와 교각의 위치 선정, 교량의 계획고, 길이 및 경간장 결정 방법에 대하여 설명하시오.

2. 강박스교량에서 안전진단 및 점검의 전 과정에 대하여 설명하시오.

3. 내진설계 시 지상구조물과 지중구조물의 거동 특성 차이점과 지중구조물의 내진설계 시 고려사항에 대하여 설명하시오.

4. 그림과 같이 완전탄소성 재료인 양단고정보에 부분등분포하중 w가 작용할 때 최초 항복하중 w_Y를 구하시오.

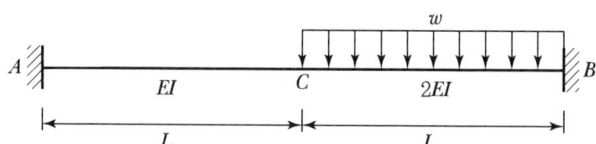

5. 아래 그림과 같은 트러스 구조의 부재력을 매트릭스(Matrix) 변위법(變位法)에 의해 구하고, 그 전개과정을 설명하시오.(단, 부재의 EA는 일정하다.)

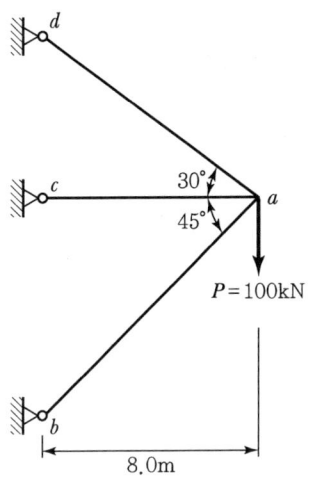

6. 아래 그림과 같이 자유단 A를 직경 d인 원형 강봉으로 매단 강재보의 중앙에 집중하중 P를 재하시키고자 한다. 강재보의 규격은 $I-200 \times 100 \times 7 \times 10$이며, 보와 강봉의 항복응력 $f_y = 280\text{MPa}$, 탄성계수 $E = 210,000\text{MPa}$일 때 이 강재보가 극한하중 P_L을 지지할 수 있는 강봉의 최소 직경 d를 결정하시오.

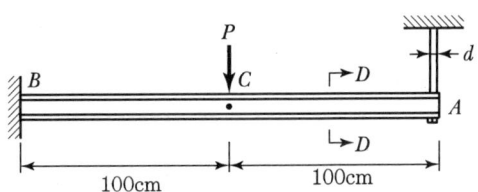 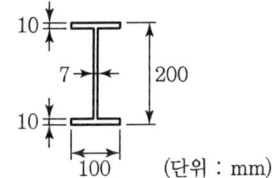

제3교시 다음 문제 중 4문제를 선택하여 설명하시오.(각 25점)

1. 신설 교량에 적용하는 일체식 교대 교량(Integral Abutment Bridge)의 종류와 적용조건 및 거동 특성에 대하여 설명하시오.

2. 아래 그림과 같이 흙막이 시설을 계획하여 깊이 10m까지 굴착하고자 한다. 이때 흙막이 시설의 개략공사비와 설계용역비를 산정하시오.(단, 사용강재의 규격은 $H-300 \times 300 \times 10 \times 15$이다.)

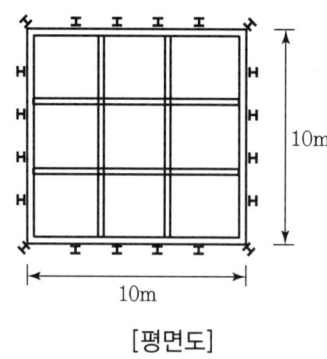

[평면도]

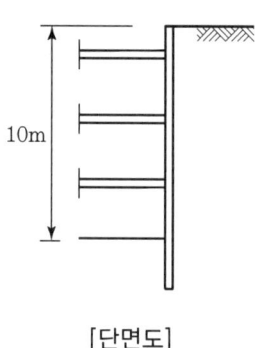

[단면도]

3. 옹벽설계 시 활동, 전도, 지지력의 설계조건(안전율)을 설명하고, 설계조건이 만족되지 못하는 경우 대책방안에 대하여 설명하시오.

4. 아래 그림과 같은 하중 M_{AB}가 작용하는 부정정보의 A점에서 B점으로의 전달률 C_{AB}와 C점에서의 수직처짐 δ_{CV}를 구하시오.

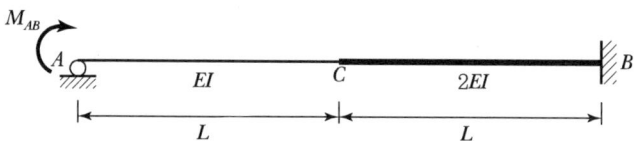

5. 아래 그림과 같이 수평방향으로 30° 꺾인 캔틸레버 끝에 연직하중 P가 작용할 때 끝점의 연직방향(하중 P방향) 처짐 Δ를 구하시오. 캔틸레버는 외경(外徑)과 내경(內徑)의 중심선(中心線)을 기준으로 직경이 d, 두께가 t인 강관(鋼管)이고 전단탄성계수 G는 종탄성계수 E의 0.4배이다.(단, 전단력에 의한 처짐은 고려하지 않는다.)

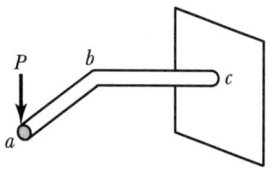

[3차원도(3-D View)]

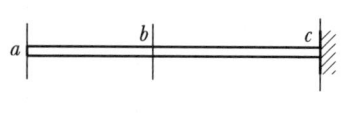

[측면도(Side View)]

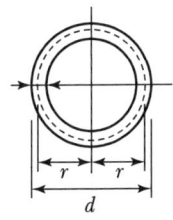
[단면도(Section)]

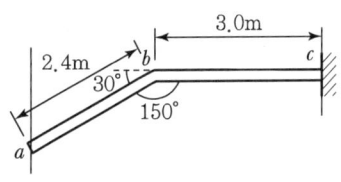
[평면도(Top View)]

6. 2,000kg의 질량을 갖는 터빈을 기초에서 10m 높이의 중공 원형지주에 설치하고자 한다. 이 때 중공 원형지주의 외경은 60cm이고, 부재두께는 2cm이며, 재료의 탄성계수는 200GPa이다. 터빈의 진동을 계측했더니 임의 시점에서의 수평방향 최대 변위가 5cm이고, 그 다음 진동주기에서의 수평방향 최대 변위는 4.41cm로 측정되었다. 터빈 설치지역의 지진응답스펙트럼이 아래 그림과 같을 때 다음 물음에 대하여 설명하시오.

(1) 수평방향 고유진동수 및 고유주기
(2) 수평방향의 대수감수율 및 감쇠비
(3) 수평방향 지진력(지진응답스펙트럼 이용)

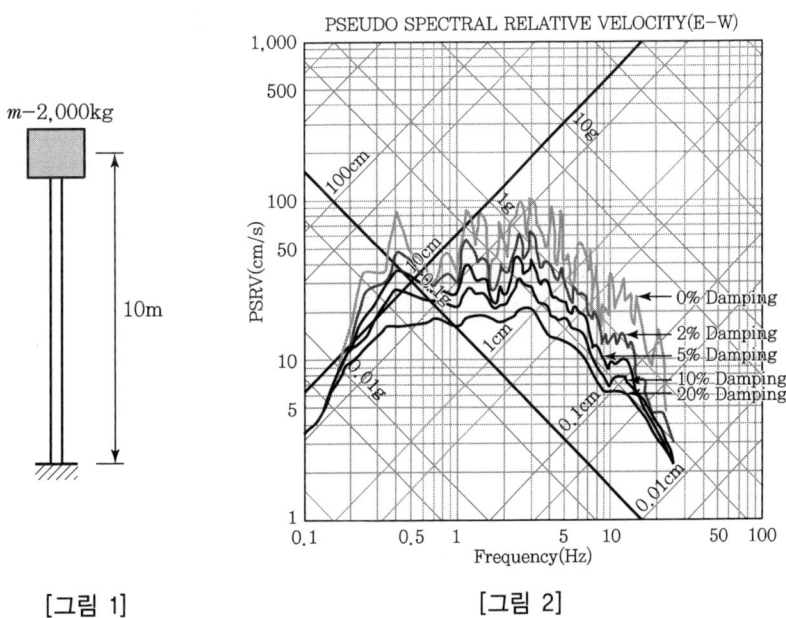

[그림 1]   [그림 2]

제4교시 다음 문제 중 4문제를 선택하여 설명하시오.(각 25점)

1. 철근콘크리트의 피로강도 특성과 피로강도의 저하요인에 대하여 설명하시오.
2. 외부 긴장재를 설치한 프리스트레스트 콘크리트 구조물에 도입되는 프리스트레스 힘의 평가 방법과 설계할 때의 유의사항에 대하여 설명하시오.
3. 스마트건설기술 중 설계, 시공, 유지관리 단계에 대하여 설명하시오.
4. 말뚝기초와 라멘구조가 결합된 구조물을 기초와 구조물을 분리하여 설계할 때 지반-구조물 상호작용(Soil-Structure Interaction) 개념을 적용한 설계방법에 대하여 설명하시오.
5. 강구조물 설계 시 적용하는 강판의 용접 접합 방법들의 구조적 특징과 개략적인 용접 Schedule을 작성하고, 그 이유를 설명하시오.
6. 아래 그림과 같이 거더 중앙에 힌지(Hinge)가 설치된 정정(靜定) 현수교에서 D'점에 집중하중 $P = 80\text{kN}$이 작용할 때 전체 지점(A, B, A', B')의 반력을 구하고 거더에 대한 전단력도와 휨모멘트도를 작성하시오.(단, 자중은 고려하지 않는다.)

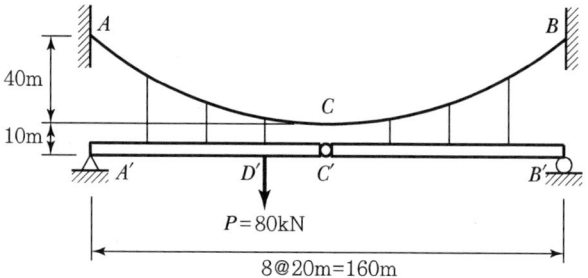

제 128 회

(2022년 7월 2일)

제1교시 다음 문제 중 10문제를 선택하여 설명하시오.(각 10점)

1. 교량받침의 지진보호장치 중 감쇠시스템에 대한 필수요건과 특징에 대하여 설명하시오.
2. 성능저하 한계상태에 대하여 설명하시오.
3. FRP(Fiber Reinforced Polymer) 보강근의 특성에 대하여 설명하시오.
4. 현수교 케이블 부속구조물 중 스플레이(Splay)에 대하여 설명하시오.
5. 단경간 곡선교 계획 시 부반력 대처방안에 대하여 설명하시오.
6. 블록전단파괴(Block Shear Rupture)강도에 대하여 설명하시오.
7. 강교설계 시 붕괴유발부재(Fracture Critical Member)에 대하여 설명하시오.
8. 옹벽설계 시 내진설계를 수행해야 하는 경우와 내진해석방법에 대하여 설명하시오.
9. 건설기술진흥법 시행령(제98조 제1항)에 따른 안전관리계획상 가설구조물의 수립기준에 대하여 설명하시오.
10. 부정정구조물의 처짐계산방법에 대하여 설명하시오.
11. 강재의 항복강도, 연신율, 연성 및 연성지수에 대하여 설명하시오.
12. 도로설계편람(2012, 지하차도편)에서 제시하는 일반도로 지하차도 시설한계 a, b, c, d 및 H에 대하여 설명하시오.

[지하차도의 시설한계]

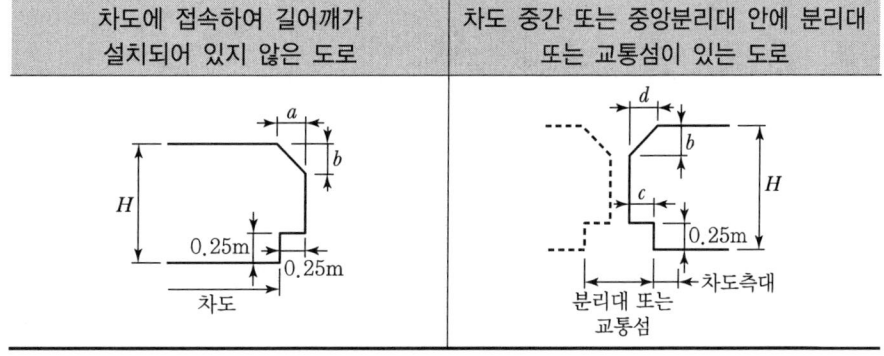

13. 아래 그림과 같이 목재 상자형 보가 두 개의 플랜지(40×180mm)와 두 개의 합판(15×280mm)으로 만들어졌다. 합판은 허용전단력 $F=1.4$kN을 갖는 나사에 의해 플랜지에 고정되어 있다. 이 단면에 작용하는 전단력 $V=12$kN 일 때 나사의 최소간격 s를 산정하시오.

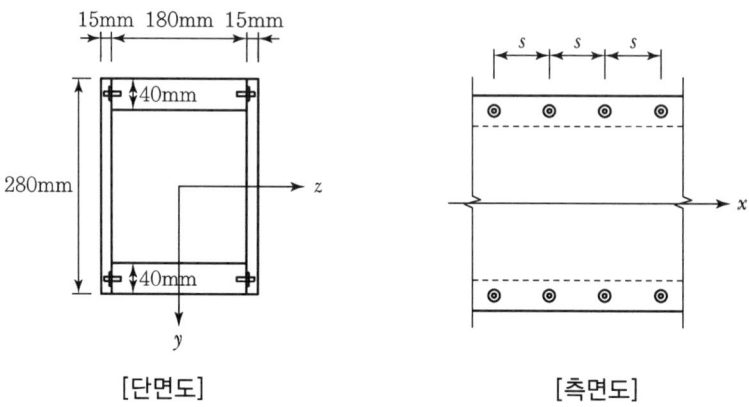

[단면도]   [측면도]

제2교시 다음 문제 중 4문제를 선택하여 설명하시오.(각 25점)

1. 중·소교량의 교량받침 설계 시 탄성받침 쐐기 제거에 따른 장단점을 기존 교량 탄성받침과 비교하여 설명하시오.

2. 두께 $t=10$mm, 길이 $L=1.0$m인 고강도 강재가 중심각도에 따라 원호 모양으로 구부러져 있다. 원호의 중심각 $\alpha=30°$이며, 탄성계수 $E=200$GPa이다. 이때 강재의 굽힘모멘트를 고려한 최대휨응력을 구하고, 중심각도와 휨응력의 관계를 설명하시오.

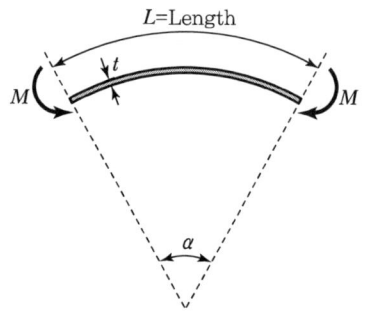

3. 하중 P가 그림과 같이 수직으로 작용할 때 A점의 수직처짐(δ)을 구하시오.
   (단, 스프링 계수 k, ABC보의 EI는 일정)

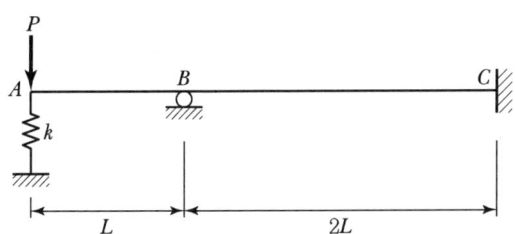

4. 아치교의 종류를 형식별로 분류하여 설명하고, 아치의 구조적 장점을 단순보와 비교하여 설명하시오.

5. PS 강재의 응력부식 및 지연파괴에 대하여 설명하고 발생원인 및 방지대책에 대하여 설명하시오.

6. 지하차도 설계 시 적용되는 하중의 종류 및 적용방법을 서술하고, 한계상태설계법 하중조합(KDS 14 00 00) 시 하중의 구성(하중계수는 제외)에 대하여 설명하시오.(단, 토피고는 1.0m이고, 지하수위가 있는 경우)

제3교시 다음 문제 중 4문제를 선택하여 설명하시오.(각 25점)

1. 사장교 상부 형식 중 콘크리트 엣지거더(Edge Girder)교의 특징 및 F/T(Form Traveler) 시공공법과 유지관리를 위한 구조물 계획에 대하여 설명하시오.

2. 교량의 유지관리 문제점과 개선대책을 제시하고, 이에 대해 BIM(Building Information Modeling) 활용방안을 설명하시오.

3. 폭 150mm, 높이 240mm의 단면을 갖는 보가 그림과 같은 응력-변형률 곡선을 가지고 있다. (1) 탄성범위에서 보의 중립축 위치, (2) 비탄성거동이 시작할 때의 휨모멘트, (3) 보의 파괴가 발생할 때의 휨모멘트를 구하시오.

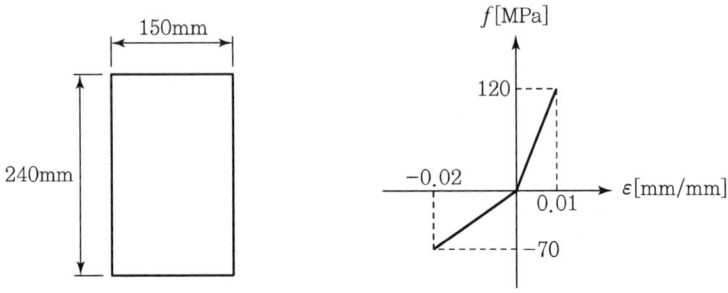

4. 넓은 면적의 철근콘크리트 타설 시 발생할 수 있는 콘크리트의 균열과 그 관리방안에 대하여 설명하시오.(단, 운반시간 지연, 타설 불량 등의 시공적 요인은 제외)

5. 다음 그림과 같이 캔틸레버보에 강축방향으로 활하중이 작용하고 있고, 보의 횡변위는 구속되어 있지 않다. H-단면(SM490)을 사용할 때, 한계상태설계법(KDS 24 14 31)을 적용하여 공칭휨강도와 좌굴안전성을 구하시오.(단, 강재의 단위중량은 78.5kN/m³으로 함)

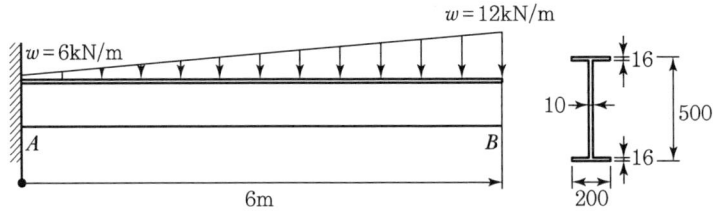

6. 케이블 교량의 케이블 교체 및 파단 시 해석방법을 한계상태설계법(KDS 24 00 00)에 준하여 설명하시오.

제4교시 다음 문제 중 4문제를 선택하여 설명하시오.(각 25점)

1. 기존 교량의 교통량 증가로 4차로에서 6차로 확장설계 시 상·하부 구조물의 확장방법과 문제점에 대하여 설명하시오.
2. '건설기술진흥법 시행규칙'에 규정된 건설사업관리기술인(기술지원기술인)이 수행하는 업무와 시공 전 설계적정성 검토내용에 대하여 설명하시오.
3. 설계의 경제성(Value Engineering)의 VE 산정식을 포함하여 정의하고, 실시대상, 실시시기 및 횟수에 대하여 설명하시오.
4. 국토교통부 도로터널 내화지침에서 콘크리트 부재, 고강도 프리캐스트 세그먼트 콘크리트 부재, 철근의 한계온도와 도로터널 손상 방지를 위한 내화공법을 제시하고 내화재의 성능 및 시공에 대하여 설명하시오.
5. 콘크리트 구조물의 내구성 평가 적용 범위 및 평가 항목에 대하여 설명하시오.
6. 3경간 연속보에서 하중 외에 B점에서 40mm, C점에서 30mm 만큼의 지점침하가 일어난 보의 휨모멘트를 구하시오.(단, $E = 150 \times 10^4 \text{MPa}$, $I = 160 \times 10^{-6} \text{m}^4$)

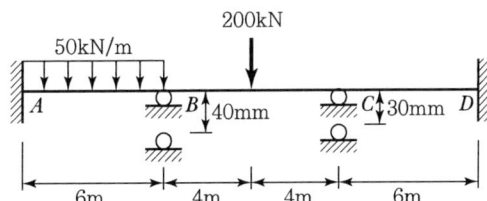

제 129 회
(2023년 2월 4일)

제1교시 다음 문제 중 10문제를 선택하여 설명하시오.(각 10점)

1. 지하차도 계획 시 부력 방지대책의 종류와 특징에 대하여 설명하시오.
2. 강교량 설계에서 강종의 선정 시 고려해야 할 사항에 대하여 설명하시오.
3. 그림과 같은 구조물에서 케이블 부재 BC에 의하여 지지된 AB부재의 축방향 좌굴에 대한 안전율이 3.0인 경우, 재하 가능한 최대하중 W를 구하시오.[단, B점의 수직처짐과 부재의 압축파괴는 무시하고, AB부재의 탄성계수 $(E)=2.1\times10^5\mathrm{MPa}$, 유효좌굴길이계수$(K)=1.0$으로 가정한다.]

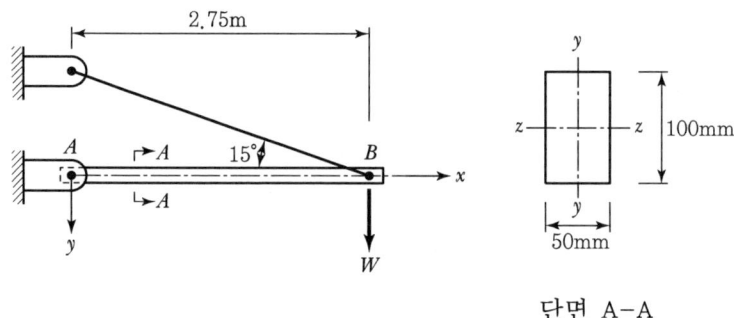

4. 현행 교량내진설계기준(한계상태설계법)에 제시된 내진설계기준의 기본개념에 대하여 설명하시오.
5. 프리스트레싱 강재에 요구되는 재료성능과 역학적 특징에 대하여 설명하시오.
6. 여유도(Redundancy)를 중심으로 교량의 붕괴유발부재에 대하여 설명하시오.
7. 토목구조물 설계와 시공단계에서 적용할 수 있는 탄소저감방안에 대하여 설명하시오.
8. 케이블에 의하여 지지되는 교량에서 보강형에 발생되는 동적 진동의 종류에 대하여 설명하시오.
9. 기존 교량 주형에서 강성 부족으로 진동이 발생되는 경우 저감방안에 대하여 설명하시오.
10. 매입형 강합성 기둥과 충전형 강합성 기둥의 구조적 특성에 대하여 설명하시오.

11. 정적 상태의 구조물에서 발생할 수 있는 비선형 거동의 종류와 사례에 대하여 설명하시오.

12. 다음과 같은 그림 (a)에서 현장타설 콘크리트 바닥판의 강합성교가 노후화되어 그림 (b)와 같이 폭 4m, 길이 2m의 프리캐스트 콘크리트 분절(Segment) 바닥판의 강합성교로 교체하고자 할 때 구조설계와 시공 시 검토사항에 대하여 설명하시오.

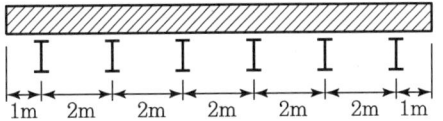

(a) 현장타설 콘크리트 바닥판 강합성교

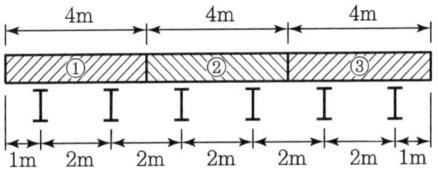

(b) 프리캐스트 콘크리트 분절 바닥판 강합성교

13. 2022. 01. 27부터 시행된 "중대재해 처벌 등에 관한 법률(약칭 : 중대재해처벌법)"의 시행목적 및 중대재해 종류에 대하여 설명하시오.

제2교시 다음 문제 중 4문제를 선택하여 설명하시오.(각 25점)

1. 다음과 같은 그림에서 두께가 얇고 플랜지가 넓은 개량형 PSC 거더에 지지된 캔틸레버부에 고정하중과 활하중(P_r)이 작용하고 있다. 현행 한계상태설계법으로 제정된 교량설계기준에 근거하여 콘크리트 바닥판에 대하여 다음의 항목을 검토하시오.(단, $f_{ck}=35\text{MPa}$, $f_y=400\text{MPa}$이다.)

   1) 극한한계상태 I, 사용한계상태 I, 사용한계상태 V에 대한 휨모멘트
   2) 극한한계상태 I에 대한 안전성

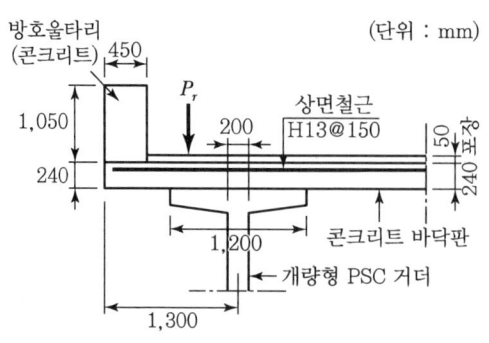

구분		계수값
n	상승 곡선부 형상지수	2.000
ε_{co}	최대응력에 처음 도달할 때의 변형률	0.0020
ε_{cu}	극한변형률	0.0033
α	압축합력 크기 계수	0.800
β	작용점 위치 계수	0.400
η	응력블록의 크기 계수	1.000

※ 검토조건
극한한계상태 : 콘크리트 변형률과 극한한계상태의 휨압축 합력의 계수

| 바닥판두께 : 240mm |
| 포장두께 : 50mm |
| 바닥판 상면에서 상면 철근 중심까지 거리 : 60mm |
| 바닥판 단부에서 외측거더 중심까지 거리 : 1,300mm |
| PSC 거더 플랜지 폭 : 1,200mm / 복부 폭 : 200mm |
| H13철근 1EA 단면적 : 126.7mm² |

2. 특수교량에서 주로 사용되는 영구 계측기기의 설치목적과 종류별 설치위치에 대하여 설명하시오.

3. 그림과 같은 구조물의 고유진동수와 주기를 구하시오.(단, 부재 AC는 질량이 무시되는 강체이고, A는 힌지이며, m은 스프링에 매달린 질량이다.)

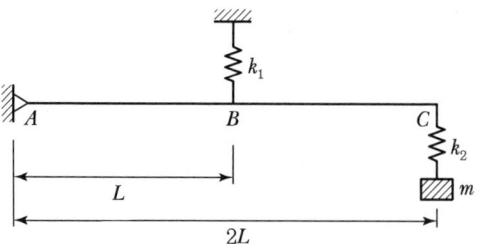

4. 고장력볼트의 접합 종류별 하중전달체계, 특징 그리고 조임방법에 대하여 설명하시오.

5. 교량의 내민받침[전단경간(a_v)/깊이(d)가 1.0 이하]에서 발생되는 파괴유형을 제시하고, 스트럿-타이모델과 철근배근 개념도를 제시하시오.

6. 다음과 같은 게르버보에서 최대처짐과 그 위치를 구하시오. (단, 휨강성 EI는 일정하다.)

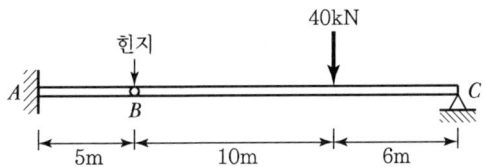

제3교시 다음 문제 중 4문제를 선택하여 설명하시오. (각 25점)

1. 그림과 같이 기둥 상단부에서 압축력 P를 받고 하단부가 고정단으로 지지된 뼈대 구조가 있다. 기둥 상부에 횡방향 변위가 발생하면서 좌굴이 되는 경우, 좌굴하중을 구하시오. (단, 모든 부재의 길이와 휨강성은 각각 L과 EI로 일정하며, 부재의 축방향 변형과 전단변형 효과는 무시한다.)

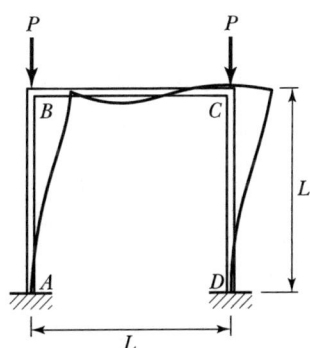

2. BIM(Building Information Modeling)을 활용한 교량계획 시 고려할 내용을 BIM 데이터의 상세수준(LOD : Level of Detail)별 적용단계와 연계하여 설명하시오.

3. 그림과 같이 편심 600mm인 긴장재(그림에서 점선 표시)에 1차 긴장력 $P_1 = 1,000\text{kN}$을 도입하여 제작한 길이 30m의 PSC 빔 2개를 연결하여 2경간 연속보를 시공하였다. 이 연속보에 추가 긴장재(그림에서 실선 표시)를 배치하고, $P_2 = 3,000\text{kN}$의 긴장력을 도입하였을 때 긴장력에 의한 중간지점 B와 경간중앙부의 최종모멘트를 구하시오.(단, 보에 작용하는 사하중과 손실의 영향은 무시한다.)

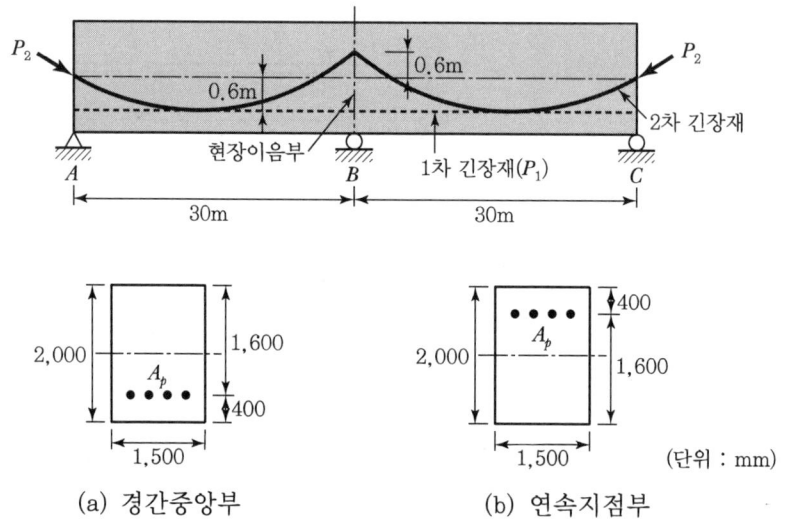

(a) 경간중앙부　　　　(b) 연속지점부

4. 교량안전진단 시 사용하는 재하시험의 종류와 활용목적에 대하여 설명하시오.
5. 강구조물에서 발생할 수 있는 취성파괴 원인과 대책에 대하여 설명하시오.
6. 다음과 같은 그림에서 상부 플랜지의 폭(b_1)과 하부 플랜지의 폭(b_2)이 상이하고 상·하 플랜지 두께 중심선의 간격이 h인 I-형 단면의 전단중심(e)의 위치를 구하시오.

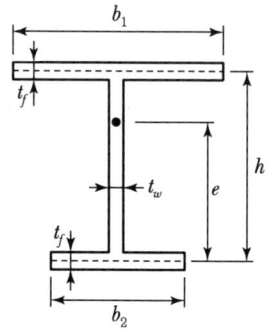

제4교시 다음 문제 중 4문제를 선택하여 설명하시오.(각 25점)

1. 다음과 같은 연속보의 지점 B에서 지점침하(Δ)가 발생하였다. 이 연속보를 해석하여 전단력도와 휨모멘트도를 작성하시오.(단, 휨강성 EI는 일정하다.)

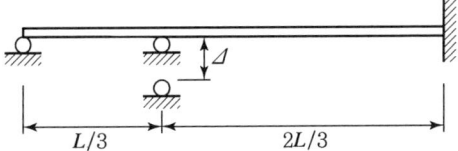

2. 강구조물에서 압축력과 휨모멘트를 동시에 받는 부재의 설계에 대하여 설명하시오.

3. 다음과 같은 그림에서 원형 구조물이 서로 직각으로 이루어진 두 개의 접촉면 사이에 놓여 있다. 구조물의 상단에 장력 T를 수평방향으로 작용시켜 이 구조물을 시계방향으로 회전시키려고 할 때 필요한 최소장력 T를 구하고, 그때 A, B면에 작용하는 반력 R_A, R_B와 마찰력 F_A, F_B를 구하시오.(단, 구조물과 접촉면의 마찰계수는 0.25이며, 자중 $W=280kN$이다.)

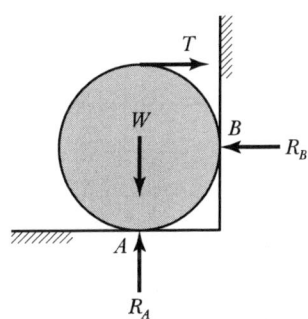

4. 탄성이론을 사용하여 프리스트레스트 콘크리트의 전단거동 특징을 철근콘크리트와 비교하여 설명하시오.

5. 하수, 오수 및 폐수처리장과 같이 지중에 설치되어 각종 오염된 물을 저장하며 처리하는 수처리 지중구조물 설계 시 주요 고려사항에 대하여 설명하시오.

6. 다음과 같은 그림에서 2경간 교량을 서울지역에 설치하기 위하여 내진설계를 진행하고자 한다. 내진설계는 붕괴 방지 수준만을 고려하고 내진 I 등급으로 건설하고자 한다. 교각부에 설치된 교량받침은 포트받침 고정단으로 연직용량 4,000kN의 2개로 수평방향 거동에 대한 구속효과를 부여하는 경우, 교축방향 지진에 대하여 아래 사항을 검토하시오.(단, 연직용량 4,000kN의 지진 시 허용수평력은 400kN이다.)

1) 교축방향 고유진동수 및 고유주기(1차 모드 질량 참여율을 100%로 가정)
2) 유효수평지반가속도(S) 및 지반증폭계수
3) 설계스펙트럼가속도(S_a, g) 및 수평방향 지진력
4) 적용된 받침 용량의 적정성

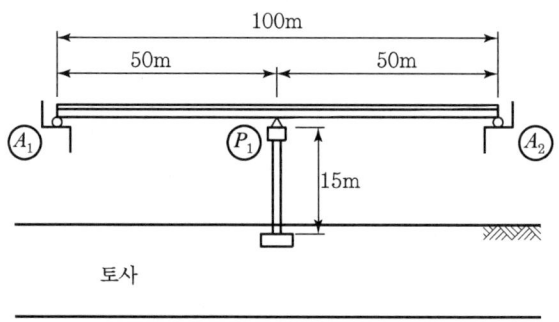

- 교각직경 = 2.0m
- 교각높이 = 15.0m
- 상부 고정하중은 전 연장에 걸쳐 균등하게 $w = 200kN/m$ 작용
- 중력가속도 = $9.81m/s^2$
- 토층 평균전단파속도, $V_{s,soil} = 500m/s$로 가정
- 교각의 질량은 무시함
- 교각의 전체 단면이 유효한 것으로 가정
- 교각의 콘크리트 압축강도 $f_{ck} = 40MPa$
- 확대기초로부터 기반암 상단까지 거리 15m
- 지진구역계수 0.11
- 위험도계수 1.4

제129회 기출문제

※ 검토조건

1) 지반의 분류

지반 종류	지반 종류의 호칭	분류기준	
		기반암 깊이, H(m)	토층평균전단파속도, $V_{s,soil}$(m/s)
S_1	암반 지반	1 미만	–
S_2	얕고 단단한 지반	1~20 이하	260 이상
S_3	얕고 연약한 지반		260 미만
S_4	깊고 단단한 지반	20 초과	180 이상
S_5	깊고 연약한 지반		180 미만
S_6	부지 고유의 특성 평가 및 지반응답해석이 필요한 지반		

2) 가속도표준설계응답스펙트럼

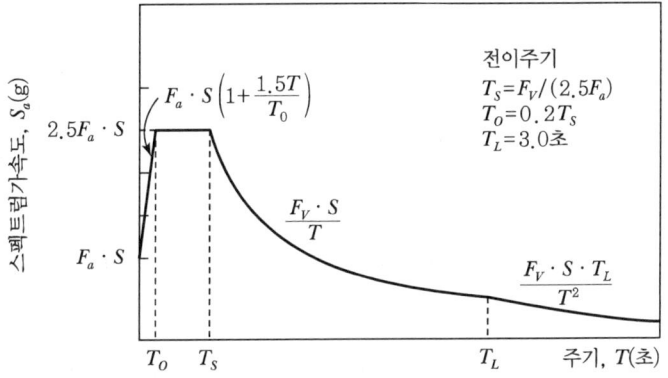

전이주기
$T_S = F_V / (2.5 F_a)$
$T_O = 0.2 T_S$
$T_L = 3.0$초

3) 지반증폭계수(F_a 및 F_v)

지반 종류	단주기 지반증폭계수, F_a			장주기 지반증폭계수, F_v		
	$S \le 0.1$	$S = 0.2$	$S = 0.3$	$S \le 0.1$	$S = 0.2$	$S = 0.3$
S_2	1.4	1.4	1.3	1.5	1.4	1.3
S_3	1.7	1.5	1.3	1.7	1.6	1.5
S_4	1.6	1.4	1.2	2.2	2.0	1.8
S_5	1.8	1.3	1.3	3.0	2.7	2.4

제 130 회

(2023년 5월 20일)

제1교시 다음 문제 중 10문제를 선택하여 설명하시오.(각 10점)

1. 철근콘크리트 구조물의 성능기반 설계 시 휨모멘트 재분배를 고려한 선형탄성해석에 대하여 설명하시오.
2. 철근콘크리트 보의 표피철근 배치에 대하여 설명하시오.
3. 콘크리트 구조물에 설치되는 강재 앵커의 인장과 전단에 의한 파괴 모드에 대하여 설명하시오.
4. 한계상태설계법(KDS 24 10 11) 설계원칙에 기술된 연성에 대하여 설명하시오.
5. 철근과 콘크리트의 부착파괴 시 뽑힘파괴와 쪼갬파괴의 파괴양상 및 특성에 대하여 설명하시오.
6. 자기치유 콘크리트의 종류별 기술 개념에 대하여 설명하시오.
7. 사장교 케이블(Cable)의 횡방향 배치방법에 대하여 설명하시오.
8. 경사교대에 작용하는 토압과 설계방법에 대하여 설명하시오.
9. 인장력을 받는 교량 바닥판의 배근에 대하여 설명하시오.
10. 철근콘크리트 압축부재의 최소·최대 철근량 제한사유에 대하여 설명하시오.
11. 비부착긴장재가 배치된 모든 프리스트레스트 콘크리트 휨부재에 최소 부착철근이 배치되도록 규정하고 있는 이유에 대하여 설명하시오.
12. 강구조물의 용접이음 시 용접부 잔류응력의 영향과 그 대책에 대하여 설명하시오.
13. 재료비선형을 고려하여 해석할 수 있는 섬유요소(Fiber Element)에 대하여 설명하시오.

제2교시 다음 문제 중 4문제를 선택하여 설명하시오.(각 25점)

1. 정밀점검 및 정밀안전진단의 내용을 비교하여 설명하시오.
2. 트러스교 형식의 대표적인 구조 형상과 해석 시 기본가정이 갖는 구조적 의미에 대하여 설명하시오.
3. 신뢰도 기반 설계기준에 대하여 설명하시오.
4. 아래 그림과 같은 지간 30m 등지간 3경간 연속보에서 지점 B의 휨모멘트 (M_B)에 대한 영향선의 종거를 각 지간 중앙점 1, 2, 3 위치에 대하여 구하시오.(단, 보의 EI는 일정하다.)

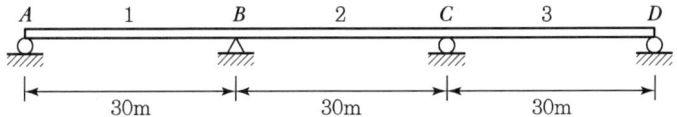

5. 다음은 사장교의 원리를 설명하는 단순 모델이다. 보 중앙에 설치된 케이블의 강성(剛性)을 스프링상수로 치환한 아래 단순보에 등분포하중 $w = 10kN/m$이 재하되고 스프링상수 k값이 아래 조건과 같이 변할 때, 보에 대한 휨모멘트도를 작성하고 k값이 변함에 따라 휨모멘트가 어떻게 변화하는지 설명하시오. (단, 보의 $EI = 7 \times 10^6 kN \cdot m^2$이며 자중은 고려하지 않는다.)

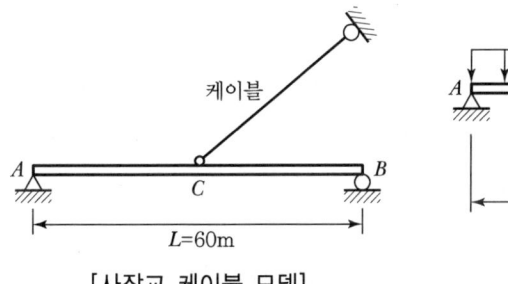
[사장교 케이블 모델]

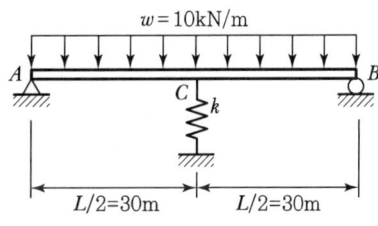
[단순화한 치환 모델]

〈조건〉
① 스프링상수 $k = 0$
② 스프링상수 $k = 4,000 kN/m$
③ 스프링상수 $k = \infty$

6. 다음 그림에 나타낸 강재골조구조물(수평부재 3개, 수직부재 1개)에서 수직부재는 강체로 수평변위는 없으며 수직변위만 발생한다. 모든 보의 자중은 무시하고, 보의 휨강성 $EI = 3 \times 10^3 \text{kN} \cdot \text{m}^2$이며 수직재의 총중량 $W = 700\text{kN}$이다. 보의 길이는 5m이고 간격은 1m이다.

1) A, B, C 모두 고정단인 경우, 구조물의 수직방향 고유진동수를 구하시오.
2) B 지점만 손상을 받아 힌지로 변한 경우, 구조물의 수직방향 고유진동수를 구하시오.
3) B 지점 손상 시, 손상 전과 동일한 고유진동수를 갖기 위한 수직부재 중량을 구하시오.

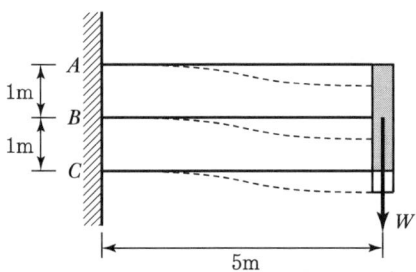

제3교시 다음 문제 중 4문제를 선택하여 설명하시오.(각 25점)

1. 프리스트레스트 콘크리트 부재는 비균열등급, 부분균열등급, 균열등급으로 구분된다. 이러한 3등급의 프리스트레스트 콘크리트 부재와 철근콘크리트 부재에 대하여 사용성에 관한 설계요구조건을 다음과 같은 항목으로 비교하시오.
   1) 처짐 계산 근거
   2) 사용하중에서 응력을 계산할 때 단면 성질
   3) 허용응력
   4) 균열 제어를 위한 철근의 응력 계산
   5) 사용하중에 의한 연단인장응력

2. 실제 건설기술에서 적용할 수 있는 다양한 스마트 기술들의 정의와 건설분야 활용 예시에 대하여 각각 항목별로 구분하여 설명하시오.

3. 기본 및 실시설계단계에서 건설사업관리인이 수행하는 설계시공성 검토 절차 및 내용에 대하여 설명하시오.

4. 그림과 같이 12m 단순보가 상연측과 하연측에 온도경사 하중을 받고 있다. 보는 폭이 600mm, 높이 1,200mm로 직사각형 형상인 콘크리트 구조이며, 상연측 300mm 깊이에 24℃의 온도경사가, 하연측 200mm 깊이에 10℃의 온도경사가 분포한다. 보의 일단은 힌지로 지지되어 축방향으로 구속되어 있으며, 타단은 롤러로 지지되어 축방향으로 비구속되어 있다. 이때 온도경사 하중에 의해 보 단면에 발생하는 응력을 보의 깊이에 따라 산정하고 도시하시오.(단, 보의 온도선팽창계수 $\alpha = 1.2 \times 10^{-5}$℃, 탄성계수 $E = 35$GPa이다.)

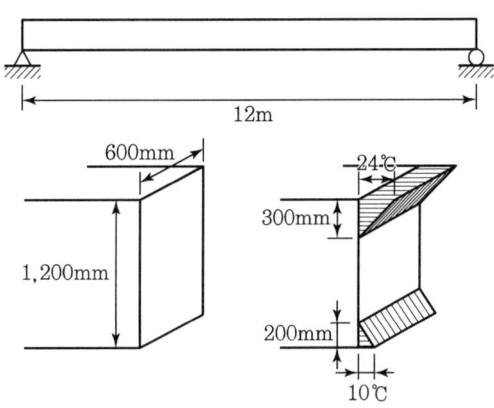

5. 아래 그림과 같이 반지름이 R인 사분원호형(四分圓弧形) 캔틸레버보 자유단 A에 연직하중 P를 작용시킬 때 자유단의 연직변위 δ_v와 수평변위 δ_h의 비(比) δ_v/δ_h를 구하시오.(단, 보의 EI는 동일하며 굽힘변형만을 고려하고, 다음 삼각함수 공식을 참고하시오.)

$$\text{2배각 공식}: \sin 2\theta = 2\sin\theta\cos\theta, \ \cos 2\theta = 1 - 2\sin^2\theta$$

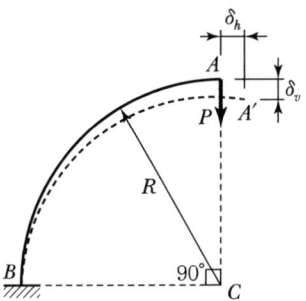

6. 아래 그림과 같은 강재 판형 거더(Steel Plate Girder) 중앙에 $P=1,000\text{kN}$의 집중하중을 재하하였다. 이때 지점 A로부터 우측으로 4m 떨어지고 중립축($N.A$)에서 위쪽으로 10cm 떨어진 점 D의 응력상태에 대한 Mohr의 원을 그리고, 주인장응력 σ_1의 크기와 방향 θ_p를 구하시오.(단, 거더의 자중은 무시한다.)

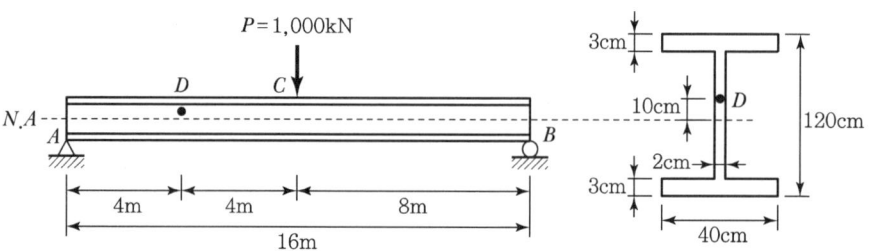

제4교시 다음 문제 중 4문제를 선택하여 설명하시오.(각 25점)

1. 교량안전진단 시 동적 재하시험 수행방법과 이를 통해 얻어진 데이터를 활용하여 안전성과 사용성을 평가하는 방법에 대하여 설명하시오.

2. 설계VE 적용 대상 선정 시 "건설기술진흥법 시행령" 제75조에 따른 법적 기준과 일반적 기준에 대하여 설명하시오.

3. 새로운 형태의 프리스트레스트 콘크리트 거더 교량 등 구조물을 개발할 때, 구조성능 실험을 통해 확인해야 하는 주요 성능의 종류와 그 평가방법을 설명하시오.

4. 철골철근(鐵骨鐵筋) 콘크리트(SRC, Steel framed Reinforced Concrete) 구조의 특징을 강구조 및 철근콘크리트 구조와 각각 비교하고 부재의 단면설계 방법에 대하여 설명하시오.

5. 아래 그림과 같은 50m 높이의 강체 구조물이 있다. 중량 1kN의 물체를 한쪽이 A지점에 고정된 케이블 끝단에 묶어 A점에서 자유낙하시킨다. 케이블의 길이는 20m이고 케이블의 스프링계수는 200N/m이며, 케이블 자중은 무시한다.

   1) 물체가 지표면에서 가장 가까울 때 지표면까지의 물체의 최소거리를 구하시오.

   2) 케이블에 작용하는 최대작용력을 구하시오.

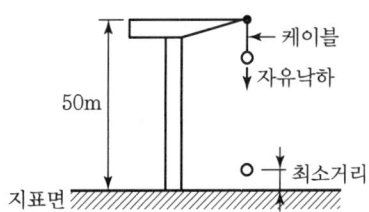

6. 다음 볼트 군(群) 중에서 최대응력을 받는 볼트에 작용하는 힘을 구하시오.

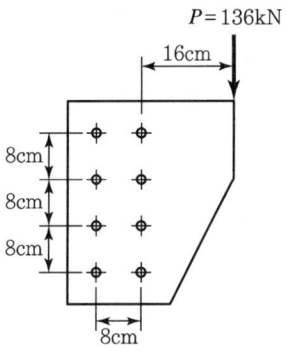

제 131 회
(2023년 8월 26일)

제1교시 다음 문제 중 10문제를 선택하여 설명하시오.(각 10점)

1. 프리텐션공법의 장단점에 대하여 설명하시오.
2. 복철근 직사각형 보의 필요성에 대하여 설명하시오.
3. 크기와 모양의 변화를 고려하여 변형(Deformation)을 두 가지 형태로 분류하고, 특징에 대하여 설명하시오.
4. 강구조물의 변형유발피로에 대하여 설명하시오.
5. 용접구조용 압연강재에 대하여 설명하시오.
6. 교량설계하중(한계상태설계법, KDS 24 12 21)에 규정된 충돌하중에 대하여 설명하시오.
7. PS 강재의 열화에 대하여 설명하시오.
8. 케이블 교량의 가설스트럿(Temporary Strut)과 타이다운케이블(Tie Down Cable)에 대하여 설명하시오.
9. 교량설계 일반사항(한계상태설계법, KDS 24 10 11)에서 규정된 FEM 국부해석법에 대하여 설명하시오.
10. 도로에 건설되는 콘크리트 구조물의 내구성 확보를 위해 고려해야 할 사항에 대하여 설명하시오.
11. 콘크리트 구조 휨 및 압축 설계기준(KDS 14 20 20)에 규정된 휨부재의 최소 철근량에 대하여 설명하시오.
12. 설계단계에서 시행되는 설계 안전성 검토(DFS, Design for Safety)에 대하여 설명하시오.
13. 용접 H형강 H$-700\times300\times10\times16$(SM355)보의 국부좌굴에 의한 단면을 구분하시오.

제2교시 다음 문제 중 4문제를 선택하여 설명하시오.(각 25점)

1. PSC 거더와 강거더의 횡좌굴에 대하여 비교 설명하시오.
2. 공용 중인 교량의 안전성 평가 시 고려해야 할 사항을 상부구조와 하부구조로 구분하여 설명하시오.
3. 토목 BIM의 특징과 구조분야에서의 BIM 적용방안에 대하여 설명하시오.
4. 다음 그림과 같은 보 ABC가 일정한 휨강성 EI를 가지고 있다. 자유단에 집중하중 P가 작용할 때, 지점 반력과 전단력도(SFD), 휨모멘트도(BMD)를 구하시오.(단, 스프링계수 $k = \dfrac{48EI}{L^3}$이다.)

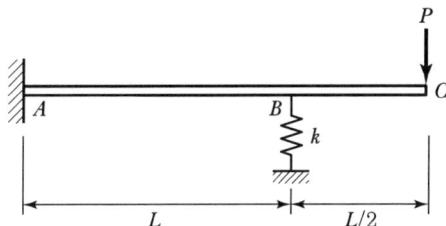

5. 다음 그림 (a)와 같이 지름 $d = 40\text{mm}$인 원형봉에 축력 P와 비틀림 T가 가해지고 있다. 그림 (b)와 같이 C점에 Strain Gage를 부착한 결과 Gage A는 200×10^{-6}, Gage B는 100×10^{-6}, 탄성계수 $E = 240\text{GPa}$, 푸아송비 $\nu = 0.2$일 때 비틀림 $T[\text{kN} \cdot \text{m}]$를 구하시오.

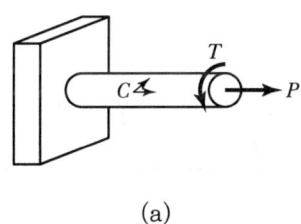 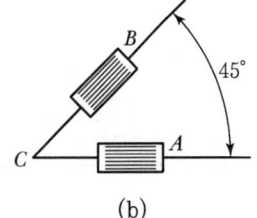

(a) (b)

6. 다음 그림과 같은 단면을 갖는 교량용 매입합성기둥이 순수 압축력을 받을 경우의 구조제한사항을 검토하고, 설계압축강도를 구하시오.(단, 양단 힌지로 지지된 기둥의 길이는 5m이며, 강도 산정에 필요한 제반 조건은 아래 표와 같다.)

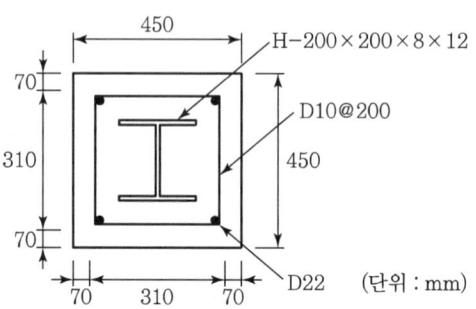

구분	콘크리트($f_{ck}=35\text{MPa}$)		강재 (SM355)	철근 (SD400)
	총단면	순단면		
단면적(mm²)	$A_g = 202{,}500$	$A_c = 194{,}627$	$A_s = 6{,}353.0$	$A_{sr} = 1{,}520.5$
강축의 단면2차모멘트 (mm⁴)	$I_{gx} = 341.7 \times 10^7$	$I_{cx} = 333.3 \times 10^7$	$I_{sx} = 4.72 \times 10^7$	$I_{srx} = 3.66 \times 10^7$
약축의 단면2차모멘트 (mm⁴)	$I_{gz} = 341.7 \times 10^7$	$I_{cz} = 336.4 \times 10^7$	$I_{sz} = 1.60 \times 10^7$	$I_{srz} = 3.66 \times 10^7$
설계기준압축강도(MPa)	35	35	—	—
항복강도(MPa)	—	—	355	400
탄성계수(MPa)	29,800	29,800	210,000	200,000

제3교시 다음 문제 중 4문제를 선택하여 설명하시오.(각 25점)

1. 철근콘크리트 보에서 과보강보와 저보강보에 대하여 비교 설명하시오.

2. 다음 그림과 같이 한 변의 길이가 L이고, 각 변의 중앙점에 하중이 작용하는 정사각형 형상으로 배치된 구조물을 해석하여, 구조물의 축력도(AFD), 전단력도(SFD), 휨모멘트도(BMD)를 그리고, 휨에 의한 정성적인 변형도(Deformed Configuration)와 하중 P가 작용하는 점의 변위를 구하시오.(단, 부재의 휨강성은 EI이다.)

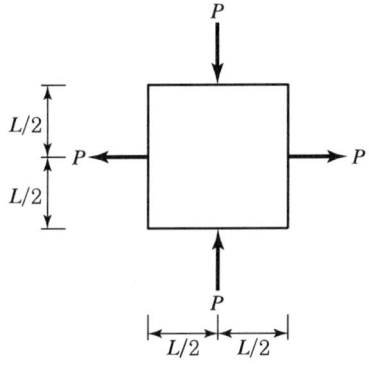

3. 교량기초를 고려한 교량계획 시 설계단계별 조사내용과 말뚝기초 본체(강말뚝, 기성콘크리트말뚝, 현장타설 콘크리트말뚝)의 허용압축하중 산정 시 고려해야 할 사항에 대하여 설명하시오.

4. 사장교 케이블에서 발생 가능한 바람 진동과 유해 진동 발생 시의 진동 저감방안에 대하여 설명하시오.

5. 다음 그림과 같이 5kN의 무게(W)를 가진 전동기가 외팔보 단부에 설치되어 진동수 $\omega=16$ rad/sec인 420kN의 상하 운동을 한다. 외팔보의 자중은 무시하고 감쇠계수를 10%로 가정하여 상하 운동으로 발생하는 외팔보의 최대처짐량과 지지부에 전달되는 힘의 크기를 구하시오.(단, 탄성계수 $E=200$GPa, 단면2차모멘트 $I=7\times10^8$mm^4)

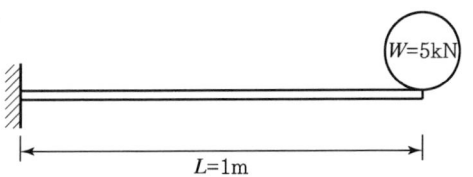

6. 다음 그림과 같이 교축방향으로 0.3g의 수평가속도를 받는 폭 6m, 두께 400mm인 슬래브 형태의 공항주차장을 300kN의 트럭이 일정한 속도로 통과하고 있다. A, E점의 지지조건은 롤러(Roller)이고, B, C, D점의 지지조건은 힌지(Hinge)이며, 기둥 하부는 암반에 고정되어 있다. 강재기둥의 자중과 수직처짐은 무시하고, 허용응력설계법에 의해 기둥의 휨에 대한 안전성을 검토하시오.(단, 트럭과 주차장 사이의 마찰계수는 1.0이다.)

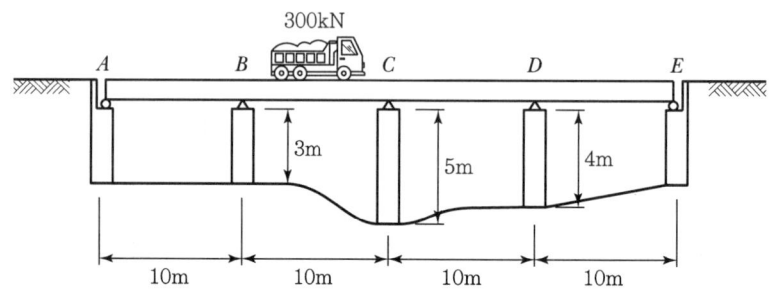

콘크리트 슬래브	• 단위질량(m_c) = 2,500kg/m^3 • 탄성계수(E_c) = 2.75×10^{4}MPa
강재기둥 (①, ②, ③)	• 탄성계수(E_s) = 2.05×10^{5}MPa • 단면2차모멘트(I_g) = 4.5×10^{9}mm^4 • 단면의 중립축에서 연단까지의 거리(y) = ±450mm • 허용응력(f_{sa}) = 215MPa

제4교시 다음 문제 중 4문제를 선택하여 설명하시오.(각 25점)

1. 교량 유지관리 매뉴얼(국토교통부, 2014)에서의 무여유도 부재(Non-redundant Members) 및 3가지의 여유도(Redundancy)에 대하여 설명하시오.
2. 콘크리트 아치교의 계획 및 설계 시의 주요 검토사항에 대하여 설명하시오.
3. 도심지에 건설되는 지하박스 구조물의 합리적인 단면설계 방안으로 벽체의 휨 압축 부재 검토에 대한 적정성에 대하여 설명하시오.
4. 공항 랜드 사이드의 건물 등에 적용되는 무량판 구조의 특징과 설계 시 고려해야 할 사항에 대하여 설명하시오.
5. 다음 그림과 같이 A점은 고정지점, B점은 스프링계수 $k=1,000\text{kN/m}$인 탄성지점인 보의 C점에 $W=50\text{kN}$이 $h=0.4\text{m}$의 높이에서 낙하할 때, 충격에 의한 C점의 순간최대변위 $\delta_{\max}$를 구하시오.(단, 휨강성 $EI=2\times 10^3 \text{kN} \cdot \text{m}^2$ 이다.)

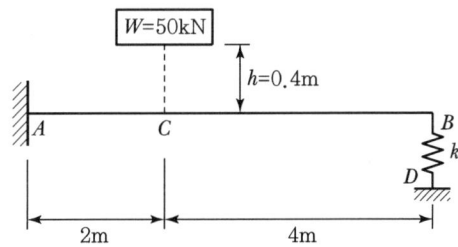

6. 다음 그림과 같이 계수하중 $P_u=200\text{kN}$이 작용하는 브래킷의 이음부를 용접치수 8mm로 필릿용접할 경우의 접합부 안전성을 검토하시오.[단, 모재(SM355)의 인장강도(F_u)는 490MPa로서 전단강도는 충분하며, 탄성해석법을 적용하되 끝돌림 용접은 무시한다.]

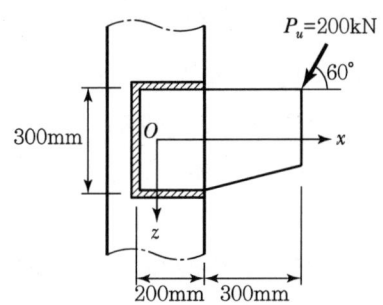

제132회

(2024년 1월 27일)

제1교시 다음 문제 중 10문제를 선택하여 설명하시오.(각 10점)

1. 도로교설계기준(한계상태설계법, 2016)에서 규정하고 있는 한계상태의 종류에 대하여 설명하시오.
2. 교량 기타 시설 설계기준(KDS 24 90 11)에서 받침 저항 성능에 대하여 설명하시오.
3. 강구조의 취성파괴(Brittle Failure)에 대하여 설명하시오.
4. 교량의 지지형식별 분류 및 특징에 대하여 설명하시오.
5. 모듈러 교량(Modular Bridge, 표준모듈을 활용한 조립식 교량, Prefab Bridge)에 대하여 설명하시오.
6. 시설물의 안전등급 기준과 안전점검 및 정밀안전진단의 실시주기에 대하여 설명하시오.
7. 한국산업표준(KS)에서 규정하는 강재의 표준규격 중 토목구조물에 적용하는 다음 강재 기호 ①~④의 의미에 대하여 설명하시오.

$$\begin{pmatrix}① \\ SS \\ SM \\ SMA \\ HSB\end{pmatrix} \begin{pmatrix}② \\ 275 \\ 355 \\ 420 \\ 460\end{pmatrix} \begin{pmatrix}③ \\ A \\ B \\ C \\ D\end{pmatrix} \begin{pmatrix}④ \\ W \\ P\end{pmatrix}$$

8. 프리스트레스트 콘크리트의 전단균열에 대하여 설명하시오.
9. 섬유보강 콘크리트의 특성과 섬유의 조건에 대하여 설명하시오.
10. 「건설기술진흥법 시행령」 제75조의 2(설계의 안전성 검토)에 따라 설계 시 건설안전을 고려한 설계가 될 수 있도록 준수해야 하는 사항에 대하여 설명하시오.
11. 강구조에서 잔류응력(Residual Stress)에 대하여 설명하시오.
12. 토피 1m 깊이에 있는 암거를 설계하고자 한다. 항공기 뒷바퀴 1개의 하중에 대한 윤하중의 크기를 다음의 조건을 이용하여 구하시오.

⟨조건⟩
- 뒷바퀴 1개 하중(P) : 356kN
- 충격계수(i) : 0.3
- 타이어의 접지폭(W) : 0.35m
- 환산 접지장(L') : 0.6m
- 토피(F.H) 1m일 때 영향바퀴수(N) : 4개

13. 아래 그림 (a)와 같은 구조물의 고유진동수를 측정하여 $f_n = 2$Hz를 구하였다. 그림 (a)의 구조물에 추가질량($m_{add} = 25$kg)을 아래 그림 (b)와 같이 부여한 후 다시 고유진동수를 측정하여 $f_{n,add} = 1.5$Hz를 구하였다. 구조물의 질량과 강성을 구하시오.(단, 기둥의 질량은 무시)

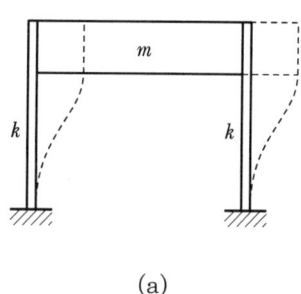
(a)

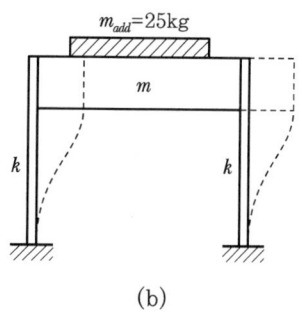
(b)

제2교시 다음 문제 중 4문제를 선택하여 설명하시오.(각 25점)

1. 교량 설계단계의 BIM(Building Information Modeling) 검토내용 및 활용방안에 대하여 설명하시오.
2. 프리스트레스트 콘크리트의 해석에 있어서 3가지 기본개념에 대하여 설명하시오.
3. 도로교설계기준(한계상태설계법 해설, 2015)에서 신축이음의 신축량 계산방법에 대하여 설명하시오.
4. 교량의 정밀안전진단을 위한 재하시험의 목적과 방법에 대하여 설명하시오.

5. 다음 그림과 같이 1단 고정, 타단 핀고정의 절점이동이 없는 중심압축재에 2,000kN의 소요 압축강도가 필요할 때 중심압축재의 단면을 주어진 조건으로 강구조 부재 설계기준(KDS 14 31 10, 하중저항계수설계법)에 따라 검토하시오.(단, 압축재의 길이는 8m이고 부재 중간에 약축방향으로 횡지지되어 있으며, 강재는 SM 355, H-300×300×10×15이다.)

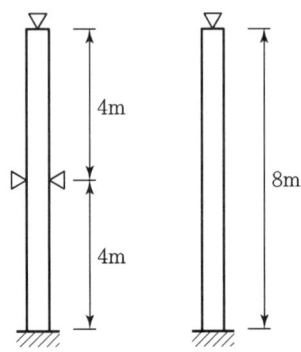

〈조건〉
- $A_g = 119.8 \times 10^2 \text{mm}^2$
- $r_x = 131 \text{mm}$
- $I_x = 20,400 \times 10^4 \text{mm}^4$
- $r = 18 \text{mm}$
- $r_y = 751.1 \text{mm}$
- $I_y = 6,750 \times 10^4 \text{mm}^4$

6. 방음벽(높이 : 8m, 지주간격 : C.T.C 4.0m, 방음판 단위면적당 중량 : 0.3kN/m²)의 지주 및 앵커에 대하여 주어진 조건 1, 2에 따라 단면 검토를 허용응력설계법(KDS 14 30 00)으로 수행하시오.

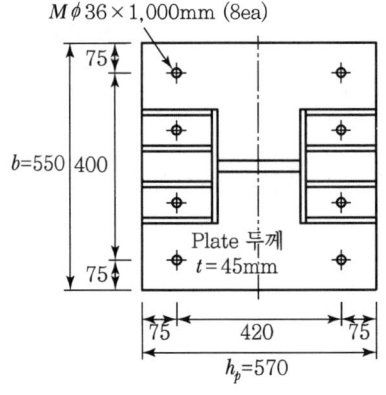
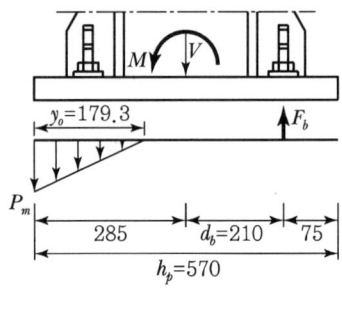

⟨조건 1⟩
- Base Plate 제원 : 570mm×550mm×45mm
- Anchor Bolt 제원 : ϕ36mm×1,000mm(유효단면적은 80% 적용)
- 풍하중 : P_w=0.9kN/m^2(지역 : 인천, 방음벽 높이 : 8m)
- 사용재료 : 콘크리트 f_{ck}=27MPa, E_c=24,422MPa
  강재 E_s=210,000MPa

⟨조건 2⟩
- 지주(H-PILE) 제원 : H-300×300×10×15 (SS275)

단면적	전단면적	단면2차모멘트		회전반경		단면계수		단위중량
A (mm^2)	A_w (mm^2)	I_x (mm^4)	I_y (mm^4)	r_x (mm)	r_y (mm)	Z_x (mm^3)	Z_y (mm^3)	W (N/m)
11,980	2,700	204,000,000	67,500,000	131	75.1	1,360,000	450,000	922.2

- 허용응력기준

구분	허용휨압축응력 (MPa)	허용전단응력 (MPa)	강재 허용응력 할증계수	허용 부착응력 (MPa)
콘크리트	10.8	0.526	—	1.05
강재	140	80	1.25	—
앵커볼트	140	60	1.25	—

제3교시 다음 문제 중 4문제를 선택하여 설명하시오.(각 25점)

1. 교량(플레이트 거더교, 강박스 거더교, 트러스교, 아치교, 사장교, 현수교)의 부재 구성을 도식하고, 특징 및 설계 시 고려사항에 대하여 설명하시오.

2. 해협을 횡단하는 연장 1km 이상의 교량을 설계하는 설계 책임자로서 교량형식 선정 시 고려해야 할 사항과 설계 시 반영해야 할 유의사항에 대하여 설명하시오.

3. 교량의 중요도와 크기에 따라 3가지(중소지간, 중대지간, 장대특수교량)로 분류한 풍하중의 특성에 대하여 설명하시오.

4. 공항 유도로 교량의 규모 결정 시 고려사항에 대하여 설명하시오.

5. 다음과 같은 T형보 단면에 대해 주어진 조건으로 아래 물음에 대하여 답하시오.

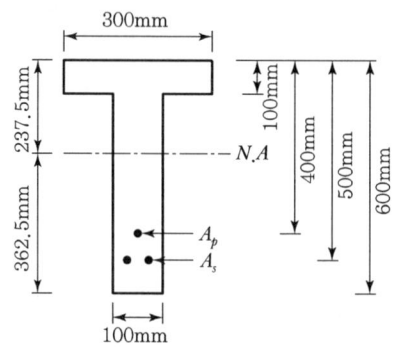

〈조건〉

$$f_{ps} = f_{pu}\left[1 - \frac{r_p}{\beta_1}\left\{\rho_p \frac{f_{pu}}{f_{ck}} + \frac{d}{d_p}w\right\}\right]$$

$f_{ck} = 40\text{MPa}$, $E_c = 28,000\text{MPa}$, $A_c = 80,000\text{mm}^2$, $I_c = 2.75 \times 10^9 \text{mm}^4$
$A_s = 350\text{mm}^2$, $f_y = 500\text{MPa}$, $A_p = 700\text{mm}^2$, $\beta_1 = 0.84$, $\gamma_p = 0.4$
$f_{pu} = 1,850\text{MPa}$, $P_i = 960\text{kN}$, 프리스트레스 감소율 15%

1) 긴장재의 인장응력 f_{ps}를 산정하고, 강재지수에 대하여 검토하시오.

2) 보의 균열모멘트 M_{cr}을 산정하시오.

3) 설계휨강도 ϕM_n을 산정하고, 보의 극한상태에 대한 안전도를 검토하시오.

6. 다음과 같은 L형 옹벽에 대하여 주어진 조건으로 평상시 안전(활동, 전도, 지지력)을 검토하시오.(단, 상재하중이 재하될 때로 검토하되, 옹벽 전면 흙에 대한 수동토압은 고려하지 않음)

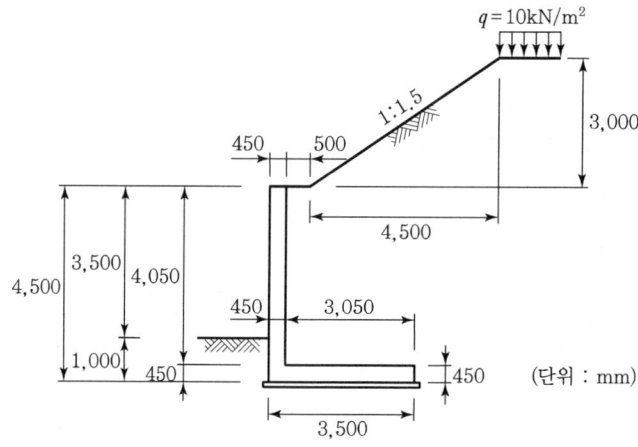

〈조건〉
- 콘크리트의 단위중량(γ_e) : 25.0kN/m³
- 뒤채움흙의 단위중량(γ_t) : 19.0kN/m³
- 뒤채움흙의 내부마찰각(Φ) : 30.0°
- 뒤채움흙의 경사각(α) : 0.0°
- 지지지반의 마찰각(Φ_b) : 28.0°
- 지지지반의 점착력(C) : 0.0kN/m²
- 상재하중(q) : 10.0kN/m²
- 지반의 극한지지력(q_u) : 700.0 kN/m²
- 평상시 주동토압계수(K_a) : 0.225

제4교시 다음 문제 중 4문제를 선택하여 설명하시오.(각 25점)

1. PSC 박스 거더교 가설공법의 종류와 특징에 대하여 설명하시오.

2. 「설계공모, 기본설계 등의 시행 및 설계의 경제성 등 검토에 관한 지침」에서 정하는 다음 사항에 대하여 설명하시오.
   1) 설계VE 검토조직
   2) 설계자가 제시해야 할 자료
   3) 설계VE 검토업무 절차 및 내용

3. 콘크리트 교량의 내구성을 저하시키는 건조 수축에 대한 정의, 분류, 영향요인 및 방지대책에 대하여 설명하시오.

4. 용접결함에 의한 균열의 종류와 특성, 용접 후 비파괴검사를 위한 최소지체시간에 대하여 설명하시오.

5. 두께가 250mm인 교량 바닥 슬래브에서 표준하중조합으로 경간 중앙에서 85kN·m/m의 휨모멘트가 발생한다. 이 휨모멘트의 15%는 자중을 포함한 지속하중에 의한 것이고, 나머지 85%는 통행 트럭 하중인 활하중에 의해 유발된 것이다. 극한한계상태 검증에 의해 D16 철근은 100mm 간격($A_s = 1,986$mm²/m)이며, 유효깊이는 192mm로 배치된 상태이다. 사용된 콘크리트의 설계기준압축강도 $f_{ck} = 30$MPa이다. 주어진 조건으로 바닥 슬래브의 사용 한계응력 제한을 검토하고, 바닥 슬래브의 균열폭을 구하시오.

⟨조건⟩
- 최종 크리프계수 $\phi = 2.2$
- 콘크리트 탄성계수 $E_c = 27{,}500\text{MPa}$
- 중립축 깊이비 $k = \sqrt{(n\rho)^2 + 2n\rho} - n\rho$
- 철근의 응력 $f_s = \dfrac{M}{A_s(1-k/3)d}$
- 압축연단 콘크리트 응력 $f_c = \dfrac{2M}{k(1-k/3)bd^2}$
- 유효탄성계수 $E_{ce} = \dfrac{(M_D + M_L)E_c}{M_L + (1+\phi)M_D}$
- 설계균열간격 $S_k = 3.4t_c + 0.425k_1k_2\dfrac{d_b}{\rho_e}$
- 인장응력 분포 형태에 따른 계수 $k_2 = 0.5$
- 철근표면상태에 따른 계수 $k_1 = 0.8$

6. 그림과 같이 경사버팀보를 45°, 2.5m 간격으로 배치하는 흙막이공을 계획하였다. 띠장에 100kN/m의 하중이 작용하고 온도하중에 의한 경사버팀보의 축력(120kN)을 고려할 때, 허용응력 할증계수의 적용사유를 가설흙막이 설계기준(KDS 21 30 00)에 따라 설명하고, 경사버팀보와 띠장 연결에 필요한 볼트(M22 F8T)의 필요수량을 검토하시오.[단, 계획현장은 단기간(6개월 이내)에 공사 완료되는 현장으로 모든 자재는 재사용 자재를 사용하며, 필요 볼트의 수량은 정수로 구한다.]

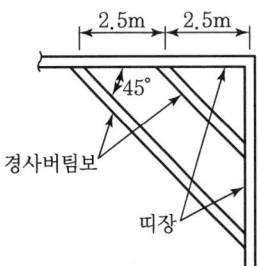
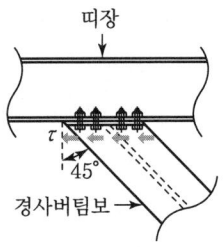

제133회

(2024년 5월 18일)

제1교시 다음 문제 중 10문제를 선택하여 설명하시오.(각 10점)

1. 강거더(Steel Girder) 볼트 연결부의 프라잉 작용(Prying Action)에 대하여 설명하시오.
2. BIM(Building Information Modeling) 협업 개념에 대하여 설명하시오.
3. 강재의 연성파괴와 피로파괴에 대하여 설명하시오.
4. 횡구속 콘크리트(Confined Concrete)에 대하여 설명하시오.
5. 기둥의 좌굴에서 항복응력(F_y)에 대한 탄성휨좌굴응력(F_e)의 비(F_e/F_y)에 대하여 설명하시오.
6. GFRP(Glass Fiber Reinforced Polymer) 보강근의 역학적 특성에 대하여 설명하시오.
7. 프리스트레스트 콘크리트 구조물의 결속 구조계(Tying System)에 대하여 설명하시오.
8. 압축력을 받는 일축 비대칭 단면을 갖는 기둥에서 휨좌굴과 휨-비틀림 좌굴에 대하여 설명하시오.
9. 강구조물에서 부분 강절점(Semi-Rigid Joint)에 대하여 설명하시오.
10. 축하중을 받는 구조에서 발생하는 슬립 밴드(Slip Band) 현상에 대하여 설명하시오.
11. 강압축재의 설계에서 Q계수에 대하여 설명하시오.
12. 설계안전보건대장에 대하여 설명하시오.
13. 철근콘크리트 구조물의 탄산화 속도계수와 탄산화 상태 평가에 대하여 설명하시오.

제2교시 다음 문제 중 4문제를 선택하여 설명하시오.(각 25점)

1. 콘크리트 교량의 사용수명 동안 내구성을 확보하기 위한 방법과 노출환경 등급에 따른 콘크리트의 기준압축강도에 대하여 설명하시오.

2. 휨모멘트를 받는 강재보의 횡비틀림좌굴(Lateral-Torsional Buckling) 설계방법에 대하여 설명하시오.

3. 구조물의 공진현상을 정의하고, 구조물 설계 시 공진 점검방법과 방지대책에 대하여 설명하시오.

4. 그림과 같은 공항 구조물의 인장력을 받는 강구조 접합부 설계저항강도를 강구조부재설계기준(KDS 14 31 10, 하중저항계수설계법)의 설계규정에 따라 산정하시오.

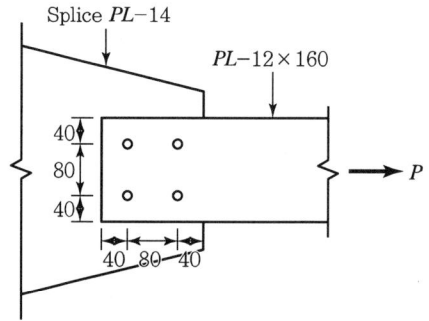

〈조건〉
① 사용강재
  • SM335(F_y=355MPa, F_u=490MPa)
  • 유효순단면적 A_e는 순단면적 A_n과 같고, 인장응력은 균일
② 고장력볼트
  • M20(F10T)로 표준구멍(k_h=1.0) 사용
  • 나사부가 전단면에 포함됨(F_{nv}=400MPa)
  • 설계볼트장력 T_o=165kN
  • 사용하중상태에서 볼트 구멍의 변형이 설계에 고려됨
  • 페인트칠하지 않은 블라스트 청소된 마찰면(μ=0.5)으로 미끄럼이 허용되지 않음
  • 끼움재는 사용되지 않음(k_f=1.0)
  • 모든 치수는 mm임

5. 그림과 같이 휨강성 EI가 일정하고, 한쪽 단부가 고정인 외팔 기둥의 자유단에 스프링상수가 c인 스프링으로 탄성지지된 기둥의 좌굴하중을 산정하시오. (단, 기둥의 휨강성, 스프링상수, 기둥길이와의 조건식은 $10EI=cL^3$이며, 좌굴조건식을 만족하는 값은 아래 표를 참조하시오.)

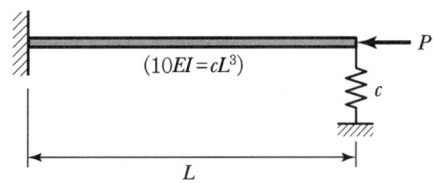

x	x^3	$\tan x$
2.0	8.000	-2.185
2.5	15.625	-0.747
3.0	27.000	-0.143
3.5	42.875	0.375
4.0	64.000	1.158

6. 그림과 같은 반지름 a인 반원형 아치에서 양단 힌지조건인 경우 원호아치 AB의 중앙 C점에 집중하중 P가 작용할 때, 원호아치 AC구간 임의점(x, y)의 휨모멘트, 전단력, 축력을 산정하여 휨모멘트도, 전단력도 및 축력도를 작도하시오. (단, 원호아치의 휨강성은 EI로 일정함)

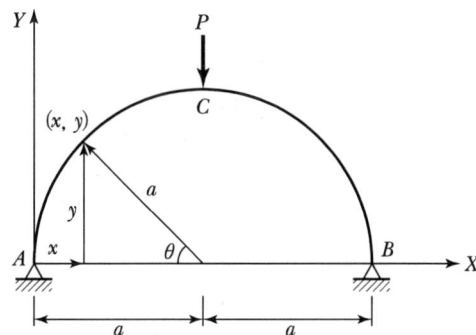

제3교시 다음 문제 중 4문제를 선택하여 설명하시오.(각 25점)

1. 통행이 빈번한 도심지 교량의 설계 및 시공 시 고려해야 할 중점사항에 대하여 설명하시오.
2. 교량 상부구조의 하중 횡분배 이론 및 특징에 대하여 설명하시오.
3. 프리스트레스트 콘크리트 보의 하중작용 단계별 응력 변화와 균열 발생 전·후에 대한 보의 거동에 대하여 설명하시오.
4. 그림과 같은 단순 핀 연결 트러스의 압축재 최소좌굴하중 P_{cr}을 구하시오.(단, 모든 부재의 탄성계수는 E이고, 충실원형부재의 단면 직경은 d이다.)

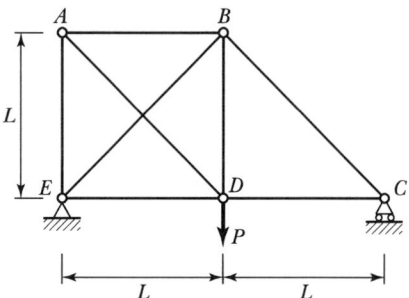

5. 그림과 같이 기둥 플랜지에 브래킷이 양면 필릿용접되어 있다. 모재 SM275의 인장강도 $F_u=410\text{MPa}$이고 계수하중 $P=300\text{kN}$일 때, 접합부의 안전성을 검토하시오.(단, 필릿용접부의 저항계수 $\phi=0.75$를 적용한다.)

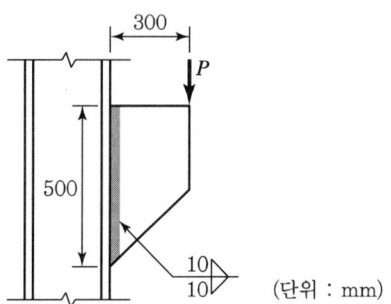

6. 그림의 철근콘크리트 단면에 극한한계상태의 휨모멘트 $M_u=1,709.252\text{kN}\cdot\text{m}$가 작용하는 경우, 콘크리트의 응력-변형률 관계를 나타내는 포물선-사각형 곡선(Parabola-Rectangle Diagram, p-r곡선)으로부터 이 단면의 필요철근량을 산정하고, 최소철근량, 중립축 및 설계휨강도를 검토하시오.

제133회 기출문제

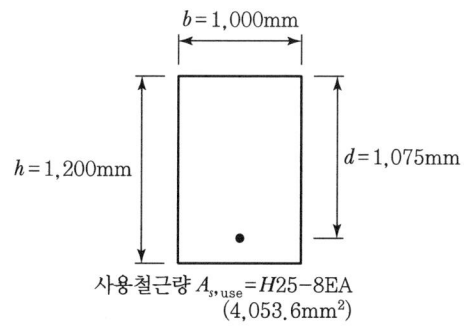

사용철근량 $A_{s,use} = H25-8EA$
$(4,053.6\text{mm}^2)$

〈조건〉

콘크리트 재료상수	기준압축강도	$f_{ck} = 35.0\text{MPa}$
	기준인장강도	$f_{ctk} = 2.415\text{MPa}$
	탄성계수	$E_c = 29,747.0\text{MPa}$
	재료계수	$\phi_c = 0.65$
	상승곡선부의 형상지수	$n = 2.0$
	최대응력에 최초 도달 시 변형률	$\varepsilon_{co} = 0.0020$
	극한변형률	$\varepsilon_{cu} = 0.0033$
	유효계수	$\alpha_{cc} = 0.85$
	압축합력의 평균 응력계수	$\alpha = 0.8$
	압축합력의 작용점 위치계수	$\beta = 0.4$
	등가 직사각형 압축응력블록의 크기계수	$\eta = 1.0$
	등가 직사각형 압축응력블록의 깊이계수	$\beta_1 = 0.8$
철근 재료상수	기준인장강도	$f_y = 500.0\text{MPa}$
	탄성계수	$E_s = 200,000.0\text{MPa}$
	재료계수	$\phi_s = 0.9$

제4교시 다음 문제 중 4문제를 선택하여 설명하시오.(각 25점)

1. 최근 해외에서 발생한 해상교량(프랜시스 스콧 키 대교, 미국/볼티모어) 붕괴 사고의 원인을 분석하고, 선박이 해상교량과 충돌 시의 교량 안전성 확보방안 및 붕괴 방지대책에 대하여 설명하시오.

2. 비용 데이터 적용방법에 따른 교량의 LCC 경제성 분석방법 및 절차에 대하여 설명하시오.

3. 교량 설계하중(KDS 24 12 21, 한계상태설계법)에서의 장대레일 종하중(LR)에 대한 검토사항과 장대레일이 설치되는 교량에 발생되는 문제점 및 대책에 대하여 설명하시오.

4. 그림과 같은 휨강성 EI가 일정한 양단고정보에 대하여 반력 및 부재력 산정 후 전단력도와 휨모멘트도를 작도하고, 붕괴기구(Collapse Mechanism) 발생에 따른 소성모멘트를 산정하시오.

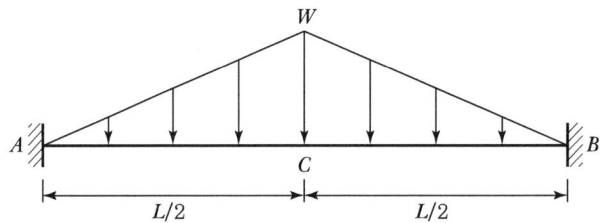

5. 그림과 같은 보 $\overline{ADFB}$는 강체로서, A점에서는 힌지, D점 및 F점에서는 와이어로 핀 지지된 구조이며, $\overline{CD}$ 및 $\overline{EF}$ 와이어는 C점 및 E점에서 고정 지지된다. 아래와 같은 설계조건에서, 와이어 $\overline{CD}$와 $\overline{EF}$의 허용응력을 각각 f_{a1}, f_{a2}이라 할 때, 허용응력을 만족하는 P의 최대하중을 구하시오.(단, 강체보와 와이어의 자중은 무시한다.)

〈조건〉
1) 와이어 $\overline{CD}$ 부재 제원
   $E_1 = 72\text{GPa}$, $d_1 = 4.0\text{mm}$, $L_1 = 0.4\text{m}$, $f_{a1} = 200\text{MPa}$
2) 와이어 $\overline{EF}$ 부재 제원
   $E_2 = 45\text{GPa}$, $d_2 = 3.0\text{mm}$, $L_2 = 0.3\text{m}$, $f_{a2} = 175\text{MPa}$

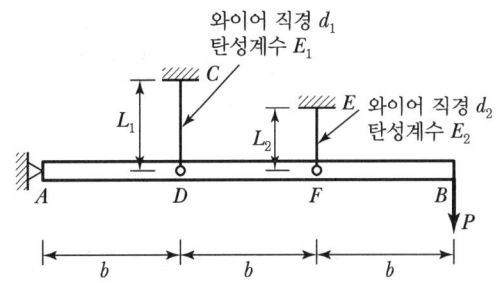

6. 완전 합성거더교 횡단면상의 내측지간이 아래 그림과 같은 단면으로 구성되어 있을 경우 다음 (a), (b)를 산정하시오.

   (a) 정모멘트 500kN·m를 받는 경우 강재 상·하단과 콘크리트 상단의 응력
   (b) 합성보의 공칭휨강도

   〈조건〉
   1) 상부 콘크리트 슬래브
      - 유효폭 $b=2{,}400$mm, 두께 $t=150$mm
      - 콘크리트의 단위 질량 $m_c=2{,}300$kg/m³, 평균압축강도 $f_{cm}=28$MPa
   2) 형강 : H $-500\times200\times10\times16$
      - 항복강도 $F_y=355$MPa, 탄성계수 $E_s=210$GPa
      - 단면적 $A=11{,}420$mm², 강축에 대한 단면2차모멘트 $I_{xo}=4.78\times10^8$mm⁴
   3) 탄성계수 비($n=E_s/E_c$)는 정수를 사용(소수점 이하 절사)

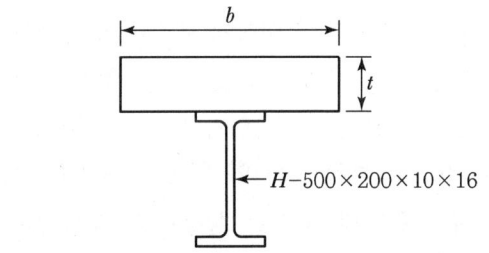

제 134 회
(2024년 7월 27일)

제1교시 다음 문제 중 10문제를 선택하여 설명하시오.(각 10점)

1. 소성모멘트 및 소성힌지에 대하여 설명하시오.
2. PSC BEAM이 전단에 강한 이유에 대하여 설명하시오.
3. 콘크리트 구조물의 3D 프린팅을 위한 콘크리트 배합 특성에 대하여 설명하시오.
4. 철근의 부식 방지를 위해 사용되는 FRP(Fiber Reinforced Polymer) 보강근의 재료적 특성과 이를 활용한 보의 휨 설계방법에 대하여 설명하시오.
5. 중력식 옹벽과 기대기 옹벽의 차이점에 대하여 설명하시오.
6. 공항 활주로 하부의 지중구조물 설계 시 항공기 하중 적용조건에 대하여 설명하시오.
7. 자립식 암파쇄 방호시설에서의 적용하중에 대하여 설명하시오.
8. 출렁다리의 기본계획 시 고려해야 할 사항에 대하여 설명하시오.
9. 온도 변화에 따른 강재의 성질에 대하여 설명하시오.
10. 한계상태설계법의 장점과 단점에 대하여 설명하시오.
11. PSC BEAM 전도 방지대책에 대하여 설명하시오.
12. 「건설기술진흥법 시행령(2024. 7.)」제101조의2(가설구조물의 구조적 안전성 확인)에 규정된 건설사업자 또는 주택건설등록업자가 관계전문가로부터 구조적 안전성을 확인받아야 하는 가설구조물에 대하여 설명하시오.
13. 가설공사 표준시방서(국토교통부) 중 '추락재해 방지시설 표준시방서(KCS 21 70 10)'에 규정된 개구부 수평보호덮개의 시공방법에 대하여 설명하시오.

제2교시 다음 문제 중 4문제를 선택하여 설명하시오.(각 25점)

1. 가시설물 설계기준(국토교통부) 중 '비계 및 안전시설물 설계기준(KDS 21 60 00)'에 따라 비계 및 안전시설물의 설계 시 검토하여야 하는 연직하중, 수평하중, 특수하중 및 하중조합에 대하여 설명하시오.

2. 그림과 같은 양방향 6차로의 지하도로에서 노선 중앙부는 NATM 터널이고, 양단부의 진출입부 300m 구간은 개착구조물로 구성되어 있다. 다음 사항에 대하여 설명하시오.
   1) 개착구조물 계획단계에서 고려할 사항
   2) 계획된 개착구조물 형식이 프리캐스트 아치(PC Arch)일 경우, 설계 및 시공단계에서 중점적으로 고려할 사항

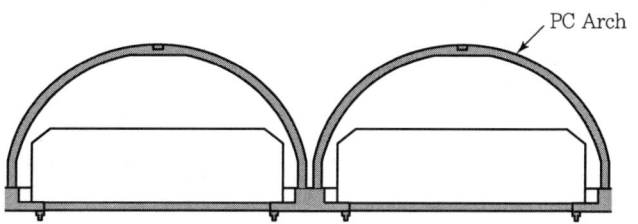

3. 횡만곡 변형이 발생하기 쉬운 장경간 PSC 거더에 전단면 프리캐스트 슬래브가 놓여지는 콘크리트 교량이 있다. 이때 슬래브에는 전단 포켓이라는 블록아웃 공간을 통해 그라우팅이 후타설되고 PSC 거더와 일체화된다. 이러한 구조에서 횡만곡 발생 메커니즘, 슬래브 시공 시 주의사항에 대하여 설명하시오.

4. 그림과 같이 직접기초에 기둥이 지지된 교각의 횡방향(교축 수평직각방향) 변위에 대한 등가강성을 구하시오.(단, 교각에 사용된 콘크리트의 탄성계수 E_c =30,000MPa이며, 코핑과 기초의 휨강성은 기둥부에 비해 매우 커 무한히 큰 것으로 가정한다.)

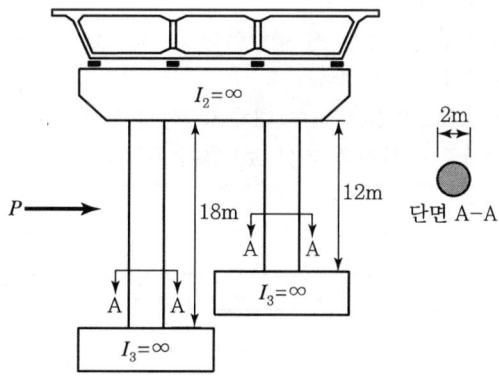

5. 그림과 같이 긴장재를 포물선으로 배치한 보의 중앙 단면에서의 콘크리트 응력을 다음의 세 가지 개념을 사용하여 구하시오.[단, 프리스트레스 힘 $P=2,700$kN, 지간중앙 단면에서 긴장재의 편심량 $e=25$cm이다. 자중 외에 활하중 $w_l=12.6$kN/m가 작용하며, 지간 $L=20$m, 단면$(A)=40\times90$cm이고, 콘크리트의 단위중량은 25kN/m³이다.]
   1) 응력 개념(균등질 보의 개념)
   2) 강도 개념(내력모멘트의 개념)
   3) 하중평형 개념(등가하중의 개념)

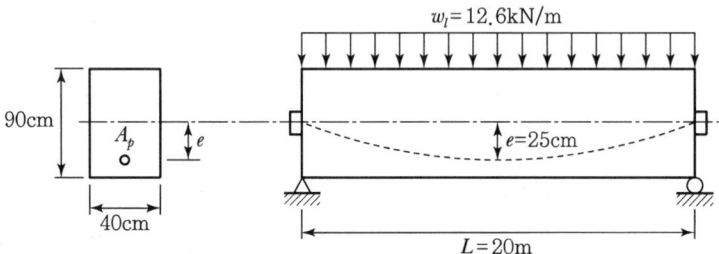

6. 그림의 단순보에서 3개의 종방향 인장철근 중 하나를 절단할 수 있는 위치(지점에서 절단면까지의 거리, x)를 구하시오.

   〈조건〉
   - $M_x=116.57$kN/m
   - $f_y=400$MPa
   - $f_{ck}=25$MPa
   - 보통중량 콘크리트
   - D13 전단철근을 전 구간에 걸쳐 300mm 간격으로 배근
   - D25의 $d_b=25.4$mm
   - 강도감소계수는 휨에 대해 0.85, 전단에 대해 0.75
   - 정착길이 산정을 위한 보정계수들은 1로 가정

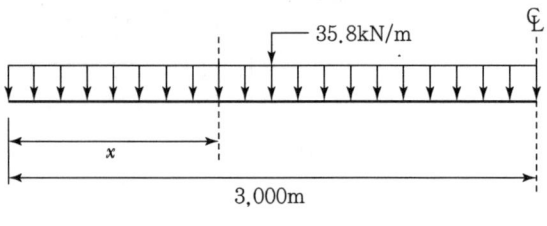

(a) 부재 치수 및 하중 조건

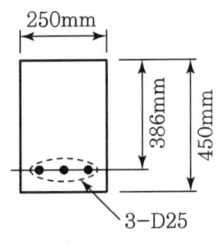
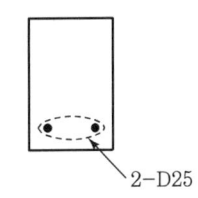

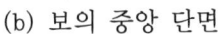

(b) 보의 중앙 단면   (c) 지점에서의 단면

제3교시 다음 문제 중 4문제를 선택하여 설명하시오.(각 25점)

1. 구조재료공사 표준시방서(국토교통부) 중 「매스 콘크리트 표준시방서(KCS 14 20 42)」에 따라 매스 콘크리트 구조물의 시공 시 콘크리트의 온도해석에 사용되는 경계조건, 콘크리트의 인장강도, 콘크리트의 유효탄성계수, 온도응력해석 시 고려사항에 대하여 설명하시오.

2. 고교각 교량의 장경간 PSC 거더 가설에 주로 적용되는 런칭 거더공법은 장비 구동 방식에 따라 왕복형(Shuttle Type)과 추진형(One Way Type)으로 나누어진다. 각 공법의 특징과 가설에 따른 구조적 고려사항에 대하여 설명하시오.

3. 「시설물의 안전 및 유지관리에 관한 특별법 시행령(2024. 7.)」에 규정된 다음의 사항들에 대하여 설명하시오.

   1) 안전점검의 실시 등에서 "대통령령으로 정하는 주요 부분"인 시설물별 주요 부분

   2) 정기안전점검, 정밀안전점검 및 긴급안전점검, 정밀안전진단 결과보고서에 포함되어야 할 사항

   3) 시설물의 구조안전에 중대한 영향을 미치는 것으로 인정되는 "시설물기초의 세굴(洗掘), 부등침하(不等沈下) 등 대통령령으로 정하는 중대한 결함"

4. 원형단면(반지름 R) 강재로 된 양단 고정보에 등분포하중(w)이 전지간(L)에 재하되고 있다. 이 보에서 보의 중앙부가 소성힌지로 될 때의 하중은 탄성하중의 몇 배가 되는지를 구하시오.

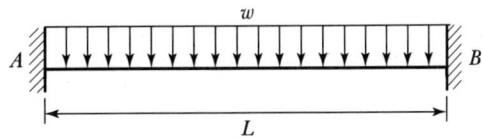

5. 단면이 20×10cm인 보에 무게 $W=1$kN인 물체가 높이 35 cm에서 보 위(지점 C)로 떨어질 때 낙하하는 무게 W에 의한 충격계수 및 최대휨응력을 구하시오.(단, 보는 지점 A에서는 힌지로, 지점 B에서는 스프링상수 $k=7$kN/cm인 스프링으로 지지되어 있고, 보의 탄성계수 $E=1,100$kN/cm^{2}이다.)

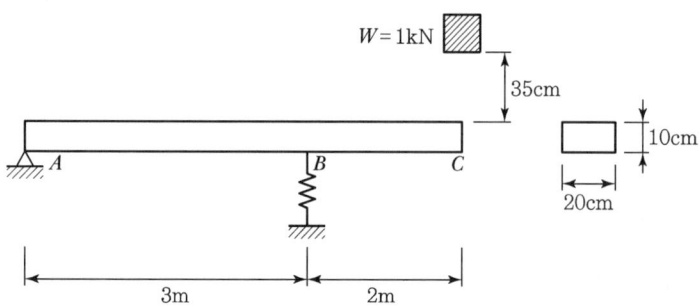

6. 그림과 같은 브레이싱 구조를 설계하고자 한다. 이음판과 기둥의 고장력 볼트 이음은 지압접합으로, 브레이싱 부재와 이음판은 용접접합으로 설계한다. 브레이싱 부재에 발생하는 극한하중상태에서의 인장단면력(T_u)은 1,000kN이며 고장력볼트는 F10T-M22를 사용하고 전단면이 나사부에 포함되며, 필릿용접치수는 12mm로 할 때, 소요 고장력볼트 개수와 필릿용접길이(l_w)를 구하시오.(단, 기둥 부재, 브레이싱 부재, 이음판 부재 재질은 모두 SM355이고, 용접재의 인장강도는 490N/mm^{2}이다.)

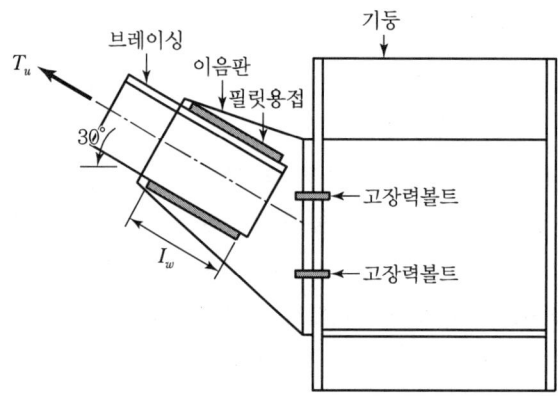

제4교시 다음 문제 중 4문제를 선택하여 설명하시오.(각 25점)

1. 섬을 연결하는 연륙교량 기본계획단계에서 수행해야 할 사전조사 업무내용에 대하여 설명하시오.(단, 섬까지의 거리는 1.3km로서 수심이 비교적 깊고 조위차가 큰 지역이며 조류속이 빠른 해상조건이다.)

2. 「건설기술진흥법 시행령(2024. 7.)」에 규정된 발주청이 시공단계의 건설사업관리계획을 착공 전까지 수립해야 하는 건설공사 및 건설사업관리계획을 변경해야 하는 경우와 「건설기술진흥법 시행규칙(2024. 7.)」에 규정된 시공단계의 건설사업관리계획에 포함해야 하는 사항에 대하여 설명하시오.

3. 그림과 같이 보 부재에 휨모멘트를 유발하는 등분포하중 w가 작용할 때, 보 부재의 압축단면력 P에 의한 모멘트 증가계수를 구하시오.(단, 보 부재의 압축단면력은 보 부재 오일러 좌굴하중의 25% 크기로 작용한다.)

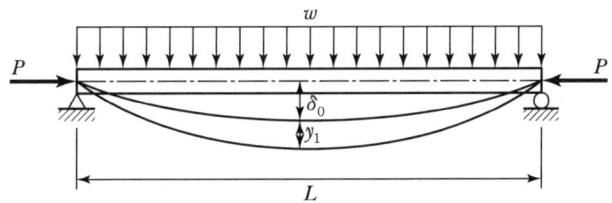

4. 그림과 같은 트러스 구조물의 DG 부재력을 구하시오.

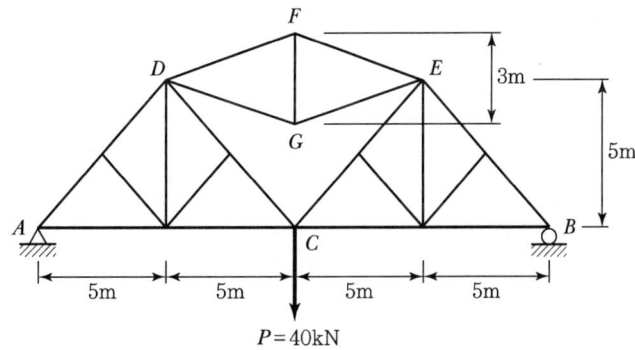

5. 교량 설계기준(국토교통부) 중 교량 설계하중조합(한계상태설계법)(KDS 24 12 11)에서는 다음과 같이 한계상태 하중조합(도로교)을 규정하고 있다. 극한 Ⅰ~극한 Ⅴ 하중조합의 각 특성에 대하여 설명하시오.

한계상태 하중조합	하중 DC DD DW EH EV ES EL PS CR SH	LL IM BR PL LS CF	WA BP WP	WS	WL	FR	TU	TG	GD SD	이 하중들은 한 번에 한 가지만 고려			
										EQ	IC	CT	CV
극한 Ⅰ	γ_P	1.80	1.00	–	–	1.00	0.50/1.20	γ_{TG}	γ_{SD}	–	–	–	–
극한 Ⅱ	γ_P	1.40	1.00	–	–	1.00	0.50/1.20	γ_{TG}	γ_{SD}	–	–	–	–
극한 Ⅲ	γ_P	–	1.00	1.40	–	1.00	0.50/1.20	γ_{TG}	γ_{SD}	–	–	–	–
극한 Ⅳ EH, EV, ES, DW DC만 고려	γ_P	–	1.00	–	–	1.00	0.50/1.20	–	–	–	–	–	–
극한 Ⅴ	γ_P	1.40	1.00	0.40	1.0	1.00	0.50/1.20	γ_{TG}	γ_{SD}	–	–	–	–

6. 부재의 단면이 일정한 2힌지 원호아치에서 C점의 전단력 및 휨모멘트를 구하고, 휨모멘트도를 작성하시오.

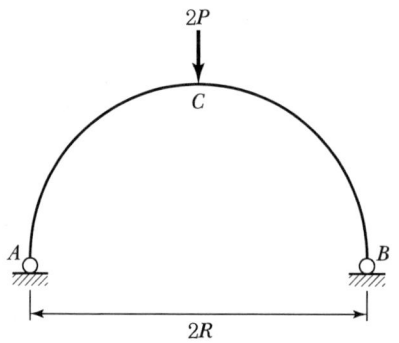

참고문헌

1. 「건축구조기술사 철근콘크리트」, 김경호 외, 예문사, 2016
2. 「철근콘크리트(제10판)」, 변동균 외, 동명사, 2007
3. 「최신콘크리트공학」, 한국콘크리트학회, 1996
4. 「콘크리트구조설계기준 건축구조물 설계예제집」, 대한건축학회, 2008
5. 「콘크리트 구조설계기준(2007)에 따른 균열제어」, 이재훈·김진근, 콘크리트학회지 제20권 6호, 2008
6. 「콘크리트구조설계기준 : 해설」, 한국콘크리트학회, 2012
7. 「콘크리트 구조 학회기준」, 한국콘크리트학회, 2018
8. 「콘크리트 구조 한계상태설계」, 김우, 동화기술, 2015
9. 「프리스트레스트 콘크리트」, 신현묵, 동명사, 2007
10. 「Reinforced Concrete Resign」, Chu-Kia Wang & C. G. Salmon, Addison wesley, 1998

김 경 호

◉ 약 력
- 서울대학교 공과대학 토목공학과 학사
- KAIST 건설 및 환경공학과 공학석사
- KAIST 건설 및 환경공학과 공학박사
- 토목구조기술사/토질 및 기초기술사/국제기술사
- 방재전문가/ODA전문가
- (전) 우송대학교 겸임교수
- (전) 아주대학교 겸임교수
- (전) 서초수도건축토목학원 강의교수
- (현) 서울기술사학원 강의교수
- (현) Y 엔지니어링 부사장

포인트
토목구조기술사
철근콘크리트/프리스트레스트 콘크리트

발행일	2010. 1. 5	초판 발행
	2011. 6. 30	개정 1판1쇄
	2013. 7. 10	개정 2판1쇄
	2019. 8. 20	개정 3판1쇄
	2025. 4. 30	개정 4판1쇄

저 자 | 김경호
발행인 | 정용수
발행처 | 예문사

주 소 | 경기도 파주시 직지길 460(출판도시) 도서출판 예문사
T E L | 031) 955 – 0550
F A X | 031) 955 – 0660
등록번호 | 11 – 76호

- 이 책의 어느 부분도 저작권자나 발행인의 승인 없이 무단 복제하여 이용할 수 없습니다.
- 파본 및 낙장은 구입하신 서점에서 교환하여 드립니다.
- 예문사 홈페이지 http : //www.yeamoonsa.com

정가 : 42,000원

ISBN 978-89-274-5808-1 13530